中 国 国 家 标 准 汇 编

2008 年修订-78

中国标准出版社　编

中 国 标 准 出 版 社

北　京

图书在版编目（CIP）数据

中国国家标准汇编：2008年修订．78/中国标准出版社编．—北京：中国标准出版社，2009

ISBN 978-7-5066-5602-3

Ⅰ．中…　Ⅱ．中…　Ⅲ．国家标准-汇编-中国-2008
Ⅳ．T-652.1

中国版本图书馆CIP数据核字（2009）第204399号

中国标准出版社出版发行
北京复兴门外三里河北街16号
邮政编码：100045
网址 www.spc.net.cn
电话：68523946　68517548
中国标准出版社秦皇岛印刷厂印刷
各地新华书店经销
*
开本 880×1230　1/16　印张 37　字数 1 108 千字
2009年12月第一版　2009年12月第一次印刷
*
定价 200.00 元

ISBN 978-7-5066-5602-3

出 版 说 明

1.《中国国家标准汇编》是一部大型综合性国家标准全集。自1983年起,按国家标准顺序号以精装本、平装本两种装帧形式陆续分册汇编出版。它在一定程度上反映了我国建国以来标准化事业发展的基本情况和主要成就,是各级标准化管理机构,工矿企事业单位,农林牧副渔系统,科研、设计、教学等部门必不可少的工具书。

2.《中国国家标准汇编》收入我国每年正式发布的全部国家标准,分为"制定"卷和"修订"卷两种编辑版本。

"制定"卷收入上年度我国发布的、新制定的国家标准,顺延前年度标准编号分成若干分册,封面和书脊上注明"20××年制定"字样及分册号,分册号一直连续。各分册中的标准是按照标准编号顺序连续排列的,如有标准顺序号缺号的,除特殊情况注明外,暂为空号。

"修订"卷收入上年度我国发布的、被修订的国家标准,视篇幅分设若干分册,但与"制定"卷分册号无关联,仅在封面和书脊上注明"20××年修订-1,-2,-3,……"字样。"修订"卷各分册中的标准,仍按标准编号顺序排列(但不连续);如有遗漏的,均在当年最后一分册中补齐。需提请读者注意的是,个别非顺延前年度标准编号的新制定的国家标准没有收入在"制定"卷中,而是收入在"修订"卷中。

读者配套购买《中国国家标准汇编》"制定"卷和"修订"卷则可收齐上一年度我国制定和修订的全部国家标准。

3.由于读者需求的变化,自1996年起,《中国国家标准汇编》仅出版精装本。

4.2008年制修订国家标准共5946项。本分册为"2008年修订-78",收入新制修订的国家标准26项。

中国标准出版社

2009年10月

目　　录

GB/T 15094—2008　船舶工艺术语　修船工艺 …… 1
GB/T 15096—2008　液粘调速离合器 …… 17
GB/T 15097—2008　船用柴油机排气排放污染物测量方法 …… 27
GB/T 15098—2008　危险货物运输包装类别划分方法 …… 41
GB/T 15101.1—2008　中国对虾　亲虾 …… 47
GB/T 15101.2—2008　中国对虾　苗种 …… 55
GB/T 15103—2008　林用绞盘机 …… 63
GB/T 15109—2008　白酒工业术语 …… 75
GB/T 15122—2008　信息技术　未记录软磁盘的标志 …… 94
GB/T 15123—2008　信息技术　系统间远程通信和信息交换　使用 GB/T 3454 的 DTE/DCE 接口备用控制操作 …… 101
GB/T 15126—2008　信息技术　开放系统互连　网络服务定义 …… 110
GB/T 15127—2008　信息技术　系统间远程通信和信息交换　双扭线多点互连 …… 169
GB/T 15128—2008　信息技术　开放系统互连　会话服务定义 …… 187
GB/T 15140—2008　航空货运集装单元技术要求 …… 275
GB/T 15145—2008　输电线路保护装置通用技术条件 …… 365
GB 15146.1—2008　反应堆外易裂变材料的核临界安全　第 1 部分:核临界安全行政管理规定 …… 383
GB 15146.2—2008　反应堆外易裂变材料的核临界安全　第 2 部分:易裂变材料操作、加工、处理的基本技术规则与次临界限值 …… 389
GB 15146.3—2008　反应堆外易裂变材料的核临界安全　第 3 部分:易裂变材料贮存的核临界安全要求 …… 411
GB 15146.8—2008　反应堆外易裂变材料的核临界安全　第 8 部分:堆外操作、贮存、运输轻水堆燃料的核临界安全准则 …… 427
GB/T 15148—2008　电力负荷管理系统技术规范 …… 435
GB/T 15159—2008　贵金属及其合金复合带材 …… 447
GB/T 15166.2—2008　高压交流熔断器　第 2 部分:限流熔断器 …… 460
GB/T 15166.3—2008　高压交流熔断器　第 3 部分:喷射熔断器 …… 521
GB/T 15166.4—2008　高压交流熔断器　第 4 部分:并联电容器外保护用熔断器 …… 558
GB/T 15166.5—2008　高压交流熔断器　第 5 部分:用于电动机回路的高压熔断器的熔断件选用导则 …… 573
GB/T 15166.6—2008　高压交流熔断器　第 6 部分:用于变压器回路的高压熔断器的熔断件选用导则 …… 581

ICS 47.020.01
U 04

GB

中华人民共和国国家标准

GB/T 15094—2008
代替 GB/T 15094—1994

船舶工艺术语　修船工艺

Terminology for ship technology—Ship repairing technology

2008-07-30 发布　　2009-02-01 实施

中华人民共和国国家质量监督检验检疫总局
中国国家标准化管理委员会　发布

前　言

本标准代替 GB/T 15094—1994《船舶工艺术语　修船工艺》。

本标准与 GB/T 15094—1994 相比，主要有下列变化：

——删除了“覆板”、“测向仪自差校正”术语；

——增补了“水下维修”、“水下黏合”、“钢质夹层板结构”术语；

——增补了部分中文索引和英文索引。

本标准由中国船舶工业集团公司提出。

本标准由全国海洋船标准化技术委员会船舶基础分技术委员会归口。

本标准起草单位：中国船舶重工集团公司天津修船技术研究所。

本标准主要起草人：张书清、姚军、崔金环、周月丽、郭凤艳。

本标准所代替标准的历次版本发布情况为：

——GB/T 15094—1994。

船舶工艺术语　修船工艺

1　范围

本标准规定了船舶有关坞修、船体、轮机等方面的修理工艺术语及其定义。

本标准适用于船舶的研究、设计、制造、教学、管理和其他可应用的领域。

2　坞修

2.1

进坞　docking

将浮于水面的船舶移至干船坞或浮船坞内的作业。

2.2

出坞　undocking

将坞内船舶移至坞外的作业。

2.3

上排　up to patent slip

使船舶沿倾斜的纵向或横向船排滑道牵引上升而露出水面的作业。

2.4

摆墩　blocking arrangement

根据进坞图或线型图以及前次进坞记录而决定坞墩的位置、数量及高度并使坞墩定位的作业。

2.5

坞内找正　alignment in dock

船坞排水过程中，随时调整使船舶按要求的位置坐墩的过程。

2.6

船底望光　light measure with eye for the bottom deforming

根据船底基线两端某两点的连线，用光线望通的办法，测量龙骨线各点相对于此连线的垂向差，判定船底龙骨局部变形的方法。

2.7

水下维修　underwater maintenance

在水下对船体水下部分及附属装置进行的维护和修理，包括水下检查、清洗、涂装、堵漏、焊接、切割、更换与维修等。

2.8

水下黏合　underwater adhesion

使用水下黏合剂封补水下破损船体的特殊工艺。

2.9

轴套黏接　shaft liner bonding

使用黏合剂将轴套固定在螺旋桨轴、舵杆、舵销等轴类零件上的工艺过程。

2.10

螺旋桨轴配键　matching key on propeller shaft

螺旋桨轴和螺旋桨用键连接时，键按键槽尺寸进行配对加工和拂配工作的工艺过程。

2.11

螺旋桨螺距矫正　check of propeller pitch

对螺旋桨螺距进行测量和修正。

2.12

螺距规　propeller pitch gauge

测量螺旋桨螺距的工具。

2.13

螺旋桨校平衡　propeller balance test

对螺旋桨进行静平衡试验和校正。

2.14

螺旋桨修理　propeller repair

对螺旋桨因海水腐蚀、气蚀和碰撞等作用而产生的缺损、裂纹、弯曲变形或断裂等所进行的修复。

2.15

螺旋桨锥孔研配　scrapping of propeller boss

螺旋桨锥孔经刮研或磨削至与其轴的锥体达到良好接触配合的工艺过程。

2.16

立式配锥孔　scrapping of propeller boss in vertical position

将螺旋桨平放在地，使推进器轴垂直升降进行贴合检查的螺旋桨锥孔研配方法。

2.17

卧式配锥孔　scrapping of propeller boss in horizontal position

将螺旋桨立放在地，使推进器轴水平进退进行贴合检查的螺旋桨锥孔研配方法。

2.18

高压水清洗　hydroblasting

采用高压喷射的水流冲击作用去除船体表面的污垢、锈层、旧涂层以及水溶性的腐蚀产物等的清理方法。

2.19

喷丸除锈　shot peening

采用压缩空气向钢材表面喷射铁丸或钢丸，以除去氧化皮和铁锈的除锈方法。

2.20

机械除锈　mechanical rust removal

采用人工持电动或风动工具进行除锈的方法。

2.21

喷砂除锈　sand blasting

利用压缩空气喷射砂粒的除锈方法。

2.22

湿喷砂除锈　wet sand blasting

采用水和砂混合为喷砂介质的喷砂除锈方法。

2.23

喷涂　spray painting

采用喷枪等喷射工具把涂料雾化后，喷射在被涂工件表面上的涂装方法。

2.24

滚涂　roll painting

采用滚筒蘸上涂料，在工件表面滚动，使涂料覆盖于工件表面的涂装方法。

2.25

喷浆法　mortar jetting method

将砂浆通过喷枪装置，喷射成型的抹浆方法。

3　船体修理

3.1

船舶改装　ship conversion

为改变船舶用途和性能，在满足规范要求的前提下，对船舶的船体、设备、系统、结构等的改装。

3.2

洗舱　washing

对船舱进行冲刷、清理的作业。

3.3

测爆　gas-free inspection

为保证施工安全，使用专用仪器对已经清洗的空载油舱进行可燃气体含量测量的工作。

3.4

船体外板测厚　thickness measurement of hull plates

测量船体外板厚度的工作。

3.5

换板　renewal of plate

割除损坏或有缺陷的船体钢板，焊上与原板材性能和几何形状相同钢板的工艺过程。

3.6

钢质夹层板结构　sandwich plate system with steel plate

两层钢板用 Elastocore TM 塑料填充剂紧密地粘合在一起的结构。

4　船舶柴油机修理

4.1

曲轴修正　reconditioning of crankshaft

修正曲柄销与主轴颈间的平行度及轴颈圆度、圆柱度和表面粗糙度的工艺过程。

4.2

轴模　shaft grinding segment

修正曲轴时，用来检查和修正曲轴颈圆度和圆柱度的工具。

4.3

曲轴就地加工　crankshaft reconditioning in situs

在机舱内原地加工曲柄销和主轴颈以消除其缺陷的工艺过程。

4.4

吊缸　lift out piston

气缸盖取下，吊出活塞，对活塞、活塞杆、气缸套等进行检查、测量的工艺过程。

4.5

轴承刮研　scraping of bearing

为保证各轴承中心线的直线度或使轴承和轴颈有良好的配合，采用手工刮削方法对轴承表面进行修正的工艺过程。

4.6

主轴颈下沉量 deflection of main journal

主机运行后,因主轴颈和主轴承磨损而造成的主轴颈相对原始安装位置的下移值。

4.7

桥规 bridge gauge

测量主轴颈下沉量的桥式工具。

4.8

曲轴臂距差测量 measuring of crank deflection

用曲轴量表对曲轴回转一周时曲柄臂间距离变化值的测量。

4.9

曲轴量表 dial gauge for measuring of crank spread

测量曲轴臂距差的专用量表。

4.10

机座找平 levelling of engine bed

调整基座上垫块,以校正机座平面的工艺过程。

4.11

机架定位 positioning of engine frame

按机架中心线应与曲轴中心线垂直相交,气缸中心线在曲臂档居中的要求,调整并确定机架相对于机座位置的工艺过程。

4.12

气缸体定位 positioning of cylinder block

按气缸中心线应与曲轴中心线垂直相交的要求,调整并确定气缸体相对于机架位置的工艺过程。

4.13

导板定位 positioning of crosshead guide

按十字头式柴油机活塞在气缸中运动轨迹应接近气缸中心线,并使活塞和气缸套间有一定间隙的要求,调整导板相对于机架位置的工艺过程。

4.14

运动件校中 centering of moving parts

柴油机运动部件安装时,力求活塞运动轨迹接近气缸中心线,并使活塞和气缸套间保持一定间隙的调整工作。

4.15

找止点 setting of top dead center

测定某缸活塞于上止点时曲轴飞轮相对于某固定件上定位点的位置。

4.16

止点规 dead center gauge

根据某活塞在上止点的位置,按曲轴或凸轮轴上某一点相对固定件上定位点制作的定距专用量规。

4.17

校气缸余隙 check of play between piston and cylinder cover

通过变更有关零件的尺寸,调整活塞顶部与气缸盖间隙的工艺过程。

4.18

校定时 timing

对喷油提前角、进气相位角、排气相位角或启动空气供气相位角等进行的调整和测定的工艺过程。

4.19

校气阀间隙　check of the tappet clearance

调整气阀和摇臂间间隙的工艺过程。

4.20

阀面研磨　valve lapping

为保证阀与阀座间的密封性而对其接触面间的研磨。

4.21

冲车　blowing

利用压缩空气启动的柴油机，为去除积存在柴油机活塞顶上的油、水和杂质，同时检查柴油机空气启动系统是否正常，在启动前打开示功阀，将操纵装置安放在启动位置，使压缩空气转动柴油机数转的过程。

4.22

启动　starting

采用人力、电能或压缩空气等使曲轴转动到柴油机能自行连续工作的发动过程。

4.23

磨合　running in

为使相互运动摩擦面有利于润滑，使其能迅速承受全负荷所做的空负荷或低负荷运转。

4.24

试车　test of engine

船舶柴油机在正式投入营运前进行各项性能调整及试验运行的工艺过程。

5　锅炉修理

5.1

锅炉底座定位　positioning of boiler stool

调整锅炉底座在船体基座上位置的工艺过程。

5.2

锅筒定位　positioning of drum

下锅筒的底座在船体基座上位置的确定及上锅筒按下锅筒进行位置确定的工艺过程。

5.3

炉墙砌筑　furnace brickwork

炉膛内敷设耐火材料的工艺过程。

5.4

锅炉绝热层包扎　lagging of boiler

锅炉本体外露部分用绝热材料、铁皮等包裹及紧固的工艺过程。

5.5

炉胆顶圆　sag correction of boiler furnace

对烧塌变形的火管锅炉炉胆利用与炉胆波形相吻合的专用模具进行修复还原的工艺过程。

5.6

炉胆焊装　welding outfitting of boiler furnace

在变形量未超过规定值的炉胆上或在已经顶圆的炉胆上焊装加强圈的工艺过程。

5.7

燃烧室板壁矫正　aligning of boiler furnace wall

用千斤顶、压排或其他设备对加热至一定温度的火管锅炉燃烧室管板、背板等局部变形处进行矫正的工艺过程。

5.8

锅炉管孔堵焊　boiler tube plug welding

锅炉修理或改装时，将闷头焊装在不用的管孔内的工艺过程。

5.9

烘炉　furnace drying

对新安装好或大修后的锅炉进行逐渐加热，使炉墙缓慢干燥和受热而逐渐升温的过程。

5.10

煮炉　boiling out

将一定浓度的碱性溶液在锅炉中加热使之沸腾，以除去油脂等杂物的过程。

5.11

扫炉　boiler cleaning

对锅炉受热面外部的烟污进行清扫的操作。

5.12

洗炉　washing boiler

对锅炉内部水垢、泥渣、积盐清除的操作。

5.13

锅炉水压试验　hydraulic test of boiler

锅炉装配后用压力水所进行的强度和密封性的试验。

5.14

燃烧调整试验　test for combustion control

为得到锅炉在承受各种负荷时的最佳燃烧条件而对燃油及烟、风系统所进行的配合调整试验。

5.15

安全阀调整试验　safety valve operation test

调整检查安全阀的开启和关闭的压力范围的试验。

6　其他

6.1

勘验　prerepairing inspection

船舶修理前，为核定船方提出的修理项目与相应的技术措施而进行的检验。

6.2

套合　shrinking on

轴与轴套间实现过盈配合的工艺过程。

6.3

镶套　bushing

对具有相对运动的偶合件的磨损部分加镶外套或内套的尺寸补偿修理方法。

6.4

电刷镀　electro chemical machining

采用电化学方法，高速在导体局部表面镀上一层金属的加工方法。

6.5

镀铬修复　chromium plating repair

采用电化学方法，将金属铬沉积于被磨损机件工作面的尺寸补偿修理方法。

6.6

镀铁修复　iron plating repair

采用电化学方法，将电解铁沉积于被磨损机件工作面的尺寸补偿修理方法。

6.7

热喷涂　thermal spraying

将熔融状态的喷涂材料，通过高速气流使其雾化喷射在零件表面上，形成喷涂层的金属表面加工方法。

6.8

光车　machining

消除因磨损或其他缺陷，需将部件表面车圆的加工方法。

6.9

金属扣合　tie insert

采用金属块或金属键修复裂纹的方法。

中文索引

A

安全阀调整试验 …… 5.15

B

摆墩 …… 2.4

C

测爆 …… 3.3
冲车 …… 4.21
出坞 …… 2.2
船舶改装 …… 3.1
船底望光 …… 2.6
船体外板测厚 …… 3.4

D

导板定位 …… 4.13
电刷镀 …… 6.4
吊缸 …… 4.4
镀铬修复 …… 6.5
镀铁修复 …… 6.6

F

阀面研磨 …… 4.20

G

钢质夹层板结构 …… 3.6
高压水清洗 …… 2.18
光车 …… 6.8
滚涂 …… 2.24
锅炉底座定位 …… 5.1
锅炉管孔堵焊 …… 5.8
锅炉绝热层包扎 …… 5.4
锅炉水压试验 …… 5.13
锅筒定位 …… 5.2

H

烘炉 …… 5.9

换板…… 3.5

J

机架定位 ……… 4.11
机械除锈 ……… 2.20
机座找平 ……… 4.10
校定时 …… 4.18
校气阀间隙 …… 4.19
校气缸余隙 …… 4.17
金属扣合…… 6.9
进坞…… 2.1

K

勘验…… 6.1

L

立式配锥孔 …… 2.16
炉胆顶圆…… 5.5
炉胆焊装…… 5.6
炉墙砌筑…… 5.3
螺距规 …… 2.12
螺旋桨螺距矫正 …………………………………………………………………………………………………… 2.11
螺旋桨校平衡 ……………………………………………………………………………………………………… 2.13
螺旋桨修理 …… 2.14
螺旋桨轴配键 ……………………………………………………………………………………………………… 2.10
螺旋桨锥孔研配 …………………………………………………………………………………………………… 2.15

M

磨合 ……… 4.23

P

喷浆法 …… 2.25
喷砂除锈 ……… 2.21
喷涂 ……… 2.23
喷丸除锈 ……… 2.19

Q

启动 ……… 4.22
气缸体定位 …… 4.12
桥规…… 4.7
曲轴臂距差测量……………………………………………………………………………………………………… 4.8
曲轴就地加工…… 4.3

曲轴量表……………………………………………………………………………… 4.9

曲轴修正……………………………………………………………………………… 4.1

R

燃烧调整试验 ……………………………………………………………………… 5.14

燃烧室板壁矫正…………………………………………………………………… 5.7

热喷涂………………………………………………………………………………… 6.7

S

扫炉 ………………………………………………………………………………… 5.11

上排…………………………………………………………………………………… 2.3

湿喷砂除锈 ………………………………………………………………………… 2.22

试车 ………………………………………………………………………………… 4.24

水下黏合……………………………………………………………………………… 2.8

水下维修……………………………………………………………………………… 2.7

T

套合…………………………………………………………………………………… 6.2

W

卧式配锥孔 ………………………………………………………………………… 2.17

坞内找正……………………………………………………………………………… 2.5

X

洗舱…………………………………………………………………………………… 3.2

洗炉 ………………………………………………………………………………… 5.12

镶套…………………………………………………………………………………… 6.3

Y

运动件校中 ………………………………………………………………………… 4.14

Z

找止点 ……………………………………………………………………………… 4.15

止点规 ……………………………………………………………………………… 4.16

轴承刮研……………………………………………………………………………… 4.5

轴模…………………………………………………………………………………… 4.2

轴套黏接……………………………………………………………………………… 2.9

煮炉 ………………………………………………………………………………… 5.10

主轴颈下沉量………………………………………………………………………… 4.6

英 文 索 引

A

aligning of boiler furnace wall ········ 5.7
alignment in dock ········ 2.5

B

blocking arrangement ········ 2.4
blowing ········ 4.21
boiler cleaning ········ 5.11
boiler tube plug welding ········ 5.8
boiling out ········ 5.10
bridge gauge ········ 4.7
bushing ········ 6.3

C

centering of moving parts ········ 4.14
check of play between piston and cylinder cover ········ 4.17
check of propeller pitch ········ 2.11
check of the tappet clearance ········ 4.19
chromium plating repair ········ 6.5
crankshaft reconditioning in situs ········ 4.3

D

dead center gauge ········ 4.16
deflection of main journal ········ 4.6
dial gauge for measuring of crank spread ········ 4.9
docking ········ 2.1

E

electro chemical machining ········ 6.4

F

furnace brickwork ········ 5.3
furnace drying ········ 5.9

G

gas-free inspection ········ 3.3

H

hydraulic test of boiler …… 5.13
hydroblasting …… 2.18

I

iron plating repair …… 6.6

L

lagging of boiler …… 5.4
levelling of engine bed …… 4.10
lift out piston …… 4.4
light measure with eye for the bottom deforming …… 2.6

M

machining …… 6.8
matching key on propeller shaft …… 2.10
measuring of crank deflection …… 4.8
mechanical rust removal …… 2.20
mortar jetting method …… 2.25

P

positioning of boiler stool …… 5.1
positioning of crosshead guide …… 4.13
positioning of cylinder block …… 4.12
positioning of drum …… 5.2
positioning of engine frame …… 4.11
prerepairing inspection …… 6.1
propeller balance test …… 2.13
propeller pitch gauge …… 2.12
propeller repair …… 2.14

R

reconditioning of crankshaft …… 4.1
renewal of plate …… 3.5
roll painting …… 2.24
running in …… 4.23

S

safety valve operation test …… 5.15
sag correction of boiler furnace …… 5.5
sand blasting …… 2.21

sandwich plate system with steel plate ········ 3.6
scraping of bearing ········ 4.5
scrapping of propeller boss ········ 2.15
scrapping of propeller boss in horizontal position ········ 2.17
scrapping of propeller boss in vertical position ········ 2.16
setting of top dead center ········ 4.15
shaft grinding segment ········ 4.2
shaft liner bonding ········ 2.9
ship conversion ········ 3.1
shot peening ········ 2.19
shrinking on ········ 6.2
spray painting ········ 2.23
starting ········ 4.22

T

test for combustion control ········ 5.14
test of engine ········ 4.24
thermal spraying ········ 6.7
thickness measurement of hull plates ········ 3.4
tie insert ········ 6.9
timing ········ 4.18

U

underwater adhesion ········ 2.8
underwater maintenance ········ 2.7
undocking ········ 2.2
up to patent slip ········ 2.3

V

valve lapping ········ 4.20

W

washing ········ 3.2
washing boiler ········ 5.12
welding outfitting of boiler furnace ········ 5.6
wet sand blasting ········ 2.22

ICS 21.120.20
J 19

中华人民共和国国家标准

GB/T 15096—2008
代替 GB/T 15096—1994

液粘调速离合器

Hydroviscous variable speed clutch

2008-06-19 发布 2008-12-15 实施

中华人民共和国国家质量监督检验检疫总局
中国国家标准化管理委员会 发布

前　言

本标准代替 GB/T 15096—1994《液粘调速离合器》。

本标准与 GB/T 15096—1994 相比主要的变化如下：

——删除了关于摩擦片外径数值规定的内容；

——增加了产品闭环电控型式的相应内容。

本标准由中国船舶重工集团公司提出。

本标准由全国船用机械标准化技术委员会柴油机分技术委员会归口。

本标准负责起草单位：中国船舶重工集团公司第七一一研究所。

本标准参加起草单位：杭州前进齿轮箱集团有限公司、北京起重运输机械研究所、北京理工大学。

本标准主要起草人：吴凡、王天驰、季文、廖鹏、宣安光、邹铁汉、闫清东、陈德祥。

本标准所替代标准的历次版本发布情况为：

——GB/T 15096—1994。

液粘调速离合器

1 范围

本标准规定了液粘调速离合器的分类、要求、试验方法和检验规则等。

本标准适用于液粘调速离合器(以下简称离合器)设计、制造与检验。

2 规范性引用文件

下列文件中的条款通过本标准的引用而成为本标准的条款。凡是注日期的引用文件,其随后所有的修改单(不包括勘误的内容)或修订版均不适用于本标准,然而,鼓励根据本标准达成协议的各方研究是否可使用这些文件的最新版本。凡是不注日期的引用文件,其最新版本适用于本标准。

GB/T 1569 圆柱形轴伸

GB/T 1570 圆锥形轴伸

GB/T 9239.1—2006 机械振动 恒态(刚性)转子平衡品质要求 第1部分:规范与平衡允差的检验(ISO 1940-1:2003,IDT)

3 术语和定义

下列术语和定义适用于本标准。

3.1

液粘传动 hydroviscous drive

以液体为工作介质,依靠液体粘性来传递动力的传动方式。

3.2

液粘调速离合器 hydroviscous variable speed clutch

按照液粘传动方式,通过改变主、从动摩擦片间油膜厚度调节输出转速并兼有离合功能的传动装置。

3.3

压紧力 pressing force

使主、从动摩擦片保持液粘传动所需的轴向力,通常此力由加压活塞通过承压板施加于摩擦片上。

3.4

同步工况 synchronous working condition

在足够大的压紧力下,主、从动摩擦片接合,输入、输出转速相同的工作状况。

3.5

脱开工况 disengaging working condition

当压紧力足够小(控制压力接近于零)时,主、从动摩擦片完全脱开的工作状况。

3.6

调速工况 variable speed working condition

当改变压紧力,主、从动摩擦片间间隙变化时,使输出转速低于输入转速的稳定工作状况。

3.7

转速比　transmission ratio

输出转速与输入转速之比。

3.8

调速范围　range of speed regulation

输出转速可连续调节并稳定运转的转速比范围。

3.9

转速波动率 δ_0　fluctuation ratio of speed

在负荷不变的运转条件下，一定时间内测得的最大输出转速 n_{max}（或最小输出转速 n_{min}）与该时间内平均转速 n_m 之差的绝对值，除以平均转速 n_m 后的百分比，即：

$$\delta_0 = \frac{|n_{max}（或\ n_{min}）- n_m|}{n_m} \times 100\%$$

3.10

公称转矩　nominal torque

根据系列化要求设计每一规格离合器所能长期传递的扭矩。

4　分类与命名

4.1　分类

4.1.1　离合器基本结构型式可分为卧式和立式两种（见图1）。

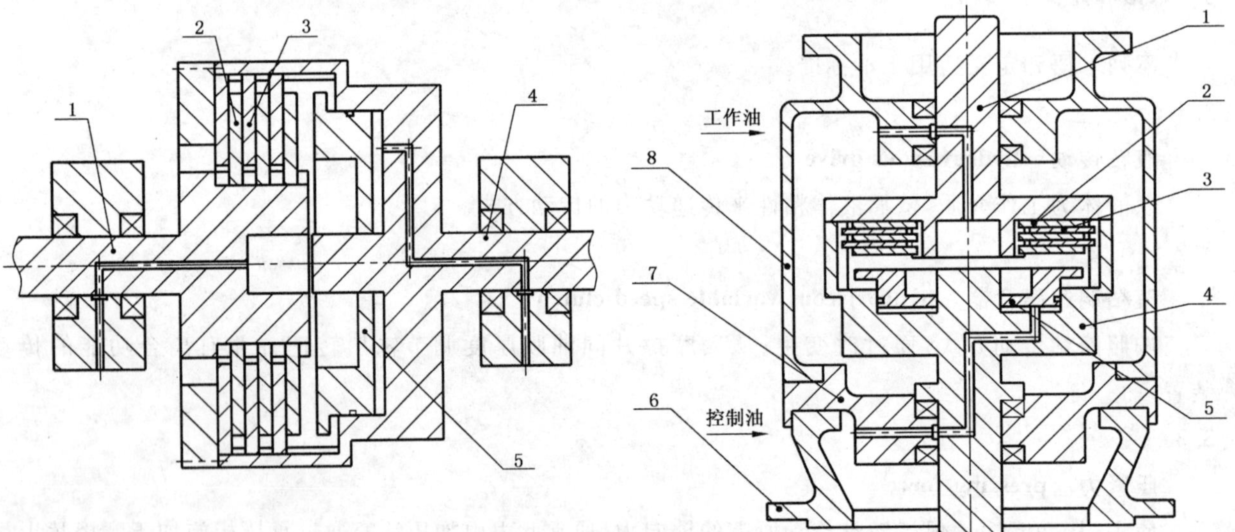

a）卧式　　b）立式

1——输入轴；
2——主动摩擦片；
3——从动摩擦片；
4——输出轴；
5——活塞；
6——连接盘；
7——轴承座；
8——箱体。

图1　液粘调速离合器基本结构型式

4.1.2　电控型式可分为开环控制和闭环控制两种。

4.1.3　输入、输出轴基本轴端型式可分为圆柱形和圆锥形两种，连接尺寸应符合 GB/T 1569 和 GB/T 1570的规定。

4.2　基本参数

离合器的基本参数应符合表1的规定。

表 1

型　号	公称转矩/kN·m	最大许用转速/(r/min)
YT10	1.0	
YT16	1.6	
YT25	2.5	
YT40	4.0	
YT50	5.0	3 000
YT63	6.3	
YT80	8.0	
YT100	10	
YT160	16	
YT250	25	1 500
YT300	30	
YT350	35	1 000
YT400	40	

4.3　产品标记

4.3.1　标记方法

GB/T 15096—2008 YT □ □ □ □

改型代号（按大写英语字母顺序表示）

公称转矩代号，用千牛米数的10倍表示

电控型式代号：闭环控制——B；开环控制不标

型式代号：立式——L；卧式不标

液粘调速离合器代号

4.3.2 标记示例

示例1：

公称转矩为1.0 kN·m闭环电控型式的卧式液粘调速离合器标记为：

液粘调速离合器 GB/T 15096—2008 YTB10。

示例2：

公称转矩为1.6 kN·m开环电控型式的立式液粘调速离合器，经第一次改型，标记为：

液粘调速离合器 GB/T 15096—2008 YTL16A。

5 要求

5.1 离合器正常运转时，进口油温应不大于50℃，出口油温不大于80℃；在环境温度为5℃以下启动时，供油系统应有加热措施。

5.2 离合器在有严重粉尘污染、易燃易爆环境下使用时，应有防尘防爆措施。

5.3 离合器在户外露天环境使用时，控制及显示仪表应有防护措施。

5.4 离合器在运转中不得有异常振动和噪声，在额定输入转速不带负载时，不论垂直、水平和轴向的振动幅值应符合表2的规定。

表2

额定输入转速/(r/min)	≤750	>750～1 000	>1 000～1 500	>1 500～3 000
振幅/μm	≤375	≤235	≤160	≤75

5.5 闭环电控型式稳定调速范围为0.25～0.95,1；开环电控型式稳定调速范围为0.3～0.9,1。

5.6 离合器的转速波动率应符合表3的规定。

表3

输出转速/(r/min)		≥500～750	>750～1 000	>1 000～1 250	>1 250～2 000	>2 000～3 000
转速波动率 δ_0/%	开环控制	≤3	≤2.5	≤2.0	≤1.5	≤1.0
	闭环控制	≤1.5	≤1.25	≤1.0	≤0.75	≤0.5

5.7 离合器平均故障间隔时间(MTBF)应不小于8 000 h。

5.8 输入转速不大于1 500 r/min、长度与外径之比值不大于0.25的旋转零部件应进行静平衡试验；输入转速大于1 500 r/min、长度与外径之比值大于0.25的旋转零部件应进行动平衡试验，平衡精度等级应符合GB/T 9239.1—2006中G6.3级的规定。

5.9 离合器运转时，轴承端盖表面温度应不大于80℃。

5.10 离合器所有密封面不得有渗漏现象。

6 检验方法

6.1 试验台位示意图

试验台位示意图见图2。

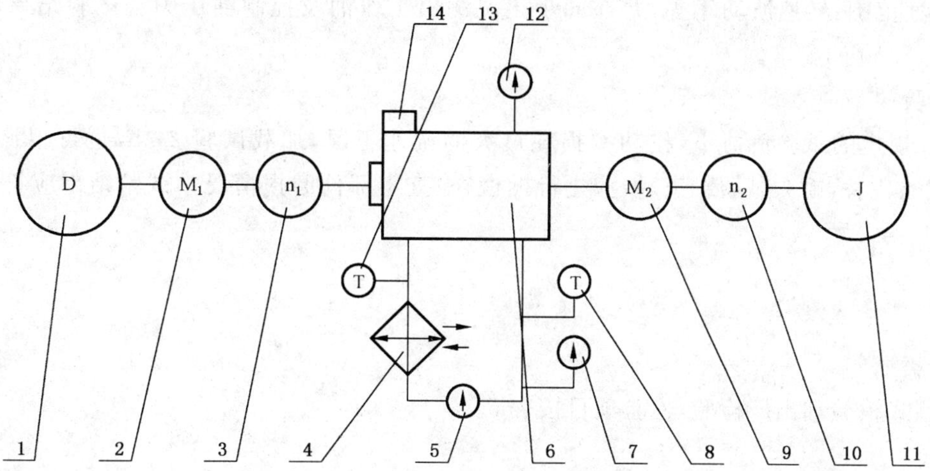

1——动力机；
2——输入转矩测量仪；
3——输入转速测量仪；
4——换热器；
5——流量计；
6——液粘调速离合器；
7——工作油压力表；
8——温度计；
9——输出转矩测量仪；
10——输出转速测量仪；
11——加载装置；
12——控制油压力表；
13——温度计；
14——测振仪。

图 2　液粘调速离合器试验台位示意图

6.2　试验仪器仪表

试验仪器仪表精度标定按表 4 规定。

表 4

测量项目	转速	压力	温度	振动	流量	转矩
精度	±1 r/min	1.5 级	1.5 级	±5%	±5%	±1%

6.3　试验负荷

进行型式试验或出厂试验时，试验负荷按下列要求选定：

额定功率不大于 300 kW 时，应按照 100% 的额定负荷试验；

额定功率大于 300 kW 时，允许按部分负荷试验，但试验负荷不得小于 200 kW。

6.4　进出口油温

试验过程中，进口油温不大于 50℃，出口油温不大于 80℃。

6.5　空载跑合试验

在额定输入转速不带负载时，控制压力由低到高和由高到低反复两次，测量并记录温度、流量、压力、振动、噪声等参数，并观察有无异常噪声、渗漏等情况。试验结果应符合 5.1、5.4、5.9、5.10 的要求。

6.6　调速试验

按 6.3 规定加载，离合器为同步工况，随后调节控制油压，转速比按 0.95、0.9、0.85、0.8、…、0.3、0.25，每隔 0.1 或 0.05 为一档，使其油压调到最低，离合器处于脱开工况，每档运转 5 min，并逆向做一次，测出其调速范围，转速波动率等，并在同步工况测出工作油及控制油压力。试验结果应符合5.1、5.5、5.6、5.9、5.10的要求。

6.7 耐久试验

应在6.3规定的试验负荷下，按功率损耗最大的调速工况，加载试验24 h，也可根据现场条件用200 h工业试验代替，耐久试验结束后，应进行拆检，检查零部件磨损情况。试验结果应符合5.1、5.9、5.10的要求。

7 检验规则

7.1 检验分类

检验分型式检验和出厂检验，检验项目按表5。

表5

序号	检验项目		要求的章条号	试验方法的章条号	型式试验	出厂试验
1	空载跑合试验	温度检验	5.1、5.9	6.5	●	●
		振动、噪声检验	5.4			
		渗漏检验	5.10			
2	调速试验	温度检验	5.1、5.9	6.6	●	●
		渗漏检验	5.10			
		调速检验	5.5			
		转速波动率检验	5.6			
3	耐久试验	温度检验	5.1、5.9	6.7	●	—
		渗漏检验	5.10			
注：●为必检项目；—为不检项目。						

7.2 型式检验

7.2.1 有下列情况之一时，应进行型式检验：

a) 新产品开发鉴定；

b) 正式生产后，结构、材料、工艺有重大改进；

c) 正常生产后，离上次型式检验满2 a；

d) 长期停产达2 a或2 a以上者，恢复生产时；

e) 国家质量监督机构提出要求时。

7.2.2 型式检验样品为1台。

7.2.3 型式检验检验项目按表5。

7.2.4 离合器所有型式检验项目符合要求，则判型式检验合格；若有不符合要求的项目，则被试离合器数量应加倍，所有检验项目须重新试验；如仍有不符合要求的项目，则该离合器的型式检验不合格。

7.3 出厂检验

7.3.1 离合器产品应逐台进行出厂检验。

7.3.2 出厂检验检验项目按表5。

7.3.3 离合器所有出厂检验项目符合要求，则判出厂检验合格；若有不符合要求的项目，允许采取纠正措施后进行复验，若复验符合要求，则仍判出厂检验合格；若复验不符合要求，则该离合器出厂检验不合格。

8 产品标志

8.1 经检验合格的离合器应在明显部位设有标牌，标牌上应表明：

a) 产品名称和型号；

b) 输入功率、输入转速、调速范围、质量；

c) 制造厂名称；

d) 出厂编号；

e) 出厂日期。

8.2 轴端应按需注明转向标志。

9 包装、运输和贮存

9.1 离合器及其备件、附件、工具的有效油封期，在室内贮存的情况下，自出厂之日起，6 个月内不得锈蚀。

9.2 离合器应牢固装入包装箱内，并有相应防潮措施，其随机备件、附件、工具、技术文件应齐全并固定在包装箱内。

9.3 包装箱外表面应标明：

a) 产品名称及型号；

b) 质量、重心位置、吊装位置；

c) 体积、箱体尺寸；

d) 制造厂名称；

e) 发站(港)及发货单位；

f) 到站(港)及收货单位；

g) 运输中注意事项；

h) 装箱日期。

ICS 47.020.20
U 44

中华人民共和国国家标准

GB/T 15097—2008
代替 GB/T 15097—1994

船用柴油机排气排放污染物测量方法

Measure method for emission pollutant of exhaust gas of marine diesel engine

2008-07-30 发布　　　　2009-02-01 实施

中华人民共和国国家质量监督检验检疫总局
中国国家标准化管理委员会　发布

前　言

本标准代替 GB/T 15097—1994《船用柴油机排气排放污染物测量方法》。

本标准与 GB/T 15097—1994 相比主要有下列技术变化：

——增加了试验条件的具体规定；

——增加了对测量仪器的具体要求；

——修改了排放测量循环；

——补充完善了测量的步骤及方法；

——增加了对排气质量流量的计算方法，直接引用了 GB/T 8190.1 中的规定；

——修改了附录 A 试验记录表格的内容；

——删去了附录 B 中的 CO 干/湿基浓度换算系数表；

——按照 MARPOL 公约的要求，修改了 NO_x 的湿度和温度修正系数计算公式。

本标准附录 A 为资料性附录，附录 B 和附录 C 为规范性附录。

本标准由中国船舶工业集团公司提出。

本标准由全国船用机械标准化技术委员会柴油机分技术委员会归口。

本标准起草单位：中国船舶工业综合技术经济研究院、大连海事大学、淄博柴油机总公司、上海沪江柴油机排放检测科技有限公司、中国船级社青岛分社。

本标准主要起草人：李斌、李军、胡光富、王延瑞、邱建林、祁超。

本标准所代替标准的历次版本发布情况为：

——GB/T 15097—1994。

船用柴油机排气排放污染物测量方法

1 范围

本标准规定了船用柴油机(以下简称“柴油机”)排气排放污染物(CO、NO_x 和 HC)的排放浓度和比排放量的台架试验测量方法。

本标准适用于船用柴油机排气排放污染物的台架测量,船上测量可参照使用。

2 规范性引用文件

下列文件中的条款通过本标准的引用而成为本标准的条款。凡是注日期的引用文件,其随后所有的修改单(不包括勘误的内容)或修订版均不适用于本标准,然而,鼓励根据本标准达成协议的各方研究是否可使用这些文件的最新版本。凡是不注日期的引用文件,其最新版本适用于本标准。

GB/T 8190.1—1999 往复式内燃机 排放测量 第1部分:气体和颗粒排放物的试验台测量(idt ISO 8178-1:1996)

ISO 8217:2005 石油产品 燃料(F级) 船用燃料要求

3 测量条件和仪器

3.1 测量条件

3.1.1 试验条件参数

3.1.1.1 对于自然吸气和机械增压柴油机,其试验条件参数按公式(1)计算;对于带或者不带进气中冷的涡轮增压柴油机,其试验条件参数按公式(2)计算。式中的干大气压力 p_s 按公式(3)计算。

$$f_a=\left(\frac{99}{p_s}\right)\cdot\left(\frac{T_a}{298}\right)^{0.7} \qquad \cdots\cdots(1)$$

$$f_a=\left(\frac{99}{p_s}\right)^{0.7}\cdot\left(\frac{T_a}{298}\right)^{1.5} \qquad \cdots\cdots(2)$$

$$p_s=p_B-p_a\cdot R_a \qquad \cdots\cdots(3)$$

式中:

f_a——柴油机的试验条件参数;

p_s——干大气压力,单位为千帕(kPa);

T_a——吸入空气的绝对温度,单位为开尔文(K);

p_B——总压力,单位为千帕(kPa);

p_a——吸入空气的饱和蒸汽压力,单位为千帕(kPa);

R_a——吸入空气的相对湿度,%。

3.1.1.2 当 $0.93\leqslant f_a\leqslant 1.07$ 时,对柴油机系族进行的试验方为有效。参数 f_a 在 0.96~1.06 范围内为最佳。

注:柴油机系族的确定见 GB/T 8190.7。

3.1.2 试验用柴油机要求

3.1.2.1 柴油机的进气阻力应控制在制造厂规定的最大空气消耗量时允许值±0.3 kPa 以内。

3.1.2.2 柴油机排气系统的背压应控制在制造厂规定的标定工况时最大允许值±0.65 kPa 以内。

3.1.2.3 柴油机冷却系统应具有足够的冷却能力,使柴油机维持在制造厂规定的正常运行温度范围内。

3.1.2.4　应记录试验用润滑油的规格，并随试验结果一起写入报告。

3.1.3　试验用燃料

3.1.3.1　柴油机试验用燃料应根据试验目的进行选择，可使用符合 ISO 8217:2005 规定的具有适合柴油机类型的 DM 级船用燃料，并在试验报告中注明燃油牌号。进行对比试验时，应使用同一牌号燃油。

3.1.3.2　燃料温度应符合制造厂的推荐，并应在燃料喷射泵进口处或根据制造厂的要求测量。应记录燃料温度和测量位置。

3.2　测量仪器

3.2.1　测量柴油机排气排放污染物应采用下列气体分析仪：

a)　测量 CO 和 CO_2 的排放浓度使用不分光红外线分析仪(NDIR)。

b)　测量 NO_x 的排放浓度使用化学发光检测器(CLD)或加热式化学发光检测器(HCLD)。

c)　测量 HC 的浓度采用加热式火焰离子检测器(HFID)。

d)　测量 O_2 应使用顺磁检测器(PMD)、二氧化锆传感器(ZRDO)、电化学传感器(ECS)。使用电化学传感器时，对 CO_2 和 NO_x 的干扰应予以补偿。

允许使用其他等效的或性能更好的气体分析仪。

3.2.2　所使用的气体分析仪器应满足下列技术要求：

a)　应能从气流中连续测量且应具备记录连续输出反应的能力，分析仪的工作范围应使测量的浓度落在满刻度的 15%和 100%之间；测量值低于 15%量程时，若设备在 15%量程内的线性度在±4%以内且在零位时不超过满刻度的±1%，也允许使用。

b)　设备电磁兼容性(EMC)应达到使附加的误差最小。

c)　分析仪总的测量误差包括对其他气体的交叉灵敏度应不超过读数的±5%或满刻度的±3.5%，取其小者；对小于 100 ppm 的浓度，测量误差应不超过±4%。

注：ppm 表示 10^{-6}。

d)　分析仪的再现性，在每个大于 155 ppm 的使用范围内，应不超过满刻度浓度的±1%，或在每个低于 155 ppm 的使用范围内，应不超过±2%。

e)　整个使用范围内，分析仪在任何 10 s 内对零气和量距气的峰-峰响应值应不超过满刻度的 2%。

f)　分析仪在 1 h 内的零点漂移在使用的最低量程上应小于满刻度的 2%。

g)　分析仪在 1 h 内的量距漂移在使用的最低量程上应小于满刻度的 2%。

h)　湿的或干的排气都应可以测量；若使用干燥装置，其必须对被测气体的浓度影响最小，不能采用化学干燥剂除去气样中的水分。

3.2.3　在试验台上测量仪器的允许偏差应符合表 1 和表 2 的要求。

表 1　发动机有关参数测量用仪器的允许偏差

序号	测量仪器	允许偏差
1	柴油机转速	读数的±2%或柴油机最高转速值的±1%，取大者
2	扭矩	读数的±2%或柴油机最大扭矩值的±1%，取大者
3	燃料消耗	柴油机最大燃油消耗量的±2%
4	空气消耗	读数的±2%或柴油机最大空气消耗量的±1%，取大者
5	排气流量	读数的±2.5%或柴油机最大排气流量的±1.5%，取大者

表 2　其他基本参数测量用仪器的允许偏差

序号	测 量 仪 器	允 许 偏 差
1	冷却水温度、滑油温度、空气进口温度、燃油温度	±2 K 绝对值
2	排气温度	读数的±1%
3	排气压力	±0.2 kPa 绝对值
4	进气空气负压	±0.05 kPa 绝对值
5	大气压力	±0.1 kPa 绝对值
6	其他压力	±0.01 kPa 绝对值
7	相对湿度	±3%绝对值
8	绝对湿度	读数的±5%

4　测量方法

4.1　测量循环

柴油机排气排放污染物的测量循环应按表 3 规定的工况进行。

表 3　柴油机测量循环

测量循环模式	项目	测 量 点							
		1	2	3	4	5	6	7	8
E2（恒速船用主机，包括柴油机电力驱动和调距桨装置）	转速百分数[a]	100%	100%	100%	100%	—	—	—	—
	负荷百分数[b]	100%	75%	50%	25%	—	—	—	—
	加权系数 W_F	0.2	0.5	0.15	0.15	—	—	—	—
E3（按推进特性运行的船用主机和辅机）	转速百分数	100%	91%	80%	63%	—	—	—	—
	负荷百分数	100%	75%	50%	25%	—	—	—	—
	加权系数 W_F	0.2	0.5	0.15	0.15	—	—	—	—
D2（恒速运行的船用辅机）	转速百分数	100%	100%	100%	100%	100%	—	—	—
	负荷百分数	100%	75%	50%	25%	10%	—	—	—
	加权系数 W_F	0.05	0.25	0.3	0.3	0.1	—	—	—
C1（变速、变负荷运行的船用辅机）	转速百分数	标定转速				中间转速[c]			怠速
	负荷百分数	100%	75%	50%	10%	100%	75%	50%	0%
	加权系数 W_F	0.15	0.15	0.15	0.1	0.1	0.1	0.1	0.15

[a] 转速百分数系指测量点的柴油机转速与该柴油机标定转速比值的百分数。

[b] 负荷百分数系指测量点的柴油机功率与该柴油机标定功率比值的百分数。

[c] 中间转速的定义见 GB/T 8190.4—1999 中 3.6。

4.2　取样要求

4.2.1　气体排放物的取样探头应安装在距排气系统出口至少 0.5 m 或 3 倍于排气管直径（取大者）的上游处，并足够靠近柴油机，以确保取样探头处的排气温度至少为 343 K。若测量 HC 则应确保取样探头处的排气温度至少为 463 K。

4.2.2　对于带有旁通排气支管的多缸柴油机，取样探头应处于足够远的下游处，以确保试样能代表所有气缸的排放平均值。对于带有不同支管组的多缸柴油机，如 V 型柴油机，允许分别从每组排气管处取样并计算平均废气排放量。对于废气排放的计算,应采用总排气质量流量。

4.2.3　如果排气成分受到任何排气后处理的影响,则排气试样应在该设备的下游处取得。

4.2.4　取样探头应采取适当方式予以固定。取样探头应为不锈钢材料制成的直管段,且一端封闭。在探头的轴向上至少等间距取3个不同径向平面,每个径向平面的管壁上至少有3个均布孔。取样探头伸入排气管内长度至少应为排气管内径的80%。

4.2.5　用于测HC湿浓度的排气试样温度应保持在463 K±10 K;测CO和CO_2干浓度的排气试样温度应在278 K及以下(一般在273 K～277 K之间);测NO_x浓度的排气试样温度应在333 K以上。

4.3　试验前准备

4.3.1　复查试验台各设备和测试仪表的安装连接,并确认连接可靠。

4.3.2　对分析仪进行零点和量距刻度标定。若试验中需要多种量程测定排气各成分浓度,则应对所用的每种量程进行标定。

4.3.3　应安装一个与分析仪相连接的条带记录器或等效数据获取系统,以便于检查历史测量数据。

4.3.4　分析仪器应安放在适当位置,有足够空间且无明显温度波动、无振动。

4.3.5　应进行系统泄漏试验。测试管探头应与排气系统脱开并且端部塞住;开启分析仪泵,初步稳定后所有流量表的读数为零。若不为零,应检查取样管路并消除缺陷。

4.4　测量过程

4.4.1　安装取样探头,接通测量仪器的所有部件(分析仪、加热管、泵、条带记录仪以及其他测量装置),并让测量系统预热。其预热时间应按照分析仪制造厂的推荐;若没有规定,建议至少预热2 h。

4.4.2　启动柴油机进行暖机运行,使水温、油温、油压等运转参数达到制造厂规定的范围。

4.4.3　排放测量应在柴油机工况稳定后进行,每一测量点的转速应稳定,其转速波动应不大于额定转速的±1%或±3 r/min内(取大者);负荷调整偏差应不大于全负荷的±2%。

4.4.4　一次测量循环应按表3规定的测量点和顺序(或反向顺序)连续完成,否则测量无效。

4.4.5　每一测量点至少稳定运转5 min后进行测量。对于每一测量点,从柴油机排气中连续取样测量10 min,并将CO、NO_x、HC、O_2、CO_2分析仪的输出信号连续记录在记录纸上或贮存在数据获取系统中,取其算术平均值。

4.4.6　在进行CO、NO_x、HC、O_2、CO_2测量的同时,按附录A测量并记录其他相关数据(如转速、功率、扭矩、温度、压力、湿度、燃料消耗等)。

4.4.7　完成最后一个测量点后,应立即复核4.3.2确定的CO、O_2、NO_x、CO_2和HC分析仪的零点和量距刻度标定。若测量前后分析仪的零点漂移低于该分析仪满量程的2%或零点与量距刻度标定点的间距偏差低于该分析仪满量程的2%,测量有效;否则,测量无效,应重新测试。

5　测量结果的计算

5.1　排气质量流量或燃烧空气消耗量的计算按GB/T 8190.1—1999附录A规定的方法进行。

5.2　按公式(4)～公式(6)分别计算每个测量点的CO、NO_x和HC质量排放量。

$$G_{CO} = 0.966[G_a(\text{干}) + G_f]V_{CO}(\text{实测}) \times K_w \times 10^{-3} \quad\cdots\cdots(4)$$

$$G_{NO_x} = 1.586[G_a(\text{干}) + G_f]V_{NO_x}(\text{实测}) \times K_h \times 10^{-3} \quad\cdots\cdots(5)$$

$$G_{HC} = 0.478[G_a(\text{干}) + G_f]V_{HC}(\text{实测}) \times 10^{-3} \quad\cdots\cdots(6)$$

式中:

G_{CO}——每个测量点的CO质量排放量,单位为克每小时(g/h);

G_{NO_x}——每个测量点的NO_x质量排放量,单位为克每小时(g/h);

G_{HC}——每个测量点的HC质量排放量,单位为克每小时(g/h);

G_a(干)——每个测量点换算到标准环境状况下的柴油机空气消耗量,单位为千克每小时(kg/h);

G_f——每个测量点柴油机燃油消耗量,单位为千克每小时(kg/h);

V_{CO}(实测)——按4.4.7确定的每个测量点的CO排放浓度，10^{-6}(ppm)；
V_{NO_x}(实测)——按4.4.7确定的每个测量点的NO_x排放浓度，10^{-6}(ppm)；
V_{HC}(实测)——按4.4.7确定的每个测量点的HC排放浓度，10^{-6}(ppm)；
K_w——CO干、湿基浓度换算系数，见附录B；
K_h——NO_x排放浓度的进气湿度温度修正系数，见附录C。

5.3 按公式(7)～公式(9)分别计算每个测量点的CO、NO_x和HC的比排放量。

$$bs_{CO} = \frac{G_{CO}}{P} \quad \cdots\cdots(7)$$

$$bs_{NO_x} = \frac{G_{NO_x}}{P} \quad \cdots\cdots(8)$$

$$bs_{HC} = \frac{G_{HC}}{P} \quad \cdots\cdots(9)$$

式中：
bs_{CO}——每个测量点的CO质量排放量，单位为克每千瓦小时[g/(kW·h)]；
bs_{NO_x}——每个测量点的NO_x质量排放量，单位为克每千瓦小时[g/(kW·h)]；
bs_{HC}——每个测量点的HC质量排放量，单位为克每千瓦小时[g/(kW·h)]；
P——每个测量点的功率，单位为千瓦(kW)。

5.4 按公式(10)～公式(12)分别计算CO、NO_x和HC的加权平均比排放量。

$$BS_{CO} = \frac{\sum(G_{CO} \cdot W_F)}{\sum(P \cdot W_F)} \quad \cdots\cdots(10)$$

$$BS_{NO_x} = \frac{\sum(G_{NO_x} \cdot W_F)}{\sum(P \cdot W_F)} \quad \cdots\cdots(11)$$

$$BS_{HC} = \frac{\sum(G_{HC} \cdot W_F)}{\sum(P \cdot W_F)} \quad \cdots\cdots(12)$$

式中：
BS_{CO}——一次测量循环的CO加权平均比排放量，单位为克每千瓦小时[g/(kW·h)]；
BS_{NO_x}——一次测量循环的NO_x加权平均比排放量，单位为克每千瓦小时[g/(kW·h)]；
BS_{HC}——一次测量循环的HC加权平均比排放量，单位为克每千瓦小时[g/(kW·h)]；
W_F——每个测量工况的加权系数，见表3。

附 录 A
（资料性附录）
柴油机排放测量结果记录表

柴油机排放测量记录表见表A.1。

表A.1 柴油机排放测量结果记录表

试验模式	1	2	3	4	5	6	7	8
功率/扭矩/%								
速度/%								
开始时间								
测量的环境数据								
大气压力/kPa								
进气温度/K								
进气湿度/(g/kg)								
大气系数(f_a)								
测量的柴油机数据								
转速/(r/min)								
附加功率/kW								
设定功率/kW								
实测功率/kW								
平均有效压力/MPa								
燃油齿条								
未修正燃油消耗[g/(kW·h)]								
燃油质量流量/(kg/h)								
空气质量流量/(kg/h)								
排气质量流量/(kg/h)								
排气温度/K								
排气背压/MPa								
气缸冷却水出口温度/K								
气缸冷却水进口温度/K								
气缸冷却水压力/MPa								
中间冷却的空气温度/K								
滑油温度/K								
滑油压力/MPa								
进气压力降/MPa								
测量的排气数据								
NO_x 浓度干/湿/10^{-6}(ppm)								

表 A.1（续）

试验模式		1	2	3	4	5	6	7	8
CO 浓度干/湿/10^{-6}(ppm)									
CO_2 浓度干/湿/10^{-6}(ppm)									
O_2 浓度干/湿/10^{-6}(ppm)									
HC 浓度干/湿/10^{-6}(ppm)									
计算出的排气数据									
NO_x 温度湿度修正系数									
燃油特定系数									
NO_x	质量流量/(kg/h)								
	比排放量/[g/(kW·h)]								
	加权平均比排放量/[g/(kW·h)]								
CO	质量流量/(kg/h)								
	比排放量/[g/(kW·h)]								
	加权平均比排放量/[g/(kW·h)]								
HC	质量流量/(kg/h)								
	比排放量/[g/(kW·h)]								
	加权平均比排放量/[g/(kW·h)]								
注：C1 工况怠速工况点的比排放量不作计算。									

附 录 B
（规范性附录）
柴油机CO排放浓度的干、湿基换算

B.1 CO干、湿基浓度的换算按公式(B.1)计算。

$$V_{CO}(湿) = K_w \times V_{CO}(实测) \quad \cdots\cdots (B.1)$$

B.2 干、湿基浓度换算系数 K_w 按公式(B.2)~公式(B.4)计算。

$$K_w = 1 - W \quad \cdots\cdots (B.2)$$

$$W = \frac{0.5y + 7.63MH \times 10^{-3}}{(4.76 + 7.63H \times 10^{-3})M + 0.25y} \quad \cdots\cdots (B.3)$$

$$M = \frac{1}{G_f/G(干)}\left(\frac{12.01 + 1.008y}{137.28 + 13.75H \times 10^{-2}}\right) \quad \cdots\cdots (B.4)$$

式中：

W——柴油机排气中的水蒸气容积分量；

y——柴油的氢/碳原子数比，取 $y=1.75$；

M——吸入柴油机的空气中氧的摩尔数；

H——试验时的环境空气含湿量，单位为克(水)每千克(干空气)(g/kg)。

B.3 试验时环境空气含湿量 H 按公式(B.5)计算。

$$H = \frac{622\phi p_s}{p - \phi p_s} \quad \cdots\cdots (B.5)$$

式中：

ϕ——进气空气的相对湿度，%；

p_s——干球湿度(进气温度)下的饱和水蒸气压，可由表B.1查得，单位为千帕(kPa)；

p——大气压，单位为千帕(kPa)。

表 B.1 各种湿度下的饱和水蒸气压 p_s

t/℃	0.0	0.1	0.2	0.3	0.4	0.5	0.6	0.7	0.8	0.9
0	0.611	0.615	0.620	0.624	0.629	0.633	0.638	0.642	0.647	0.652
1	0.657	0.661	0.666	0.671	0.676	0.681	0.685	0.690	0.695	0.700
2	0.705	0.710	0.716	0.721	0.726	0.731	0.736	0.741	0.747	0.752
3	0.757	0.763	0.768	0.774	0.779	0.785	0.790	0.796	0.801	0.807
4	0.813	0.819	0.824	0.830	0.836	0.842	0.848	0.854	0.860	0.866
5	0.872	0.878	0.884	0.890	0.896	0.903	0.909	0.915	0.922	0.928
6	0.935	0.941	0.948	0.954	0.961	0.967	0.974	0.981	0.988	0.994
7	1.001	1.008	1.015	1.022	1.029	1.036	1.043	1.050	1.058	1.065
8	1.072	1.079	1.087	1.094	1.102	1.109	1.117	1.124	1.132	1.140
9	1.147	1.155	1.163	1.171	1.079	1.187	1.195	1.203	1.211	1.219
10	1.227	1.235	1.244	1.252	1.260	1.269	1.277	1.286	1.294	1.303
11	1.312	1.321	1.329	1.338	1.347	1.356	1.365	1.374	1.383	1.392
12	1.402	1.411	1.420	1.430	1.439	1.448	1.458	1.468	1.477	1.487

表 B.1（续）

t/℃	0.0	0.1	0.2	0.3	0.4	0.5	0.6	0.7	0.8	0.9
13	1.497	1.507	1.516	1.526	1.536	1.546	1.556	1.567	1.577	1.587
14	1.598	1.608	1.618	1.629	1.639	1.650	1.661	1.672	1.682	1.693
15	1.704	1.715	1.726	1.737	1.749	1.760	1.771	1.783	1.794	1.806
16	1.817	1.829	1.840	1.852	1.864	1.876	1.888	1.900	1.912	1.924
17	1.937	1.949	1.961	1.974	1.986	1.999	2.011	2.024	2.037	2.050
18	2.063	2.076	2.089	2.102	2.115	2.129	2.142	2.155	2.169	2.183
19	2.196	2.210	2.224	2.238	2.252	2.266	2.280	2.294	2.308	2.323
20	2.337	2.352	2.366	2.381	2.396	2.410	2.425	2.440	2.455	2.471
21	2.486	2.501	2.517	2.532	2.548	2.563	2.579	2.595	2.611	2.627
22	2.643	2.659	2.675	2.692	2.708	2.724	2.741	2.758	2.775	2.791
23	2.808	2.825	2.843	2.860	2.877	2.894	2.912	2.930	2.947	2.965
24	2.983	3.001	3.019	3.037	3.055	3.074	3.092	3.111	3.129	3.148
25	3.167	3.186	3.205	3.224	3.243	3.262	3.282	3.301	3.321	3.341
26	3.361	3.381	3.401	3.421	3.441	3.461	3.482	3.502	3.523	3.544
27	3.565	3.586	3.607	3.628	3.649	3.671	3.692	3.714	3.735	3.757
28	3.779	3.801	3.824	3.846	3.868	3.891	3.913	3.936	3.959	3.982
29	4.005	4.028	4.052	4.075	4.099	4.122	4.146	4.170	4.194	4.218
30	4.243	4.267	4.292	4.316	4.341	4.366	4.391	4.416	4.441	4.467
31	4.492	4.518	4.544	4.570	4.596	4.622	4.648	4.675	4.701	4.728
32	4.755	4.782	4.809	4.836	4.863	4.891	4.919	4.946	4.974	5.002
33	5.030	5.059	5.087	5.116	5.144	5.173	5.202	5.231	5.261	5.290
34	5.320	5.349	5.379	5.409	5.439	5.470	5.500	5.531	5.561	5.592
35	5.623	5.654	5.686	5.717	5.749	5.781	5.813	5.845	5.877	5.909
36	5.942	5.975	6.007	6.040	6.074	6.107	6.140	6.174	6.208	6.242
37	6.276	6.310	6.345	6.379	6.414	6.449	6.484	6.519	6.555	6.590
38	6.626	6.662	6.698	6.734	6.771	6.807	6.844	6.881	6.918	6.956
39	6.993	7.031	7.068	7.106	7.145	7.183	7.221	7.260	7.299	7.338
40	7.377	7.417	7.459	7.496	7.536	7.576	7.617	7.657	7.698	7.739
41	7.780	7.821	7.863	7.904	7.946	7.988	8.030	8.073	8.115	8.158
42	8.201	8.244	8.288	8.331	8.375	8.419	8.463	8.508	8.552	8.597
43	8.642	8.687	8.732	8.778	8.824	8.870	8.916	8.962	9.009	9.056
44	9.103	9.150	9.198	9.245	9.293	9.341	9.390	9.438	9.487	9.536
45	9.585	9.634	9.684	9.734	9.784	9.834	9.885	9.935	9.986	10.038

附　录　C
（规范性附录）
柴油机 NO_x 排放浓度的进气湿度温度修正

C.1　NO_x 排放浓度的进气湿度修正按公式(C.1)、公式(C.2)计算。

$$V_{NO_x}(\text{修正}) = K_h \times V_{NO_x}(\text{湿}) \quad \cdots\cdots(C.1)$$

式中：

V_{NO_x}(修正)——进气湿度修正后的 NO_x 排放浓度。

C.2　NO_x 排放浓度进气湿度修正系数 K_h 按公式(C.2)计算。

$$K_h = \frac{1}{1 + A(H - 10.71) + B(T - 298)} \quad \cdots\cdots(C.2)$$

式中：

$A = 0.309[G_f/G_a(\text{干})] - 0.0266$；

$B = -0.209[G_f/G_a(\text{干})] + 0.00954$；

H——试验时的环境空气含湿量，按公式(B.5)计算，单位为克(水)每千克(干空气)(g/kg)；

T——试验时的进气温度，单位为开尔文(K)。

参 考 文 献

[1] GB/T 8190.4—1999 往复式内燃机 排放测量 第4部分:不同用途发动机的试验循环(idt ISO 8178-4:1996).

[2] GB/T 8190.7 往复式内燃机 排放测量 第7部分:发动机系族的确定(GB/T 8190.7—2003,ISO 8178-7:1996,IDT).

ICS 13.300
A 80

GB

中华人民共和国国家标准

GB/T 15098—2008
代替 GB/T 15098—1994

STANDARDS PRESS OF CHINA

危险货物运输包装类别划分方法

The principle of classification of transport packaging groups of dangerous goods

2008-08-04 发布　　　　2009-04-01 实施

中华人民共和国国家质量监督检验检疫总局
中国国家标准化管理委员会　发布

前　言

本标准代替 GB/T 15098—1994《危险货物运输包装类别划分原则》。

本标准与 GB/T 15098—1994 相比主要变化如下：

——依据全国危险化学品管理标准化技术委员会标准审查会专家意见，标准名称改为《危险货物运输包装类别划分方法》；

——对标准涉及的危险货物类项名称按照 GB 6944—2005 进行了一致性修改；

——对标准不适用的范围和内容依据 GB 12268—2005 中 4.2 进行了修改；

——删去了术语部分，因内容不全且与 GB 6944—2005 中术语重复；

——对包装类别的定义进行了修改；

——依据 GB 6944—2005，第 3 类易燃液体不分项，在第 3 类易燃液体删掉了低、中、高闪点的描述；

——依据联合国《关于危险货物运输的建议书　规章范本》(第 15 版)中的相关内容和危险货物运输的长期实践经验，对第 4 类 易燃固体、易于自燃的物质、遇水放出易燃气体的物质，第 5 类 氧化性物质，第 6 类 毒性物质，第 8 类 腐蚀性物质的包装类别分别进行了确定。

本标准由全国危险化学品管理标准化技术委员会(SAC/TC 251)提出并归口。

本标准起草单位：北京交通大学。

本标准主要起草人：杨月芳、吴育俭、海涛、李振江、贾传峻、杨方、王海星。

本标准于 1994 年首次发布。

危险货物运输包装类别划分方法

1 范围

本标准规定了划分各类危险货物运输包装类别的方法。

本标准适用于危险货物生产、贮存、运输和检验部门对危险货物运输包装进行性能试验和检验时确定包装类别的依据。

本标准不适用于：

a) 盛装爆炸品的运输包装；

b) 盛装气体的压力容器；

c) 盛装有机过氧化物和自反应物质的运输包装；

d) 盛装感染性物质的运输包装；

e) 盛装放射性物质的运输包装；

f) 盛装杂项危险物质和物品的运输包装；

g) 净质量大于 400 kg 的包装；

h) 容积大于 450 L 的包装。

有特殊要求的另按相关规定办理。

2 规范性引用文件

下列文件中的条款通过本标准的引用而成为本标准的条款。凡是注日期的引用文件，其随后所有的修改单(不包括勘误的内容)或修订版均不适用于本标准，然而，鼓励根据本标准达成协议的各方研究是否可使用这些文件的最新版本。凡是不注日期的引用文件，其最新版本适用于本标准。

GB/T 261—1983 石油产品闪点测定法(闭口杯法)

GB/T 616—2006 化学试剂 沸点测定通用方法

GB 6944 危险货物分类和品名编号

GB/T 7634—1987 石油及有关产品低闪点测定 快速平衡法

GB 12268 危险货物品名表

GB/T 21615—2008 危险品 易燃液体闭杯闪点试验方法

GB/T 21775—2008 闪点的测定 闭杯平衡法

GB/T 21789—2008 石油产品和其他液体闪点的测定 阿贝尔闭口杯法

联合国《关于危险货物运输的建议书 规章范本》(第 15 版)

3 包装类别

危险货物包装根据其内装物的危险程度划分为三种包装类别：

Ⅰ类包装：盛装具有较大危险性的货物；

Ⅱ类包装：盛装具有中等危险性的货物；

Ⅲ类包装：盛装具有较小危险性的货物。

4 包装类别的划分

4.1 基本方法

按 GB 6944 中危险货物的不同类项及有关的定量值，确定其包装类别。但各类中性质特殊的货物其包装类可另行规定。

货物具有两种以上危险性时，其包装类别须按级别高的确定。

4.2 第3类 易燃液体

按易燃性划分包装类别，如表1。

表1 易燃液体包装类别划分表

包装类别	闪点(闭杯)	初沸点
Ⅰ类包装	—	≤35 ℃
Ⅱ类包装	<23 ℃	>35 ℃
Ⅲ类包装	≥23 ℃,≤60 ℃	>35 ℃

注：沸点及闪点的测定方法参见GB/T 261—1983、GB/T 616—2006、GB/T 7634—1987、GB/T 21615—2008、GB/T 21775—2008、GB/T 21789—2008。

4.3 第4类 易燃固体、易于自燃的物质、遇水放出易燃气体的物质

4.3.1 4.1项 易燃固体

a) GB 12268中备注栏CN号为41001～41500：Ⅱ类包装；

b) GB 12268中备注栏CN号为41501～41999：Ⅲ类包装；

c) 退敏爆炸品：根据危险性采用Ⅰ类或Ⅱ类包装。

4.3.2 4.2项 易于自燃的物质

a) GB 12268中备注栏CN号为42001～42500：Ⅰ类包装；

b) GB 12268中备注栏CN号为42501～42999：Ⅱ类包装；

c) GB 12268中备注栏CN号为42501～42999中的含油、含水纤维或碎屑类物质：Ⅲ类包装；

d) 自热物质危险性大的须采用Ⅱ类包装。

4.3.3 4.3项 遇水放出易燃气体的物质

a) GB 12268中备注栏CN号为43001～43500：Ⅰ类包装；

b) GB 12268中备注栏CN号为43001～43500中危险性小的以及CN号为43501～43999：Ⅱ类包装；

c) GB 12268中备注栏CN号为43501～43999中危险性小的：Ⅲ类包装。

4.4 第5类 氧化性物质

a) GB 12268中备注栏CN号为51001～51500：Ⅰ类包装；

b) GB 12268中备注栏CN号为51501～51999：Ⅱ类包装；

c) GB 12268中备注栏CN号为51501～51999中危险性小的：Ⅲ类包装。

4.5 第6类 毒性物质

根据联合国《关于危险货物运输的建议书 规章范本》(第15版)，口服、皮肤接触以及吸入粉尘和烟雾的方式确定包装类，如表2。

表2 口服、皮肤接触以及吸入粉尘和烟雾毒性物质包装类别划分表

包装类别	口服毒性 LD_{50}/(mg/kg)	皮肤接触毒性 LD_{50}/(mg/kg)	吸入粉尘和烟雾毒性 LC_{50}/(mg/L)
Ⅰ	≤5.0	≤50	≤0.2
Ⅱ	5.0< LD_{50}≤50	50<LD_{50}≤200	0.2 <LC_{50}≤2.0
Ⅲ	50< LD_{50}≤300	200<LD_{50}≤1 000	2.0< LC_{50}≤4.0

注：GB 12268备注栏CN号为61001～61500中闪点<23 ℃的液态毒性物质：Ⅰ类包装；
GB 12268备注栏CN号为61501～61999中闪点<23 ℃的液态毒性物质：Ⅱ类包装。

4.6 第8类 腐蚀性物质

a) GB 12268 备注栏 CN 号为 81001～81500：Ⅰ类包装；

b) GB 12268 备注栏 CN 号为 81501～81999，82001～82500：Ⅱ类包装；

c) GB 12268 备注栏 CN 号为 82501～82999，83001～83999：Ⅲ类包装。

ICS 65.150
B 51

中华人民共和国国家标准

GB/T 15101.1—2008
代替 GB/T 15101.1—1994

中国对虾 亲虾

Chinese shrimp—Parent shrimp

2008-04-09 发布 2008-06-01 实施

中华人民共和国国家质量监督检验检疫总局
中国国家标准化管理委员会 发布

前　言

GB/T 15101《中国对虾》分为两个部分：

——GB/T 15101.1—2008　中国对虾　亲虾；

——GB/T 15101.2—2008　中国对虾　苗种。

本部分为 GB/T 15101 的第 1 部分。

本部分代替 GB/T 15101.1—1994《中国对虾养殖　亲虾》，主要变化如下：

——原标准名称《中国对虾养殖　亲虾》改为《中国对虾　亲虾》；

——增加了关于运输的要求；

——增加了关于检疫的要求；

——增加了抽样原则、组批、抽样方法的内容；

——增加了资料性附录“中国对虾性腺发育”(见附录 A)；

——增加了规范性附录“白斑病病毒的检疫”(见附录 B)。

本部分的附录 B 为规范性附录，附录 A 为资料性附录。

本部分由中华人民共和国农业部提出。

本部分由全国水产标准化技术委员会海水养殖分技术委员会归口。

本部分起草单位：中国水产科学研究院黄海水产研究所。

本部分主要起草人：张岩、陈四清、于东祥、李鲁晶。

本部分所代替标准的历次版本发布情况为：

——GB/T 15101.1—1994。

中国对虾　亲虾

1　范围

GB/T 15101 的本部分规定了中国对虾(*Fenneropenaeus chinensis*)亲虾的来源、质量要求、检验方法、检验规则和运输要求。

本部分适用于中国对虾亲虾的培育、销售和使用。

2　规范性引用文件

下列文件中的条款通过 GB/T 15101 的本部分的引用而成为本部分的条款。凡是注日期的引用文件,其随后所有的修改单(不包括勘误的内容)或修订版均不适用于本部分,然而,鼓励根据本部分达成协议的各方研究是否可使用这些文件的最新版本。凡是不注日期的引用文件,其最新版本适用于本部分。

NY 5052　无公害食品　海水养殖用水水质

3　术语和定义

下列术语和定义适用于 GB/T 15101 的本部分。

3.1

亲虾　**parent shrimp**

中国对虾人工苗种繁育期间所使用的已交尾的中国对虾的雌虾。

4　质量要求

4.1　亲虾来源

4.1.1　从自然海区捕获的或从人工养殖池塘中选育的中国对虾亲虾。

4.1.2　发生过病毒病的虾池的剩余虾不得用作亲虾。

4.1.3　鼓励使用原、良种场提供的优质亲虾。

4.2　外观

4.2.1　形态特征

虾体完整,体色鲜明正常,体质健壮,头胸甲、腹节、附肢及尾扇完好无伤,额角完整无折断,无其他外伤、无畸形,符合中国对虾形态分类特征。

4.2.2　体色

色泽鲜艳,呈自然的虾青色。

4.2.3　体表

体表光洁,无附着物。

4.2.4　活力

对外界刺激反应灵敏,手抓挣扎有力,游动正常,不游动时正向匍匐水底,不侧卧。

4.2.5　病症

无褐斑、黑鳃、红腿、烂眼、软壳、白斑、白黑斑等病症。

4.3　规格

4.3.1　体长

人工养殖亲虾不小于 14 cm;自然海区捕获的亲虾不小于 17 cm。

4.3.2 **体重**

人工养殖亲虾不小于 28 g；自然海区捕获的亲虾不小于 58 g。

4.4 **交尾及性腺发育**

纳精囊饱满微凸，内有乳白色的精荚；卵巢发育良好，轮廓清晰，呈灰绿或墨绿色，颜色与发育阶段相符，亲虾卵巢发育分期情况参见附录 A。

4.5 **检疫**

亲虾在入池前应进行白斑病的检疫，带病毒的虾不得用作亲虾。

5 检验方法

5.1 **外观**

用肉眼按照 4.2 的要求进行检查。

5.2 **规格**

5.2.1 **体长**

当虾体自然伸展时，用直尺（精度 1 mm）测量从眼柄基部至尾节末端的长度。

5.2.2 **体重**

用湿纱布将亲虾体表水分吸干后，用天平（感量为 0.1 g）称重。

5.3 **检疫**

白斑病病毒的检疫见附录 B。

6 检验规则

6.1 **抽样原则**

抽样按照 6.2、6.3 的规定进行，外观、规格、体重的检验采取抽样和目测结合的方法。

6.2 **组批**

海捕亲虾以同一来源、同一时间捕获的为同一检验批。人工养殖对虾以同一养殖池的为同一检验批。

6.3 **抽样方法**

同一检验批的亲虾应随机取样，批量在 1 000 尾以下（含 1 000 尾）的，取样数为批量的 2%，最小取样数为 10 尾；批量在 1 000 尾以上，5 000 尾以下（含 5 000 尾）的，取样数为批量的 1%；批量在 5 000 尾以上的，取样数为批量的 0.5%。

6.4 **检验结果的判定**

所有抽检亲虾应符合第 4 章的要求，不符合要求的亲虾即判定为批不合格。

7 亲虾的运输

7.1 亲虾应尽量做到随捕随运，尽量缩短运输前的暂养时间。

7.2 亲虾的运输方式可采用帆布桶运输、塑料袋充氧运输（塑料袋中加入 10 L 海水置 3 尾～5 尾亲虾，充入氧气至 15 L～20 L 扎紧即可运输）或活水船、活水车运输，运输过程中可保持充气或中途换水，应保持水中溶解氧含量在 5 mg/L 以上。

7.3 应根据距离、密度、水体大小等确定亲虾运输密度，一般为 50 尾/m^2～80 尾/m^2。

7.4 亲虾运输用水应符合 NY 5052 的要求。

7.5 亲虾运输过程中应防晒、防雨淋，天冷运输应注意保温。

附 录 A
（资料性附录）
中国对虾性腺发育

中国对虾的性腺发育大体可分为六期：

第Ⅰ期

雌虾在交配前性腺纤细，透明无色，外观看不到性腺，卵细胞很小，其内物质稀薄，核大圆形。

第Ⅱ期

交配过后，解剖可见性腺呈半透明，白浊或带淡灰色。体积稍有增大，呈粗线条状，但卵细胞尚未有卵黄粒，核大，核仁数量多，散布于核内，外观仍看不到卵巢的形状和色泽。

第Ⅲ期

外观可以看到，性腺呈淡绿色，体积明显增大，卵巢内的卵细胞出现有卵粒。

第Ⅳ期

卵巢基本达到最大体积，充满虾体的头胸部及体腔，呈深绿色或灰绿色。卵细胞的周围出现短棒状的周边体。卵黄颗粒大，核仁分裂成小点状，数量增多，散布于核的周围。滤泡细胞变薄。营养物质被卵细胞所吸收。

第Ⅴ期

卵巢达到最大的丰满度，呈褐绿色。卵巢背面棕色斑点增多，表面龟裂突起。卵粒清晰。卵细胞内核膜消失，核仁溶解，周边体明显增长，呈辐射状排列于卵的周围。滤泡膜被吸收而不再存在。

第Ⅵ期

已产过卵。卵巢萎缩，外观为土黄色，看不清卵巢的轮廓。

附 录 B
（规范性附录）
白斑病病毒的检疫

B.1 DNA的提取

a) 活体或冰冻的成虾鳃或胃（游泳足或步足也可以）样品约5 mg～100 mg，活体或冰冻幼体、仔虾及幼虾个体样品约5 mg～100 mg（去掉幼虾眼），将所取所有样品剪碎后混合均匀，取5 mg～100 mg放入灭菌1.5 mL微型离心管中，加入抽提缓冲液500 μL，用研磨棒充分研磨，37℃温浴1 h。

b) 加入2.5 μL 20 mg/mL蛋白酶K，至终浓度100 μg/mL，混匀后置于50℃水浴3 h，不时旋动。

c) 将溶液冷却至室温，分别用等体积平衡酚、酚-三氯甲烷-异戊醇、三氯甲烷-异戊醇（24：1），颠倒混合10 min，抽提，于10 000 r/min离心1 min～3 min分离两相，保留水相。

d) 水相移至一新灭菌微型离心管中，加入100 μL 10 mol/L乙酸铵，混匀后，再加入两倍体积预冷无水乙醇（－20℃）混匀，－20℃放置2 h。10 000 r/min离心10 min，弃上清液。

e) 用70%乙醇洗涤沉淀2次，每次10 000 r/min离心5 min，小心倾去上清液，最后沉淀于室温晾干。

f) 沉淀晾干后加入100 μL灭菌双蒸水或100 μL TE缓冲液溶解DNA并保存于－20℃。

B.2 第一步PCR操作

引物序列F1：5′-ACT-ACT-AAC-TTC-AGC-CTA-TCT-AG- 3′，R1：5′-TAA-TGC-GGG-TGT-AAT -GTT-CTT-ACG-A- 3′，反应体系见表B.1。按以下程序进行扩增：90℃预热2 min，离心1 s～2 s，然后94℃ 4 min、55℃ 1 min、72℃ 2 min，1个循环；94℃ 1 min、55℃ 1 min、72℃ 2 min，39个循环；72℃延伸5 min。4℃保温。

表B.1 白斑病病毒检疫第一步PCR反应体系

试剂	用量	终浓度
10×PCR缓冲液（无Mg^{2+}）	2.5 μL	1×PCR缓冲液
$MgCl_2$（25 mmol/L）	1.5 μL	1.5 mmol/L
dNTP（10 mmol/L）	0.5 μL	200 μmol/L
DNA模版	1 μL	—
10 μmol/L引物F1	2.5 μL	1 μmol/L
10 μmol/L引物R1	2.5 μL	1 μmol/L
Taq DNA聚合酶（5 U/μL）	0.1 μL	0.02 U/μL
灭菌双蒸水	14.4 μL	—
预混物总体积	25 μL	

B.3 第二步PCR操作

第二步PCR反应体系见表B.2，PCR循环同B.2。

表 B.2 白斑病病毒检疫第二步 PCR 反应体系

试剂	用量	终浓度
10×PCR 缓冲液(无 Mg^{2+})	2.5 μL	1×PCR 缓冲液
$MgCl_2$(25 mmol/L)	1.5 μL	1.5 mmol/L
dNTP (10 mmol/L)	0.5 μL	200 μmol/L
10 μmol/L 引物 F2	2.5 μL	1 μmol/L
10 μmol/L 引物 R2	2.5 μL	1 μmol/L
10 μmol/L 引物 F3	2.5 μL	1 μmol/L
10 μmol/L 引物 R3	2.5 μL	1 μmol/L
灭菌双蒸水	7.9 μL	—
Taq DNA 聚合酶(5 U/μL)	0.1 μL	0.02 U/μL
第一步 PCR 反应产物	2.5 μL	—
预混物总体积	25 μL	

B.4 扩增产物的电泳

采用1.5%的琼脂糖凝胶，点样量为10 μL 第二步 PCR 反应产物与2 μL 6×载样缓冲液，在另外的泳道分别加入5 μL 1 kb DNA 分子质量标准的载样混合物和阳性对照、阴性对照、空白对照，在1 V/cm～5 V/cm 的电压下电泳约1 h，当载样缓冲液中溴酚蓝指示剂的色带迁移至琼脂糖凝胶的1/2～2/3 处时停止电泳，将凝胶置于紫外观察仪上观察或照相。

注1：阳性对照为已知受 WSSV(对虾白斑病病毒)感染且 PCR 结果显示明显阳性结果的 WSSV DNA 模板，－20℃保存。

注2：阴性对照为已知未受 WSSV 感染且 PCR 结果显示阴性结果的对虾组织 DNA 模板，－20℃保存。

注3：空白对照以无菌双蒸水为模板。

B.5 结果判定

阳性对照在941 bp 处会有一条特定条带出现；阳性样品在941 bp 和848 bp 处会有特定条带出现；阴性对照和阴性样品只在848 bp 处有条带；无菌水为模板设立的空白对照不出现任何条带。阳性对照在941 bp 处无特定条带出现或阴性对照在941 bp 处有条带出现都表明 PCR 失败，应在排除故障和清除污染后，重新取样检测。

ICS 65.150
B 51

中华人民共和国国家标准

GB/T 15101.2—2008
代替 GB/T 15101.2—1994

中国对虾　苗种

Chinese shrimp—Seedings

2008-04-09 发布　　2008-06-01 实施

中华人民共和国国家质量监督检验检疫总局
中国国家标准化管理委员会　发布

前言

GB/T 15101《中国对虾》分为两个部分：

——GB/T 15101.1—2008 中国对虾 亲虾；

——GB/T 15101.2—2008 中国对虾 苗种。

本部分为 GB/T 15101 的第 2 部分。

本部分代替 GB/T 15101.2—1994《中国对虾养殖 苗种》，主要变化如下：

——原标准名称《中国对虾养殖 苗种》改为《中国对虾 苗种》；

——增加了术语对应的英文；

——删除了弱苗率的定义和要求；

——苗种规格的最低限由 0.7 cm 修改为 0.8 cm；

——增加了对苗种来源的要求；

——增加了虾苗计数方法的内容；

——增加了对主要病毒性疾病的检疫要求；

——增加了苗种运输的内容；

——增加了规范性附录“涛拉综合症的检疫”(见附录 A)；

——增加了资料性附录“RNA 的实验室操作要求”(见附录 B)。

本部分的附录 A 为规范性附录，附录 B 为资料性附录。

本部分由中华人民共和国农业部提出。

本部分由全国水产标准化技术委员会海水养殖分技术委员会归口。

本部分起草单位：中国水产科学研究院黄海水产研究所。

本部分主要起草人：张岩、陈四清、于东祥、李鲁晶。

本部分所代替标准的历次版本发布情况为：

——GB/T 15101.2—1994。

中国对虾　苗种

1　范围

GB/T 15101 的本部分规定了中国对虾(*Fenneropenaeus chinensis*)苗种的规格、质量要求、检验方法、检验规则和运输方法。

本部分适用于中国对虾苗种的生产、销售和使用。

2　规范性引用文件

下列文件中的条款通过 GB/T 15101 的本部分的引用而成为本部分的条款。凡是注日期的引用文件,其随后所有的修改单(不包括勘误的内容)或修订版均不适用于本部分,然而,鼓励根据本部分达成协议的各方研究是否可使用这些文件的最新版本。凡是不注日期的引用文件,其最新版本适用于本部分。

GB/T 15101.1—2008　中国对虾　亲虾

NY 5052　无公害食品　海水养殖用水水质

3　术语和定义

下列术语和定义适用于 GB/T 15101 的本部分。

3.1

规格合格率　size qualified rate

符合规格要求的苗种数占苗种总数的百分比。

3.2

体色异常率　abnormal body-colour rate

体色异常(如发白、发红、腹部色素细胞异常扩张等)苗种数占苗种总数的百分比。

3.3

伤残率　wound and deformity rate

发育畸形或附肢和额角损伤的苗种数占苗种总数的百分比。

3.4

带病率　illness seeding rate

患有能现场判别病症或附着有其他附着物的苗种数占苗种总数的百分比。

3.5

死亡率　death rate

死亡的个体数占苗种总数的百分比。

4　苗种质量要求

4.1　苗种来源

由符合 GB/T 15101.1—2008 规定的中国对虾亲虾繁殖培育的苗种,苗种体长不小于 0.8 cm。

4.2　各项指标要求

4.2.1　外观

虾苗应规格整齐,体色正常,体表光滑,健壮、活力强,舀起后迅速伏底,搅动后有明显的顶流现象。

4.2.2　质量要求

苗种质量应符合表 1 各项指标的要求。

表 1 中国对虾苗种质量要求

序号	项目	指标
1	规格合格率/%	≥95
2	体色异常率/%	≤1
3	伤残率/%	≤1
4	带病率/%	≤1
5	死亡率/%	≤0.03
6	对虾白斑病毒(WSSV)	不得检出
7	涛拉综合症病毒(TSV)	不得检出

4.3 苗种的检疫

应对苗种进行对虾白斑病(WSSV)、涛拉综合症(TSV)检疫。

5 虾苗计数方法

5.1 带水容量法

将虾苗盛于已知容量的容器内,充分搅拌使虾苗分布均匀,用100 mL～200 mL的容器量取虾苗,逐尾进行计数,重复2次,计算3次的算术平均值,根据水体之比,算出整个容器中虾苗总数。

5.2 无水容量法

又称干量法,用塑料纱网或尼龙筛绢制成杯状漏斗容器,或用不锈钢薄板制成半圆形杯状漏斗瓢,用此杯捞取集苗箱内的虾苗,逐尾进行计数,重复2次,计算每杯的算术平均值,按杯数计算出虾苗总数。

5.3 重量计数法

用尼龙筛绢网袋捞取集苗箱内的虾苗,滴水0.5 min称其重量,重复3次,计算出每千克或每克虾苗的尾数。

6 检验方法

6.1 规格合格率测定

直接用直尺(精度1 mm)测量虾苗从眼柄基部至尾节末端的长度,每次取样数不得低于30尾。

6.2 体色异常率、死亡率、伤残率、带病率

活体直接观察,测死亡率每次取样数不得低于10 000尾,测体色异常率、伤残率、带病率每次取样数不得低于1 000尾。

6.3 对虾白斑病的检疫

对虾白斑病病毒的检疫见GB/T 15101.1—2008附录B的规定。

6.4 涛拉综合症的检疫

涛拉综合症的检疫见附录A。

7 检验规则

7.1 组批

以一个育苗池为一个检验批,销售前按批检验。

7.2 取样方法

每个检验项目随机取样3次,取3次结果的算术平均值。

7.3 判定规则

按第4章规定的各项指标判定苗种是否合格,有一项不达标即判定为批不合格。

8 苗种的运输

8.1 苗种运输可采取帆布桶充气运输、塑料袋充氧运输。

8.2 气温20℃左右，用帆布桶运输体长1.0 cm～1.5 cm的虾苗，运输密度可在15万尾/m^3～25万尾/m^3；规格30 cm×30 cm×75 cm的塑料袋充氧运输，在水温20℃～24℃时，每袋装水四分之一，可运输0.8 cm～1.0 cm的虾苗2.5万尾～3万尾，运输时间20 h以内，成活率在90%以上。

8.3 运输用水与苗种培育用水的温差应小于3℃，盐度差小于3。

8.4 运输应尽量在早晚进行，避免阳光曝晒和雨淋。

8.5 运输用水应符合NY 5052的要求。

附　录　A
（规范性附录）
涛拉综合症的检疫

A.1　实验室操作要求

进行涛拉综合症检疫的实验室操作应满足附录B的要求。

A.2　RNA模板的提取

a)　按不同大小的虾苗或感染期取不同组织样品0.1 g左右，其中，对虾幼体、仔虾取完整个体，3 cm以下的幼虾取摘除虾眼的头胸部，较大的幼虾可取鳃区或数根鳃丝，怀疑为慢性期感染的较大幼虾或成虾取对虾的淋巴器官。样品可暂时保存于−20℃。

b)　所取样品在0℃以下研磨混合均匀，取0.1 g～0.5 g置于1.5 mL无菌微量离心管中，加入0.5 mL～1 mL Trizol™试剂，用研磨棒研磨，然后置室温5 min。

c)　加入0.2 mL三氯甲烷，振摇混合15 s，室温放置3 min。

d)　于10 000 r/min离心5 min。

e)　仔细吸取上层水相，移至一支无RNA酶的微量离心管中。

f)　加0.5 mL异丙醇，混匀，置室温10 min。

g)　10 000 r/min离心10 min，倒去上清液。

h)　加入1 mL无RNA酶的70%乙醇，振摇1 min，再于10 000 r/min离心3 min，小心倒去上清液。

i)　敞口颠倒离心管，于室温晾干沉淀，加入20 μL～100 μL无RNA酶的水溶解RNA沉淀，立即用于RT-PCR或保存于−70℃待用。

A.3　RT-PCR扩增

F1引物序列如下：5’-TCA-ATG-AGA-GCT-TGG-TCC-3’。

反应体系按照表A.1的规定，扩增程序如下：60°C保温5 min，快速取出并短暂离心，继续在60℃保温30 min进行逆转录反应，然后94℃ 2 min，再按94℃ 45 s、60℃ 45 s，40个循环；60℃ 7 min，最后4℃保温，PCR产物的电泳参照GB/T 15101.1—2008中B.4进行。

表A.1　涛拉综合症RT-PCR扩增体系

试　剂	用量	终浓度
5×EZ缓冲液	5 μL	1×EZ缓冲液
醋酸锰(25 mmol/L)	2.5 μL	2.5 mmol/L
dNTP(10 mmol/L)	0.75 μL	300 μmol/L
10 μmol/L 引物F1	1.15 μL	0.46 μmol/L
10 μmol/L 引物R1	1.15 μL	0.46 μmol/L
无RNA酶的水	13.45 μL	—
rTth DNA聚合酶(5 U/μL)	0.5 μL	0.1 U/μL
RNA模板	0.5 μL	—
反应总体积	24.5 μL	

A.4 结果判定

A.4.1 阳性对照在 213 bp 处会有一条特定条带出现;阴性对照在 213 bp 处不出现条带,以无菌水为模板设立的空白对照不出现任何条带。阳性对照在 213 bp 处无特定条带出现或阴性对照在 213 bp 处有条带出现都表明 RT-PCR 失败。

注 1:阳性对照为已知受 TSV 感染且 RT-PCR 结果显示明显阳性的样品 RNA 模板,−70℃保存。

注 2:阴性对照为已知未受 TSV 感染且 RT-PCR 结果显示阴性的对虾组织 RNA 模板,−70℃保存。

注 3:空白对照为无 RNA 酶的水作模板。

A.4.2 条带的亮暗表示扩增产物浓度的多少,但并不对应于模板的量的多少。

A.4.3 样品的电泳结果参照阳性对照和阴性对照组进行判读。在 213 bp 有条带出现表示样品检测结果为阳性,在 213 bp 无条带出现表示样品检测结果为阴性。

A.4.4 阳性结果表明被检样品中存在 TSV RNA。对活虾和敏感宿主而言,提示已受 TSV 感染。

附 录 B
（资料性附录）
RNA的实验室操作要求

B.1 一般介绍

在RNA操作过程中，应注意RNA酶的活性。由于RNA很容易被RNA酶降解，而RNA酶又具有很强的稳定性，且广泛存在，因此在操作中要严格防止RNA酶污染，并设法抑制其活性。

RNA酶的污染包括内源性的和外源性的。

内源性的RNA酶污染是指来自于样品组织本身的RNA酶或生化试剂本身的RNA酶。消除方法主要是在RNA抽提和操作过程中使用RNA酶变性剂，如用异硫氰酸胍、酚、三氯甲烷等抽提使RNA酶变性灭活；使用RNA酶抑制剂，如RNasin使RNA酶的活性受到抑制。

外源性的RNA酶污染是指来自于水、玻璃制品、塑料器皿、电泳槽、操作人员和微生物等。可通过焦乙酸二乙酯(DEPC)、三氯甲烷、干热烘烤等消除。本附录主要介绍外源性RNA酶的消除方法。

注意：DEPC、酚和胍盐等有毒或有腐蚀性，应避免吸入、吞食和沾着皮肤，处理DEPC和三氯甲烷的操作均应在通风橱内进行。

B.2 溶液配制

直接用于RNA操作的所有水或无机盐溶液都应加入DEPC至0.1%，搅拌12 h，然后经高压蒸汽灭菌15 min。不能用DEPC处理的试剂(如含有Tris的溶液)或者不能经高压蒸汽灭菌的试剂，应用经DEPC处理的水配制，然后经无RNA酶的0.22 μm微孔滤膜过滤除菌。

B.3 玻璃制品

玻璃器皿洗净后，在300℃烘烤4 h可彻底除去器皿上沾污的RNA酶。由于烘烤温度高，不能用任何在300℃下可燃烧、变性或融化的材料包裹器皿。金属制品也可按玻璃制品的办法处理。

B.4 聚丙烯塑料制品

聚丙烯塑料制品可在通风橱内用三氯甲烷漂洗，晾干后再经高压蒸汽灭菌，最后烘干。也可在加有0.1% DEPC水中浸泡12 h，然后经高压蒸汽灭菌，最后烘干。

无RNA酶的一次性塑料制品，如塑料离心管、PCR管、枪头等也可购买直接使用。

B.5 电泳槽

许多电泳槽由有机玻璃或聚苯乙烯材料制成，不能用三氯甲烷处理，也不能经高压蒸汽灭菌。可用去污剂洗涤，水冲洗后用乙醇干燥，再浸泡于3% H_2O_2 中，室温下放置10 min，然后用含0.1%DEPC的水冲洗电泳槽，晾干并做上标记，供RNA专用。

RNA经过RT-PCR后，产物已变成DNA，电泳时并不需要对其电泳槽进行无RNA酶处理。

B.6 人工操作

处理RNA的全部操作应戴塑料或乳胶的一次性手套，同时应避免因交谈或其他活动造成的飞沫、落尘带入RNA酶的污染，必要的情况下戴口罩和实验帽，或在超净台中进行操作。

B.7 防微生物污染

所有接触RNA的试剂和材料都应保持无菌，一旦有微生物污染或生长都应丢弃。

ICS 65.060.80
B 96

中华人民共和国国家标准

GB/T 15103—2008
代替 GB/T 15103—1994

林用绞盘机

Winches for forestry

2008-08-11 发布 2009-02-01 实施

中华人民共和国国家质量监督检验检疫总局
中国国家标准化管理委员会 发布

前言

本标准代替 GB/T 15103—1994《绞盘机　技术条件》。本标准将 LY/T 1288—1998《绞盘机　试验方法》的内容并入其中。

本标准与 GB/T 15103—1994 相比主要变化如下：

1） 简化了术语；

2） 修改了规范性引用文件；

3） 删除了技术要求中对零部件材料的具体要求；

4） 将原 LY/T 1288—1998 中的试验方法内容进行了整合和修改；

5） 增加了检验规则的内容。

本标准的附录 A、附录 B 和附录 C 均为规范性附录，附录 D 为资料性附录。

本标准由全国林业机械标准化技术委员会提出并归口。

本标准负责起草单位：黑龙江省绥化林业机械厂。

本标准主要起草人：刘良基、石云、张洪奎、常梦军。

本标准所代替标准的历次版本发布情况为：

——GB/T 15103—1994。

林用绞盘机

1 范围

本标准规定了林用绞盘机的术语和定义、型式与型号、技术要求、试验方法、检验规则以及标志和包装。

本标准适用于林业生产中进行索道集材、装卸归楞等作业用的绞盘机。

2 规范性引用文件

下列文件中的条款通过本标准的引用而成为本标准的条款。凡是注日期的引用文件，其随后所有的修改单(不包括勘误的内容)或修订版均不适用于本标准，然而，鼓励根据本标准达成协议的各方研究是否可使用这些文件的最新版本。凡是不注日期的引用文件，其最新版本适用于本标准。

GB/T 3811 起重机设计规范(GB/T 3811—1983,neq ISO 4301:1980)

GB/T 13264 不合格品率的小批计数抽样检查程序及抽样表

GB/T 13384 机电产品包装通用技术条件

LY/T 1097 木材生产机械产品命名及型号编制规则

3 术语和定义

下列术语和定义适用于本标准。

3.1

额定牵引力 nominal pull

钢丝绳在卷筒上的最大平均牵引力为该卷筒的额定牵引力；主卷筒的额定牵引力为绞盘机的额定牵引力。

3.2

钢丝绳速度 steel rope speed

在绞盘机各种工况下，钢丝绳绕入或绕出卷筒的速度。

3.3

容绳量 rope capacity

一定直径的钢丝绳按规定要求绕满缠绕卷筒的长度。

3.4

主卷筒 main-drum

绞盘机上提升或牵引能力最大的、完成主要作业的卷筒。

3.5

缠绕卷筒 winding drum

在旋转时不断绕入钢丝绳(其钢丝绳的一端应固定在卷筒上)而传递动力的卷筒。

3.6

摩擦卷筒 frictional drum

利用张紧的钢丝绳与卷筒表面之间的摩擦力而传递动力的卷筒，其钢丝绳的两端联结成环形。

4 型式与型号

4.1 型式

4.1.1 林用绞盘机按用途主要分为索道绞盘机(JS 系列)和装车绞盘机(JZ 系列)。索道绞盘机主要用作林用架空索道和钢丝绳地面集材的驱动装置;装车绞盘机主要用作林场和贮木场的装车、卸车和归楞作业的驱动装置。

4.1.2 按动力机类型分为电动机驱动和内燃机驱动两种。

4.1.3 按底盘结构分为拖式和自行式两种。

4.1.4 按主要附件分为带钢架杆和不带钢架杆两种。

4.1.5 按操作方式分为遥控操纵和非遥控操纵两种。

4.2 型号

4.2.1 林用绞盘机的型号按 LY/T 1097 的规定编制。

4.2.2 型号表示方法:

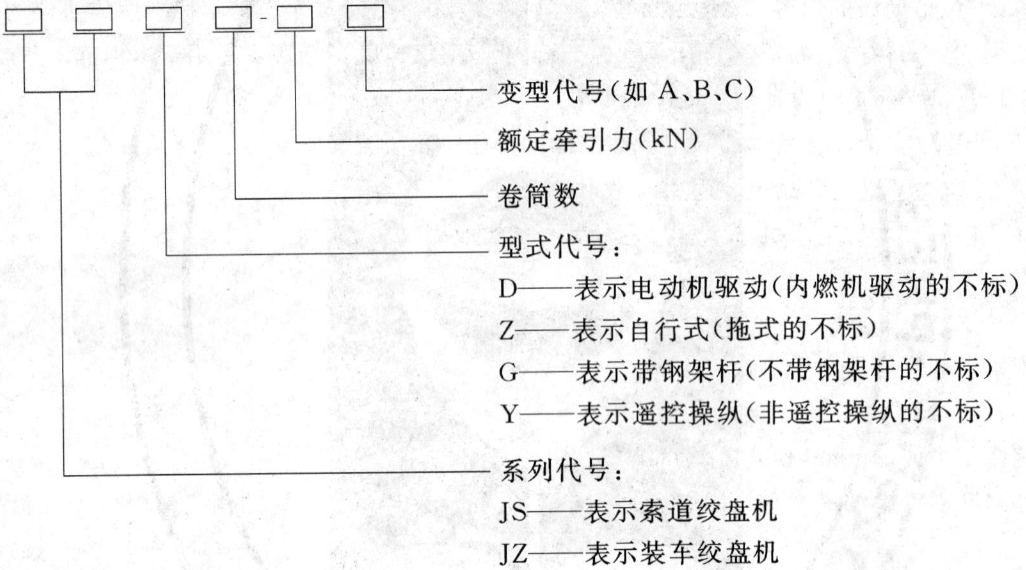

4.2.3 型号示例:

a) 额定牵引力为 8 kN 的电动机驱动的自行式单筒索道绞盘机的型号为 JSDZ 1-8。

b) 额定牵引力为 15 kN 的内燃机驱动的拖式双筒装车绞盘机的型号为 JZ 2-15。

c) 额定牵引力为 30 kN 变型 A 的内燃机驱动的自行式带钢架杆遥控操纵的三筒索道绞盘机的型号为 JSZGY 3-30 A。

5 安全技术要求

5.1 林用绞盘机的零、部件应按相关技术文件检验合格;外购件、外协件在有合格证明文件时,也应按相关文件抽检或复检。

5.2 林用绞盘机采用内燃机驱动时,可根据用户需求配备低温起动辅助装置。

5.3 每个卷筒都应有独立的离合器和制动机构。

5.4 应保证卷筒离合器和制动器操纵的可靠性。

5.5 对于索道绞盘机,当卷筒数在两个以上和额定牵引力在 15 kN 以上时,其传动系统应不少于 3 个变速挡位,并应有卷筒正反转传动机构。

5.6 索道绞盘机应装备摩擦卷筒,或者在缠绕卷筒上安装剖分式摩擦卷筒。

5.7 钢丝绳的选用应符合 GB/T 3811 中关于钢丝绳直径的计算与选择的规定。

5.8　蓄电池应放置在单独的容器内(密闭容器应设排气装置),严禁放在操作者座位下面。

5.9　电动绞盘机的电路系统应采取接地措施。

5.10　旋转部件,如开式传动机构、万向节传动轴等都应有防护罩。卷筒两侧外露的旋转部分应涂上红色油漆。

5.11　内燃机排气管应装有消声器。

5.12　索道绞盘机的各卷筒在最高速空运转 2 min 内连续制动 4 次后,其制动鼓轮的温升应不超过 60 ℃。

5.13　操纵机构的脚踏操纵力应不大于 250 N,手动操纵力应不大于 150 N。

5.14　林用绞盘机应备有驾驶人员安全防护设施。

5.15　通过设计不能恰当地消除或充分限制的危险应采用警示标志。

5.16　林用绞盘机外表应全部喷涂区别于林区环境色彩的醒目油漆。

5.17　林用绞盘机在林区重载运行时,其操作者耳旁噪声应不超过 100 dB(A)。

5.18　林用绞盘机首次无故障时间应不少于 50 h。

6　试验方法

6.1　试验条件

6.1.1　应装上设计规定的全部工作装置。

6.1.2　试验时的环境温度应在－20 ℃～＋35 ℃之间,风速不超过 8.3 m/s。

6.1.3　试验所使用的塔架高度不小于 6 m。

6.1.4　内燃机应达到相关标准要求;使用电动机时,电源的相对额定电压允差不得超过±5%。

6.2　试验仪器和量具

6.2.1　仪器:

a)　功率表、电压表和电流表精度不低于 0.5 级;

b)　具有拉(压)力传感器的电子显示测力计,或精度不低于 2 级的弹簧测力器;

c)　秒表精度不低于 3 级;

d)　红外测温仪;

e)　声级计精度为±0.2 dB(A)。

6.2.2　试验中所使用的仪器量具应符合相应标准的要求,按规定的时间间隔或在使用前进行校准和检定。

6.3　出厂试验

出厂试验主要通过外观检查和空载运转试验检查绞盘机的装配质量和调整质量,并检查绞盘机的负载能力。

6.3.1　外观检查应在不拆卸部件的情况下进行,应检查:

a)　标志和包装;

b)　外观质量(涂漆质量、焊缝质量、密封情况);

c)　电气设备(电机、起动装置及配电盘等机体接地的可靠性;电气开关的正确性;电气设备的防潮、防油、防金属屑末及尘土等的防护设施)。

6.3.2　空载运转试验时,卷筒上不缠绕钢丝绳,应检查:

a)　整机油、气、水及液压系统管路接头的密封性;

b)　起动的稳定性;

c)　离合器和制动器的操纵性能;

d)　各轴承的发热情况;

e)　每个卷筒的空载运转试验不得少于 15 min,在此期间每个卷筒正反转及各个速度挡的换挡次数不少于3次。

6.4 性能试验

6.4.1 卷筒牵引力和钢丝绳速度的测定

采用在吊架上提升重块的方法，确定主卷筒的牵引力；检查主卷筒的额定功率和钢丝绳速度是否符合技术文件的规定。

在测定卷筒牵引力的同时，测定钢丝绳的缠绕速度；钢丝绳的被测行程不小于5 m，测试次数不少于3次。测定结果填入附录A所示的表格。

6.4.2 卷筒制动器工作性能的测试

通过负载试验(静载试验和动载试验)测试卷筒制动器的工作性能。测试时，应采用一挡速度，钢丝绳在卷筒中间层缠绕。在进行静载或动载试验时每个被测卷筒的加载循环不小于3次，如果卷筒旋转方向可以改变，则两个方向均应进行试验。

6.4.2.1 静载试验

a) 试验载荷值应超过卷筒额定牵引力的25%。载荷提升到离地面高度不大于100 mm处制动，起重卷筒在制动后不允许滑转，试验时间不少于5 min。卸载后不应出现裂纹、永久变形和油漆剥落，部件及联接件应无松动及破坏；

b) 索道绞盘机的卷筒还应进行限速制动试验。每个卷筒在最高速度挡时，2 min内连续制动4次后，制动鼓(轮)的温升不得大于60 ℃。

6.4.2.2 动载试验

动载试验在静载试验(以)后进行，试验载荷值应超过额定牵引力的10%。试验时将载荷提升到离地面高度不小于3 m处制动，并从此高度下降，当下降到2 m处平缓制动，使载荷悬空停止。测试后应检查制动器工作情况、部件及联接件有无松动及破坏。

6.4.2.3 制动器操纵力的测试

试验载荷值应等于额定牵引力，在其平缓下降制动时，使用弹簧测力器或具有拉压传感器的测力计对卷筒制动器的操纵力进行测试。

使用弹簧测力计时将其连接在操纵杆手把中间进行；当使用拉压传感器时将其连接在操纵杆距铰接点的二分之一(或三分之一)处，这时测得的操纵力为实际操纵力的二分之一(或三分之一)。

测试情况和测定结果按附录B所示的格式进行整理记录。

6.4.3 操作者耳旁噪声的测试

应在室外的自由声场中进行。测试点在操作者座位的椅背中心线左、右各200 mm和离座位表面700 mm高度处；重载运行时，每点各测3次，以其中的最大值作为测试值。测试结果填入附录C所示的记录表中。

7 检验规则

7.1 检验分类

林用绞盘机产品检验分为出厂检验、型式检验和监督检验。

7.2 出厂检验

出厂检验应包括6.3的内容。

7.3 型式检验

7.3.1 在下列情况之一时应进行型式检验：

a) 新产品、转产和改进产品；

b) 停产两年以上恢复生产的产品；

c) 有关部门提出需要进行型式检验时。

7.3.2 型式检验项目：

a) 卷筒牵引力和钢丝绳速度的测试；

b) 卷筒制动器性能的测试；

c) 操作者耳旁噪声的测试。

7.3.3 型式检验按7.3.2规定的项目进行检验，各项均合格，型式检验方为合格。检验结果只对样机有效。

7.3.4 可靠性试验由企业每三年进行一次。

7.4 监督检验

监督检验可参照附录D。

7.5 其他

使用方整批接收时，其抽样方案和检验项目由生产方和使用方协商确定。

8 标志、包装和贮存

8.1 出厂的绞盘机应在显著位置固定产品标牌，产品标牌的内容包括：商标、产品名称、制造厂名和地址、型号、外廓尺寸、主要技术性能（主卷筒额定牵引力、钢丝绳速度、容绳量）、编号和出厂日期。

8.2 林用绞盘机的速度挡位操纵处应有各手柄操纵位置标记，各注油口应有鲜明标记。

8.3 林用绞盘机应按GB/T 13384进行包装。

8.4 林用绞盘机出厂时应随带：合格证、使用说明书、装箱单、随机备件和附件清单及其他有关资料。

8.5 林用绞盘机在贮存前应采取防锈措施，应存放在通风、干燥、无酸碱等腐蚀性物质的仓库内。

附 录 A
（规范性附录）
卷筒牵引力和牵引速度测试记录

表 A.1

林用绞盘机型号：＿＿＿＿＿＿＿＿＿＿ 试验日期：＿＿＿＿＿＿＿＿＿＿

出 厂 编 号：＿＿＿＿＿＿＿＿＿＿ 试验地点：＿＿＿＿＿＿＿＿＿＿

卷筒名称	钢丝绳层次	牵引力/kN	钢丝绳测量段长度/m	测量段通过时间/s	牵引速度/(m/s)	牵引速度平均值/(m/s)
	最里层					
	中间层					
	最里层					
	中间层					
	最里层					
	中间层					

测试员：＿＿＿＿＿＿＿＿＿＿ 测试负责人：＿＿＿＿＿＿＿＿＿＿

附　录　B
（规范性附录）
卷筒制动器工作能力测试记录

表 B.1

林用绞盘机型号：＿＿＿＿＿＿＿＿＿＿＿＿　试验日期：＿＿＿＿＿＿＿＿＿＿＿＿

出　厂　编　号：＿＿＿＿＿＿＿＿＿＿＿＿　试验地点：＿＿＿＿＿＿＿＿＿＿＿＿

卷筒名称	旋转方向	卷筒额定牵引力/kN	静载或动载试验	外载荷/kN	提升高度/m	（制动次数）停住时间/min	操纵力/N

测试员：＿＿＿＿＿＿＿＿＿＿＿＿　测试负责人：＿＿＿＿＿＿＿＿＿＿＿＿

附　录　C
（规范性附录）
绞盘机操作者耳旁噪声测试记录

表 C.1

林用绞盘机型号：________________　试验日期：________________

出　厂　编　号：________________　试验地点：________________

运转的卷筒名称	工　况	速度挡	测定值/dB(A)		备　注
			左测点	右测点	
	空载运转试验				
	负载试验				
	空载运转试验				
	负载试验				
	空载运转试验				
	负载试验				

试验员：________________　主管试验负责人：________________

附　录　D
（资料性附录）
监　督　检　验

D.1　监督检验项目包括 6.3 和 6.4 所列的检验项目。

D.2　生产厂需提供近三年之内产品的可靠性试验的报告。

D.3　抽样方案与判定原则

抽样方案应符合 GB/T 13264 的规定。检验时，检验程序如下：

a）　生产方风险质量 $P_0=2.5\%$，使用方风险质量 $P_1=67\%$；

b）　采用一次抽样方案，批量 $N=20\sim40$，样本大小 $n_0=2$，合格判定数 $A_c=0$，不合格判定数 $R_e=1$；

c）　样本在整批中随机抽取；

d）　按监督检验项目对样本中每个单位产品进行检验，检验时除 6.4.2 项所列项目必须合格外，其余项目允许有一项不合格，否则判该单位产品为不合格品；

e）　根据样本检验结果做出批合格或不合格的判定。样本中发现的不合格品个数如果等于合格判定数 A_c 时，则判该批为合格；如果大于或等于不合格判定数 R_e 时，则判该批为不合格。

ICS 67.160.10
X 61

中华人民共和国国家标准

GB/T 15109—2008
代替 GB/T 15109—1994

白酒工业术语

Terminology of Chinese spirits industry

2008-10-19 发布　　2009-06-01 实施

中华人民共和国国家质量监督检验检疫总局
中国国家标准化管理委员会　发布

前　言

本标准代替 GB/T 15109—1994《白酒工业术语》。

本标准与 GB/T 15109—1994 相比主要变化如下：

——增加了“规范性引用文件”。

——“原辅料”改为“主要原辅料”。其中高粱、小麦、玉米、大米、豌豆的描述执行相应的国家标准；去掉非主要原辅料甘薯、马铃薯的描述。

——“生产设备及器具”改为“生产设备、设施及器具”。根据工艺分为制曲设备、酿酒设备、蒸馏设备、晾糟设备、陈酿设备五部分，并相应增减了各部分条款。

——“糖化发酵剂”章节改为“制曲”。将帘子曲和通风曲放入麸曲中描述，去掉液体曲、机械制曲坯、酒母、产酯酵母的描述。

——“酿酒”章节增加了固态发酵法、液态发酵法、半固态发酵法、糙沙、粮糟、上甑、跑汽、串甑、摊晾、下曲、发酵周期、跌窖、吹口、窖帽、清窖、窖泥、窖皮泥、原窖法、跑窖法、双轮底、开窖鉴定、量质摘酒等的描述。

——“成品及半成品”章节增加了混合曲酒、固态法白酒、液态法白酒、固液法白酒、豉香型白酒、芝麻香型白酒、特香型白酒、浓酱兼香型白酒、老白干香型白酒、组合酒、调味酒等的描述；去掉了微机勾兑、调香和调味、空杯留香的描述。

——规范了标准文本的编写。

——原标准附录 A、附录 B 调整为索引，并按照修改的内容重新编写。

本标准由全国食品工业标准化技术委员会提出。

本标准由全国酿酒标准化技术委员会归口。

本标准起草单位：中国食品发酵工业研究院、国家酒类及加工食品质量监督检验中心、泸州老窖集团有限责任公司、北京红星股份有限公司、四川水井坊股份有限公司、四川省食品发酵工业研究设计院。

本标准主要起草人：郭新光、钟杰、沈才洪、艾金忠、赖登燡、刘念、张蔚、康永璞、张宿义、孟辉、范威。

本标准所代替标准的历次版本发布情况为：

——GB/T 15109—1994。

白酒工业术语

1 范围

本标准规定了白酒工业的基本术语和定义。

本标准适用于白酒行业的生产、科研、教学及其他有关领域。

2 规范性引用文件

下列文件中的条款通过本标准的引用而成为本标准的条款。凡是注日期的引用文件，其随后所有的修改单(不包括勘误的内容)或修订版均不适用于本标准，然而，鼓励根据本标准达成协议的各方研究是否可使用这些文件的最新版本。凡是不注日期的引用文件，其最新版本适用于本标准。

GB/T 22515—2008 粮油名词术语 粮食、油料及其加工产品

3 术语和定义

3.1 主要原辅料

3.1.1

高粱 sorghum，kaoliang，milo

亦称红粮、小蜀黍(shǔshǔ)、红棒子。禾本科草本植物栽培高粱作物的果实。籽粒有红、黄、白等颜色，呈扁卵圆形。按其粒质分为糯性高粱和非糯性高粱。

[GB/T 22515—2008，定义 2.2.5.1]

3.1.2

小麦 wheat

禾本科草本植物栽培小麦的果实。呈卵形或长椭圆形，腹面有深纵沟。按照小麦播种季节的不同分为春小麦和冬小麦；按小麦籽粒的粒质和皮色分为硬质白小麦、软质白小麦、硬质红小麦、软质红小麦。

[GB/T 22515—2008，定义 2.2.2]

3.1.3

玉米 maize，corn

亦称玉蜀黍(shǔshǔ)、大蜀黍、棒子、包谷、包米、珍珠米。禾本科草本植物栽培玉米的果实。籽粒形状有马齿形、三角形、近圆形、扁圆形等，种皮颜色主要为黄色和白色，按其粒形、粒质分为马齿型、半马齿型、硬粒型、爆裂型等类型。

[GB/T 22515—2008，定义 2.2.3]

3.1.4

大米 milled rice，white rice，rice

稻谷经脱壳碾去皮层所得的成品粮的统称，可分为籼米、粳米和糯米，糯米又分为籼糯米和粳糯米。

[GB/T 22515—2008，定义 2.2.6.1]

3.1.5

豌豆 peas

亦称麦豆、毕豆、小寒豆、淮豆。豆科草本植物栽培豌豆荚果的种子。球形，种皮呈黄、白、青、花等颜色，表面光滑，少数品种种皮呈皱缩状。

[GB/T 22515—2008，定义 2.2.5.14]

3.1.6

大麦　barley

禾本科大麦属植物的种子，含淀粉和蛋白质，为制曲的原料之一。

3.1.7

麦麸 wheat bran

小麦加工成面粉的副产物，可作酿酒微生物的培养基。

3.1.8

稻壳　rice hull

稻谷在加工大米时脱下的外壳，是酿造白酒过程中的主要辅料。

3.1.9

谷糠　millet hull

谷子在加工小米时脱下的外壳，是酿造白酒过程中的主要辅料。

3.2　生产设备、设施及器具

3.2.1　制曲设备

3.2.1.1

曲模　brick shaped starter model

曲胚成型用的模具。

3.2.1.2

制曲机　raw starter maker

将制曲原料压制成曲胚的机械设备。

3.2.1.3

曲房　fermentation room

培养曲的房间。又称发酵室。

3.2.2　酿酒设备

3.2.2.1

窖池　fermentation pit

固态法发酵容器之一，用黄泥、条石、砖、水泥、木材等材料建成，形状多呈长方体。

3.2.2.2

发酵缸(罐)　fermentation vat

糖化发酵容器之一，用陶土烧制或金属材料制成。埋在地下的缸称为地缸。

3.2.3　蒸馏设备

3.2.3.1

甑　distilling pot

蒸粮、蒸酒和清蒸辅料的主要设备，用木材、石材、水泥或金属材料制成，由甑盖、甑桶、甑篦、底锅等部分组成。

3.2.3.2

蒸饭机　rice still

使用蒸汽加热的方式将米蒸煮成饭并摊晾的设备，用金属材料制成。

3.2.3.3

蒸馏釜　still

使用蒸汽加热的方式进行蒸酒的设备，用金属材料制成。有卧式、立式，单釜或双釜等类型。

3.2.3.4

过汽筒　vapour guide

连接甑、蒸馏釜与冷却器的过汽导管。

3.2.3.5

冷却器　distillate cooler

将蒸出的酒蒸汽冷却成酒液的设备，用不锈钢等金属材料制成。

3.2.3.6

晾糟设备　distiller's grain cooling equipment

使出甑的物料晾冷、打散疏松的设备。主要有晾堂、晾糟机、晾糟床、晾糟棚。

3.2.4　**陈酿设备**

3.2.4.1

陶坛　pottery jar

白酒传统的贮酒容器，用陶土烧制而成。

3.2.4.2

不锈钢贮酒罐　spirit store stainless steel tank

不锈钢制成的大容量贮酒容器。

3.2.4.3

酒海　big conservator for spirit storage

用藤条编制，以鸡蛋清等物质配成粘合剂，用白棉布、麻纸裱糊，再以菜油、蜂蜡涂抹内壁，干燥后用于贮酒的容器。

3.2.4.4

贮酒池　spirit store pool

用混凝土建成，内壁涂食用级涂料，或贴以陶板、玻璃、瓷板、不锈钢等材料，用作贮酒的大型容器。

3.3　**制曲**

3.3.1

糖化发酵剂　sacchariferous and fermentative agent

以淀粉和蛋白质等为主要原料的天然培养基，富集多种微生物及生物酶，用于酿酒的糖化和发酵的制剂。

3.3.1.1

大曲　daqu starter

酿酒用的糖化发酵剂，一般为砖形的块状物。

3.3.1.1.1

高温曲　high temperature daqu starter

在制曲过程中，最高品温控制大于 60 ℃而制成的大曲。

3.3.1.1.2

中温曲　medial temperature daqu starter

在制曲过程中，最高品温控制在 50 ℃～60 ℃而制成的大曲。

3.3.1.1.3

低温曲　low temperature daqu starter

在制曲过程中，最高品温控制小于 50 ℃而制成的大曲。

3.3.1.2

曲母　ripe starter for inoculation

在制曲时，做种子用的少量优质曲。又称母曲。

3.3.1.3

小曲 xiaoqu starter

酿酒用的糖化发酵剂,多为较小的圆球、方块、饼状。部分小曲在制造时加入了中草药,故又称药曲或酒药。

3.3.1.4

麸曲 fuqu starter

以麦麸为原料,采用纯种微生物接种制备的一类糖化剂或发酵剂。按生产工艺一般分为帘子曲、通风曲。

3.3.1.4.1

帘子曲 fuqu starter incubated on bamboo curtain

在竹帘子上培养制备的麸曲。

3.3.1.4.2

通风曲 fuqu starter prepared by blown wind

在长方形水泥池中控制通风培养制备的麸曲。

3.3.1.5

曲坯 raw starter brick shape billet

制曲原料压(踩)制成型的块状物。

3.3.2

上霉 grown mould

制曲培养过程中,在曲坯的外表生长出菌斑的现象。又称穿衣。

3.3.3

晾霉 ventilate and dry

在制曲培养中,当菌丝体已长出,打开门窗,降低曲室和曲坯表面的温度和水分的操作。

3.3.4

翻曲 rearrange raw starter in incubation period

在制曲培养中,将曲坯调位,增加曲房的通风供氧,排除二氧化碳,调节温度和湿度,使曲坯得到均匀培养的操作。

3.4 酿酒

3.4.1

固态发酵法 solid state fermentation

以固态蒸料糊化、糖化、发酵、蒸馏生产白酒的方法。

3.4.2

液态发酵法 liquid state fermentation

以液态蒸煮糊化、糖化、发酵、蒸馏生产白酒的方法。

3.4.3

半固态发酵法 semisolid state fermentation

采用固态培菌糖化,进行液态发酵、蒸馏生产白酒的方法。

3.4.4

原窖法 ferment in the same pit order way

本窖发酵后的糟醅,经出窖系列操作后,重新放回原来的窖池内发酵的生产工艺。

3.4.5

跑窖法 ferment in the different pit order way

本窖发酵后的糟醅,经出窖系列操作后,放到另外的窖池内发酵的生产工艺。

3.4.6

老五甑法 **old five-pot order way**

将窖中发酵完毕的酒醅分成五次配料、蒸酒的传统操作方法。窖内有四甑酒醅，即大糙、二糙、小糙和面糟各一甑。

3.4.7

清蒸清烧 **distilling raw and fermented material apart and then fermenting apart**

原料和酒醅分别蒸料和蒸酒的操作。

3.4.8

清蒸混入 **distilling raw and fermented material apart and then fermenting together**

原料和辅料清蒸后与酒醅混合入窖发酵的操作。

3.4.9

混蒸混烧 **distilling raw and fermented material together**

原料和酒醅混合在一起同时蒸料和蒸酒的操作。

3.4.10

清糟(糙)法 **unmixed distilland order way**

单独立糟(糙)、单独蒸酒的操作方法。

3.4.11

续糟(糙)法 **mixed distilland order way**

原料和发酵好的酒醅混蒸混烧，蒸粮和蒸酒在甑内同时进行的操作方法。

3.4.12

辅料清蒸 **steaming of adjunct material**

为消除稻壳等辅料的异杂味和杂菌而进行的蒸料操作。

3.4.13

清蒸二次清 **double separating distilling raw and fermented material**

原料清蒸，辅料清蒸，清糙发酵，清蒸流酒，用地缸发酵的两次操作。

3.4.14

粮粉(糙、糁) **crushed grains**

酿酒原料经粉碎后的粉粒。

3.4.15

立糟 **establish order**

新投产时，粮粉经拌料、蒸煮糊化、加糖化发酵剂，第一次酿酒发酵的操作。又称立糙、立排、立窖。

3.4.16

糙沙 **sorghum secondly added in jiang-flavour spirits production**

酱香型白酒酿酒生产的第二次投粮。

3.4.17

酒醅 **alcoholic fermentative material**

已发酵完毕等待配料、蒸酒的物料。又称母糟。

3.4.18

粮糟 **mixture of raw and fermented materials**

在配糟时，按工艺的配料比加入原料的酒醅。又称粮糙。

3.4.19

面糟 **refermentation grains**

酒醅蒸酒后，只加糖化发酵剂，再次发酵的醅子。又称红糟、回糟。

3.4.20

丢糟 spent grains

出窖糟经蒸馏取酒后，不再用于酿酒发酵的物料。

3.4.21

培菌糟 distilland after inoculation and cultivation

在小曲酒生产中，将蒸熟的原料经摊晾后拌入小曲，在缸中或箱上培菌糖化后的物料。

3.4.22

生心 incompletely cooked grains

原料蒸煮后，糊化和糖化程度不够的现象。

3.4.23

开窝 construct digging

熟料下曲入缸后，在物料中间均匀地筑一个空穴，使空气流通，便于微生物繁殖和糖化的操作。

3.4.24

排(轮) cycle

从新原料投料开始至发酵、蒸酒完成的一次酿酒生产周期，称为一排(轮)。

3.4.25

掉排 abnormal decreasing productivity

一排或连续几排的生产不正常，出现的出酒率和酒质明显下降的现象。

3.4.26

上甑 operating process of steaming fermented material

按一定规范，将待蒸物料铺撒入甑桶的操作过程。又称装甑。

3.4.27

跑汽 alcoholic steam wasted in the air

上甑过程中，酒蒸汽明显逸出物料层表面的现象。

3.4.28

穿汽不匀 maldistribution of steam

由于上甑不妥，酒气不能均匀地穿过酒醅，造成部分酒醅中的酒蒸不出来或夹花流酒的现象。

3.4.29

塌汽 sink

上甑蒸酒时，蒸汽突然减少，使甑内酒醅下陷，造成酒醅中的酒蒸不出来，或酒度低，流酒尾时间拖长的现象。

3.4.30

溢甑 dashing out of boiling water in still

底锅水煮沸后冲出甑蓖的现象。

3.4.31

大汽追尾 drive out remanent alcohol

蒸酒将结束时，加大蒸汽量或加大火力，蒸出酒醅中残余香味物质，同时利于粮食糊化的操作。

3.4.32

掐头去尾 cutting-out both end of the distillate

在蒸酒时，截取酒头和酒尾的操作。

3.4.33

酒花 distillate foam

白酒在流酒或振摇后，液面溅起的泡沫，俗称酒花。根据酒花的形状、大小、持续时间，可判断酒液酒精度的高低。

3.4.34

量质摘酒 gathering distillate according to the quality

蒸馏流酒过程中，根据流酒的质量情况确定摘酒(分级)时机的操作。

3.4.35

酒头 initial distillate

蒸馏初期截取出的酒精度较高的酒-水混合物。

3.4.36

酒尾 last distillate

蒸馏后期截取出的酒精度较低的酒-水混合物。

3.4.37

地温 ground temperature

酿酒车间入窖窖池(地缸)周边地面的温度。

3.4.38

踩窖 trampling fermentation material

待发酵物料进入窖内后及时铺平，根据季节，人工适当踩压，以免发酵物料间存留过多的空气，同时防止过分跌窖的一道操作工序。

3.4.39

封窖 sealing of fermentation pit

以专用的材料(粘土、塑料布等)将窖面密封，隔绝空气以进行发酵的操作。

3.4.40

窖泥 pit mud

附着于窖壁或窖底的富含酿酒有益微生物的粘土。

3.4.41

窖皮泥 sealing mud

用于封窖的粘土。

3.4.42

打量水 sprinkling amount of hot water

当蒸粮完成后，泼入一定温度的水的操作。

3.4.43

烟水 splash water

当蒸粮达到一定程度时，向甑桶内物料进行泼水的操作。

3.4.44

下曲 scattering fermentation agent

将糖化发酵剂均匀混入摊晾好的糟醅中的操作。又称撒曲。

3.4.45

摊晾 rapid cooling

使出甑的物料迅速均匀地冷至下曲温度的操作。又称扬冷。

3.4.46

窖帽 fermentation materials above the ground

封窖后入窖物料高出地平面的部分。

3.4.47

跌窖 sinking of fermenting grains

发酵期间，窖帽下跌的现象。又称跌头。

3.4.48

清窖　maintain sealing mud

封窖后,所采取的保持封窖材料密闭的定期操作。

3.4.49

开窖鉴定　identification after fermentation

开窖后,用感官分析对出窖酒醅、黄水进行鉴定,并结合理化分析数据总结上排配料和入窖条件的优缺点,以确定下排配料和入窖条件。

3.4.50

滴窖　exuding of fermented liquid

在起窖时,沥去黄水的操作。

3.4.51

黄水　huangshui fluid

发酵期间,逐渐渗于窖底部的棕黄色液体。又称黄浆水。

3.4.52

吹口　observing tunnel

物料进入发酵容器后,用以了解物料的发酵状况的观察口。

3.4.53

发酵周期　fermentation cycle

物料入窖(缸、罐)后,从封窖(缸、罐)到出窖(缸、罐)的这一段时间。

3.4.54

串香　distilling aroma of distilland

在甑中以含有乙醇的蒸汽穿过固态发酵的酒醅或特制的香醅,使馏出的酒中增加香气和香味的操作。

3.4.55

双轮底　double fermented bottom grains

白酒生产中,发酵正常的窖底母糟不经蒸馏取酒,于窖底再次发酵的工艺操作。

3.4.56

勾兑调味　blending

把具有不同香气、口味、风格的酒,按不同比例进行调配,使之符合一定标准,保持成品酒特定风格的专门技术。

3.4.57

陈酿　aging

在贮酒容器中贮存一定时间,使酒体谐调、口感柔和的白酒生产中必要的工艺过程。又称老熟。

3.4.58

生态酿酒　brewing ecotypically

保护与建设适宜酿酒微生物生长、繁殖的生态环境,以安全、优质、高产、低耗为目标,最终实现资源的最大利用和循环使用。

3.5　成品及半成品

3.5.1

白酒　Chinese spirits

以粮谷为主要原料,用大曲、小曲或麸曲及酒母等为糖化发酵剂,经蒸煮、糖化、发酵、蒸馏而制成的饮料酒。

3.5.2

大曲酒 daqu spirits

以大曲为糖化发酵剂酿制而成的白酒。

3.5.3

小曲酒 xiaoqu spirits

以小曲为糖化发酵剂酿制而成的白酒。

3.5.4

麸曲酒 fuqu spirits

以麸曲为糖化剂，加酒母（酿酒干酵母）为发酵剂，或以麸曲为糖化发酵剂酿制而成的白酒。

3.5.5

混合曲酒 mixed koji spirits

以大曲、小曲或麸曲等糖化发酵剂酿制而成的白酒。

3.5.6

固态法白酒 Chinese spirits by traditional fermentation

以粮食为原料，采用固态（或半固态）糖化、发酵、蒸馏，经陈酿、勾兑而成，未添加食用酒精及非白酒发酵产生的呈香呈味物质，具有本品固有风格特征的白酒。

3.5.7

液态法白酒 Chinese spirits by liquid fermentation

以含淀粉、糖类的物质为原料，采用液态糖化、发酵、蒸馏所得的基酒（或食用酒精），可用香醅串香或用食品添加剂调味调香，勾调而成的白酒。

3.5.8

固液法白酒 Chinese spirits made from tradition and liquid fermentation

以固态法白酒（不低于30%）、液态法白酒勾调而成的白酒。

3.5.9

酱香型白酒 jiang-flavour Chinese spirits

以粮谷为原料，经传统固态法发酵、蒸馏、陈酿、勾兑而成，未添加食用酒精及非白酒发酵产生的呈香呈味物质，具有其特征风格的白酒。又称茅型白酒。

3.5.10

浓香型白酒 strong-flavour Chinese spirits

以粮谷为原料，经传统固态法发酵、蒸馏、陈酿、勾兑而成，未添加食用酒精及非白酒发酵产生的呈香呈味物质，具有以己酸乙酯为主体复合香的白酒。又称泸型白酒。

3.5.11

清香型白酒 mild-flavour Chinese spirits

以粮谷为原料，经传统固态法发酵、蒸馏、陈酿、勾兑而成，未添加食用酒精及非白酒发酵产生的呈香呈味物质，具有以乙酸乙酯为主体复合香的白酒。又称汾型白酒。

3.5.12

米香型白酒 rice-flavour Chinese spirits

以大米等为原料，经传统半固态法发酵、蒸馏、陈酿、勾兑而成，未添加食用酒精及非白酒发酵产生的呈香呈味物质，具有以乳酸乙酯、β-苯乙醇为主体复合香的白酒。

3.5.13

凤香型白酒 feng-flavour Chinese spirits

以粮谷为原料，经传统固态法发酵、蒸馏、酒海陈酿、勾兑而成，未添加食用酒精及非白酒发酵产生的呈香呈味物质，具有乙酸乙酯和己酸乙酯为主的复合香气的白酒。又称凤型白酒。

3.5.14

豉香型白酒　chi-flavour Chinese spirits

以大米为原料，经蒸煮，用大酒饼作为主要糖化发酵剂，采用边糖化边发酵的工艺，釜式蒸馏，陈肉酝浸勾兑而成，未添加食用酒精及非白酒发酵产生的呈香呈味物质，具有豉香特点的白酒。

3.5.15

芝麻香型白酒　sesame-flavour Chinese spirits

以高粱、小麦（麸皮）等为原料，经传统固态法发酵、蒸馏、陈酿、勾兑而成，未添加食用酒精及非白酒发酵产生的呈香呈味物质，具有芝麻香型风格的白酒。

3.5.16

特香型白酒　te-flavour Chinese spirits

以大米为主要原料，经传统固态法发酵、蒸馏、陈酿、勾兑而成，未添加食用酒精及非白酒发酵产生的呈香呈味物质，具有特香型风格的白酒。

3.5.17

浓酱兼香型白酒　nongjiang-flavour Chinese spirits

以粮谷为原料、经传统固态法发酵、蒸馏、陈酿、勾兑而成，未添加食用酒精及非白酒发酵产生的呈香呈味物质，具有浓香兼酱香独特风格的白酒。

3.5.18

老白干香型白酒　laobaigan-flavour Chinese spirits

以粮谷为原料、经传统固态法发酵、蒸馏、陈酿、勾兑而成，未添加食用酒精及非白酒发酵产生的呈香呈味物质，具有以乳酸乙酯、乙酸乙酯为主体复合香的白酒。

3.5.19

基础酒（原酒）　crude spirits

经发酵、蒸馏而得到的未经勾兑的酒。

3.5.20

组合酒　combined spirits

按一定质量标准，将不同的基础酒进行调配而成的酒。

3.5.21

调味酒　prominent quality liquor

采用特殊工艺生产制备的某一种或数种香味成分含量特别高，风格特别突出，用于弥补基础酒的缺陷和提高酒体档次的酒。又称精华酒。

中 文 索 引

B

白酒……………………………………………… 3.5.1
半固态发酵法………………………………… 3.4.3
不锈钢贮酒罐………………………………… 3.2.4.2

C

踩窖 ………………………………………… 3.4.38
糙沙 ………………………………………… 3.4.16
陈酿 ………………………………………… 3.4.57
豉香型白酒 ………………………………… 3.5.14
穿汽不匀 …………………………………… 3.4.28
串香 ………………………………………… 3.4.54
吹口 ………………………………………… 3.4.52

D

打量水 ……………………………………… 3.4.42
大麦……………………………………………… 3.1.6
大米……………………………………………… 3.1.4
大汽追尾 …………………………………… 3.4.31
大曲…………………………………………… 3.3.1.1
大曲酒………………………………………… 3.5.2
稻壳……………………………………………… 3.1.8
低温曲……………………………………… 3.3.1.1.3
滴窖 ………………………………………… 3.4.50
地温 ………………………………………… 3.4.37
掉排 ………………………………………… 3.4.25
跌窖 ………………………………………… 3.4.47
丢糟 ………………………………………… 3.4.20

F

发酵缸(罐)………………………………… 3.2.2.2
发酵周期 …………………………………… 3.4.53
翻曲…………………………………………… 3.3.4
封窖 ………………………………………… 3.4.39
凤香型白酒 ………………………………… 3.5.13
麸曲…………………………………………… 3.3.1.4
麸曲酒………………………………………… 3.5.4
辅料清蒸 …………………………………… 3.4.12

G

高粱……………………………………………… 3.1.1
高温曲……………………………………… 3.3.1.1.1
勾兑调味 …………………………………… 3.4.56
谷糠……………………………………………… 3.1.9
固态发酵法…………………………………… 3.4.1
固态法白酒…………………………………… 3.5.6
固液法白酒…………………………………… 3.5.8
过汽筒………………………………………… 3.2.3.4

H

黄水 ………………………………………… 3.4.51
混合曲酒……………………………………… 3.5.5
混蒸混烧……………………………………… 3.4.9

J

基础酒(原酒) ……………………………… 3.5.19
酱香型白酒…………………………………… 3.5.9
窖池…………………………………………… 3.2.2.1
窖帽 ………………………………………… 3.4.46
窖泥 ………………………………………… 3.4.40
窖皮泥 ……………………………………… 3.4.41
酒海…………………………………………… 3.2.4.3
酒花 ………………………………………… 3.4.33
酒醅 ………………………………………… 3.4.17
酒头 ………………………………………… 3.4.35
酒尾 ………………………………………… 3.4.36

K

开窖鉴定 …………………………………… 3.4.49
开窝 ………………………………………… 3.4.23

L

老白干香型白酒 …………………………… 3.5.18
老五甑法……………………………………… 3.4.6
冷却器………………………………………… 3.2.3.5
立糟 ………………………………………… 3.4.15
帘子曲……………………………………… 3.3.1.4.1
粮粉(糙、糁) ……………………………… 3.4.14

粮糟 …… 3.4.18
晾霉 …… 3.3.3
晾糟设备 …… 3.2.3.6
量质摘酒 …… 3.4.34

M

麦麸 …… 3.1.7
米香型白酒 …… 3.5.12
面糟 …… 3.4.19

N

浓酱兼香型白酒 …… 3.5.17
浓香型白酒 …… 3.5.10

P

排(轮) …… 3.4.24
跑窖法 …… 3.4.5
跑汽 …… 3.4.27
培菌糟 …… 3.4.21

Q

掐头去尾 …… 3.4.32
清窖 …… 3.4.48
清香型白酒 …… 3.5.11
清糟(楂)法 …… 3.4.10
清蒸二次清 …… 3.4.13
清蒸混入 …… 3.4.8
清蒸清烧 …… 3.4.7
曲房 …… 3.2.1.3
曲模 …… 3.2.1.1
曲母 …… 3.3.1.2
曲坯 …… 3.3.1.5

S

上霉 …… 3.3.2
上甑 …… 3.4.26
生态酿酒 …… 3.4.58
生心 …… 3.4.22
双轮底 …… 3.4.55

T

塌汽 …… 3.4.29
摊晾 …… 3.4.45
糖化发酵剂 …… 3.3.1
陶坛 …… 3.2.4.1
特香型白酒 …… 3.5.16
调味酒 …… 3.5.21
通风曲 …… 3.3.1.4.2

W

豌豆 …… 3.1.5

X

下曲 …… 3.4.44
小麦 …… 3.1.2
小曲 …… 3.3.1.3
小曲酒 …… 3.5.3
续糟(楂)法 …… 3.4.11

Y

烟水 …… 3.4.43
液态发酵法 …… 3.4.2
液态法白酒 …… 3.5.7
溢甑 …… 3.4.30
玉米 …… 3.1.3
原窖法 …… 3.4.4

Z

甑 …… 3.2.3.1
蒸饭机 …… 3.2.3.2
蒸馏釜 …… 3.2.3.3
芝麻香型白酒 …… 3.5.15
制曲机 …… 3.2.1.2
中温曲 …… 3.3.1.1.2
贮酒池 …… 3.2.4.4
组合酒 …… 3.5.20

英 文 索 引

A

abnormal decreasing productivity ········ 3.4.25
aging ········ 3.4.57
alcoholic fermentative material ········ 3.4.17
alcoholic steam wasted in the air ········ 3.4.27

B

barley ········ 3.1.6
big conservator for spirit storage ········ 3.2.4.3
blending ········ 3.4.56
brewing ecotypically ········ 3.4.58
brick shaped starter model ········ 3.2.1.1

C

chi-flavour Chinese spirits ········ 3.5.14
Chinese spirits ········ 3.5.1
Chinses spirits by liquid fermentation ········ 3.5.7
Chinses spirits by traditional fermentation ········ 3.5.6
Chinses spirits made from tradition and liquid fermentation ········ 3.5.8
combined spirits ········ 3.5.20
construct digging ········ 3.4.23
corn ········ 3.1.3
crude spirits ········ 3.5.19
crushed grains ········ 3.4.14
cutting-out both end of the distillate ········ 3.4.32
cycle ········ 3.4.24

D

daqu spirits ········ 3.5.2
daqu starter ········ 3.3.1.1
dashing out of boiling water in still ········ 3.4.30
distilland after inoculation and cultivation ········ 3.4.21
distillate cooler ········ 3.2.3.5
distillate foam ········ 3.4.33
distiller's grain cooling equipment ········ 3.2.3.6
distilling aroma of distilland ········ 3.4.54
distilling pot ········ 3.2.3.1

distilling raw and fermented material together ………… 3.4.9
distilling raw and fermented material apart and then fermenting apart ………… 3.4.7
distilling raw and fermented material apart and then fermenting together ………… 3.4.8
double fermented bottom grains ………… 3.4.55
double separating distilling raw and fermented material ………… 3.4.13
drive out remanent alcohol ………… 3.4.31

E

establish order ………… 3.4.15
exuding of fermented liquid ………… 3.4.50

F

feng-flavour Chinese spirits ………… 3.5.13
ferment in the different pit order way ………… 3.4.5
ferment in the same pit order way ………… 3.4.4
fermentation cycle ………… 3.4.53
fermentation materials above the ground ………… 3.4.46
fermentation pit ………… 3.2.2.1
fermentation room ………… 3.2.1.3
fermentation vat ………… 3.2.2.2
fuqu spirits ………… 3.5.4
fuqu starter ………… 3.3.1.4
fuqu starter incubated on bamboo curtain ………… 3.3.1.4.1
fuqu starter prepared by blown wind ………… 3.3.1.4.2

G

gathering distillate according to the quality ………… 3.4.34
ground temperature ………… 3.4.37
grown mould ………… 3.3.2

H

high temperature daqu starter ………… 3.3.1.1.1
huangshui fluid ………… 3.4.51

I

identification after fermentation ………… 3.4.49
incompletely cooked grains ………… 3.4.22
initial distillate ………… 3.4.35

J

jiang-flavour Chinese spirits ………… 3.5.9

K

kaoliang ………… 3.1.1

L

laobaigan-flavour Chinese spirits ··· 3.5.18
last distillate ··· 3.4.36
liquid state fermentation ··· 3.4.2
low temperature daqu starter ··· 3.3.1.1.3

M

maintain sealing mud ··· 3.4.48
maize ··· 3.1.3
maldistribution of steam ··· 3.4.28
medial temperature daqu starter ··· 3.3.1.1.2
mild-flavour Chinese spirits ··· 3.5.11
millet hull ··· 3.1.9
milled rice ··· 3.1.4
milo ··· 3.1.1
mixed distilland order way ··· 3.4.11
mixed koji spirits ··· 3.5.5
mixture of raw and fermented materials ··· 3.4.18

N

nongjiang-flavour Chinese spirits ··· 3.5.17

O

observing tunnel ··· 3.4.52
old five-pot order way ··· 3.4.6
operating process of steaming fermented material ··· 3.4.26

P

peas ··· 3.1.5
pit mud ··· 3.4.40
pottery jar ··· 3.2.4.1
prominent quality liquor ··· 3.5.21

R

rapid cooling ··· 3.4.45
raw starter brick shape billet ··· 3.3.1.5
raw starter maker ··· 3.2.1.2
rearrange raw starter in incubation period ··· 3.3.4
refermention grains ··· 3.4.19
rice ··· 3.1.4

rice hull ………… 3.1.8
rice still ………… 3.2.3.2
rice-flavour Chinese spirits ………… 3.5.12
ripe starter for inoculation ………… 3.3.1.2

S

saccharifерous and fermentative agent ………… 3.3.1
scattering fermentation agent ………… 3.4.44
sealing mud ………… 3.4.41
sealing of fermentation pit ………… 3.4.39
semisolid fermentation ………… 3.4.3
sesame-flavour Chinese spirits ………… 3.5.15
sink ………… 3.4.29
sinking of fermenting grains ………… 3.4.47
solid state fermentation ………… 3.4.1
sorghum ………… 3.1.1
sorghum secondly added in jiang-flavour spirits production ………… 3.4.16
spent grains ………… 3.4.20
spirit store pool ………… 3.2.4.4
spirit store stainless steel tank ………… 3.2.4.2
splash water ………… 3.4.43
sprinkling amount of hot water ………… 3.4.42
steaming of adjunct material ………… 3.4.12
still ………… 3.2.3.3
strong-flavour Chinese spirits ………… 3.5.10

T

te-flavour Chinese spirits ………… 3.5.16
trampling fermentation material ………… 3.4.38

U

unmixed distilland order way ………… 3.4.10

V

vapour guide ………… 3.2.3.4
ventilate and dry ………… 3.3.3

W

wheat ………… 3.1.2
wheat bran ………… 3.1.7
white rice ………… 3.1.4

X

xiaoqu spirits 3.5.3
xiaoqu starter 3.3.1.3

ICS 35.220.21
L 64

中华人民共和国国家标准

GB/T 15122—2008/ISO/IEC 9983:1995
代替 GB/T 15122—1994

信息技术　未记录软磁盘的标志

Information technology—Designation of unrecorded flexible disk cartridges

(ISO/IEC 9983:1995,IDT)

2008-06-18 发布　　2008-11-01 实施

中华人民共和国国家质量监督检验检疫总局
中国国家标准化管理委员会　发布

前　言

本标准等同采用国际标准 ISO/IEC 9983:1995《信息技术　未记录软磁盘的标志》(英文版)。

本标准代替 GB/T 15122—1994《信息处理系统　未记录软磁盘的标志》。

本标准与 GB/T 15122—1994 的主要差别如下:

——规范性引用文件中增加了 GB/T 17960、ISO/IEC 13422 和 ISO/IEC 14169;

——已发布的国家标准或国际标准的类型编号中增加了 303 型、304 型和 305 型;

——标准的附录 A 中增加了 303 型、304 型和 305 型的有关信息。

本标准的附录 A 是资料性附录。

本标准由全国信息技术标准化技术委员会提出并归口。

本标准主要起草单位:中国电子技术标准化研究所。

本标准主要起草人:陈静、吴源俊。

本标准于 1994 年首次发布。

引　言

自开展软磁盘标准化领域的活动以来，国际标准化组织(ISO)已发布了 200 mm(8 in)、130 mm(5.25 in)和 90 mm(3.5 in)3 种不同尺寸磁盘的标准。可以预见在不远的将来可能会考虑更小尺寸的磁盘。

这些盘中有些具有相同的尺寸，但没有相同的磁特性，因此，它们只宜与指定的物理记录密度和磁道数一起使用。

实际上，这些磁盘以带有标志(例如：ID、DD、HD 等)的包装盒(箱)商业地提供给最终用户，然而，这些标志对在技术领域中有技能的人来说是清晰的，对普通的购买者来说却相当的难以理解。因此，必须对将在国内外使用的类型标志达成一致。调查表明，除了那些目前使用的将在运输过程中保留的标识符以外，制造商愿意打印上建议的标志。建议的标志是清晰的，因为它不仅规定了类型，还规定了表明主要参数的最少信息。

在用户利益方面，现在已描述的实现方案从总体上是令人满意的。然而，由于软磁盘、驱动器和系统厂商已开发了他们自己的盘标志和他们自己的市场包装盒(箱)的规程，要立即实现整个方案将花费大笔的开支。期待着厂商在包装箱重新订购、包装和打印一有经济上的可能时，就引进规定的磁盘和包装盒(箱)的标志并在手册中引用。

信息技术　未记录软磁盘的标志

1　范围

本标准规定了在每张软磁盘(FDC)上标注的标识符,以及未记录软磁盘的包装盒(箱)上标注的最少信息。

符合本标准的信息应标注在最终用户可用到的软磁盘上和未记录软磁盘的包装盒(箱)上。FDC驱动器上应标有它们可以处理的 FDC 的类型的说明。

2　规范性引用文件

下列文件中的条款通过本标准的引用而成为本标准的条款。凡是注日期的引用文件,其随后所有的修改单(不包括勘误的内容)或修订版均不适用于本标准,然而,鼓励根据本标准达成协议的各方研究是否可使用这些文件的最新版本。凡是不注日期的引用文件,其最新版本适用于本标准。

GB/T 15130.1—1994　信息处理　数据交换用 90 mm 改进调频制记录的位密度为 15 916 磁通翻转/弧度、每面 80 条磁道的软磁盘　第 1 部分:尺寸、物理性能和磁性能(idt ISO/IEC 9529-1:1989)

GB/T 15131.1—1994　信息处理　数据交换用 130 mm 改进调频制记录的位密度为 13 262 磁通翻转/弧度、每面 80 条磁道的软磁盘　第 1 部分:尺寸、物理性能和磁性能(idt ISO 8630-1:1987)

GB/T 17960—2000　信息技术　数据交换用 90 mm 改进调频制记录的位密度为 31 831 磁通翻转/弧度、每面 80 磁道的软磁盘　GB 303 型(idt ISO/IEC 10994:1992)

ISO 5654-1:1984　信息处理　数据交换用 200 mm(8 in)双频制记录的位密度为 13 262 磁通翻转/弧度、道密度为 1.9 道/毫米(48 tpi)的单面软磁盘　第 1 部分:尺寸、物理性能和磁性能

ISO 6596-1:1985　信息处理　数据交换用 130 mm(5.25 in)双频制记录的位密度为 7 958 磁通翻转/弧度、道密度为 1.9 道/毫米(48 tpi)的单面软磁盘　第 1 部分:尺寸、物理性能和磁性能

ISO 7065-1:1985　信息处理　数据交换用 200 mm(8 in)改进调频制记录的位密度为 13 262 磁通翻转/弧度、道密度为 1.9 道/毫米(48 tpi)的双面软磁盘　第 1 部分:尺寸、物理性能和磁性能

ISO/IEC 7487-1:1993　信息技术　数据交换用 130 mm(5.25 in)改进调频制记录的位密度为 7 958 磁道翻转/弧度、道密度为 1.9 道/毫米(48 tpi)的双面软磁盘　第 1 部分:尺寸、物理性能和磁性能

ISO 8378-1:1986　信息处理　数据交换用 130 mm(5.25 in)改进调频制记录的位密度为 7 958 磁通翻转/弧度、道密度为 3.8 道/毫米(96 tpi)的双面软磁盘　第 1 部分:尺寸、物理性能和磁性能

ISO 8860-1:1987　信息处理　数据交换用 90 mm(3.5 in)改进调频制记录的位密度为 7 958 磁通翻转/弧度、每面 80 磁道的软磁盘　第 1 部分:尺寸、物理性能和磁性能

ISO/IEC 13422:1994　信息技术　数据交换用容量为 10M 字节的用扇段伺服跟踪的 90 mm 软磁盘　ISO 304 型

ISO/IEC 14169:1995　信息技术　90 mm 软磁盘　格式化容量 21M 字节　ISO 305 型

3　标识符的说明

标识符应由 XYZ 三个数字后跟“型”字组成。

——数字 X 应标识同一尺寸的 FDC。

X=1 应标识 200 mm FDC。

X=2 应标识 130 mm FDC。

X=3 应标识 90 mm FDC。

需要时,更大的 X 值将在本标准未来的版本中给出。

——数字 YZ 应是一个以 01 开始的两位数字的序号。

4 包装盒(箱)上的信息

包装盒(箱)上应包含下列信息:

——标识符;

——该 FDC 符合已标识的国家标准或国际标准的声明;

——尺寸;

——可记录的面数;

——每面的被测磁道数;

——用字节表示的未格式化容量。

这些信息应按如下所示表示,并且最好在一个方框内。

GB XYZ 型或 ISO XYZ 型 这些软磁盘符合国家标准 GB/T ××××或国际标准 ISO×××× 尺寸:……mm(……in) 可记录面数:…… 每面被测磁道数:…… 未格式化容量:……字节

5 软磁盘上的信息

软磁盘上至少应给出标识符:GB XYZ 型或 ISO XYZ 型。

6 类型编号的分配

在每个软磁盘国家标准中都应规定标识符编号。

7 已发布的国家标准或国际标准的类型编号

符合已发布的国家标准或国际标准的软磁盘应按下列标识(参见附录 A):

101 型:ISO 5654-1

102 型:ISO 7065-1

201 型:ISO 6596-1

202 型:ISO/IEC 7487-1

203 型:ISO 8378-1

204 型:GB/T 15131.1

301 型:ISO 8860-1

302 型:GB/T 15130.1

303 型:GB/T 17960

304 型:ISO/IEC 13422

305 型:ISO/IEC 14169

附　录　A
（资料性附录）
可用FDC的主要特性

表 A.1　可用 FDC 的主要特性

类型	国家标准或国际标准代号和顺序号	尺寸/mm(in)	可记录的面数	每面被测磁道数	未格式化容量/M字节
101	ISO 5654-1	200(8)	1	77	0.4
102	ISO 7065-1	200(8)	2	77	1.6
201	ISO 6596-1	130(5.25)	1	35	0.1
202	ISO/IEC 7487-1	130(5.25)	2	40	0.5
203	ISO 8378-1	130(5.25)	2	80	1.0
204	GB/T 15131.1	130(5.25)	2	80	1.6
301	ISO 8860-1	90(3.5)	2	80	1.0
302	GB/T 15130.1	90(3.5)	2	80	2.0
303	GB/T 17960	90(3.5)	2	80	4.0
304	ISO/IEC 13422	90(3.5)	2	255	10.0
305	ISO/IEC 14169	90(3.5)	2	326	21.0

ICS 35.100.10
L 78

中华人民共和国国家标准

GB/T 15123—2008/ISO/IEC 8480:1995
代替 GB/T 15123—1994

信息技术 系统间远程通信和信息交换 使用 GB/T 3454 的 DTE/DCE 接口备用控制操作

Information technology—Telecommunication and information exchange between systems—DTE/DCE interface back-up control operation using GB/T 3454 interchange circuits

(ISO/IEC 8480:1995, Information technology—Telecommunication and information exchange between systems—DTE/DCE interface back-up control operation using ITU-T recommendation V.24 interchange circuits, IDT)

2008-07-28 发布 2009-01-01 实施

中华人民共和国国家质量监督检验检疫总局
中国国家标准化管理委员会 发布

前　言

本标准等同采用国际标准 ISO/IEC 8480:1995《信息技术　系统间远程通信和信息交换　使用 ITU-T 建议 V.24 互换电路的 DTE/DCE 接口备用控制操作》(英文版)。

本标准代替 GB/T 15123—1994《信息处理　数据通信　使用 25 插针连接器的 DTE/DCE 接口备用控制操作》。

本标准与 GB/T 15123—1994 相比主要变化如下:

——增加了第 3 章术语和定义;

——删除之前版本的附录 A,并将其作为第 5 章的内容。

本标准由全国信息技术标准化技术委员会(SAC/TC 28)提出并归口。

本标准起草单位:中国电子技术标准化研究所。

本标准主要起草人:郭楠、黄家英、徐冬梅、张翠、张晖。

本标准于 1994 年首次发布。

ISO/IEC 前言

ISO(国际标准化组织)和 IEC(国际电工技术委员会)已组成了致力于全世界范围的标准化工作的专门组织。ISO 或 IEC 的成员国通过有关组织建立的技术委员会参与国际标准的制定,并处理特定领域中的技术事项。ISO 和 IEC 技术委员会在相互感兴趣的领域进行合作。其他政府的和非政府的国际组织,与 ISO 和 IEC 进行联络以参与工作。

在信息技术领域中,ISO 和 IEC 已建立了联合技术委员会(ISO/IEC JTC 1)。由该联合技术委员会采纳的国际标准草案将被散发到各个成员国进行表决。一个国际标准的正式公布需要参加投票的成员中 75%的多数赞成。

国际标准 ISO/IEC 8480,由联合技术委员会 ISO/IEC JTC 1(信息技术)分委员会 SC 6(系统间远程通信和信息交换)制定。

本第二版标准取消并替代第一版(ISO/IEC 7480:1984),是第一版的技术修订本。

引　言

在租用线路上提供数据传输的场合,可能存在提供备用操作的要求,每当由于任何原因不可能经由租用线路进行传输时,则会开始使用备用操作。

备用设施可能有几种:

——用一条普通交换电话网(GSTN)线路作为一条二线制租用线路的备用;

——用一条 GSTN 线路作为一条四线制租用线路的备用;

——用两条 GSTN 线路作为一条四线制租用线路的备用;

——用一条/两条专用交换网络线路作为一条二线制/四线制租用线路的备用;

——使用终端适配器[1],通过一条综合业务数字网(ISDN)线路作为一条二线制租用线路的备用;

——使用终端适配器[1],通过一条 ISDN 线路作为一条四线制租用线路的备用。

注 1:这个列表可能不是穷举的。

注 2:终端适配器可能是独立设备,也可能在物理上与 DCE 组合在一起。

在 DTE/DCE 接口处,交换备用控制所必需的接口控制和状态信息所用的协议中,设施的这种变化宜不是可视的。为了达到这一目的,所要求的协议的标准化途径是必不可少的。然而,大部分的应用都局限于所列出的各种可能性的前两种。因此,本标准所描述的协议要求,仅提供一种备用设施作为在租用线路上进行数据传输的替代手段。虽然本标准未直接使用,但它宜作为协议要求的一种指南。

1) 终端适配器的功能在 ITU-T 建议(以前称为 CCITT 建议)V.110《ISDN 上 V 系列类型接口的数据终端设备的支持》和 CCITT 建议 V.120《ISDN 以统计复用的规定支持 V 系列接口的数据终端设备》中描述。

信息技术　系统间远程通信和信息交换 使用GB/T 3454的DTE/DCE接口备用控制操作

1　范围

本标准规定了当通过单个接口实现控制租用和备用设施时的备用操作规程。该规程适用于在租用线路上的数据传输，备用设施使用GB/T 3454互换电路连向25插针连接器(GB/T 15125—1994)或26插针连接器(GB/T 17559—1998)。

用于在租用线路和备用设施之间来回自动切换数据传输的方法不在本标准中规定。

本标准不适用于通过人工手段来获得备用(主叫和应答)的场合。

注1：在本标准中规定的规程仅在应答端、仅在主叫端或者连接的两端才可以使用。

注2：可以在备用电路的任一端并且仅为备用目的而提供普通的DCE(即它不实现备用控制)。例如，主叫站可以提供一条或多条独立的自动拨号GSTN线路，以便按需向较大数量的租用线路提供备用。

2　规范性引用文件

下列文件中的条款通过本标准的引用而成为本标准的条款。凡是注日期的引用文件，其随后所有的修改单(不包括勘误的内容)或修订版均不适用于本标准，然而，鼓励根据本标准达成协议的各方研究是否可使用这些文件的最新版本。凡是不注日期的引用文件，其最新版本适用于本标准。

GB/T 3454　数据终端设备(DTE)和数据电路终接设备(DCE)之间的接口电路定义表(GB/T 3454—1982,idt CCITT V.28)

GB/T 15125—1994　信息技术　数据通信　25插针DTE/DCE接口连接器及接触件号分配(idt ISO 2110:1989)

GB/T 17559—1998　信息技术　系统间远程通信和信息交换　26插针接口连接器配合尺寸和插接件号分配(idt ISO/IEC 11569:1993)

3　术语和定义

下列术语和定义适用于本标准。

3.1

应答站　answering station

在这种站中，当收到备用请求(例如一个入呼叫)时DCE切换到备用设施。

3.2

授权方式　authorized mode

当DTE授权DCE切换时，DCE启动切换到备用设施的方式。

注：万一DTE不能对接口上的设施进行控制，则在安装期间，允许在DCE内选择这种方式。

3.3

主叫站　calling station

在这种站中，DCE必须向被叫站发送备用请求(例如，要求另一端切换到备用设施)。

3.4

直接方式　direct mode

DTE启动的切换到备用设施的方式。

4 切换到备用操作

所出示的适用于备用操作并包括了主叫站和应答站处的操作规程的两个状态图，其图 1 表示直接方式，图 2 表示授权方式。

当实现互换电路 108 时，它应处于“接通”状态。当未实现电路 108 时，DCE 应按照电路 108 似存在并处于“接通”状态那样操作。

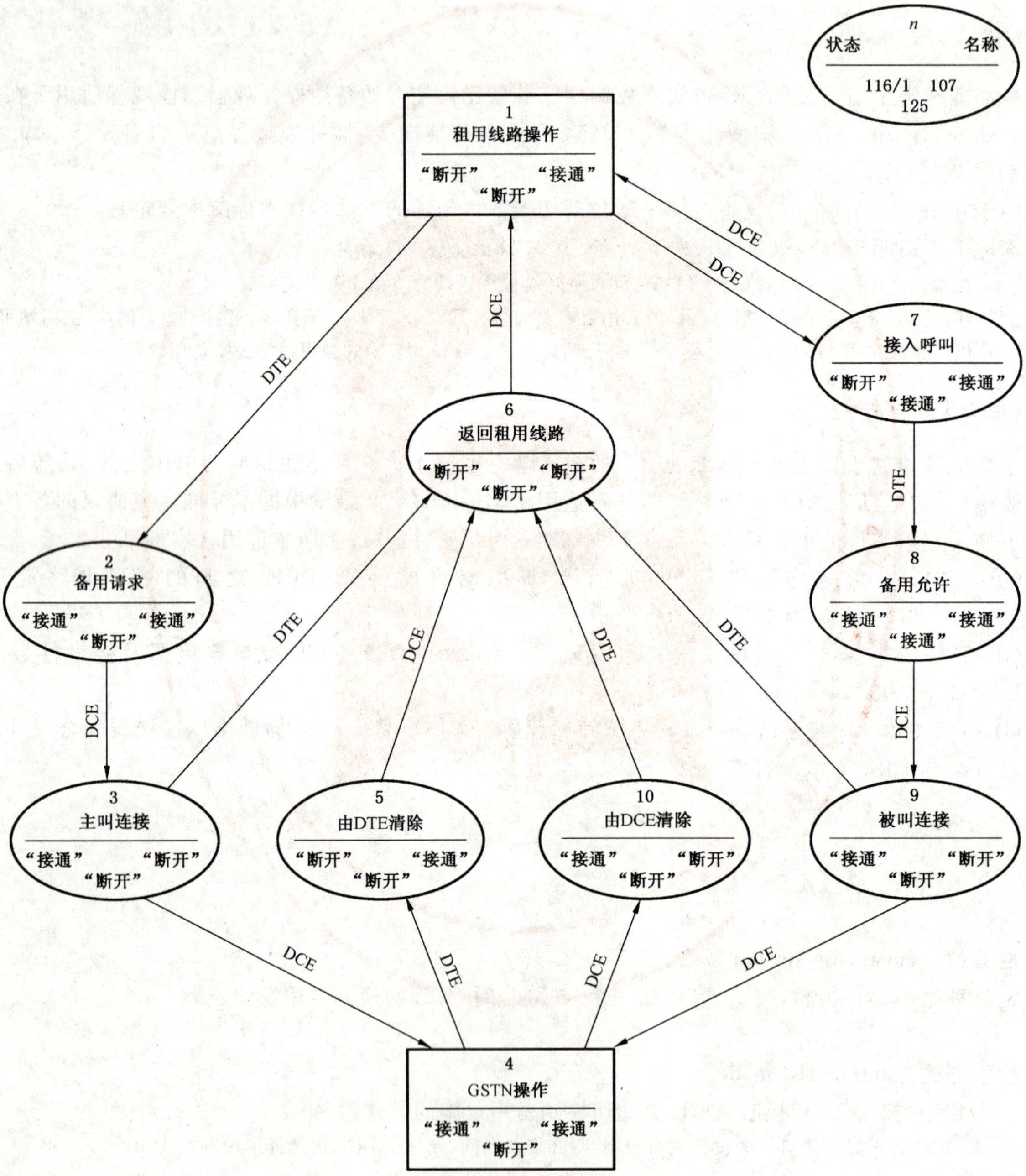

图 1 “直接方式”中的备用切换

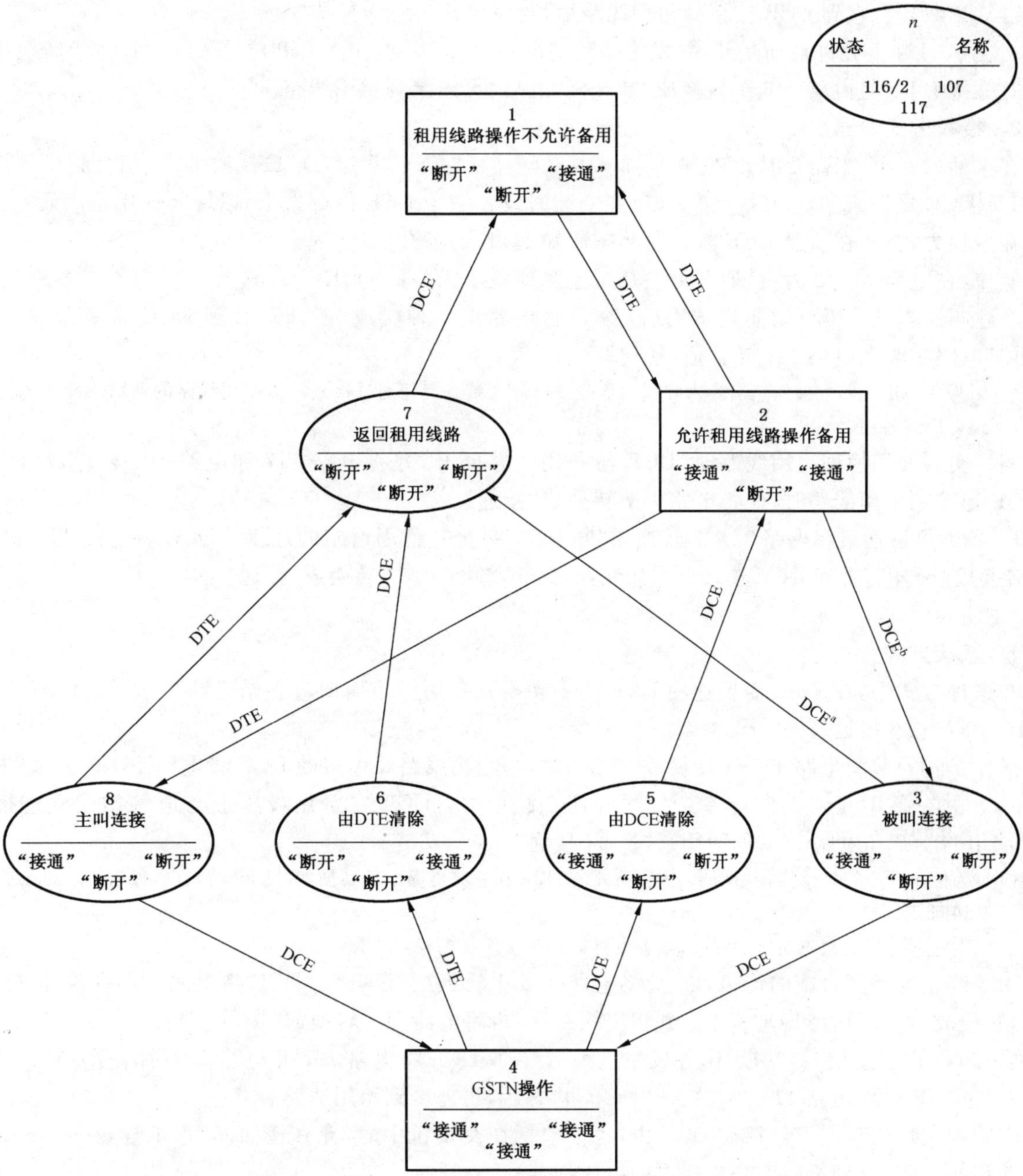

[a] DCE 在自动呼叫前与租用线路断开。

[b] DCE 根据接入呼叫与租用线路断开。

图 2 "授权方式"中的备用切换

4.1 应答站

4.1.1 直接方式

在这种方式中，DTE 收到入呼叫后，在它需要迫使 DCE 切换到备用设施时，便将电路 116/1 转换成"接通"。

操作：当连接到租用线路的 DCE 在备用线路上收到呼叫时，它便将电路 125 转换成"接通"。如果 DTE 需要应答此呼叫(见注)，它就将电路 116/1 转换成"接通"。DCE 将电路 107 转换成"断开"直到 DCE 连接到备用设施后，再将电路 107 和电路 117(如使用)转换成"接通"。

注：确保无差错地切换到备用设施是 DTE 的责任。

要终止与备用设施的连接，DTE 将电路 116/1 转换成"断开"。DCE 将电路 107 和电路 117(如使用)转换成“断开”,直到 DCE 连接到租用线路后,再将电路 107 转换成“接通”。

当在 GSTN 上允许自动断开,并发生这种情况时,DCE 将电路 107 和电路 117(如使用)转换成“断开”,并等待 DTE 将电路 116/1 转换成“断开”状态后,再连接到租用线路。

4.1.2 授权方式

在这种方式中,当需要时,通过将电路 116/2 转换成“接通”状态,DTE 授权 DCE 切换到备用设施。当 DTE/DCE 接口未实现电路 116/2 时,在安装时设置一个 DCE 内部选项,以便能使用备用设施。

在授权方式中,在需要 DCE 将线路状态通知 DTE 的场合,宜实现电路 117。

操作:在电路 116/2 为“接通”(见注)时,连接到租用线路的 DCE 会在它所连接的备用线路上接收到一个呼叫。当核实需要切换到备用后,DCE 将电路 107 转换成“断开”,直到 DCE 连接到备用设施后,再将电路 107 和电路 117 转换成“接通”。

注:因为在备用线路上会偶然出现入呼叫的危险,所以 DCE 有责任通过检查经由租用线路的通信失败用来防止错误切换到备用。

当核实需要切换回租用线路时,DCE 与备用线路断开,并将电路 117 和电路 107 转换成“断开”。当 DCE 连接到租用线路时,便将电路 107 转换成“接通”。

DTE 也可以通过将电路 116/2 转换成“断开”来终止与备用设施的连接。DCE 将电路 117 和电路 107 转换成“断开”,直到 DCE 连接到租用线路后,再将电路 107 转换成“接通”。

4.2 主叫站

4.2.1 直接方式

在这种方式中,在 DTE 需要迫使 DCE 为了切换到备用设施而向应答站启动请求时,该 DTE 将电路 116/1 转换成“接通”。

操作:当 DTE 将电路 116/1 转换成“接通”时,与租用线路相连接的 DCE 将电路 107 转换成“断开”(见注 1),并在备用线路上向应答站发送呼叫(见注 2)。DCE 在备用设施上与应答站建立连接后,DCE 将电路 107 和电路 117(如使用)转换成“接通”。

注 1:为便于在应答站核实备用请求,主叫站处的 DCE 在它将电路 107 转换成“断开”时,宜确保租用线路上的载波切断。

注 2:本呼叫可以是预先确定的呼叫,或者也可以是直接发起的呼叫。

为了终止与备用设施的连接,DTE 将电路 116/1 转换成“断开”。DCE 将电路 107 和电路 117(如使用)转换成“断开”,直到 DCE 连接到租用线路后,再将电路 107 转换成“接通”。

当在 GSTN 上允许自动断开,并发生这种情况时,DCE 将电路 107 和电路 117(如使用)转换成“断开”,并等待 DTE 将电路 116/1 转换成“断开”状态后,再连接到租用线路。

在呼叫地址信息既不包括在 DCE 中,也不包括在交换机中时,允许按照 CCITT 建议 V.25bis[2] 使用自动呼叫规程(这种规程不是本标准的组成部分)建立呼叫。

在预先确定的呼叫情况下,它可以由 DCE 中的自动拨号器执行;它也可以在所谓“热线”环境中发出,在此场合通过 DCE 占用线路使交换机建立专门的连接。

在直接发起呼叫的情况下,允许使用 CCITT 建议 V.25 bis 所述的直接启动呼叫规程(这种规程不是本标准的组成部分)。

4.2.2 授权方式

在这种方式中,在需要时,通过对应答站进行呼叫(见 4.2.1 的注 2),DTE 授权 DCE 从租用线路切换到备用设施。当 DTE/DCE 接口未实现电路 116/2 时,在安装时设置一个 DCE 内部选项,以便能使用备用设施。

在授权方式中,在需要 DCE 将线路状态通知 DTE 的场合,宜实现电路 117。

操作:DTE 接受在 DCE 控制下发出的备用呼叫后,将电路 116/2 转换成“接通”。当连接到租用线

2) CCITT 建议 V.25 bis,即在通用交换电话网络上使用 100 系列交换电路自动呼叫和/或应答的设备。

路的 DCE 决定发送自动呼叫时，它应将电路 107 转换成“断开”（见 4.2.1 的注 1），并在 DCE 与应答站建立备用连接后，再将电路 107 和电路 117 转换成“接通”。

当核实需要切换回租用线路时，DCE 与备用线路断开，并将电路 117 和电路 107 转换成“断开”。当 DCE 连接到租用线路时，便将电路 107 转换成“接通”。

DTE 也可以通过将电路 116/2 转换成“断开”，终止与备用设施的连接。DCE 将电路 117 和电路 107 转换成“断开”，直到 DCE 连接到租用线路后，再将电路 107 转换成“接通”。

对预先确定的呼叫，在 DCE 中含有呼叫地址的场合，允许使用 CCITT 建议 V.25bis 中所述的呼叫地址编程程序（该程序不是本标准的组成部分）。

5 接触件号的分配

下面的接触件号分配应用于 25 插针连接器（GB/T 15125—1994）和 26 插针连接器（GB/T 17559—1998）：

——互换电路 116：接触件号 14

——互换电路 117：接触件号 16

注：对这两种电路，在一定领域中，有些设备使用国家分配的接触件号。

ICS 35.100.30
L 79

中华人民共和国国家标准

GB/T 15126—2008/ISO/IEC 8348:2002
代替 GB/T 15126—1994

信息技术　开放系统互连
网络服务定义

Information technology—Open system interconnection—Network service definition

(ISO/IEC 8348:2002,IDT)

2008-07-16 发布　　2008-12-01 实施

中华人民共和国国家质量监督检验检疫总局
中国国家标准化管理委员会　发布

前　言

本标准等同采用ISO/IEC 8348:2002《信息技术　开放系统互连　网络服务定义》，本标准对ISO/IEC 8348:2002进行了必要的编辑性修改。

本标准代替GB/T 15126—1994。

本标准与GB/T 15126—1994相比主要变化如下：

——本标准分为三篇，分别是第一篇“概述”、第二篇“连接方式服务的定义”和第三篇“无连接方式服务的定义”；1994版仅为两篇：第一篇“概述”和第二篇“连接方式原语的定义”；

——本标准添加了无连接方式服务定义的技术内容；

——本标准对附录A进行了修改，为网络层编址内容；

——本标准添加了附录B，为附录A中资料的基本原理；

——本标准添加了附录C，为在无连接方式网络服务中传送服务特性的工具。

本标准的附录A是规范性附录，附录B和附录C是资料性附录。

本标准由全国信息技术标准化技术委员会提出并归口。

本标准起草单位：中国电子技术标准化研究所。

本标准主要起草人：郭楠、黄家英、徐冬梅、张翠、张晖。

本标准所代替标准的历次版本发布情况为：

——GB/T 15126—1994。

引　言

本标准是为了便于计算机系统互连而制定的一组标准之一。它与开放系统互连(OSI)参考模型所定义的一组标准中的其他标准有关。OSI参考模型(GB/T 9387.1)把互连标准化的领域细分成一系列层规范,每个层均为可管理规模。

本标准在参考模型的网络层与运输层之间的边界处定义了网络层向运输层提供的服务。它为运输层协议的设计者提供了现存网络服务的定义,以支持运输层协议,并为网络协议的设计者提供可供使用的服务定义。该服务定义可通过低层服务之上的网络协议动作得到。图0示出了这种关系。

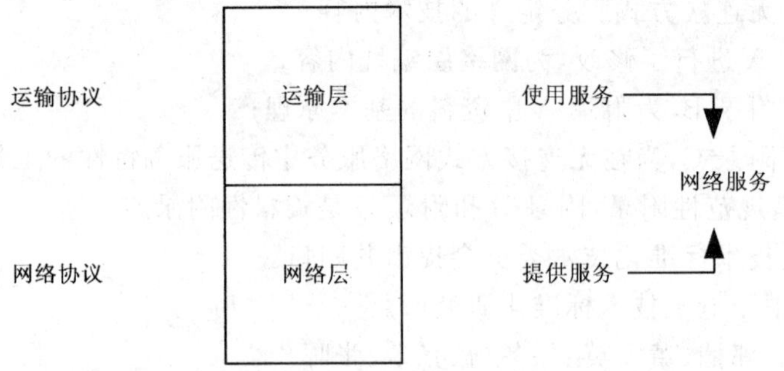

图0　网络服务与OSI网络协议和运输协议的关系

使用"网络"一词来命名OSI参考模型的"网络"层,它应当与通常所讲的通信网络中的"网络"一词区分开来。为便于这种区分,术语"子网"用于通常称为"网络"的物理设备的汇总(见GB/T 9387.1)。子网可以是公用网络,也可以是私有提供的网络。在公用网络情况下,这些子网的特性由诸如用于电路交换网的GB/T 11593或用于包交换网络的GB/T 11595等独立的建议来确定。

在整套OSI标准集合中,术语"服务"是OSI参考模型的一层向它的上一层提供的抽象的能力。因而,本标准所定义的网络服务是一个概念性体系服务,与管理部门无关。

注:重要的是把在OSI建议和OSI标准集合范围内使用术语"服务"与其他地方使用它来描述某组织提供的服务(诸如,在其他建议中定义的服务、由管理部门提供的服务)区别开来。

任何特定子网可以支持OSI网络服务,也可以不支持OSI网络服务。OSI网络服务可以通过一个或多个子网的组合和这些子网之间或之外的可选附加功能的组合来提供。

信息技术　开放系统互连
网络服务定义

第一篇　概　　述

1　范围

本标准按下述几个方面定义 OSI 网络服务：

a)　服务的原语动作和事件；

b)　与每个原语动作和事件相关联的参数以及它们采用的形式；

c)　在这些原语动作和事件间的相互关系以及它们的有效序列。

本标准的主要目的是：

a)　规定概念上的网络服务的特性，因而补充了参考模型，以引导网络层协议的开发。

b)　鼓励子网提供者提供的功能上的收敛。

c)　为将现存异种子网提高到公共的独立于子网的网络服务而提供一种基础，以便它们可以串接而提供全球通信(这样的串接可能涉及本标准中未定义的可选的附加功能)。服务质量的定义是标准中的一个重要组成部分。

d)　为开发和实现独立于子网的运输层协议提供一种基础，这样才能将它从下层的公用和专用子网以及它们特殊接口要求的多样性中解脱出来。

本标准不规定具体实现和产品，也不限制系统内部实体和接口的实现。

对本标准，不存在设备的一致性问题。一致性是通过遵循 OSI 网络协议的实现取得的。OSI 网络协议满足本标准中定义的网络服务。

2　规范性引用文件

下列文件中的条款通过本标准的引用而成为本标准的条款。凡是注日期的引用文件，其随后所有的修改单(不包括勘误的内容)或修订版均不适用于本标准，然而，鼓励根据本标准达成协议的各方研究是否可使用这些文件的最新版本。凡是不注日期的引用文件，其最新版本适用于本标准。

GB/T 1988—1998　信息技术　信息交换用七位编码字符集(eqv ISO/IEC 646:1991)

GB/T 9387.1—1998　信息技术　开放系统互连　基本参考模型　第 1 部分：基本模型(idt ISO/IEC 7498-1:1994)

GB/T 12500—2008　信息技术　开放系统互连　提供连接方式运输服务的协议(ISO 8073:1997, IDT)

GB/T 15274—1994　信息处理系统　开放系统互连　网络层的内部组织结构(idt ISO 8648:1988)

GB/T 17967—2000　信息技术　开放系统互连　基本参考模型　OSI 服务定义约定(idt ISO/IEC 10731:1994)

ISO 2375:1985　数据处理　转义序列的等级规则

ISO 3166-1　国家和其地区名称表示代码　第 1 部分：国家编码

ISO/IEC 6523-1:1998　信息技术　组织和组织各部分标识用的结构　第 1 部分：组织标识方案的标识

CCITT 建议 E.163　国际电话服务的编号方案

ITU-T 建议 E.164　国际公共电信编号方案

ITU-T 建议 E.191　B-ISDN 编址

ITU-T 建议 E.191.1　ITU-T 国际网络指明符地址分配的准则和规程

ITU-T 建议 F.69　国际电报服务　电报目的码和电报网络标识码的服务和操作性规定

CCITT 建议 T.50　国际参考字母表(以前的国际字母表 NO.5 或 IA5)　信息技术　信息交换的7位编码字符集

ITU-T 建议 X.121　公共数据网络的国际编号计划

ITU-T 建议 X.300　对于提供数据传输服务来说公共网络之间以及在公共网络和其他网络之间互通的一般原则

网络标准 2　分配的号

IETF RFC 1888 OSI NSAP 和 IPv6

3　术语和定义

下列术语和定义适用于本标准。

3.1　基本参考模型的定义

本标准基于 OSI 参考模型(GB/T 9387.1)中建立的概念,并使用 GB/T 9387.1 标准中定义的下列术语:

a) 加速网络服务数据单元　expedited Network-Service-data-unit

b) 网络地址　Network-address

c) 网络连接　Network Connection

d) 网络实体　Network-Entity

e) 网络协议控制信息　Network-protocol control information

f) 网络协议数据单元　Network-protocol data unit

g) 网络层　Network Layer

h) 网络中继　Network-relay

i) 网络路由选择　Network-routing

j) 网络服务　Network Service

k) 网络服务访问点　Network-Service-access-point

l) 网络服务访问点地址　Network-Service-access-point-address

m) 网络服务数据单元　Network-Service-data-unit

n) OSI 环境　OSI environment

o) 子网　Subnetwork

p) 标题　title

3.2　服务约定的定义

本标准还使用 GB/T 17967 中定义的并适用于网络层的下列术语:

a) 证实　confirm

b) 指示　indication

c) 网络服务用户　network service user

d) 网络服务提供者　network service provider

e) 原语　primitive

f) 请求　request

g) 响应　response

3.3 网络服务的定义

下列术语和定义适用于本标准。

3.3.1

主呼 NS 用户 calling NS user

发起请求建立 NC 的用户。

3.3.2

被呼 NS 用户 called NS user

主呼用户希望与之建立 NC 的那个用户。

注：主呼 NS 用户和被呼 NS 用户是对单个 NC 定义。一个 NS 用户可以同时兼为主呼 NS 用户和被呼 NS 用户。

3.3.3

族地址 generic address

标识一组 NSAP 的地址，而不是标识一个特定 NSAP 的地址。

3.3.4

网络连接 network connection

由两个 TS 用户之间的网络层为传送数据而建立的关联，它为网络数据传输的集合提供了显式标识，也提供了关于该集合待提供的服务的协定。

注：本定义澄清了 GB/T 9387.1 中给出的定义。

3.3.5

网络连接方式数据传输 network connection-mode data transmission

在先前已建立的 NC 的上下文范围内，从源 NSAP 向目的地 NSAP 的 NSDU 传送。

3.3.6

网络无连接方式数据传输 network connectionless-mode data transmission

在 NC 的上下文之外从源 NSAP 向一个目的 NSAP 或多个组目的地 NSAP 的 NSDU 传输，并且不要求维持多调用间的任何逻辑关系。

3.3.7

网络无连接方式组播传输 network connectionless-mode multicast transmission

从一个源 NSAP 向一组目的地 NSAP 的 NSDU 传输。

3.4

网络编址的定义 network addressing definition

附录 A 使用下面定义的下列术语来描述网络编址。

3.4.1

DTE 地址 DTE address

用来标识出连接到公共数据网的一个点的信息。

3.4.2

子网连接点 subnetwork point of attachment

实端系统、互工作单元或实子网连接到实子网的一个点，以及在端系统或中间系统范围内提供子网服务的一个概念点。

3.4.3

子网连接点地址 subnetwork point of attachment address

在特定实子网的上下文中用来标识子网连接点的信息；或者在特定子网的上下文中用来标识出具有子网服务的端系统或中间系统的概念点的信息。该术语可以与(等价的)缩短形式的子网地址可互换使用。

3.4.4

网络协议地址信息　network protocol address information

在网络协议数据单元中，携带网络服务访问点地址语义的编码信息(在公共网络环境下称为“地址信号”或“编码的地址信号”)。

3.4.5

命名域　naming domain

命名机构所分配的名称是无歧义的上下文。若该名称是一个地址，则分配该名称的上下文称为编址域。

3.4.6

全球网络编址域　global network addressing domain

由OSI环境中所有的网络服务访问点地址组成的一种编址域。

3.4.7

网络编址域　network addressing domain

由所有的网络服务访问点地址组成的全球网络编址域的子集，该网络服务访问点地址由一个或多个编址机构分配。

3.4.8

命名机构　naming authority

一个机构，它从一个特定的命名域中分配名称，并确保分配的名称无歧义。若命名机构分配地址，则称之为编址机构。

3.4.9

网络编址机构　network addressing authority

一个编址机构，它分配和管理一个或多个网络编址域范围内的网络服务访问点地址。

3.4.10

抽象语法　abstract syntax

允许定义的数据类型和规定的这些类型的值的一种记法，无需确定为按协议传送而表示(编码)它们的方法。

3.4.11

成组网络地址　group network address

标识零个或多个网络服务访问点的集合的地址；它们可能属于不同端系统中的多个网络实体。

3.4.12

单个网络地址　individual network address

标识单个NSAP的地址。

注：组网络地址和专用网络地址的区别并不重要，使用术语“NSAP地址”。

3.5　网络层体系结构和定义

本标准使用在GB/T 15274中定义的下列术语。

a)　子网络　subnetwork

b)　实子网　real subnetwork

c)　子网服务　subnetwork service

d)　实端系统　real end system

e)　互工作单元　interworking unit

f)　中间系统　intermediate system

g)　中继实体　relay entity

4 缩略语

下列缩略语适用于本标准。

AFI	权限和格式标识符	(Authority and Format Identifier)
CC	国家代码	(Country Code)
COR	接收证实	(Confirmation of Receipt)
DCC	数据国家代码	(Data Country Code)
DSP	域特定部分	(Domain Specific Part)
ENSDU	加速网络服务数据单元	(Expedited Network Service data unit)
ICD	国际代码指定符	(International Code Designator)
IDI	初始域标识符	(Initial Domain Identifier)
IDP	初始域部分	(Initial Domain Part)
ISDN	综合业务数字网	(Integrated Services Digital Network)
N	网络	(Network)
NC	网络连接	(Network Connection)
NL	网络层	(Network Layer)
NPAI	网络协议编址信息	(Network Protocol Addressing Information)
NPDU	网络协议数据单元	(Network Protocol Data Unit)
NS	网络服务	(Network Service)
NSAP	网络服务访问点	(Network Service access point)
NSDU	网络服务数据单元	(Network Service data unit)
OSI	开放系统互连	(Open Systems Interconnection)
PSTN	公共交换电话网络	(Public Switched Telephone Network)
PTT	邮政、电话和电报	(Postal, Telephone and Telegraph)
QOS	服务质量	(Quality of Service)
RPF	参考出版物格式	(Reference Publication Format)
SNPA	子网连接点	(Subnetwork Point of Attachment)

5 约定

5.1 一般约定

本服务定义使用 GB/T 17967 中给出的描述性约定。

从这些约定而引出的层次服务模型、服务原语和时序图完全是抽象的描述,它们不表示实现的技术规范。

5.2 参数

用来表示服务用户/服务提供者交互作用(见 GB/T 17967)的服务原语,运送一些参数,它们指示用户/提供者交互作用中可用的信息。

适用于每一组网络服务原语的参数,在第 12 章~第 14 章和第 19 章的表中列出。表中每个“X”表示它所在列的原语可以携带它所在行的参数。

某些登记项进一步由括号中的项限定。这些可能是:

a) 参数在某些方面是有条件的指示:

(C)——对于每个 NC,它表示该参数在那个原语中不一定存在。该参数的定义描述该参数是否存在的条件。

b) 参数特定限制:

(=)——表示指示或证实原语中提供的值总是与对等 NSAP 处发生的对应请求或响应原语中提供的值相同。

c) 某种注释适用于该登记项的指示：

(注释 X)——表示该参考注释包括与参数和它的使用有关的附加信息。

在任何特定接口中，不需要明确指出全部参数，有些参数可能隐含地与发出该原语的 NSAP 有关。

5.3 NC 端点标识约定

如果一个 NS 用户需要区分同一个 NSAP 上的几个 NC，就必须提供一种本地 NC 端点标识机制。在这样的 NSAP 上发出的全部原语都需要使用此机制来标识 NC。这种隐含性标识在本标准中不作为服务原语的一个参数描述。

注：此隐含 NC 端点标识绝不要与 N-CONNECT 原语(见 12.2)的地址参数混淆。

6 概述及一般特性

网络服务在 NS 用户间提供数据(即 NS 用户数据)的透明传送。利用支持通信的资源而取得这种传送的方法，对这些 NS 用户来说是不可见的。

网络服务特别要提供下列特性：

a) 独立于低层的传输媒体：网络服务使 NS 用户不必关心各种子网是如何提供网络服务的。网络服务使 NS 用户不必了解在异种子网上传送数据中的差别而只需了解服务质量的差别。

b) 端到端传送：网络服务在端系统中的 NS 用户间提供 NS 用户数据的传送。所有路由选择和中继功能都由 NS 提供者执行，包括以串接或并接方式使用类似的传输资源的情况在内。

c) 传送信息的透明性：网络服务对整数个八位位组的 NS 用户数据和/或控制信息提供透明传送。它既不限制信息的内容、格式或编码，也不需要解释它的结构或意义。

d) 服务质量的选择：网络服务向 NS 用户提供一种手段，借以就 NS 用户数据的传送服务质量进行请求和商定。服务质量通过表示诸如吞吐量、转接延迟、精确度和可靠性之类的特性的 QOS 参数来规定。

e) NS 用户寻址：网络服务使用一种允许 NS 用户无歧义地相互引用的寻址系统(NSAP 寻址和成组网络寻址)。

7 网络服务类型和类别

网络服务有以下两种类型：

a) 连接方式的服务(在第二篇中定义)；

b) 无连接方式的服务(在第三篇中定义)。

对于给定的通信事例，提供给所有 NS 用户的服务方式是相同的(即连接方式或无连接方式)。按照 GB/T 9387.1 作出选择提供无连接方式网络服务或者连接方式网络服务。

当涉及本服务定义时，NS 用户或者 NS 提供者应说明希望使用或提供哪个类型的服务。

没有定义不同类别的网络服务。

然而，对于连接方式服务，接收证实和加速数据传送的两种网络层服务都是 NS 提供者的选件。

所谓 NS 提供者选件的服务是，NS 提供者对一个特定 NC 可以选择提供或不提供的服务。在 NS 提供者不提供选件服务的情况下，该服务将不能在网络服务中使用。如果提供者提供接收证实或加速数据传送这两个选件，那么它应按本标准的规定来提供(见 14.1～14.3)。

第二篇 连接方式服务的定义

8 连接方式网络服务特性

网络服务向 NS 用户提供下述特性：

a) 为了以 NSDU 形式传送 NS 用户数据，提供与另一个 NS 用户建立 NC 的手段，在同一对 NS 用户间可以存在一个以上的 NC。

b) 在两个 NS 用户和 NS 提供者之间，对与每一 NC 相关的一定的 QOS 取得一致意见。

c) 在一个 NC 上提供按序传送 NSDU 的手段。由整数个八位位组组成的 NSDU 的传送是透明的，即网络服务对 NSDU 的边界和内容维持不变，而且网络服务对 NSDU 的内容不施加任何限制。

d) 接收 NS 用户可以对发送 NS 用户发送 NSDU 的速率进行流量控制。

e) 在某些情况下，提供按序逐个传送加速 NSDU 的手段（见第 7 章），加速 NSDU 在长度上有一定限制。它们的传输要受到与经过该 NSAP 的常规数据不同的流量控制。

f) 通过使用复位服务，提供使 NC 能返回到一个确定状态，以及两个 NS 用户的活动能同步的手段。

g) 在某些情况下，提供使 NS 用户证实接收 NSDU 的手段（见第 7 章）。

h) 由 NS 用户之一或 NS 提供者发起的一个无条件的，因而可能是破坏性的对 NC 的释放。

9 连接方式网络服务模型

9.1 连接方式网络层服务模型

本服务定义使用 GB/T 17967—2000 的第 4 章中定义的层服务抽象模型。该模型定义在两个 NSAP 上发生的 NS 用户和 NS 提供者间的交互作用。在 NS 用户和 NS 提供者间，信息通过可携带参数的服务原语传递。

9.2 网络连接模型

在一个 NC 的两个端点之间，存在一种流量控制功能，它使处于一端的接收 NS 用户数据的 NS 用户的行为与处于另一端的发送 NS 用户数据的 NS 用户的能力相联系。作为规定该流量控制特性和它与网络服务提供的其他能力的关系的一种手段，可使用下面描述的 NC 的队列模型。

该 NC 队列模型的讨论，仅在帮助理解网络服务用户感觉到的端对端服务特性，不意图代替网络服务的精确的形式描述，也无意作为所有允许的 NS 原语序列的一个完整的规范（允许的原语序列将在第 11 章规定，也见下面的注）。此外，本模型不试图描述用来提供网络服务的网络层实体（包括中继实体）的所有功能或操作，也不试图隐含规定或限制网络服务的实现。

在解释本服务定义时，涉及各个原语性质的第 12 章～第 14 章的说明，优先于本章中的一般性说明。

注：除了本模型描述的服务原语间的交互作用外，还可能有一些在调用原语能力上本地所施加的限制以及对某些原语定义特定排序约束的服务规程。

9.2.1 队列模型的概念

队列模型可通过链接两个 NSAP 的一对队列抽象地表示 NC 的操作。对信息流的每个方向都存在一个队列（见图 1）。

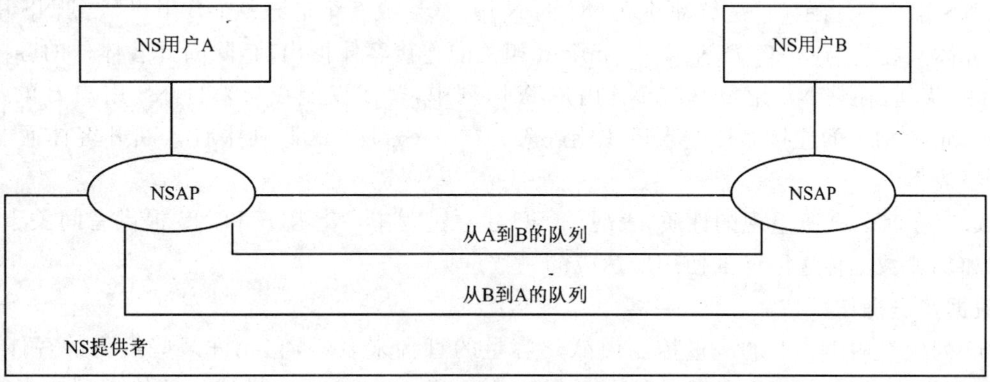

图 1 网络连接队列模型

每一队列代表一个传送方向上的流量控制功能。一个NS用户将客体加入到队列中的能力决定于从该队列撤出客体的NS用户的行为和该队列的状态。由于两个服务访问点的交互作用,或由于NS提供者发起,客体可以进入队列。也可从队列中撤出。

可以认为这一队列适用于每个可能的NC。

由于在某个NSAP处的交互作用,可以置入队列的客体(见第12章~第14章)是:

a) 连接客体(与N-CONNECT原语和它们的全部参数有关);

b) 常规NS用户数据八位位组(与N-DATA原语有关);

c) NSDU结束指示(与N-DATA原语的完成有关);

d) 加速NSDU(与N-EXPEDITED-DATA原语和它们的全部参数有关);

e) 数据确认客体(与N-DATA-ACKNOWLELDGE原语有关);

f) 复位客体(与N-RESET原语和它们的参数有关);

g) 断开客体(与N-DISCONNECT原语和它们的全部参数有关)。

注:流量控制描述(见9.2.3)比第11章~第14章中对原语顺序的描述需要较少的抽象性。虽然定义的原语具有不可分割性,但为了描述此队列模型,与N-DATA原语有关的信息在概念上可分割为一系列的NS用户数据八位位组,后限一个NSDU的结束指示。这不意味着任何实际接口中需要任何特定的进一步的分割。

由NS提供者发起的可置入队列中的客体(见第12章~第14章)是:

a) 复位客体(与N-RESET原语和它们的全部参数有关);

b) 同步标记客体(见9.2.4);

c) 断开客体(与N-DISCONNECT原语和它们的全部参数有关)。

队列规定为具有下述通用性质:

a) 连接客体进入前,队列是空的,而且在丢失其内容的情况下NS提供者能使队列返回到该状态(见9.2.4和9.2.5);

b) 由于源NS用户的动作,在NS提供者的控制下,客体可进入队列,客体也可由NS提供者使之进入队列;

c) 在接收NS用户控制下,客体可以从队列中撤出;

d) 客体通常在NS用户的控制下以它们进入时相同的次序撤出(否则,见9.2.3);

e) 一个队列具有有限的容量,但该容量不必固定,也不必确定。

9.2.2 NC的建立

当NS提供者在两个NSAP之一收到N-CONNECT request原语,并且一个连接客体进入两个队列之一时,一对队列便与两个NSAP间的NC建立了关联。从该NC的两个NS用户之一的立场看,在那个NSAP处,一个断开客体(与N-DISCONNECT原语有关)进入队列前或从该队列撤出前,该队列保持与该NC关联。

如果NS用户A指示,它是启动建立NC的N用户(形成一个进入从NS用户A到NS用户B的队列的连接客体),在将与N -CONNECT confirm相关的连接客体撤出前,除断开客体外的客体不可进入从A到B的队列,在从NS用户B到NS用户A队列中,客体仅能在与来自NS用户B的与N-CONNECT response相关的连接客体进入后才能进入。在从B到A的队列中置入断开客体而非连接客体时才可以释放NC。

在NC存在时队列所呈现的性质,表现了NC建立过程中,NS用户和NS提供者间关于服务质量、接收证实和加速数据传送服务的使用所达成的一致意见。

9.2.3 数据传送操作

在本队列模型中NC上的流量控制由队列容量的管理来表示,它允许某些类型的客体加入队列。影响复位和断开客体进入队列的条件将在下面b)和9.2.4 、9.2.5中描述。其他类型的客体间的流量控制关系概括在表1中。

表 1　队列模型客体间的流量控制关系

可能阻止进一步增加客体 Y	客体 X 的增加		
	常规 NS 用户数据的八位位组或 NSDU 结束	加速 NSDU	数据确认
常规 NS 用户数据的八位位组或 NSDU 结束	是	是	否
加速 NSDU	否	是	否
数据确认	否	否	否

一旦在队列中有了客体，NS 提供者便可以处理邻接的客体对，从而导致：

a) 次序的改变——当且仅当随后的客体具有一个定义为能够超越先前客体的类型时，客体对的次序才可以颠倒。在同一类型中，不能将一个客体定义为可以超越先前的客体。

b) 删除——当且仅当任一客体后随的客体定义为对它有破坏性时，才可以删除此客体。如果需要，队列中的最后客体可以删除，以允许破坏性客体进入。因此，破坏性客体总可以进入队列。相对于所有其他客体，断开客体可定义为破坏性的。相对于连接、断开和其他复位客体之外的所有其他客体，复位客体定义为破坏性的。

可以按上述 a)和 b)处理的客体间的关系概括在表 2 中。

NS 提供者是否执行导致次序改变和删除的动作依赖于 NS 用户的行为和对该 NC 商定的 QOS。一般地说，如果一个 NS 用户不引起客体从队列中撤出，那么 NS 提供者将在某一未规定的时间周期后，执行上述类型 a)和类型 b)所允许的动作。

表 2　队列模型客体间的排序关系

相应的前客体 Y	被定义的跟随客体 X							
	连接	常规 NS 用户数据的八位位组	NSDU 结束	加速 NSDU	数据确认	复位	同步标记	断开
连接	N/A	—	N/A	—	—	—	N/A	DES
常规 NS 用户数据的八位位组	N/A	—	—	AA	AA	DES	N/A	DES
NSDU 结束	N/A	—	N/A	AA	AA	DES	N/A	DES
加速 NSDU	N/A	—	—	—	AA	DES	N/A	DES
数据确认	N/A	—	—	AA	—	DES	N/A	DES
复位	N/A	—	N/A	—	—	DES	—	DES
同步标记	N/A	—	—	—	—	DES	N/A	DES
断开	N/A	N/A	N/A	N/A	N/A	N/A	N/A	DES

AA:表示客体 X 定义为能超越先前客体 Y。
DES:表示客体 X 相对于先前客体 Y 定义为破坏性的。
—:表示客体 X 相对于客体 Y 既不是破坏性的，也不能超越先前客体 Y。
N/A :表示客体 X 在队列有效状态中不会出现在后续客体 Y 的位置。

9.2.4 复位操作

在两个队列中，复位过程的调用表示如下：

a) 由 NS 提供者进行的复位过程的调用，通过在每一队列中引入一个后随同步标记客体的复位客体来表示。

b) 由 NS 用户调用的复位过程通过将复位客体加到一个队列来表示。在这种情况下，NS 提供者将后随同步标记客体的复位客体插入另一队列。

通过由NS用户发送N-RESET response而完成的复位过程将导致复位客体置入来自响应NS用户的队列中。

同步标记客体不能被NS用户从队列中撤出，在NS用户看来，当同步标记客体是队列中的下一个客体时，该队列是空的，除非被一个断开客体破坏，否则同步标记客体仍然保持在队列中，直到在队列中后随它的下一客体是复位客体。然后，同步标记客体和后随复位客体由NS提供者删除。

注：与复位过程的调用有关的是对发送某些其他类型原语的限制。这将导致限制某些客体类型的元素进入队列，直到复位过程完成。

9.2.5 NC释放

任何时刻可能发生的断开客体插入队列，表示NC释放过程的启动。释放过程对两个队列的其他客体可能是破坏性的，最终导致队列的腾空和队列与该NC解除关联。

断开客体的插入还可能表示对NC建立意图的拒绝或NC建立失败。在这种情况下，如果表示N-CONNECT response原语的连接客体被断开客体删除，那么断开客体也被删除。当断开客体删除任何其他客体，包括它删除表示N-CONNECT response在内的连接客体的情况时，不删除断开客体。

10 连接方式网络服务的质量

术语“服务质量(QOS)”指的是在NC端点之间观察到的一个NC的某些特性。QOS只描述与NS提供者有关的NC的诸方面。在NS用户行为(NS提供者控制的范围之外)对网络服务性能无特定限制或损害情况下，才能适当地对QOS进行确定。

QOS的值适用于整个NC。当在NC两端确定或测量时，NC两端NS用户观察到的QOS是相同的，即使NC跨越几个子网，而每个子网提供不同服务的情况下也是如此。

10.1 QOS的确定

QOS用QOS参数来描述，这些参数中的每一个定义都规定了测量或确定QOS参数值的方法，从而在适当场合能引用NS原语事件。

注1：重要的是区分术语“QOS参数”和一般意义下的术语“参数”。后者在5.2中定义并在本标准中使用。“QOS参数”指的是NC的QOS的特定方面或组成部分。如下述，一个特定的QOS参数可以与作为网络服务原语部分定义的参数有关，也可无关。

注2：为准确和/或方便，某些QOS参数的定义和测量公式包括归因于NS用户的组成部分。在这种情况下，为估算仅归因于NS提供者QOS，与该NS用户相关组成部分必须剔除。

注3：提供测量手段的术语中，NS QOS参数的定义不应理解为QOS的监视或指定QOS值的验证由或必须由NS提供者或NS用户执行。

在NS提供者和NS用户间交换的有关QOS信息，按照NS QOS参数来表示。

有关NS用户的QOS要求方面的信息可由NS提供者用于诸如协议选择、路由决定和资源分配。有关从NS提供者来的可供使用的QOS方面的信息，由NS用户用于诸如选择QOS提高机制和决定向较高层的NS用户提供的QOS值。

NS QOS参数可分成下述两类：

a) 其值在对等NS用户间，在NC建立期间借助NS“运送”的那些参数，作为这种运送的一部分，对等NS用户和NS提供者之间为商定一特定QOS参数值的三者“协商”可能发生；和

b) 其值在NS用户和NS提供者间不“运送”或不“协商”的那些参数。对这些QOS参数，有关对NS提供者和每一NS用户有用的一些数值方面的信息可通过本地手段了解。

NS QOS参数在10.2.1～10.2.12中定义。

属于第一类的一组NS QOS参数，以及适用于运送和协商这些QOS参数的规程和限制在12.2.7中规定。NC一旦建立，在NC的整个生命期，这两种QOS参数的商定值任何时刻都不“重新协商”，而且不确保原始协商的值能维持不变。NS用户应该了解，NC一旦建立，NC上QOS的变化在NS中不明确通告。

对于第二类中的QOS参数,用于特定NC的值不协商,也不直接从NS用户运送到NS用户,然而作为本地事宜,可能有一种手段,NS提供者和每一NS用户借此了解并使用一个或多个这些QOS参数值。尽管为交换QOS参数信息可能发生的特定NS用户/NS提供者交互作用具有本地性质,但QOS参数描述的NC的特性仍可使用,并能以整个NC的端到端为基础进行观察。为了给出NC性质的全部特性,适用于NS的整个一组QOS参数的定义,包括归入第二类中的那些参数的定义都包括在本网络服务定义中。与第二类参数有关的其他方面,如它们的可用性和使用情况以及其他QOS课题,如与OSI管理的关系和与多层QOS的关系都是其他OSI QOS有关规范的课题。

注:对与NC的数据传送阶段有关的不协商的QOS参数,当规定时,这类参数的值适用于NC的两个传送方向。

10.2 QOS参数的定义

QOS参数可分类为:

a) 表示网络服务性能的QOS参数,如表3所示。

表3 QOS参数的性能分类

阶段	性能准则	
	速度	精确度/可靠性
NC建立	NC建立延迟	TC建立失败概率(错误连接/TC拒绝)
数据传送	吞吐量	残留差错概率(损坏、重复/丢失)
		TC回弹率
	转接延迟	传送失败概率
NC释放	TC释放延迟	TC释放失败概率

b) 表示网络服务其他性能的QOS参数,如表4所示。

表4 与性能无关的QOS参数

NC保护
NC优先权
可接收的最大费用

注:某些QOS参数按照网络服务原语的发送来定义。10.2.1~10.2.12中引用原语是指在适当NSAP上完全执行了那个服务原语。

10.2.1 NC建立延迟

NC建立延迟是N-CONNECT request和相应N-CONNECT confirm原语间的可接受的最大延迟。

注:这一延迟包括可归因于被呼NS用户的组成成分。该组成成分是N-CONNECT indication原语和N-CONNECT response原语之间的时间。

10.2.2 NC建立失败概率

NC建立失败概率是,在一次测量取样中NC建立失败总数与NC建立总尝试次数之比。

由于误连接、NC拒绝或过长延迟等NS提供者的行为而在规定的最大可接受时间内未建立所请求的NC,定义为NC建立失败。由于诸如差错、NC拒绝或过长延迟等NS用户的行为而失败的NC建立尝试次数。在计算NC建立失败概率时应不包括在内。

10.2.3 吞吐量

对每一传送方向,吞吐量按照连续呈现给NS提供者的至少有两个成功传送的NSDU的一个序列来定义。呈现给NS提供者的最大速率是NS提供者能够连续维持的数值。该速率不受接收NS用户所施加的流量控制的限制。

如果给定具有n个NSDU的这样一个序列(其中n大于或等于2),那么吞吐量定义为下述a)和b)

中较小的一个。

a) 最后 n−1 个 NSDU 中包括的 NS 用户数据八位位组数目，除以该序列中第一个和最后一个 N-DATA request 之间的时间；

b) 最后 n−1 个 NSDU 中包括的 NS 用户数据八位位组的数目，除以该序列中第一个和最后一个 N-DATA indication 之间的时间。

在接收 NS 用户释放 NC 之前，这些八位位组以适当的顺序无差错地交付到预期的接收 NS 用户时，定义为成功传送了发送的 NSDU 中的八位位组。

对传送的每个方向，分别定义吞吐量。每个吞吐量规范，应规定 NC 的期望的“目标值”和可接受的最小值(即“可接受的最低质量”)(也见 12.2.7)。

10.2.4 转接延迟

转接延迟是 N-DATA request 和相应 N-DATA indication 之间经过的时间。该时间值仅对成功传送的 NSDU 进行计算。

在接收 NS 用户释放 NC 前，NSDU 从发送 NS 用户无差错并以适当顺序传送到预期的接收 NS 用户时，这种传送定义为 NSDU 的成功传送。

转接延迟的规范定义一对值：期望的“目标值”和可接受的最大值(即“可接受的最低质量”)(也见 12.2.7)。所规定的值是平均值，并应基于 128 个八位位组的 NSDU 的长度。

对 NC 规定的一对转接延迟值，适用于两个传送方向。也就是说，每个方向的转接延迟预计不会比规定值差。

如果接收 NS 用户进行流量控制，某个个别的 NSDU 的转接延迟可能增加。在计算平均和最大转接延迟值时，应不计这种情况。

10.2.5 残留差错概率(RER)

残留差错概率是在一个测量周期内，通过 NS 边界传送的不正确、丢失和重复的 NSDU 总数与 NSDU 总数之比。对于一对特定的 NS 用户，定义这些量之间的关系，如图 2 所示。

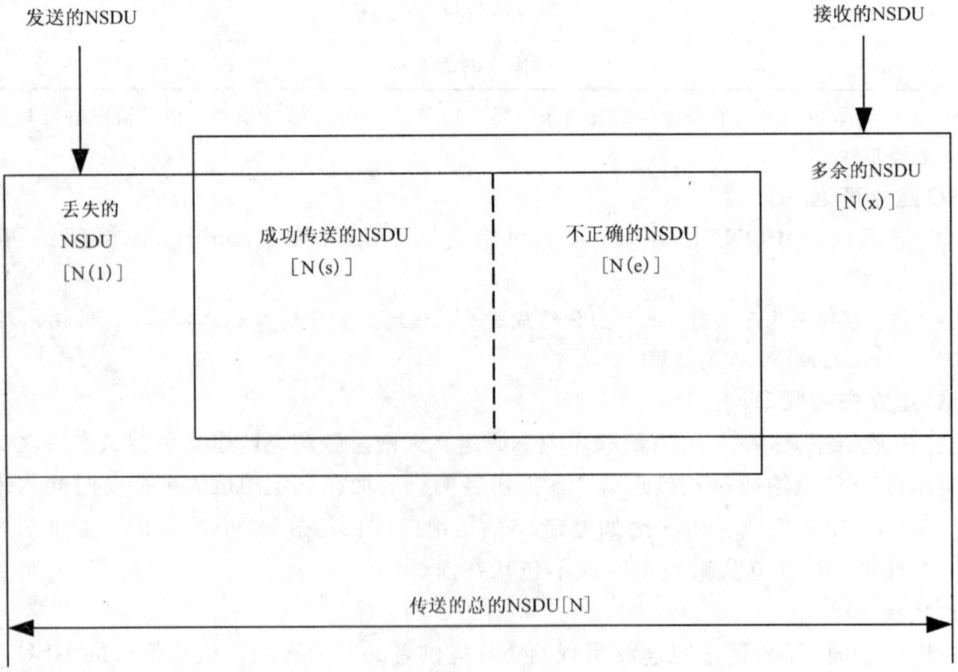

$$残留差错率(RER)=\frac{N(e)+N(l)+N(x)}{N}$$

图 2 残留差错概率的组成部分

10.2.6 传送失败概率

传送失败概率是在一个性能测量期间观察到的传送失败总数与传送抽样总数之比。

传送抽样是在指定的发送和接收 NS 用户之间，在传送 NSDU 时，对 NS 提供者性能的离散观察。传送抽样始于发送 NS 用户边界上所选 NSDU 的输入，持续到给定数量 NSDU 传送请求的结果确定了为止。传送抽样通常对应于一个 NC 的存在周期。

传送失败是观察到的性能比可接受的最低性能还差的一种传送抽样。传送失败通过对所支持的性能参数的被测值与规定的传送失败阀值的比较来标识。所支持的三个性能参数是，吞吐量、转接延迟和残留差错概率。

在网络服务 QOS 由 NS 提供者可靠监视的系统中，传送失败概率可通过 NS 提供者在传送抽样期间调用 N-DISCONNECT 的概率来估算。

10.2.7 NC 回弹率

在已建立的 NC 上，在规定的时间间隔内，NC 回弹率参数规定下列事件的概率：

a) NS 提供者调用 NC 释放(即先前无 N-DISCONNECT request 但发送 N-DISCONNECT indication)；和

b) NS 提供者调用复位(即先前无 N-RESET request 而发送了 N-RESET indication)。

10.2.8 NC 释放延迟

NC 释放延迟是 NS 用户调用 N-DISCONNECT request 和在对等 NS 用户成功释放 NC 间的可接受的最大延迟。NC 释放延迟通常对每个 NS 用户独立地规定。NC 释放延迟不适用于 NC 释放是由 NS 提供者调用的情况。

由两个 NS 用户之一发出 N-DISCONNECT request 开始时对另一个 NS 用户进行 NC 释放延迟的计算。成功的释放通过 N-DISCONNECT indication 通知未启动 N-DISCONNECT request 的那个 NS 用户。

10.2.9 释放失败概率

NC 释放失败概率是在一个测量抽样内的 NC 释放失败总数与 NC 释放请求总数之比。NC 释放失败概率通常对每一个 NS 用户独立地规定。

对于一个特定的 NS 用户，如果该用户在发送 N-DISCONNECT request 的 NS 用户所规定的 NC 释放最大延迟范围内，未收到 N-DISCONNECT indication(假定前一个 NS 用户尚未发送 N-DISCONNECT request)，这种现象被定义为释放失败。

10.2.10 NC 保护

NC 保护是 NS 提供者试图使用施加在网络层、数据链路层和物理层的安全服务来对抗针对网络服务的安全威胁的程度。

按照有效的安全政策，处理 NC 保护 QOS 参数的受控是本地事宜。

注：关于低层的安全提供和处理保护 QOS 的更多信息见 GB/T 18231。

10.2.11 NC 优先权

NC 优先权独立地规定与下列方面有关的 NC 的相对重要性：

a) 获得 NC 的优先权；

b) 保持 NC 的优先权；

c) NC 上数据的优先权。

NC 优先权 QOS 参数 a 和 b 一起定义了为恢复资源而要断开的 NC 的次序(如需要)。如果 NS 提供者能够接受具有高优先权类型 a 的新的 NC 请求，则需要它这样做，即使这样做不得不释放具有较低优先权类型 b 的 NC。

NC 优先权 QOS 参数 c 定义了 NC 的 QOS 性能降级的次序。首先对具有高优先权类型 c 的 NC 在其要求的 QOS 范围内进行服务，而剩下的资源随后可用来试图满足较低优先权 NC 上的请求。

注：NC优先权QOS参数的使用或滥用可由下述一个或多个措施控制：

——封闭的NS用户群内的用户规则；

——不同的费率；

——网络层内的管理设施，使NC优先权的请求受到管辖和控制。

10.2.12 可接受最大费用

可接受最大费用QOS参数规定NC的可接受最大费用。费用可用绝对或相对费用单位规定。NC的费用由通信和端系统资源费用组成。

注：万一超过了NC的可接受最大费用，NS提供者的可能动作不在本标准中规定。

11 原语顺序

本章定义第12章～第14章定义的原语可能出现顺序的限制。此限制确定原语出现的次序，但未全部指定它们何时可以出现。其他的限制，诸如数据流量控制，将影响NS用户或NS提供者在任何特定时刻发送原语的能力。

表5是NS原语及其参数的一览表。

表5 网络服务原语及其参数一览表

阶段	服务	原语	参数
NC建立	NC建立	N-CONNECT request	（被呼地址、主呼地址、接收证实选择、加速数据选项、QOS参数集、NS用户数据）
		N-CONNECT indication	（被呼地址、主呼地址、接收证实选择、加速数据选项、QOS参数集、NS用户数据）
		N-CONNECT response	（响应地址、接收证实选择、加速数据选择、QOS参数集、NS用户数据）
		N-CONNECT confirm	（响应地址、接收确认选择、加速数据选择、QOS参数集、NS用户数据）
数据传送	数据传送	N-DATA request	（NS用户数据、证实请求）
		N-DATA indication	（NS用户数据、证实请求）
	接收证实（见注）	N-DATA-ACKNOWLEDGE request	—
		N-DATA-ACKNOWLEDGE indication	—
	加速数据传送（见注）	N-EXPEDITED-DATA request	（NS用户数据）
		N-EXPEDITED-DATA indication	（NS用户数据）
	重置	N-RESET request	（原因）
		N-RESET indication	（发起者、原因）
		N-RESET response	—
		N-RESET confirm	—
NC释放	NC释放	N-DISCONNECT request	（原因、NS用户数据、响应地址）
		N-DISCONNECT indication	（发起者、原因、NS用户数据、响应地址）
注：NS提供者选件服务不必在每种网络服务中都提供。			

11.1 NC两个端点处的原语关系

在NC一个端点发送的原语通常将在NC另一个端点产生一些后果。每种类型的原语与NC另一个端点处的原语之间的关系相应在第12章～第14章中定义。所有这些关系已汇总到图3中。

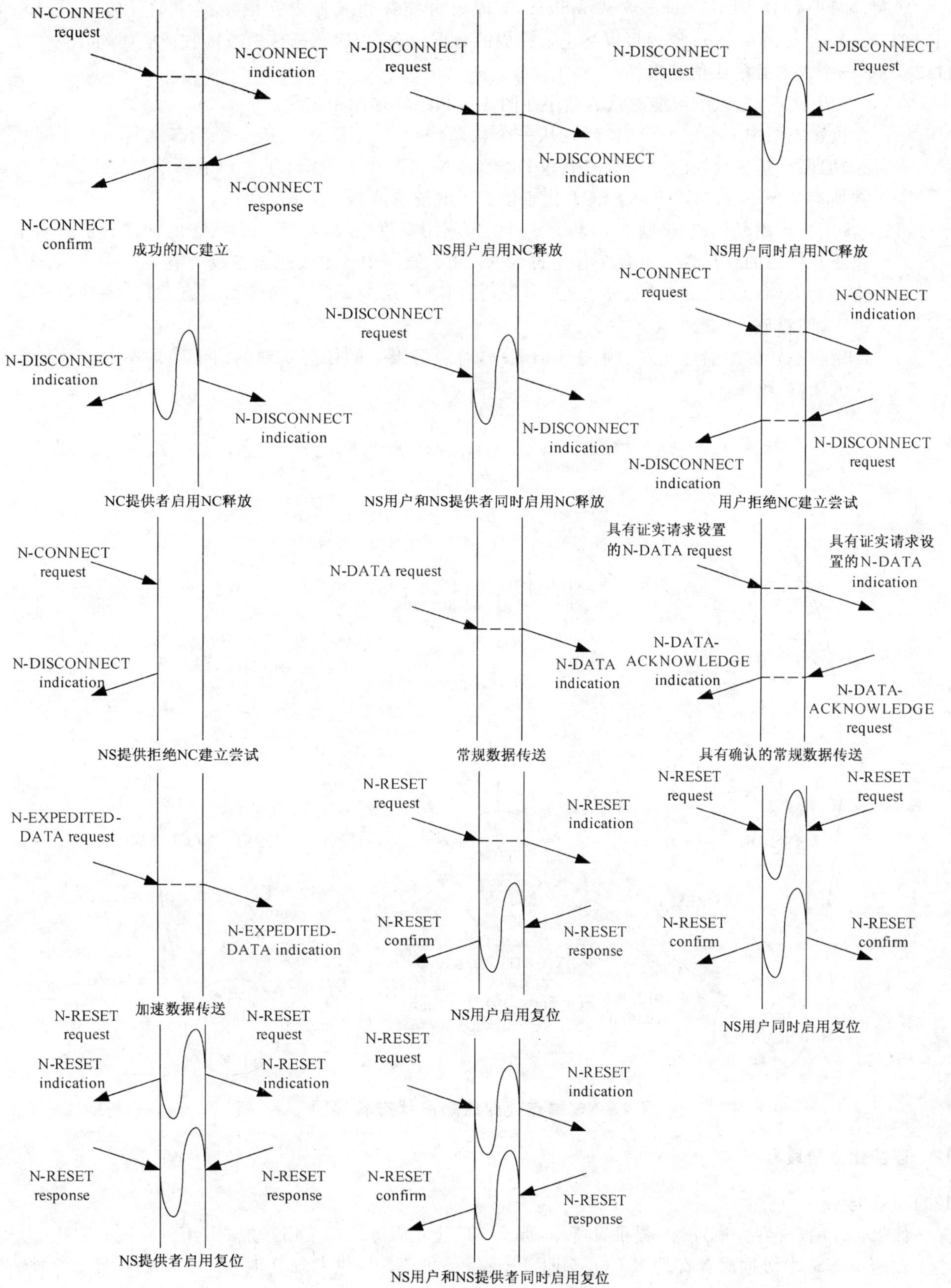

图 3　网络服务原语时序图汇总

然而,N-DISCONNECT request 或 indication 原语可能终止其他未完成序列中的任何一个。N-RESET request 或 indication 原语可以终止未完成的数据传送、加速数据传送或接收证实序列。

11.2 NC 一个端点处的原语顺序

在 NC 一个端点处,原语可能的总的顺序在图 4 的状态转移图中定义。

a) 在该状态图中未示出而形成转移(从一个状态到同一个状态,或从一个状态到另一个不同状态)的原语是不允许的(然而,关于 N-DISCONNECT 和 N-RESET 原语的影响,见 11.1)。

b) 在所有情况下,N-DISCONNECT 代表该原语的请求或指示形式。

c) NS 用户调用复位挂起(状态 5)和 NS 提供者调用复位挂起(状态 6)的状态的标记表示启动本地交互作用的参与者。不必在有关的 N-RESET 原语中反映发起者参数的值。

d) 空闲状态(状态 1)反映 NC 不存在。它是任何顺序的初始状态和终结状态,而且一旦它重新进入,便释放 NC。

e) 使用状态转移图描述允许的服务原语顺序,对网络服务的任何实现的内部结构不施加任何要求或限制(见图 4)。

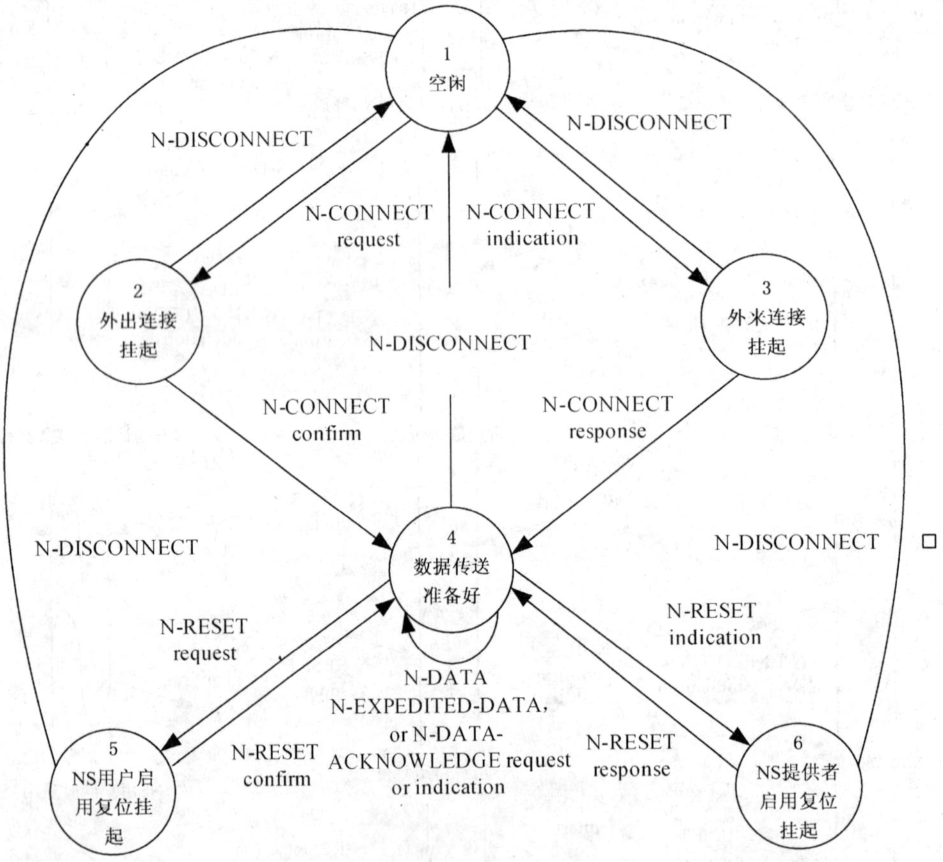

图 4 NC 端点处原语顺序状态转移图

12 连接建立阶段

12.1 功能

如果 NS 用户存在,并为 NS 提供者所知,那么 NC 建立服务原语可用来建立 NC。

在两个 NSAP 处同时存在的 N-CONNECT request 由 NS 提供者独立地处理。它们可导致 2 个、1 个或 0 个 NC。

12.2 原语类型及其参数

表 6 示出了 NC 建立所需的原语类型及其参数。

表 6 NC 建立原语和参数

参数	NS 原语			
	N-CONNECT request	N-CONNECT indication	N-CONNECT response	N-CONNECT confirm
被呼地址	X	X(=)(见注)		
主呼地址	X(见注)	X(=)		
响应地址			X(见注)	X(=)
接收证实选项	X	X	X	X(=)
加速数据选项	X	X	X	X(=)
QOS 参数集	X	X	X	X(=)
NS 用户数据	X	X(=)	X	X(=)
注：该参数可以隐含地与发送该原语的 NSAP 有关。				

12.2.1 地址

参数值是地址的参数(12.2.2～12.2.4)都是指 NSAP 的地址。NSAP 的地址参数适应高达规定的最大的可变长度地址。网络层编址在附录 A 中规定。

由 NS 用户提供的这些地址的值不一定由 NS 提供者检查或鉴别。如果 NS 用户了解 NS 提供者能保证地址的正确性，在 N-CONNECT indication 或 confirm 原语中，则接收这些地址的 NS 用户才能依赖地址的有效性。

注：在 NS 提供者范围内操作的机制，诸如呼叫重定向或族地址决定，在下述情况的相应原语中可能形成不同的地址参数：

a) N-CONNECT response 上的响应地址参数不一定与 N-CONNECT indication 上的被呼地址参数相同。

b) N-CONNECT confirm 上的响应地址参数不一定与 N-CONNECT request 上的被呼地址参数相同。

12.2.2 被呼地址参数

被呼地址参数运送一个地址，该地址标识了要与它建立 NC 的 NSAP。在显式地提供地址的场合，相应 N-CONNECT request 和 indication 原语中的地址相同。

12.2.3 主呼地址参数

主呼地址参数运送请求 NC 的 NSAP 的地址，在明确提供地址的场合，相应 N-CONNECT request 和 indication 原语中的地址相同。

12.2.4 响应地址参数

响应地址参数运送业已建立 NC 的 NSAP 的地址。在显式地提供地址的场合，相应 N-CONNECT response 和 confirm 原语中的地址相同，这一参数总是运送特定的 NSAP 地址，不是 NSAP 的族地址。

12.2.5 接收证实选择参数

接收证实选择参数指示 NC 上接收证实服务的使用/可用性。如果在网络服务中不提供接收证实服务，那么在 NC 上不能使用它(见第 7 章)，这个参数的值是“使用接收证实”或“不使用接收证实”，各种原语上的该值有如下关系：

a) 在 N-CONNECT request，所定义的两个值之一可以出现；

b) 在 N-CONNECT indication 上，该值可以等于请求原语上的值，也可以是“不使用接收证实”；

c) 在 N-CONNECT response 上，该值可以等于指示原语上的值，也可以是“不使用接收证实”；

d) 在 N-CONNECT confirm 上，该值等于响应原语上的值。

因为在网络服务中可能不提供接收证实，而且因为当它可供使用时，NS 用户和 NS 提供者必须对它的使用协商一致，所以在一个 NC 上有四种协商接收证实的情况：

a) 主呼 NS 用户未请求它：不使用它；

b) 主呼 NS 用户请求了它，但 NS 提供者不提供：不使用它；

c) 主呼 NS 用户请求了它，NS 提供者同意提供：但被呼 NS 用户不同意使用：不使用它；

d) 主呼 NS 用户请求了它，NS 提供者同意提供，而且被呼 NS 用户也同意使用它：可以使用它。

12.2.6 加速数据选择参数

加速数据选择参数指示 NC 上加速数据传送服务的使用/可用性。如果 NS 提供者不能提供使用加速数据传送服务（见第 7 章），则在 NC 上不能使用它。该参数的值是“使用加速数据”或“不使用加速数据”。各种原语上的该值有如下关系：

a) 在 N-CONNECT request 上，所定义的两个值之一可以出现；

b) 在 N-CONNECT indication 上，该值等于请求原语上的值，或为“不使用加速数据”；

c) 在 N-CONNECT response 上，该值等于指示原语上的值，或为“不使用加速数据”；

d) 在 N-CONNECT confirm 上，该值等于响应原语上的值。

12.2.7 QOS 参数集

对 NC 建立期间运送的每个 QOS 参数，根据下面的可能性定义一个“子参数”集：

a) 主呼 NS 用户希望的 QOS 值的“目标”值；

b) 主呼 NS 用户同意的最低 QOS 值的“可接受最低质量”值；

c) NS 提供者愿意提供的 QOS 值的“可用”值；

d) 被呼 NS 用户同意的 QOS 值的一种“选择”值。

对每一子参数可以规定的值集在每种网络服务中定义。每一值集包括“未规定的”值。它还可以包括定义为“默认值”的值。“默认值”在 NS 提供者和 NS 用户之间运送时可由双方相互理解。

注 1：“默认”值在一个特定 NS 用户和 NS 提供者之间定义，对不同的 NS 用户可能存在不同的“默认”值，因此在一个 NC 一端理解为“默认”值，在另一端可能不是“默认”值。

在子参数“目标”和“可接受最低质量”由主呼 NS 用户规定的情况下，它们是边界参数，定义主呼 NS 用户同意的 QOS 值的“范围”。类似地，在子参数“可用”和“可接受最低质量”由 NS 提供者规定的那些情况下，它们是边界参数，定义 NS 提供者愿意提供的 QOS 值的“范围”。定义的这些“范围”，包括两个边界子参数的值，加上处于边界子参数之间的为这些子参数所允许的任何值。在“目标”（或“可用”）子参数有规定值，但“可接受最低质量”值为“未规定”的情况下，所定义的范围由“目标”值加上为这些子参数所允许的且比“目标”值低（按 QOS 术语）的所有其他值组成。如果“目标”和“可接受最低质量”值均为“未规定”，则值的范围不作定义。

注 2：对其他值的分配（如“目标”未规定，但“可接受最低质量”有一特定的值）“范围”不作定义，因为在 12.2.7.1 和 12.2.7.2 中所述协商规程不允许这些分配。

12.2.7.1 吞吐量

表 7 示出了在 N-CONNECT 原语中吞吐量 QOS 参数存在的 QOS 子参数。

表 7 供吞吐量 QOS 参数协商的 QOS 子参数

参数	原语			
	N-CONNECT request	N-CONNECT indication	N-CONNECT response	N-CONNECT confirm
吞吐量 1“目标”（主呼到被呼）	X			
吞吐量 1“可接受最低质量”（主呼到被呼）	X	X(=)		

表 7（续）

参数	原语			
	N-CONNECT request	N-CONNECT indication	N-CONNECT response	N-CONNECT confirm
吞吐量 2“目标”（被呼到主呼）	X			
吞吐量 2“可接受最低质量”（被呼到主呼）	X	X(=)		
吞吐量 1“可用”（主呼到被呼）		X		
吞吐量 2“可用”（被呼到主呼）		X		
吞吐量 1“选择”（主呼到被呼）			X	X(=)
吞吐量 2“选择”（被呼到主呼）			X	X(=)

两个吞吐量 QOS 参数每一个的协商和运送实施如下：

a) 在 N-CONNECT request 原语中，主呼 NS 用户规定“目标”和“可接受最低质量”（即最低吞吐量）子参数的值。允许的值分配是：

情况 1：“目标”和“可接受最低质量”均为“未规定”；

情况 2：对“目标”和“可接受最低质量”规定了除“未规定”以外的值；

情况 3：对“目标”规定了除“未规定”以外的值，“可接受最低质量”为“未规定”。

注：“目标”为“未规定”以及“可接受最低质量”具有除“未规定”以外的值的情况是不允许的。在逻辑上，这种情况可由对“目标”和“可接受最低质量”（情况 2）规定了相同值的这种允许的分配来表示。

b) 如果“目标”和“可接受最低质量”子参数的值的分配按情况 1 定义，那么 NS 提供者要决定 NC 上要提供的最高 QOS 吞吐量值。该值（可以是 NS 提供者和被呼 NS 用户理解的“默认”值）作为 N-CONNECT indication 原语中的“可用”子参数来规定，而“可接受最低质量”子参数值为“未规定”。如果请求的 QOS 值分配是按照情况 2 或情况 3 定义的，那么，如果 NS 提供者不同意提供请求范围中的 QOS，则 NC 建立的尝试将按照 13.5 所述被拒绝。如果 NS 提供者同意提供请求范围中的 QOS，则在 N-CONNECT indication 原语中，“可用”子参数应规定 NS 提供者愿意提供范围内的最高 QOS 值，而且“可接受最低质量”子参数值与 N-CONNECT request 中“可接受最低质量”子参数的值相同。

c) 如果被呼 NS 用户不同意 N-CONNECT indication 原语中的“可用”和“可接受最低质量”子参数之间范围内的 QOS，NS 用户则可按照 13.4 所述拒绝建立尝试。

d) 如果被呼 NS 用户同意规定范围中的 QOS，NS 用户则规定 N-CONNECT response 的“选择”参数中同意的值。

e) 在 N-CONNECT confirm 中，“选择”子参数的值与 N-CONNECT indication 中“选择”子参数的值相同。

吞吐量 QOS 子参数的协商规程概括在表 8 中。

表 8　吞吐量 QOS 子参数的协商

	由主呼 NS 用户在 N-CONNECT request 中规定		由 NS 提供者在 N-CONNECT indication 中规定		由从被呼 NS 用户在 N-CONNECT response 中规定	由从 NS 提供者在 N-CONNECT confirm 中规定	注释
	“目标”	“可接受最低质量”	“可用”	“可接受最低质量”	“选择”	“选择”	
情况 1	“未规定”	“未规定”	Z	“未规定”	A	A	Z 可以是“默认值” $Z \geqslant A > 0$
情况 2	X	Y	Z	Y	A	A	X 和/或 Y 在主呼 NS 用户端、被呼 NS 用户端或两端可定义为“默认”值： $X \geqslant Z \geqslant Y$ $Z \geqslant A \geqslant Y$
情况 3	X	“未规定”	Z	“未规定”	A	A	X 可以是“默认”值： $X \geqslant Z > 0$ $Z \geqslant A > 0$

12.2.7.2　**转接延迟**

注 1：本注仅适用于 ITU-T 建议 X.213。要求对转接延迟协商实现进行迫切的研究，以在不同类型的子网络中具有协调的实现。对于路由选择和添加结果需要特别注意。

对 N-CONNECT 原语中的转接延迟 QOS 参数，表 9 示出了存在的 QOS 子参数。

表 9　供转接延迟 QOS 参数协商的 QOS 子参数

参数	原语			
	N-CONNECT request	N-CONNECT indication	N-CONNECT response	N-CONNECT confirm
转接延迟“目标”	X			
转接延迟“可接受最低质量”	X			
转接延迟“可用”		X		
转接延迟“选择”				X(=)

转接延迟 QOS 参数的协商和运送实施如下：

a)　在 N-CONNECT request 原语中，主呼 NS 用户规定“目标”和“可接受最低质量”(即最大可接受转接延迟)子参数的值。允许的值分配是：

情况 1：“目标”和“可接受最低质量”均为“未规定”；

情况 2：对“目标”和“可接受最低质量”规定了除“未规定”以外的值；

情况 3：对“目标”规定了除“未规定”以外的值，可接受最低质量为“未规定”。

注 2：“目标”为“未规定”和“可接受最低质量”具有除“未规定”以外值的情况不允许，在逻辑上，这种情况可由对“目标”和“可接受最低质量”规定了相同值的这种允许的分配来表示。

b) 如果“目标”和“可接受最低质量”子参数的值分配按照情况 1 定义，NS 提供者则应决定在 NC 上要提供的转接延迟，并将它在 N-CONNECT indication 中规定为“可用”子参数。

如果值分配按照情况 2 或情况 3 定义进行，而且 NS 提供者不同意提供请求范围中的 QOS，NC 建立的尝试按 13.5 所述被拒绝。如果 NS 提供者同意提供请求范围中的 QOS，N-CONNECT indication 中的“可用”子参数则规定可提供的 QOS 的值。

c) 如果被呼 NS 用户不同意规定为“可用”的 QOS，NS 用户则按 13.4 所述拒绝 NC 建立尝试。

d) 如果被呼 NS 用户同意“可用”QOS，NS 用户则发送 N-CONNECT response（N-CONNECT response 不运送任何转接延迟子参数）。

e) 在 N-CONNECT confirm 中，“选择”子参数的值与在 N-CONNECT indication 中规定为“可用”的值相同。

转接延迟 QOS 子参数的协商规程概括在表 10 中。

表 10 转接延迟 QOS 子参数的协商

	由主呼 NS 用户在 N-CONNECT request 中规定		由 NS 提供者在 N-CONNECT indication 中规定	由被呼 NS 用户在 N-CONNECT response 中规定	由 NS 提供者在 N-CONNECT confirm 中规定	注释
	“目标”	“可接受最低质量”	“可用”		“选择”	
情况 1	“未规定”	“未规定”			Z	
情况 2	X	Y	Z		Z	X 和/或 Y 可定义为“默认”值：X≤Z<Y
情况 3	X	“未规定”	Z		Z	X 可以是“默认”值：X≤Z<∞

12.2.7.3 NC 优先权

NC 优先权的 QOS 参数的值和含义在 10.2.11 中规定。本条规定了这些参数的运送和 10.2.11 中定义的 NC 优先权三个独立方面的应用。

对 N-CONNECT 原语中的 NC 优先权 QOS 参数，表 11 示出了存在的 QOS 子参数。

表 11 供 NC 优先权 QOS 参数协商的 QOS 子参数

参数	原语			
	NC-CONNECT request	NC-CONNECT indication	NC-CONNECT response	NC-CONNECT confirm
NC 优先权“目标”	X			
NC 优先权“可接受最低质量”	X	X(=)		
NC 优先权“可用”		X		
NC 优先权“选择”			X	X(=)

NC 优先权 QOS 参数的运送实施如下：

a) 在 N-CONNECT request 原语中，主呼 NS 用户规定“目标”和“可接受最低质量”(即最大可接受转接延迟)子参数的值。允许的值分配是：

情况1:“目标”和“可接受最低质量”均为“未规定”;

情况2:对“目标”和“可接受最低质量”规定了除“未规定”以外的值;

情况3:对“目标”规定了除“未规定”以外的值,可接受最低质量为“未规定”。

注1:“目标”为“未规定”和“可接受最低质量”具有除“未规定”以外值的情况不允许,在逻辑上,这种情况可由对“目标”和“可接受最低质量”规定了相同值的这种允许的分配来表示。

b) 如果NS提供者不支持NC优先级的选择,则“目标”的子参数有NS提供者运送,并将它在N-CONNECT indication中定为“可用”子参数运送到被呼NS用户。

c) 如果NS提供者支持NC优先级的选择,那么:

1) 情况1:

NS提供者决定NC提供的QOS值并且将它在N-CONNECT indication中规定为“可用”子参数。

2) 情况2和情况3:

如果NS提供者不同意在被要求的范围内提供QOS,那么NC建立尝试将被拒绝,按13.5中描述的那样。如果NS提供者同意在被要求的范围内提供QOS,那么在N-CONNECT indication中,“可用”参数在NS提供者能够提供的范围内规定了最高的QOS值。

d) 在N-CONNECT indication中“可接受最低质量”子参数的值等同于其在N-CONNECT request中的值。

e) 如果在N-CONNECT indication中“可用”子参数的值是“未规定”,那么:

1) 如果被呼NS用户不同意接受此未规定质量的连接的建立,则NS用户拒绝NC建立尝试,按13.4中描述的那样。

2) 如果被呼NS用户同意,那么NS用户在N-CONNECT request“被选择的”子参数中规定成“未规定”值。

注2:当连接的建立是同选择“未规定”值一起时,那么提供的QOS的级别则按照网络服务提供者的判断。结果,被呼NS用户只有接受任何级别的QOS时,包括最低级别,才可以同意这样的连接。

f) 如果在N-CONNECT indication中“可用”子参数的值不是“未规定”,那么:

1) 如果被呼NS用户不同意N-CONNECT indication中“可用”和“可接受最低质量”子参数规定范围内的QOS,则NS用户拒绝NC建立尝试,按13.4中描述的那样。

2) 如果被呼NS用户同意规定范围内的QOS,那么NS用户在N-CONNECT request“被选”子参数中规定同意的值。

g) 在N-CONNECT confirm中“被选”子参数的值等同于其在N-CONNECT response中的值。

12.2.8 NS用户数据参数

NS用户数据参数允许在NS用户间传送NS用户数据,NS提供者不进行修改。NS用户可以发送0～128个(含0和128)八位位组范围中任何整数个八位位组的NS用户数据。

注:本注仅适用于ITU-T建议X.213:目的是使该参数成为一个必备的参数以在将来被所有子网络所支持。然而,现在大量的现有子网络不支持它。在这个过渡期间,当这些子网络存在并未被修改以支持这个参数时,考虑作为提供者选项。网络服务中不需要协商机制。受限的是,在一些子网络中,过渡期间内所提供的NS用户数据的长度是小于128个八位位组的值(如,16～32个八位位组),该长度暗示对现有接口和信号系统有较小的改变并且简化了在现有子网络中对这种服务的引入。

12.3 原语顺序

成功的NC建立的原语顺序由图5中的时序图定义。

NC建立过程可能由于NS提供者不能建立NC,或由于被呼NS用户不原意接受N-CONNECT indication而失败(对这些情况,见NC释放服务,即13.4和13.5)。此外,NC建立尝试可以在发出N-CONNECT confirm前由NS提供者,或由两个NS用户之一在任何时间内放弃。

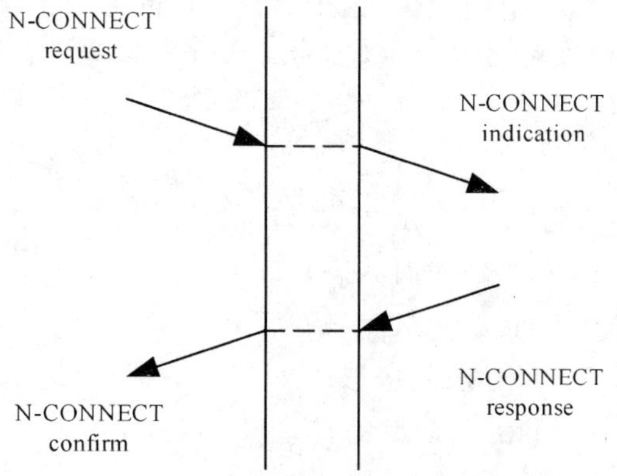

图 5 成功的 NC 建立的原语顺序

13 连接释放阶段

13.1 功能

NC 释放服务原语可用来释放 NC。NC 释放可用于：

a) NS 用户之一或两个 NS 用户释放已建立的 NC；

b) NS 提供者释放建立的 NC，所有维持 NC 的失败都用这种方法指示；

c) 被呼 NS 用户拒绝 N-CONNECT indication；

d) NS 提供者指示不能建立所请求的 NC。

NC 释放在任何时刻都是允许的，与 NC 的当前阶段无关。一旦 NC 释放过程被调用，NC 将会被释放，NC 释放请求不能拒绝。在 NC 的一个端点调用 NC 释放后，NC 提供者可能丢弃在 NC 另一端点尚未交付的任何常规或加速的 NS 用户数据，并可能使得不完整的 NC 建立、接收证实或复位的原语顺序仍然不完整。

13.2 原语类型及其参数

表 12 示出了 NC 释放所需的原语类型及其参数。

表 12 NC 释放原语及其参数

参数	原语	
	NC-CONNECT request	NC-CONNECT confirm
发起者		X
原因	X	X
NS 用户数据	X	X(C=)
响应地址	X(C)(见注)	X(C=)
注：本参数与发送原语的 NSAP 隐含相关。		

13.2.1 发起者参数

发起者参数指示 NC 释放的源点。它的值指示“NS 用户”、“NS 提供者”或“未定义”。

注：当 NS 用户或 NS 提供者为了拒绝 NC 建立尝试（见 13.4 和 13.5）而发送 N-DISCONNECT indication 时，不允许使用“未定义”之值。

13.2.2 原因参数

原因参数给出有关NC释放原因的信息。这个参数运送的值如下：

a） 当发起者参数表示是NS提供者调用释放时，其值为下列之一：

1） 断开—永久状态；

2） 断开—暂时状态；

3） 连接拒绝—NSAP地址未知/永久状态；

4） 连接拒绝—NSAP不可及/暂时状态；

5） 连接拒绝—NSAP不可及/永久状态；

6） 连接拒绝—QOS不可用/永久状态；

7） 连接拒绝—QOS不可用/暂时状态；

8） 连接拒绝—原因未规定/永久状态；

9） 连接拒绝—原因未规定/暂时状态。

b） 当发起者参数表示是NS用户调用释放时，其值是下列之一：

1） 断开—正常状态；

2） 断开—异常状态；

3） 连接拒绝—永久状态；

4） 连接拒绝—暂时状态；

5） 连接拒绝—QOS不可用/暂时状态；

6） 连接拒绝—QOS不可用/永久状态；

7） 连接拒绝—NS用户数据中信息不兼容。

c） 当发起者参数值为"未定义"时，原因参数的值也应是"未定义"。

13.2.3 NS用户数据参数

NS用户数据参数允许在NS用户间传送NS用户数据，NS提供者不对其修改。调用NC释放的NS用户可以发送0～128个(含0和128)八位位组范围中的任何整数个八位位组的NS用户数据。在N-DISCONNECT indication中，当且仅当发起者参数具有"NS用户"值时，该参数才可有非0个八位位组的NS用户数据。

如果NS提供者或接收的NS用户与发送的NS用户同时调用NC释放，则会丢失发送的NS用户数据(见13.3)。

13.2.4 响应地址参数

只有在某原语用来指示拒绝由NS用户进行的NC建立尝试的情况下，在该原语中才存在响应地址参数(见13.4)，该参数运送发送N-DISCONNECT request的NSAP的地址。而且在显式地提供地址的场合，相应请求原语中的地址和指示原语中的地址相同。在一定条件下(例如，呼叫重定向、族寻址等)，这种地址可能与相应N-CONNECT request原语中的"被呼地址"不同。

13.3 释放已建立的NC时的原语顺序

原语顺序取决于NC释放动作的一个或多个发起者。该顺序可由；

a） 一个NS用户调用，来自该NS用户的请求，导致向另一NS用户指示；

b） 两个NS用户调用，请求来自每个NS用户；

c） NS提供者调用，向每个NS用户指示；

d） 一个NS用户和一个NS提供者独立调用，请求来自发起的NS用户，向另一个NS用户指示。

四种情况下的原语顺序可用图6～图9的时序图表示。

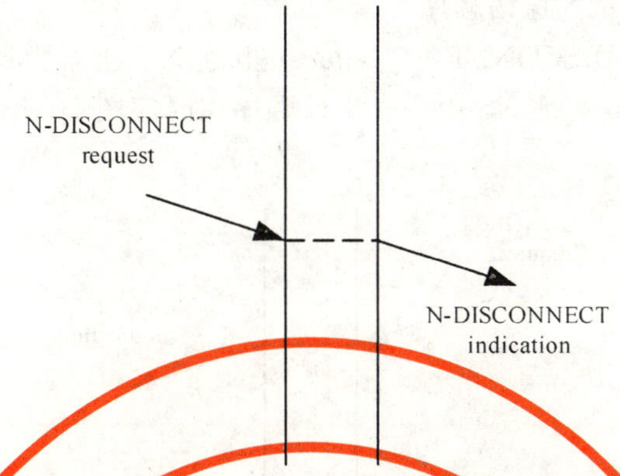

图 6　NS 用户调用 NC 释放的原语顺序

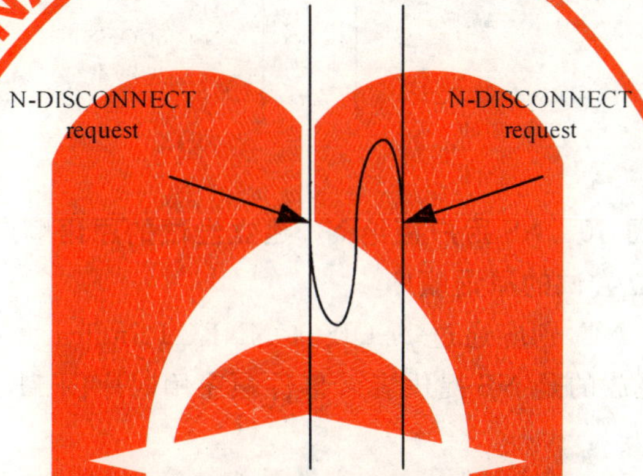

图 7　NS 用户同时调用 NC 释放的原语顺序

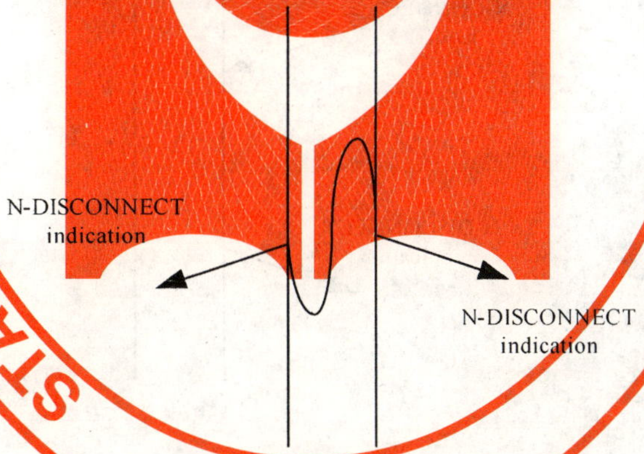

图 8　NS 提供者调用 NC 释放的原语顺序

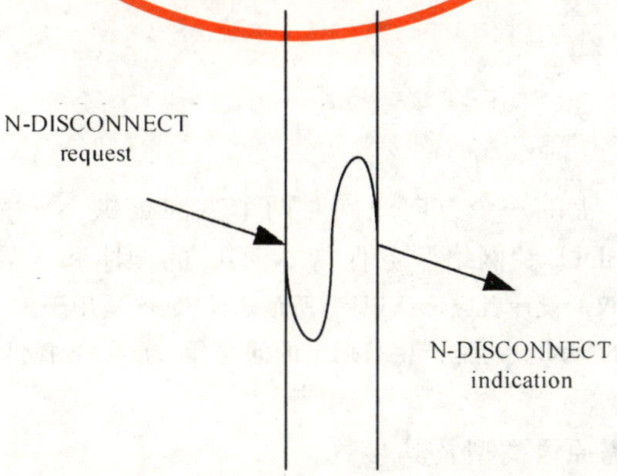

图 9　NS 用户和 NS 提供者同时调用 NC 释放的原语顺序

13.4 NS用户拒绝NC建立尝试的原语顺序

一个NS用户可以通过N-DISCONNECT request拒绝NC建立尝试。N-DISCONNECT原语中发送者参数应指出调用NC释放的是NS用户。事件顺序用时序图10定义。

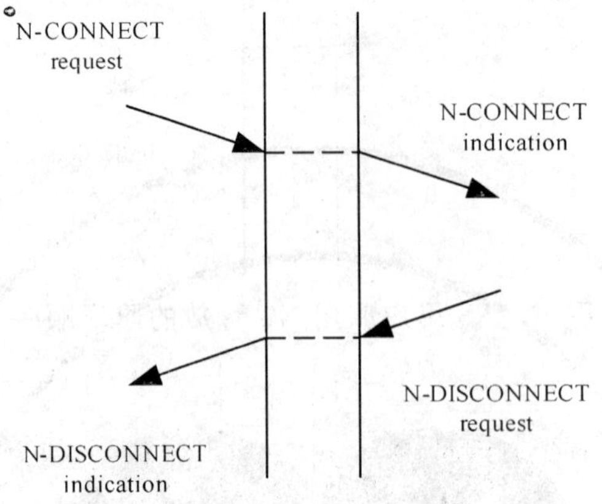

图10 NS用户拒绝NC建立尝试的原语顺序

13.5 NS提供者拒绝NC建立尝试的原语顺序

如果NS提供者不能建立NC,则应通过N-DISCONNECT indication向请求者表明。这个原语中的发起者参数指出调用NC释放的是NS提供者。事件顺序用时序图11定义。

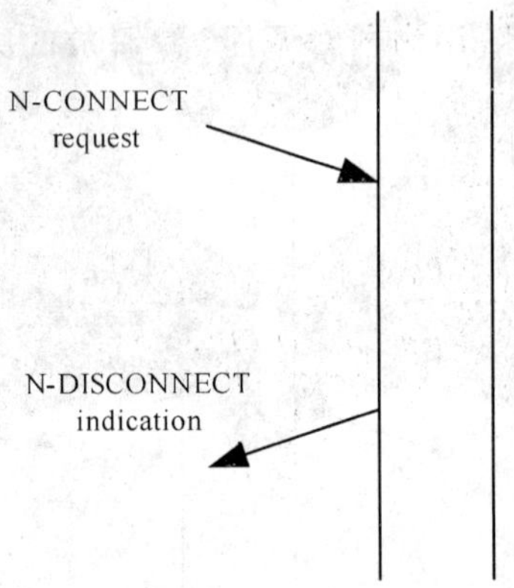

图11 NS提供者拒绝NC建立尝试的原语顺序

14 数据传送阶段

14.1 数据传送

14.1.1 功能

数据传送服务原语,在NC上的一个方向或同时两个方向提供NS用户数据的交换,该NS用户数据称为网络服务数据单元(NSDU)。网络服务保持NSDU的顺序和边界。

注:使用网络服务的较高层协议的设计者应该认识到,所请求的QOS适用于整个NSDU,还应认识到,将可供使用的NS用户数据分成较小的NSDU可能产生费用上的问题,因为对NS提供者运行的费用最佳机制有影响。

14.1.2 原语类型及其参数

表13示出了数据传送所需原语类型及其参数。

表 13　数据传送原语及其参数

参数	原语	
	N-DATA request	N-DATA indication
NS 用户数据	X	X(=)
证实请求	X(C)	X(C=)

14.1.2.1　**NS 用户数据参数**

NS 用户数据参数允许在 NS 用户间传送 NSDU，NS 提供者不对其进行修改。NS 用户可以发送一个或多个整数个八位位组的 NS 用户数据。这些用户数据构成 NSDU。

14.1.2.2　**证实请求参数**

由 N-DATA 原语传送的 NSDU 的接收证实，可通过在 N-DATA request 中设置证实请求参数来请求。接收证实(COR)由 N-DATA-ACKNOWLEDGE 原语提供(见 14.2)。证实请求参数的值可以指示请求了 COR，或未请求 COR。仅当两个 NS 用户和 NS 提供者在建立 NC 期间商定使用接收证实服务时，该参数才存在。

14.1.3　**原语顺序**

传送 NSDU 时，网络服务的操作在 NS 提供者范围内可模型化为一个未知大小的队列(见第 9 章)。发送 N-DATA request 的 NS 用户或发送 N-DATA indication 的 NS 提供者的能力取决于接收 NS 用户的行为和所形成的队列状态。

成功数据传送的原语顺序用时序图 12 来定义。

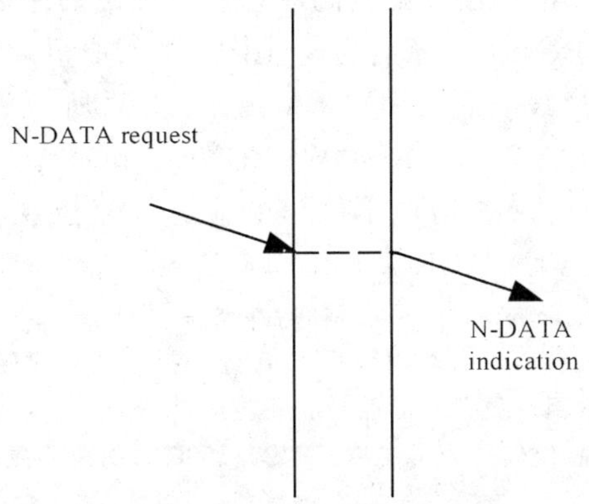

图 12　数据传送的原语顺序

如果 N-RESET 或 N-DISCONNECT 原语出现，图 12 的原语顺序可能不完整。

14.2　**接收证实服务**

14.2.1　**功能**

接收证实服务由 N-DATA 原语中的证实请求参数来请求，对带有证实请求参数传送的每个 NSDU，接收 NS 用户应通过发送 N-DATA-ACKNOWLEDGE request 返回一接收证实(COR)。这些 COR 应以接收相应 N-DATA indication 的相同顺序发送，并由 NS 提供者运送，以便保持与前面或后继 COR 的区别。NS 用户可能通过计数将它们与原始的 N-DATA 原语(设置了证实请求)联系起来。

在同一 NC 端点处，N-DATA-ACKNOWLEDGE request 不受影响 N-DATA request 的流量控制。在同一 NC 端点处，N-DATA-ACKNOWLEDGE indication 也不受影响 N-DATA indication 的流量控制。

在 NC 建立期间，接收证实服务的使用应由 NC 的两个 NS 用户和 NS 提供者，通过 N-CONNECT 原语中的接收证实选择参数来商定，该服务不必由所有 NS 提供者提供。

14.2.2 原语类型及其参数

接收证实服务涉及两种原语：

N-DATA-ACKNOWLEDGE request；

N-DATA-ACKNOWLEDGE indication。

这两种原语不运送任何参数。

14.2.3 原语顺序

带有接收证实的成功数据传送的原语顺序，用时序图 13 定义。

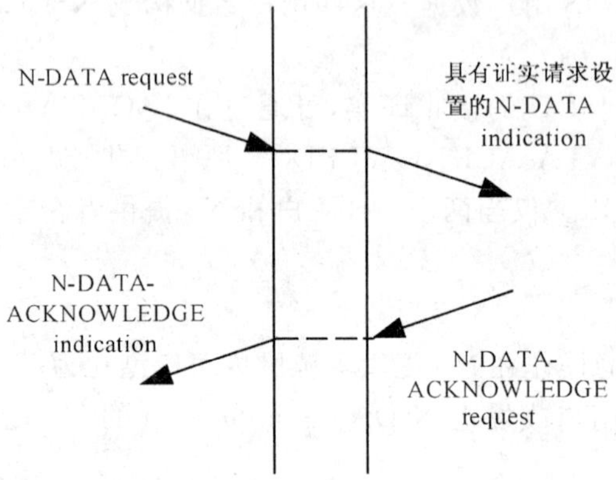

图 13 带有接收证实的成功数据传送的原语顺序

如果 N-RESET 或 N-DISCONNECT 原语出现，图 13 中的原语顺序可能不完整。

如果未收到带有“证实请求”设置的 N-DATA 指示，或对所有这种 N-DATA 指示已经发送了 COR，NS 用户则绝不可发送 N-DATA-ACKNOWLEDGE request。在由 N-RESET indication 或 N-RESET confirm 通告的复位规程后，NS 用户不能为响应通知复位规程前收到的 N-DATA indication（携带“证实请求”集）而发出 N-DATA-ACKNOWLEDGE request。

注 1：由 NS 用户所抑制 COR 可以影响 NC 上可获得的吞吐量；

注 2：在 NC 上使用接收证实对该 NC 上的常规数据的流盘控制可能有影响。例如，发出 COR 可能会导致对与 COR 相反方向上流动的 NS 用户数据流量控制的减弱。

注 3：接收证实包括在网络服务中，仅仅是为了支持 GB/T 11595 的现存特性。

14.3 加速数据传送服务

14.3.1 功能

加速数据传送服务在 NC 上提供以双向同时方式进行信息交换的进一步手段。传送加速网络服务数据单元（ENSDU）受不同 QOS 的限制，并受与使用 NS 用户数据传送服务不同的流量控制。它无意提供合格的数据传送设施。

NS 提供者维持 ENSDU 的顺序和边界。NS 提供者确保 ENSDU 在 NC 上随后的 NSDU 或 ENSDU 交付前交付。

常规和加速 NS 用户数据之间的关系，可通过按照 9.2.3 所述在队列内改变次序的操作进行模型化。特别是，当接收 NS 用户不接受常规 NS 用户数据时，仍可交付加速 NS 用户数据。然而，通过这些改变次序而被旁路的常规 NS 用户数据量不能预计或保证，不保证加速数据传送能够旁路掉下层中产生的常规数据流的阻塞。

加速数据传送服务是提供者的一种选件，在网络服务中可不提供，它的使用要在 NC 建立时，通过 N-CONNECT 原语（12.2.6）中的加速数据选择参数，由 NC 的两个 NS 用户和 NS 提供者商定。

14.3.2 原语类型及其参数

表 14 示出了加速数据传送所需的原语类型及其参数。

表 14　加速数据传送原语及其参数

参数	原语	
	N-EXPEDITED-DATA request	N-EXPEDITED-DATA indication
NS 用户数据	X	X(=)

14.3.3　NS 用户数据参数

NS 用户数据参数允许在 NS 用户间传送加速 NS 用户数据，NS 提供者对其不进行修改。NS 用户可以发送 1～32(含 1 和 32)个整数个八位位组的加速 NS 用户数据。

14.3.4　原语顺序

加速数据成功传送的原语顺序可用时序图 14 定义。

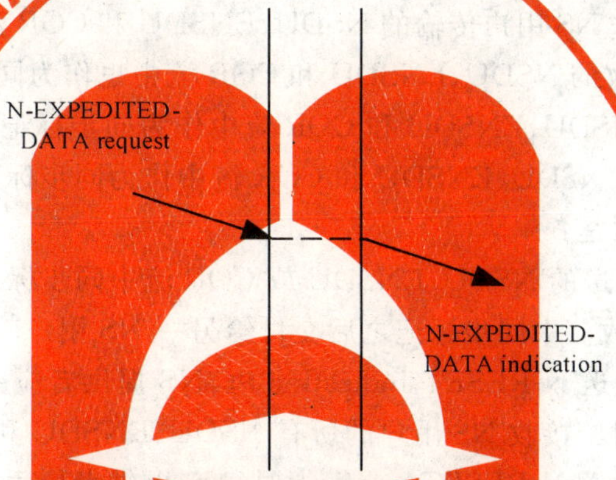

图 14　加速数据传送的原语顺序

如果 N-RESET 或 N-DISCONNECT 原语出现，图 14 的原语顺序可能不完整。

14.4　复位服务

14.4.1　功能

复位服务可被下列使用：

a)　重新同步 NC 使用的 NS 用户；或

b)　在网络服务提供者内报告检测到的不可恢复的 NS 用户数据的 NS 提供者。不因 NC 丢失而丢失的所有 NS 用户数据都用这种方法报告。

复位服务的调用，在 NC 拥塞情况下可疏通 NSDU 和 ENSDU 的流动，它将引起 NS 提供者丢弃与该 NC 相关的 NSDU、ENSDU 或 COR，并通知未调用复位的任何一个或多个 NS 用户复位已出现。服务将在有限时间内完成，不管 NS 用户对 NSDU、ENSDU 和 COR 的接受。在完成此服务前，未交付给 NS 用户的任何 NSDU、ENSDU 或 COR 将由 NS 提供者丢弃。

14.4.2　原语类型及其参数

表 15 示出了复位服务所需的原语类型及其参数。

表 15　复位原语及其参数

参数	原语			
	N-RESET request	N-RESET indication	N-RESET response	N-RESET confirm
发起者		X		
原因	X	X		

14.4.2.1　发起者参数

发起者参数指出复位的源点，它的值指示“NS 用户”、“NS 提供者”或“未定义”。

14.4.2.2 原因参数

原因参数给出指示复位原因的信息。该参数运送的值如下：

a) 当发起者参数指出是NS提供者调用复位时，其值为下列两种之一：
   1) “拥塞”；
   2) “原因未规定”。

b) 当发起者参数指出是NS用户调用复位时，其值是“用户重新同步”。

c) 当发起者参数具有值“未定义”时，原因参数的值也为“未定义”。

14.4.3 原语顺序

每个NS用户和NS提供者间的交互作用是这些原语的交换，即下述两者之一：

a) NS用户的N-RESET request，后跟NS提供者的N-RESET confirm；

b) NS提供者的N-RESET indication，后跟NS用户的N-RESET response。

N-RESET request在发送NS用户传输的NSDU、ENSDU和COR流中作为同步标记。N-RESET indication在接收NS用户接收的NSDU、ENSDU和COR流中也作为同步标记，类似地，N-RESET response响应NS用户传输的NSDU、ENSDU和COR流中作为同步标记，而N-RESET confirm在由原来调用复位的NS用户接收的NSDU、ENSDU和COR流中作为同步标记。

复位服务的重新同步性质是：

1) 由NS用户在发送的NSDU、ENSDU或COR流中同步标记前传输的NSDU,ENSDU或COR不在该接收流中同步标记之后交付给另一NS用户。

   当NS提供者发送N-RESET indication时，NS提供者应丢弃发送N-RESET request前提交的尚未交付给接收NS用户的所有NSDU、ENSDU和COR。

   当NS提供者发送N-RESET confirm时，NS提供者应丢弃发送N-RESET response前提交的尚未交付给N-RESET发起者的所有NSDU、ENSDU和COR。

2) 由NS用户发送的NSDU、ENSDU或COR流中同步标记后传输的NSDU、ENSDU或COR不在该接收流中同步标记前交付给另一NS用户。

N-RESET indication发送到另一NS用户前，N-RESET confirm可以发送到复位发起者。原语的完整顺序取决于复位动作的发起和复位冲突是否出现，因此复位服务可由：

i) 一个NS用户调用，导致与该NS用户的交互作用a)和与对等NS用户的交互作用b)；

ii) 两个NS用户调用，导致与两个NS用户交互作用a)；

iii) NS提供者调用，导致与两个NS用户的交互作用b)；

iv) 一个NS用户和NS提供者调用，导致与发起NS用户交互作用a)和与对等NS用户交互作用b)。

这四种情况下的原语顺序可用时序图15～图19定义。

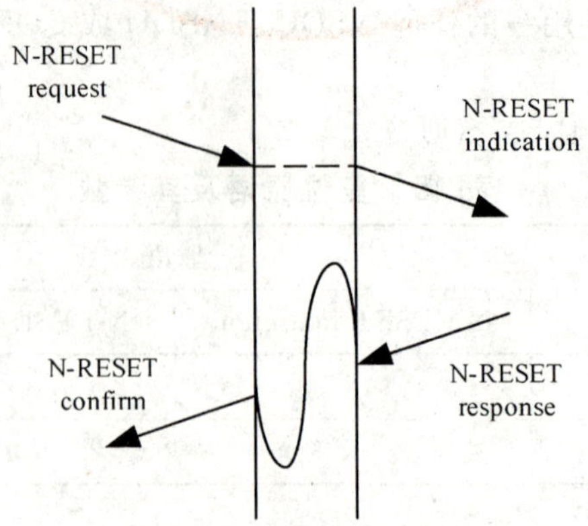

图15 NS用户调用复位的原语顺序

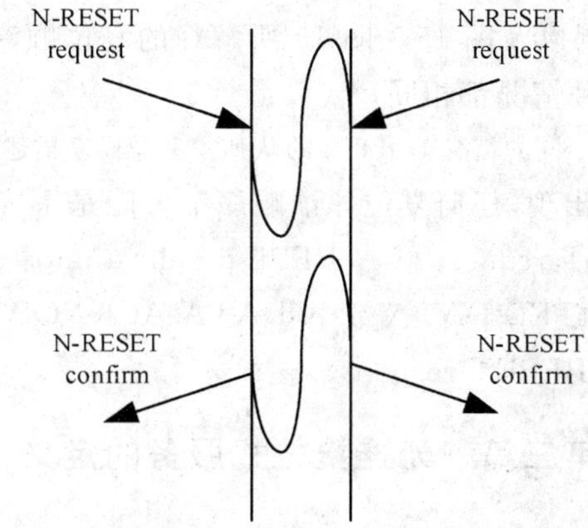

图 16　NS 用户同时调用复位的原语顺序

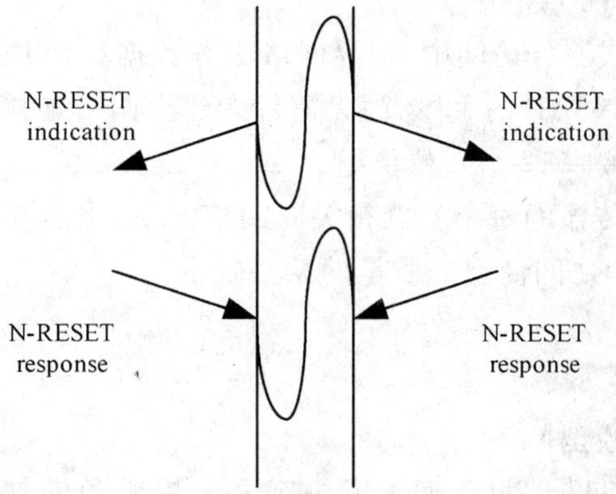

图 17　NS 提供者调用复位的原语顺序

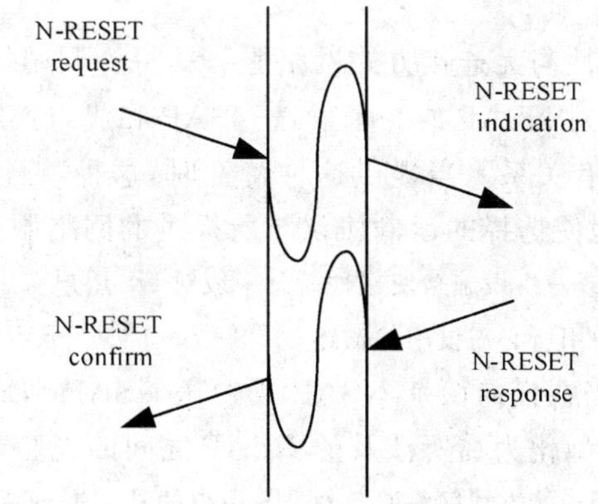

图 18　NS 用户和 NS 提供者同时调用复位的原语顺序

还可能有一些复位"冲突"的情况，导致 NC 一个端点观察到的复位规程数目与在另一个端点观察到的复位规程数目不同。这样一些情况将导致可能出现的两种附加情况。此时复位服务可能是：

v) 由一个 NS 用户调用，但前面一个复位规程在另一 NS 用户处仍为未完成，导致仅与调用后继复位的 NS 用户的附加交互作用 a)；

vi) 在 NC 一个端点由 NS 提供者调用，但在另一个端点前面的复位规程仍未完成，导致仅与 NC 第一个端点处的 NS 用户的附加交互作用 b)。

对于情况 v)和 vi),NC 两个端点可能出现的复位原语顺序有多种,这里未给出时序图,但可使用对 NC 每个端点允许的原语顺序限制以及图 15～图 19 所解释的复位顺序导出。与 N-RESET 原语发送相关的同步性质对所有列出的六种情况都相同。

注:NC 两个端点的复位规程数目不同的情况不用 9.2 的队列模型操作来描述。

如果 N-DISCONNECT 原语出现,任何复位原语顺序都可能是不完整的。在 NC 一个端点一旦调用了一种复位规程(通过 N-RESET request 或 N-RESET indication 原语),NS 用户或 NS 提供者不能进一步发送 N-DATA,N-EXPEDITED-DATA 或 N-DATA-ACKNOWLEDGE 原语,直到复位规程完成(通过 N-RESET confirm 或 N-RESET response)。

第三篇 无连接方式服务的定义

15 无连接方式网络服务特性

NS 向 NS 用户提供下列特性:

a) 在单个网络无连接方式服务访问中,定界网络服务数据单元并透明地将其从源 NSAP 发送到目的地或成组目的地 NSAP 的手段,而无需首先建立网络连接或以后释放网络。无连接方式 NSDU 的最大长度为 64 512 个八位位组。

b) 在与网络无连接方式传输的每个实例相关联的情况下,当启动网络无连接方式传输时,在 NS 提供者与发送 NS 用户之间商定的质量的某些度量。

16 无连接方式网络服务模型

16.1 无连接方式网络层服务模型

本服务定义使用 GB/T 17967—2000 第 4 章中定义的层服务的抽象模型,该模型定义了在不同 NSAP 之间发生的 NS 用户和 NS 提供者之间的交互作用。在 NS 用户和 NS 提供者之间,信息通过可运送参数的服务原语传递。

16.2 网络无连接方式传输模型

定义网络无连接方式传输特性与无连接方式网络服务的每一调用特性无关。

然而,实际上,对于在给定一对 NSAP 或一个发送 NSAP 和成组接收 NSAP 之间的现有关联,通常可能使 NS 用户与某些服务特性有关系。当提供这种特性时,这种特性增强了基本无连接方式网络服务,还可以由 NS 用户用来有效地使选择的运输协议与所提供的网络服务发生关系。

注 1:通过某种控制或管理设施(或一组设施),使这种信息一般对 NS 用户有用。附录 C 提供了协调运输协议选择和无连接方式网络服务的使用所必需设施的描述。

作为一个描述性辅助手段,当在任何两个 NSAP 或发送 NSAP 和成组接收 NSAP 之间提供时,无连接方式网络服务可以抽象地模型化为在所涉及的 NSAP 之间的先验关联。

注 2:该模型目的用于单独描述无连接方式网络服务对 NS 用户的外部表现。它不意图是在无连接方式网络服务条件下一个 NS 提供者的内部操作模型。

仅有一种客体类型,单元数据客体可以在 NS 用户间交换。在图 19a)中,用户 X 表示向 NS 提供者传递客体的 NS 用户。用户 Y 表示从服务提供者接受客体的 NS 用户。在图 19b)中,用户 X 表示给 NS 提供者传递客体的 NS 用户。用户 Y、Z 和其他表示从 NS 提供者接受组播客体的 NS 用户。

一般来讲,NS 提供者可以执行下列任一或全部动作:

a) 丢弃客体;

b) 复制客体;

c) 改变客体次序。

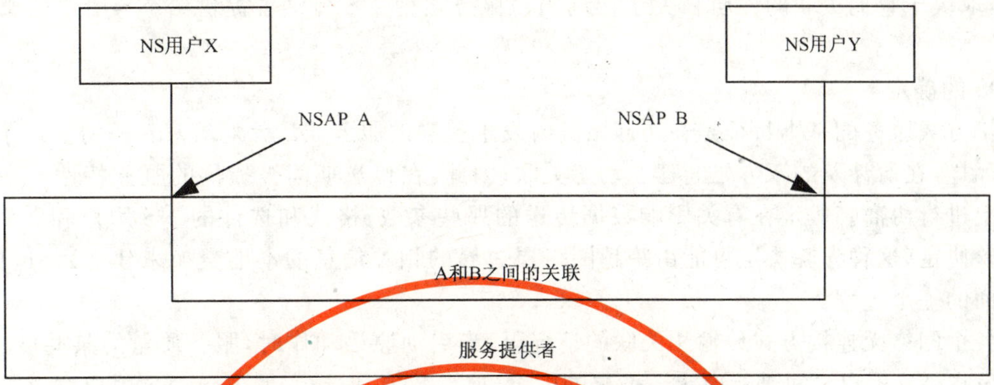

图 19a） 网络无连接方式传输模型

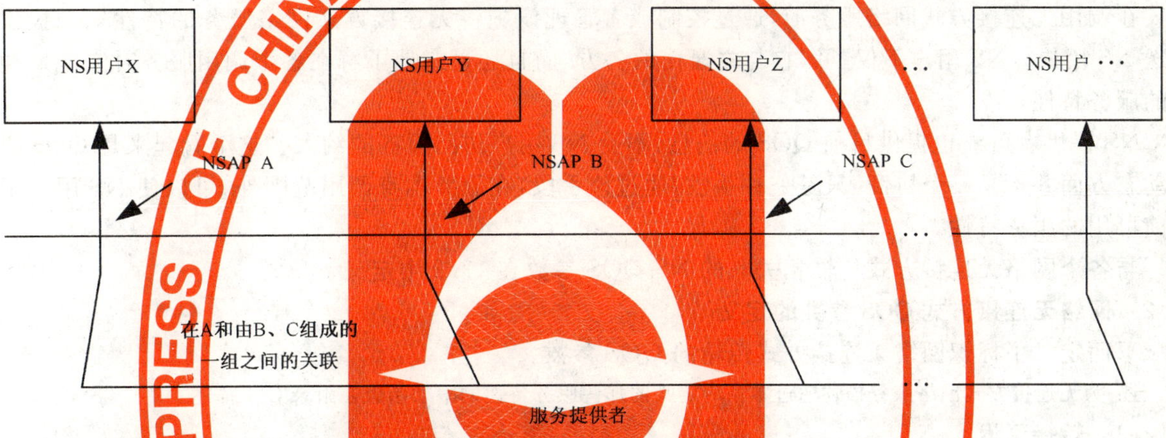

图 19b） 组播网络无连接方式传输的模型

然而，相对于一对 NSAP 或一个发送 NSAP 和一组接收 NSAP 之间的已知关联，NS 用户通过某种控制或管理设施的操作可以观察到下列附加特征，而这些设施允许 NS 提供者支持超出归因于在基本无连接方式网络服务特性的服务特性：

a） 仅在规定的时刻，丢弃客体；

b） 在不迟于规定的时刻，必须丢弃客体；

c） 仅当在队列中存在大于某一数目的客体时，才丢弃客体；

d） 不丢弃客体；

e） 在队列中的客体次序不变；

f） 不复制客体。

在调用无连接方式网络服务之前，在 NS 用户知道这种信息的场合，NS 用户可以使用这种知识来选择运输协议。

关联的存在和特性，以及 NS 提供者为特定关联而执行的操作不依赖于 NS 用户的行为。意识到关联特性是 NS 用户的 OSI 环境的先验知识的一部分。

17 无连接方式网络服务质量

术语“服务质量”指的是在一对 NSAP 或一个发送 NSAP 和一组接收 NSAP 之间观察到的网络无连接方式传输的某些特性。QOS 只描述与 NS 提供者有关的网络无连接方式传输的各方面；在 NS 用户行为（NS 提供者控制的范围之外）对网络服务性能不存在特定限制或损害的情况下，才能对 QOS 进行适当地确定。

在每个实例使用网络无连接方式传输期间观察到的 QOS 对与该服务相关联的每个 NS 用户来说

是否一样，取决于它们关联的性质和关于在调用该服务之前NS提供者提供给NS用户的服务性质的信息类型。

17.1 QOS的确定

无连接方式服务的基本特征是在访问服务时发生关联的服务质量无对等对对等协商。不像在连接建立期间那样，在所涉及的双方之间建立动态关联；因此，在传送期间被提供的服务特性不在对等对对等的基础上进行协商。假定在有关影响数据传送的那些参数、格式和选件的NS用户和NS提供者之间存在先验协定(这种先验协定可能由跨越网络层边界的相关信息的本地交换来建立)。这样，该过程是本地协商的一个过程。

在与各个网络无连接方式传输相关联的情况下，当启动原语动作时，服务质量的某些度量就在NS提供者和发送NS用户之间进行商定。请求的度量(或参数值和选项)是基于NS用户对设施的特定特性的先验知识，而期望该设施可能由NS提供者提供给NS用户。

在调用无连接方式网络服务前，通过控制或者管理设施将无连接方式网络服务的特性知识提供给发送NS用户。NS用户不仅了解它与之通信的各方，而且还显式地了解在各个调用服务时它能期望提供的服务特性。

NS提供者可能也提供目前QOS的信息，不受NS用户访问服务的约束。这个看起来是QOS决定的动态方面并不是一个协商，只是一种手段，通过该手段，在服务本身调用范围外，可以使NS用户了解当前可用的服务特性。

与各个网络无连接方式传输相关联的NS QOS参数在17.2中定义。

17.2 网络无连接方式QOS参数的定义

下面定义了标识网络无连接方式传输的QOS参数。

注：为无连接方式网络服务描述超过本条所定义的那些服务特性的附加参数在附录C中描述。

17.2.1 转接延迟

转接延迟是在N-UNIT-DATA request和相应的N-UNIT-DATA indication之间所经过的时间。经过的时间值仅对成功传送的NSDU进行计算。当从一个发送NS用户发送的NSDU被交付到预期的接收NS用户或者至组播传输情况下的所有NS用户时，这种传送定义为NSDU的成功传送。

对于各网络无连接方式传输都规定了单独的转接延迟。转接延迟定义了完整传输特定NSDU所希望的值。它的规范基于平均NSDU长度。它由NS提供者决定，并在调用服务前告知NS用户。

如果在发送或者接收服务提供者与服务用户的接口处，进行本地接口流量控制，那么单个NSDU的转接延迟可能会增加很多。在计算转接延迟值时，不包括服务用户启动本地接口流量控制的情况。

17.2.2 保护

保护QOS是NS提供者试图使用施加在网络层、数据链路层和物理层的安全服务来对抗针对网络服务的安全威胁。

按照有效的安全政策，处理保护QOS参数的受控是本地事宜。

注：关于低层的安全提供和处理保护QOS的更多信息见GB/T 18231。

17.2.3 费用确定

存在的参数值和选件的类别为NS用户提供：

a) 向NS用户指明宜选择的NS提供者的能力，例如，它可用的最便宜的手段，甚至在可以不是最有利手段的情况下，亦如此；或者

b) 规定最大可接受费用的能力。

17.2.4 残留差错概率

残留差错概率描述了特定NSDU丢失、重复或未正确交付的似然度。残留差错概率是在测量期间内，所有丢失、重复或未正确交付的NSDU与NS提供者所发送的总数NSDU之比。

未正确交付的NSDU是指在损坏的条件下，交付用户数据或交付用户数据到不正确NSAP的NSDU。

丢失数据包括由于阻塞、传输错误或其他错误导致的所有由 NS 提供者丢弃的数据，不包括由于 NS 用户错误而导致丢失的数据。

17.2.5 优先权

相对于 NS 提供者所进行动作的任何其他 NSDU，该参数允许 NS 用户规定 NSDU 的相对优先权。较高优先权的 NSDU 比较低优先权的 NSDU 先获得 NS 提供者的服务。将优先权的信息运送给接收 NS 用户。

该参数在以下二个方面规定了网络无连接方式传输的相对重要性：

a) 如有必要，NSDU 所具有的 QOS 性能降级的次序；

b) 如有必要，为了恢复资源，丢弃的 NSDU 的次序排列。

本参数仅在某一管理实体的上下文中或在能判断相对重要性的结构中才有意义。优先权的级数限制为 15。

17.3 路由选择考虑

NS 提供者可以使用 NS 用户提供的 QOS 信息及管理信息，以便导出与信息相关的 NSDU 必须采用的路由详细信息。

NS 提供者使用这种信息可能导致始发系统中的网络实体，能够列举出路径中包含的中间系统的完整列表。这被称之为"完整源路由选择"。完整源路由选择要求列表中的所有中间系统（并且在列表中只有那些中间系统）都必须是可被访问的，如果该限定不能被满足，那么 NSDU 应被丢弃。

另一种方法是，始发系统中的网络实体能标识出路径中包括的某些（不是全部）中间系统的列表。这被称之为"部分源路由选择"。在部分源路由选择的情况下，对列表中的每个中间系统都必须按到达目的地的途中时规定的次序进行访问。

然而，在这种形式的源路由选择的情况下，NSDU 可以采用到达表中下一个中间系统的所需的任何路径。除非通过任何可用路径都不能到达列表中的某个中间系统，否则 NSDU 不应被丢弃（由相关的源路径导致）。

作为替换地，可以不发生源路由。当不需要始发网络实体来规定路径中必须包括的特定中间系统而达到要求的 QOS 时，这种情况会发生。

18 原语顺序

在一个 NSAP 处，所有可能允许的原语顺序在图 20 的状态转换图中定义。在图 20 中，空闲状态表示原语顺序的初始状态和最终状态。

使用状态转换图来描述允许的服务原语顺序不对网络服务任何实现的内部组织结构施加任何要求或限制。

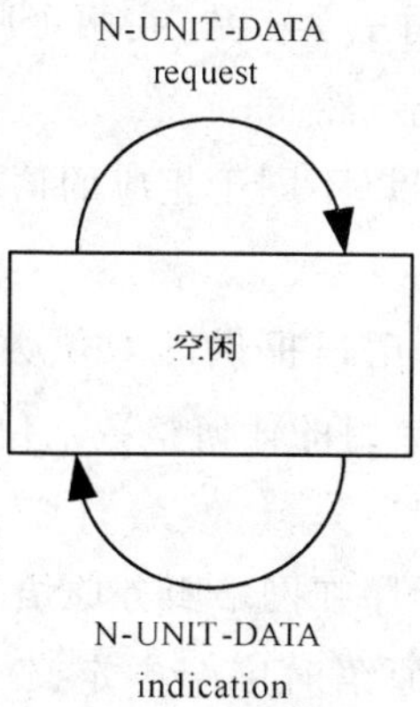

图 20 在一个 NSAP 处无连接方式原语顺序的状态转换图

19 数据传送

19.1 功能

网络无连接方式传输服务原语,可以在单个服务访问时用来将独立的、自包含的 NSDU 从一个网络服务访问点发送给另一个网络服务访问点或一组网络服务访问点。在不需要 NS 提供者维持通过调用无连接方式网络服务或连接方式网络服务所发送的这个 NSDU 和其他 NSDU 之间的任何关系的意义下,这个 NSDU 才是独立的。在单个服务访问中,交付 NSDU 所要求的所有自包含的信息连同将被发送的用户数据一起送给 NS 提供者;因此,不要求网络连接的初始建立或后续释放。

NS 提供者传送在它规定的 QOS 范围内的各个 NSDU。尽管网络服务维持各个 NSDU 的完整性,但 NS 提供者不必按照发送 NS 用户所提供 NSDU 的次序将它们交付给接收 NS 用户。

NS 提供者不必维持关于在任何特定 NSAP 对或特定发送 NSAP 和特定成组的接收 NSAP 之间的信息流量任何方面的任何状态信息。由 NS 提供者对发送 NS 用户施加的流量控制只能根据接口流量控制来描述。

19.2 原语类型及其参数

表 16 标识了无连接方式网络服务所需要的原语类型和参数。

表 16 无连接方式服务原语和参数

参数	原语	
	N-UNIT-DATA request	N-UNIT-DATA indication
源地址	X	X(=)
目的地址	X	X(=)
服务质量	X	X
NS 用户数据	X	X(=)

19.2.1 地址

表 16 中涉及的地址都是网络服务访问点地址。连接方式和无连接方式网络服务均使用附录 A 中描述的相同的 NSAP 地址。对于组播传送,目的地址必须是成组网络地址。

19.2.2 服务质量

QOS 参数值是子参数的列表。对于每一个参数,在两个原语中的参数值都是相关的,使得:

a) 在请求原语中,允许任何定义的值,然而;

b) 在指示原语中,所指示的 QOS 可以不同于相应的请求原语所规定的 QOS。

19.2.3 NS 用户数据

该参数允许在 NS 用户之间传输 NS 用户提供的八位数组数据,无需经过 NS 提供者进行修改。NS 用户可以发送大于 0～64 512 个八位数组的任何整数八位数组。

19.3 原语顺序

非组播网络无连接方式传输的原语顺序在网络服务原语时序图中定义[见图 21a)],组播网络无连接方式传输的原语顺序在网络服务组播原语时序图中定义[见图 21b)]。组播传输用例的 N-UNIT-DATA indication 以不是同时的任意次序到达,另外,N-UNIT-DATA indication 没有确定的次序到达由独立的 N-UNIT-DATA request 导致的任何特定接收 NSAP。

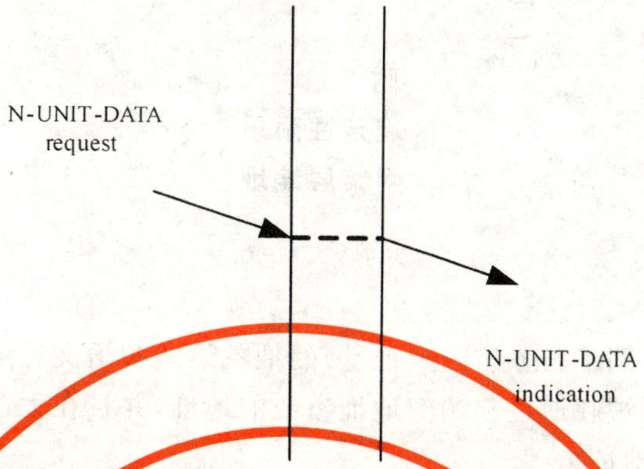

图 21a） 网络无连接方式传输的原语顺序

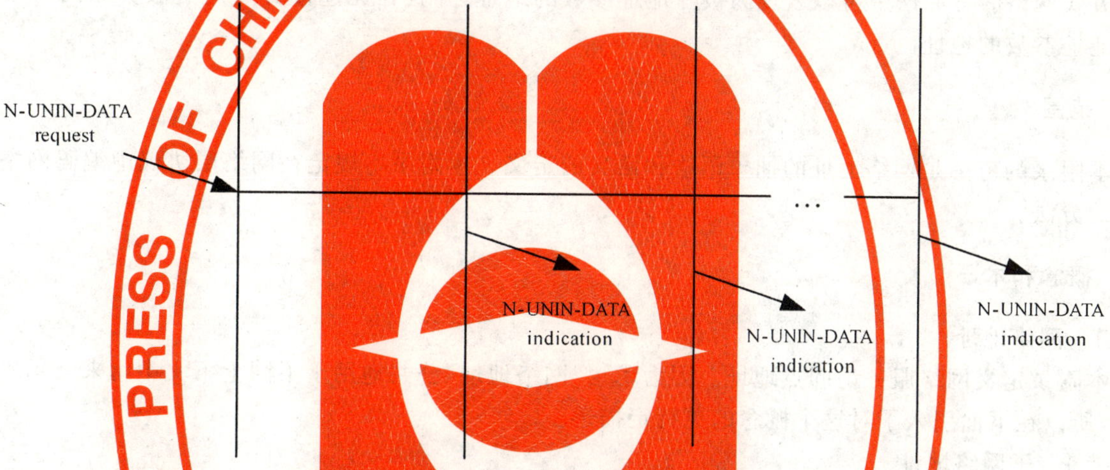

图 21b） 组播网络无连接方式传输的原语顺序

附 录 A
（规范性附录）
网络层编址

A.1 概述

本附录定义了网络地址（网络服务访问点地址）的抽象语法和语义。网络地址是指在连接方式网络服务原语中表现为主呼地址、被呼地址和响应地址参数的地址，并且在无连接方式网络服务原语中表现为源地址和目的地址参数的地址。

另外，本附录定义了成组网络地址的抽象语法语义。成组网络地址用来支持组播服务，并且是指在连接方式网络服务原语中可以表现为被呼地址参数的地址，并且在无连接方式网络服务原语中表现为目的地址参数的地址。

A.2 范围

本附录的范围是网络地址的抽象语法和语义的定义。本附录不规定在网络层协议中编码网络地址语义的方法。

A.3 概念和术语

A.3.1 网络地址

本附录定义网络服务访问点地址。因为术语“网络地址”公共地用于不同上下文中用来表示不同的事物，所以在下面引入了对这个概念的更特定描述。

A.3.1.1 子网络地址

在一种上下文中，术语“网络地址”可以用来指实端网络、实子网或互工作单元链接到真实网络的点，或指在端系统或中间系统中提供的子网服务的点。在连接到公共数据网的情况下，这个点称为DTE/DCE 接口并且在参考它时，使用术语“DTE 地址”。

这种情况下，使用了特定术语“子网地址”（或子网连接点地址），如图 A.1 所示。

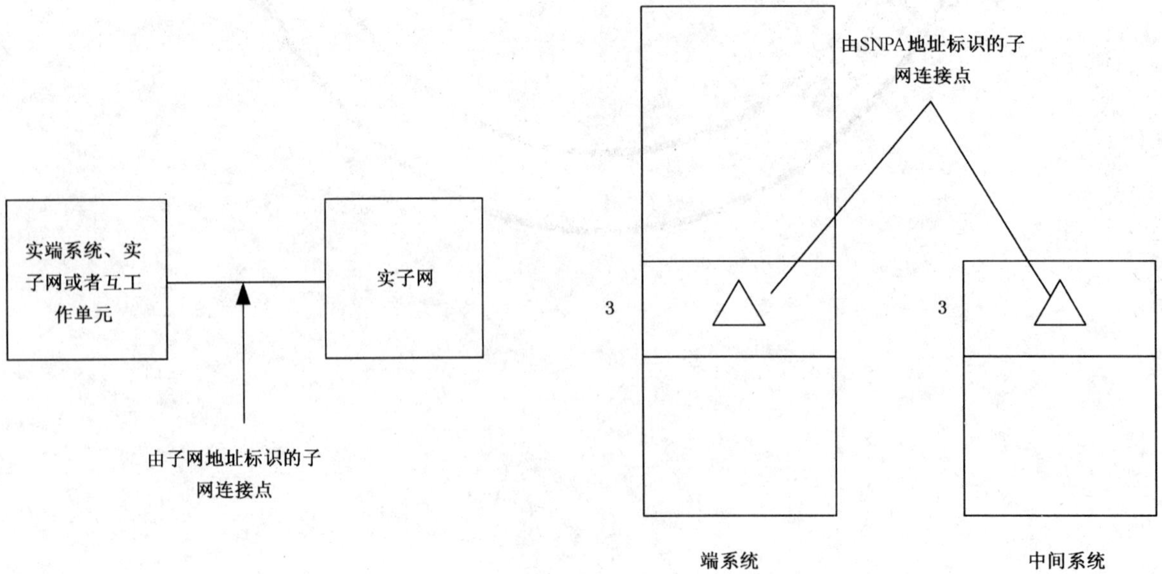

图 A.1 子网地址

子网地址是某一实子网所需的信息，该信息用来标识特定实端系统、另一实子网、在这个实子网上的特定实端系统组或连接该实子网的一个互工作单元。

在公共网络环境下，子网地址是公共网络靠其进行操作的地址。

注：子网地址所标识的点是实端系统或互工作单元和实子网之间的互连点（特别是，在公共数据网环境下的 DTE/DCE 接口），而不是网络服务访问点。

A.3.1.2 NSAP 地址

另一种上下文中，术语“网络地址”用来指网络服务访问点（NSAP），在该点上网络服务用户可利用网络服务提供者所提供的 OSI 网络服务。

这种情况下，使用了特定术语 NSAP 地址，如图 A.2 所示。

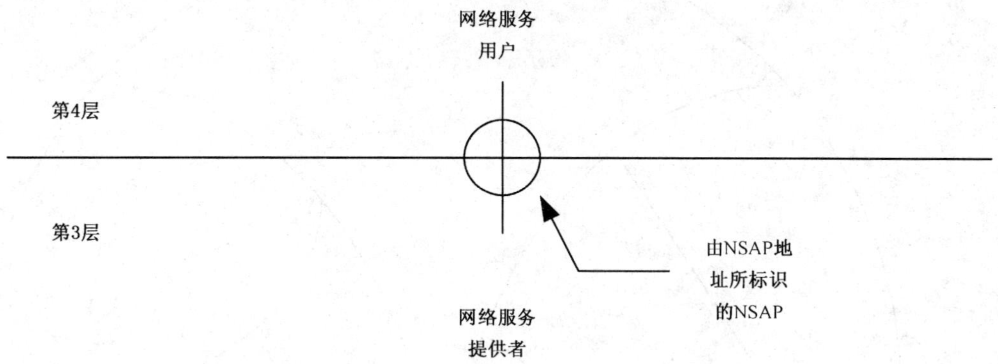

图 A.2 NSAP 地址

NSAP 地址是 OSI 网络服务提供者需要标识出特定网络服务访问点的信息。NSAP 地址包括，N-CONNECT 原语中的“被呼地址”、“主呼地址”和“响应地址”参数值，N-DISCONNECT 原语中的“响应地址”参数值和 N-UNIT-DATA 原语中的“源地址”和“目的地址”参数值。

宜注意，因为网络服务原语是概念性的，网络服务定义不规定 NSAP 地址的特定编码。

在 ITU-T 和 ISO/IEC 的用法中，术语“网络地址”和“全球网络地址”与术语“NSAP 地址”同义。当必须避免混淆时，最好使用术语“NSAP 地址”。

N-CONNECT 原语中的被呼地址参数和 N-UNIT-DATA 原语中的“目的地址”参数值都允许成为成组网络地址。N-CONNECT 原语中的主呼网络地址和响应地址参数以及 N-UNIT-DATA 原语中的源地址参数决不允许成为成组网络地址。

A.3.1.3 网络协议地址信息

第三种上下文中，术语“网络地址”用来将所携带的地址称作网络协议数据单元（NPDU）中的网络协议控制信息。

这种情况下，使用了特定术语网络协议地址信息（NPAI）。

在公共网络环境下，NPAI 也被称为“地址信号”或“编码的地址信号”。

在网络服务原语中出现的 NSAP 地址和网络层协议中出现的 NPAI 之间存在一种关系，因为 NSAP 地址的语义由 NPAI 所保存。NPAI 的精确编码由网络层协议标准定义，它还规定 NSAP 地址和协议所用的 NPAI 编码之间的关系。

A.3.2 域

A.3.2.1 全球网络编址域

全球网络编址域是在 OSI 环境下由所有 NSAP 地址组成的一个编址域。

A.3.2.2　网络编址域

网络编址域是所有由一个或多个编址机构分配的所有 NSAP 地址组成的全球网络编址域的子集。每一个 NSAP 地址是网络编址域的一部分，该网络编址域由一个并仅由一个编址机构直接管理。如果该网络编址域是分层结构上较高编址域的一部分(该较高编址域必须全部包含网络编址域)，在分层结构上较低域的机构由较高域的机构授权来分配较低域中的 NSAP 地址。按这种方法所有网络编址域都是全球网络编址域的顶级部分，关于编址域的编址机构在本附录中有描述。

A.3.2.1 和 A.3.2.2 的概念关系如图 A.3 所示。

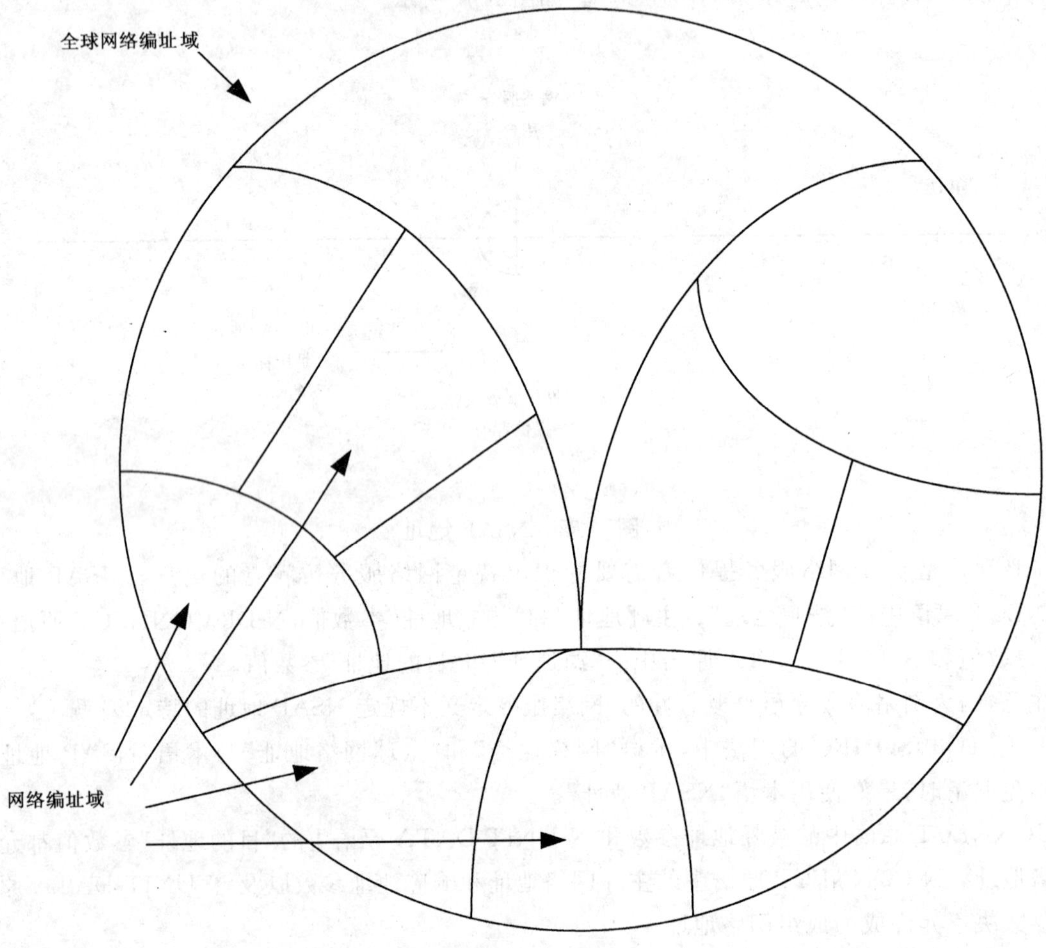

图 A.3　网络编址域

A.3.3　机构

与该域相关的机构确保在网络编址域范围内标识符的唯一性。术语"机构"未必指某个组织或管理部门；它预期需指确保在相关域中标识符唯一性的(指抽象意义上)任何机构。

网络编址域由编址机构表征其特征，该机构利用它所建立的规则来管理该域，以便规定标识符和标识出子域。机构负责确定每一个域在该域范围内如何分配并解释标识符，以及如何创建子域。

机构的运行与在相同层次级别的其他域的运行是无关的，仅受限于双亲机构所施加的任何公共规则。

A.3.4　网络地址分配

网络地址应该或者分配成完整的 NSAP 地址，或者授权一个或多个其他的机构分配地址。编址机构分配的每个地址应包括标识分配机构的域标识符。如果某个地址先前已分配到某一其他域或 NSAP 中时,不应该分配这个地址用来标识这个域或者 NSAP,除非机构能确保之前分配的都已停止使用。

机构应该确保以充分有效利用地址空间的方法进行分配。

A.4 创建 OSI 网络编址方案的原则

A.4.1 分层结构

NSAP 地址基于分层结构编址域的概念,按 A.3 中的解释。每个域都可能进一步划分成若干子域,因此,NSAP 地址具有分层结构。

NSAP 地址的概念性结构遵守下列原则,在分层的任一级上,地址的初始部分无歧义地标识为子域,其余部分由机构与该子域相关的机构进行分配,以便无歧义地标识出较低级别的子域或该子域内的 NSAP。标识该子域的地址部分依赖于所观察到的地址处的分层级别。

注:不宜将这个概念结构看作是隐含 NSAP 地址的任何详细管理。

可以按照倒树形图作出 NSAP 地址分层结构的图形表示法,如图 A.4 a)所示,或图 A.4 b)的域图所示。

a) 倒树形图　　　　b) 域图

图 A.4 NSAP 地址的分层结构

A.4.2 任何 NSAP 的全球标识

在开放系统互连的上下文中,有可能标识出在全球网络编址域范围内的任何 NSAP(见 A.3.2.1)。因此:

a) NSAP 地址的定义,能用来无歧义地标识出任何 NSAP;

b) 在任何 NSAP 处,有可能标识出在任何 OSI 端系统范围内的任何其他 NSAP;

c) 在相应网络实体之间建立的网络层协议运送 NSAP 地址的完整语义；

d) NSAP 地址总标识出同一 NSAP，而不管哪个网络服务用户宣布的地址；和

e) 当网络服务提供者给出在指示服务原语中的 NSAP 地址时，则网络服务用户可以连续使用相应 NSAP 的通信的另一个实例中的那个 NSAP 地址。

注：NSAP 的全球标识不暗指已分配了 NSAP 地址的所有 NSAP 之间能进行通信所要求的目录功能的全球可用性，它也不妨碍对以互连、安全或计费等等可行性技术为基础的通信施加外部限制。

A.4.3 路由独立性

网络服务用户不能从 NSAP 地址中导出路由选择信息。它们不能影响网络服务提供者借助源和目的地 NSAP 地址选择路由。相似地，它们也不能通过检查源和目的 MSAP 地址来确定网络服务提供者所使用的路由。其目的不是排除需要 OSI 端系统影响与另一 OSI 端系统通信的特定实例所选择的路由的可能性(特别是，某一 OSI 系统可能需要影响它们之间的要使用的中间系统的选择和所采用的路径的选择)。然而，可以施加这种影响的手段不是 NSAP 地址。可以要求网络层协议的元素来控制在中间系统范围内的路由选择；协议中的这些元素与网络协议地址信息(NPAI)不同。

虽然对网络服务用户可以使用 NSAP 地址施加了限制，但要认识到：NSAP 地址宜按经过所互连子网的路由选择变得更为方便的方法来构建。也就是，网络服务提供者特别是和中继实体可以利用地址结构来完成路由选择方面的经济处理。

A.5 网络地址定义

本附录的意义在于通过维持下述三种概念间的清晰区别来得以最好的表达：NSAP 地址的抽象语义；在本附录中作为定义 NSAP 地址抽象语义的手段而使用的抽象语法，以及由网络编址机构作为分配和赋予 NSAP 地址的手段而使用的抽象语法，作为网络层协议中 NPAI 的 NSAP 地址语义的编码。这些区别表示在图 A.5 中。

本附录不规定 NSAP 地址语义在网络层协议中的编码方式，但是 A.5.3 定义了一种较好的编码。网络层协议规范定义了 NSAP 地址编码成 NPAI 的方法。

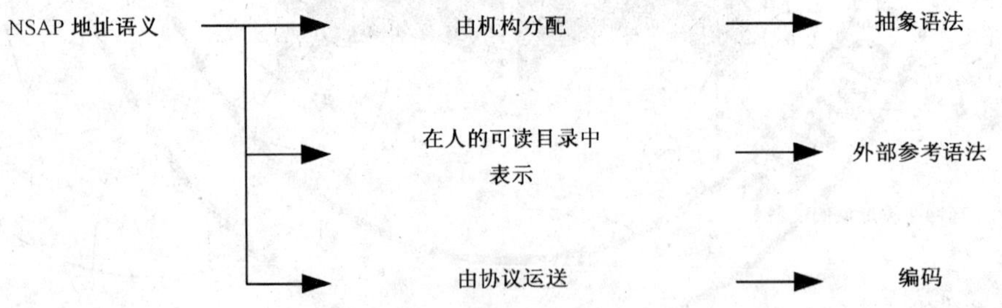

图 A.5 NSAP 地址语义和语法的关系

A.5.1 网络地址语义

NSAP 地址由两个基本语义部分组成。第一部分是初始域部分(IDP)，第二部分是域特定部分(DSP)，如图 A.6 所示。

根据 A.4.1 所描述的 NSAP 地址的概念性结构，IDP 是网络编址域的标识符，它规定了全球网络编址域的一个子域(见图 A.4)，它也标识了在特定子域负责赋予 NSAP 地址的网络编址机构。DSP 是相应的子域地址。DSP 的进一步子的结构可以由或可以不由 IDP 标识的机构来定义。

A.5.1.1 IDP

NSAP 地址的初始域部分本身由两个部分组成。第一部分是机构和格式标识符(AFI)。第二部分是初始域标识符(IDI)。如图 A.6 所示。

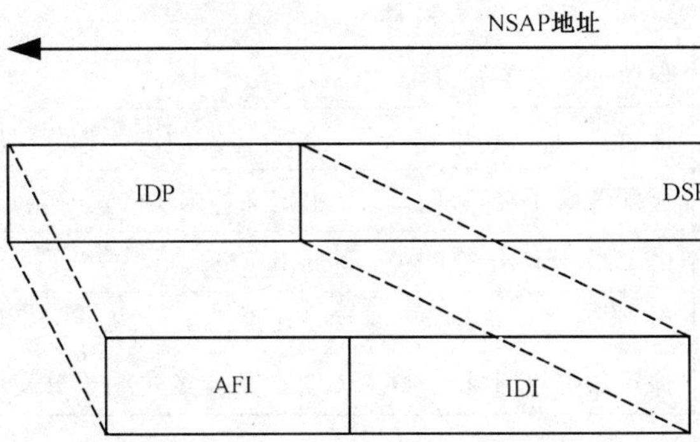

图 A.6 NSAP 地址结构

A.5.1.1.1 AFI

机构和格式标识符规定：

a) IDI 格式(见 A.5.2.1.2)；

b) 负责分配 IDI 值的网络编址机构；

c) IDI 中先导数字 0 是否有意义(见 A.5.3)；和

d) DSP 的抽象语法(见 A.5.2.2 和 A.5.2.3)。

A.5.1.1.2 IDI

初始域标识符规定：

a) 分配 DSP 值的网络编址域；和

b) 负责从网络编址域中分配 DSP 值的网络编址机构。

A.5.1.2 DSP

DSP 语义由 IDI 所标识的网络编址机构来确定(见 A.5.1.1.2)。

A.5.2 网络地址抽象语法

在本附录中按照能表达网络地址语义的抽象语法来定义网络地址。将该抽象语法用作描述性手段允许本附录以书面格式运送网络地址的完整定义，而不将它局限于特定编码的 NPAI。它也使本附录能标识一个优选的网络地址编码，网络层协议规范标准可以对其进行引用，这样可以无歧义地定义将网络地址编码为 NPAI 的方法。

A.5.2.1 IDP 的抽象语法和分配

本条定义 AFI 抽象语法、当前所分配的 AFI 值和对应于已分配 AFI 值的 IDI 格式。在当前所分配的 AFI 值中有几个值保留供由 ITU-T 或 ISO/IEC 所标识的新 IDI 格式的分配用。由 ITU-T 或 ISO/IEC 分配这些 AFI 值给 IDI 格式必须伴随本附录的相应修改。新 AFI 值的分配应按照 ITU-T 和 ISO/IEC 之间的联合协定，且将要求对本附录的相应修改。

AFI 的抽象语法具有两个十六进制数，IDI 的抽象语法是十进制数。AFI 的分配确保 IDP 的第 1 个十六进制数永远不能是“0”(见 A.5.1.1)。这样做为希望使用保持不完整 NSAP 地址的协议提供了一种转义机制，而该不完整的 NSAP 地址处于正常运载完整的 NSAP 地址的字段内。相似地是，如果 IDP 的最前面两个数是十六进制 FF，则这指示存在不完整的组网络地址。当 NSAP 地址表示为二进制八位位组时，IDP 的表示按 A.5.3 的定义。IDP 长度依赖于 AFI 值规定的 IDI 格式。与每个 IDI 格式相关的 IDP 长度在 A.5.2.1.2 中给出。

A.5.2.1.1 AFI 的抽象语法和分配

AFI 具有两个十六进制数的抽象语法，其值从 00～FF。AFI 值按照表 A.1～表 A.3 进行分配或保留。

表 A.1 单个 AFI 分配

00～0F,FF	保留——不会被分配
10～19,20～29,30～33	保留供 IUT-T 和 ISO/IEC 联合协定的进一步分配用
34～39,40～49,50～59,76～77	分配并赋予在 A.5.2.1.2 中定义的 IDI 格式
60～69	由 ISO/IEC 分配并赋予新的 IDI 格式
70～75,78～79	由 ITU-T 分配并赋予新的 IDI 格式
80～89,90～99	保留供 IUT-T 和 ISO/IEC 联合协定的进一步分配用

A.5.2.1.2 IDI 的格式和分配

IDI 格式和 DSP 抽象语法的特定组合与每个分配的 AFI 值相关联，供单个地址用的 AFI 值在表 A.4 进行了汇总(供成组地址用的相应 AFI 值通过表 A.2 可找到)。两个 AFI 值与涉及可变长度 IDI 格式的每个组合相关联。在每种情况下，两个 AFI 值标识 IDI 格式和 DSP 抽象语法的相同组合。当 IDI 的第 1 个有意义数为非 0 时，则使用 AFI 的较低值。当 IDI 的第 1 个有意义数为 0 时，则使用 AFI 的较高值。

在下列几条中，引用在特定子网编号方案中使用的号码以及该号码所标识的实体。这些引用系指位于该编号所规定的子网连接点的实体，而不是某一另个的实体(例如，PTT 管理机构)，该另个实体的标识可能从检查该号码的某一部分中推出。在这种情况下，机构就是与 SNPA 处的实体相关联的机构，并由完整编号所标识。

成组地址的分配限于仅从指派给表 A.2 中的成组地址的 AFI 值中来分配。在分配网络地址或者在授权一个或多个机构分配地址时，编址机构既分配单个地址，也分配相应的成组地址。用分配给成组地址的 AFI 值所指派的地址仅用于成组地址。

注 1：使用特定 IDI 格式作为分配 NSAP 地址的基础并不限制至该 NSAP 的路由选择需经过任何特定的系统或子网络。例如，使用 E.163 IDI 格式作为分配 NSAP 地址的基础不意味着访问带有那种地址的 NSAP 就必须涉及公共电话网络的用户(见 A.4.3)。

注 2：基于 ITU-T 编号方案的 IDI 格式可能会受这些方案改变的影响。需理解到，在标识和描述这些格式时，本附录遵守 ITU-T 编号方案工作的当前状态，并不建立与将来 ITU-T 可能选择对不同方案间的关系作出修改的方法的任何优选或考量。本附录的改变可能有必要考虑到 ITU-T 未来的任何进一步的工作。例如：某些情况下，ITU-T 的编号方案可能提供从一个编号方案到另一个编号方案的转义机制(诸如，0、8 或 9 的前缀)。这将导致有可能必须对选择哪个 IDI 格式来宜于分配 NSAP 地址作出选择，并且还可能会导致作出不必须包括在本附录中基于 ITU-T 建议的所有 IDI 格式的建议。然而，是在 ITU-T 的上下文和责任的范围内作出这样的选择，而在本附录中并不作出或隐含对一种选择或另一种选择的优选。

A.5.2.1.2.1 X.121 IDI 格式

X.121 IDI 由按照 ITU-T 建议 X.121 分配的多达 14 个数字的国际公用数据网号码组成，以数据网的标识代码作为开始。整个 X.121 号码标识出负责分配和赋予 DSP 值的机构。

IDP 长度：多达 16 个数字。

A.5.2.1.2.2 ISO DCC IDI 格式

ISO DCC IDI 由按照 ISO 3166-1 分配的固定长度为 3 个数字的代码组成。对于 ISO 成员体的国家，将该代码赋予由该代码所标识的国家内的 ISO 成员体。对于不是 ISO 成员体的国家，将该代码赋予由该代码所标识的国家内合适的主办组织。

由已经赋予 ISO DCC 值的 ISO 成员体或合适主办组织或者由完成该职责的 ISO DCC 值的持有者所指定的组织来分配和赋予 DSP。

IDP 长度：5 个数字。

表 A.2 AFI 单个值和成组值的关系

单个	成组	单个	成组	单个	成组
10	A0	40	BE	70	DC
11	A1	41	BF	71	DD
12	A2	42	C0	72	DE
13	A3	43	C1	73	DF
14	A4	44	C2	74	E0
15	A5	45	C3	75	E1
16	A6	46	C4	76	E2
17	A7	47	C5	77	E3
18	A8	48	C6	78	E4
19	A9	49	C7	79	E5
20	AA	50	C8	80	E6
21	AB	51	C9	81	E7
22	AC	52	CA	82	E8
23	AD	53	CB	83	E9
24	AE	54	CC	84	EA
25	AF	55	CD	85	EB
26	B0	56	CE	86	EC
27	B1	57	CF	87	ED
28	B2	58	D0	88	EE
29	B3	59	D1	89	EF
30	B4	60	D2	90	F0
31	B5	61	D3	91	F1
32	B6	62	D4	92	F2
33	B7	63	D5	93	F3
34	B8	64	D6	94	F4
35	B9	65	D7	95	F5
36	BA	66	D8	96	F6
37	BB	67	D9	97	F7
38	BC	68	DA	98	F8
39	BD	69	DB	99	F9

表 A.3 为将来分配用而保留的 AFI 值

1A～1F	5A～5F	9A～9F
2A～2F	6A～6F	FA～FF
3A～3F	7A～7F	
4A～4F	8A～8F	

表 A.4 单个网络地址的 AFI 值

IDI 格式	DSP 语法			
	十进制	二进制	ISO/IEC 646 字符	GB/T 1988 字符
X.121	36,52	37,53	//////////////////////////	//////////////////////////
ISO DCC	38	39	//////////////////////////	//////////////////////////
E.69	40,54	41,55	//////////////////////////	//////////////////////////
E.163	42,56	43,57	//////////////////////////	//////////////////////////
E.164	44,58	45,59	//////////////////////////	//////////////////////////
ISO/IEC 6523-ICD	46	47	//////////////////////////	//////////////////////////
IANA ICP	34	35	//////////////////////////	//////////////////////////
ITU-T IND	76	77	//////////////////////////	//////////////////////////
本地	48	49	50	51
注：提供本地 IDI 格式是为了适应 OSI 和非 OSI 网络编址方案的共存，尤其是在从非 OSI 协议过渡到 OSI 协议的上下文中。在这种环境下提供最大灵活性的字符和 GB/T 1988 字符，DSP 语法针对本地 IDI 格式而定义。				

A.5.2.1.2.3 F.69 IDI 格式

F.69 IDI 由按照 ITU-T 建议 F.69 分配的多达 8 个数字的用户电报号码组成。以 2 或 3 个数字的目的地代码开始。整个用户电报号码标识出负责分配和赋予 DSP 值的机构。

IDP 长度：多达 10 个数字。

A.5.2.1.2.4 E.163 IDI 格式

E.163 IDI 由按照 CCITT 建议 E.163 分配的多达 12 个数字的先前称作 PSTN 的号码组成，以 PSTN 国家代码开始。全 PSTN 码标识出负责分配和赋予 DSP 值的机构。虽然 CCITT 建议 E.163 被 ITU-T 建议 E.164 所替代，但是格式仍然被保留，以确保与现有实现向后兼容。

IDP 长度：多达 14 个数字。

A.5.2.1.2.5 E.164 IDI 格式

E.164 IDI 由按照 ITU-T 建议 E.164 分配的多达 15 个数字的国际公共电信编号方案号码组成，以 E.164 国际号码的国家代码开始。整个 E.164 号码标识出负责分配和赋予 DSP 值的机构。

IDP 长度：多达 17 个数字。

A.5.2.1.2.6 ISO/IEC 6523-ICD IDI 格式

ISO/IEC 6523-ICD IDI 由称作国际代码指明符的并按照 ISO/IEC 6523-1 分配的固定长度为 4 个数字数值代码组成。ICD 标识了由 ISO/IEC 6523-1 所定义的特定组织编码方案。对于 ICD 给定的值，发布组织（按照 ISO/IEC 6523-1 由 ISO/IEC 6523-1 注册机构认可的组织）有责任确保按 DSP 分配的各值在由 ICD 所标识的所有代码值范围内都是唯一的，而不考虑打算使用这些值的目的。

IDP 长度：6 个数字。

注：除了在本上下文中使用 ICD 时，它并不影响在 ISO/IEC 6523-1 中所标识的使用。对于 ISO/IEC 6523-1 中规定的事宜，只有 ICD 与本附录相关。

A.5.2.1.2.7 IANA ICP IDI 格式

IANA ICP IDI 由标识了互联网代码点（ICP）的固定长度为 4 个数字值代码组成。ICP 由互联网赋予号码机构按照在互联网标准 2-赋予号码中定义的原则来分配。IANA ICP 标识了特定互联网协议（IP）编址格式（例如，IPv4 或者 IPv6 地址），在 DSP 中携带了该格式。

注 1：可以在 http://www.iana.org/assignments/osi-nsapa-numbers 找到分配的 ICP 值的最新信息。

分配的 ICP 值是：

ICP＝0000 IPv6 地址

注 2：IETF RFC 1888 对如何将 IPv6 地址嵌入 NSAP 地址的 DSP 内提供指南。将 IPv6 地址嵌入 DSP 的前 16 个八位位组中。DSP 的第 17 个八位位组设为 0，但对于 IPv6 无效。

在本附录出版时，IANA 没有为 IPv4 分配 ICP 值。在缺少这个分配的情况下，建议使用下列值：

ICP＝001 IPv4 地址

注 3：携带的 IPv4 地址可以在 DSP 的前 4 个八位位组中。剩余的八位位组可以置为 0 或置为一个值，该值由应用或所需的服务确定。

IDP 长度：6 个数字。

A.5.2.1.2.8　ITU-T IND IDI 格式

ITU-T IND IDI 由按照 ITU-T Rec. E.191.1 定义的管理规程分配的标识了国际网络指定符(IND)固定长度为 6 个数字数值代码组成。IND 代码标识出负责分配和赋予 DSP 值的机构。

IDP 长度：8 个数字。

A.5.2.1.2.9　本地 IDI 格式

本地 IDI 为空。

IDP 长度：2 个数字。

A.5.2.2　DSP 的抽象语法和分配

DSP 的值由 IDI 所标识的网络编址机构进行分配，该 IDI 在 AFI 所标识的语法中(见 A.5.1.1.2 和 A.5.2.1.2)。分配机构规定 DSP 的格式和语义。如果由 IDI 所标识的机构授权一个或多个机构来分配 DSP 的语义部分，那么所有那些机构必须使用双亲机构所使用的相同抽象语法来进行分配。

对于所有 IDI 格式而言，网络编址机构可以选择分配带有用十进制或二进制抽象语法表示的 DSP 的 NSAP 地址。另外，当 IDI 格式是“本地”时，某个机构可以分配带有用字符(ISO/IEC 646)抽象语法或 GB/T 1988 字符抽象语法(见 A.6 和表 A.4)表示的 DSP 的 NSAP 地址。当且仅当 AFI 的值规定十进制 DSP 语法时，网络编址机构才可以分配不带有 DSP 的 NSAP 地址(也就是，地址仅由 IDP 组成)；对于所有其他 AFI 值，必须提供非空 DSP。

A.5.2.3　DSP 的抽象语法

根据 AFI 的值，由负责机构可以用下列四个语法之一来分配 DSP：

a) 二进制：DSP 由一个或多个二进制八位位组组成，多达表 A.5 中所规定的最大值。
b) 十进制：如果提供，DSP 由一个或多个十进制数字组成，多达表 A.5 中所规定的最大值。
c) 字符：DSP 由一个或多个不带国家变体的 ISO/IEC 646 图形字符加上空格字符组成，多达表 A.5 中所规定的最大值。
d) GB/T 1988 字符：DSP 由被分配机构所确定的 GB/T 1988 字符集中的一个或多个字符组成，多达表 A.5 中所规定的最大值。

对于 A.5.2.1.2 中定义的每个 IDI 格式，表 A.5 给出了用其抽象语法表示的 DSP 最大长度。相应的全部 NSAP 地址长度在 A.5.4 中给出。

表 A.5　最大 DSP 长度

IDI 格式	DSP 语法			
	十进制数字	二进制八位位组	ISO/IEC 646 字符	GB/T 1988 字符
X.121	24	12	//////////////////////////	//////////////////////////
ISO DCC	35	17	//////////////////////////	//////////////////////////
E.69	30	15	//////////////////////////	//////////////////////////

表 A.5（续）

IDI 格式	DSP 语法			
	十进制数字	二进制八位位组	ISO/IEC 646 字符	GB/T 1988 字符
E.163	26	13	//////////////////////////	//////////////////////////
E.164	23	11	//////////////////////////	//////////////////////////
ISO/IEC 6523-ICD	34	17	//////////////////////////	//////////////////////////
IANA ICP	34	17	//////////////////////////	//////////////////////////
ITU-T IND	32	16	//////////////////////////	//////////////////////////
本地	38	19	19	9

注 1：“本地”IDI 的值假设了一个字符作为 2 个二进制八位位组的 GB/T 1988 字符表示法(见 A.5.3)。

注 2：这些最大值由 A.5.3 中定义的优选编码的 NSAP 地址最大长度小于或等于 20 个二进制八位位组的要求所限定。

A.5.3 网络地址编码

按照 A.5.1 中所描述，NSAP 地址的语义利用下列次序的三个字段来表示：

a) AFI，具有两个十六进制数字的抽象语法；

b) IDI，具有可变数目的十进制数字的抽象语法；

c) DSP，具有一个并仅有一个下列类型的可变数目的抽象语法：二进制八位位组、十进制数字、字符或 GB/T 1988 字符。

本附录不规定在网络层协议中编码 NSAP 地址语义的方法。这些编码在网络层协议规范中规定。

尽管如此，本附录还标识了一种“优选的”网络地址编码作为二进制八位位组串。对这个“优选的”网络地址编码的引用可以在网络层协议标准中制定。用来运送网络地址语义的编码作为在网络层协议中的 NPAI 的选择有可能与这个优选的编码是完全一样的。然而，这种情况是不要求的。

作为整体采用的整个 NSAP 地址可以显式地表示为下面定义的二进制八位位组数。通过对本附录的引用，来规定网络地址语义编码的网络层协议标准，必须规定用来运送网络地址语义作为 NPAI 的这种二进制编码方法(见 A.3.1.3)。

本条定义的优选的二进制编码要求 IDI 添加上无意义先导填充数字：

a) AFI 规定可变 IDI 格式；和

b) IDI 值是一串十进制数字，它比针对那种格式的 IDI 的最大长度短(见 A.5.2.1.2)。

这保证能确定 IDI 的结束(也就是 IDP)；优选的二进制编码不需要为该目的保留显式语法标记符。在这些情况下，有必要区别在 IDI 中有意义的和无意义先导数字 0，以使确保无意义填充数字不会与有意义 IDI 数字相混淆。为每个可变长度的 IDI 格式，通过给 IDI 格式和 DSP 抽象语法的每个数字分配两个 AFI 值来提供这个区别(见 A.5.2.1.1)。在下面的步骤 b)中，如果 AFI 值规定在 IDI 中的先导数字 0 无意义，则术语“先导数字”是指先导数字 0；如果 AFI 值规定在 IDI 中的先导数字 0 是有意义的，则术语“先导数字”是指先导数字 1。

注：即使当 AFI 的值规定一个十进制 DSP 语法并且 DSP 为空时，本条定义的编码按照上述描述，要求将 IDI 填充到其最大长度。

优选的二进制编码利用下列方法产生：

a) 使用两个半八位位组来表示 AFI 的两个数字，产生在 0000～1111 范围内的每半个八位位组的值。

b) 如果需要获得最大的 IDI 长度(在 A.5.2.1.2 中为每个 IDI 格式规定的)，则用先导数字填充

IDI,然后使用半个八位位组来表示每个十进制数字的值(包括先导填充数字,如果提供),产生在 0000～1001 范围内的一个值;并且,如果 DSP 语法不是十进制数字,在 IDI 的最终半个八位位组之后使用半八位位组值 1111 作为填充以获得整数个八位位组。

c) 通过使用半个八位位组表示每一十进制数字的值来表示十进制语法 DSP,为每个数字产生 0000～1001 范围内的值,并在最终 DSP 的半八位位组之后使用半个八位位组值 1111 作为填充(如果需要),以获得整数个八位位组。

d) 将二进制语法 DSP 直接表示为二进制八位位组。

e) 当 IDI 格式是"本地"时,通过将每个符号转换为使用 ISO/IEC 646 的在 32～127 范围内的一个数值来表示一个 ISO/IEC 646 字符语法 DSP,使用 0 奇偶校验并且奇偶校验位在最高有意义位置内,把该值减去 32,得到在 0～95 范围内的数值,编码该结果作为一对十进制数字,并且使用半个八位位组来表示每个十进制数字的值,为每个数字产生 0000～1001 范围内的值。

f) 当 IDI 格式是"本地"时,通过按照负责分配 NSAP 地址(包括 GB/T 1988 字符 DSP 语法)的机构规定的规则将每个 GB/T 1988 字符转换成一个或两个八位位组来表示 GB/T 1988 字符语法 DSP。

A.5.4 最大网络地址长度

在优选的二进制编码(见 A.5.3)中,NSAP 地址的最大长度是 20 个八位位组。因此,能运送带有最大长度为 20 个二进制八位位组的可变长度串的网络层协议,就能编码任何网络地址的全语义内容。

A.6 基于字符的 DSP 分配

网络编址机构可以选择分配带有 GB/T 1988 字符语法的 DSP 的 NSAP 地址。在这种情况下,分配机构必须定义和发布 GB/T 1988 字符语法与二进制八位位组表示的映射。该映射必须导致每个 GB/T 1988 字符作为一个或两个二进制八位位组。为了从表 A.2 中选择 AFI 值和执行在 A.5.3 中定义的优选的二进制编码的目的,认为最后所得到的 DSP 是基于二进制抽象语法的。

注 1:建议这种映射通过查阅 ISO 字符集登记本(ISO Register of Character Sets)来实现,ISO 字符集登记本由按照 ISO 2375 作为注册机构的 ECMA 来维护。

注 2:基于国家字符集的 DSP 分配能力允许基于国际字符集标准(诸如 ISO/IEC 646)的 DSP 分配,也允许基于特定国家承认的字符集的 DSP 分配。在某些情况下,它可以简化地址赋值,并且可以易于 NSAP 地址表示成人可读形式。无论如何 NSAP 地址不宜与应用层实体标题相混淆,NSAP 地址也不意图提供在应用层实体标题中所希望的相同程度的人可读能力、用户友好命名和编址能力。

A.7 参考公布格式

定义参考公布格式(RPF)是为了便于在书面或口头通信中无歧义地表示 NSAP 地址。该 RPF 由表示 AFI 的两个十六进制数字组成,后面跟着直接表示 IDI 的十进制数字串,后面跟着符号"+",后面再跟着十六进制数字串,其中十六进制数字用来表示在 DSP 的优选的二进制编码中的每个二进制八位位组的数字值(见 A.5.3)。在 NSAP 地址的 DSP 部分为 0 长度的情况下,RPF 仅由表示 AFI 的两个十六进制数字串组成,后面跟着表示 IDI 的十进制数字串,不存在符号"+"。

作为一个例子,对于带有 AFI 值为 39、IDI 值为 840 和二进制抽象 DSP 值为 0100 1100 1110 0101 的 NSAP 地址的书面记录可以是 39840+4CE5。

A.8 网络实体标题

为了执行路由选择功能和分发与网络实体之间路由选择有关的网络层管理信息,有必要能无歧义地标识出在端系统和中间系统中的网络实体。GB/T 9387.1 提供了(网络)实体标题概念的定义,它可以用来永久地、无歧义地标识出在端系统或中间系统中的网络实体。

负责给 NSAP 分配地址的任一机构也可以选择分配网络实体标题，在分配 NSAP 地址时，该机构遵守下列相同的规程和规则。NSAP 地址和网络实体标题在语法上是不可辨认的；任何机构允许作为 NSAP 地址进行分配的值，都可以作为网络实体标题进行分配。

网络实体组标题标识了一组网络实体。给定的这种组的成员不能随时间变化。成组网络地址用来标识出 NSAP 的标题或组。

附 录 B
（资料性附录）
附录A中材料的基本原理

B.1 IDI格式(见A.5.2.1.2)

使用A.5.2.1.2中所标识的特定IDI格式的基本原理,是为了允许要在现有的、正确建立的网络编号方案和组织标识的标准的基础上分配和赋予NSAP地址。

ITU-T编号方案包括在附录A中,以便可以将已赋予号码的组织指定为分配NSAP地址的机构。如果从这些编码方案之一得到特定编号所标识的组织选择不在该编号之外定义任何进一步的子编址,那么当这个特定号码用于OSI环境中时,这个编号本身就构成了一个NSAP地址。这种灵活性允许从A.5.2.1.2中标识出的4种ITU-T编号方案中分配到的若干号码直接用作若干NSAP地址,只不过是附加了标识该方案的初始AFI数字。

ISO CDD格式包括在附录A中,以便可以将在ISO内代表一个国家的组织(或者一个适当主办组织)指定为分配基于地理的NSAP地址的机构。用ISO DCC格式分配和指派地址的方法由指明的组织来确定。例如,该指明的组织可能是代表ISO内的一个国家的国家标准化团体。

ISO 6523-ICD格式包括在附录A中,以便可以将可能或可能不被某个特定国家限制着的某个组织,按照适合于该组织(它可以不以地理或国家边界为基础)的分层结构,指定为分配NSAP地址的机构。用ISO 6523-ICD格式分配和指派地址的方法由指明的组织来确定,例如,该指明的组织可以是联合国世界卫生组织。对于ISO/IEC 6523-1规定的目的,ISO/IEC 6523-ICD格式允许某个组织已经占有一个ICD,对于分配网络地址的附加目的,使用该ICD。这个附加目的与ICD的角色作为一个组织代码(OC)指派方的标识符无关,这个附加目的是指派哪个ICD的目的。这不会改变在ISO/IEC 6523-1内为了允许请求ICD分配而建立的准则。而且在遵循ISO/IEC 6523-ICD IDI格式的网络地址中,才使用ICD。任何网络地址中没有一部分相当于ISO/IEC 6523-1中定义的OC,因此OC与此无关或不受它的影响。

IANA ICP格式包括在附录A中,以便可以按照适合于互联网(它不以地理或国家边界的考虑为基础)的层次结构将互联指派编号机构(IANA)作为分配NSAP地址和成组网络地址(GNA)的机构。IANA ICP标识了特定IP编址格式。IANA ICP格式有效地允许IP地址携带在NSAP地址的DSP中。该格式目的用来支持NSAP地址和GNA的指派,一边供互联网标准使用。

ITU-T IND格式包括在附录A中,以便可以将负责运行一个或多个网络的某个组织按照适合于该组织(它可以或可以不以地理或国家边界的考虑为基础)的层次结构,指定为分配NSAP地址的机构。用ITU-T IND格式分配和指派地址的方法由指明的组织来确定,例如,该组织可能是ATM服务提供者编址(AESA)提供了关于使用ITU-IND格式的指南。ITU-T建议E.191推荐ATM服务提供者使用ITU-T IND AESA作为优选的编址方式。

本地格式包括在附录A中,以便可以使专有的或其他非标准的网络编址方案与标准的OSI网络编址方案的共存。将本地格式用于这些非标准地址确保它们不能与标准的OSI网络地址相混淆。在现有网络演变成OSI时,以及对于接纳可能在专有网络体系结构中所使用的非OSI编址方案,或者对于测试和其他临时目的,这种能力将是有用的。宜强调的是,本地格式不预期将OSI内的一个永久位置给予非OSI方案,而是每当与其他方案可能无风险或不相矛盾(其他方案能安全地被封装在本地格式中)时,就允许使用OSI网络编址方案。

B.2 保留00至0F的AFI值和FF的AFI值(见表A.1)

保留以数字0开始的AFI值和FF的AFI值预期允许它们用于处理特定情况,诸如:

a) 当转义到某一其他编址方案时;

b) 当NSAP地址语义的不同部分在协议头部的不同字段中编码时,作为在网络层协议中优化NSAP地址编码的技术;

c) 在协议头部中,作为表示那些最初包含全NSAP地址而事实上包含的内容少于全地址的字段的方法(例如:忽略较高阶编址域规范的简写形式,该规范可以用于在以特定的子域环境中的通信)。

找到使用初始0个数字或者FF值的其他情况是有用的。附录A仅保留这些AFI值,并不规定如何使用它们,对于它们的使用超过了附录A的范围。

B.3 优选编码的导出(见A.5.3)

在描述优选的二进制编码NSAP地址时,A.5.3引入了两类填充:一种是用无意义先导数字0或1在IDI开始处进行填充,另一种是用值为1111的半个八位位组在奇数个十进制数的IDI的二进制编码末端进行填充。

第一种填充类型是必要的,因为在某些格式中,IDI由可变个数的数字组成。由于在IDI和DSP之间没有显式语法标记符,那么寻找它们之间边界的唯一方法就是了解IDI是多长。标识IDI格式的AFI仅规定了用该格式表示的IDI的最大长度。附录A规定了IDI必须首先被填充到其最大长度的编码目的,而不是引入特定语法标记法或含有IDI长度的新字段(任一种都可能使编码和分析NSAP地址变得复杂化)。注意,这不适用于DSP,仅适用于IDI。

第二种填充类型是必要的,以确保IDI的二进制编码由整数个二进制八位位组组成。

附 录 C
（资料性附录）
在无连接方式网络服务中运送服务特性的设施

C.1 概要

为了有效地协调选择提供无连接方式网络服务的运输协议，必须将某种机制提供给运输层，以便使下列服务的某些特性关联起来，这些服务特性是：

a） 为了正确运行网络协议所必需的服务特性（如：NSDU 生存期）；

b） 在单个调用服务中所规定的 QOS 不清晰的部分（如：顺序保持）；或者

c） 某些合适的网络层管理方面（如：拥塞控制）。

这样，在第 16 章中模型化的独立于数据流的控制流可以模型化，用来描述使运输层协议选择与在一对 NSAP 之间提供的服务发生关联所要求的设施（或设施集合）。从（本地）NS 用户的观点看，该控制流如图 C.1 所示。

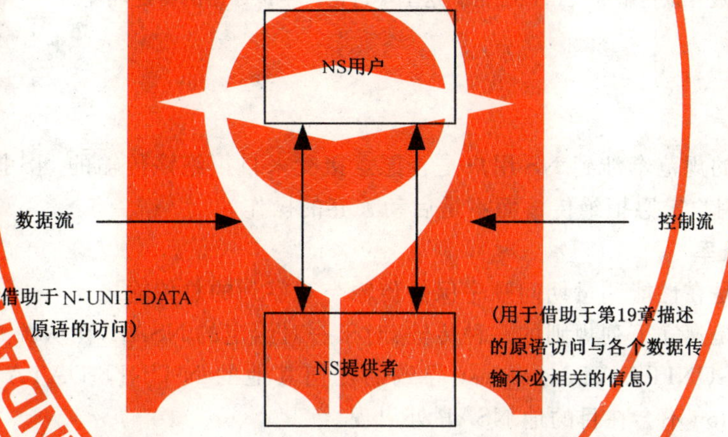

图 C.1 从 NS 用户的观点看的控制流

在下列几条中已经提供了描述将控制信息从 NS 提供者运送给 NS 用户的手段的一组原语。定义这些原语要与 GB/T 17967 一致。

C.2 功能

本附录描述了从 NS 提供者向 NS 用户运送信息的原语，这些原语与给定的一对 NSAP 可用的那些服务特性有关，而这一对 NSAP 超出了在单个调用无连接方式网络服务中能表达的那些特性的范围。

这些原语被模型化为由 NS 用户启动的请求和由 NS 提供者启动的指示。由 NS 提供者启动的指示可以独立于由 NS 用户启动的请求。在这里不讨论引起这些原语启动的环境。

注：对于有效应用该服务，要求原语提供这样的信息。认识到这样的原语可以等价地看作层管理功能。

C.3 原语的类型和参数

定义了三种原语：

a) N-FACILITY request;

b) N-FACILITY indication;

c) N-REPORT indication。

N-FACILITY request 由 NS 用户发出以请求关于服务特性的信息，对于某个给定的目的地 NSAP，希望该服务特性对于 N-UNIT-DATA request 是可用的。

N-FACILITY indication 将服务特性运送给 NS 用户，给定的某个特定目的地 NSAP，希望该服务特性对 N-UNIT-DATA request 是可用的。该原语由 NS 提供者发出，以响应 NS 用户启动的 N-FACILITY request，或者该原语由 NS 提供者发出，并独立于 NS 用户的任何请求。

注 1：这样的信息可能是可用的，例如，由 NS 提供者维护的路由选择表中的信息或层管理方面提供的信息或者由其他某些手段提供的信息。

给定的某个特定目的地 NSAP，N-REPORT indication 将关于提供请求的服务质量或服务特性失败的信息运送给与满足在 N-UNIT-DATA request 时所施加的限制的失败有关的 NS 用户。

注 2：该原语由 NS 提供者发出以响应与完成一条特定的 N-UNIT-DATA request 失败有关的信息。该信息一般通过运行支持的网络层协议而获得。另外，如果本地子系统直接确定所要求的传输不能在施加的条件下完成，那么它可以放弃该传输并发出该原语。这里不讨论产生该原语的特定环境。

C.4 服务特性

C.4.1 拥塞控制

拥塞控制参数的规范牵涉到 NS 用户是否愿意接受来自拒绝该传输的 NS 提供者的指示。该参数的规范意味着 NS 用户宁愿拒绝传输而不是启动丢弃的操作。

C.4.2 顺序保持概率

顺序保持概率是在性能测量期间顺序保持传输与观察到的总传输之比。

顺序保持传输是遵守下列规则的一种传输：对于一对给定的 NSAP，在从源 NSAP 向目的地 NSAP 发出的任何后续 N-UNIT-DATA request 导致的任何其他的 N-UNIT-DATA indication 之后，N-UNIT-DATA indication 不会在目的地 NSAP 处出现。

对于所有其他 QOS 参数都是相同的一系列传输，顺序保持概率为 1 的规范意味着 NS 提供者应确保不启动次序改变的操作(见第 16 章)。

注 1：按照 GB/T 9387.1 中提供的定义，无连接方式网络服务不要求提供顺序保持。尽管在某些环境下，如果顺序由低层服务来维持，确实在目的地 NSAP 处按次序交付 NSDU，但是事实是，由 NS 用户向 NS 提供者一个接一个处理的一系列数据单元按照相同的次序交付到该目的地的这个特性并不是无连接方式网络服务的一个基本特性，因为无连接方式网络服务不创建在 NSDU 之间表示的或隐含的关系。

注 2：在同一对 NS 用户之间，从一个调用无连接方式网络服务向另一个调用的顺序维持，也可以看作是连接方式网络服务的一部分；例如，当在系统初始化时建立的网络连接会永远存在，无需显式的连接建立阶段。

C.4.3 最大 NSDU 生存期

最大的 NSDU 生存期是 N-UNIT-DATA request 和任何相应的 N-UNIT-DATA indication 之间所经历的最大时间。以定时器各值的次序把最大生存期提供给 NS 用户，而该定时器各值是可以正确指派的与运输协议操作有关联的值。

注：一般来讲，无连接方式网络服务提供者会持续尝试交付 NSDU，直到收到参数值为止。典型的是，资源(诸如缓冲区)就用于完成这件事。在 NS 用户利用重传机制的场合，最大 NSDU 宜不置为比重传定时器大太多的值。否则，NS 提供者可能不能满足其他 QOS 的要求，这好似由于包含等价数据的一些 NSDU 需要保留资源引起的。

C.5 原语的类型和参数

表 C.1 示出先前描述的提供管理设施所需的原语的类型和参数。

表 C.1 设施和报告参数及原语

参数	原语		
	N-FACILITY		N-REPORT
	Request	Indication	Indication
目标地址	X	X	X
服务特性/QOS 参数	X(见注)	X	X
报告的原因			X
注：该参数可能隐含的与原语有关。对于每个单独服务特性或 QOS 参数可能存在特定的参数，对于一个组或者按照本地实现约定的所有参数可能存在隐式的请求。			

C.5.1 目标地址

表 C.1 中涉及的地址是 NSAP 地址。如附录 A 中描述的，连接方式和无连接方式网络服务都使用相同的 NSAP 地址。

C.5.2 服务特性/QOS 参数

服务特性/QOS 参数的值是子参数的列表。对于每一个子参数，按照特定子参数所允许的任何值都可能被指出。QOS 参数在第 17 章中描述；服务特性在 C.4 中描述。

C.5.3 报告的原因

报告参数的原因值指示了 NS 提供者启动 N-REPORT indication 的原因。原因代码可能包括：

a) 未规定的原因；

b) 超过的转接延迟；

c) NS 提供者拥塞；

d) 其他请求的 QOS/service 特性不可用；

e) 超过的 NSDU 生存期；

f) 合适的路由不可用。

在 d)中所指原因的情况下，NS 提供者可以返回一个 QOS 参数不可用的指示。

ICS 35.100.10
L 78

中华人民共和国国家标准

GB/T 15127—2008/ISO/IEC 8482:1993
代替 GB/T 15127—1994

信息技术　系统间远程通信和信息交换　双扭线多点互连

Information technology—Telecommunications and information exchange between systems—Twisted pair multipoint interconnections

(ISO/IEC 8482:1993,IDT)

2008-09-01 发布　　　　2009-02-01 实施

中华人民共和国国家质量监督检验检疫总局
中国国家标准化管理委员会　发布

前　言

本标准等同采用国际标准 ISO/IEC 8482:1993《信息技术　系统间远程通信和信息交换　双扭线多点互连》(英文版)。

本标准代替 GB/T 15127—1994《信息处理系统　数据通信　双扭线多点互连》。

本标准与 GB/T 15127—1994 相比主要变化如下:

——本标准增加了 a.c. 加载;

——本标准增加了附录 B 关于 a.c. 加载测量的指南。

本标准与 GB/T 15127—1994 相比编辑上的变化如下:

——将术语和定义列为第 3 章;

——第 1 章范围的主要变化为,将公共干线电缆的长度由 500 米改为 1 200 米,可适用的数据信号速率由 1 Mbit/s 改为 12.5 Mbit/s;

——第 5 章互连配置原来的 5 m 改为 1 m。

本标准的附录 A、附录 B 为资料附录。

本标准由全国信息技术标准化技术委员会提出并归口。

本标准起草单位:信息产业部电子工业标准化研究所。

本标准主要起草人:张晖、张翠、吴东亚、郭楠、徐冬梅。

本标准于 1994 年首次发布。

信息技术　系统间远程通信和信息交换
双扭线多点互连

1　范围

1.1　本标准对下述几方面，规定物理媒体特性：

a）对两线或四线网络拓扑中的双扭线多点互连，分别提供半双工或全双工数据传输能力；

b）互连端点系统的二进制信号和双向信号传送；

c）端点系统分支电缆和可长达 1 200 m 的公共干线电缆的电气和机械设计；

d）端点系统范围内集成电路型的发生器和接收器的部件测量；

e）可适用的数据信号速率高达 12.5 Mbit/s。

1.2　所定义的电气部件特性和测量与 GB/T 7619 给出的双扭线点到点的特性非常一致。

1.3　本标准不描述完整的物理接口，亦不描述功能接口特性，如：

a）互换数据电路和控制电路的数目；

b）端点系统分支电缆连接器的类型、尺寸和插针分配；

c）数据和控制信号编码；

d）互换电路上信号间的时间关系；

e）同步或异步的传输方式；

f）发送和接收的信号质量。

1.4　本标准不规定特殊的环境条件，如电流绝缘、电磁干扰(EMI)、射频干扰(RFI)以及人员安全。这些可能会构成未来补篇的课题。

1.5　本标准主要是部件规范，对所有可能配置中满意地互操作规定不够充分，确保其预期配置能满意互操作是实现者的责任。

1.6　本标准可以同任何适当的一组功能和附加环境特性结合，以满足局域网或广域网领域中的实际数据传输要求。

2　规范性引用文件

下列文件中的条款通过本标准的引用而成为本标准的条款。凡是注日期的引用文件，其随后所有的修改单(不包括勘误的内容)或修订版均不适用于本标准，然而，鼓励根据本标准达成协议的各方研究是否可使用这些文件的最新版本。凡是不注日期的引用文件，其最新版本适用于本标准。

GB/T 7619　在数据通信领域中通常同集成电路设备一起使用的平衡型双流接口电路的电气特性(GB/T 7619—1987，eqv CCITT 建议 V.11:1984)

3　术语和定义

下列术语和定义适用于本标准。

3.1

平衡互换电路　balanced interchange circuit

使用两根导线和差模电压发送信号的互换电路。

3.2

共模抑制比　common mode rejection ratio；CMRR

对平衡互换电路，所加的共模电压 V_{cm} 与所形成的横向电压 V_{tr}(与差模电压相同)之比。

该比通常以分贝表示

$$CMRR = 20\log \frac{V_{cm}}{V_{tr}}$$

注：抑制比取决于电路终接，而且应该在正常使用终接时测量。

3.3

共模电压　common mode voltage

平衡互换电路的每根导线和地或其他指定参考电压间的电压向量和的二分之一。

注：该电压可以是发送的（或接收的）信号或噪声干扰。在后一种情况下，该电压通常与有时称为共模电压的那种电压不同，即可能由于感应或地参考电位差而存在（以共模方式）于互换电路对的两端之间的电压。

3.4

串扰损耗（近端）　cross-talk loss (near end)

对相反方向传输而使用的两个互换电路，在一个互换电路上发送的电压与另一个互换电路上接收端形成的电压（串扰）以分贝表示的比值。

3.5

串扰损耗（远端）　cross-talk loss (far end)

对在同一方向传输而使用的两个互换电路，在一个互换电路上发送的电压与另一个互换电路上接收端形成的电压（串扰），以分贝表示的比值。

3.6

差模电压　differential mode voltage

平衡互换电路的每根导线和地或其他指定参考电压点间的电压向量差。

注：差模电压通常叫横向模电压。

3.7

环境条件　environmental conditions

电气或物理环境的那些特性，例如 EMI、地电位差、磁场、高度和温度等。它们可能影响 DTE 或 DCE 对互换电路的操作。

3.8

电流绝缘　galvanic isolation

在互换电路的含有发生器的设备和含有接收器的设备间，相对共模电压导电性而存在的非导电成分。

3.9

发生器　generator

互换电路的组成部分，它是发送信号的源。

注：术语“发生器”同术语“驱动器”，可互换使用。

3.10

发生器偏移电压　generator offset voltage

平衡互换电路的每根导线和它的参考信号地之间电压向量和的二分之一的直流分量。

注：电压向量和的二分之一的直流分量与上述直流电压算术平均值相同。

3.11

信号地　ground signal

发生器/接收器信号电压参考。

3.12

大地地　ground earth

在包括发生器/接收器在内的设备附近，具有由到大地导电通路的导电体所建立的电压参考。

注：大地地通常与机架或建筑地或保护地同义和相同。

3.13

地电位差 ground potential difference

互换电路的发生器和接收器信号地电位间的差值。

仅当发生器和接收器的信号地都连接到大地地时，该电位与大地地电位差中的差值相同。

3.14

感应噪声 induced noise

由其他导体电流通过电磁感应引入到互换电路的干扰电压。

对平衡互换电路，感应电压通常以共模出现。

3.15

互换电路 interchange circuit

经过接口(例如 DTE/DTE、DTE/DCE、DCE/DCE)提供信号互换的包括发生器、接收器和互连媒体在内的电路。

3.16

互换点 interchange point

互换电路的一个点，规定的电气特性在该点适用，并在该点进行测量。

注：互换点通常定义设备间的分界线，并通常位于接口连接器的所在位置。

3.17

接收器 receiver

互换电路的部件，它在接收设备处，提供互换电路信号的检测。

3.18

上升时间 rise time

发生器输出信号电压从一种状态特征值变化到第二种状态特征值所需的时间。

上升时间通常规定为信号电压波形幅度的 10%和 90%两点间的时间。

注 1：上升时间通常取决于负载，并根据特定测试终接来规定。

注 2：对非平衡发生器，从"接通"或工作状态变化到"断开"或不工作状态的时间有时称为"下降"时间。

3.19

场地条件 site conditions

给定场地的环境条件。

3.20

冲击电压抵抗力 surge voltage resistance

互换电路遭受高达某一规定值的峰值电压冲击后，工作仍能正常进行的能力。

注：冲击电压抵抗力有时称为抗冲击性。

3.21

冲击电压 surge voltage

由于感应或其他现象，在互换电路上出现的具有较高值和短持续期的瞬态电压。

对于引起差错或故障的这种冲击通常是可以接受的。

注：冲击通常在确保设备不因这种异常条件而损害的前提下规定。

3.22

非平衡互换电路 unbalanced interchange circuit

一根导线与第二根返回导线一起使用的互换电路，第二根返回导线通常是信号地，它由几条电路共用。

4 互换电路的符号表示(见图 1)

互换电路的符号表示原则上按照 GB/T 7619 的规定。但是，本标准中的发生器包括一种附加控制,用以将设备置于工作状态、不工作状态和高阻抗零电压状态。这种附加部分的符号表示如图1所示。

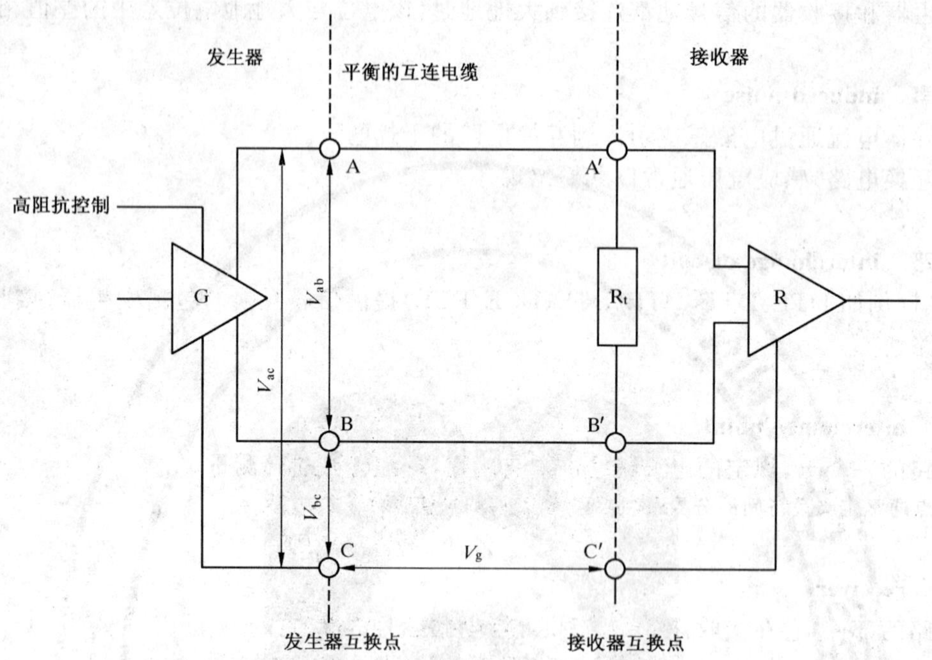

V_{ab}——点A和点B间的发生器输出电压;

V_{ac}——点A和点C间的发生器电压;

V_{bc}——点B和点C间的发生器电压;

V_g——地电位差;

R_t——电缆终接电阻器;

A,B和A′,B′——互换点;

C,C′—— 零电压参考互换点(信号地)。

注1:图中示出了两个互换点。在不包括任何互电缆的情况下发生器的输出特性在“发生器互换点”规定。在无电缆终接电阻器的情况下,接收器必须响应的电气特性在“接收器互换点”规定。

注2:点C和C′可以互连,如果国家法规要求,还可进一步连接到保护地。

图1 互换电路的符号表示

5 互连配置(见图2和图3)

互连配置通常由一根长达1 200 m的平衡干线电缆和若干根平衡分支电缆组成。每根平衡分支电缆将各个端点系统连接到公共干线电缆。分支电缆连接点的间隔可按要求进行分配,一根分支电缆应当保持尽可能地短,任何情况下都不超过1 m。

平衡干线电缆的每一端都由终接电阻器终接。在各个端点系统连接点,应使用分支/干线电缆连接器。这样便于6.1.2中定义的发生器/接收器负载测量。干线电缆每一端的阴性连接器应容纳终接电阻器。

如果本地法规要求,可对所有平衡电缆屏蔽。也可能需要扩展到对分支/干线电缆连接器的屏蔽。

根据多点操作的类型,可以使用两线或四线互连配置。图2示出了半双工数据传输的两线多点配置。图3示出了半双工或全双工数据传输的四线多点配置。

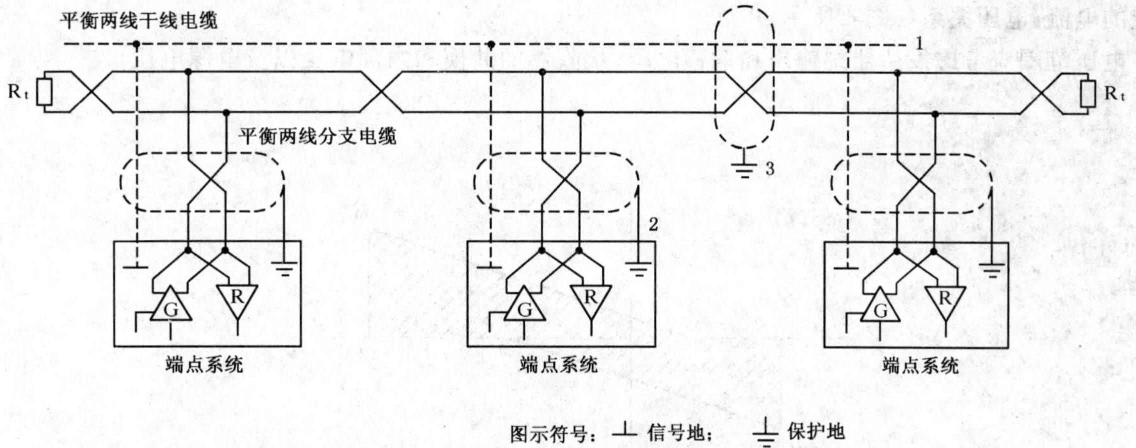

图 2 两线多点配置

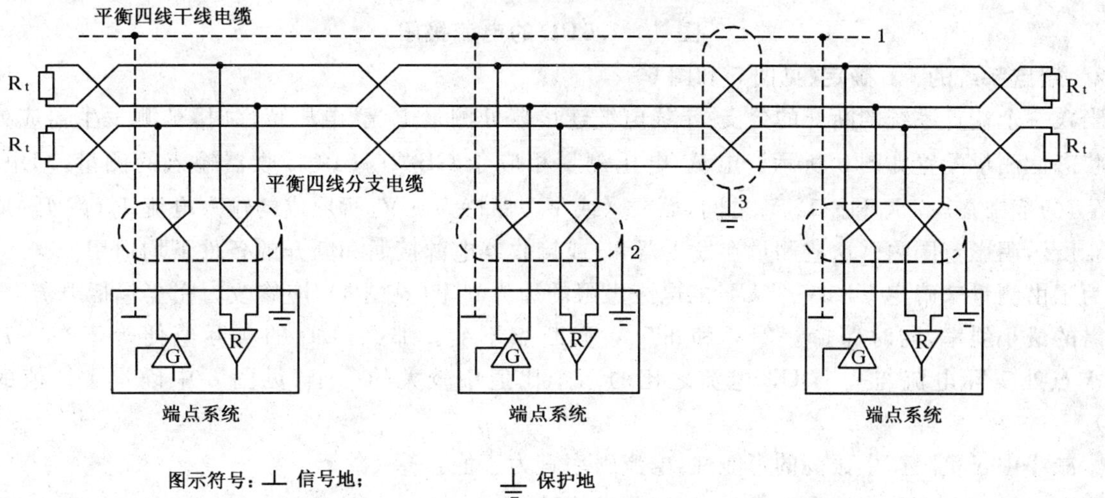

注 1：端点系统信号地的互连是可选的，并取决于本地法规。

注 2：分支电缆屏蔽是可选的。当提供时，它连接到端点系统保护地，并可进一步连接到信号地。

注 3：干线电缆屏蔽是可选的。当提供时，它应在一处连接到保护地。干线电缆的屏蔽体与分支电缆的屏蔽体互连可能是需要的。

图 3 四线多点配置

6 多点媒体上的负载

每个端点系统表示了多点媒体的负载。该负载由具有相关内部接线的无源发生器和/或接收器以及平衡分支电缆组成，如图 2 和图 3 所示。按照多点半双工数据传输原理，在任何给定的时刻，只有一个发生器处于工作状态。

成功的操作需要有按 d.c. 和 a.c. 加载的负载技术规范。对于 d.c. 加载，选择第 8 章和第 9 章中的部件规范，以使得工作发生器可以驱动互连干线电缆，其每一端都由不小于 120 Ω 的电阻器终接，并可驱动 32 个所谓的单位负载（*UL*），这 32 个单位负载（*UL*）表示所有端点系统的总负载。1.0*UL* 的值在 6.1.1 中定义。

6.1 d.c. 加载规范

d.c. 加载规范将工作发生器的电流限制到一实际值，据此，对电流/电压测量定义一个假想的单位负载（*UL*）。

6.1.1 UL 的定义（见图 4）

1.0UL 值定义为：当电压在 −7 V 和 +12 V 之间变化时，电流在 −0.8 mA 和 +1.0 mA 之间变化。

相应的电流/电压关系如图 4 所示。

电压范围应考虑发生器的输出和偏移电压、接收器的共模和内部电压以及电源电压。

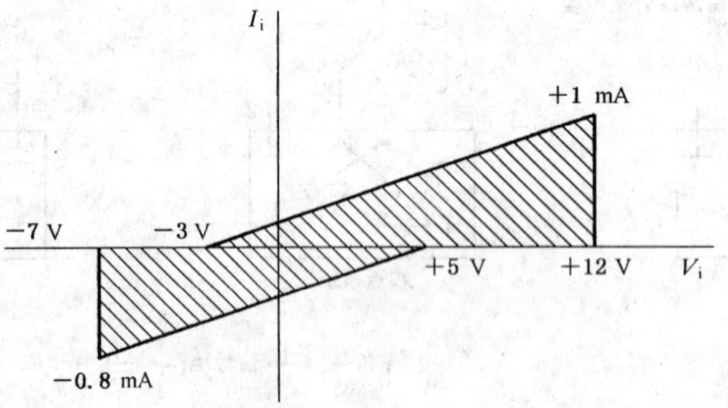

图 4　1.0UL 的电流极限

6.1.2　**端点系统的 UL 确定**(见图 5 和图 6)

当在一个端点系统的断开的分支/干线电缆连接器处测量电流/电压特性时,被测发生器应处于不工作状态。测量配置如图 5 所示。电流/电压测量相应于 GB/T 7619 接收器输入的测量,即电压 V_{ia}(或 V_{ib})的范围在 −7 V 和 +12 V 之间,而 V_{ib}(或 V_{ia})保持为 0 V,所形成的输入电流 I_{ia}(或 I_{ib})应维持在图 4 所示阴影范围内。这些测量在发生器和/或接收器电源接通和断开的条件下均适用。

为了由测量来确定 UL,一个 UL 的电流极限的边界斜率(见图 4),应修改为完全包括电流/电压特性所需的最小斜率,同时保持 −3 V 和 +5 V 截断点不变。那么,UL 的实际值便等于在 −7 V 和 +12 V点处实际电流与一个 UL 电流之比的两个比值中较大的一个(见图 6 中确定 UL 值的两个例子)。

为减小由于负阻产生振荡的可能性,电流斜率宜为正值。

当所有被测的 UL 值加在一起时,其和不应超过 32.0。

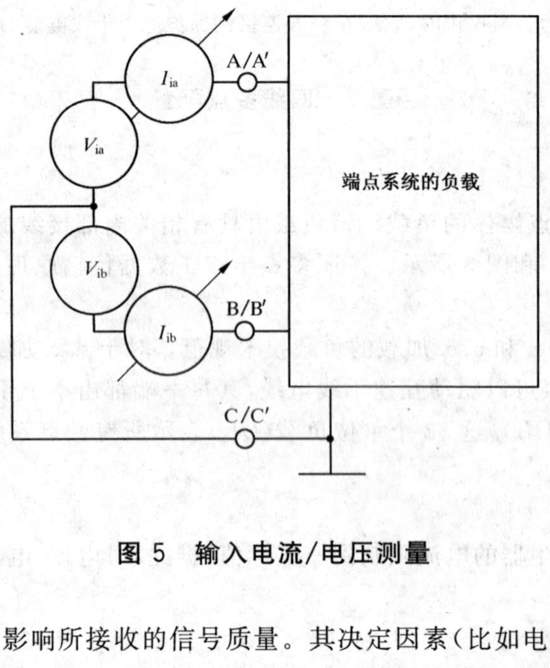

图 5　输入电流/电压测量

6.2　**a.c. 加载**

多点媒体上的 a.c. 加载影响所接收的信号质量。其决定因素(比如电缆特性、编码类型等)与应用相关,因此超出了本标准的范围。然而,可以获得的某些指南形成了附录 B(资料性附录)。

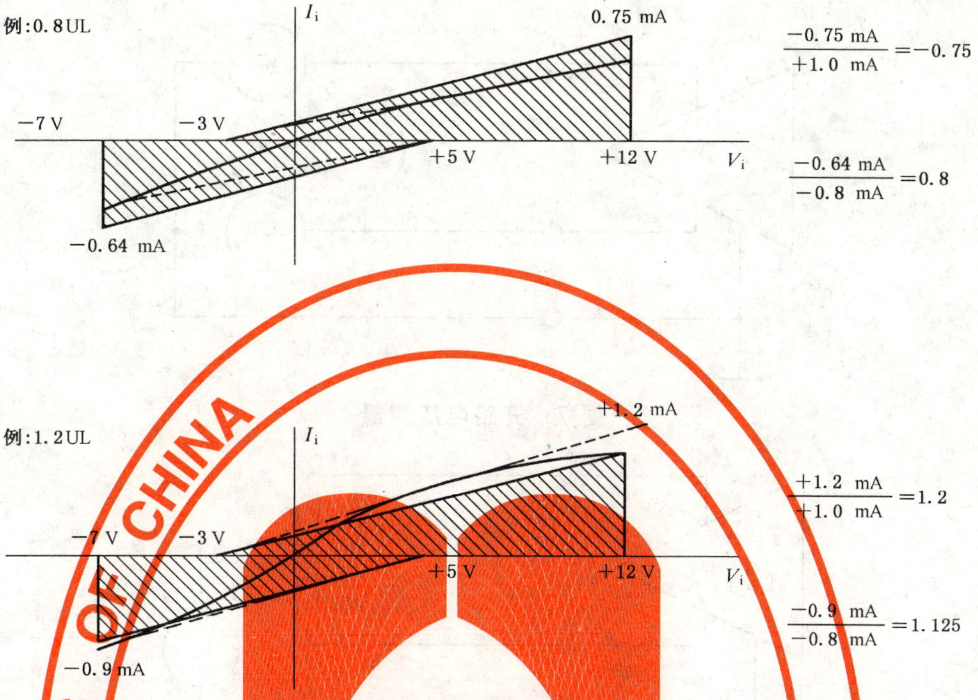

图 6 UL 值的确定

7 极性和有效电平

发生器极性和接收器有效电平与 GB/T 7619 相比具有较高允差。表 1 取自 GB/T 7619。

表 1 接收器差值有效电平

	$V_A'-V_B'\leqslant-0.2$ V	$V_A'-V_B'\geqslant+0.2$ V
数据电路	传号,1	空号,0
控制和定时电路	“断开”	“接通”

8 发生器的特性

发生器部件在工作、低阻抗状态下,按下述测试方法测量,其测量配置如图 7～图 10 所示。该部件可在单个正电源下操作。

测试可在二进制两种状态之一下进行,因此,对电压幅度规范,分别使用符号 $|V|$ 和 $|\bar{V}|$ 表示。

8.1 开路电压 V_o

当按照图 7 测量时,电压为:

——输出端 A 与 B 间:1.5 V$\leqslant|V_o|$ 或 $|\bar{V}_o|\leqslant$6.0 V;

——端 A 与 C 间和 B 与 C 间:$|V_{oa}|$ 或 $|V_{ob}|$ 或 $|\bar{V}_{oa}|$ 或 $|\bar{V}_{ob}|\leqslant$6.0 V。

8.2 偏移电压 V_{os}

当按图 8 测量时,电压为:

——负载中心和端点 C 间:0 V$\leqslant V_{os}$ 或 $\bar{V}_{os}\leqslant$3.0 V;

——二进制状态,差值:$|V_{os}-\bar{V}_{os}|\leqslant$0.2 V。

8.3 有终接的输出电压 V_t

当按照图 9,并在−7 V 到+12 V 范围内改变测量电压 V 时,电压为:

——输出端 A 与 B 间:1.5 V$\leqslant|V_t|$ 或 $|\bar{V}_t|\leqslant$5.0 V;

——二进制状态,差值:$|V_t|-|\bar{V}_t|\leqslant$0.2 V。

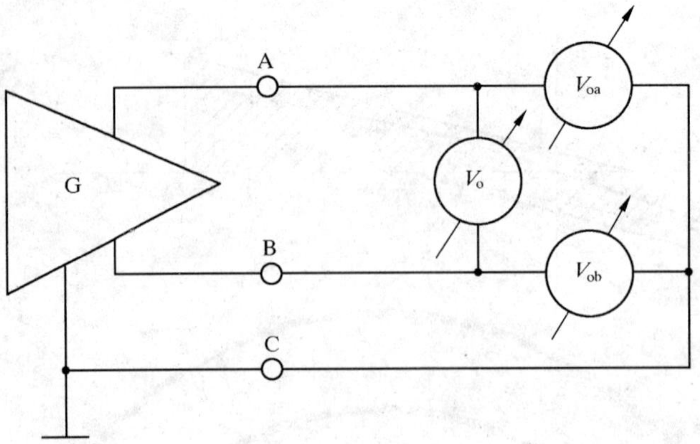

图 7　开路电压测量

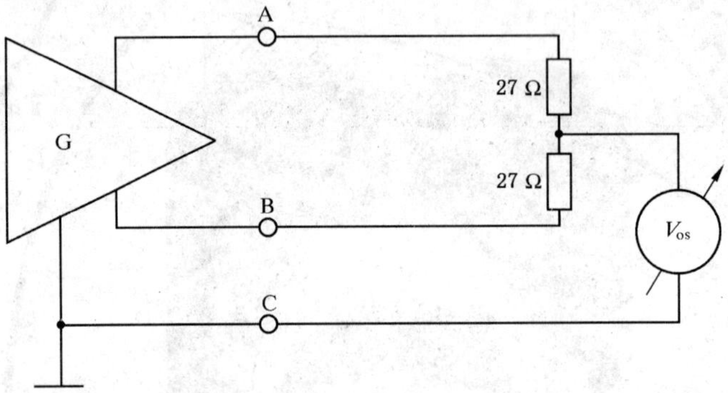

图 8　偏移电压测量

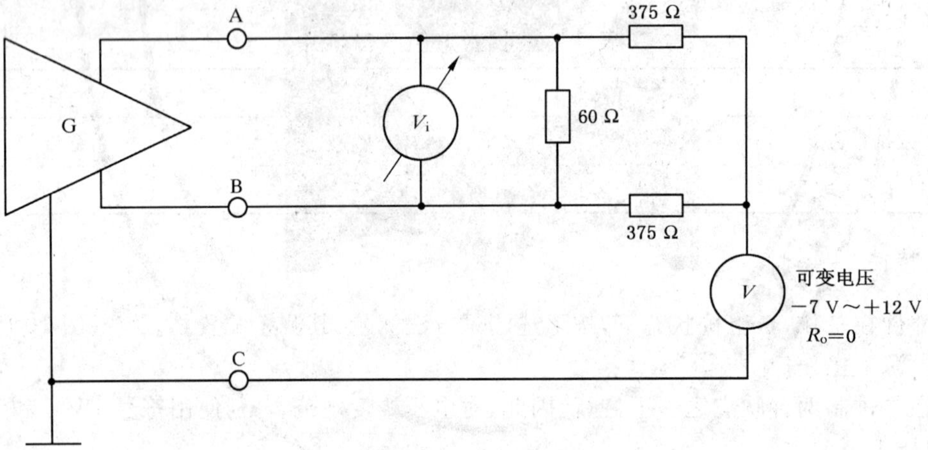

图 9　有终接的输出电压测量

8.4　上升时间 t_r

当按照图 10 测试传号/空号转换电压 V_{ss} 时，输出端 A、B 的 0.1V_{ss} 和 0.9V_{ss} 间的上升和下降时间应为：

$t_r \leqslant 0.3 t_b$，

式中：t_b = UL(单位间隔)的时间；

$V_{ss} = | V_t - \bar{V}_t |$。

由于负载中心和端点 C 间不平衡而形成的电压为：

$V_e \leqslant 0.4$ V(峰-峰值)。

9 接收器的特性

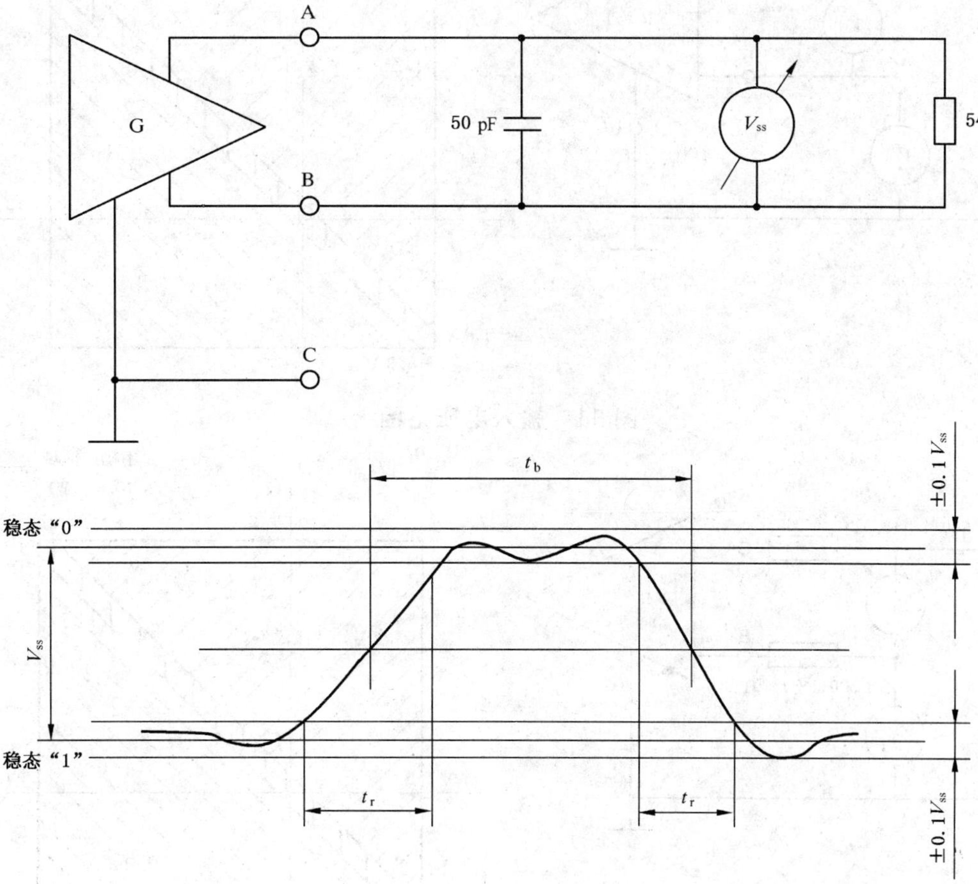

t_r＝上升时间，t_b＝在适用数据速率时单位间隔的时间持续期；$t_r \leqslant 0.3t_b$

V_{ss}＝稳态电压之差；$V_{ss}=|V_t-\bar{V}_t|$

图 10 上升时间测量

接收器部件按照图 11 和图 12 所示的测量配置来测量。

满足这些要求的部件形成一种差值接收器。这种接收器具有高输入阻抗，差值在－0.2 V 和＋0.2 V 间的小的输入门限跃变区，所允许的内部偏置电压幅度不超过 5 V。

9.1 输入灵敏度(见图 11)

相对于接收器端 C′的，出现在接收器输入端 A′和 B′的输入电压 $V_{A'}$ 和 $V_{B'}$，的允许范围应处于－7 V 和＋12 V 之间。在该允许范围内，对于接收器输入电压的任何组合，在所加差值输入电压 V_i 为±0.2 V 或更大一些情况下，接收器应呈现预期的二进制状态。

9.2 输入平衡(见图 12)

接收器输入电压/电流特性和内部偏置电压的平衡应为：当经过等于 1 500 Ω 的匹配电阻器将 V_{R3} 为±0.4 V 的差值电压加到每一输入端时，接收器应保持在预期的二进制状态，如图 12 所示，此时输入电压 V_{R1} 和 V_{R2} 的范围在－7 V 和＋12 V 之间。当 V_{R3} 的极性反向时，在相同条件下保持相反的二进制状态。

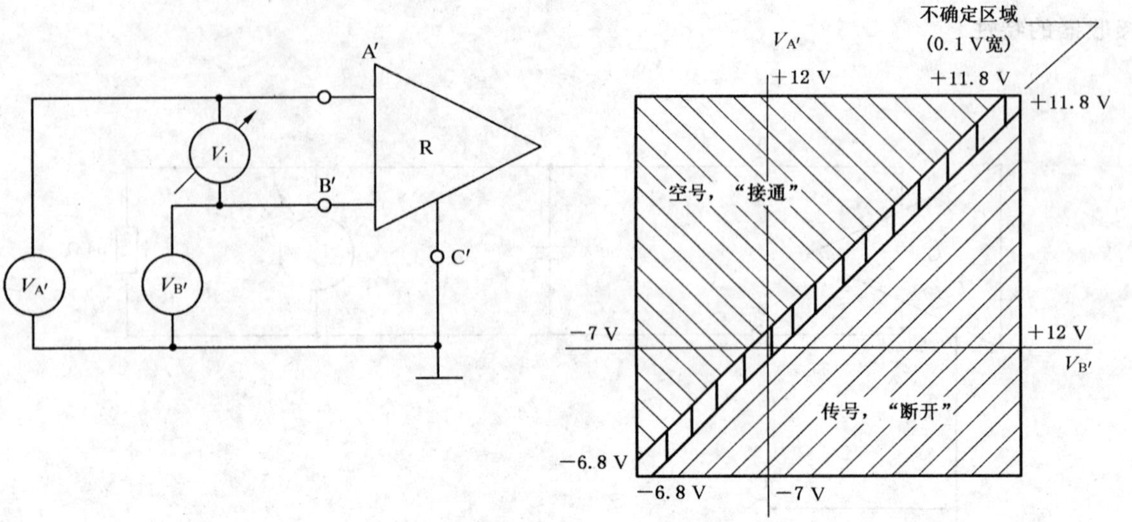

图 11 输入电压范围

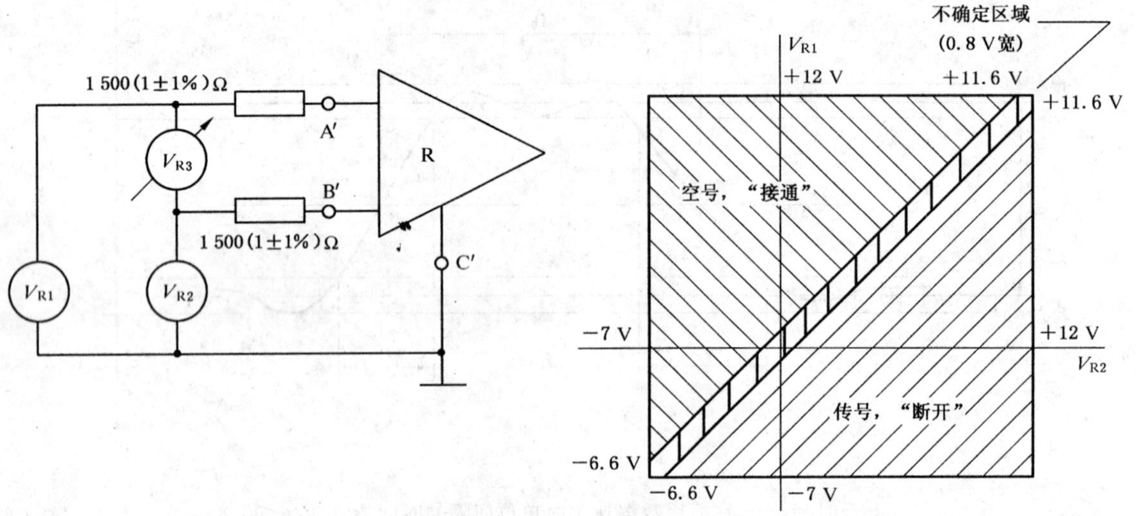

图 12 输入平衡测量

10 故障状态测试

为确保不因单个故障条件而产生损害，部件应按照图 13～图 14 所示的测量配置进行测试。

10.1 发生器短路(见图 13)

发生器不会因输出端 A 和 B 相互短路而造成任何损害。

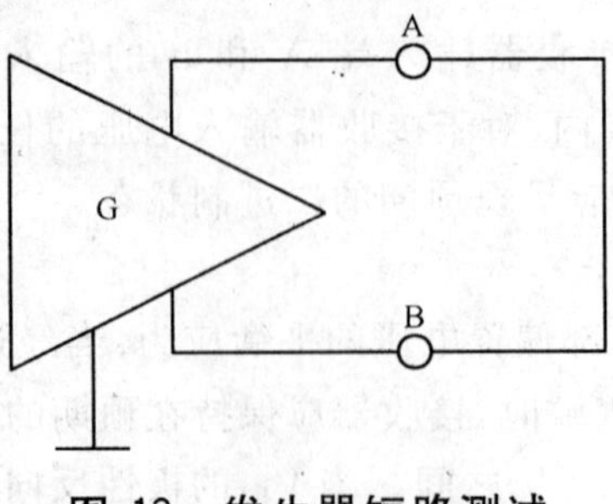

图 13 发生器短路测试

10.2 发生器的电流极限(见图 14)

在按照图 14 测试时，通过改变从－7 V 到＋12 V 范围的测试电压，馈入发生器的任何接线的峰值电流不应超过 250 mA。

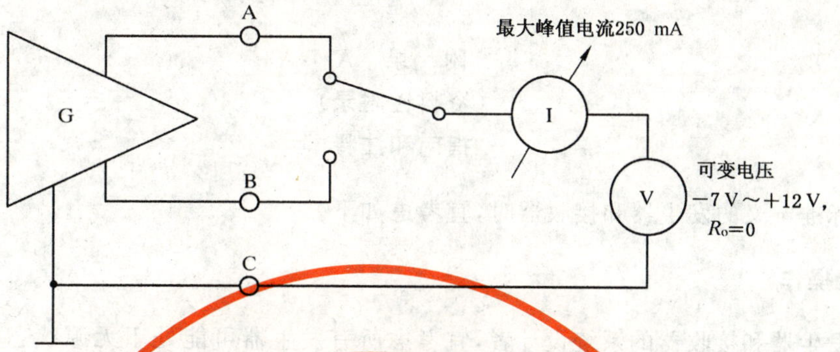

图 14　发生器竞争测试

这一准则不宜解释为要求一个发生器能产生 250 mA 的源电流，而是，如果多个(源)发生器提供这一电流，宿发生器应不允许合成电流超过 250 mA，关于发生器竞争方面的附加信息，(见附录 A 中的第 A.4 章)。

11　环境限制

为了在平衡互换电路上以高达 12.5 Mbit/s 的数据信号速率操作，下列条件适用：

互换电路任何点的总共模电压应处于从 −7 V 到 +12 V 范围内。

接收器的共模电压是下述最坏情况的组合：

a)　发生器—接收器地电位差($V_{g'}$，见图 1)；

b)　在电缆一侧的发生器端 A，B 和 C 连在一起的条件下，电缆另一侧的接收器端 A′和 C′或 B′和 C′间测量的纵向感应随机噪声电压；

c)　发生器偏移电压 V_{os}。

12　部件兼容性

满足本标准要求的发生器和接收器将满足 GB/T 7619 的要求(见表 2)。

表 2　与 GB/T 7619 的兼容性

特　　性	GB/T 15127	GB/T 7619
发生器和接收器		
电源	正	正和/或负
共模	−7 V～+12 V	−7 V～+7 V
发生器		
开路	≤6.0 V	≤6.0 V
有终接的输出	1.5 V～5.0 V/54 Ω	2.0 V～6.0 V /100 Ω
偏移	≤3.0 V	≤3.0 V
传号/空号之差	≤0.2 V	≤0.4 V
上升/下降时间	≤0.3 UI	≤0.1UI
不平衡	未规定	≤0.4 V 峰-峰
短路	未规定	≤150 mA
电流极限	≤250 mA	未规定
接收器		
最低灵敏度	±200 mV	±300 mV
灵敏度范围	−7 V～+12 V	−10 V～+10 V
不平衡	±400 mV	±720 mV
内部偏置	≤5.0 V	≤3.0 V
故障检测	未规定	3 种类型

附 录 A
(资料性附录)
指南和注释

在使用本标准定义的发生器和接收器时,宜考虑如下。

A.1 故障安全操作

使用这种发生器和接收器的系统设计者,宜考虑所有发生器可能处于无源状态的情况。在这种条件下,不能认为任何接收器处于某一特定状态。设计者宜为该条件提供协议或其他故障安全考虑。但是,这些内容超出了本标准的范围。

A.2 互连手段

电缆是非标准化的,但是对某一特定的应用,下述选择电缆的指南可能十分有用。影响电缆选择的重要参数是:

a) 数据信号速率,或者单位间隔(UI);

b) 出现在接收器的最小信号电压;

c) 最大可接受信号畸变;

d) 要求的电缆长度(见第5章)。

信号的UI确定发送信号跃变间的最小时间,因而也是信号可用来达到它最终稳态的时间。如果信号在下一个跃变发生前尚未达到它的最终稳态,从接收器角度看,该跃变将位移一定时间,信号将受到“符号间畸变”损害,在选择电缆时,应考虑UI与远端点系统处信号上升时间的关系。

出现在接收器的最小信号电压应等于或大于最坏情况下允许的接收器门限电平,超过该值的接收器输入电压称为裕度。一个系统中所需的裕度值取决于噪声考虑、允许的差错率和允许的信号畸变度。为确定电缆特性,设计者宜首先决定呈现给最坏情况接收器所要求的电压量值。

信号畸变是有效事件(如跃变)发生的时刻偏移理想时刻的时间度量。某一设备的畸变允差大于其他设备。了解一种给定应用的最大允许畸变将可提供所需的附加输入,以确定互连电缆。

A.3 干扰和平衡

网络对干扰的敏感性,不管是对媒体的电磁感应或电容耦合,都部分地由对地的阻抗非平衡决定。假定对两根导体中的每一根的干扰耦合相等,出现在两导体之间的干扰成分的幅度一般由对地的阻抗非平衡决定。考虑到电缆(线对)一端的工作发生器和在另一端桥接的几个无源发生器和接收器,不计发生器的输出信号,其配置可近为下图:

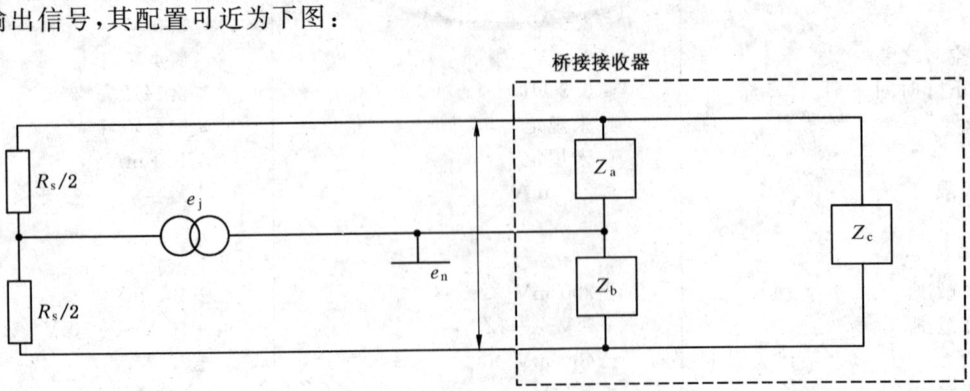

R_s 在高频段为电缆的特性阻抗,在低频段为电缆的环路电阻;Z_a、Z_b、Z_c 为桥接接收器组合的相应

阻抗；

e_j 是在电缆的一端接地情况下，另一端对地呈现的干扰信号的幅度；

e_n 是由阻抗非平衡形成的导体到导体的干扰成分。

应该注意，工作发生器通过电缆的两根导体提供对地的低阻抗。因此，在低频时，出现在电缆桥接接收器端的共模电压是源阻抗为 $R_s/4$（每根导体为 $R_s/2$）的对地的电压。

对示出的等效电路，所关心的平衡是共模干扰电压对合成的导体噪声电压 e_n 之比，或

$$Bal = 20\log \frac{e_j}{e_n}$$

当 $G_s = 1/R_s$ 和 $Y_X = 1/Z_{X'}$ 时，

$$\frac{e_j}{e_n} = \frac{(2G_s + Y_a)(2G_s + Y_b) + Y_c(4G_s + Y_a + Y_b)}{2G_s(Y_b - Y_a)}$$

令 $Y_b - Y_a = Y_d$，并假定 $Y_a \leqslant G_s$，$Y_b \leqslant G_{s'}$ 和 $Y_c \leqslant G_s$，因为该配置是一种典型情况，所以可得到下述近似式：

$$\frac{e_j}{e_n} = \frac{2G_s}{Y_d}$$

这就暗示，该配置的平衡，反比于桥接接收器的两个输入端对地导纳（Y_d）的合成差值，并基本上与接收器对地的共模导纳（$Y_a + Y_b$）无关。

平衡至少涉及接收器响应的信号最高频率。如果接收器的响应扩展到兆赫范围的信号，接收器两个输入端的仅几皮法的对地的电容差值可能引起显著的不平衡。例如，有 10 个接收器桥接在 120 Ω 的电缆上，每个电容差值（对地）为 10 pF，在 10 MHz 时，将形成大约 10 dB 的平衡。在更高频率（如 50 MHz）时，该配置似乎使一根导体接地。

A.4 发生器竞争

当两个或多个发生器连接到同一互换电路时，便可能存在两个发生器同时处在工作状态的情况。如果一个（或多个）发生器为电流源，另一个为电流宿，那么在源或宿单元内，可能发生过多的功率损耗。这种情况定义为发生器竞争，因为多个发生器在一条电路上竞争传输。

因为系统可能要求一个以上的发生器同时工作，所以，所选的发生器竞争测试（10.2）中的参数应使发生器内的损耗有一实际限制。

在下述所有或任何一个条件下，将产生发生器竞争：

a) 系统加电：当系统加电或重新加电时，在初始化间隔期间，多个发生器可能同时工作；

b) 系统故障：可能产生导致发生器竞争的硬件或软件故障；

c) 系统协议：某些系统协议在从一种传输切换到另一种传输时。可能有意地使多个发生器在一个短暂时间工作。有的协议可能允许共享一条电路的站竞争传输，导致多个发生器同时工作。然而，一个站最终会成功地得到电路，因而结束竞争。

发生器故障机制可用图 A.1 和图 A.2 描述。

图 A.1 示出了一条传输电路上两个发生器的情况。发生器 A 将它的短路电流传递给宿发生器 B。又由于在两个发生器之间可能存在共模电压（−7 V～+7 V）而使这种情况恶化，从而可能使发生器 A 的损耗超过发生器设计的功率。例如，如果发生器的短路电流为 250 mA，电源电压和共模电位差的组合等于 12 V，发生器 A 约损耗 3 W。

图 A.2 示出了多个发生器将它们的短路电流驱入一个宿发生器的情况。当宿发生器退出饱和时，集电极到发射极电压与提供的大电流一起，可能引起发生器 B 内的过大功率。这可能导致宿单元的第二种类型的故障。

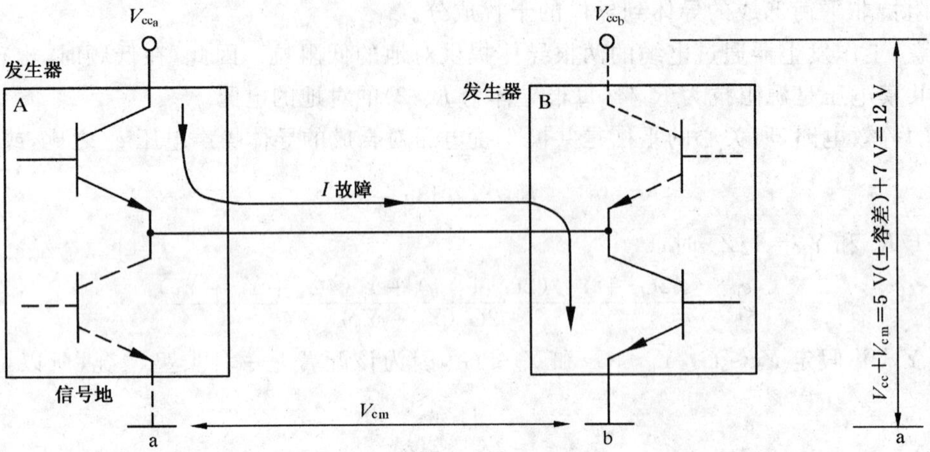

图 A.1 发生器同单个源发生器竞争

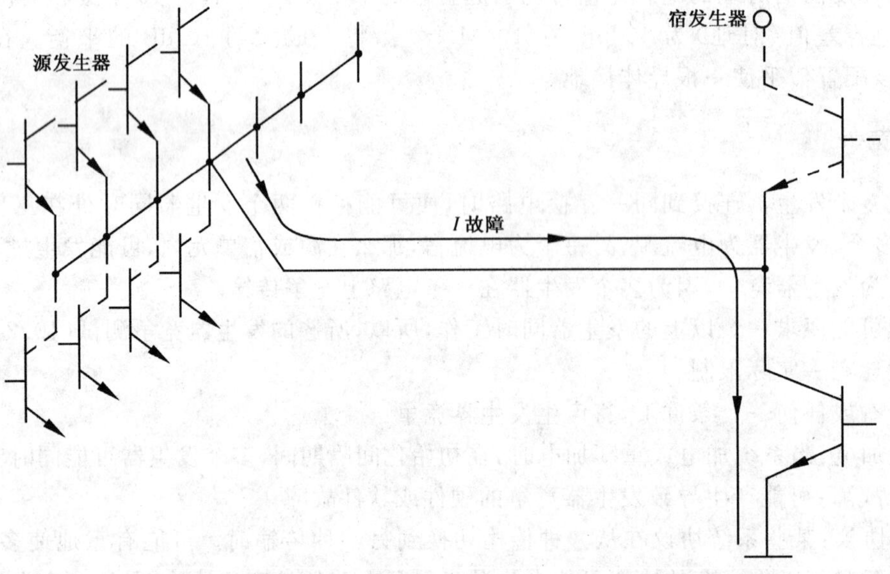

图 A.2 发生器同多个源发生器竞争

两种情况表明，保护手段必须在发生器内进行设计，以防止任一种类型的故障出现。两个最明显的解决办法可分为电流限制类和热关闭类。虽然发生器竞争问题的解决办法可以是电流限制、热关闭，或两者的某种组合，但是只要将保护建在发生器内部，不排除使用其他保护手段。

电流限制通过限制在竞争状态下的电流量来限制发生器内部的过大损耗。这种保护手段有一优点，即它可快速恢复，以便应付竞争协议。与电流限制相反，热关闭从竞争状态下恢复的时间慢，但有检测功率过载的固有能力，而不只是检测大电流过载。

当竞争存在时，大电流引起能量存储在电路中。当电流突然中断时，下述电压将在传输电路建立：

$$V=\frac{I_s Z_o}{2}$$

式中：

V——建立的电压，V；

I_s——短路电流，A；

Z_o——电缆的特性阻抗，Ω。

在 250 mA 峰值电流极限情况下，该电压约等于 15 V。如果四个或更多的驱动器为接通(电路电流最大到 500 mA)，而且两个发生器变为断开，而使电流中断的这种不大可能的事件出现在电路上，那么差值电压可能上升到较大电压值，在系统设计时，设计者应认真考虑这种可能性。当仅产生这样的事件时，第 10 章规定的要求旨在起保护作用。

附　录　B
（资料性附录）
关于 a.c. 加载测量的指南

端点系统的连接所导致多点媒体上的 a.c. 加载确定了传输的性能。该加载大多数部分取决于应用的参数，诸如，编码的类型，信号速率和分支电缆的特性等。因此，下列测量仅作为一般指南，并可以按照完整的接口和信号质量标准进行适合于测量的修改（见附录 A 的 A.1 章）。

B.1　反射衰减（见图 B.1）

对于与主传输频谱相对应的频率范围来说，已连接的端点系统的反射衰减宜不小于 20 dB。

该测量在使用 120 Ω 并联测试电阻器的端系统的断开分支/干线电缆连接器处进行。推荐的测量配置如图 B.1 所示。在测试期间，所涉及的任何发生器均处于不工作状态。

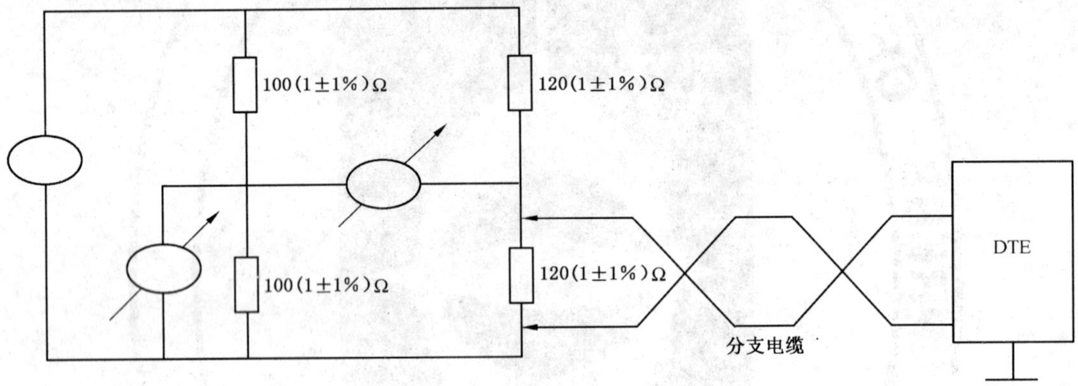

$$a_R = 20\log\frac{U_1}{U_2}\quad(\text{dB})$$

图 B.1　反射衰减测量

B.2　接收信号畸变

对于传号/空号以应用的数据信号速率转换时，在端点系统的已互连分支/干线电缆连接器处测得的接收信号畸变宜不超过 25%。

注：在双扭线传输媒体情况下，假定与该模式相关的畸变超出传号/空号转换测量的范围不太大。

ICS 35.100.50
L 79

中华人民共和国国家标准

GB/T 15128—2008/ISO/IEC 8326:1996
代替 GB/T 15128—1994

信息技术 开放系统互连 会话服务定义

Information technology—Open Systems Interconnection—Session service definition

(ISO/IEC 8326:1996,IDT)

2008-08-19 发布　　2009-01-01 实施

中华人民共和国国家质量监督检验检疫总局
中国国家标准化管理委员会　发布

前言

本标准等同采用国际标准 ISO/IEC 8326:1996《信息技术　开放系统互连　会话服务定义》、ISO/IEC 8326:1996/Amd 1:1998 效率增强、ISO/IEC 8326:1996/Amd 2:1998 嵌套连接功能单元以及 ISO/IEC 8326:1996/Cor.1:2002 技术勘误 1。

修正案 ISO/IEC 8326:1996/Amd1:1998 对标准正文的 3.3、9.1、9.1.1、11.1、12.1.2、12.1.2.7、13.1.2、14.1.1、A.5.1 和 A.5.4.14 进行了修改，并新增了 2.3、12.1.2.11、12.1.2.12；修正案 ISO/IEC 8326:1996/Amd 2:1998 对标准正文的第 8 章、8.3、11.3、12.1.1、12.1.2、12.1.2.2、12.1.2.3、12.1.2.4、12.1.2.7、13.11.2、14.3.2、15.2 和 A.1 章进行了修改，并新增了 3.3.13、3.3.14、7.7 和 9.1.15；补篇 ISO/IEC 8326:1996/Cor.1:2002 对标准正文的 3.3.9 和 6.1 的部分内容进行了更正。以上相应条文的右方用"‖"标记。

本标准代替 GB/T 15128—1994。

本标准与 GB/T 15128—1994 相比的区别如下：

——变更标准名为《信息技术　开放系统互连　会话服务定义》；

——本标准分为三篇，分别是第一篇概述、第二篇面向连接的会话服务原语定义和第三篇无连接方式会话服务原语的定义；前一版本标准仅为两篇，第一篇概述和第二篇会话服务原语；

——本标准添加了会话服务原语的定义的技术内容；

——功能单元中增加了"对称同步功能单元"、"数据分隔功能单元"和"嵌套连接功能单元"；

——本标准的附录 A 增加了无连接方式会话服务的状态表；

——本标准同时合并了 ISO/IEC 8326:1996/Amd 1:1998、ISO/IEC 8326:1996/Amd 2:1998 以及 ISO/IEC 8326:1996/Cor.1:2002。

本标准的附录 A 是规范性附录。

本标准由全国信息技术标准化技术委员会提出并归口。

本标准起草单位：中国电子技术标准化研究所。

本标准主要起草人：郭楠、徐冬梅、张翠、吴东亚、张晖。

本标准于 1994 年首次发布。

引　言

本标准是为了便于计算机系统互连而制定的一组标准之一。

它与开放系统互连(OSI)参考模型所定义的一组标准中的其他标准有关。OSI参考模型把互连标准化的范围细分成一系列规模可管理的规范的层。

本标准的目的是在参考模型的会话层与表示层之间的边界上对提供给表示层的服务进行定义。会话协议使用运输层服务来提供会话服务。本标准还定义了表示协议可以利用的会话服务的特征。图1说明了会话服务、会话协议、运输服务和表示协议各标准间的关系。

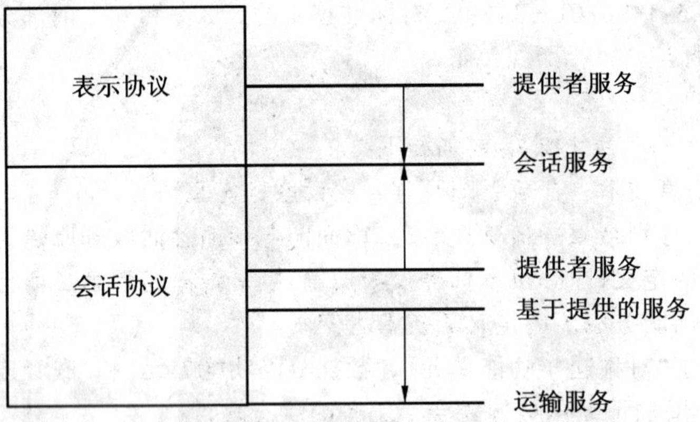

图1　本标准与其他OSI标准的关系

关于本标准第10章中所述的会话服务质量，要认识到，为了对穿过开放系统互连(OSI)参考模型所有层的会话服务质量进行综合处理，并保证每一层服务的各自处理能按统一方式达到服务质量(QOS)的整体目标，有关工作仍在进行中。因此，今后可以给本标准增加一个补篇，更进一步反映服务质量的发展和综合性。

信息技术　开放系统互连
会话服务定义

第一篇　概　　述

1　范围

本标准采用抽象方法及下列术语定义了由OSI会话层提供的外部可见服务：

a)　服务的原语动作和事件；

b)　与各原语动作和事件相关联的参数数据；

c)　原语动作和事件之间的关系及有效顺序。

本标准中所定义的服务是由OSI会话协议(连同运输服务)提供的，并可被OSI表示协议使用的那些服务。

本标准不规定个别的实现或产品，也不对计算机系统内的实体和接口的实现加以限制，因此，不存在对本标准的一致性要求。

与对称同步功能单元有关的文本不适用于对ITU-T应用的支持。

2　规范性引用文件

下列文件中的条款通过本标准的引用而成为本标准的条款。凡是注日期的引用文件，其随后所有的修改单(不包括勘误的内容)或修订版均不适用于本标准，然而，鼓励根据本标准达成协议的各方研究是否可使用这些文件的最新版本。凡是不注日期的引用文件，其最新版本适用于本标准。

GB/T 9387.1—1998　信息技术　开放系统互连　基本参考模型　第1部分：基本模型(idt ISO/IEC 7498-1:1994)

GB/T 9387.3—2008　信息技术　开放系统互连　基本参考模型　第3部分：命名和寻址(ISO/IEC 7498-3:1997,IDT)

GB/T 12453—2008　信息技术　开放系统互连　运输服务定义(ISO/IEC 8072:1996,IDT)

GB/T 17967—2000　信息技术　开放系统互连　基本参考模型：OSI服务定义的约定(idt ISO/IEC 10731:1994)

ISO/IEC 8327-1:1996　信息技术　开放系统互连　面向连接的会话协议：协议规范

ISO/IEC 9548-1:1995　信息技术　开放系统互连　无连接会话协议：协议规范

ITU建议X.225/Add.1(1995)　开放系统互连　会话层效率增强的协议规范 ‖

3　术语和定义

下述术语和定义适用本标准。

注：本章中的定义使用第4章中定义的缩略语。

3.1　参考模型定义

本标准以GB/T 9387.1提出的概念为基础，并使用其中所定义的下列术语：

a)　加速会话服务数据单元(expedited-session-service-data-unit)；

b)　会话连接(session-connection)；

c)　会话层(Session Layer)；

d) 会话服务(session-service);

e) 会话服务访问点(session-service-access-point);

f) 会话服务数据单元(session-service-data-unit);

g) 运输层(Transport Layer);

h) 双工(duplex);

i) 半双工(half-duplex)。

3.2 服务约定定义

本标准还使用GB/T 17967中定义的并用于会话层的下列术语:

a) 服务用户(service-user);

b) 服务提供者(service-provider);

c) 原语(primitive);

d) 请求(request);

e) 指示(indication);

f) 响应(response);

g) 证实(confirm)。

3.3 会话服务定义

3.3.1

主呼SS用户 calling SS-user

发起某个会话连接建立请求的SS用户。

3.3.2

被呼SS用户 called SS-user

主呼SS用户希望与其建立会话连接的SS用户。

注:主呼SS用户和被呼SS用户是针对单个连接而定义的,一个SS用户可以同时是主呼SS用户和被呼SS用户。

3.3.3

发送SS用户 sending SS-user

在会话连接的数据传送阶段作为数据源的SS用户。

3.3.4

接收SS用户 receiving SS-user

在会话连接的数据传送阶段作为数据宿的SS用户。

注:一个SS用户可以同时是发送SS用户和接收SS用户。

3.3.5

请求者 requestor

请求SS用户 requesting SS-user

发起一个特定动作的SS用户。

3.3.6

接受者 acceptor

接受SS用户 accepting SS-user

接受一个特定动作的SS用户。

3.3.7

权标 token

会话连接的一种属性,每次只动态地分配给一个SS用户,使得该SS用户能够调用某些服务。

3.3.8

有条件的参数　conditional (parameter)

一种参数，它在请求或响应中的出现取决于本标准正文中所定义的条件。如果它在先前会话服务原语中出现，则必须在指示或证实中也出现；如果它在先前的会话服务原语中未出现，则在指示或证实中也不出现。

3.3.9

建议参数　proposed parameter

由SS用户在一个S-CONNECT request或一个S-CONNECT response中建议的，并希望在会话连接上使用的参数的值。

3.3.10

选定参数　selected parameter

在会话连接上已经选用的参数的值。

3.3.11

会话无连接方式传输　session-connectionless-mode transmission

会话无连接传输　session-connectionless transmission

不需要建立会话连接，在单独的自包含会话服务中传输一个数据单元(如GB/T 9387.1中定义的)。

3.3.12

特殊用户数据　special-user-data

在SS用户之间的S-CONNECT和S-DATA原语中交换的参数，用以指示SS用户数据参数中的编码属性。

3.3.13

嵌套会话连接　nested session connection

逻辑上嵌套在一个存在的会话连接中的会话连接。

3.3.14

嵌套会话异常　nested session exception

作为由封装会话协议机器丢弃的结果，如果为了一个嵌套会话连接而丢弃会话协议数据单元，则本异常情况发生。

4　缩略语

4.1　数据单元

SSDU	会话服务数据单元	(Session service data unit)
NSSDU	常规数据会话服务数据单元	(Normal data session service data unit)
TSSDU	特种数据会话服务数据单元	(Typed data session service data unit)
XSSDU	加速数据会话服务数据单元	(Expedited session service data unit)

4.2　其他

SS	会话服务	(Session service)
SSAP	会话服务访问点	(Session service access point)
QOS	服务质量	(Quality of Service)

4.3　服务变量

V(A)	见11.4.1.1.1
V(M)	见11.4.1.1.2
V(R)	见11.4.1.1.3

Vsc　　　见 11.4.1.1.4

5　约定

本标准中给出的与服务原语相关的参数值可能以与该服务原语的方向相反的方向传递，除此以外，本标准使用 GB/T 17967 中定义的描述性约定。

6　会话服务模型

6.1　层服务模型

本标准使用 GB/T 17967 中定义的用于层服务的抽象模型。该模型定义了发生在两个 SSAP 处的 SS 用户和 SS 提供者之间的交互。信息通过可运送参数的服务原语在 SS 用户和 SS 提供者之间传递。

有两种会话服务：

a)　连接方式服务，在第 2 篇中定义。

b)　无连接方式服务，在第 3 篇中定义。无连接方式服务定义了 7.1e）中给出的特征。本服务由无连接表示 P-UNIT-DATA 服务调用。

6.2　会话无连接方式传输模型

本标准使用 GB/T 9387.1 中定义的无连接方式传输的抽象模型。定义会话无连接方式传输的特性是独立于无连接方式会话服务的每一个调用的特征。

7　会话服务综述

7.1　综述

会话服务提供在合作用户之间组织和同步数据交换的手段。会话服务用户利用这些手段：

a)　与另一个 SS 用户建立连接，以同步方式与该用户交换数据，并以有序方式释放连接；

b)　为交换数据、同步和释放连接，协商权标的使用以及对把数据交换设置成半双工或双工方式进行协商；

c)　在对话中建立同步点，如出现差错，则从商定的同步点处恢复该对话；

d)　中断对话且以后在预先设置的点处继续该对话；

另外也描述了下述服务：

e)　在单独会话服务访问中从一个源 SSAP 向另一个 SSAP 传输单独数据单元的手段，这种传输没有先初始建立会话连接或者之后释放会话连接。

7.2　权标概念

权标是会话连接的一种属性。它每次只动态地分配给一个 SS 用户，使得该用户可以调用某些服务。权标是互斥使用服务的权力。

本标准定义了四种权标：

a)　数据权标；

b)　释放权标；

c)　次同步权标；

d)　主/活动权标。

每个权标总是处于下列状态之一：

e)　可用，在此情况下它总是：

　1)　分配给一个 SS 用户，于是该用户具有使用相关服务的互斥权（假定无其他适用的限制）；

　2)　不分配给另一个 SS 用户，该用户没有使用此服务的权力，但以后可以获取这种权力；

f)　SS 用户双方都不可用，在此情况下，SS 用户双方都无权互斥使用相关的服务，即该服务对 SS 用户双方都可用（数据传送和释放），或反之，对 SS 用户双方都不可用（同步和活动）。

在11.2中定义了与权标的可用性和分配有关的限制。

7.3 同步和对话单元概念

SS用户可以在其正在传输的数据中插入同步点。有两种识别同步点的方法。如果发送所有同步点的权利由权标控制，那么同步点可以由一个单独的序号标识。或者，同步点可以由两个序号标识，每个对应一个流方向。这种叫做对称同步的双编号机制，允许SS用户独立地把同步点放到他们的发送流中。序号由SS提供者维护(见11.4)。

对SS提供者而言，SS用户赋予其同步点的任何语义都是透明的。

有两种同步点：

a) 次同步点；

b) 主同步点。

主同步点用于将数据交换划分成一系列对话单元。对话单元的特征是，在其内的所有通信与它之前及之后的所有通信是完全分离的。主同步点指示了一个对话单元的结束和下一个对话单元的开始。每个主同步点都要得到显式地证实。

次同步点用于划分一个对话单元内的数据交换。图2说明了如何用次同步点划分一个对话单元。每个次同步点，可以或可以不被显式地证实。在相应的数据分隔服务中插入的一个次同步点可以保护次同步点之前发送的所有数据不被子序列重新同步请求所丢弃。

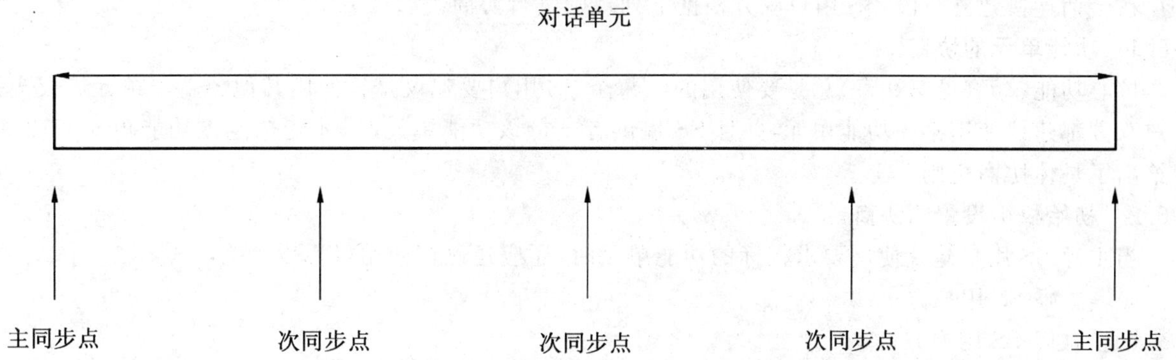

图2 划分对话单元的例子

7.4 活动概念

活动概念允许SS用户区分称之为活动的不同的逻辑工作段。每个活动由一个或多个对话单元组成。在每个会话连接上，每一时刻只允许有一个活动，但在一个会话连接期间，可以存在几个相继的活动。一个活动也可以跨越多个会话连接。可以中断一个活动，并在同一个或后继的会话连接上继续该活动。可以认为这是重新同步的一种形式。

图3示出了如何用主同步点将一个活动划分成对话单元。此外SS用户还可以在活动之外传送数据。

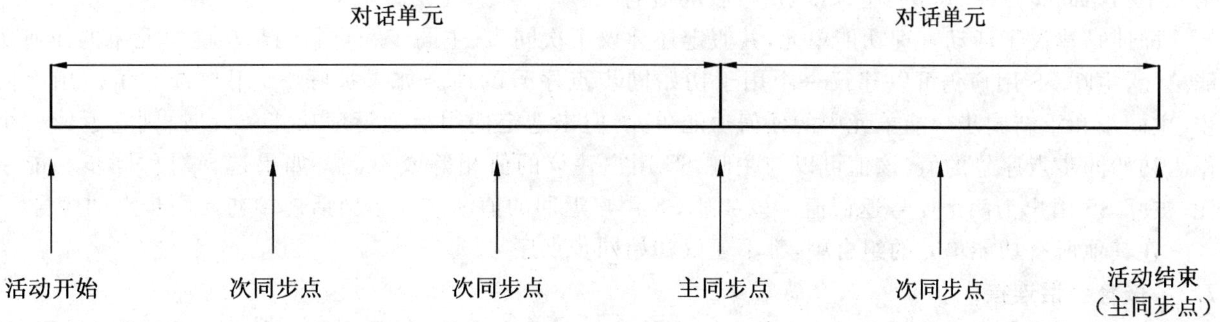

图3 划分活动的例子

7.5 重新同步

SS用户双方都可发起重新同步。重新同步把连接置成已定义的状态,其中包括权标的重新分配和把同步点序号设置成为一个新值。

当使用对称同步时,SS用户可以请求一个方向或两个方向的数据流重新同步。如果请求两个方向,那么两个序号都被分配新值;否则只有与被请求的数据流方向相关的序号才被分配一个新值。重新同步将把请求的流方向上所有未交付的数据清除掉。

当未使用对称同步时,两个方向的流都总要重新同步。单独的同步点序号被分配一个新值。所有未交付的数据都被清除。

重新同步提供三种选项:

a) 放弃选项,用于将同步点序号置成一个未使用过的值;

b) 重启选项,用于将同步点序号置成任何一个已用过的值,并且该值大于标识最后一个已被确认了的主同步点的同步点序号;

c) 设置选项,用于将同步点序号置成一个由SS用户选定的任意值。

当使用对称同步时,SS用户为每一个要求重新同步的数据流方向提供一个重新同步选项(重启、置位或放弃)。

7.6 协商

在会话连接建立阶段,SS用户双方根据下列规则进行协商。

7.6.1 功能单元的协商

核心功能单元(见第9章)总是要使用的。每个SS用户要建议是否使用其他各功能单元。仅当SS用户双方都建议使用某一功能单元,并且SS提供者支持该功能单元时,才能选定该功能单元。12.1.2中给出了具体协商规则。

7.6.2 初始权标设置的协商

当主呼SS用户建议使用要求权标的功能单元时,还应建议把初始权标设置为:

a) 主呼SS用户方;

b) 被呼SS用户方;

c) 被呼SS用户选择。

如果已选定使用某个特定的功能单元,则将该权标设置为:

d) 如果主呼SS用户建议"被呼SS用户选择",则将权标置成由被呼SS用户建议的一方;

e) 在其他所有情况下,则将权标置成由主呼SS用户建议的一方。

7.6.3 初始同步序号的协商

当主呼SS用户建议主同步、次同步和重新同步功能单元中的任何功能单元,但未建议活动管理功能单元时,还应建议一个用于初始同步点序号的值。如果建议对称同步功能单元,则要建议两个序号;否则只建议一个序号。如果建议两个序号,那么第一个初始同步点序号与主呼SS用户发送的流有关,第二个初始同步点序号与主呼SS用户接收的流有关。

即使是建议了活动管理功能单元,并假定还建议了次同步、主同步和重新同步功能单元中的任何功能单元,主呼SS用户仍可以建议一个用于初始同步点序号的值。如果被呼SS用户选定了使用次同步、主同步和重新同步功能单元中的任何功能单元,但未选定使用活动管理功能单元时,则它返回一个作为初始同步点序号的值,该值可以与主呼SS用户建议的值相等或不等。如果选择对称同步功能单元,被呼SS用户为两个序号返回值。该被呼SS用户返回的值就作为新会话连接初始同步点的序号。

在其他所有功能单元的组合中,都不建议初始同步点序号。

7.7 嵌套会话连接

一对会话服务用户进行通信可以使用一个单独的会话连接,或者选择建立嵌套外部(或彼此之间)到任意深度的连接。

除了在其他规定的地方，本标准独立的适用于每一个这样的连接，每一个连接在连接建立时间独立的决定在该连接上可用的会话功能单元。

如果在立即封装会话连接上对嵌套连接功能单元的使用已进行了协商，并且在外层连接上还没有超过126个嵌套会话连接(由发起者建立)时，外层会话连接的发起者可以发起嵌套连接。

如果在立即封装会话连接上对嵌套连接功能单元的使用已进行了协商，并且在外层连接上还没有超过127个嵌套会话连接(由接受者建立)时，外层会话连接的接受者可以发起嵌套连接。

嵌套在最外部连接的连接间的交互是：

a) 所有这样的连接都承载在一个独立的运输连接中，11.3中排队规则的使用是不考虑发送原语所处的连接类型的。

b) 在连接上提供的(以任何层)嵌套在(而不是在相互间嵌套)共有的双亲中的服务，永远不会中断互相的服务。然而，在这种连接上的流可以被其他这样的连接上运行的流控所阻塞。

c) 在连接上提供的包含嵌套连接的服务可以中断在嵌套连接上的服务，也可以在这些连接上导致异常报告或中断。外层连接上中断的服务不被内层嵌套连接上的流控所阻塞。

d) 当且仅当所有封装连接都允许调用数据传送服务时，嵌套连接的所有服务(包括连接建立)才可以被调用。

e) 如果一个外部连接(由顺序释放或中断)被终止，则任何未被终止的嵌套连接都将收到一个提供者的中断。

注：以上的规则给设计者最大的选择，提供了全部单独会话连接(无顺序)用法之间清楚的区别，平行嵌套连接的用法(顺序的、潜在相互的阻塞，但非破坏性的)，嵌套连接的用法(顺序的、外部的不被阻塞但是可以是破坏性的，而且保留对所有活动的控制)。

8 会话服务的阶段和服务

连接方式会话服务包括三个阶段。本章阐述每个阶段的目的并简述有关服务，第12章、第13章和第14章将定义这些服务和调用这些服务的原语。会话连接服务也可用于在已建立的会话连接中建立嵌套的会话连接。

无连接方式会话服务用于从发送SS用户向接收SS用户发送一个单独的SSDU。与此相关的服务原语在第17章中定义。

注：通过某种原语传送的SS用户数据的数量可能由于SS提供者强加的协议限制而受限。

8.1 会话连接建立阶段

会话连接建立阶段涉及两个SS用户之间的连接建立。与本阶段有关的服务有一个：

会话连接服务(见12.1)被用于建立一个会话连接并协商该连接所用的权标和参数。

8.2 数据传送阶段

数据传送阶段涉及在会话连接建立阶段所连接起来的SS用户双方之间的数据交换。

与数据传送有关的服务有四个：

a) 常规数据传送服务(见13.1)　允许在一个会话连接上传送常规数据SSDU(NSSDU)。如果已选定半双工功能单元，则使用该服务要受数据权标的控制。

b) 加速数据传送服务(见13.2)　允许在会话连接上传送加速SSDU(XSSDU)，其传送不受限制常规数据传送服务、特种数据传送服务和能力数据交换服务的那些权标和流量控制的约束。

c) 特种数据传送服务(见13.3)　用于传送与数据权标的可用性及分配都无关的特种数据SSDU(TSSDU)。

d) 能力数据交换服务(见13.4)　用于交换不在活动之内的，有限长度的被证实型SS用户数据。

与权标管理有关的服务有三个：

e) 出让权标服务(见13.5)　允许SS用户把一个或多个特定的权标让给另一个SS用户。

f) 请求权标服务(见 13.6) 允许 SS 用户请求另一个 SS 用户把一个或多个特定的权标传给它。

g) 出让控制服务(见 13.7) 允许 SS 用户把所有可用权标都让给另一个 SS 用户。

与同步和重新同步有关的服务有五个:

h) 次同步点服务(见 13.8) 允许 SS 用户把该服务被调用之前和被调用之后所发送的 NSSDU 和 TSSDU 流区分开。本服务的使用受次同步权标的控制。

i) 对称同步点服务(见 13.8) 允许 SS 用户在每一个 SS 用户的发送流上单独的定义次同步点。次同步权标不可用。

j) 数据分割服务(见 13.8) 添加了次同步点服务和对称同步服务的功能以保护次同步点之前的所有数据不被子序列重新同步点请求所丢弃。不存在与数据分割功能单元相关的额外服务。

k) 主同步点服务(见 13.9) 允许 SS 用户能够将每个方向上顺序发送的 NSSDU、TSSDU 和 XSSDU 流限制在一个对话单元中。本服务的使用受主/活动权标的控制。

l) 重新同步服务(见 13.10) 用于将会话连接置到一个先前的或新的同步点,并重新分配可用权标。本服务可能导致 NSSDU、TSSDU 和 XSSDU 丢失。

用于报告差错和不可预料情况的服务有两个:

m) 提供者发起异常报告服务(见 13.11) (P 异常报告服务) 允许向 SS 用户报告异常情况和 SS 提供者的协议差错。本服务可能导致 NSSDU、TSSDU 和 XSSDU 丢失。

n) 用户发起异常报告服务(见 13.12) (U 异常报告服务) 当数据权标可用但未分配给 SS 用户时,该 SS 用户用本服务报告异常状态。本服务可能导致 NSSDU、TSSDU 和 XSSDU 丢失。

与活动有关的服务有五个:

o) 活动开始服务(见 13.13) 用于指示进入一个新活动。本服务的使用受主/活动权标的控制。

p) 活动继续服务(见 13.14) 用于指示重新进入一个先前被中断的活动。本服务的使用受主/活动权标的控制。

q) 活动中断服务(见 13.15) 允许非正常终止一个活动,它隐含不丢弃目前已完成的工作,且可能以后再继续。本服务的使用受主/活动权标的控制。本服务可能导致 NSSDU、TSSDU 和 XSSDU 丢失。

r) 活动丢弃服务(见 13.16) 允许非正常地终止一个活动,它隐含丢弃目前已完成的工作且不再继续该活动。本服务的使用受主/活动权标控制,本服务可能导致 NSSDU、TSSDU 和 XSSDU 丢失。

s) 活动结束服务(见 13.17) 用于结束一个活动(并设置主同步点)。本服务的使用受主/活动权标的控制。

使用活动服务可以导致在会话连接上无活动进行的状态。当使用活动服务但无活动进行时,SS 用户只能调用活动开始、活动继续、权标管理、能力数据、特种数据、常规数据、加速数据、夭折和释放服务。

8.3 会话连接释放阶段

会话连接释放阶段涉及释放先前已建立的会话连接。与本阶段有关的服务有三个:

a) 有序释放服务(见 14.1) 提供完成有序释放会话连接的手段;

b) 用户发起夭折服务(见 14.2) (U 夭折服务) 用于发起会话连接释放,并终止任何未处理完的服务请求。本服务可能导致 NSSDU、TSSDU 和 XSSDU 丢失;

c) 提供者发起夭折服务(见 14.3) (P 夭折服务) 由 SS 提供者用于指出由于内部原因而引起的会话连接释放。本服务可能导致 NSSDU、TSSDU 和 XSSDU 丢失,且终止任何未处理完的服务请求。

如果释放了一个会话连接,则由初始提供者夭折服务来释放所有的嵌套连接。

9 功能单元和子集

9.1 功能单元

功能单元是为了下列目的而在本标准中定义的相关服务的逻辑分组：

a) 在会话连接建立阶段协商 SS 用户要求；

b) 供其他标准参考。

表 1 规定了权标和功能单元之间的关系。当某一功能单元隐含了某一权标可用时，为了能请求和传送可用权标，应提供与该权标管理有关的服务。

表 2 规定了与每一个功能单元有关的服务。

表 1 使用权标的功能单元

功能单元	权 标
协商式释放	释放权标
半双工	数据权标
次同步	次同步权标
主同步	主/活动权标
活动管理	主/活动权标

表 2 与各功能单元有关的服务

功能单元	服 务	参 见
核心 (非协商的)	会话连接 常规数据传送 有序释放 U 夭折 P 夭折	12.1 13.1 14.1 14.2 14.3
协商式释放	有序释放 出让权标 请求权标	14.1 13.5 13.6
半双工	出让权标 请求权标	13.5 13.6
双工	无附加服务	
加速数据	加速数据传送	13.2
特种数据	特种数据传送	13.3
能力数据交换	能力数据交换	13.4
次同步	次同步点 出让权标 请求权标	13.8 13.5 13.6
对称同步	对称同步	13.8
数据分隔	数据分隔(与次同步点服务或对称同步服务有关)	13.8

表 2（续）

功能单元	服　务	参　见
主同步	主同步点 出让权标 请求权标	13.9 13.5 13.6
重新同步	重新同步	13.10
异常	提供者异常报告 用户异常报告	13.11 13.12
活动管理	活动开始 活动继续 活动中断 活动丢弃 活动结束 出让权标 请求权标 出让控制	13.13 13.14 13.15 13.16 13.17 13.5 13.6 13.7
无顺序释放	注	9.1.1
注：本功能单元从核心功能单元中移除顺序释放服务。本“否定”功能单元提供与 GB/T 15128 的兼容性，GB/T 15128 要求本(非协商)核心不可分割。		

9.1.1　核心功能单元

核心功能单元支持建立会话连接、传送常规数据和释放会话连接所需的基本会话服务。

无顺序释放功能单元：

本功能单元从核心功能单元中去掉顺序释放服务。夭折的释放是可用的。在相同的会话连接上选择使用本功能单元和协商过的释放功能单元。

注：本顺序释放能力从逻辑上讲或许会是一个与核心区分开的功能单元；本“否定”功能单元提供与先前版本规范的兼容性，先前版本规范要求本(非协商)核心不可分割。

9.1.2　协商式释放功能单元

协商式释放功能单元支持协商式有序释放服务。当选定本功能单元时，释放权标可用。

9.1.3　半双工功能单元

半双工功能单元支持半双工服务。当已选定本功能单元时，数据权标可用。在同一会话连接上不能同时选定半双工功能单元和双工功能单元。

9.1.4　双工功能单元

双工功能单元支持双工服务。在同一会话连接上不能同时选定双工功能单元和半双工功能单元。

9.1.5　加速数据功能单元

加速数据功能单元支持会话加速数据传送服务。

9.1.6　特种数据功能单元

特种数据功能单元支持特种数据传送服务。

9.1.7　能力数据交换功能单元

能力数据交换功能单元支持能力数据交换服务。只有选定活动管理功能单元时，才可选本功能单元。

9.1.8 次同步功能单元

次同步功能单元支持次同步点服务。当选定本功能单元时，次同步权标可用。

9.1.9 对称同步功能单元

对称同步功能单元支持对称同步点服务，该服务允许SS用户在它们的发送流上单独地放置次同步点。这些同步点的相关性由SS用户负责。次同步权标不可用。不可能在相同的会话连接上同时选择使用本功能单元和次同步功能单元。

选择对称同步功能单元和双工功能单元或半双工功能单元是可能的。如果选择半双工功能单元，那么数据权标是可用的；如果选择双工功能单元，那么数据权标是不可用的。当选择对称同步功能单元时，次同步权标是不可用的。

9.1.10 数据分割功能单元

数据分割功能单元支持数据分割服务并添加次同步点服务和对称同步服务功能。当选择了次同步功能单元或者对称同步功能单元时，仅能选择数据分割功能单元。在相同的会话连接上同时选择使用本功能单元和活动管理服务单元是无效的。

9.1.11 主同步功能单元

主同步功能单元支持主同步点服务。当选定本功能单元时，主/活动权标可用。

9.1.12 重新同步功能单元

重新同步功能单元支持重新同步服务。

9.1.13 异常功能单元

异常功能单元支持用户异常报告服务和提供者异常报告服务。只有选定半双工功能单元时，才可选本功能单元。

9.1.14 活动管理功能单元

活动管理功能单元支持活动管理服务和出让控制服务。当已选定本功能单元时，主/活动权标可用。

9.1.15 嵌套连接功能单元

嵌套连接功能单元支持嵌套会话连接的建立。如果未选定本功能单元，则不能在一个现存的连接上使用连接建立服务。

9.2 子集

子集定义为假定满足下列前提条件的核心功能单元与其他任何一组功能单元的组合：

a) 如果子集包含能力数据功能单元，则也要包含活动管理功能单元。

b) 如果子集包含异常报告功能单元，则也要包含半双工功能单元。

c) 如果子集包含分割功能单元，则也要包含次同步功能单元和对称同步功能单元。

注：本标准未包含注册子集的要求。标准的使用者可以定义满足各自的会话服务需求的子集。其他标准可以标识遵循上述定义的子集。

10 会话服务质量(QOS)

“服务质量”(QOS)这个术语泛指在会话连接的两个端点之间呈现的该会话连接的某些特征。QOS描述了只与SS提供者属性有关的会话连接的那些方面，这些方面与SS用户的行为(不在SS提供者控制范围之内)无关。SS用户的行为对所提供的QOS没有影响。

会话连接一旦建立，在其两端的SS用户对该连接上的QOS具有相同的认识和理解。

10.1 QOS的确定

QOS用QOS参数来描述。

在10.3中给出了与会话服务有关的QOS参数的定义，这些定义为SS用户和SS提供者提供了对QOS特征的共同理解。

会话服务 QOS 参数分两类，即：

a) 需要在会话连接建立阶段进行协商的 QOS 参数：
   1) 会话连接保护(见 10.3.9)；
   2) 会话连接优先级(见 10.3.10)；
   3) 残留差错率(见 10.3.5)；
   4) 每个传送方向上的吞吐量(见 10.3.3)；
   5) 每个传送方向上的迁移延迟(见 10.3.4)；
   6) 优化的对话传送(见 10.3.13)；
   7) 扩展控制(见 10.3.12)。
b) 无需在会话建立阶段进行协商的，但其值可通过其他一些未在本标准中定义的方法(例如，先前的知识和协定，或通过管理功能)来选择和/或得知的 QOS 参数：
   1) 会话连接建立延迟(见 10.3.1)；
   2) 会话连接建立失败概率(见 10.3.2)；
   3) 传送失败概率(见 10.3.6)；
   4) 会话连接释放延迟(见 10.3.7)；
   5) 会话连接释放失败概率(见 10.3.8)；
   6) 会话连接回弹率(见 10.3.11)。

在 10.2 中定义了在 10.1a)中所列的参数的协商规程。会话连接一旦建立，在该会话连接的生存期内不再重新协商所选定的参数，SS 用户应当认识到会话连接期间 QOS 的变化不在该会话服务中指出。

10.2 会话连接 QOS 的协商规程

QOS 的协商是用会话连接建立阶段(见第 12 章)的 S-CONNECT 原语中运送的参数来描述的。对于在会话连接建立阶段要进行协商的参数(见 10.1 a))，其参数值和协商规则定义如下：

a) 在 S-CONNECT request 原语中，主呼 SS 用户可以：
   1) 对于会话连接保护、会话连接优先级、扩展控制和优化的对话传送，分别指定单个的“期望的”QOS 参数值；对扩展控制和优化的对话传送指定运送“期望的特性”或“不期望的特性”两值之一。

      注：如果主呼 SS 用户建议使用加速数据功能单元，则扩展控制参数的值为“期望的特性”。

   2) 对于残留差错率、每个方向上的吞吐量和迁移延迟，指定“期望”的 QOS 和主呼 SS 用户能同意的“最低可接受的”QOS 的两个参数值。
b) 在 S-CONNECT indication 原语中，对每个被协商的参数运送如下规定的“可用”值：
   1) 对于会话连接保护，如果 SS 提供者同意提供与 S-CONNECT request 中所指定的“期望”，值相等效的 QOS 值，则 SS 提供者指定该值为“可用”，如果 SS 提供者不同意提供所请求的“期望的”QOS，则 SS 提供者通过向主呼用户发出 S-CONNECT (reject) confirm 原语拒绝建立该会话连接。
   2) 对于会话连接优先级，SS 提供者将它愿意提供的 QOS 值(等于或优于在 S-CONNECT request 中指定的“期望的”值)指定为“可用”。
   3) 对于残留差错率、每个方向上的吞吐量和迁移延迟，如果 SS 提供者同意提供等于或优于在 S-CONNECT request 中所指定的“最低可接受的”QOS 值，则 SS 提供者指定该值为“可用”；如果 SS 提供者不同意提供这个 QOS，则 SS 提供者通过向主呼 SS 用户发出 S-CONNECT (reject) confirm 原语拒绝建立该会话连接。
   4) 对于扩展控制和优化的对话传送，如果在 S-CONNECT request 原语中的“期望的”值是“不期望的特性”，则指定“不期望的特性”为“可用”；如果“期望的”值是“期望的特性”，并且 SS 提供者同意在此会话连接上提供该特性，则指定“期望的特性”为“可用”；否则，如果 SS 提供者不同意提供该特性，则指定“不期望的特性”为“可用”。

c) 在 S-CONNECT response 原语中，对每个要协商的参数，运送一个如下规定的“商定”值：
   1) 对于优化的对话传送，如果 S-CONNECT indication 原语中的“可用”值是“不期望的特性”，并且被呼 SS 用户同意在会话连接上不提供该特性，则指定“不期望的特性”为“商定”；否则，SS 用户可以拒绝建立会话连接；如果指示原语中的“可用”值是“期望的特性”，且 SS 用户同意提供该特性，则指定“期望的特性”为“商定”；否则，如果 SS 用户不同意所规定的特性，则指定“不期望的特性”为“商定”。
   2) 对每个其他的参数，如果被呼 SS 用户同意在 S-CONNECT indication 原语中规定为“可用”的 QOS 值，则指定与之相同的值为“商定”；如果 SS 用户不同意这个“可用”值，则 SS 用户可以拒绝建立会话连接。

d) 在 S-CONNECT confirm 原语中，对每个要协商的参数运送一个与在 S-CONNECT response 中所运送的“商定”值相同的值。

10.3 QOS 参数的定义

QOS 参数分为下列几类：

a) 表示会话服务性能的参数，如表 3 所示；

b) 表示其他会话服务特征的参数如表 4 所示。

表 3 性能 QOS 参数的分类

阶　段	性能准则	
	速　度	精确性/可靠性
会话连接建立	会话连接建立延迟	会话连接建立失败概率(误接/会话连接拒绝)
数据传送	吞吐量 迁移延迟	残留差错率(错误) 会话连接回弹率 传送失败概率
会话连接释放	会话连接释放延迟	会话连接释放失败概率

表 4 表示其他会话服务特征的参数

扩展控制
会话连接保护
会话连接优先级
优化的对话传送

本条中定义了这些会话服务的 QOS 参数。

10.3.1 会话连接建立延迟

会话连接建立延迟是在 S-CONNECT request 和相应的 S-CONNECT confirm 原语之间的最大可接受延迟。

注：该延迟包括依赖于 SS 用户的成分。

10.3.2 会话连接建立失败概率

会话连接建立失败概率是在某个测试样本中，会话连接建立失败总次数与试图建立会话连接总次数之比。

会话连接建立失败定义为：在指定的最大可接受的会话连接建立延迟内，由于SS提供者造成误接、会话连接拒绝或过分的延迟而导致的所请求的会话连接未能建立。在计算会话连接失败概率时，由于SS用户造成差错、会话连接拒绝或过分延迟而导致的会话连接建立尝试失败不计在内。

10.3.3 吞吐量

每个传送方向上的吞吐量是由S-DATA request/S-DATA indication或S-TYPED-DATA request/S-TYPED-DATA indication原语序列成功传送的至少两个SSDU组成的序列来定义的。给定由n个SSDU组成的这种序列，其中$n \geq 2$，吞吐量定义为下列两项中较小的一项：

a) 包含在最后$n-1$个SSDU中的SS用户数据的八位位组数除以该序列中第一个和最后一个S-DATA或S-TYPED-DATA request之间的时间。

b) 包含在最后$n-1$个SSDU中的SS用户数据的八位位组数除以该序列中第一个和最后一个S-DATA或S-TYPED-DATA indication之间的时间。

将发送的SSDU中八位位组的成功传送定义为在指定的接收SS用户释放会话连接前，把二进制位以正确的顺序无误地交付给指定的接收SS用户。

吞吐量仅对完整SSDU序列才有意义，并且各规定是基于事先指定的SSDU平均大小。

会话连接每个方向上的吞吐量是分别确定的。在每个方向上，吞吐量的规定由"最大吞吐量"值和"平均吞吐量"值组成。"最大吞吐量"值表示在既无发送SS用户输入延迟也无由接收SS用户施加的流量控制的情况下，SS提供者可以连续接受和交付SSDU的最大速率。因而在上述计算中的SSDU序列被定义为以该最大速率连续出现的序列。"平均吞吐量"值表示会话连接上的期望传送速率。该速率应将期望的用户有关的延迟影响(例如非连续SSDU输入、接收方SS用户流量控制)包括在内。因此在上述计算中的SSDU序列被定义为是以包含代表"平均"用户延迟成分的速率出现的序列。

SS用户可能会过分延迟SSDU序列的输入或输出。在计算"平均吞吐量"值时，不包括这种情况。

对每个传送方向上的每一"最大吞吐量"及每一"平均吞吐量"规定，都由SS用户和SS提供者就一个特定的会话连接协商吞吐量QOS(见10.2)。

会话连接的吞吐量仅与会话连接上常规数据和特种数据的传送有关。对于随其他任何会话服务原语的发出(例如S-CONNECT，S-CAPABILITY-DATA等)而传送的数据未规定吞吐量。

10.3.4 迁移延迟

迁移延迟是在会话连接的数据传送阶段完成的任何会话服务请求原语和对应的会话服务指示原语之间的持续时间。仅对成功完成的服务原语对计算该持续时间值。

服务原语对的成功完成被定义为一个SS用户发出请求原语而导致接收SS用户释放该会话连接前向对等用户(包括任何与原语相关的SS用户数据)发出相应的指示原语，该原语应保持正确无误，并与其他原语保持相对正确的顺序。

在双工和半双工会话连接中，独立确定每个传送方向上的迁移延迟。一般地，各迁移延迟的说明既定义了会话连接所期望的平均值也定义了最大值。对包含在服务原语对中的SS用户数据，每个迁移延迟的说明都假定一个预先给出的平均值。

如果接收SS用户施加流量控制，可能严重影响对单个服务原语对延迟测量所进行的尝试。在计算平均和最大迁移延迟时，不包括这种情况。

10.3.5 残留差错率(RER)

残留差错率是指在被测量的会话连接的数据传送阶段内，出错、丢失、重复的SS用户数据单元总数与穿越会话服务边界所发出的和SS原语有关的SS用户数据单元总数之比。对于一对特定的SS用户，这些量之间的关系如图4所定义。

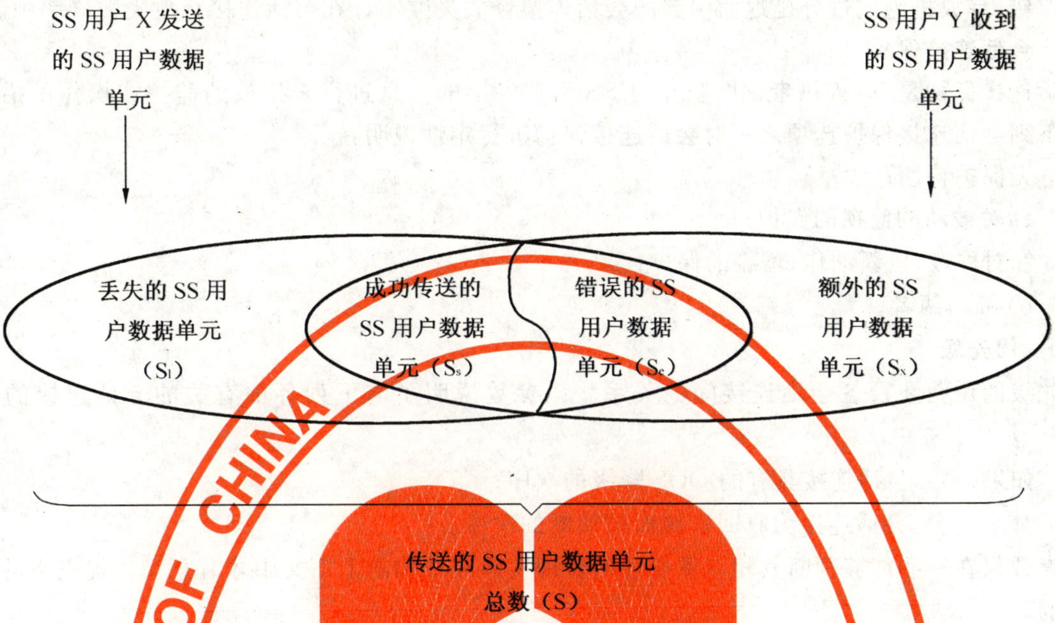

$$RER=\frac{S_e+S_l+S_x}{S}$$

图4 残留差错率的组成

10.3.6 传送失败概率

传送失败概率是在性能测量期间观察到的传送失败总数与传送样本总数之比。

一个传送样本是在处理由SS用户发出的服务请求时，对SS提供者性能的离散观察。一个传送样本开始于数据传送阶段的会话服务请求的发起，直到能够确定给定次数的服务请求结果时结束。这些服务请求可能包括：SS用户数据的传送或其他由SS用户提出的服务请求（如S-ACTIVITY-START request，S-TOKEN-PLEASE request等）。传送样本通常与单个会话连接持续时间对应。

传送失败是所观察到的性能低于规定的最低可接受水平的传送样本。通过比较所支持的适当的性能参数和测量值与规定的传送失败阈值来标识传送失败。可用作所支持的性能的参数有三个：吞吐量、迁移延迟和残留差错率。

在SS提供者能可靠地监控会话服务QOS的系统中，传送失败概率可以通过在传送样本期间的S-P-ABORT或S-P-EXCEPTION-REPORT的概率来估算。

10.3.7 会话连接释放延迟

会话连接释放延迟是SS用户发起的S-U-ABORT request和成功地释放某一特定的会话连接之间的最大可接受延迟。通常对每个SS用户独立地规定会话连接延迟。

由任一SS用户发出的S-U-ABORT request标志着双方用户的会话连接释放开始。一方用户成功的释放被定义为该用户首先能够发起一个新的会话连接。用S-U-ABORT indication通知没有发起S-U-ABORT request的SS用户释放成功。发起S-U-ABORT request的SS用户通常会收到类似于本地意义的信号。

10.3.8 会话连接释放失败概率

会话连接释放失败概率是SS用户发起的导致会话连接释放失败的夭折请求总数与包含在一次测量样本中的SS用户发起的夭折请求总数之比。通常，对每个SS用户独立规定会话连接释放失败概率。

会话连接释放失败定义为：对一个特定的SS用户，如果该SS用户在规定的最大会话连接释放延迟内，由于SS提供者差错所引起的过分延迟而未被成功的释放(如10.3.7中定义的)。由于SS用户造成的差错、释放拒绝或过分延迟而引起的会话连接释放失败不计在会话连接释放失败概率中。

10.3.9 会话连接保护

会话连接保护是SS提供者试图阻止对SS用户发出的信息进行未授权的监控或操作的措施。通过选择下列会话连接保护选项之一对会话连接保护进行定性说明：

a) 无保护特性；

b) 针对被动的监视的保护；

c) 针对修改、重新动作、增删的保护；

d) b)和c)两者。

10.3.10 优先级

优先级的说明涉及各会话连接间的关系。该参数说明了与下列各项有关的会话连接的相对重要性：

a) 如果必要，会话连接具有的QOS降级的次序；

b) 如果必要，会话连接为收回资源而被切断的次序。

该参数仅在一些能够判断其相对重要性的管理实体或结构的上下文中才有意义。优先级的级数是有限制的。

10.3.11 会话连接回弹率

会话连接回弹率参数规定了下列概率：

a) SS提供者发起会话连接的无序释放(即：发出S-P-ABORT indication)；

b) 在已建立的会话连接上，在指定时间间隔内SS提供者异常报告(即：发起S-P-EXCEPTION-REPORT indication)。

10.3.12 扩充控制参数

扩充控制参数允许SS用户在常规流量拥挤时使用重新同步、夭折、活动中断和活动丢弃服务。

注：当选定加速数据功能单元时，总是为SS用户提供扩充控制QOS。

10.3.13 优化的对话传送

优化的对话传送QOS参数允许某些会话服务请求的拼接传送，如何实现这些服务请求的拼接是本地实现的事情。

注：该QOS参数调用SS提供者扩充拼接协议选项。

第二篇 面向连接的会话服务原语定义

11 会话服务原语简介

11.1 原语概述

通过调用会话服务原语序列实现组成会话服务的每个服务。表5、表6和表7综述了在会话服务各阶段所出现的原语及其参数。在第12章、第13章和第14章定义了这些参数。

表5 会话连接建立阶段的原语

服 务	原 语	参 数
会话连接	S-CONNECT request S-CONNECT indication S-CONNECT response S-CONNECT confirm	会话连接标识符，主呼会话地址、被呼会话地址、响应会话地址，结果，QOS，会话需求，同步点序号，初始权标设置，SS用户数据

表 6　数据传送阶段的原语

服　　务	原　　语	参　　数
常规数据传送	S-DATA request S-DATA indication	SS 用户数据
加速数据传送	S-EXPEDITED-DATA request S-EXPEDITED-DATA indication	SS 用户数据
特种数据传送	S-TYPED-DATA request S-TYPED-DATA indication	SS 用户数据
能力数据交换	S-CAPABILITY-DATA request S-CAPABILITY-DATA indication S-CAPABILITY-DATA response S-CAPABILITY-DATA confirm	SS 用户数据
出让权标	S-TOKEN-GIVE request S-TOKEN-GIVE indication	权标
请求权标	S-TOKEN-PLEASE request S-TOKEN-PLEASE indication	权标、SS 用户数据
出让控制	S-CONTROL-GIVE request S-CONTROL-GIVE indication	无参数
次同步点	S-SYNC-MINOR request S-SYNC-MINOR indication S-SYNC-MINOR response S-SYNC-MINOR confirm	类型、同步点序号、SS 用户数据
主同步点	S-SYNC-MIJOR request S-SYNC-MIJOR indication S-SYNC-MIJOR response S-SYNC-MIJOR confirm	同步点序号、SS 用户数据
重新同步	S-RESYNCHRONIZE request S-RESYNCHRONIZE indication S-RESYNCHRONIZE response S-RESYNCHRONIZE confirm	重新同步类型、同步点序号、权标、SS 用户数据
P 异常报告	S-P-EXCEPTION-REPORT indication	原因
U 异常报告	S-P-EXCEPTION-REPORT request S-P-EXCEPTION-REPORT indication	原因、SS 用户数据
活动开始	S-ACTIVITY-START request S-ACTIVITY-START indication	活动标识符、SS 用户数据
活动继续	S-ACTIVITY-RESUME request S-ACTIVITY-RESUME indication	活动标识符、旧活动标识符、同步点序号、旧会话连接标识、SS 用户数据

表 6（续）

服　务	原　语	参　数
活动中断	S-ACTIVITY-INTERRUPT request S-ACTIVITY-INTERRUPT indication S-ACTIVITY-INTERRUPT response S-ACTIVITY-INTERRUPT confirm	原因
活动丢弃	S-ACTIVITY-DISCARD request S-ACTIVITY-DISCARD indication S-ACTIVITY-DISCARD response S-ACTIVITY-DISCARD confirm	原因
活动结束	S-ACTIVITY-END request S-ACTIVITY-END indication S-ACTIVITY-END response S-ACTIVITY-END confirm	同步点序号、SS 用户数据

表 7　会话连接释放阶段的原语

服　务	原　语	参　数
有序释放	S-RELEASE request S-RELEASE indication S-RELEASE response S-RELEASE confirm	结果、SS 用户数据
U 夭折	S-U-ABORT request S-U-ABORT indication	SS 用户数据
P 夭折	S-P-ABORT indication	原因

11.2　发送原语的权标限制

表 8 中定义了能够发出要求权标的服务原语的条件。

表 8　服务原语的权标限制

服　务　原　语	数据权标	次同步权标	主/活动权标	释放权标
S-RELEASE request	2	2	2	2
S-RELEASE response(否定)	nr	nr	nr	0
S-DATA request(半双工)	1	nr	nr	nr
S-DATA request(双工)	3	nr	nr	nr
S-CAPABILITY-DATA request	2	2	1	nr
S-TOKEN-GIVE request(数据权标)	1	nr	nr	nr
S-TOKEN-GIVE request(次同步权标)	nr	1	nr	nr
S-TOKEN-GIVE request(主/活动权标)	nr	nr	1	nr
S-TOKEN-GIVE request(释放权标)	nr	nr	nr	1
S-TOKEN-PLEASE request(数据权标)	0	nr	nr	nr
S-TOKEN-PLEASE request(次同步权标)	nr	0	nr	nr
S-TOKEN-PLEASE request(主/活动权标)	nr	nr	0	nr
S-TOKEN-PLEASE request(释放权标)	nr	nr	nr	0

表 8（续）

服 务 原 语	数据权标	次同步权标	主/活动权标	释放权标
S-CONTROL-GIVE request	2	2	1	2
S-SYNC-MINOR request，未选定对称同步	2	1	nr	nr
S-SYNC-MINOR request，选定对称同步	nr	3	nr	nr
S-SYNC-MIJOR request	2	2	1	nr
S-U-EXCEPTION-REPORT request	0	nr	nr	nr
S-ACTIVITY-START request	2	2	1	nr
S-ACTIVITY-RESUME request	2	2	1	nr
S-ACTIVITY-INTERRUPT request	nr	nr	1	nr
S-ACTIVITY-DISCARD request	nr	nr	1	nr
S-ACTIVITY-END request	2	2	1	nr
符号说明： 0：权标可用且还未分配给发起该服务原语的 SS 用户； 1：权标可用且已分配给发起该服务原语的 SS 用户； 2：权标不可用或已分配给发起该服务原语的 SS 用户； 3：权标不可用； nr：无限制。				

11.3　原语的顺序

所有 SS 用户请求和响应都是由 SS 提供者按照 SS 用户提交的顺序交付的。但下列几项除外：

a)　S-EXPEDITED-DATA；

b)　S-RESYNCHRONIZE；

c)　S-ACTIVITY-INTERRUPT；

d)　S-ACTIVITY-DISCARD；

e)　S-U-ABORT。

上述各项可以比其前面提交的原语先交付，但不能迟于在其后面提交的原语。

上述顺序规则适用于在任何连接上发步的所有原语，该连接嵌套在相同的最外部会话连接中，即使在一个集的不同连接处发生两个这样的原语。

11.4　同步点序号管理

某些原语带有一个或两个同步点序号来标识一个同步点。序号的上限由 SS 用户定义，被称为上限序号，范围是 1 000 000 到正无穷。上限序号在会话连接建立阶段协商。在 SS 用户和 SPM 之间传送上限序号的手段是本地事宜。

SS 提供者将取值范围为 0 到(10 * * 上限序号)-2 的有效同步点序号分配给同步点。SS 用户要负责保证在同步点请求中由 SS 提供者分配的序号不超过(10 * * 上限序号)-2。

同步点序号(10 * * 上限序号)-1 也是 SS 用户使用的有效同步点序号，但仅限于下列服务，这些服务要求下一个同步点的同步点序号：

a)　会话连接服务；

b)　重新同步服务。

本标准按照下述方法定义同步点序号的管理：

c)　SS 提供者管理的对抽象局部变量 V(M)、V(A)、V(R)和 Vsc 的操作；

d)　为调用这些操作由 SS 用户发出的原语。

表 A.4 给出了这些操作。

根据是否选择了对称同步功能单元，同步点可以由下述两种方法中的一种进行标识：

e) 单独序号同步点：只允许一个SS用户在任意给定时间内定义同步点，由次同步和主/活动权标控制。用一个单独的序号标识所有的同步点；每次SS用户中的任一个发起同步请求，单独序号都增加。当对称同步功能单元没有被选择时，则使用单独序号同步点。在这种选择中，服务原语只使用第一同步点序号参数。

f) 对称序号同步点：允许两个SS用户在它们的发送数据流方向定义次同步点。两个次同步点（一个数据流方向一个点）的相关性由一个SS用户负责。次同步权标不可用。只有与次同步点经过的数据流方向有关的序号才会增加。当选择了对称同步功能单元时，使用对称序号同步点。在这种选择中，服务原语中使用第一和第二同步点序号参数。第一同步点序号用于指示在请求SS用户的发送数据流上的点；第二同步点序号用于指示在相反数据流方向上的点。

一个次同步点和对称序号同步点一起与一个数据流单独方向相关联，并由一个同步点序号代表。主同步点和活动的结束通常由两个相关的同步点序号定义，每个同步点序号对应数据流的一个方向。

当数据权标有效以及选择了对称同步功能单元时，不要求数据权标的所有者发送一个次同步点。当选择特种数据功能单元时，允许半双工用户在它的特种数据流反向中指出次同步点。如果一个使用半双工模式的SS用户不想和特种数据流同步，则SS用户宜限制向数据权标所有者发送次同步点的权利。

当既选择主同步功能单元又选择对称同步功能单元时，主/活动权标是可用的。主同步确认为证实经过的数据流方向定义序号。只允许主/活动权标（和数据权标，如果可用）的所有者发送S-SYNC-MAJOR request。

在当选择了对称同步功能单元的情况时，11.4.1定义单独连续的同步点号的管理。在当选择了对称同步功能单元的情况时，11.4.2定义了对称序号同步点的管理。

11.4.1 单独连续同步点号的管理

本子条定义同步变量，以及当选择对称同步功能单元用在会话连接时，如何管理它们。

11.4.1.1 变量

当不选择对称同步功能单元时，同步变量V(A)、V(M)和V(R)每一个都是单独号变量。

11.4.1.1.1 V(A)

V(A)是所期望的同步点证实的最小序号。当V(A)=V(M)时，不期望证实。

11.4.1.1.2 V(M)

V(M)是下一个要用的序号。

11.4.1.1.3 V(R)

V(R)是允许重新同步重启的最小序号。

11.4.1.1.4 Vsc

Vsc用于确定SS用户是否有权发送次同步点响应。Vsc取下列值：

Vsc=真：当V(A)小于V(M)时，SS用户有权发出次同步点的响应。

Vsc=假：SS用户无权发出次同步点响应。

11.4.1.2 会话连接建立

当会话连接建立时，至少选定了下列功能单元之一，但还未选定活动管理功能单元时：

a) 次同步功能单元；

b) 主同步功能单元；

c) 重新同步功能单元；

这时，置V(M)和V(A)为响应/证实原语中的初始同步点序号值，置V(R)为0，Vsc为假。

11.4.1.3 次同步点

当选择了次同步功能单元，而没有选择对称同步功能单元时，次同步服务在同步变量上具有下述作用。

当发出 S-SYNC-MINOR request 时，相关的同步点序号等于 V(M)，该序号通知给 SS 用户，V(R)保持不变，如果 Vsc 为真，则置 V(A)等于 V(M)。否则，V(A)保持不变。然后，V(M)加 1，置 Vsc 为假。

当收到 S-SYNC-MINOR indication 时，相关的同步点序号等于 V(M)，该序号通知给 SS 用户，V(R)保持不变。如果 Vsc 为假，则置 V(A)等于 V(M)。否则，V(A)保持不变。然后 V(M)加 1，置 Vsc 为真。

当发出 S-SYNC-MINOR response 时，Vsc 应当为真，且相关的同步点序号小于 V(M)而等于或大于 V(A)，该同步点序号是由 SS 用户提供的，置 V(A)为该序号加 1。V(M)、V(R)和 Vsc 保持不变。

当收到 S-SYNC-MINOR confirm 时，Vsc 应当为假，且相关的同步点序号小于 V(M)而等于或大于 V(A)，该序号通知给 SS 用户，置 V(A)为该序号加 1。V(M)、V(R)和 Vsc 保持不变。

11.4.1.4 主同步点

当选择了主同步功能单元，而没有选择对称同步功能单元时，主同步服务在同步变量上具有下述作用。

当发出 S-SYNC-MAJOR request 时，相关的同步点序号等于 V(M)，该序号通知给 SS 用户，V(R)保持不变。如果 Vsc 为真，则置 V(A)等于 V(M)。否则，V(A)保持不变。然后，V(M)加 1，置 Vsc 为假。

当收到 S-SYNC-MAJOR indication 时，相关的同步点序号等于 V(M)，该序号通知给 SS 用户，V(R)和 Vsc 保持不变。如果 Vsc 为假，则置 V(A)等于 V(M)。否则，V(A)保持不变。然后 V(M)加 1。

当发出 S-SYNC-MAJOR response 时，相关的同步点序号等于 V(M)减 1。该原语不传递同步点序号。置 V(A)和 V(R)等于 V(M)。V(M)和 Vsc 保持不变。

当收到 S-SYNC-MAJOR confirm 时，相关的同步点序号等于 V(M)减 1。该原语不传递同步点序号。置 V(A)和 V(R)等于 V(M)。V(M)和 Vsc 保持不变。

11.4.1.5 重新同步

当选择了重新同步功能单元，而没有选择对称同步功能单元时，重新同步服务在同步变量上具有下述作用。

当发出 S-RESYNCHRONIZE request 时：

a) 如果选项为“放弃”，则无相关的同步点序号；

b) 如果选项为“重启”，则相关的同步点序号应大于或等于 V(R)且小于或等于 V(M)，该序号由 SS 用户提供；

c) 如果选项为“设置”，则相关的同步点序号可以是任意有效值，该序号由 SS 用户提供。

对于所有选项，V(A)、V(M)、V(R)和 Vsc 都保持不变。

当收到 S-RESYNCHRONIZE indication 时：

d) 如果选项为“放弃”，则相关的同步点序号大于或等于 V(M)，该序号通知给 SS 用户。将 V(M)置成包含在该指示中的序号；

e) 如果选项为“重启”，则相关的同步点序号大于或等于 V(R)，该序号通知给 SS 用户。如果同步点序号大于 V(M)(见注)，则 SS 用户响应 S-RESYNCHRONIZE indication(见 g))，或产生一个冲突(见第 16 章)；

注：当 SS 提供者提供了扩充控制 QOS，且 S-RESYNCHRONIZE request 导致前面的 S-SYNC-MAJOR request 被 SS 提供者丢弃时，会出现这种情况。

f) 如果选项为“设置”，相关的同步点序号可以是任意有效值，该序号通知给 SS 用户。

对于所有选项，V(A)、V(R)和 Vsc 保持不变。对于“重启”和“设置”选项，V(M)保持不变。

当发出 S-RESYNCHRONIZE response 时：

g) 如果选项为“放弃”或“重启”，则相关的同步点序号应等于在 S-RESYNCHRONIZE indication 中接收到的值，该序号由 SS 用户提供；

h) 如果选项为“设置”，则相关的同步点序号可以是任意有效值，该序号由 SS 用户提供。

置 V(A)、V(M)为该同步点序号，Vsc 保持不变。对选项“放弃”和“设置”，置 V(R)为 0。对选项“重启”，V(R)保持不变。

当收到 S-RESYNCHRONIZE confirm 时：

i) 如果选项为“放弃”，则相关的同步点序号大于或等于 V(M)，该序号通知给 SS 用户；

j) 如果选项为“重启”，则相关的同步点序号等于相应请求中的同步点序号，该序号通知给 SS 用户；

k) 如果选项为“设置”，则相关的同步点序号可以是任意有效值。该序号通知给 SS 用户。

置 V(A)、V(M)为该同步点序号，Vsc 保持不变。对于选项“放弃”和“设置”，置 V(R)为 0。对于选项“重启”，V(R)保持不变。

11.4.1.6 活动管理

当选择了活动管理功能单元，而没有选择对称同步功能单元时，活动管理服务在同步变量上具有下述作用。

当发出 S-ACTIVITY-START request 或收到 S-ACTIVITY-START indication 时，置 V(A)、V(M)和 V(R)为 1，Vsc 保持不变。

当发出 S-ACTIVITY-RESUME request 或收到 S-ACTIVITY-RESUME indication 时，置 V(A)和 V(M)为由 SS 用户提供的同步点序号加 1，置 V(R)为 1，Vsc 保持不变。

S-ACTIVITY-END request、indication、response 和 confirm 中的 V(A)、V(M)、V(R)、Vsc 的管理分别与 S-SYNC-MAJOR 中 request、indication、response 和 confirm 中相应的管理相同。

S-ACTIVITY-DISCARD 和 S-ACTIVITY-INTERRUPT 原语的使用对 V(A)、V(M)、V(R)和 Vsc 没有影响。

11.4.2 对称序号同步点号的管理

本条定义同步变量，以及当对称同步功能单元被选择用在会话连接上时，如何管理它们。对于次同步和主同步服务，序号由 SS 提供者管理并交给 SS 用户。

11.4.2.1 变量

当选择了对称同步功能单元时，同步变量 V(A)、V(M)和 V(R)每一个都是双号变量(一个规则对)。

11.4.2.1.1 V(A)= V(As),V(Ar)

V(As)是在 SS 用户发送流上所期望的同步点证实的最小序号。当 V(As)=V(Ms)时，不期望接收证实。

V(Ar)是在 SS 用户接收流上证实未被发送的最小序号。当 V(Ar)=V(Mr)时，不发送证实。

11.4.2.1.2 V(M)= V(Ms),V(Mr)

V(Ms)是下一个即将发送的同步点的序号。

V(Mr)是下一个即将接收的同步点的序号。

11.4.2.1.3 V(R)= V(Rs),V(Rr)

V(Rs)是在 SS 用户发送流上允许重新同步重启的最小序号。

V(Rr)是在 SS 用户接收流上允许重新同步重启的最小序号。

11.4.2.1.4 Vsc

如果没有选择对称同步功能单元，则不使用 Vsc。

11.4.2.2 会话连接建立

当任何会话连接建立时，要选择对称同步功能单元而不选择活动管理功能单元时，置 V(Ms)和

V(Mr)为响应/证实原语中的初始同步点序号值。V(As)和 V(Ar)也被置为这些值。置 V(Rs)和 V(Rr)为 0。如果选择对称同步功能单元,则应用这些号的双号定义。

11.4.2.3 次同步点

当选择了对称同步功能单元时,次同步服务在同步变量上具有下述作用。

当发出 S-SYNC-MINOR request 时,相关的同步点序号等于 V(Ms),该序号通知给 SS 用户,V(Rs)和 V(As)保持不变,然后,V(Ms)加 1。

当收到 S-SYNC-MINOR indication 时,相关的同步点序号等于 V(Mr),该序号通知给 SS 用户,V(Rr)和 V(Ar)保持不变,然后 V(Mr)加 1。

当发出 S-SYNC-MINOR response 时,相关的同步点序号小于 V(Mr)而等于或大于 V(Ar),该同步点序号是由 SS 用户提供的,置 V(Ar)为该序号加 1 。V(Mr)和 V(Rr)保持不变。

当收到 S-SYNC-MINOR confirm 时,相关的同步点序号小于 V(Ms)而等于或大于 V(As),该序号通知给 SS 用户,置 V(As)为该序号加 1 。V(Ms)和 V(Rs)保持不变。

11.4.2.4 主同步点

当选择了主同步功能单元和对称同步功能单元时,主同步服务在同步变量上具有下述作用。

两个序号与一个主同步点相关联。第一同步点序号与请求者的发送流相关联,第二同步点序号与请求者的接收流相关联。第一序号由 SS 提供者在发送 S-SYNC-MAJOR request 时定义。第二序号由 SS 提供者在发送 S-SYNC-MAJOR response 时定义。

当发出 S-SYNC-MAJOR request 时,相关的发送流同步点序号等于 V(Ms),该序号通知给 SS 用户,V(Rs)保持不变。然后,V(Ms)加 1。

当收到 S-SYNC-MAJOR indication 时,相关的接收流同步点序号等于 V(Mr),该序号通知给 SS 用户,V(Rr)保持不变。然后 V(Mr)加 1。

当发出 S-SYNC-MAJOR response 时,相关的发送流同步点序号等于 V(Ms),该序号通知给 SS 用户,然后 V(Ms)减 1。置 V(As)和 V(Rs)等于 V(Ms),置 V(Ar)和 V(Rr)等于 V(Mr)。

当收到 S-SYNC-MAJOR confirm 时,相关的接收流同步点序号等于 V(Mr),该序号通知给 SS 用户。然后 V(Mr)减 1。置 V(As)和 V(Rs)等于 V(Ms),置 V(Ar)和 V(Rr)等于 V(Mr)。V(Ms)保持不变。

在 SS 用户产生 S-SYNC-MAJOR request 后,可能会收到次同步点和用户数据(如果选择了全双工功能单元)。不允许接收 SS 用户在等候 S-SYNC-MAJOR confirm 时,对这些同步点或数据进行响应。

11.4.2.5 重新同步

当选择了重新同步功能单元和对称同步功能单元时,重新同步服务在同步变量上具有下述作用。

第一同步点序号与请求者发送流相关联,第二同步点序号与请求者接收流相关联。

当选择了对称同步功能单元时,SS 用户可能请求一个或两个流方向上的同步。SS 用户通过 S-RESYNCHRONIZE request 为每一个请求的流方向提供一个重新同步选项(放弃、重启或设置)。数据流方向的选项决定了与这个流方向有关的同步点序号和变量如何处理。

当发出 S-RESYNCHRONIZE request 时:

a) 如果一个流方向的选项为"放弃",则无相关的同步点序号;

b) 如果一个流方向的选项为"重启",则相关的同步点序号应大于或等于 V(Rs)[或 V(Rr)]且小于或等于 V(Ms)[或 V(Mr)];

c) 如果一个流方向的选项为"设置",则相关的同步点序号可以是任意有效值。

对于所有选项,V(As)、V(Ar)、V(Ms)、V(Mr)、V(Rs)和 V(Rr)都保持不变。

当收到 S-RESYNCHRONIZE indication 时:

d) 如果一个流方向选项为"放弃",则相关的发送(或接收)同步点序号大于或等于 V(Ms)[或 V(Mr)],该序号通知给 SS 用户。将 V(Ms)[或 V(Mr)]置成包含在该指示中的序号;

e) 如果一个流方向选项为“重启”，则相关的发送(或接收)同步点序号大于或等于 V(Rs)[或 V(Rr)]，该序号通知给 SS 用户。如果同步点序号大于 V(Ms)[或 V(Mr)]，则 SS 用户响应 S-RESYNCHRONIZE indication(见 g))，或产生一个冲突(见第 16 章)；

f) 如果一个流方向选项为"设置"，相关的发送(或接收)同步点序号可以是任意有效值，该序号通知给 SS 用户。

对于所有选项，V(As)、V(Ar)、V(Rs)和 V(Rr)保持不变。对于“设置”选项，V(Ms)和 V(Mr)保持不变。

当发出 S-RESYNCHRONIZE response 时：

g) 如果一个流方向选项为“放弃”或“重启”，则相关的发送(或接收)同步点序号应等于在 S-RESYNCHRONIZE indication 中接收到的值，该序号由 SS 用户提供；

h) 如果一个流方向选项为“设置”，则相关的发送(或接收)同步点序号可以是任意有效值，该序号由 SS 用户提供。

如果发送流被重新同步，为 SS 用户发送流置 V(As)和 V(Ms)为该同步点序号；如果接收流被重新同步，为 SS 用户接收流置 V(Ar)和 V(Mr)为该同步点序号。如果相关流方向的同步选项是“放弃”或“设置”，则置 V(Rs)和/或 V(Rr)为 0；为了“重启”选项保持它们不变。

当收到 S-RESYNCHRONIZE confirm 时：

i) 如果一个流方向选项为“放弃”，则相关的发送(或接收)同步点序号大于或等于 V(Ms)[或 V(Mr)]，该序号通知给 SS 用户；

j) 如果一个流方向选项为“重启”，则相关的发送(或接收)同步点序号小于或等于相应请求中的同步点序号，该序号通知给 SS 用户；

k) 如果一个流方向选项为“设置”，则相关的发送(或接收)同步点序号可以是任意有效值。该序号通知给 SS 用户。

如果发送流被重新同步，为 SS 用户发送流置 V(As)和 V(Ms)为该同步点序号；如果接收流被重新同步，为 SS 用户接收流置 V(Ar)和 V(Mr)为该同步点序号。如果相关流方向的同步选项是“放弃”或“设置”，则置 V(Rs)和/或 V(Rr)为 0；为了“重启”选项保持它们不变。

11.4.2.6 活动管理

当选择了活动管理功能单元和对称同步功能单元时，活动管理服务在同步变量上具有下述作用。

第一同步点序号与请求者的发送流有关，第二同步点序号与请求者的接收流有关。

当发出 S-ACTIVITY-START request 或收到 S-ACTIVITY-START indication 时，置 V(As)、V(Ar)、V(Ms)、V(Mr)、V(Rs)和 V(Rr)为 1。

当发出 S-ACTIVITY-RESUME request 或收到 S-ACTIVITY-RESUME indication 时，置 V(As)和 V(Ms)为与 SS 用户发送流有关的同步点序号的值，置 V(Ar)和 V(Mr)为与 SS 用户接收流有关的同步点序号的值。置 V(Rs)和 V(Rr)为 1。

S-ACTIVITY-END request、indication、response 和 confirm 中的 V(As)、V(Ar)、V(Ms)、V(Mr)、V(Rs)和 V(Rr)的管理分别与 S-SYNC-MAJOR 中 request、indication、response 和 confirm 中相应的管理相同。

S-ACTIVITY-DISCARD 和 S-ACTIVITY-INTERRUPT 原语的使用对 V(As)、V(Ar)、V(Ms)、V(Mr)、V(Rs)和 V(Rr)没有影响。

11.5 数据分隔

数据分隔服务添加了次同步点服务和对称同步服务的功能以保护次同步点之前发送的数据不被重新同步事件所丢弃。当选择数据分隔功能单元时，SS 用户通过设置 S-SYNC-MINOR request 中数据分隔参数的值为真来调用相关的服务。

12 会话连接建立阶段

12.1 会话连接服务

12.1.1 功能

会话连接服务使两个SS用户能在它们两者之间建立一个会话连接。

SS用户双方同时试图在它们之间建立一个会话连接时，可能会导致两个会话连接。SS用户总是可以拒绝不希望的连接，并没有对两个SS用户之间并存的会话连接数目进行体系结构上的限制。

本服务允许SS用户交换会话连接参数的值，到会话连接建立阶段结束时，SS用户已商定了一组与会话连接有关的参数值。

本服务也允许建立具有不同的会话连接参数的嵌套会话连接，该参数从那些双亲连接中获得。

12.1.2 原语的类型及其参数

表9规定了会话连接建立所需的会话服务原语的类型和参数。

表9 会话连接建立的原语和参数

参数	原语			
	S-CONNECT			
	request	indication	response	confirm
会话连接标识符	U	C(=)	U	C(=)
主呼会话地址	C	C		
被呼会话地址	C	C		
响应会话地址			C	C
结果			M	M(=)
服务质量	M	M	M	M
会话需求	M	M(=)	M	M(=)
第一初始同步点序号	C	C(=)	C	C(=)
第二初始同步点序号	C	C(=)	C	C(=)
权标的初始分配	C	C(=)	C	C(=)
SS用户数据	U	C(=)	U	C(=)
用户摘要	U	C(=)	U	C(=)
特殊用户数据	U	C(=)	U	C(=)

M:必备的参数；
C:有条件的参数；
U:用户可选的参数；
空白:该参数不出现；
(=):该参数值与前面SS原语的对应参数值相同。

12.1.2.1 会话连接标识符是由SS用户提供的用以标识该会话连接的参数。会话连接标识符对SS提供者是透明的，该参数由下列部分组成：

a) 主呼SS用户参照符(仅用于请求和指示)，最多为64个八位位组；

b) 被呼SS用户参照符(仅用于响应和证实)，最多为64个八位位组；

c) 公共参照符，最多为64个八位位组；

d) 附加的参照信息，最多为4个八位位组。

12.1.2.2 主呼会话地址是主呼实体的会话地址(见GB/T 9387.3)。除了当应该缺少本参数时，用连接服务建立一个嵌套会话连接的情况以外，本参数是必备的。

12.1.2.3 被呼会话地址是被呼实体的会话地址(见GB/T 9387.3)。除了当应该缺少本参数时，用连接服务建立一个嵌套会话连接的情况以外，本参数是必备的。

12.1.2.4 响应会话地址是响应实体的会话地址(见 GB/T 9387.3)。除了当应该缺少本参数时,用连接服务建立一个嵌套会话连接的情况以外,本参数是必备的。

12.1.2.5 结果是指示连接建立请求成功或失败的参数。其值为下列之一:

a) 接受;
b) 被呼 SS 用户拒绝,结果参数中的失败原因为下列之一:
   1) 未说明原因;
   2) 由于暂时拥挤而由被呼 SS 用户拒绝;
   3) 被呼 SS 用户拒绝,用户数据字段可用于提供进一步的信息;
c) SS 提供者拒绝,结果参数中的失败原因为下列之一:
   1) 未说明原因;
   2) SS 提供者拥挤;
   3) 被呼会话地址未知;
   4) 被呼 SS 用户未与 SSAP 相连;
   5) PICS 表中叙述的实现限制。

原因 3)和 4)可看作是永久性的。

在响应中只能出现 a)或 b)中的值,在证实中可出现任何值。

12.1.2.6 服务质量是一系列参数,其定义和协商如第 10 章中所述。

12.1.2.7 会话需求是受 9.2 中的定义所限制的一系列功能单元,它们选自:

a) 半双工功能单元;
b) 双工功能单元;
c) 异常功能单元;
d) 特种数据功能单元;
e) 协商式释放功能单元;
f) 次同步功能单元;
g) 对称同步功能单元;
h) 数据同步功能单元;
i) 主同步功能单元;
j) 重新同步功能单元;
k) 加速数据功能单元;
l) 活动管理功能单元;
m) 能力数据交换功能单元;
n) 无顺序释放功能单元;
o) 嵌套连接功能单元。

响应中所规定的会话需求向请求者指出了被呼 SS 用户的会话需求。接受者在响应中不可既建议半双工功能单元又建议双工功能单元。如果会话连接指示中,只建议使用半双工功能单元和双工功能单元之一,则接受者在响应中建议同样的功能单元或拒绝该连接。如果已建议能力数据交换功能单元,则也要建议活动管理功能单元。如果请求者或接受者建议了数据分隔功能单元,则要至少建议次同步功能单元和对称同步功能单元中的一个。如果接受者建议了数据分隔功能单元,则不建议活动管理功能单元。如果建议了异常功能单元,则也要建议半双工功能单元。使用相同的会话服务连接上不可能选择本功能单元和协商的释放功能单元。有这些特殊情况,不在 indication 中包含的额外 SS 用户会话需求,可能包含在 response 中。由指示和响应中都建议了的 SS 用户会话需求才是选定了的用于该会话连接会话需求。

12.1.2.8 第一和第二初始同步点序号用于标识初始同步点,7.6.3 中定义了一个或两个初始同步点序号出现的条件和协商规则。该序号值的范围是从 0 到(10 * * 上限序号)-1。

12.1.2.9 权标的初始分配参数列出了被分配了可用权标的初始方。只有相应的权标可用时，才要求这些参数。对于每个可用权标，在请求/指示中的值可以是下列之一：

a) 请求者方；

b) 接受者方；

c) 接受者选择。

如果在请求/指示中的值是 c)，接受者用 a)或 b)回答。否则在响应/证实中不出现本参数。

12.1.2.10 SS 用户数据是包含无限制的八位位组用户信息的参数。

12.1.2.11 通过参考上层规范，用户摘要是一个概括用户数据语义内容的参数。

12.1.2.12 特殊用户数据是可以在 SS 用户之间交换的参数，用来指示 SS 用户数据参数编码的特性。

注：特殊用户数据参数在 GB/T 15695 中定义的表示服务接口处不可见。本参数的目的是用在表示/会话的边界处。

12.1.3 原语的顺序

对于会话连接建立来说，无论被接受还是拒绝，都用下面的时序图(图 5)来定义原语的顺序。

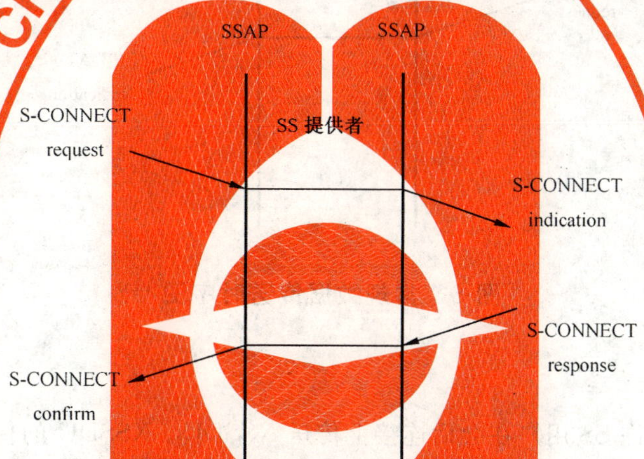

图 5 会话连接建立时序图

13 数据传送阶段

13.1 常规数据传送服务

13.1.1 功能

常规数据传送服务允许 SS 用户双方在会话连接上传送 NSSDU。SS 提供者应该尽快将每一 NSSDU 交付给 SS 用户。本服务对每个会话连接总是可用的。

本服务的使用受表 8 中所规定权标的限制。

13.1.2 原语的类型及其参数

表 10 中规定了常规数据传送所需的会话服务原语的类型和参数。

表 10 常规数据传送的原语和参数

参　数	原　语	
	S-DATA	
	request	indication
SS 用户数据	M	M(=)
特殊用户数据	U	C(=)

M：必备的参数；
(=)：参数值与前面 SS 原语的对应参数值相同。

SS 用户数据参数是一个 NSSDU。NSSDU 是由数目大于 0 的整数个八位位组组成。

特殊用户数据可在两个 SS 用户间交换。

注：特殊用户数据参数在 GB/T 15695 中定义的表示服务接口处不可见。本参数的目的是用在表示/会话的边界处。

13.1.3 原语的顺序

一次成功的常规数据传送的原语的顺序用下面的时序图(图 6)来定义。

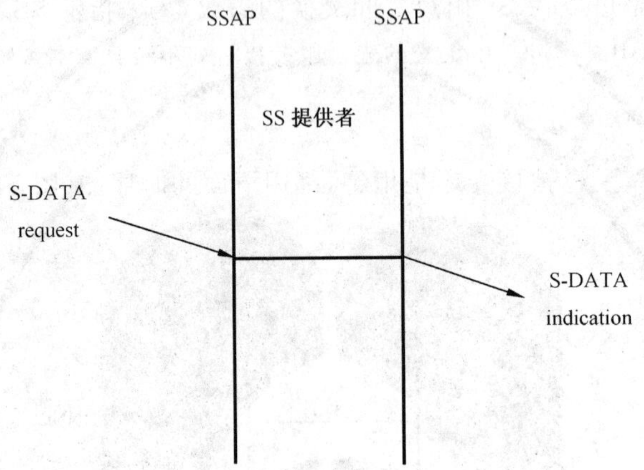

图 6 常规数据传送时序图

13.2 加速数据传送服务

13.2.1 功能

加速数据传送服务允许 SS 用户在会话连接上传送 XSSDU。XSSDU 的传送不受常规数据传送服务、特种数据传送服务和能力数据交换服务的那些权标和流量控制的约束。

SS 提供者保证 XSSDU 不在同一会话连接上随后提交的 NSSDU 或 TSSDU 之后交付。XSSDU 的大小是有限制的。

13.2.2 原语的类型及其参数

表 11 中规定了加速数据传送所需的会话服务原语的类型和参数。

表 11 加速数据传送的原语和参数

参　数	原　语	
	S-EXPEDITED-DATA	
	request	indication
SS 用户数据	M	M(=)
M:必备的参数； (=):参数值与前面 SS 原语的对应参数值相同。		

SS 用户数据参数是一个 XSSDU。XSSDU 的大小为 1 到 14 个八位位组。

13.2.3 原语的顺序

一次成功的加速数据传送的原语的顺序用图 7 所示的时序图来定义。

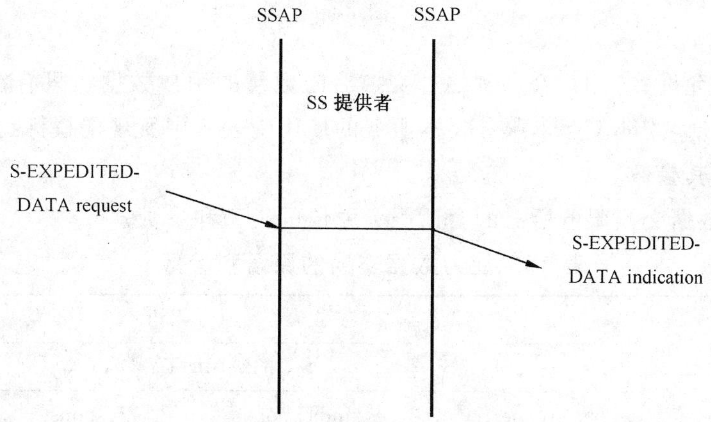

图 7　加速数据传送时序图

13.3　特种数据传送服务

13.3.1　功能

特种数据传送服务允许 SS 用户在会话连接上传送 TSSDU，特种数据传送除了不受权标限制外，与常规数据传送所受的服务约束是相同的。

13.3.2　原语的类型及其参数

表 12 中规定了特种数据传送所需的会话服务原语的类型和参数。

表 12　特种数据的原语和参数

参　　数	原　　语	
	S-TYPED-DATA	
	request	indication
SS 用户数据	M	M(=)
M：必备的参数； (=)：参数值与前面 SS 原语的对应参数值相同。		

SS 用户数据参数是一个 TSSDU。TSSDU 是由数目大于 0 的、不限长度的整数个八位位组组成的。

13.3.3　原语的顺序

一次成功的特种数据传送的原语的顺序用图 8 所示的时序图来定义。

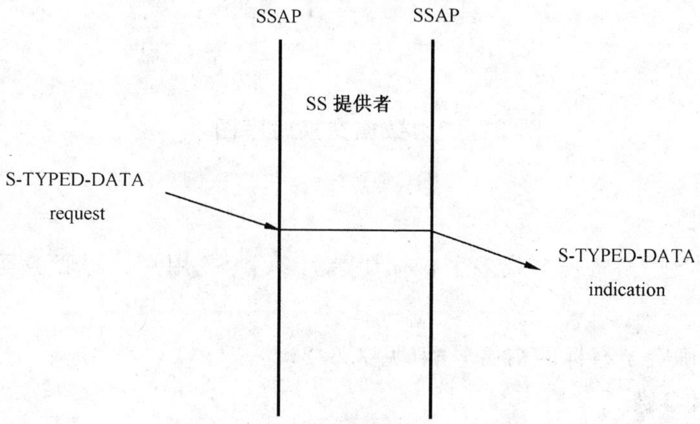

图 8　特种数据传送时序图

13.4 能力数据交换服务

13.4.1 功能

能力数据交换服务允许 SS 用户在活动之外交换有限数量的用户数据。只有在活动服务可用而又没有活动正在进行之中时,才能发起本服务。本服务的使用受表 8 中所规定权标约束的限制。

13.4.2 原语的类型及其参数

表 13 规定了能力数据交换服务所需的会话服务原语的类型和参数。

表 13 能力数据交换的原语和参数

参数	原语			
	S-CAPABILITY-DATA			
	request	indication	response	confirm
SS 用户数据	U	C(=)	U	C(=)

C:有条件的参数;
U:用户可选的参数;
(=):参数值与前面 SS 原语的对应参数值相同。

SS 用户数据是一个包含了数目不限的八位位组用户信息的参数。

13.4.3 原语的顺序

一次成功的能力数据交换的原语的顺序用图 9 所示的时序图来定义。

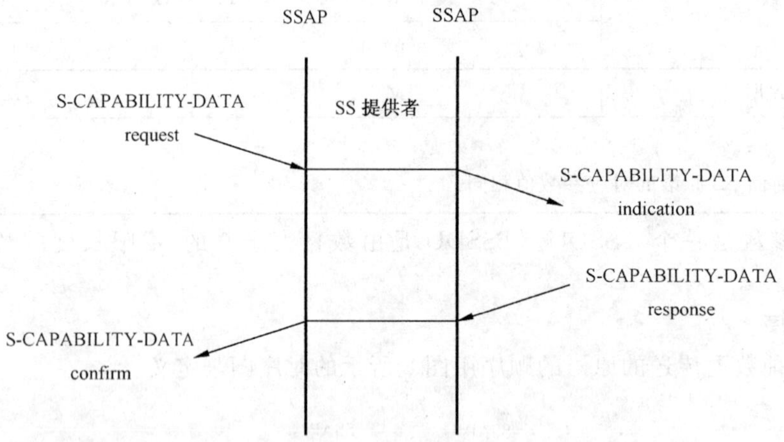

图 9 能力数据交换时序图

13.5 出让权标服务

13.5.1 功能

出让权标服务允许 SS 用户将一个或多个权标让给另一个 SS 用户。本服务受表 8 中所规定权标的限制。

当会话连接建立时,确定了权标的初始分配(见 7.6.2)。

13.5.2 原语的类型及其参数

表 14 中规定了出让权标服务所需的会话服务原语的类型和参数。

表 14 出让权标的原语和参数

参　数	原　语	
	S-TOKEN-GIVE	
	request	indication
权标	M	M(=)
SS 用户数据	U	C(=)
M:必备的参数; C:有条件的参数; U:用户可选的参数; (=):参数值与前面 SS 原语的对应参数值相同。		

13.5.2.1 权标是一组已分配给了该 SS 用户且由其传送给其他 SS 用户的权标,其值为下列各值的任意组合:

a) 数据权标;

b) 次同步权标;

c) 主/活动权标;

d) 释放权标。

13.5.2.2 SS 用户数据是一个包含了数目不限的八位位组用户信息的参数。

13.5.3 原语的顺序

一次成功的权标传送原语的顺序如图 10 所示的时序图来定义。

图 10 出让权标时序图

13.6 请求权标服务

13.6.1 功能

请求权标服务允许 SS 用户请求特定的权标。本服务受表 8 中所规定权标的限制。

13.6.2 原语的类型及其参数

表 15 中规定了请求权标服务所需的会话服务原语的类型和参数。

表 15 请求权标的服务原语和参数

参　数	原　语	
	S-TOKEN-PLEASE	
	request	indication
权标	M	M(=)
SS 用户数据	U	C(=)

M:必备的参数;
C:有条件的参数;
U:用户可选的参数;
(=):参数值与前面 SS 原语的对应参数值相同。

13.6.2.1 权标是一组未分配的但由 SS 用户请求的可用权标,其值是下列各值的任意组合:

a) 数据权标;
b) 次同步权标;
c) 主/活动权标;
d) 释放权标。

13.6.2.2 SS 用户数据是一个包含了数目不限的八位位组的用户信息的参数。

13.6.3 原语的顺序

一次成功的权标请求原语的顺序用图 11 所示的时序图来定义。

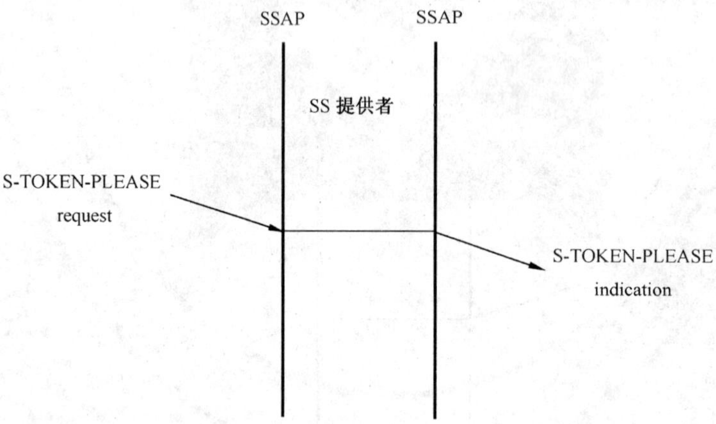

图 11 请求权表时序图

13.7 出让控制服务

13.7.1 功能

出让控制服务允许 SS 用户让出全部可用权标。本服务是活动管理概念中不可分割的一部分。当选定活动管理功能单元,但没有活动在进行时,才能请求本服务。

13.7.2 原语的类型及其参数

表 16 中规定了出让控制服务所需的会话服务原语的类型和参数。

SS 用户数据是一个包含了数目不限的八位位组的用户信息的参数。

表 16　出让控制的服务原语和参数

参　数	原　语	
	S-CONTROL-GIVE	
	request	indication
SS 用户数据	U	C(=)

C:有条件的参数;
U:用户可选的参数;
(=):参数值与前面 SS 原语的对应参数值相同。

13.7.3　原语的顺序

一次成功的权标传送的原语的顺序用图 12 所示的时序图来定

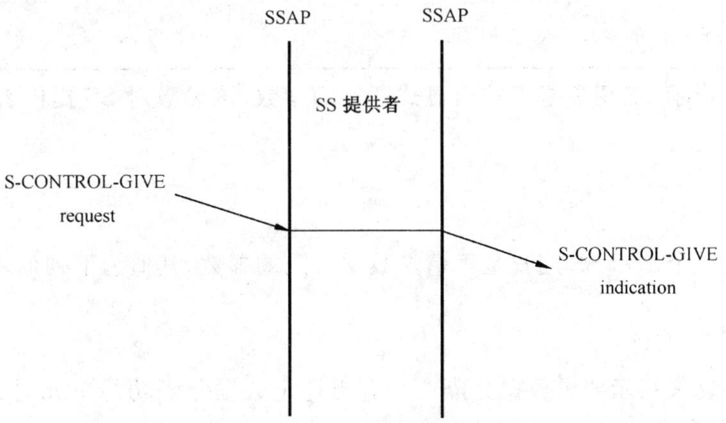

图 12　出让控制时序图

13.8　次同步点服务

13.8.1　功能

次同步点服务允许 SS 用户在 NSSDU 和 TSSDU 流中定义次同步点。如果已选定活动管理功能单元,则必须在活动内才能发起本服务。本服务受表 8 中所规定权标的限制。

请求者可以用类型参数请求显式的次同步点证实。但 SS 提供者不要求发出一个显式证实。即使未要求显式证实,接受者也可以发出一个证实。

按接收到的相应指示的顺序发出响应。在前面的次同步点未被证实之前,也可以请求新的次同步点。

次同步点或主同步点证实可证实前面所有未被证实的次同步点,未证实的次同步点数目不受 SS 提供者限制。

与次同步点请求和证实有关的任何语义对 SS 提供者都没有涵义。

如果选定了次同步或对称同步功能单元,则可以发送次同步点。当选定次同步功能单元时,只有次同步权标(和数据权标,如果可用)的所有者可以发送一个次同步点。当选定对称同步功能单元时,次同步权标不可用,也不要求数据权标的所有者(当有用时)发送一个次同步点。

数据分隔服务添加次同步点服务和对称同步服务的功能以保护次同步点之前的所有数据不被重新同步事件所丢弃。当选定数据分隔功能单元时,SS 用户通过置 S-SYNC-MINOR request 中的数据分隔参数为真,来调用相关的服务。

13.8.2　原语的类型及其参数

表 17 中规定了次同步点服务所需的会话服务原语的类型和参数。

表 17　次同步点的原语和参数

参　　数	原　　语			
	S-SYNC-MINOR			
	request	indication	response	confirm
类型	M	M(=)		
数据分隔	C	C(=)		
第一同步点序号	M	M(=)	M	M(=)
SS 用户数据	U	C(=)	U	C(=)
M:必备的参数; C:有条件的参数; U:用户可选的参数; 空白:参数不出现; (=):参数值与前面 SS 原语的对应参数值相同。				

13.8.2.1　类型是一个指示 SS 用户是否请求显式证实的参数,该参数对 SS 提供者是透明的。其值为下列值之一:

a)　显式;

b)　任选。

13.8.2.2　数据分隔是一个指示 SS 用户是否请求数据分隔的参数,其值为下列值之一:

a)　真;

b)　假。

置数据分隔参数为真来指示要求数据分隔。只有当选定数据分隔功能单元时,才显示数据分隔参数。如果存在,数据分隔参数的值在 indication 中指示信息。

13.8.2.3　第一同步点序号在 11.4、11.4.1.3 和 11.4.2.3 中定义。它的范围是从 0 到(10 * * 上限序号)-2(见 11.4)。

13.8.2.4　SS 用户数据是一个包含数目不限的八位位组用户信息的参数。

13.8.3　原语的顺序

一个次同步点证实的原语的顺序用图 13 所示的时序图定义。

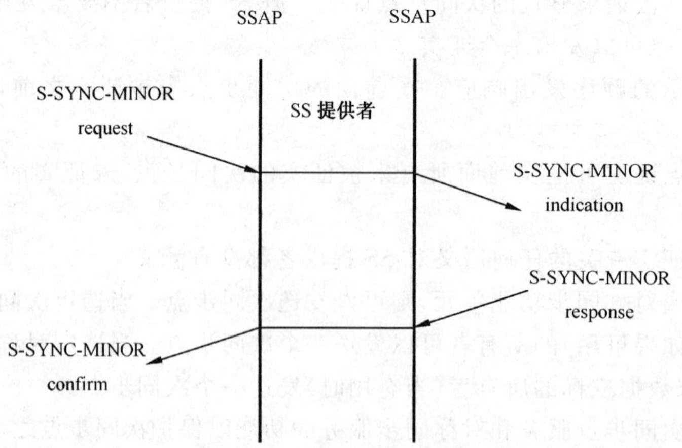

图 13　次同步点时序图

即使指示中的类型参数被置为显式,也可没有响应和证实。

也可以发出下列原语来成功地证实次同步点(代替 S-SYNC-MINOR response 对 S-SYNC-MINOR indication 中规定的同步点的响应):

a) 对后继 S-SYNC-MINOR indication 的 S-SYNC-MINOR response;

b) 对后继 S-SYNC-MAJOR indication 的 S-SYNC-MAJOR response;

c) 后继次同步点的 S-SYNC-MINOR request(假定对方 SS 用户已将次同步权标传递过来);

d) 后继主同步点的 S-SYNC-MAJOR request[假定对方 SS 用户已将次同步权标、主/活动权标(如果必要)从另一个 SS 用户传递过来]。

13.9 主同步点服务

13.9.1 功能

主同步点服务允许请求者在 NSSDU、TSSDU 和 XSSDU 流中定义主同步点,以便将主同步点之前和之后的数据流完全分开。如果已选定了活动管理功能单元,则只有在活动内才可发起本服务。本服务的使用受表 8 中所规定的权标限制。

请求者在发出 S-SYNC-MAJOR request 之后,接收到 S-SYNC-MAJOR confirm 之前,不能发起除 S-TOKEN-GIVE request、S-ACTIVITY-INTERRUPT request、S-ACTIVITY-DISCARD request、S-U-ABORT request 和 S-RESYNCHRONIZE request 之外的任何服务。

接受者在收到 S-SYNC-MAJOR indication 后,除任何现有的限制外,在发出 S-SYNC-MAJOR response 之前,不能发起 S-SYNC-MAJOR request、S-SYNC-MINOR request、S-ACTIVITY-INTERRUPT request、S-ACTIVITY-DISCARD request、S-ACTIVITY-END request、或 S-RELEASE request。

接受者在发出 S-SYNC-MAJOR response 之后所发起的加速数据传送服务其指示不会在相应的 S-SYNC-MAJOR confirm 之前出现。

当没有选定对称同步功能单元时,由单独序号定义一个主同步点。

如果选定对称同步功能单元,由两个相关的序号定义一个主同步点,每个序号对应一个数据流方向。第一同步点序号由 S-SYNC-MAJOR request 和 indication 定义,这个号与请求者的发送数据流有关。第二同步点序号由 S-SYNC-MAJOR response 和 confirm 定义,这个号与请求者的接收流有关。

13.9.2 原语的类型及其参数

表 18 规定了主同步点服务所需的会话服务原语的类型和参数。

表 18 主同步点原语和参数

参数	原语			
	S-SYNC-MAJOR			
	request	indication	response	confirm
第一同步点序号	M	M(=)		
第二同步点序号			C	C(=)
SS 用户数据	U	C(=)	U	C(=)

M:必备的参数;
C:有条件的参数;
U:用户可选的参数;
空白:该参数不出现;
(=):参数值与前面 SS 原语中对应参数值相同。

13.9.2.1 第一同步点序号在 11.4.1.4(当没选定对称同步功能单元)和 11.4.2.4(当没选定对称同步功能单元)中定义。它的范围是从 0 到(10 * * 上限序号)-2(见 11.4)。

13.9.2.2 SS 用户数据是一个包含数目不限的八位位组用户信息的参数。

13.9.3 原语的顺序

一次成功的主同步点定义的原语的顺序用图 14 所示的时序图定义。

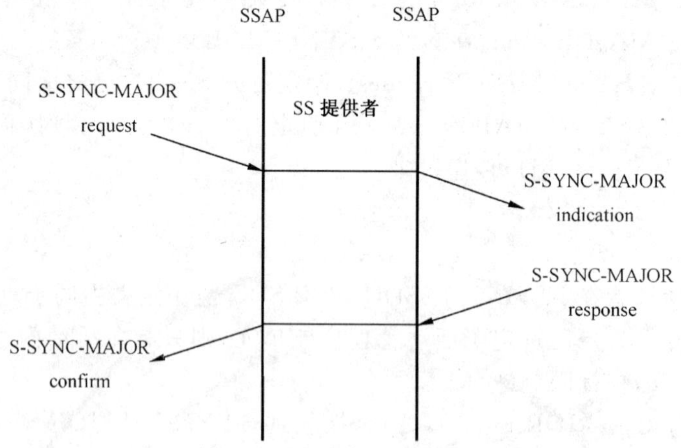

图 14 主同步点时序图

13.10 重新同步服务

13.10.1 功能

重新同步服务用于在当前的会话连接内有序地重新建立通信，其典型情况是在差错、SS 用户双方或 SS 提供者之一无响应，或 SS 用户之间的意见不一致之后，请求本服务将会话连接设置成一个商定的已确定状态，其中包括可用权标的位置和下一个使用的同步点序号值。

如果选定了对称同步功能单元，则为一个或两个数据流方向要求重新同步。在这种情况下，如果 SS 用户要求两个数据流方向，则两个同步点序号都被分配新值。

本服务可由双方 SS 用户的任一方发起，并具有下列特征：

a) 请求者发出 S-RESYNCHRONIZE request 之后，收到 S-RESYNCHRONIZE confirm 之前，不能发起除 S-U-ABORT request 之外的任何服务。

b) 接受者收到 S-RESYNCHRONIZE indication 之后，只能发出下列原语之一：

 1) S-RESYNCHRONIZE response；
 2) S-RESYNCHRONIZE request(见注)；
 3) S-ACTIVITY-DISCARD request(见注)；
 4) S-ACTIVITY-INTERRUPT request(见注)；
 5) S-U-ABORT request。

 注：这些请求引起重新同步请求的冲突，因此，SS 用户欲在冲突中取胜，则只能发出本请求(见第 16 章)。

c) 没有传递到 SS 用户的服务原语按下述处理：

 1) 如果选定了数据分隔功能单元并且发送了 S-RESYNCHRONIZE request：
  i) 如果已知所有的数据分隔参数被置为真的 S-SYNC-MINOR request，或者没有发送数据分隔参数被置为真的 S-SYNC-MINOR request，则放弃所有未交付的服务原语。
  ii) 如果之前发送了数据分隔参数被置为真的 S-SYNC-MINOR request 并已知该 S-SYNC-MINOR request，则放弃所有未交付的服务原语。在已知最近发送的数据分隔参数被置为真的 S-SYNC-MINOR request 点后，放弃所有未交付的服务原语。
  iii) 如果之前发送了数据分隔参数被置为真的 S-SYNC-MINOR request 并未知该 S-SYNC-MINOR request，则放弃与 S-SYNC-MAJOR response 相关的 confirm 和与对等 SS 用户发送的子序列 request 相关的 indication。例外情况是，可以发送与一个子序列 S-EXPEDITED-DATA request 相关的 indication。
 2) 如果既没有选定数据分隔功能单元也没有选定对称同步功能单元，在发送一个 S-RESYNCHRONIZE indication 后，则放弃所有未传递的服务原语。

3) 如果既没有选定数据分隔功能单元也没有发送 S-RESYNCHRONIZE request 或没有接收到 S-RESYNCHRONIZE indication，则为了要求的数据流方向放弃未交付的服务原语和原语点的证实。

放弃未交付的服务原语要以 S-RESYNCHRONIZE confirm、S-U-ABORT indication 或 S-P-ABORT indication 作为结尾。

d) 为请求 SS 用户设置或为使接受者设置每一个可用权标的新分配方案提供一种手段。

e) 为分配新同步点序号值提供一种手段。

f) 在收到 S-RESYNCHRONIZE indication 时，如果有一个未确认的主同步点，该同步点仍为未确认。在任何情况下，在重新同步完成和收到新的同步点指示之前，不发任何证实。

g) 解决重新同步请求的冲突使得只有一个冲突请求被证实(见第 16 章)。

重新同步类型参数用于指出重新同步选项：

h) “放弃”用于请求 SS 提供者将会话连接重新同步到一个大于或等于 V(M)的同步点。新的同步点序号大于在该会话连接上之前使用过的任何值。

i) “重启”用于返回一个由过去已确认或未确认的同步点序号标识的已商定的点。该点不能先于上次证实的主同步点。SS 用户负责保障与此点相关的状态信息的安全。

j) “设置”用于同步到由 SS 用户指定的任意有效的同步点序号。

如果选定了对称同步功能单元并且请求的 SS 用户已请求两个数据流方向，则请求的 SS 用户规定两个重新同步类型参数(每一个对应一个数据流方向)。第一重新同步类型参数与请求的 SS 用户的发送流方向有关，第二重新同步类型参数与请求的 SS 用户的流相反方向有关。如果仅请求一个数据流方向，则请求的 SS 用户只提供与该数据流方向有关重新同步类型参数。

当未选定对称同步功能单元时，仅使用第一重新同步类型参数，在这种情况下，它是必备的参数。

13.10.2 原语的类型及其参数

表 19 中规定了重新同步服务所需的会话服务原语的类型和参数。

表 19 重新同步的原语和参数

参数	原语			
	S-RESYNCHRONIZE			
	request	indication	response	confirm
第一重新同步类型	C	C	C	C(=)
第一重新同步点序号	C	C	C	C(=)
第二重新同步类型	C	C	C	C(=)
第二重新同步点序号	C	C	C	C(=)
权标	C	C(=)	C	C(=)
SS 用户数据	U	C(=)	U	C(=)

M:必备的参数；
C:有条件的参数；
U:用户可选的参数；
空白:该参数不出现；
(=):参数值与前面 SS 原语的对应参数值相同。

13.10.2.1 第一重新同步类型是一个规定了重新同步选项之一的参数，它出现的条件在 13.10.1 中定义。

第二重新同步类型也是一个规定了重新同步选项之一的参数，它出现的条件在13.10.1中定义。

每个参数的值为下列之一：

a) 放弃；

b) 重启；

c) 设置。

13.10.2.2 第一同步点序号依赖于重新同步的选项，并在11.4、11.4.1.5（当选定对称同步功能单元时）和11.4.2.5（当选定对称同步功能单元时）中定义。

第二同步点序号依赖于重新同步的选项，并在11.4.2.5中定义。只有当选定对称同步功能单元时，才会用到它。

13.10.2.3 权标是一组在会话连接上的可用权标，具有重新同步之后分配给它们的值。对每一个可用权标，在请求/指示中的值为下列之一：

a) 请求者方；

b) 接受者方；

c) 接受者选择。

响应/证实的值除在c)的情况下由接受者选择a)和b)外，其他都与请求/指示中的值相同。

13.10.2.4 SS用户数据是一个包含了数目不限的八位位组用户信息的参数。

13.10.3 原语的顺序

一次成功的无冲突的重新同步的原语的顺序用图15所示的时序图来定义。冲突情况在第16章中定义。

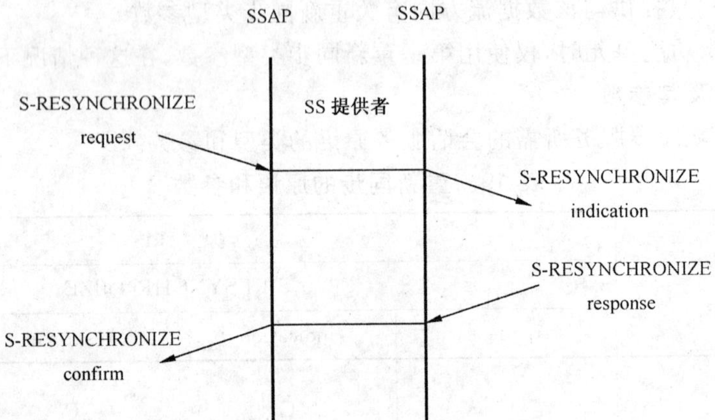

图15 重新同步时序图

13.11 P异常报告服务

13.11.1 功能

P异常报告服务能将其他服务未涉及到的意外情况通知SS用户。如果一个服务由于SS提供者协议差错或故障不能完成，则使用P异常报告服务向双方SS用户指出这种情况。

如果P异常报告与活动管理服务一起使用，则仅当活动在进行之中或等待S-CAPABILITY-DATA confirm时，才允许使用P异常报告服务。

在一个S-P-EXCEPTION-REPORT indication之后，清除错误状态之前：

a) 由SS提供者丢弃NSSDU、TSSDU和XSSDU；

b) 同步点指示将不给SS用户。

当SS用户双方之一接收到一个S-P-EXCEPTION-REPORT indication时，应发起下列服务之一，以清除差错：

c) 重新同步；

d) 夭折；

e) 活动中断或活动丢弃；

f) 出让数据权标(见注)。

在差错清除之前，不允许 SS 用户发起任何其他服务。

注 1：建议在已选定重新同步和/或活动管理功能单元时，不要通过传递数据权标来清除差错状态；

注 2：如果通过传递数据权标来清除差错状态，则可能丢失数据和同步点序号。但是，SS 提供者将跟踪已丢弃的同步点序号。因此，在差错状态清除后所发的同步点请求/指示中指示给 SS 用户的同步点序号将反映出在差错状态时已丢弃同步点。

注 3：如果在 S-TOKEN-GIVE request 之后发送的 XSSDU 超越了该请求，则将丢弃这些 XSSDU。

注 4：可同时传送除数据权标外的其他权标。

13.11.2 原语的类型及其参数

表 20 中规定了 P 异常报告所需的会话服务原语的类型和参数。

表 20 P 异常报告的原语和参数

参 数	原 语
	S-P-EXCEPTION-REPORT
	indication
原因	M
M：必备的参数。	

原因是说明异常报告原因的参数，其值为下列之一：

a) 协议差错；

b) 未说明差错；

c) 已损坏的服务(只在嵌套连接上发生)。

13.11.3 原语的顺序

一次成功的 P 异常报告的原语的顺序用图 16 所示的时序图来定义：

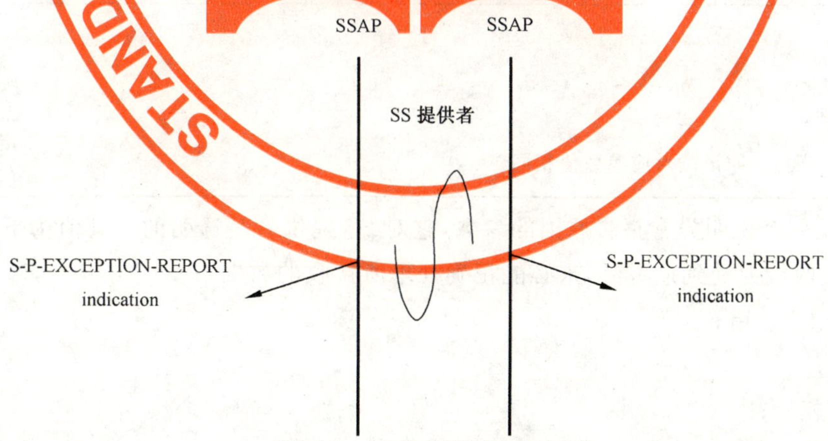

图 16 P 异常报告时序图

13.12 U 异常报告服务

13.12.1 功能

U 异常报告服务允许 SS 用户报告经由表 8 中所规定的权标限制所引起的异常状态。

如果 U 异常报告服务与活动管理服务一起使用，则仅当活动正在进行之中时，才允许使用 U 异常报告服务。

在一个 S-U-EXCEPTION-REPORT request 之后，直到差错清除之前：

a) SS 提供者丢弃 NSSDU、TSSDU 和 XSSDU；

b) 同步点指示将不给 S-U-EXCEPTION-REPORT 请求者；

c) 只允许该请求者发 S-U-ABORT request。

当收到 S-U-EXCEPTION-REPORT indication 时，接受者发起下列服务之一，以清除差错：

d) 重新同步；

e) 夭折；

f) 活动中断或活动丢弃；

g) 出让数据权标(见注)。

在差错清除之前，不允许接受者发起任何其他服务。

注 1：建议在已选定重新同步和/或活动管理功能单元时，不要通过传递数据权标来清除差错状态。

注 2：如果通过传递数据权标来清除差错状态，则可能会丢失数据和同步点序号。但是，SS 提供者将跟踪已丢弃的同步点序号。因此，在差错状态清除后所发的同步点请求/指示中指示给 SS 用户的同步点序号将反映出在差错状态时已丢弃同步点。

注 3：如果在 S-TOKEN-GIVE request 之后发送的 XSSOU 超越了该请求，将丢弃这些 XSSDU。

注 4：可同时传送除数据权标外的其他权标。

13.12.2 原语的类型及其参数

表 21 中规定了 U 异常报告所需的会话服务原语的类型和参数。

表 21 U 异常报告的原语和参数

参数	原语	
	S-U-EXCEPTION-REPORT	
	request	indication
原因	M	M(=)
SS 用户数据	U	C(=)

M：必备的参数；
C：有条件的参数；
U：用户可选参数；
(=)：参数值与前面 SS 原语的对应参数值相同。

13.12.2.1 原因是一个说明异常报告原因的参数，它对 SS 提供者是透明的。其值为下列之一：

a) SS 用户接收能力受到危害(即未必能正确处理所接收的数据)；

b) 本地 SS 用户差错；

c) 顺序差错；

d) 要求数据权标；

e) 不可恢复的规程差错；

f) 未说明的差错。

13.12.2.2 SS 用户数据是一个包含了数目不限的八位位组用户信息的参数。

13.12.3 原语的顺序

一次成功的 U 异常报告的原语的顺序用图 17 所示的时序图来定义。

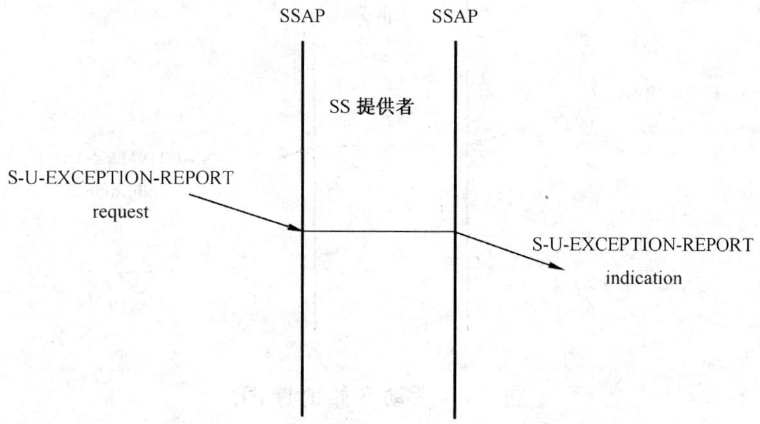

图 17　U 异常报告时序图

13.13　活动开始服务

13.13.1　功能

活动开始服务允许 SS 用户指出已进入了一个新的活动。把将要使用的下一个同步点序号的值置为 1（见 11.4.1.6 和 11.4.2.6）。仅当没有正在进行的活动时才可发起本服务，并且本服务受表 8 中所规定权标的限制。

13.13.2　原语的类型及其参数

表 22 中规定了活动开始服务所需的会话服务原语的类型和参数。

表 22　活动开始的原语和参数

参　数	原　语	
	S-ACTIVITY-START	
	request	indication
活动标识符	M	M(=)
SS 用户数据	U	C(=)

M:必备的参数；
C:有条件的参数；
U:用户可选的参数。
(=):参数值与前面 SS 原语的对应参数值相同。

13.13.2.1　活动标识符是由 SS 用户为使其能够标识一个新的活动而提供的参数，它对 SS 提供者是透明的。本参数最多为 6 个八位位组。

13.13.2.2　SS 用户数据是一个包含了数目不限的八位位组用户信息的参数。

13.13.3　原语的顺序

一次成功的活动开始的原语的顺序用图 18 所示的时序图来定义。

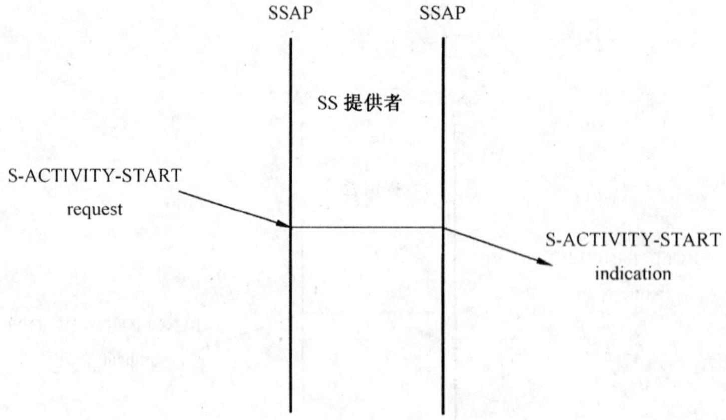

图 18　活动开始时序图

13.14　活动继续服务

13.14.1　功能

活动继续服务允许 SS 用户指示继续一个先前被中断的活动。SS 用户提供一个新活动标识符、正被继续的活动的标识符和减 1 使用的下一个同步点序号。正被继续的活动原来是在另一个会话连接上开始的情况下，SS 用户还提供原会话连接的会话连接标识符。

仅当无活动正在进行之中时，才能发起本服务。本服务受表 8 中所规定权标的限制。

如果选定了对称同步功能单元，则 SS 用户提供两个同步点序号，每一个对应被继续活动中数据流的一个方向。否则，只提供一个同步点序号(第一同步点序号)。

13.14.2　原语的类型及其参数

表 23 中规定了活动继续原语服务所需的会话服务原语的类型和参数。

表 23　活动继续的原语和参数

参　　数	原　　语	
	S-ACTIVITY-RESUNE	
	request	indication
活动标识符	M	M(＝)
旧活动标识符	M	M(＝)
第一同步点序号	M	M(＝)
第二同步点序号	C	C(＝)
旧会话连接标识符	U	C(＝)
SS 用户数据	U	C(＝)
M：必备的参数； C：有条件的参数； U：用户可选的参数； (＝)：参数值与前面 SS 原语的对应参数值相同。		

13.14.2.1　活动标识符是 SS 用户为使其能够给正在被继续的活动设置一个新标识符而提供的参数，它对 SS 提供者是透明的。本参数最多为 6 个八位位组。

13.14.2.2　旧活动标识符是正被继续的活动原来的标识符。该标识符对 SS 提供者是透明的。

13.14.2.3　第一同步点序号是由 SS 用户提供的且是在 11.4.1.6 和 11.4.2.6 中定义的。

如果选定了对称同步功能单元并在11.4.2.6中定义，则由SS用户提供第二同步点序号。

13.14.2.4　旧会话连接标识符是正被继续的活动原来开始时的会话连接的会话连接标识符，它对SS提供者是透明。它包括：

a）　最多为64个八位位组的主呼SS用户参照符；

b）　最多为64个八位位组的被呼SS用户参照符；

c）　最多为64个八位位组的公共参照符；

d）　最多为4个八位位组的附加参照信息。

13.14.2.5　SS用户数据是一个包含数目不限的八位位组用户信息的参数。

13.14.3　原语的顺序

一次成功的活动继续的原语的顺序用图19所示的时序图来定义。

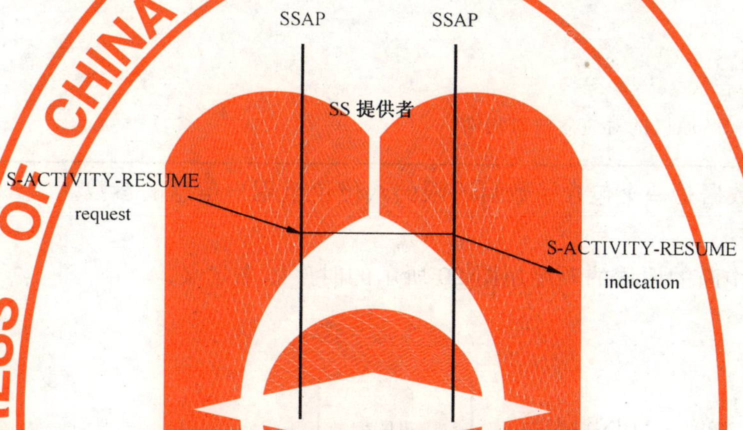

图19　活动继续时序图

13.15　活动中断服务

13.15.1　功能

活动中断服务允许SS用户非正常地结束当前的活动以便不取消中断前已完成的工作，并可以在以后继续。

只有受表8中所规定权标的限制并且满足下述条件时，才能发起本服务：

a）　一个活动在进行中；

b）　当扩展的控制QOS没有提供给SS用户时，等待一个S-CAPABILITY-DATA confirm的情况。

在收到证实时，所有可用权标都分配给发出请求的SS用户。

请求者在发出S-ACTIVITY-INTERRUPT request后，并在收到S-ACTIVITY-INTERRUPT confirm之前，不能发起除S-U-ABORT request之外的任何其他服务。

接受者在收到S-ACTIVITY-INTERRUPT indication后，发出S-ACTIVITY-INTERRUPT response之前，不能发起除S-U-ABORT request之外的任何其他服务。

本服务的使用会导致未交付给SS用户的数据丢失。

13.15.2　原语的类型及其参数

表24中规定了活动中断服务所需的会话服务原语的类型和参数。

13.15.2.1　原因是说明活动中断原因的参数，它对SS提供者是透明的，且取下列值之一：

a）　SS用户接收能力受到危害（即未必能正确处理所接收的数据）；

b）　本地SS用户差错；

c）　顺序差错；

d） 要求数据权标；

e） 不可恢复的规程差错；

f） 没有说明的差错。

表 24 活动中断的原语及其参数

参 数	原 语			
	S-ACTIVITY-INTERRUPT			
	request	indication	response	confirm
原因			U	C(=)
SS 用户数据	U	C(=)	U	C(=)

C：有条件的参数；
U：用户可选的参数；
空白：该参数不出现；
（=）：参数值与前面 SS 原语的对应参数值相同。

13.15.2.2 SS 用户数据是一个包含了数目不限的八位位组用户信息的参数。

13.15.3 原语的顺序

一次成功的活动中断的原语的顺序用图 20 所示的时序图来定义。

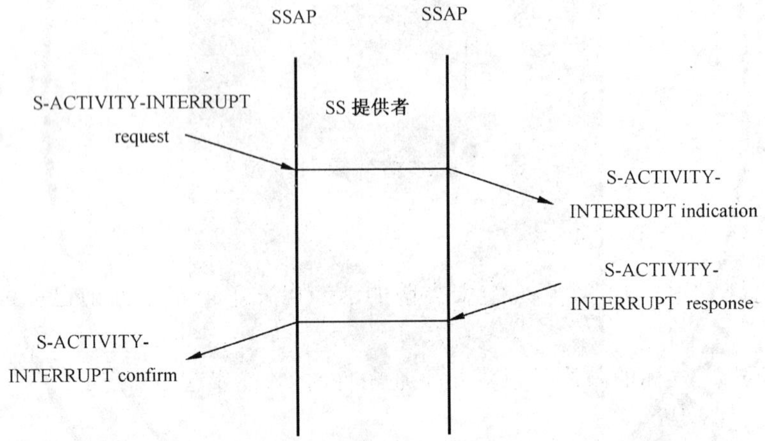

图 20 活动中断时序图

13.16 活动丢弃服务

13.16.1 功能

活动丢弃服务允许 SS 用户非正常地终止当前的活动。对 SS 用户来说，本服务意味着取消该活动先前的内容，但这不受 SS 提供者的控制。

仅当活动在进行时才能发起本服务，本服务受表 8 所规定权标的限制。在收到证实之后，所有可用权标都分配给发出请求的 SS 用户。

请求者在发出 S-ACTIVITY-DISCARD request 之后，并在收到 S-ACTIVITY-DISCARD confirm 之前，不能发起除 S-U-ABORT request 之外的任何服务。

接受者在收到 S-ACTIVITY-DISCARD indication 之后，并在发出 S-ACTIVITY-DISCARD response 之前，不能发起除 S-U-ABORT request 之外的任何服务。

本服务的使用会导致未交付给 SS 用户的数据丢失。

13.16.2 原语的类型及其参数

表 25 中规定了活动丢弃服务所需的会话服务原语的类型及其参数。

表 25　活动丢弃的原语和参数

参　数	原　语			
	S-ACTIVITY-DISCARD			
	request	indication	response	confirm
原因	U	C(=)		
SS 用户数据	U	C(=)	U	C(=)

C:有条件的参数；
U:用户可选的参数；
空白:该参数不出现；
(=):参数值与前面 SS 原语的对应参数值相同。

13.16.2.1　原因是一个说明了活动丢弃原因的参数,它对 SS 提供者是透明的,其值为下列之一:

a)　SS 用户接收能力受到危害(即未必能正确处理所接收的数据);
b)　本地 SS 用户差错;
c)　顺序差错;
d)　要求数据权标;
e)　不可恢复的规程差错;
f)　未说明的差错。

13.16.2.2　SS 用户数据是一个包含了数目不限的八位位组用户信息的参数。

13.16.3　原语的顺序

一次成功的活动丢弃的原语的顺序用图 21 所示的时序图来定义。

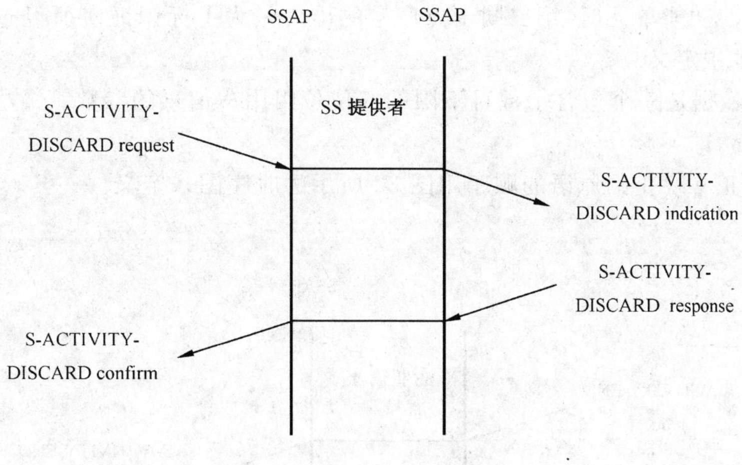

图 21　活动丢弃时序图

13.17　活动结束服务

13.17.1　功能

活动结束服务允许 SS 用户指出活动的结束,并具有设置一个主同步点的作用。仅当活动在进行时才能调用本服务,本服务受表 8 所规定权标的限制。

请求者在发出 S-ACTIVITY-END request 之后,在接收到 S-ACTIVITY-END confirm 之前,除现有任何限制外,不能发起除 S-U-ABORT request、S-ACTIVITY-INTERRUPT request、S-ACTIVITY-

DISCARD request 或 S-TOKEN-GIVEN request 之外的任何其他服务。

接受者在收到一个 S-ACTIVITY-END indication 之后，并在发出 S-ACTIVITY-END response 之前，除现有任何限制外，不能发起 S-SYNC-MAJOR request、S-SYNC-MINOR request、S-ACTIVITY-INTERRUPT request，S-ACTIVITY-DISCARD request，S-ACTIVITY-END request 或 S-RELEASE request。

如果已选定活动管理功能单元，则在活动开始或继续以前，不允许 SS 用户发起除活动开始、活动继续、权标管理、能力数据、加速数据、特种数据、常规数据、释放或夭折之外的任何其他服务。

13.17.2　原语的类型及其参数

表 26 中规定了活动结束服务所需的会话服务原语的类型及其参数。

表 26　活动结束的原语和参数

参数	原语			
	S-ACTIVITY-END			
	request	indication	response	confirm
第一同步点序号	M	M(=)		
第二同步点序号			C	C(=)
SS 用户数据	U	C(=)	U	C(=)

M:必备的参数；
C:有条件的参数；
U:用户可选的参数；
空白:该参数不出现；
(=):参数值与前面 SS 原语的对应参数值相同。

13.17.2.1　在 11.4.1.6 和 11.4.2.6 中定义了第一同步点序号。

当选定了对称同步功能单元时，第二同步点序号的出现是为了标识证实所经过的数据流方向中的序号。它在 11.4.2.6 中定义。

13.17.2.2　SS 用户数据是一个包含了数目不限的八位位组用户信息的参数。

13.17.3　原语的顺序

一次成功的活动正常终止的原语的顺序用图 22 所示的时序图来定义。

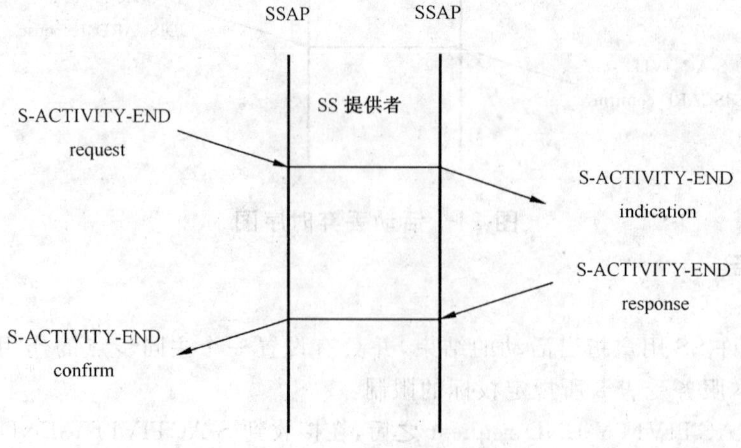

图 22　活动结束时序图

14 会话连接释放阶段

14.1 有序释放服务

14.1.1 功能

有序释放服务总是提供的，它允许用户双方之一以有序方式释放会话连接，除非在会话连接时选定了无顺序释放功能单元。本服务是在交付了输送过程中的所有数据，并且被 SS 用户双方接受之后，在不丢失数据的情况下，由 SS 用户双方合作完成的。

本服务的使用受表 8 所规定权标的限制。如果释放权标可用，接受者可以拒绝释放，并继续该会话连接而不丢失数据。如果释放权标不可用，接受者不能拒绝释放。

14.1.2 原语的类型及其参数

表 27 中规定了有序释放服务所需的会话服务原语的类型和参数。

表 27 有序释放的原语和参数

参数	原语 S-RELEASE request	 indication	 response	 confirm
结果			M	M(=)
SS 用户数据	U	C(=)	U	C(=)

M:必备的参数；
C:有条件的参数；
U:用户可选的参数；
空白:该参数不出现；
(=):参数值与前面 SS 原语的对应参数值相同。

14.1.2.1 结果是一个指出是否允许释放该会话连接的参数，其值可为下列之一：

a) 肯定；

b) 否定。

仅当释放权标可用时，才能取后一个值。

14.1.2.2 SS 用户数据是一个包含了数目不限的八位位组用户信息的参数。

14.1.3 原语的顺序

一次成功的有序会话释放原语的顺序用图 23 所示的时序图来定义。

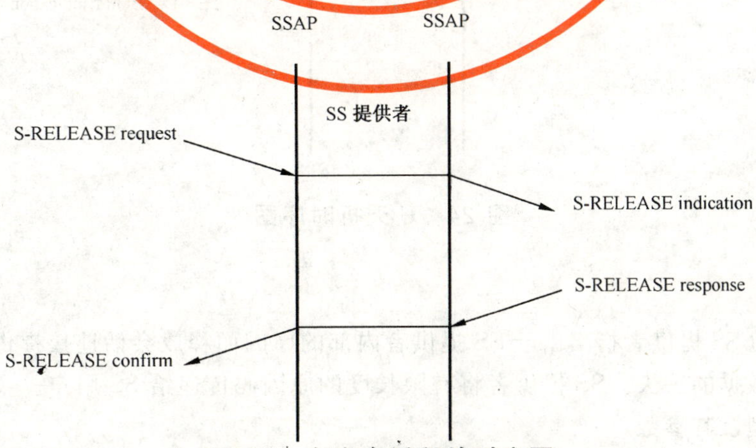

图 23 有序会话释放时序图

当无可用权标时可能会出现 S-RELEASE request 冲突。这将导致对 SS 用户双方的 S-RELEASE indication。在这种情况下,主呼 SS 用户从被呼 SS 用户收到 S-RELEASE indication 之后宜发送 S-RELEASE response。被呼 SS 用户从主呼 SS 用户收到 S-RELEASE confirm 之前不应发出 S-RELEASE response。

14.2 U 夭折服务

14.2.1 功能

U 夭折服务为 SS 用户的任一方能够立即释放会话连接并且把这一释放通知给对方提供手段。本服务的使用会导致未交付的数据丢失。

14.2.2 原语的类型及其参数

表 28 规定了 U 夭折服务所需的会话服务原语的类型和参数。

SS 用户数据是一个包含了数目不限的八位位组用户信息的参数。

表 28 U 夭折的原语和参数

参数	原语	
	S-U-ABORT	
	request	indication
SS 用户数据	U	C(=)

C:有条件的参数;
U:用户可选的参数;
(=):参数值与前面 SS 原语的对应参数值相同。

SS 用户数据是一个包含了 1 到 9 个八位位组用户信息的参数。

14.2.3 原语的顺序

一次成功的 U 夭折的原语的顺序用图 24 所示的时序图来定义。

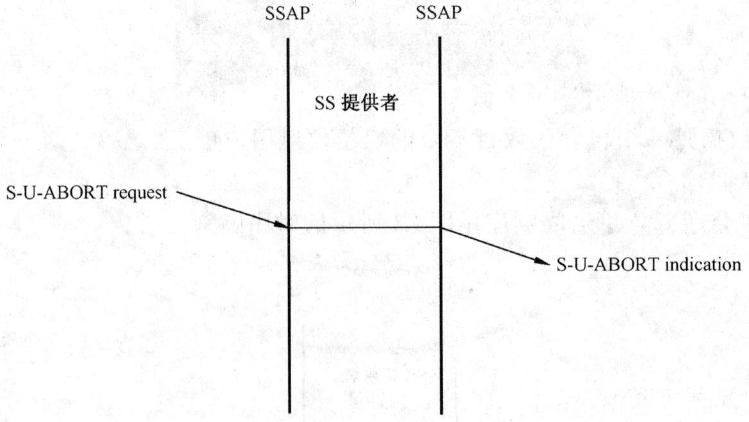

图 24 U 夭折时序图

14.3 P 夭折服务

14.3.1 功能

P 夭折服务可为 SS 提供者指出由于 SS 提供者内部的原因而释放会话连接提供手段。本服务的使用将会导致未交付数据的丢失。SS 提供者将有限长度的原因码传递给 SS 用户。

14.3.2 原语的类型及其参数

表 29 规定了 P 夭折服务所需的会话服务原语的类型和参数。

表 29 P 夭折的原语和参数

参数	原语
	S-U-ABORT
	indication
原因	M
M:必备的参数。	

原因是指出夭折原因的参数。其值为下列之一:

a) 运输拆接;
b) 包含连接释放(只在嵌套连接上发生);
c) 已损坏的服务(只在嵌套连接上发生);
d) 协议差错;
e) 未定义;
f) PICS 中声明的实现限制。

14.3.3 原语的顺序

一次成功的 P 夭折的原语的顺序用图 25 所示的时序图来定义。

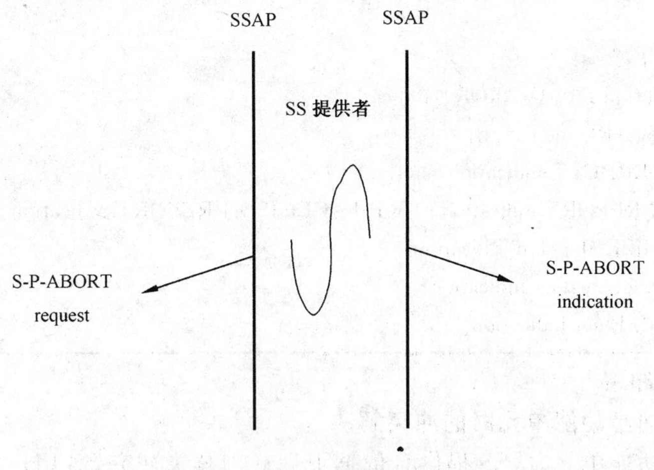

图 25 P 夭折时序图

15 原语的顺序

15.1 状态表

附录 A 中的状态表定义了对会话服务原语可能出现顺序的约束。这些约束确定了会话服务出现的次序,但未完全规定它们何时出现。其他的约束会影响 SS 用户或 SS 提供者在任何特定时刻发出原语的能力。

15.2 会话连接端点处原语的顺序

会话连接端点处可能的原语顺序可直接从附录 A 中的状态表推出。除了这种情况,如果所有封装的连接允许调用数据传送服务,则只能调用在嵌套会话连接上的服务。

16 冲突

16.1 SS 用户看到的冲突

SS 提供者解决可能破坏 SS 用户数据的请求之间发生的冲突。如果冲突发生,则一方 SS 用户在等待下列事件时将收到一个非预期的指示:

a) S-RESYNCHRONIZE confirm;

b) S-ACTIVITY-INTERRUPT confirm;

c) S-ACTIVITY-DISCARD confirm;

d) 在发出 S-U-EXCEPTION-REPORT request 后清除差错状态。

表 30 定义了可能收到的指示,这些指示指出 SS 用户在由 SS 提供者解决的冲突中失败了。

表 30 冲突解决产生的指示

SS 用户正等待	SS 用户接收到						
	ER	RR	RS	RA	AI	AD	AB
S-U-EXCEPTION-REPORT request 之后清除差错状态		×	×	×	×	×	×
S-RESYNCHRONIZE(restart)confirm		×	×	×	×	×	×
S-RESYNCHRONIZE(set)confirm			×	×	×	×	×
S-RESYNCHRONIZE(abandon)confirm				×	×	×	×
S-ACTIVITY-INTERRUPT confirm							×
S-ACTIVITY-DISCARD confirm							×

×:可能接收到指示;
空白:不会接收到指示;
AB:S-P-ABORT indication 或 S-U-ABORT indication;
AD:S-ACTIVITY-DISCARD indication;
AI:S-ACTIVITY-INTERRUPT indication;
ER:S-U-EXCEPTION-REPORT indication 或 S-P-EXCEPTION-REPORT indication;
RA:S-RESYNCHRONIZE abandon indication;
RR:S-RESYNCHRONIZE restart indication;
RS:S-RESYNCHRONIZE set indication。

16.2 SS 提供者解决的冲突

16.2.1 当未选定对称同步功能单元时的冲突解决

当未选定对称同步功能单元时,SS 提供者依据下列规则解决冲突 SS 用户的请求。

在下列类型中的两个请求发生冲突时,排在前面的优先:

a) S-U-ABORT request;

b) S-ACTIVITY-DISCARD request;

c) S-ACTIVITY-INTERRUPT request;

d) S-RESYNCHRONIZE (abandon) request;

e) S-RESYNCHRONIZE (set) request;

f) S-RESYNCHRONIZE (restart) request;

g) S-U-EXCEPTION-REPORT request。

对同种请求的可能冲突处理如下:

h) 如果两个 S-RESYNCHRONIZE (abandon) request 冲突,则主呼 SS 用户请求优先;

i) 如果两个 S-RESYNCHRONIZE (restart) request 冲突,则具有最小序号的请求优先。如果序号相等,则主呼 SS 用户请求优先;

j) 如果两个 S-RESYNCHRONIZE (set) request 冲突;则主呼 SS 用户请求优先。

16.2.2 当选定对称同步功能单元时的冲突解决

当选定对称同步功能单元而且两个 S-RESYNCHRONIZE request 冲突时,单独考虑数据流的每一个方向，得出具有最高优先级请求的数据流方向的结果。请求选项有优先级，如下，排在前面的为最高优先级：

a) S-RESYNCHRONIZE (abandon) request;

b) S-RESYNCHRONIZE (set) request;

c) S-RESYNCHRONIZE (restart) request。

对同种请求的可能冲突处理如下：

d) 如果两个 S-RESYNCHRONIZE (abandon) request 冲突，则结果是，在那个数据流方向上完成重新同步放弃；会话提供者决定新的序号；

e) 如果两个 S-RESYNCHRONIZE (restart) request 冲突，则结果是，SS 用户为该数据流方向提供较小的号；

f) 如果两个 S-RESYNCHRONIZE (set) request 冲突；则结果是，主呼 SS 用户请求为该数据流方向建议序号。

如果两个 SS 用户都没有为某一特定数据流方向请求重新同步，则该数据流不受影响。

如果只有一个 SS 用户为某一特定数据流方向请求重新同步，则结果是，该 SS 用户为该数据流方向提供选项和序号。

如果受到影响的数据流方向的所有结果都是由一个并仅由一个 SS 用户提供的，则该 SS 用户的请求“赢得”冲突并且丢弃其他请求。否则，置主呼 SS 请求的参数等于每一个受影响的数据流方向的冲突结果，而不考虑哪一个 SS 用户提供结果。这些结果用在重新同步请求、响应和证实中。

如果请求者发送流的 S-RESYNCHRONIZE request 只与进入 S-MAJOR-SYNC indication 有冲突，则发生会话层冲突。进入 S-MAJOR-SYNC indication 将会发送到接收 SS 用户，但是在这种情况下，不允许 SS 用户发送 S-SYNC-MAJOR response。

第三篇 无连接方式会话服务原语定义

17 S-UNIT-DATA

17.1 功能

会话无连接方式传输服务原语可以用于在一个单独的会话服务访问中从一个 SSAP 向另一个 SSAP 发送一个独立的、自包含的 SSDU。SSDU 是独立的，它不能容忍与通过调用无连接方式服务或连接方式服务而传送的任何其他的 SSDU 产生关系。它是独立的，也就是说在一个单独服务访问中，传送 SSDU 所需的信息和即将发送的用户数据一起表现给 SS 提供者；这样，如果 SS 用户存在并且被 SS 提供者所知，就不需要初始连接或者会话连接的子序列释放。

一个使用会话无连接方式传输的已传送的 SSDU 不被 SS 提供者考虑，以不和任何其他 SSDU 产生关系。特别地，虽然会话服务保持了单个 SSDU 的完整性，但是它不需要或根本不需要保证 SSDU 按照发送 SS 用户展现它们的顺序发送到接收 SS 用户。

不提供发送或接收 SS 用户检测传输差错的手段。

不提供接收 SS 用户控制发送 SS 用户发送 SSDU 的速率(对等对对等流控制)。SS 提供者不保持任何与信息流方面有关的，在特定的 SSAP 组合之间的状态信息。SS 提供者施加在 SS 用户上的流控制仅可以按照特定接口来形容。

任何 SS 用户之间的协商不在无连接方式会话服务范围内。

17.2 原语的类型和参数

表 31 规定了会话无连接方式传输服务所需的会话服务原语的类型和参数。

表 31 S-UNIT-DATA 原语和参数

参 数	原 语	
	S-UNIT-DATA	
	request	indication
主呼会话地址	M	M
被呼会话地址	M	M
QOS	M	
SS 用户数据	M	M(=)
M:必备的参数; (=):参数值与前面 SS 原语的对应参数值相同。		

17.2.1 主呼会话地址和被呼会话地址是会话服务访问点地址。连接方式和无连接方式会话服务都使用相同的会话服务访问点编址机制,在 12.1.2 中定义。

17.2.2 QOS 是子参数列表。与无连接方式会话服务质量有关的子参数在第 10 章中定义。

17.2.3 SS 用户数据允许在 SS 用户之间进行 SS 用户数据传输,而不需要 SS 提供者的修改。SS 用户可以传送任何数目无上限的整数个八位数组,该限制由在 PICS 中所述的实现限制导致。

17.3 原语顺序

一次成功的会话无连接方式传输原语的顺序用图 26 所示的时序图来定义。

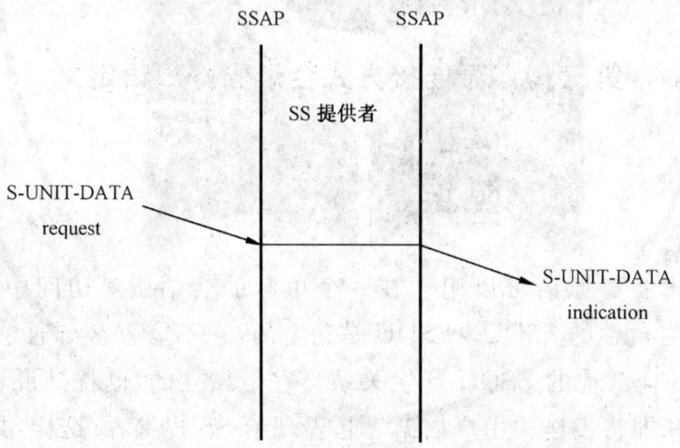

图 26 会话无连接方式传输时序图

附　录　A
（规范性附录）
状　态　表

A.1　总则

本附录以状态表形式描述了会话服务。状态表展示了一个SS用户状态、发生在会话服务界面处的事件、SS用户采取的动作和结果状态。

这些状态表不是会话服务的形式化定义，而是用于对在第12、13和14章中定义的会话服务原语之间的关系作更精确的定义。

表A.1规定了由SS提供者产生的每一外来事件的缩略名及其名字。

表A.2规定了每一状态的缩略名及其名字。

表A.3规定了由SS用户产生的每一外出事件的缩略名和名字。

表A.4概括了当未选定对称同步功能单元时，对变量V(A)、V(M)、V(R)和Vsc的操作。

表A.5概括了当选定对称同步功能单元时，对变量V(A)、V(M)、V(R)和Vsc的操作。

表A.6规定了特定的动作。

表A.7规定了谓词。

表A.8～A.15规定了当未选定对称同步功能单元时的状态表。

表A.16～A.23规定了当选定对称同步功能单元时的状态表。

只有当应用下述情况时，在嵌套会话连接上的请求或响应原语（包括建立这种连接的S-CONNECT request或response）才会发生。

a）被该连接的状态表所允许，并且；

b）所有封装连接的状态表允许SDTreq事件。

只有当应用下述情况时，在嵌套连接上的指示或证实原语（包括建立这种连接的S-CONNECT indication或confirm）才会发生。

a）被该连接的状态表所允许，并且；

b）所有封装连接的状态表允许SDTind事件。

A.2　状态表使用的记号

A.2.1　外来事件、状态和外出事件用其缩略名表示。

A.2.2　特定动作用记号[n]表示，其中n是表A.6中特定动作的编号。

A.2.3　谓词用记号pn表示。其中n是表A.7中谓词的编号。

A.2.4　布尔运算符用下列记号表示：

& 与

∧ 非

OR 或

A.3　状态表中表项的约定

A.3.1　每一状态与无效外来事件或外出事件的交叉处为空白。

A.3.2　每一状态与有效外来事件或外出事件的交叉处包含内容为a)和b)两者之一：

a）一个动作表：

1）可以包含特定动作；

2) 总是包含结果状态。

b) 一个或多个条件动作表,每个表包含:

1) 由谓词和布尔运算符构成的一个谓词表达式;

2) 一个动作表(见 A.3.2 a))。

注:动作表和条件动作表使用 A.2 中的记号。

A.4 SS 用户采取的动作

状态表定义了 SS 用户采取的动作。

A.4.1 无效交叉项

如果状态与一外来事件或外出事件的交叉项是无效的,SS 用户采取的动作是本地事宜。

A.4.2 有效交叉项

如果状态与一外来事件的交叉处是有效的,应采取下列动作之一。

A.4.2.1 如果交叉项包含一个动作表,则 SS 用户应按状态表中规定的顺序采取特定的动作。

A.4.2.2 如果交叉项包含一个或多个条件动作表,对每一个为真的谓词表达式,SS 用户应按与该谓词表达式相关的动作表中所规定的顺序采取特定的动作。如果不存在为真的谓词表达式,SS 用户应采取 A.4.1 中定义的动作之一。

A.5 集合和变量的定义

本标准规定了下列集合和变量。

A.5.1 功能单元

本标准规定的所有功能单元的集合定义为:

fu-dom={FD、HD、EXCEP、TD、NR、SY、SS、DS、MA、RESYN、EX、ACT、CD、NOR}

式中:FD——双工功能单元;

HD——半双工功能单元;

EXCEP——异常功能单元;

TD——特种数据功能单元;

NR——协商式释放功能单元;

SY——次同步功能单元;

SS——对称同步功能单元;

DS——数据分隔功能单元;

MA——主同步功能单元;

NOR——无顺序释放功能单元;

RESYN——重新同步功能单元;

EX——加速数据功能单元;

ACT——活动管理功能单元;

CD——能力数据交换功能单元。

在 fu-dom 上定义的布尔函数 FU 为:

对于 f 属于 fu-dom

当且仅当在会话连接建立阶段已选定功能单元 f,则 FU(f)=true

当发出 S-CONNECT response 或收到 S-CONNECT confirm 时,其值才被设置。

A.5.2 权标

本标准中规定的所有权标的集合定义如下:

tk-dom=(mi、ma、tr、dk)

式中：mi——次同步权标；

ma——主/活动权标；

tr——释放权标；

dk——数据权标。

在 tk-dom 上定义的布尔函数为：

a) 对于 t 属于 tk-dom，AV(t)是一个定义了相应权标可用性并具有下列值的函数：

——AV(mi)＝ FU(SY)；

——AV(dk)＝ FU(HD)；

——AV(tr)＝ FU(NR)；

——AV(ma)＝ FU(MA)或 FU(ACT)。

b) 对于 t 属于 tk-dom，OWNED(t)是一个定义了相应权标的分配的函数，其定义如下：

——OWNED(t)＝ true 如果该权标已分配给 SS 用户；

——OWNED(t)＝ false 如果该权标未分配给 SS 用户。

当 AV(t)＝ false 时，OWNED(t)无定义。在下列情况之一应设置 OWNED(t)：

1) 发出 S-CONNECT response 或收到 S-CONNECT confirm；

2) 发出 S-RESYNCHRONIZE response 或收到 S-RESYNCHRONIZE confirm；

3) 发出 S-TOKEN-GIVE request 或收到 S-TOKEN-GIVE indication；

4) 发出 S-CONTROL-GIVE request 或收到 S-TOKEN-GIVE indication；

5) 发出 S-ACTIVITY-INTERRUPT response 或收到 S-ACTIVITY-INTERRUPT confirm；

6) 发出 S-ACTIVITY-DISCARD response 或收到 S-ACTIVITY-DISCARD confirm。

c) 对于 t 属于 tk-dom，I(t)是一个函数，当它为真时，表示 SS 用户有受权标控制行为的发起权。即使相应的权标不可用，本函数也适用，即

$$I(t) = \neg AV(t)\ \mathrm{OR}\ OWNED(t)$$

d) 对于 t 属于 tk-dom，A(t)是一个函数，当它为真时，表示 SS 用户有受权标控制行为的接受权。即使相应的权标不可用，本函数也适用，即

$$A(t) = \neg AV(t)\ \mathrm{OR}\ \neg OWNED(t)$$

e) 对于 t 属于 tk-dom，II(t)是一个函数，当它为真时，表示 SS 用户有与 I(t)相同的发起权，但仅在相应的权标可用且被持有时才能发起行为的情况下，即

$$II(t) = AV(t)\ \mathrm{AND}\ OWNED(t)$$

f) 对于 t 属于 tk-dom，AA(t)是一个函数，当它为真时，表示 SS 用户有与 A(t)相同的接受权。但仅在相应的权标可用且不被持有的情况下，即

$$AA(t) = AV(t)\ \mathrm{AND}\ \neg OWNED(t)$$

A.5.3 权标集合

定义下列 tk-dom 的子集：

RT＝{输入事件中请求的权标}

GT＝{输入事件中出让的权标}

为了定义后面的函数，再定义两个集合：

F＝{AV、OWNED、I、A、n、AA}(A.5.2 中定义函数的集合)

S＝tk-dom 子集的集合。

在 F 和 S 上定义下列函数：

a) ALL(f,s)，对于 f 属于 F 及 s 属于 S；

ALL(f,s)＝true，对于 t 属于 s 所有的 f(t)为真或 S 为空；

例如：

ALL(A,tk-dom)=true：不持有任何一个可用权标(例如：收到 S-RELEASE indication)。

b) ANY(f,s)：对于 f 属于 F 及 s 属于 S：

ANY(f,s)=true：对于 t 属于 s 且 s 不为空，存在任意一个 f(t)=true。

例如：

ANY(II,tk-dom)=true：至少持有一个可用权标。

A.5.4 变量

A.5.4.1 Vact

当活动管理功能单元被选定[FU(ACT)=true]时，Vact 是具有下列值的布尔变量：

Vact=ture：活动正在进行之中；

Vact=false：没有活动在进行之中；

如果 FU(ACT)=false，Vact 无定义的值。

Vact 设置如下：

a) 如果已选定活动管理功能单元[FU(ACT)= ture]，则在连接建立阶段置 Vact 为假，否则不设置 Vact；
b) 当发出一个 S-ACTIVITY-START request 或 S-ACTIVITY-RESUME request，或收到一个 S- ACTIVITY-START indication 或 S-ACTIVITY-RESUME indication 时[仅当 FU(ACT) = true 时才是可能的]，置 Vact 为真；
c) 当发出一个 S-ACTIVITY-DISCARD response 或 S-ACTIVITY-INTERRUPT response，或收到一个 S-ACTIVITY-DISCARD confirm 或 S-ACTIVITY-INTERRUPT confirm 时，置 Vact 为假；
d) 当发出一个 S-ACTIVITY-END response 或收到一个 S-ACTIVITY-END confirm 时，置 Vact 为假。

A.5.4.2 Vrsp 和 Vrspnb

如果未选定对称同步功能单元时，这些变量用于解决重新同步冲突。

Vrsp 指出当前正在进行的是何种重新同步，

Vrsp=no：无重新同步在进行；

Vrsp=a：重新同步放弃；

Vrsp=r：重新同步重启；

Vrsp=s：重新同步设置。

Vrspnb 指出重新同步重启情况下的序号。

当发出一个 S-RESYNCHRONIZE request 或收到一个 S-RESYNCRONIZE indication 时，Vrsp 置位(如果需要置 Vrspnb)。当 SS 用户进人 STA 713 时，置 Vrsp 为 no。

A.5.4.3 Vcoll

Vcoll 是具有下列值的布尔变量：

Vcoll=true：已检测到 S-RELEASE request 冲突；

Vcoll=false：尚无 S-RELEASE request 冲突。

在会话连接建立阶段，本变量被置为假。

A.5.4.4 V(A)

如果未选定对称同步功能单元时，V(A)是由 SS 用户使用的，它是所期望的同步点证实的最小序号。当 V(A)= V(M)时，不期望证实。

A.5.4.5 V(M)

如果未选定对称同步功能单元时，V(M)是由 SS 用户使用的，它是下一个要使用的序号。

A.5.4.6 V(R)

如果未选定对称同步功能单元时,V(R)是由SS用户使用的,它是允许重新同步重启的最小序号。

A.5.4.7 Vsc

Vsc是一个具有下列值的布尔变量:

Vsc=true:当V(A)小于V(M)时,SS用户有权发出次同步点响应;

Vsc=false:SS用户无权发出次同步点响应;

在会话连接建立阶段以及当发出一个S-SYNC-MINOR request时,Vsc被置为假。当收到一个S-SYNC-MINOR indication时,Vsc被置为真。

注:表A.4概括了在V(A)、V(M)、V(R)和Vsc上进行的操作。

A.5.4.8 Vdar

Vdar是一个具有下列值的布尔变量:

Vdar=true:在状态STA 09下接收到一个S-RELEASE confirm(在S-RELEASE request冲突之后);

Vdar=false:未接收到S-RELEASE confirm。

在会话连接建立阶段,该变量被置为假。

A.5.4.9 Vrsps、Vrspr、Vrspnbs和Vrspnbr

当使用一个单独序列编号机制时,Vrspnb指示了重新同步重启情况下的序号。

当使用对称同步时,在重新同步重启情况下,Vrspnbr为SS用户的接收流指示了序号并且为SS用户的发送流指示了序号。Vrspr为接收流指示了重新同步的类型(a、s、r、no);Vrsps为发送流指示了重新同步的类型。

当发生下列事件时,Vrsps和Vrspr(如果需要,也包括Vrspnbs和Vrspnbr)被设置:一个重新同步请求或证实,一个活动中断请求或证实或者一个活动丢弃请求或证实。在冲突的情况下,更新变量以保留优先的值(见A.5.4.14)。

A.5.4.10 V(As)、V(Ar)

当选定对称同步功能单元时,SS提供者使用V(As)和V(Ar)以管理对称同步点证实。

V(As)是在SS用户的发送数据流上最小的序号,该数据流发送到被期望接收的对称点证实。当V(As)= V(Ar)时,不期望收到证实。

V(Ar)是在SS用户的接收数据流上最小的序号,该数据流未被证实所发送。当V(Ar)= V(Mr)时,不期望发送证实。

A.5.4.11 V(Ms)、V(Mr)

当选定对称同步功能单元时,V(Ms)和V(Mr)用于为在发送和接收数据流上使用的下一个对称同步序号。

V(Ms)是将发送的下一个同步点的序号。V(Mr)是将接收的下一个同步点的序号。

A.5.4.12 V(Rs)、V(Rr)

当选定对称同步功能单元时,V(Rs)和V(Rr)用于维持重新同步重启允许的最小序号。

V(Rs)是在SS用户的发送数据流上重新同步重启允许的最小的序号。

V(Ar)是在SS用户的接收数据流上重新同步重启允许的最小的序号。

A.5.4.13 Rcv-flow-in-resync和Snd-flow-in-resync

Rcv-flow-in-resync和Snd-flow-in-resync是布尔变量,SS用户用该变量决定相应的接收流和发送流是否处在重新同步的过程中。如果是,合适的流处于重新同步过程。

当选定重新同步功能单元,而为选定对称同步功能单元时,不允许在一个单独流方向上的重新同步。在这种情况下,当重新同步正在进行时,设置两个布尔变量。

A.5.4.14 **SS 用户胜利者**

当两个 SS 用户都请求重新同步时，计算布尔功能 SS 用户胜利者以决定哪个 SS 用户赢得冲突事件。

当选定对称同步功能单元时，SS 用户胜利者按下述进行计算：

a) 根据接收的事件参数，对流的每一个方向评估重新同步类型和序号值。Vrsps（或 Vrspr）的本地 SS 用户值按照下述顺序规则与另一个用户的 Vrsps（或 Vrspr）进行比较：

dsc 胜过 int；

int 胜过 a；

a 胜过 s；

s 胜过 r；

r 胜过 no。

如果一个流方向的两个值都为 r，则对 Vrspnbs 的（或 Vrspnbr）本地 SS 用户值和另一个 SS 用户值进行比较，较小的值获胜。

b) 如果 Vrsps、Vrspr、Vspnbs 和/或 Vrspnbr 的本地 SS 用户值都获胜，则 SS 用户胜利者的状态为真（这种情况下，本地 SS 用户赢得冲突）。

c) 如果 Vrsps、Vrspr、Vspnbs 和/或 Vrspnbr 的另一个本地 SS 用户值都获胜，则 SS 用户胜利者的状态为假（这种情况下，本地 SS 用户输掉冲突）。

d) 否则：

1) 如果本地 SS 用户是会话连接的发起者，则 SS 用户胜利者的状态为真；

2) 如果本地 SS 用户是会话连接的接受者，则 SS 用户胜利者的状态为假。

如果 SS 用户是胜利者（SS 用户胜利者的状态为真），则本地重新同步赢得冲突事件。

如果 SS 用户不是胜利者（SS 用户胜利者的状态为假），则本地重新同步输掉冲突事件。

在所有情况下，更新 Vrsps、Vrspr、Vspnbs 和/或 Vrspnbr 以反映获胜值。

注：表 A.4 概括了当未选定对称同步功能单元时，V(A)、V(M)、V(R)和 Vsc 上进行的操作。表 A.5 概括了当使用对称同步时，V(As)、V(Ar)、V(Ms)、V(Mr)、V(Rs)和 V(Rr)上进行的操作。

表 A.1 SS 用户提供者产生的事件

缩略名	名称和说明
SACTDind	S-ACTIVITY-DISCARD indication 原语
SACTDcnf	S-ACTIVITY-DISCARD confirm 原语
SACTEind	S-ACTIVITY-END indication 原语
SACTEcnf	S-ACTIVITY-END confirm 原语
SACTIind	S-ACTIVITY-INTERRUPT indication 原语
SACTIcnf	S-ACTIVITY-INTERRUPT confirm 原语
SACTRind	S-ACTIVITY-RESUME indication 原语
SACTSind	S-ACTIVITY-START indication 原语
SCDind	S-CAPABILITY-DATA indication 原语
SCDcnf	S-CAPABILITY-DATA confirm 原语
SCGind	S-CONTROL-GIVE indication 原语
SCONind	S-CONNECT indication 原语
$SCONcnf^+$	S-CONNECT (accept) confirm 原语
$SCONcnf^-$	S-CONNECT (reject) confirm 原语
SDTind	S-DATA indication 原语
SEXind	S-EXPEDITE-DATA indication 原语
SGTind	S-TOKEN-GIVE indication 原语

表 A.1（续）

缩略名	名称和说明
SPABind	S-P-ABORT indication 原语
SPERind	S-P-EXCEPTION-REPORT indication 原语
SPTind	S-TOKEN-PLEASE indication 原语
SRELind	S-RELEASE indication 原语
SRELcnf+	S-RELEASE (accept) confirm 原语
SRELcnf−	S-RELEASE (reject) confirm 原语
SRSYNind	S-RESYNCHRONIZE indication 原语
SRSYNcnf	S-RESYNCHRONIZE confirm 原语
SSYNMind	S-SYNC-MAJOR indication 原语
SSYNMcnf	S-SYNC-MAJOR confirm 原语
SSYNmind	S-SYNC-MINOR indication 原语
SSYNmdind	S-SYNC-MINOR (data separation) indication 原语
SSYNmcnf	S-SYNC-MINOR confirm 原语
STDind	S-TYPED-DATA indication 原语
SUABind	S-U-ABORT indication 原语
SUERind	S-U-EXCEPTION-REPORT indication 原语

表 A.2 状态

缩略名	名称和说明
STA01	空闲
STA02A	等待 S-CONNECT confirm
STA03	等待 S-RELEASE confirm
STA04A	等待 S-SYNC-MAJOR confirm
STA04B	等待 S-ACTIVITY-END confirm
STA05A	等待 S-RESYNCHRONIZE confirm
STA05B	等待 S-ACTIVITY-INTERRUPT confirm
STA05C	等待 S-ACTIVITY-DISCARD confirm
STA08	等待 S-CONNECT response
STA09	等待 S-RELEASE response
STA10A	等待 S-SYNC-MAJOR response
STA10B	等待 S-ACTIVITY-END response
STA11A	等待 S-RESYNCHRONIZE response
STA11B	等待 S-ACTIVITY-INTERRUPT response
STA11C	等待 S-ACTIVITY-DISCARD response
STA19	等待恢复指示
STA20	等待恢复请求
STA21	等待 S-CAPABILITY-DATA confirm
STA22	等待 S-CAPABILITY-DATA response
STA713	数据传送状态

表 A.3 SS 用户产生的事件

缩略名	名称和说明
SACTDreq	S-ACTIVITY-DISCARD request 原语
SACTDrsp	S-ACTIVITY-DISCARD response 原语
SACTEreq	S-ACTIVITY-END request 原语
SACTErsp	S-ACTIVITY-END response 原语
SACTIreq	S-ACTIVITY-INTERRUPT request 原语
SACTIrsp	S-ACTIVITY-INTERRUPT response 原语
SACTRreq	S-ACTIVITY-RESUME request 原语
SACTSrsp	S-ACTIVITY-START request 原语
SCDreq	S-CAPABILITY-DATA request 原语
SCDrsp	S-CAPABILITY-DATA response 原语
SCGreq	S-CONTROL-GIVE request 原语
SCONreq	S-CONNECT request 原语
$SCONrsp^{+}$	S-CONNECT (accept) response 原语
$SCONrsp^{-}$	S-CONNECT (reject) response 原语
SDTreq	S-DATA request 原语
SEXreq	S-EXPEDITE-DATA request 原语
SGTreq	S-TOKEN-GIVE request 原语
SPTreq	S-TOKEN-PLEASE request 原语
SRELreq	S-RELEASE request 原语
$SRELrsp^{+}$	S-RELEASE (accept) response 原语
$SRELrsp^{-}$	S-RELEASE (reject) response 原语
SRSYNreq(a)	S-RESYNCHRONIZE (abandon) request 原语
SRSYNreq(r)	S-RESYNCHRONIZE (restart) request 原语
SRSYNreq(s)	S-RESYNCHRONIZE (set) request 原语
SRSYNrsp	S-RESYNCHRONIZE response 原语
SSYNMreq	S-SYNC-MAJOR request 原语
SSYNMrsp	S-SYNC-MAJOR response 原语
SSYNmreq	S-SYNC-MINOR request 原语
SSYNmdreq	S-SYNC-MINOR (data separation) request 原语
SSYNmrsp	S-SYNC-MINOR response 原语
STDreq	S-TYPED-DATA request 原语
SUABreq	S-U-ABORT request 原语
SUERreq	S-U-EXCEPTION-REPORT request 原语

表 A.4 当未选定对称同步功能单元时对变量的操作

事　件	有效原语的条件	变量更新的条件	对变量的操作			
			V(A)	V(M)	V(R)	Vsc
SSYNMreq SSYNmreq SACTEreq		如果 Vsc 为真	置为 V(M)	V(M)+1	不变	假
		如果 Vsc 为假	不变	V(M)+1	不变	假
SSYNMind SACTEind		如果 Vsc 为真	不变	V(M)+1	不变	不变
		如果 Vsc 为假	置为 V(M)	V(M)+1	不变	不变
SSYNmind		如果 Vsc 为真	不变	V(M)+1	不变	真
		如果 Vsc 为假	置为 V(M)	V(M)+1	不变	真

表 A.4（续）

事　件	有效原语的条件	变量更新的条件	对变量的操作			
			V(A)	V(M)	V(R)	Vsc
SSYNMrsp SACTErsp	Sn＝V(M)-1		置为 V(M)	不变	置为 V(M)	不变
SSYNMcnf SACTEcnf			置为 V(M)	不变	置为 V(M)	不变
SSYNmrsp	Vsc＝true 且 V(M)＞sn≥V(A)*		置为 sn＋1	不变	不变	不变
SSYNmcnf	Vsc＝false 且 V(M)＞sn≥V(A)*		置为 sn＋1	不变	不变	不变
SRSYNreq	r:V(M)≥sn≥V(R)		不变	不变	不变	不变
SRSYNind		放弃 重启 设置	不变 不变 不变	置为 sn 不变 不变	不变 不变 不变	不变 不变 不变
SRSYNrsp SRSYNcnf	a:sn 与 SRSYNind 中同 r:sn 与 SRSYNind 中同 s:sn≤(10 * * ULSN)-1	放弃 重启 设置	置为 sn 置为 sn 置为 sn	置为 sn 置为 sn 置为 sn	0 不变 0	不变 不变 不变
SACTRreg SACTRind			置为 sn＋1	置为 sn＋1	置为 1	不变
SACTSrep SACTSind			置为 1	置为 1	置为 1	不变
SCONrsp^{+} SCONcnf^{+}		有 sn 出现	置为 sn	置为 sn	0	假

sn:在会话服务原语中引用的同步点序号；
ULSN:在会话连接建立阶段协商的上限序号；
≥:大于或等于；
≤:小于或等于；
*:如果主同步或活动结束未完成,同步点序号不等于 V(M)－1。

表 A.5　当未选定对称同步功能单元时对变量的操作

事　件	有效原语的条件	变量更新的条件	对变量的操作					
			V(Ms＋1)	V(Mr)	V(As)	V(Ar)	V(Rs)	V(Rr)
SSYNMreq SSYNmreq SACTEreq			V(Ms)＋1	不变	不变	不变	不变	不变
SSYNMind SACTEind	snr＝V(Mr)		不变	V(Mr)＋1	不变	不变	不变	不变

表 A.5（续）

事　件	有效原语的条件	变量更新的条件	对变量的操作					
			V(Ms+1)	V(Mr)	V(As)	V(Ar)	V(Rs)	V(Rr)
SSYNmind	snr=V(Mr)		不变	V(Mr)+1	不变	不变	不变	不变
SSYNMrsp SACTErsp	sns=V(Ms) snr=V(Mr)−1		V(Ms)+1	不变	置为 V(Ms)	置为 V(Mr)	置为 V(Ms)	置为 V(Mr)
SSYNMcnf SACTEcnf	sns=V(Ms)−1 snr=V(Mr)		不变	V(Mr)+1	置为 V(Ms)	置为 V(Mr)	置为 V(Ms)	置为 V(Mr)
SSYNmrsp SSYNmcnf	V(Mr)>snr≥V(Ar)* V(Ms)>sns≥V(As)*		不变 不变	不变 不变	不变 置为 sns+1	置为 snr+1 不变	不变 不变	不变 不变
SRSYNreq *	r:V(Mr)≥snr≥V(Rr) V(Ms)≥sns≥V(Rs)		不变	不变	不变	不变	不变	不变
SRSYNind *	a:snr,sns r:snr≥V(Rr) sns≥V(Rs)		不变	不变	不变	不变	不变	不变
SRSYNrsp *	a:不适用 r:sn 与 SRSYNind 中同 s:sn≤(10 * * ULSN)−1	放弃 重启 设置	置为 sns 置为 sns 置为 sns	置为 sns 置为 sns 置为 sns	置为 sns 置为 sns 置为 sns	置为 sns 置为 sns 置为 sns	0 不变 0	0 不变 0
SRSYNcnf *	a: snr≥V(Mr) sns≥V(Ms) r:sn 与 SRSYNcnf 中同 s:sn≤(10 * * ULSN)−1	放弃 重启 设置	置为 sns 置为 sns 置为 sns	置为 sns 置为 sns 置为 sns	置为 sns 置为 sns 置为 sns	置为 sns 置为 sns 置为 sns	0 不变 0	0 不变 0
SACTRreg SACTRind			置为 sns+1	置为 snr+1	置为 sns+1	置为 snr+1	置为 1	置为 1
SACTSrep SACTSind			置为 1	置为 1	置为 1	置为 1	置为 1	置为 1
SCONrsp+ SCONcnf+		有 sns 和 snr 出现	置为 sns	置为 snr	置为 sns	置为 snr	0	0

sns:在会话服务原语中为发送流引用的同步点序号；
snr:在会话服务原语中为接收流引用的同步点序号；
ULSN:在会话连接建立阶段协商的上限序号；
≥:大于或等于；
≤:小于或等于；
*:如果主同步或活动结束未完成,同步点序号不等于 V(M)−1。

表 A.6 特定的动作

[5]	置 V(A)=V(M)=S-CONNECT response 或 S-CONNECT confirm 中的序号 置 V(R)=0 置 Vcoll=false 置 Vrsp=no 置 Vsc=false 对于 f 属于 fu-dom,按照 S-CONNECT response 或 S-CONNECT confirm 中的会话用户需求设置 FU(f) 如果 FU(ACT)=true,置 Vact=false 置 Vdar=false
[11]	更新权标的位置
[12]	置 Vact=true
[14]	置 Vact=false
[16]	If ¬FU(SS),then 更新 Vrsp IF RS-r,更新 Vrspnb 置 Rcv-flow-in-resync=true Snd-flow-in-resync=true If FU(SS),then 更新 Vrsps If Vrsps=r,更新 Vrspnbs If Vrsps≠no,置 Snd-flow-in-resync=true If FU(SS),then 更新 Vrspr If Vrspr=r,更新 Vrspnbr If Vrspr≠no,置 Snd-flow-in-resync=true
[17]	置 Vrsp=no
[18]	置 Vcoll=true
[19]	置 V(M)=序号
[22]	置 V(R)=V(A)=V(M)
[23]	如果 Vsc=false,置 V(A)=V(M)。 置 Vsc=true 置 V(M)=V(M)+1
[24]	如果 Vsc=true,置 V(A)=V(M)。 置 Vsc=false 置 V(M)=V(M)+1
[25]	置 V(A)=序号+1
[26]	置 V(A)=V(M)=V(R)=1
[27]	置 V(A)=V(M)=序号+1。 置 V(R)=1
[28]	置 V(A)=V(M)=序号 如果 Vrsp=a,则置 V(R)=0 如果 Vrsp=s,则置 V(R)=0 置 Vrsp=no Rcv-flow-in-resync=false Snd-flow-in-resync=false 设置权标的位置,使所有可用权标都被持有。 置 Vact=false 设置权标的位置,使所有可用权标都不被持有。 置 Vact=false

表 A.6（续）

[29]	如果 Vsc=false，置 V(A)=V(M)。 置 V(M)=V(M)+1
[30]	置 Vdar=true 置 V(Mr)=V(Mr)+1
[31]	置 V(Ms)=V(Ms)+1 置 V(Rs)=V(As)=V(Ms)
[32]	置 V(Rr)=V(Ar)=V(Mr)
[62]	置 V(As)=序号+1
[63]	置 V(Ar)=序号+1
[64]	置 V(As)=V(Ms)=发送流序号，如果存在 如果 Vrsps=a，置 V(Rs)=0
[65]	如果 Vrsps=s，置 V(Rs)=0
[66]	置 Vrsps=no
[68]	置 Snd-flow-in-resync=false 置 V(Ar)= V(Mr)=接收流序号，如果存在 如果 Vrspr=a，置 V(Rr)=0 如果 Vrspr=s，置 V(Rr)=0 置 Vrspr=no 置 Rcv-flow-in-resync=false 置 V(As)=V(Ms)=发送流序号+1 置 V(Rs)=1 置 V(Ar)=V(Mr)=接收流序号+1 置 V(Rr)=1
[69]	置 V(As)=V(Ms)=V(Rs)=1 置 V(Ar)=V(Mr)=V(Rr)=1 置 V(As)=V(Ms)=SCONrsp 或 SCONcnf 中的发送流序号 置 V(Rs)=0
[70]	置 Vrsps=no 置 Snd-flow-in-resync=false
[71]	置 V(Ar)=V(Mr)=SCONrsp 或 SCONcnf 中的接收流序号 置 V(Rr)=0 置 Vrspr=no 置 Rcv-flow-in-resync=false 置 Vcoll=false

表 A.7 谓词

p03	I(dk)
p04	FU(FD) & ˆ Vcoll
p06	FU(TD)
p07	FU(TD) & ˆ Vcoll
p08	FU(EX)
p09	FU(EX) & ˆ Vcoll
p10	ˆ Vcoll
p11	II(ma)
p13	FU(MA) & (ˆ FU(ACT) OR Vact) & I(dk) & I(mi) & II(ma)
p15	(ˆ FU(ACT)OR Vact) & I(dk) & II(mi)
p16	无扩展控制 QOS
p18	(ˆ FU(ACT) OR Vact) & (FU(SS) OR FU(SY)) & (FU(SS) OR Vsc)
p20	ˆFU(SS) & (序号=V(M)-1)

表 A.7（续）

p21	¬FU(SS) & ((V(M)>序号≥V(A))
p24	SS 用户胜利者
p25	(FU(SY) OR FU(MA) OR FU(SS)) & FU(RESYNC)
p26	(¬ FU(ACT) OR Vact)
p28	FU(RESYN)
p29	(¬ FU(ACT) OR Vact) & FU(RESYN)
p32	(¬FU(SS) & ((type≠r) OR (序号≥V(R))))
	OR (FU(SS)
	& ((rec flow type≠r) OR (rev flow 序号≥V(Rr)))
	& ((snd flow type≠r) OR (snd flow 序号≥V(Rs)))
p33	V(M)≥序号≥V(R)
p34	FU(ACT)
p39	Vact & II(ma)
p43	¬FU(SS) & (((Vrsp=r) & (序号=Vrspnb))
	OR((Vrs=a) & 序号=SRSYNind 中的序号)
	OR(Vrsp=s))
p45	(FU(ACT) & ¬ Vact) & I(dk) & I(mi) & I(ma)
p47	FU(CD) & (FU(ACT) & ¬ Vact) & I(dk) & I(mi) & OWNED(ma)
p50	FU(EXCEP) & (¬ FU(ACT) OR Vact) & AA(dk)
p51	FU(EXCEP) & (¬ FU(ACT) OR Vact) & II(dk)
p53	ALL(AV,RT) & RT 非空
p54	ALL(II,GT)
p55	(FU(ACT) & ¬ Vact) & ALL(I,tk-dom)
p57	ALL(II,GT) & (dk 不属于 GT 中)
p58	ALL(II,GT) & (dk 属于 GT)
p60	ALL(AA,GT) & (dk 不属于 GT 中)
p61	ALL(AA,GT) & (dk 属于 GT)
p63	ALL(I,tk-dom) & (¬ FU(ACT) OR ¬ Vact)
p65	ANY(AV,tk-dom)
p67	FU(NR)
p69	Vcoll
p71	FU(ACT) & Vact & I(dk) & I(mi) & II(ma)
p75	(Vcoll & Vdar) OR ¬ Vcoll
p81	(Vrsp=r) & ((Vrspnb>序号) OR ((Vrspnb=序号) & p95))
p82	(Vrsp=r) OR (p95 & p99)
p83	(Vrsp=s) OR p82
p95	SS 用户是会话连接的发起者
p99	SRSYNreq 中的重新同步类型参数等于 Vrsp
p175	FU(SS) & (序号=V(Mr)-1)
p178	FU(ss)
p179	FU(SS) & (V(Mr)>序号≥V(Ar))
p180	(¬FU(SS) & (type≠r) OR (FU(SS)
	& ((rec flow type=a) OR (rev flow 序号=s))
	& ((snd flow type=a) OR (snd flow 序号=s))
p185	Rcv-flow-in-resync
p186	Snd-flow-in-resync
p187	FU(SS)
	& ((Vrspr≠r) OR (rev flow 序号=Vrspnbr))
	& ((Vrsps≠r) OR (snd flow 序号=Vrspnbs))
rdrtp188	¬FU(NOR)

表 A.8 无对称同步功能单元时连接建立状态表

事件	状态		
	STA01 空闲 无连接	STA02A 等待 SCONcnf	STA08 等待 SCONrsp
SCONcnf+		[5][11] STA713	
SCONcnf−		STA01	
SCONind	STA08		
SCONreq	STA02A		
SCONrsp+			[5][11] STA713
SCONrsp-			STA01

表 A.9 无对称同步功能单元时数据传送状态表

事件	状态							
	STA03 等待 SRELcnf	STA04A 等待 SSYNMcnf	STA04B 等待 SACTEcnf	STA05A 等待 SRSYNcnf	STA09 等待 SRELrsp	STA10A 等待 SSYNMrsp	STA10B 等待 SACTErsp	STA713 数据 传送
SDTind	STA03	STA04A	STA04B	STA05A				STA713
SDTreq					p04 STA09	p03 STA10A	p03 STA10B	p03 STA713
SEXind	STA03	STA04A	STA04B	STA05A				STA713
SEXreq					p09 STA09	p08 STA10A	p08 STA10B	p08 STA713
STDind	STA03	STA04A	STA04B	STA05A				STA713
STDreq					p07 STA09	p06 STA10A	p06 STA10B	p06 STA713

表 A.10 无对称同步功能单元时同步状态表

事件	状态							
	STA03 等待 SRELcnf	STA04A 等待 SSYNMcnf	STA04B 等待 SACTEcnf	STA05A 等待 SRSYNcnf	STA09 等待 SRELrsp	STA10A 等待 SSYNMrsp	STA10B 等待 SACTErsp	STA713 数据 传送
SACTEcnf			[14][22] STA713					
SACTEind								[31] STA10B

表 A.10（续）

事件	状态							
	STA03 等待 SRELcnf	STA04A 等待 SSYNMcnf	STA04B 等待 SACTEcnf	STA05A 等待 SRSYNcnf	STA09 等待 SRELrsp	STA10A 等待 SSYNMrsp	STA10B 等待 SACTErsp	STA713 数据 传送
SACTEreq								p71 [24] STA04B
SACTErsp							[14][22] STA713	
SSYNMcnf		[22] STA713						
SSYNMind				[31] STA05A				[31] STA10A
SSYNMreq								p13 [24] STA04A
SSYNMrsp						[22] STA713		
SSYNmcnf	[25] STA03	[25] STA04A	[25] STA04B	[25] STA05A				[25] STA713
SSYNmdind				[23] STA05A				[23] STA713
SSYNmdreq								p15 [24] STA713
SSYNmind				[23] STA05A				[23] STA713
SSYNmreq								p15 [24] STA713
SSYNmrsp					p18 & 21 [25] STA09	p18&¬p20 &p21 [25] STA10A	p18&¬p20 &p21 [25] STA10B	p18&p21 [25] STA713

表 A.11　无对称同步功能单元时重新同步状态表

事　件	状　态										
	STA03 等待 SRELcnf	STA04A 等待 SSYNMcnf	STA04B 等待 SACTEcnf	STA05A 等待 SRSYNcnf	STA09 等待 SRELrsp	STA10A 等待 SSYNMrsp	STA10B 等待 SACTErs	STA11A 等待 SRSYNrsp	STA19 等待 恢复指示	STA20 等待 恢复请求	STA713 数据 传送
SRSYNcnf				[28] STA713							
SRSYNind(a)	[16][19] STA11A	[16][19] STA11A	[16][19] STA11A	[16][19] STA11A		[16][19] STA11A			[16][19] STA11A	[16][19] STA11A	[16][19] STA11A
SRSYNind(r)	[16] STA11A	[16] STA11A	[16] STA11A	[16] STA11A					[16] STA11A	[16] STA11A	[16] STA11A
SRSYNind(s)	[16] STA11A	[16] STA11A	[16] STA11A	[16] STA11A		[16] STA11A			[16] STA11A	[16] STA11A	[16] STA11A
SRSYNreq(a)		p28 [16] STA05A			p10&p28&^p34 [16] STA05A	p28 [16] STA05A	p28 [16] STA05A	P83 [16] STA05A		p28 [16] STA05A	p29 [16] STA05A
SRSYNreq(r)					p10&p25&^p34&p33 [16] STA05A	p25&p33 [16] STA05A	p25&p33 [16] STA05A	P81&p33 [16] STA05A		p25&p33 [16] STA05A	p25&p26&p33 [16] STA05A
SRSYNreq(s)		p28 [16] STA05A			p10&p25&^p34 [16] STA05A	p25 [16] STA05A	p25 [16] STA05A	P82 [16] STA05A		p25 [16] STA05A	p25&p26 [16] STA05A
SRSYNrsp								p43 [28] STA713			

表 A.12 无对称同步功能单元时活动中断和丢弃状态表

事件	状态														
	STA04A 等待 SSYNMcnf	STA04B 等待 SACTEcnf	STA05A 等待 SRSYNcnf	STA05B 等待 SACTIcnf	STA05C 等待 SACTDcnf	STA10A 等待 SSYNMrsp	STA10B 等待 SACTErsp	STA11A 等待 SRSYNrsp	STA11B 等待 SACTIrsp	STA11C 等待 SACTDrsp	STA19 等待 rec ind	STA20 等待 rec req	STA21 等待 SCDcnf	STA22 等待 SCDrsp	STA713 数据 传送
SACTDcnf					[29] STA713										
SACTDind			STA11C			STA11C	STA11C				STA11C	STA11C			STA11C
SACTDreq	p34&p39 STA05C	p39 STA05C						p34&p39 STA05C				p34&p11 STA05C			p34&p39 STA05C
SACTDrsp										[30] STA713					
SACTIcnf				[29] STA713											
SACTIind			STA11B			STA11B	STA11B				STA11B	STA11B		STA11B	STA11B
SACTIreq	p34&p39 STA05B	p39 STA05B						p34&p39 STA05B				p34&p11 STA05B	p16 STA05B		p34&p39 STA05B
SACTIrsp									[30] STA713						

表 A.13 无对称同步功能单元时活动开始、继续和能力数据的状态表

事 件	状 态		
	STA21 等待 SCDcnf	STA22 等待 SCDrsp	STA713 数据传送
SACTRind			[12][27] STA713
SACTRreq			p45 [12][27] STA713
SACTSind			[12][26] STA713
SACTSreq			p45 [12][26] STA713
SCDcnf	STA713		
SCDind			STA22
SCDreq			p47 STA21
SCDrsp		STA713	

表 A.14　无对称同步功能单元时权标管理和异常状态表

事　件	状　态											
	STA03 等待 SRELcnf	STA04A 等待 SSYNMcnf	STA04B 等待 SACTEcnf	STA05A 等待 SRSYNcnf	STA09 等待 SRELrsp	STA10A 等待 SSYNMrsp	STA10B 等待 SACTErsp	STA19 等待 rec ind	STA20 等待 rec req	STA21 等待 SCDcnf	STA22 等待 SCDrsp	STA713 数据 传送
SCGind												[11] STA713
SCGreq												p55 [11] STA713
SGTind		[11] STA04A	[11] STA04B	STA05A		[11] STA10A	[11] STA10B	p60 [11] STA19 p61 [11] STA713	p60 [11] STA20 p61 [11] STA713	[11] STA21		[11] STA713
SGTreq		p54 [11] STA04A	p54 [11] STA04B			p54 [11] STA10A	p54 [11] STA10B		P57 [11] STA20 P58 [11] STA713			p54 [11] STA713
SPERind	STA20	p03 STA20 ^ p03 STA713	p03 STA20 ^ p03 STA713					STA19		STA20		p50 STA713 p51 STA20

表 A.14（续）

事件	状态											
	STA03 等待 SRELcnf	STA04A 等待 SSYNMcnf	STA04B 等待 SACTEcnf	STA05A 等待 SRSYNcnf	STA09 等待 SRELrsp	STA10A 等待 SSYNMrsp	STA10B 等待 SACTErsp	STA19 等待 rec ind	STA20 等待 rec' req	STA21 等待 SCDcnf	STA22 等待 SCDrsp	STA713 数据传送
SPTind	STA03	STA04A	STA04B	STA05A						STA21		STA713
SPTreq					p53 STA09	p53 STA10A	p53 STA10B				p53 STA22	p53 STA713
SUERind	STA20	p03 STA20 ¬p03 STA713	p03 STA20 ¬p03 STA713					STA19				p50 STA713 p51 STA20
SUERreq					p50 STA19	p50 STA19	p50 STA19					p50 STA19

表 A.15 无对称同步功能单元时连接释放状态表

事件	状态			
	STA03 等待 SRELcnf	STA09 等待 SRELrsp	STA713 数据传送	其他状态
SPABind	STA01	STA01	STA01	STA01
SRELcnf+	STA01	[32] STA09		
SRELcnf−	STA713			
SRELind	[18] STA09		p188 STA09	
SRELreq		^p65 [18] STA09	p188&p63 [18] STA03	
SRELrsp+		p75 STA01 p69&p95 STA03		
SRELrsp-		p67 STA713		
SUABind	STA01	STA01	STA01	STA01
SUABreq	STA01	STA01	STA01	STA01

表 A.16 有对称同步功能单元时连接建立状态表

事件	状态		
	STA01 空闲 无连接	STA02A 等待 SCONcnf	STA08 等待 SCONrsp
SCONcnf+		^p178 [5][11] STA713 p178 [71][11] STA713	
SCONcnf−		STA01	
SCONind	STA08		
SCONreq	STA02A		
SCONrsp+			^p178 [5][11] STA713 p178 [71][11] STA713
SCONrsp-			STA01

表 A.17 有对称同步功能单元时数据传送状态表

事　件	状　态								
	STA03 等待 SRELcnf	STA04A 等待 SSYNMcnf	STA04B 等待 SACTEcnf	STA05A 等待 SRSYNcnf	STA09 等待 SRELrsp	STA10A 等待 SSYNMrsp	STA10B 等待 SACTErsp	STA11A 等待 SRSYNrsp	STA713 数据 传送
SDTind	STA03	STA04A	STA04B	STA05A				STA11A	STA713
SDTreq				p03&¬p186 STA05A	p04 STA09	p03 STA10A	p03 STA10B	p03&¬p186 STA11A	p03 STA713
SEXind	STA03	STA04A	STA04B	STA05A				STA11A	STA713
SEXreq				p08&¬p168 STA05A	p09 STA09	p08 STA10A	p08 STA10B	p08&¬p186 STA11A	p08 STA713
STDind	STA03	STA04A	STA04B	STA05A				STA11A	STA713
STDreq				p06&¬p186 STA05A	p07 STA09	p06 STA10A	p06 STA10B	p06&¬p186 STA11A	p06 STA713

表 A.18 有对称同步功能单元时同步状态表

事　件	状　态				
	STA03 等待 SRELcnf	STA04A 等待 SSYNMcnf	STA04B 等待 SACTEcnf	STA05A 等待 SRSYNcnf	STA09 等待 SRELrsp
SSYNMcnf		¬p178 [22] STA713 P178 [62][64] STA713			
SSYNMind				¬p178 [31] STA05A p178 [62] STA05A	
SSYNMreq					
SSYNMrsp					
SSYNmcnf	¬p178 [25] STA03 p178 [65] STA03	[¬p178 [25] STA04A p178 [65] STA04A	¬p178 [25] STA04B p178 [65] STA04B	¬p178 [25] STA05A p178 [65] STA05A	

表 A.18（续）

事件	状态				
	STA03 等待 SRELcnf	STA04A 等待 SSYNMcnf	STA04B 等待 SACTEcnf	STA05A 等待 SRSYNcnf	STA09 等待 SRELrsp
SSYNmdind				^p178[23] STA05A p178 [62] STA05A	
SSYNmdreq					
SSYNmind	[62] STA03	[62] STA04A	[62] STA04B	[62] STA05A	
SSYNmreq				^p186 [63] STA05A	p26&p178 [63] STA09
SSYNmrsp				^p185&p179 [66] STA05A	p18&p21 [25] STA09 p18&p179 [66] STA09

事件	状态			
	STA10A 等待 SSYNMrsp	STA10B 等待 SACTErsp	STA11A 等待 SRSYNrsp	STA713 数据 传送
SSYNMcnf				
SSYNMind				^p178 [31] STA10A p178 [62] STA10A
SSYNMreq				p13&^p178 [24] STA04A p13&p178 [63] STA04A

表 A.18(续)

事　件	状　态			
	STA10A 等待 SSYNMrsp	STA10B 等待 SACTErsp	STA11A 等待 SRSYNrsp	STA713 数据 传送
SSYNMrsp	^p178 [22] STA713 p178 [63][64] STA713			
SSYNmcnf			[65] STA11A	^p178 [25] STA713 p178 [65] STA713
SSYNmdind				[23] STA713
SSYNmdreq				p15 [24] STA713
SSYNmind			[62] STA11A	^p718 [23] STA713 p718 [62] STA713
SSYNmreq			^p186 [63] STA11A	p15 [24] STA713 p178&p26 [63] STA713
SSYNmrsp	p18&^p20&p21 [25] STA10A p18&^p175&p179 [66] STA10A	p18&^p20&p21 [25] STA10B p18&^p175&p179 [66] STA10B	^p186&p179 [66] STA11A	p18&p21 [25] STA713 P26&p179 [66] STA713

表 A.18（续）

事件	状态		
	STA04B 等待 SACTEcnf	STA10B 等待 SACTErsp	STA713 数据 传送
SACTEcnf	^p178 [14][22] STA713 p178 [14][62][64] STA713		
SACTEind			^p178 [31] STA10B p178 [62] STA10B
SACTEreq			P71&^p178 [24] STA04B P71&p178 [63] STA04B
SACTErsp		^p178 [14][22] STA713 p178 [62][64] STA713	

表 A.19 有对称同步功能单元时重新同步状态表

事件	状态										
	STA03 等待 SRELcnf	STA04A 等待 SSYNMcnf	STA04B 等待 SSYNMcnf	STA05A 等待 SRSYNcnf	STA09 等待 SRELrsp	STA10A 等待 SSYNMrsp	STA10B 等待 SACTErs	STA11A 等待 SRSYNrsp	STA19 等待 rec ind	STA20 等待 rec req	STA713 数据传送
SRSYNcnf				^p178 [28] STA713 p178 [68] STA713							
SRSYNind	[16] STA11A	[16] STA11A	[16] STA11A	[16] STA11A		[16] STA11A			[16] STA11A	[16] STA11A	[16] STA11A
SRSYNreq		p28&p180 [16] STA05A			p28&^p34&p32 [16] STA05A	p28&p32 [16] STA05A	p28&p32 [16] STA05A	p24&p32 [16] STA05A		p28&p32 [16] STA05A	p29&p32 [16] STA05A
SRSYNrsp								p43 [28] STA713 p187 [68] STA713			

表 A.20　有对称同步功能单元时活动中断和丢弃状态表

事　件	状　态														
	STA04A 等待 SSYNMcnf	STA04B 等待 SACTEcnf	STA05A 等待 SRSYNcnf	STA05B 等待 SACTIcnf	STA05C 等待 SACTDcnf	STA10A 等待 SSYNMrsp	STA10B 等待 SACTErsp	STA11A 等待 SRSYNrsp	STA11B 等待 SACTIrsp	STA11C 等待 SACTDrsp	STA19 等待 rec ind	STA20 等待 rec req	STA21 等待 SCDcnf	STA22 等待 SCDrsp	STA713 数据传送
SACTDcnf					[29] STA713										
SACTDind			STA11C			STA11C	STA11C				STA11C	STA11C			STA11C
SACTDreq	p34&p39 STA05C	p39 STA05C						p34&p39 STA05C				p34&p11 STA05C			p34&p39 STA05C
SACTDrsp										[30] STA713					
SACTIcnf				[29] STA713											
SACTIind			STA11B			STA11B	STA11B	p34&p39 STA05B			STA11B	STA11B		STA11B	STA11B
SACTIreq	p34&p39 STA05B	p39 STA05B						p34&p39 STA05B				p34&p11 STA05B	p16 STA05B		p34&p39 STA05B
SACTIrsp									[30] STA713						

表 A.21 有对称同步功能单元时活动开始、继续和能力数据的状态表

事件	状态		
	STA21 等待 SCDcnf	STA22 等待 SCDrsp	STA713 数据传送
SACTRind			^p178 [12][27] STA713 p178 [12][69] STA713
SACTRreq			p45&^p178 [12][27] STA713 p45&p178 [12][69] STA713
SACTSind			^p178 [12][26] STA713 p178 [12][70] STA713
SACTSreq			p45&^p178 [12][26] STA713 p45&p178 [12][70] STA713
SCDcnf	STA713		
SCDind			STA22
SCDreq			p47 STA21
SCDrsp		STA713	

表 A.22　有对称同步功能单元时权标管理和异常状态表

事　件	状　态											
	STA03 等待 SRELcnf	STA04A 等待 SSYNMcnf	STA04B 等待 SACTEcnf	STA05A 等待 SRSYNcnf	STA09 等待 SRELrsp	STA10A 等待 SSYNMrsp	STA10B 等待 SACTErsp	STA19 等待 rec ind	STA20 等待 rec req	STA21 等待 SCDcnf	STA22 等待 SCDrsp	STA713 数据 传送
SCGind												[11] STA713
SCGreq												p55 [11] STA713
SGTind		[11] STA04A	[11] STA04B	STA05A		[11] STA10A	[11] STA10B	p60 [11] STA19 p61 [11] STA713	p60 [11] STA20 p61 [11] STA713	[11] STA21		[11] STA713
SGTreq		p54 [11] STA04A	p54 [11] STA04B			p54 [11] STA10A	p54 [11] STA10B		P57 [11] STA20 P58 [11] STA713			p54 [11] STA713
SPERind	STA20	p03 STA20 ¬p03 STA713	p03 STA20 ¬p03 STA713					STA19		STA20		p50 STA713 p51 STA20
SPTind	STA03	STA04A	STA04B	STA05A						STA21		STA713

表 A.22(续)

事件	状态											
	STA03 等待 SRELcnf	STA04A 等待 SSYNMcnf	STA04B 等待 SACTEcnf	STA05A 等待 SRSYNcnf	STA09 等待 SRELrsp	STA10A 等待 SSYNMrsp	STA10B 等待 SACTErsp	STA19 等待 rec ind	STA20 等待 rec req	STA21 等待 SCDcnf	STA22 等待 SCDrsp	STA713 数据 传送
SPTreq					p53 STA09	p53 STA10A	p53 STA10B				p53 STA22	p53 STA713
SUERind	STA20	p03 STA20 ^p03 STA713	p03 STA20 ^p03 STA713					STA19				p50 STA713 p51 STA20
SUERreq					p50 STA19	p50 STA19	p50 STA19					p50 STA19

表 A.23　有对称同步功能单元时连接释放状态表

事　件	状　态			
	STA03 等待 SRELcnf	STA09 等待 SRELrsp	STA713 数据传送	其他状态
SPABind	STA01	STA01	STA01	STA01
SRELcnf+	STA01	[32] STA09		
SRELcnf−	STA713			
SRELind	[18] STA09		p188 STA09	
SRELreq		¬p65 [18] STA09	p188&p63 [18] STA03	
SRELrsp+		p75 STA01 p69&p95 STA03		
SRELrsp−		p67 STA713		
SUABind	STA01	STA01	STA01	STA01
SUABreq	STA01	STA01	STA01	STA01

ICS 49.020
V 35

中华人民共和国国家标准

GB/T 15140—2008
代替 GB/T 15140—1994

航空货运集装单元技术要求

Specification for air cargo unit load devices

(ISO 8097:2001, Aircraft—Minimum airworthiness requirements and test conditions for certified air cargo unit load devices, MOD)

2008-04-09 发布　　　　2008-10-01 实施

中华人民共和国国家质量监督检验检疫总局
中国国家标准化管理委员会　发布

前　言

本标准修改采用国际标准 ISO 8097:2001《飞机——合格审定的航空货运集装单元最低适航性要求和试验条件》。ISO 8097:2001 等同采用美国宇航标准 NAS 3610(第 10 版)《货运集装单元技术要求》。

本标准在技术内容上与 ISO 8097:2001 无差异,为便于理解和实施,将英制单位按国际单位制换算,并按我国标准编写规定编写。

本标准代替 GB/T 15140—1994《航空货运集装单元技术要求》。

本标准与 GB/T 15140—1994 相比主要变化如下:

——增加 R 规格;

——编辑性修改。

本标准由中国航空工业第一集团公司提出。

本标准由中国航空工业第一集团公司归口。

本标准起草单位:中国航空综合技术研究所、中国航空工业第一集团公司西安飞机工业公司和中国航空工业第二集团公司陕西飞机工业公司。

本标准主要起草人:王洪、王耀辉、司红钊。

本标准所代替标准的历次版本发布情况为:

——GB/T 15140—1994。

航空货运集装单元技术要求

1 范围

本标准规定了装在审定合格的飞机内的合格审定的航空货运集装单元(包括集装板、网和集装箱)的最低要求和试验条件。

本标准适用于下列等级的飞机装载和限动系统的集装单元：

a) Ⅰ级——集装单元限动符合所有的飞行和地面载荷条件,包括 $9g$ 的向前应急着陆状态；

b) Ⅱ级——其他所有集装单元限动。

2 术语和定义

下列术语和定义适用于本部分。

2.1

集装单元 unit load device

组合、传送和限动货物以便于运输的装置。由集装板和网组成,或者为集装箱。

2.2

集装板 pallet

在装上飞机之前,组合并系留保护货物的装置。具有标准尺寸,由底表面平坦的平板和边框等组成。

2.3

网 net

装在集装板上用于限动的网。通常为带编网或绳索网。

2.4

限动系统 restraint systems

在飞机上支承集装单元并阻止其移动的设备。通常由滚子(滚珠、滚棒、滚轮等)、侧导轨和将集装单元固定在飞机结构上的锁等组成,但不包括集装单元、拦阻网和系留带。

3 分类与代号

3.1 类别

3.1.1 Ⅰ类

用于Ⅰ级限动系统的集装单元。代号为1。

a) Ⅰ类网用于Ⅰ级限动系统,也可用于Ⅱ级限动系统中；

b) Ⅰ类集装板与Ⅰ类网一起用于Ⅰ级限动系统,也可与Ⅰ类或Ⅱ类网一起用于Ⅱ级限动系统中；

c) Ⅰ类集装箱用于Ⅰ级限动系统,也可用于Ⅱ级限动系统中。

3.1.2 Ⅱ类

仅用于Ⅱ级限动系统的集装单元。代号为2。

Ⅱ类网、集装板和集装箱仅用于Ⅱ级限动系统中。

3.2 规格

集装单元的规格应符合表1的规定。

3.3 构型

类别和规格相同的集装板、网和集装箱的不同构型见表 2，构型用顺序号 1、2、3……表示。网与集装板之间不同的连接要求和集装单元零部件之间的特定连接要求应分别符合构型图图 1～图 43 和图 79的规定。

表 1 集装单元规格

单位为毫米(英寸)[a]

规格代号	公称尺寸[b]
A	2 235×3 175 (88×125)
B	2 235×2 743 (88×108)
C	2 235×2 997 (88×118)
D	2 235×1 371 (88×54)
E	2 235×1 346 (88×53)
F	2 438×2 991 (96×117 3/4)
G	2 438×6 058 (96×238 1/2)
H	2 438×9 125 (96×359 1/4)
J	2 438×12 192 (96×480)
K	1 534×1 562 (60.4×61.5)
L	1 534×3 175 (60.4×125)
M	2 438×3 175 (96×125)
R	2 438×4 978 (96×196)

[a] 本标准中数值及单位后面括号内的数值及单位均为英制。

[b] 公称尺寸是指集装板或集装箱底的外廓尺寸。

3.4 型式

a) 集装箱，代号为 C；

b) 网，代号为 N；

c) 集装板，代号为 P。

3.5 识别代号

本标准规定的集装板、网和集装箱用代号识别(类别、规格、构型和型式限于构型图所示)，示例如下。

Ⅱ类、M 规格、构型顺序号为 3 的集装板，识别代号为：

GB/T 15140-2 M 3 P

- P —— 型式代号
- 3 —— 构型顺序号
- M —— 规格代号
- 2 —— 类别代号
- GB/T 15140 —— 标准编号

表 2　载荷和限动条件

集装单元[a]（Ⅰ类）	载荷条件（见表 3）	限动条件（见表 4）
1A1	28	1
	17	1
	8	10
	14	12
	14	14
1A2	28	1
	17	1
	17	2
	8	10
	14	12
	14	14
1A3	28	1
	17	1
	17	2
	17	7
	8	9
	8	10
	14	11
	14	12
	14	13
	14	14
1B1	27	3
	7	3
	7	10
	6	12
	6	14
1B2	27	3
	7	3
	7	5
	7	10
1C1	29	19
1C2	29	21
1D1	23	23
	4	15
1E1	3	4
	3	6
	3	16
	3	17
	22	18
1E2	24	4
	4	4
1E3	24	4
	4	4
	4	6

集装单元（Ⅱ类）	载荷条件（见表 3）	限动条件（见表 4）
2A1	17	2
	17	7
	14	11
	14	12
	14	13
	14	14
	8	9
2A2 2A3 2A4	17	2
	17	7
	8	9
	14	11
	14	12
	14	13
	14	14
2A5	17	1
	17	2
	14	11
	14	12
	14	13
	14	14
	8	9
2A6	17	2
	8	9
	14	11
	14	12
	14	13
2A6	14	14
	18	7
2B1	7	5
	7	7
2L1	5	26
2L2	31	26
2L3	31	26
2L4	31	26
2M1	18	7
	9	9
	14	11
	14	12
2M2	9	9
	14	11
	14	12
	32	7
2M3	18	7
	9	9
	14	11
	14	12
2R1	19	24
	19	27
	19	28

[a] 集装单元栏内代号为类别、规格和构型代号。

4 要求

4.1 材料

材料的适用性和耐久性必须根据经验或试验确定。材料必须符合经批准的、确保其设计性能的国家标准或行业标准的规定。

4.2 制造工艺

制造方法必须保证能生产出一个始终完好的结构，当制造过程（如粘结、热处理等）需要严格控制时，必须按照经批准的工艺文件进行。制造工艺应符合飞机制造的有关标准或规定。

4.3 保护措施

在使用过程中由于气候、腐蚀、划伤或其他原因可能引起材料品质降低或强度下降而需要保护的部位，所有零部件必须得到合适的防护。在必要处，集装单元必须具有通风或排水措施。

4.4 结构

集装单元的结构应设计为能够充分包容货物并使货物能得到适当的支承和限动。所有零部件应能承受粗暴装卸。集装单元的结构设计应使不正确安装的可能性最小。

本标准图样所示网与集装板的连接尺寸仅确保其互换性。

4.5 标记

每一集装板、网和集装箱必须在装货后仍清晰可见的位置，清楚、永久地标出下列内容：

a） 制造人的名称和地址；

b） 集装单元的质量（重量），单位为千克（kg）；

c） 制造日期或编号，或两者一同标出；

d） 本标准 3.5 规定的集装单元识别代号；

e） 如果集装单元是有方向要求的，必须醒目、适当地标出“向前”、“向后”、“侧向”等字样；

f） 本标准 4.7 确定的集装单元的燃烧率；

g） 适用的中国民用航空技术标准规定编号。

4.6 检查措施

对每个要求检查、调整或润滑的部位都必须有行之有效的检测方法。

4.7 防火

集装板、网和集装箱结构所选用的材料应符合中国民用航空条例第 25 部《运输类飞机适航标准》有关防火的规定。

4.8 迅速减压

集装单元必须设计为能够在突然泄压时保护飞机结构和乘员。其设计的适用性应由分析和试验确定。

4.9 尺寸和公差

本标准给定构型的每一集装板、网和集装箱必须符合其构型图所规定的要求。除另有规定外，所有构型图中尺寸的公差，对三位小数的，为±0.240 mm（±0.010 in）；两位小数的，为±0.70 mm（±0.03 in）；一位小数的，为±2.4 mm（±0.1 in）。

4.10 强度

每一集装单元构型应符合表 2 对该构型规定的所有载荷条件和相应的限动条件。

4.10.1 极限载荷准则

每一载荷条件的极限载荷应符合表 3 的规定。除注中说明者外，这些载荷均应视为是单独作用的，并应施加在规定的重心极限。纵向偏心率用集装板和集装箱底的纵向尺寸百分比表示，并且从集装板或集装箱底的横向中线测量。纵向尺寸对应于相应图中的视图所规定的向前和向后的方向。反之，横向偏心率用横向尺寸百分比表示。加号和减号分别表示集装板或集装箱底横向中线的向前和向后的方向或纵向中线的向右和向左的方向。重心的高度用高于集装板或集装箱底表面的尺寸表示。

4.10.2 限动准则

对每一限动条件的限动系统详细要求应符合表 4 中相应图号的图样规定。限动系统图中的尺寸公差应符合本标准 4.9 条的规定。

4.10.3 集装板和网

为单独验证一集装板(或网)时,相同构型代号的合格的网(或集装板)可用于分析或试验。强度要求等于或大于被验证的集装板(或网)的不同构型代号的合格并且相容的网(或集装板)也可使用。所有带有连接集装板的系留接头的网连接件应具有 8.90 kN(2 000 lbs)(极限)的全方位(水平到垂直)的最小承载能力,载荷作用点应位于距系留接头顶端 21.08 mm(0.83 in)处或者更小。除另有规定外,在集装板结构中带有的所有系留导轨应具有 8.90 kN(2 000 lbs)(极限)的全方位(水平到垂直)的最小承载能力,载荷作用点应位于距导槽底面 22.86 mm(0.90 in)处或者更大。除系留接头和导轨式连接件外,集装板或网的系留连接件应具有 8.90 kN(2 000 lbs)(极限)的全方位(水平到垂直)的最小承载能力。

4.11 装载量

本标准未规定集装单元的最大总重量,对给定飞机的集装单元的实际总重量极限值应按照中国民用航空条例第 25 部《运输类飞机适航标准》确定,并且列入该飞机经批准的《重量和平衡手册》。

5 试验

应进行试验和分析,表明符合本标准的规定。

表 3 极限载荷准则

载荷条件	极限载荷/kN(lb)					重心			
						高度/mm(in)		偏心率/%	
	向前	向后	侧向	向上	向下	最大	最小[c]	纵向	横向
1	16.68 (3 750)	16.68 (3 750)	16.68 (3 750)	33.36 (7 500)	66.72 (15 000)	914.4 (36.0)	—	±10	±10
2	18.90[a] (4 250)	18.90[a] (4 250)	13.61[a] (3 060)	35.23 (7 920)	64.19 (14 430)	863.6 (34.0)			
3	20.02 (4 500)	20.02 (4 500)	20.02 (4 500)	40.03 (9 000)	80.07 (18 000)	914.4 (36.0)			
4	26.69[b] (6 000)	26.69[b] (6 000)	26.69[b] (6 000)	56.05 (12 600)	109.43 (24 600)				
5	37.81[a] (8 500)	37.81[a] (8 500)	27.22[a] (6 120)	70.46 (15 840)	128.38 (28 860)	863.6 (34.0)			
6	53.38 (12 000)	53.38 (12 000)	53.38 (12 000)	106.76 (24 000)	213.51 (48 000)	914.4 (36.0)			
7	53.38[b] (12 000)	53.38[b] (12 000)	53.38[b] (12 000)	112.10 (25 200)	218.85 (49 200)				
8	55.60[a] (12 500)	55.60[a] (12 500)	40.03[a] (9 000)	100.08 (22 500)	188.60 (42 400)				
9	60.05[a] (13 500)	60.05[a] (13 500)	43.24[a] (9 720)	112.10 (25 200)	204.17 (45 900)	1 219.2 (48.0)			
10	66.72 (15 000)	66.72 (15 000)	66.72 (15 000)	133.45 (30 000)	266.89 (60 000)	914.4 (36.0)			
11	66.72[b] (15 000)	66.72[b] (15 000)	66.72[b] (15 000)	140.12 (31 500)	273.57 (61 500)				
12	66.72[a] (15 000)	66.72[a] (15 000)	66.72[a] (15 000)	169.03 (38 000)	226.86 (51 000)	1 219.2 (48.0)		±14.4	±21.4
13	84.65[c] (19 030)	84.65[c] (19 030)	69.39[c] (15 600)	156.35 (35 150)	295.14 (66 350)	1 043.94 (41.1)		±10	±10

表 3（续）

载荷条件	极限载荷/kN(lb)					重心			
	向前	向后	侧向	向上	向下	高度/mm(in) 最大	最小[e]	偏心率/% 纵向	横向
14	83.40 (18 750)	83.40 (18 750)	83.40 (18 750)	166.81 (37 500)	333.62 (75 000)	914.4 (36.0)	—	±10	±10
15	83.40[b] (18 750)	83.40[b] (18 750)	83.40[b] (18 750)	139.01 (31 250)	278.01 (62 500)	1 219.2 (48.0)		±5	
16	86.74[a] (19 500)	86.74[a] (19 500)	86.74[a] (19 500)	146.79 (33 000)	293.58 (66 000)			±14.4	±21.4
17	88.96[b] (20 000)	88.96[b] (20 000)	88.96[b] (20 000)	158.36 (35 600)	336.29 (75 600)	914.4 (36.0)		±10	±10
18	100.08[a] (22 500)	100.08[a] (22 500)	100.08[a] (22 500)	169.03 (38 000)	340.29 (76 500)	1 219.2 (48.0)		±14.4	±21.4
19	166.81[b] (37 500)	166.81[b] (37 500)	166.81[b] (37 500)	278.01 (62 500)	556.03 (125 000)			±5	±10
20	233.53[b] (52 500)	233.53[b] (52 500)	233.53[b] (52 500)	389.22 (87 500)	778.44 (175 000)				
21	300.25[b] (67 500)	300.25[b] (67 500)	300.25[b] (67 500)	500.42 (112 500)	1 000.85 (225 000)				
22	120.10 (27 000)	20.02 (4 500)	20.02 (4 500)	40.03 (9 000)	80.07 (18 000)	914.4 (36.0)	—	±10	
23	160.14[d] (36 000)	26.69[d] (6 000)	26.69[d] (6 000)	35.59 (8 000)	104.98 (23 600)	838.2 (33.0)		±0	±0
24	160.14[d] (36 000)	26.69[d] (6 000)	26.69[d] (6 000)	56.05 (12 600)	109.43 (24 600)	914.4 (36.0)		±10	±10
25	240.20[d] (54 000)	40.03[d] (9 000)	40.03[d] (9 000)	84.07 (18 900)	164.14 (36 900)				
26	280.24[d] (63 000)	46.71[d] (10 500)	46.71[d] (10 500)	62.28 (14 000)	183.71 (41 300)	838.2 (33.0)		±0	±0
27	320.27[d] (72 000)	53.38[d] (12 000)	53.38[d] (12 000)	112.10 (25 200)	218.85 (49 200)	914.4 (36.0)		±10	±10
28	400.34[d] (90 000)	66.72[d] (15 000)	66.72[d] (15 000)	140.12 (31 500)	273.57 (61 500)				
29	416.35 (93 600)	69.39 (15 600)	69.39 (15 600)	156.35 (35 150)	295.14 (66 350)	1 043.94 (41.1)			
30	23.35[a] (5 250)	23.35[a] (5 250)	16.81[a] (3 780)	43.59 (9 800)	79.40 (17 850)	863.6 (34.0)			
31	46.71[a] (10 500)	46.71[a] (10 500)	33.63[a] (7 560)	87.19 (19 600)	158.80 (35 700)				
32	100.08[a] (22 500)	100.08[a] (22 500)	100.08[a] (22 500)	169.03 (38 000)	340.29 (76 500)	1 219.2 (48.0)			

a 与等于向前载荷的向下载荷组合。
b 与等于三分之二的向前载荷的向下载荷组合。
c 与等于侧向载荷的向下载荷组合。
d 与等于九分之一的向前载荷的向下载荷组合。
e 仅适用于集装箱。

表 4 限动准则

<table>
<tr><th rowspan="2">限 动 条 件</th><th colspan="3">限 动 系 统 详 图</th></tr>
<tr><th>图 号</th><th>向前、向后限动图号</th><th>侧向限动图号</th></tr>
<tr><td>1</td><td rowspan="2">44</td><td rowspan="6">45</td><td>46</td></tr>
<tr><td>2</td><td>47</td></tr>
<tr><td>3</td><td rowspan="4">48</td><td>46</td></tr>
<tr><td>4</td><td>46,49</td></tr>
<tr><td>5</td><td>47</td></tr>
<tr><td>6</td><td>47,50</td></tr>
<tr><td>7</td><td rowspan="2">51</td><td rowspan="4">53</td><td>54</td></tr>
<tr><td>8</td><td>55</td></tr>
<tr><td>9</td><td rowspan="2">52</td><td>54</td></tr>
<tr><td>10</td><td>55</td></tr>
<tr><td>11</td><td rowspan="2">56</td><td rowspan="8">59</td><td>58</td></tr>
<tr><td>12</td><td>60</td></tr>
<tr><td>13</td><td rowspan="2">57</td><td>58</td></tr>
<tr><td>14</td><td rowspan="2">60</td></tr>
<tr><td>15</td><td>61</td></tr>
<tr><td>16</td><td rowspan="2">62</td><td>58,63</td></tr>
<tr><td>17</td><td rowspan="2">60,63</td></tr>
<tr><td>18</td><td>64</td></tr>
<tr><td>19</td><td>65</td><td colspan="2">68</td></tr>
<tr><td>20</td><td>66</td><td colspan="2">69</td></tr>
<tr><td>21</td><td>67</td><td colspan="2">68</td></tr>
<tr><td>22</td><td>70</td><td>72</td><td>73</td></tr>
<tr><td>23</td><td>70</td><td>72</td><td>71,73</td></tr>
<tr><td>24</td><td>74</td><td colspan="2">75</td></tr>
<tr><td>25</td><td>76</td><td colspan="2" rowspan="2">78</td></tr>
<tr><td>26</td><td>77</td></tr>
<tr><td>27</td><td>80</td><td rowspan="2">53</td><td rowspan="2">75</td></tr>
<tr><td>28</td><td>81</td></tr>
</table>

单位为毫米

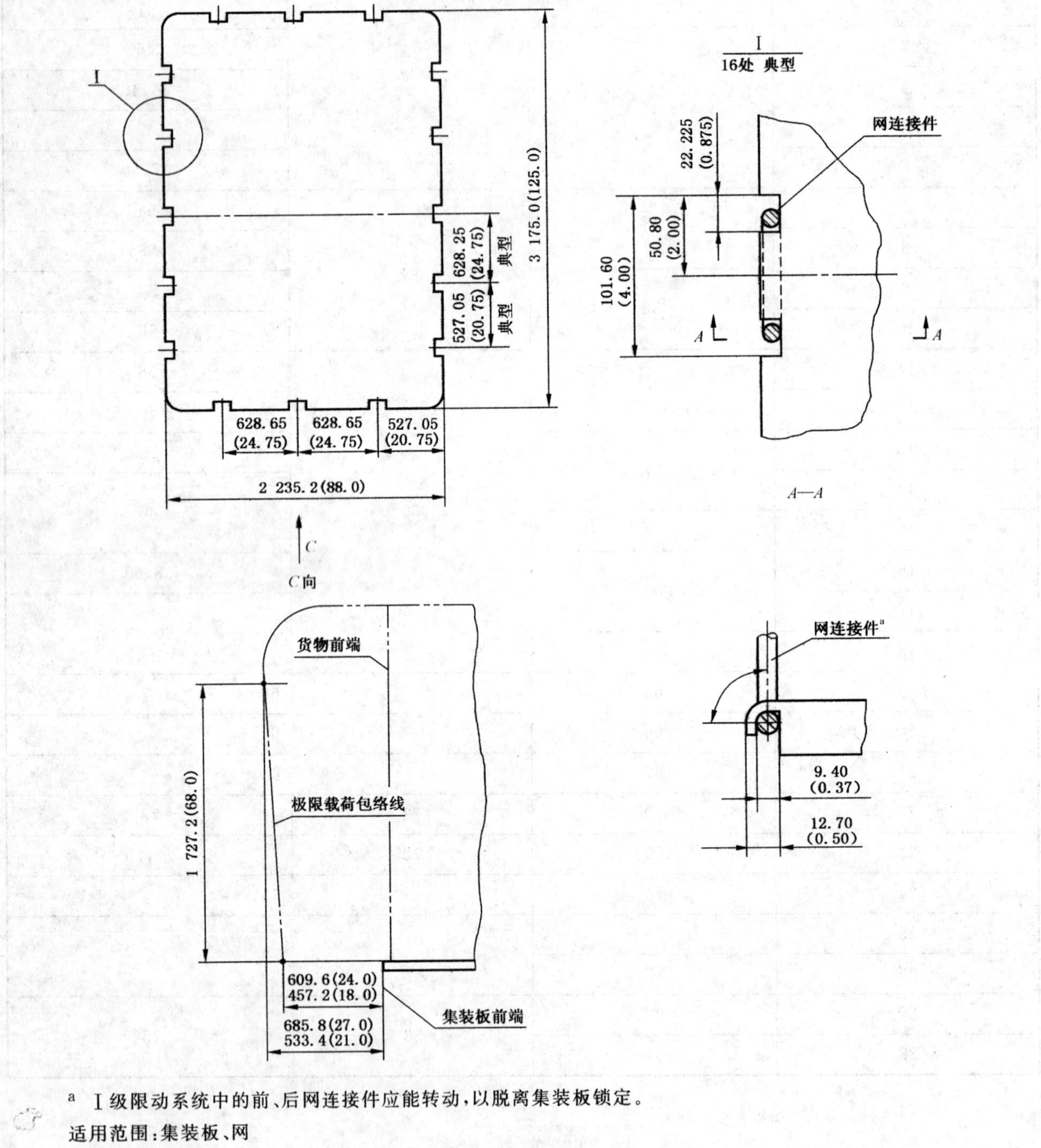

[a] Ⅰ级限动系统中的前、后网连接件应能转动，以脱离集装板锁定。

适用范围：集装板、网

可相容于：1A3P

图 1　1A1 构型图

单位为毫米

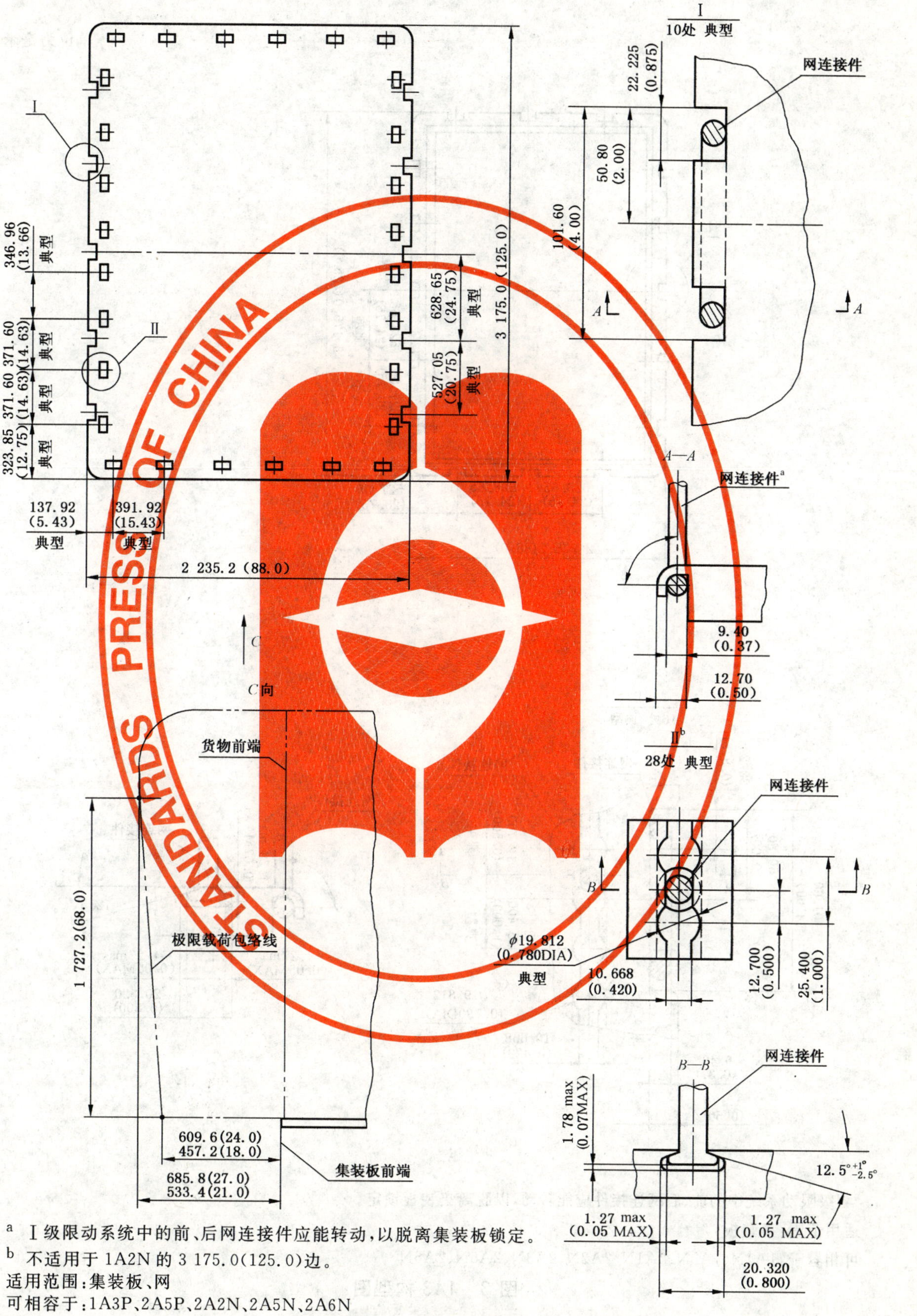

a Ⅰ级限动系统中的前、后网连接件应能转动，以脱离集装板锁定。

b 不适用于1A2N的3 175.0(125.0)边。

适用范围：集装板、网

可相容于：1A3P、2A5P、2A2N、2A5N、2A6N

图2 1A2构型图

单位为毫米

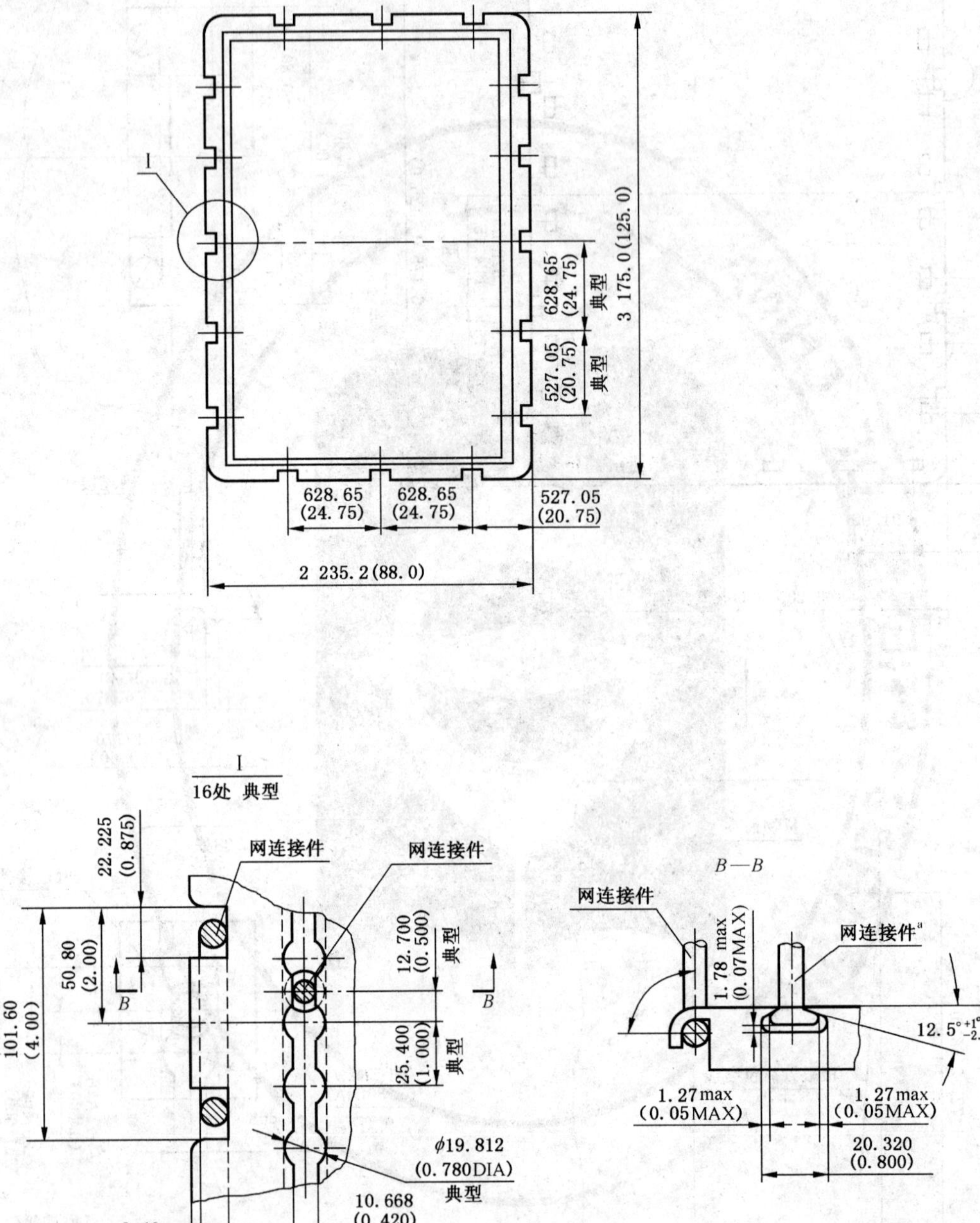

[a] I级限动系统中的前、后网连接件应能转动，以脱离集装板锁定。

适用范围：集装板

可相容于：1A1N、1A2N、2A1N、2A2N、2A3N、2A5N、2A6N

图 3　1A3 构型图

单位为毫米

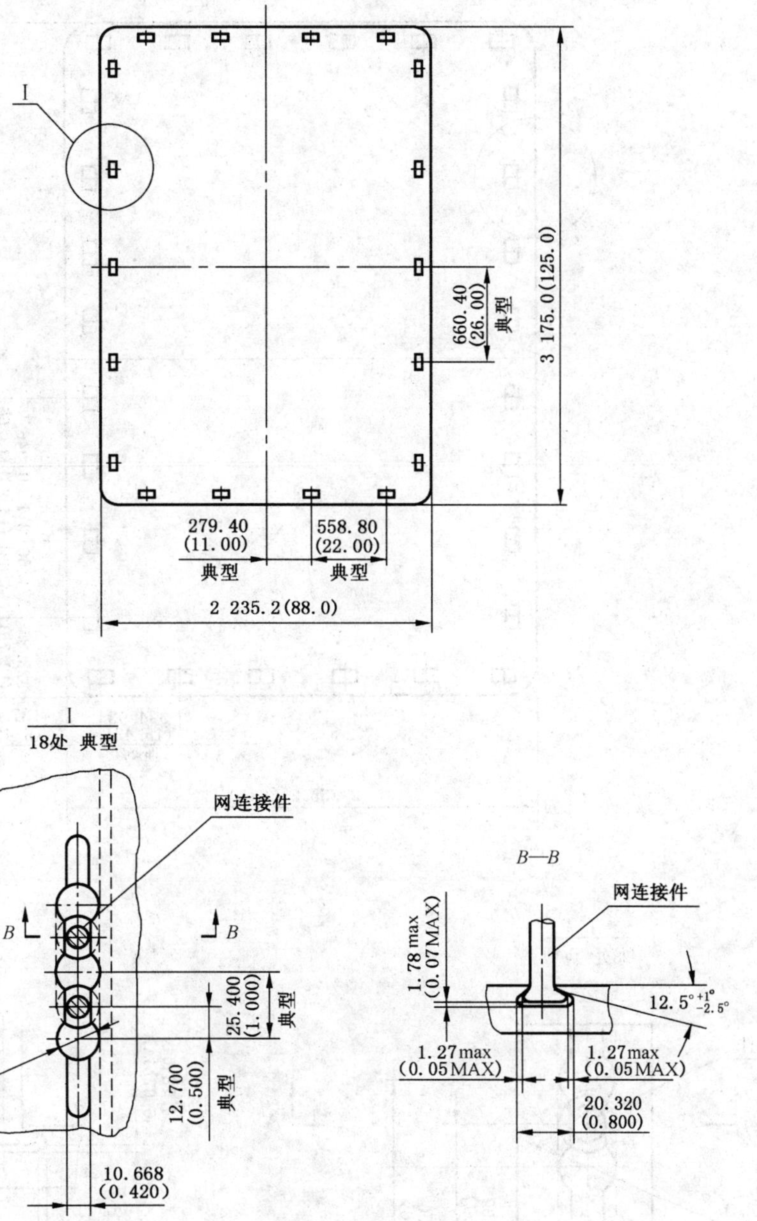

适用范围：集装板、网

可相容于：1A3P、2A4P、2A3N

图 4　2A1 构型图

单位为毫米

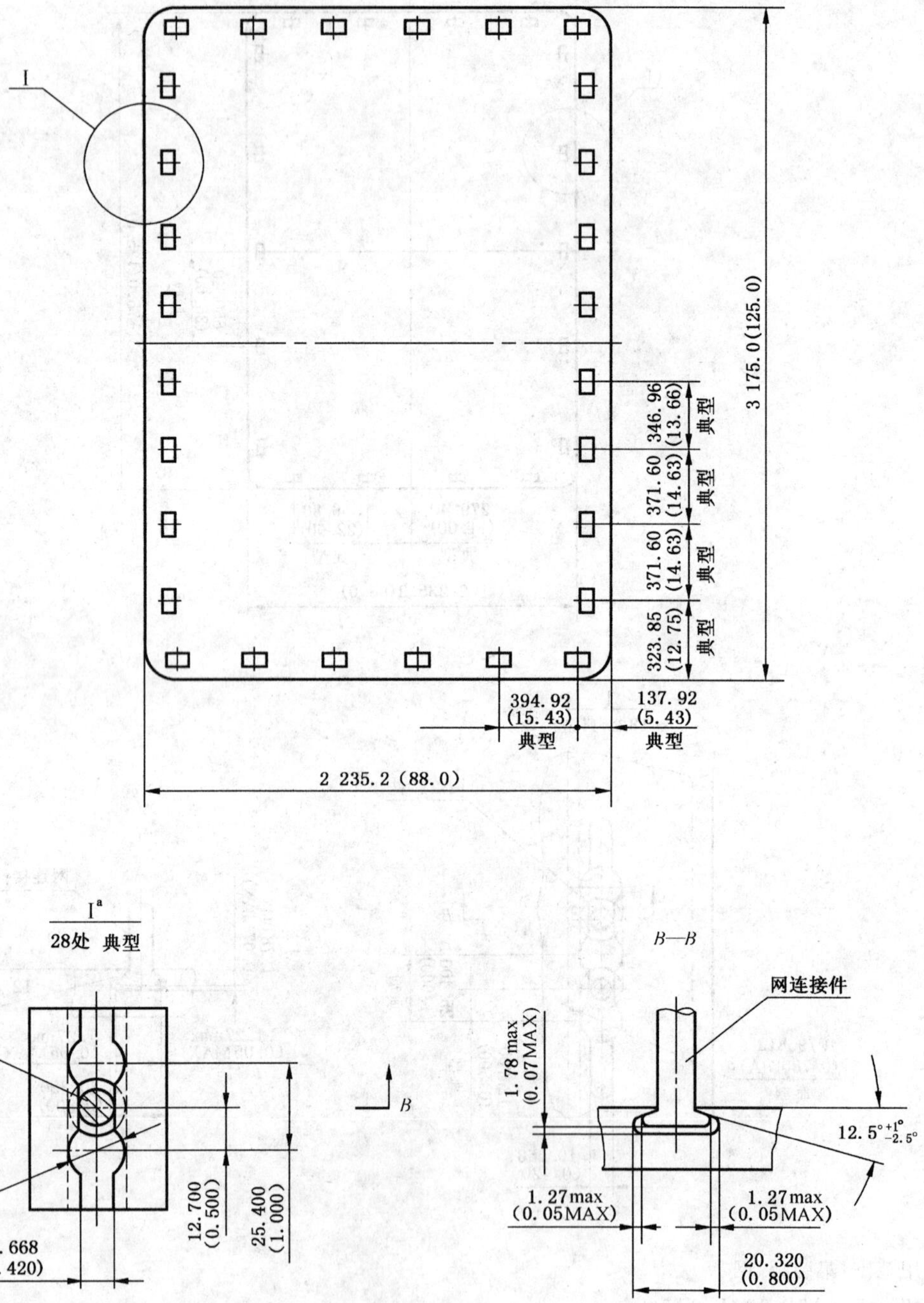

[a] 不适用于集装箱。

适用范围：集装板、网、集装箱

可相容于、1A2P、1A3P、2A4P、2A6P、2A6N

图 5　2A2 构型图

单位为毫米

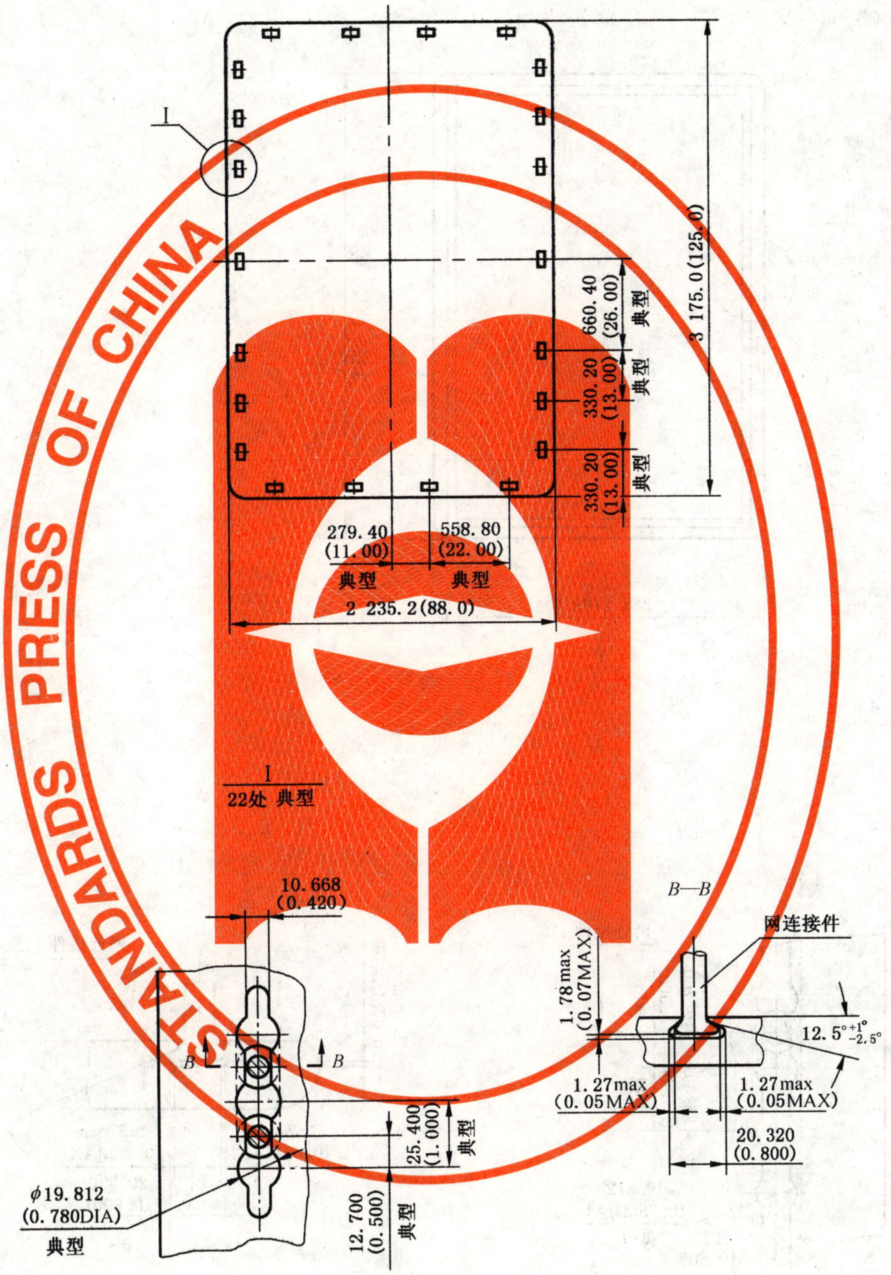

适用范围:集装板、网

可相容于:1A3P、2A4P、2A1N

图 6　2A3 构型图

单位为毫米

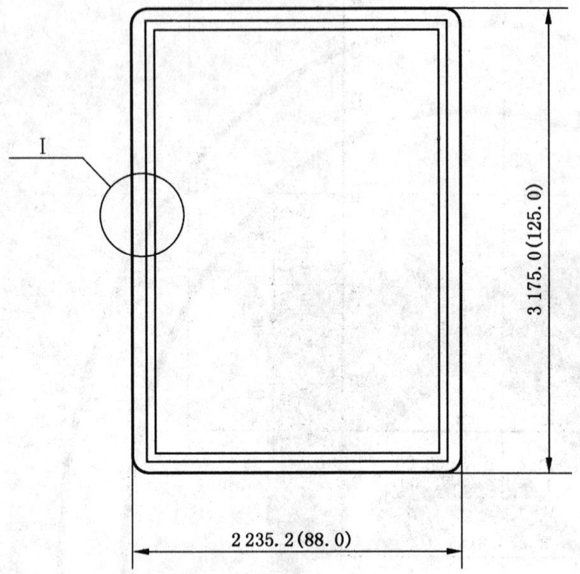

I

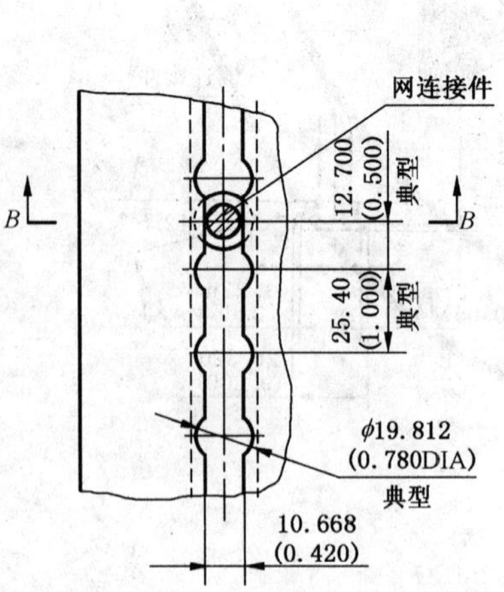

B—B

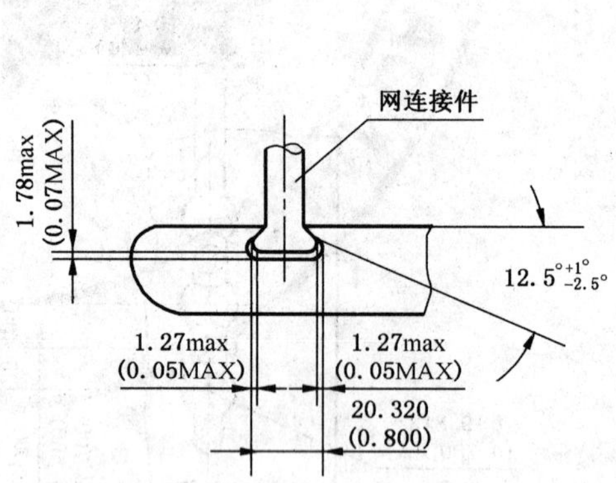

适用范围：集装板

可相容于：2A1N、2A2N、2A3N、2A6N

图 7　2A4 构型图

单位为毫米

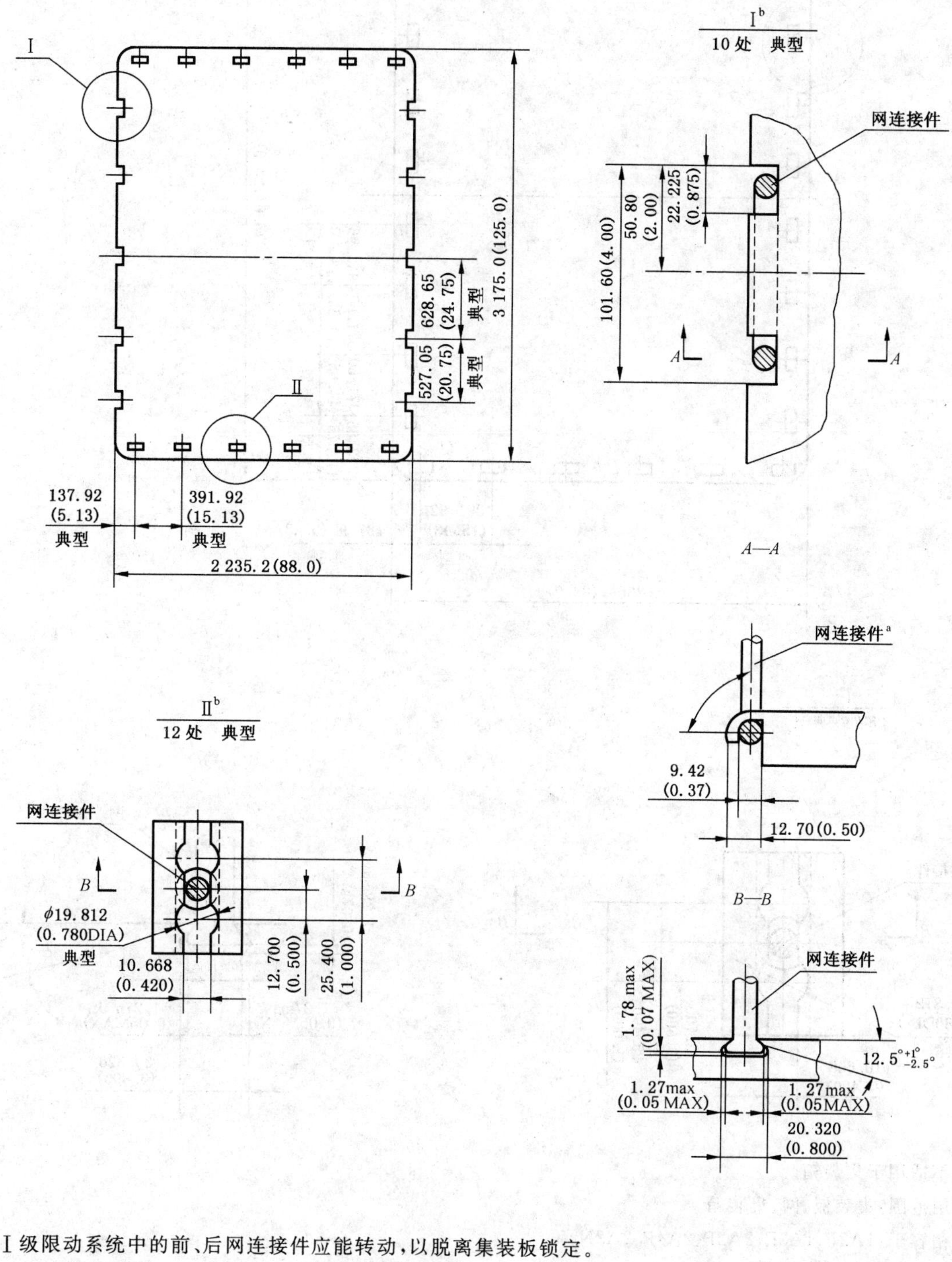

a Ⅰ级限动系统中的前、后网连接件应能转动，以脱离集装板锁定。

b 不适用于集装箱。

适用范围：集装板、网、集装箱

可相容于：1A2P、1A3P、1A2N

图 8 2A5 构型图

单位为毫米

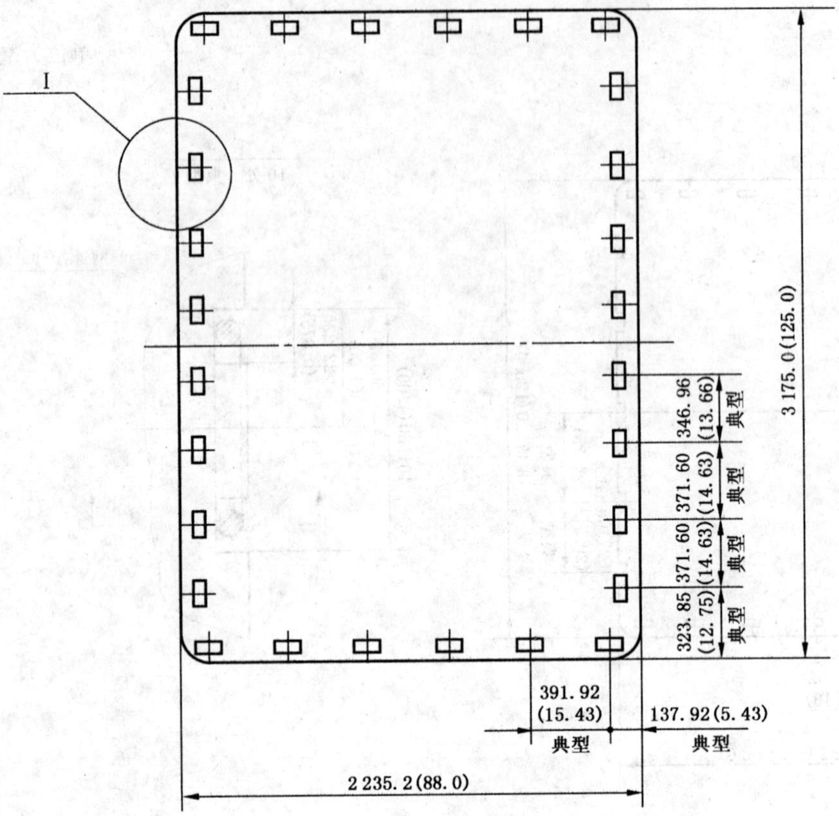

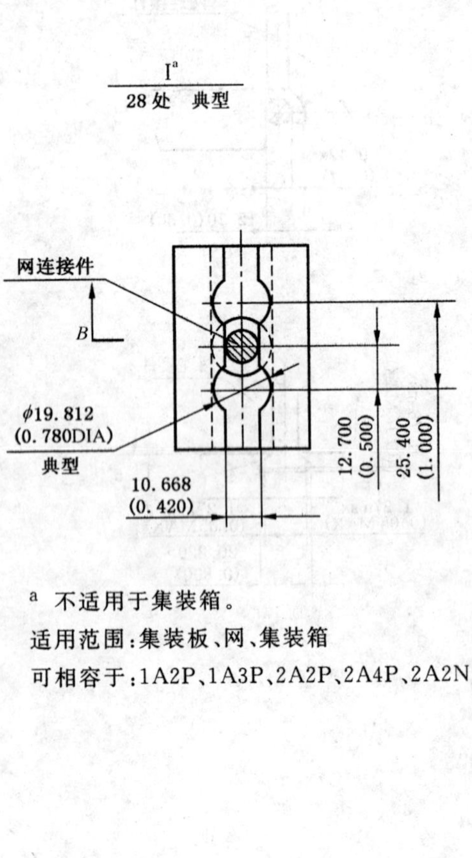

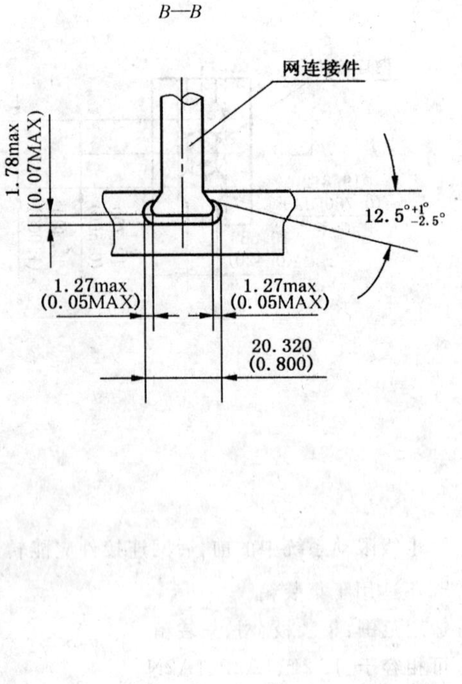

[a] 不适用于集装箱。

适用范围：集装板、网、集装箱

可相容于：1A2P、1A3P、2A2P、2A4P、2A2N

图9 2A6构型图

单位为毫米

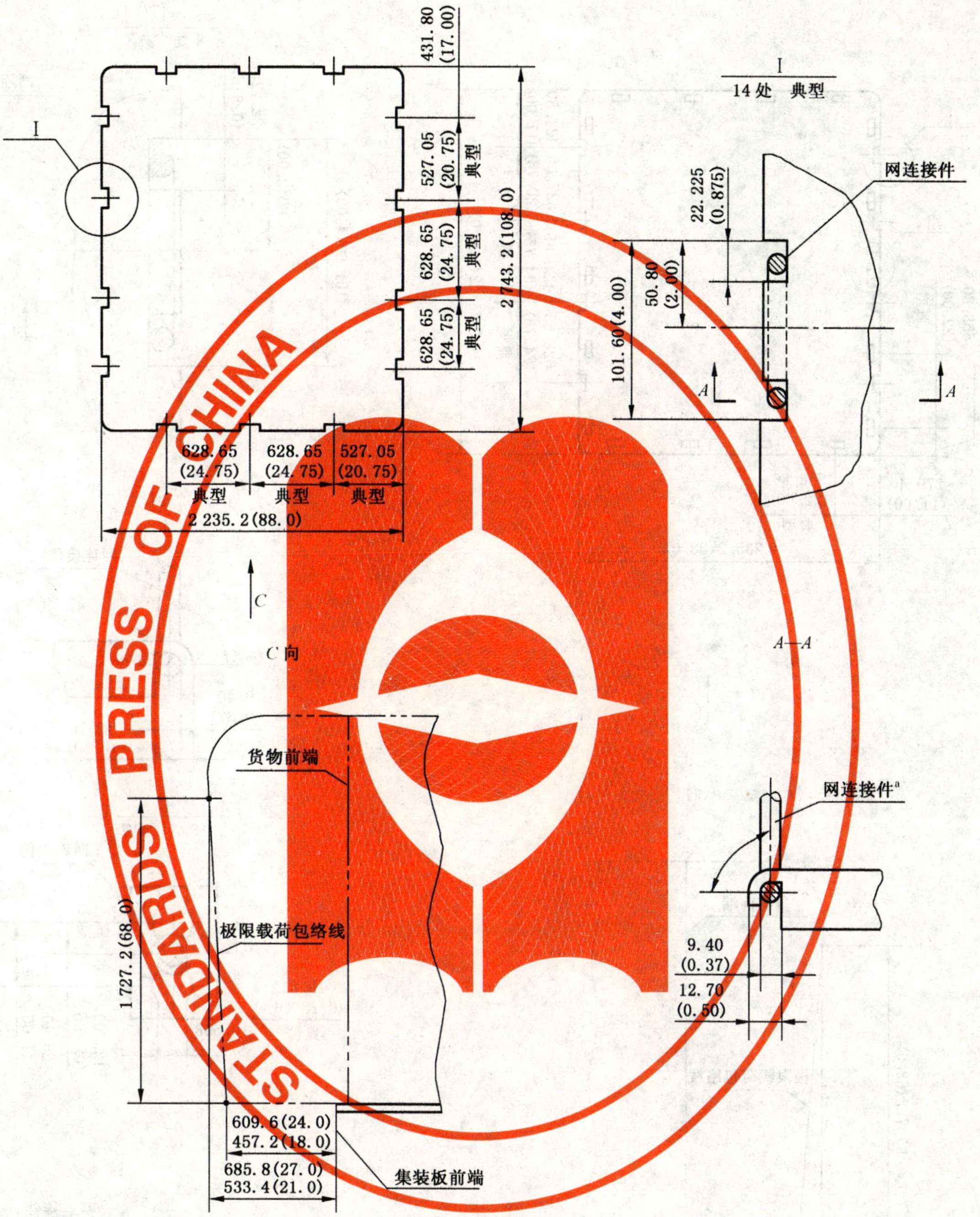

a Ⅰ级限动系统中的前、后网连接件应能转动，以脱离集装板锁定。

适用范围：集装板、网

可相容于：1B3P

图 10 1B1 构型图

单位为毫米

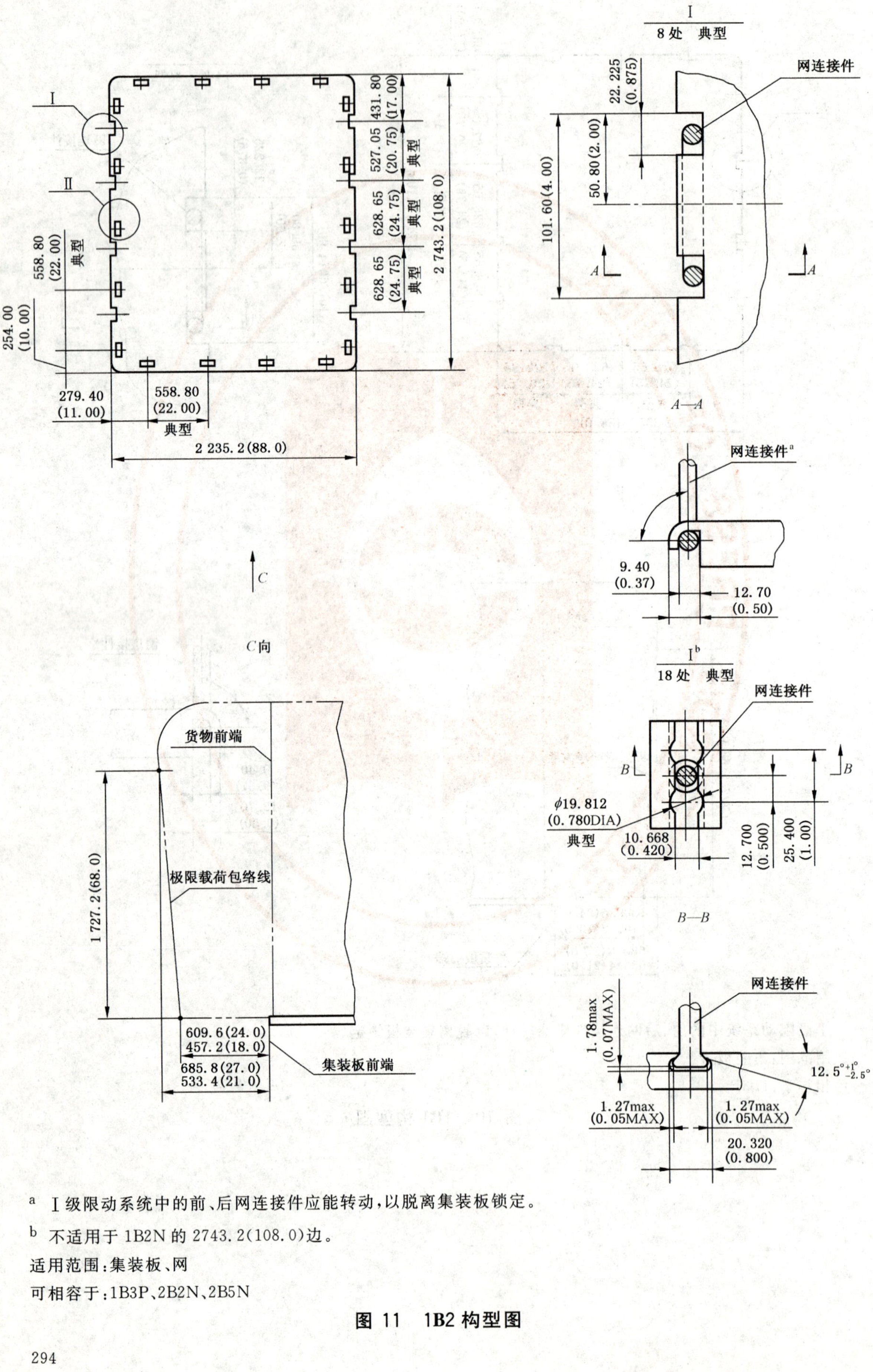

a Ⅰ级限动系统中的前、后网连接件应能转动，以脱离集装板锁定。

b 不适用于1B2N的2743.2(108.0)边。

适用范围：集装板、网

可相容于：1B3P、2B2N、2B5N

图11 1B2构型图

单位为毫米

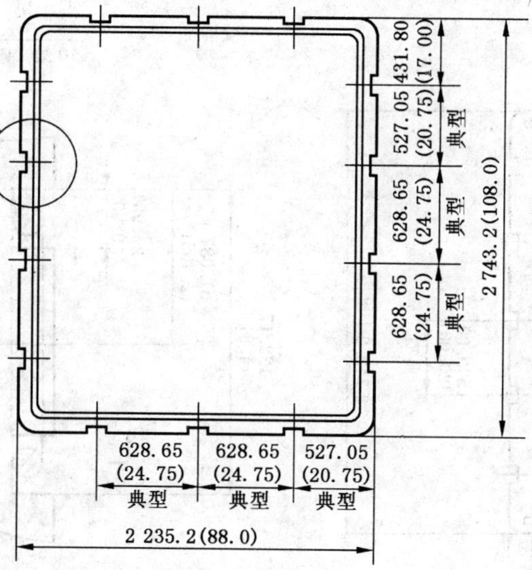

I
14处 典型

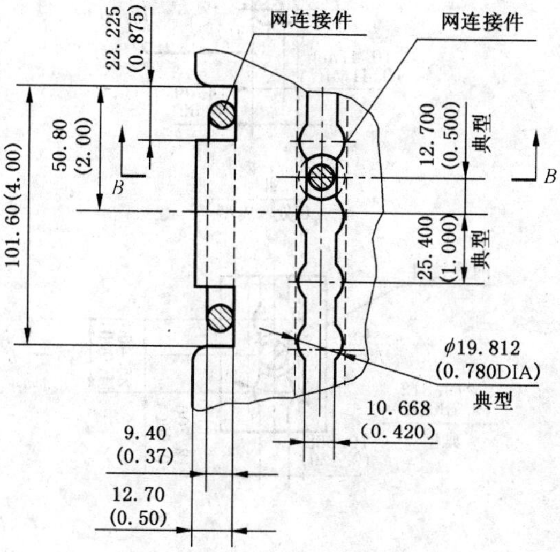

B—B

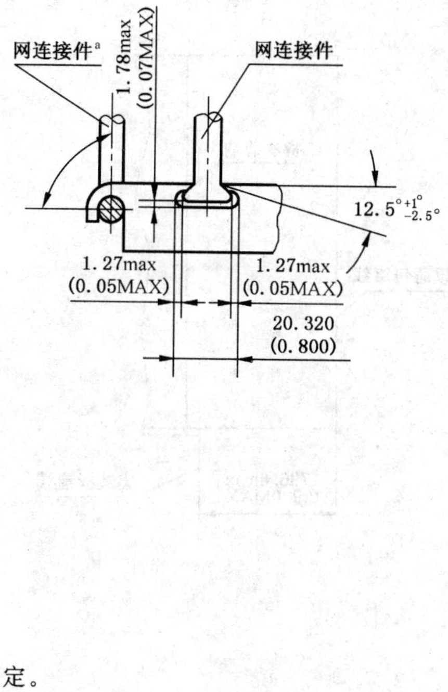

a Ⅰ级限动系统中的前、后网连接件应能转动，以脱离集装板锁定。

适用范围：集装板

可相容于：1B1N、1B2N、1B5N、2B1N、2B2N、2B5N、2B6N

图12 1B3构型图

单位为毫米

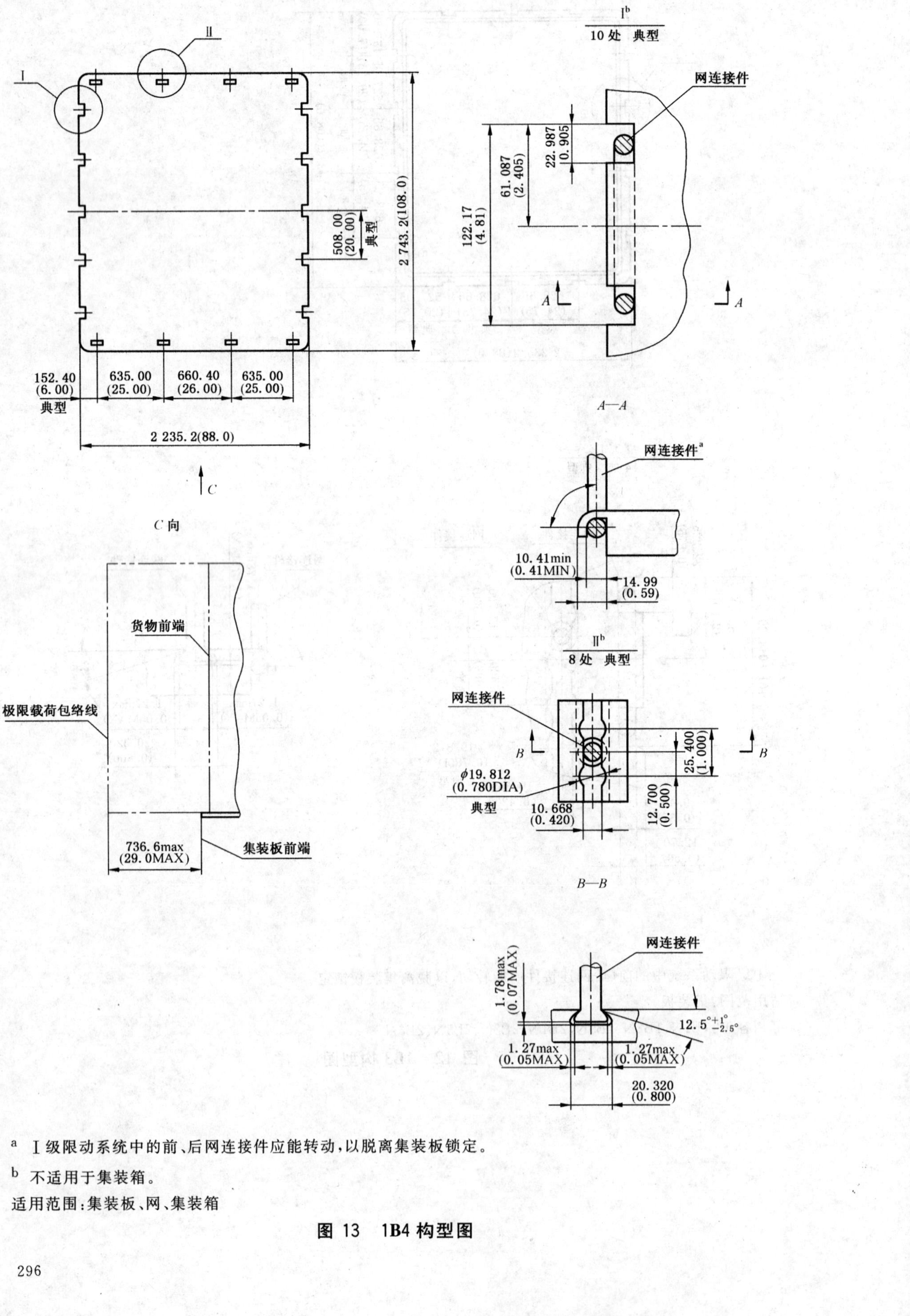

a Ⅰ级限动系统中的前、后网连接件应能转动，以脱离集装板锁定。

b 不适用于集装箱。

适用范围：集装板、网、集装箱

图 13 1B4 构型图

单位为毫米

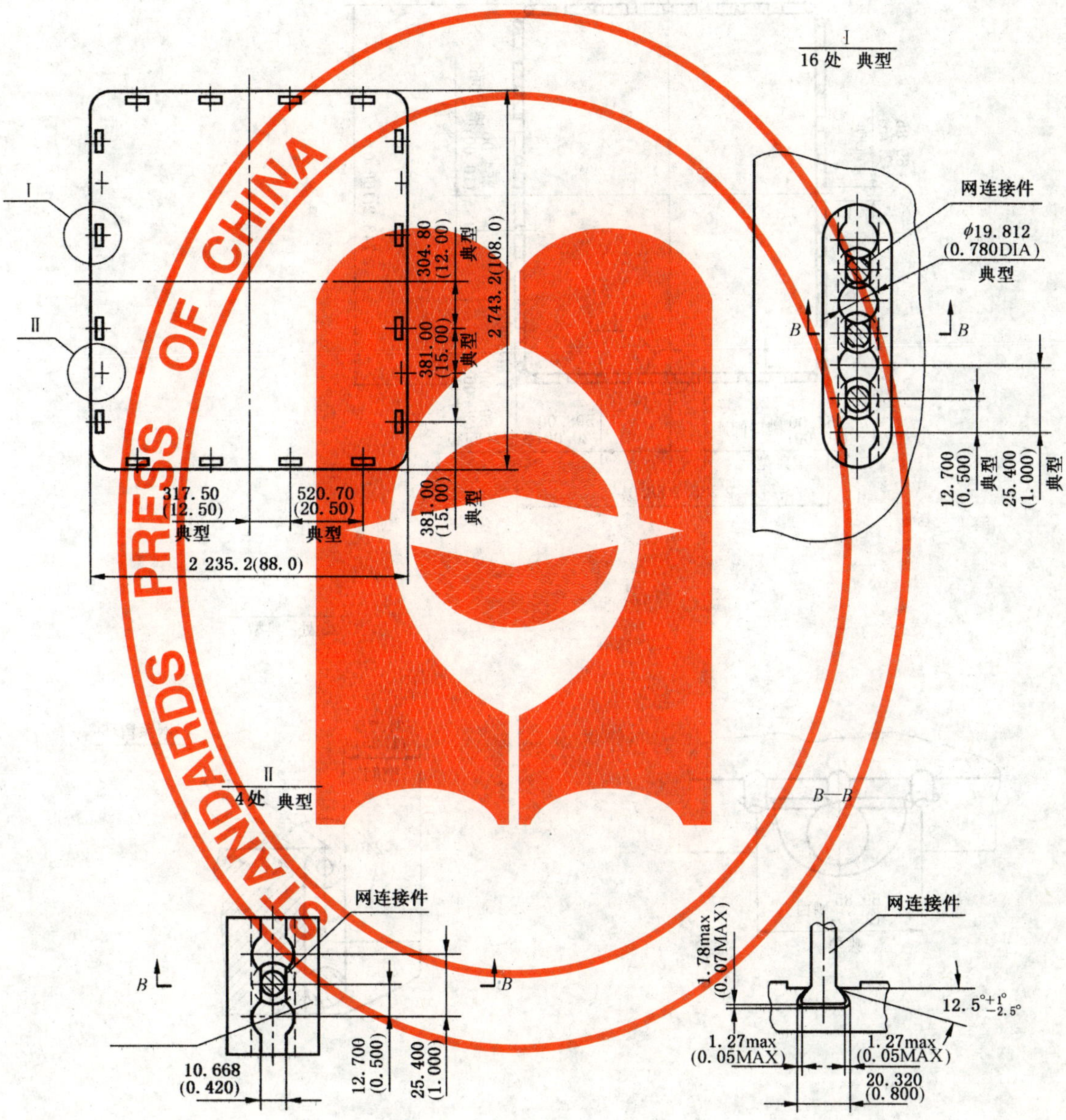

适用范围：集装板、网

可相容于：1B3P、2B3P

图 14　1B5 构型图

单位为毫米

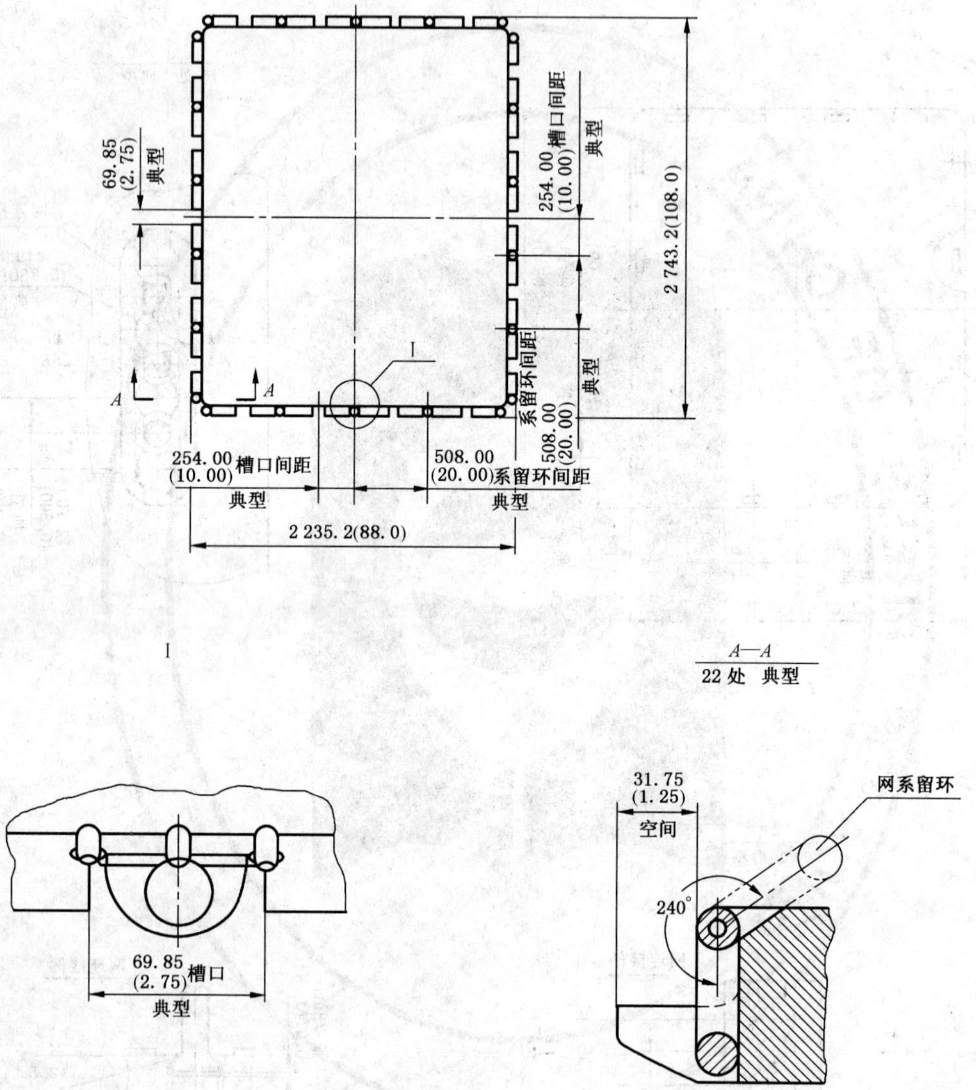

适用范围：集装板、网

图 15　1B6 构型图

单位为毫米

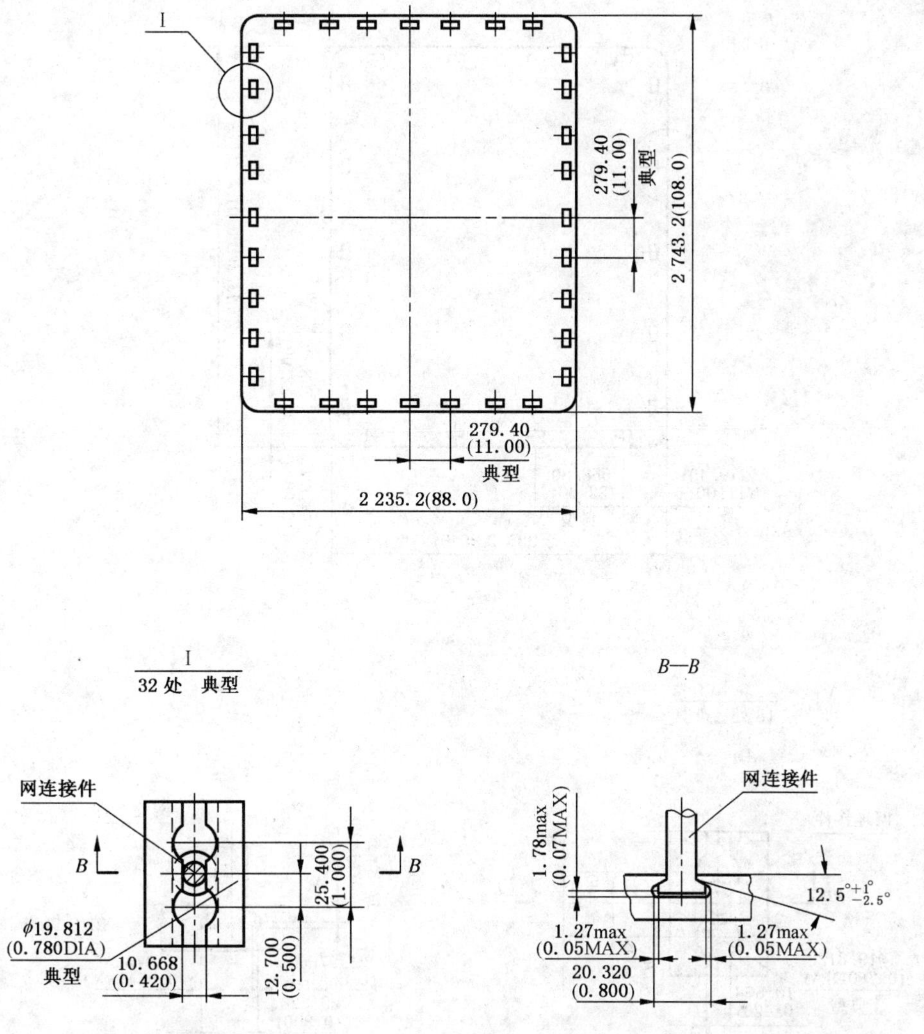

适用范围：集装板、网

可相容于：1B3P、2B3P、2B2N、2B5N

图 16　2**B**1 构型图

单位为毫米

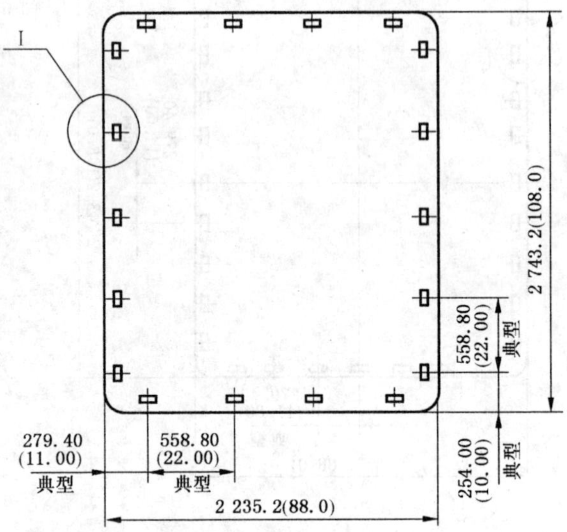

I
18处 典型

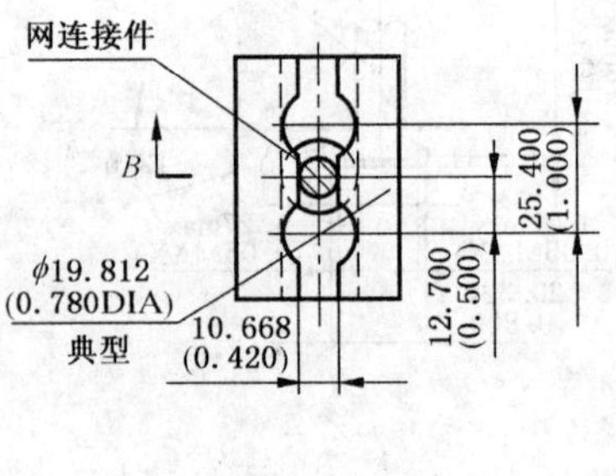

B—B

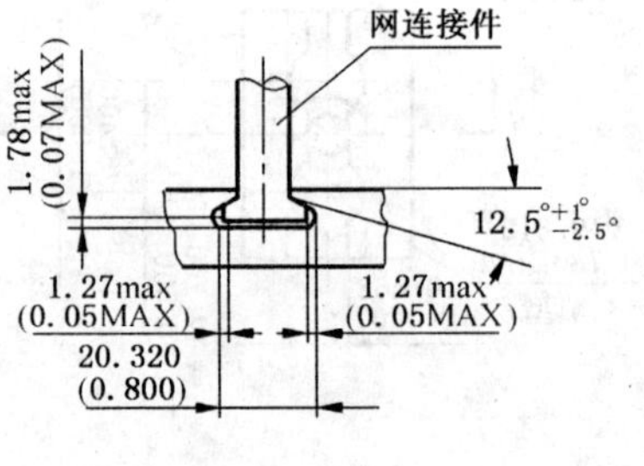

适用范围:集装板、网

可相容于:1B2P、1B3P、2B1P、2B3P、2B5P、2B6P、2B5N

图 17　2B2 构型图

单位为毫米

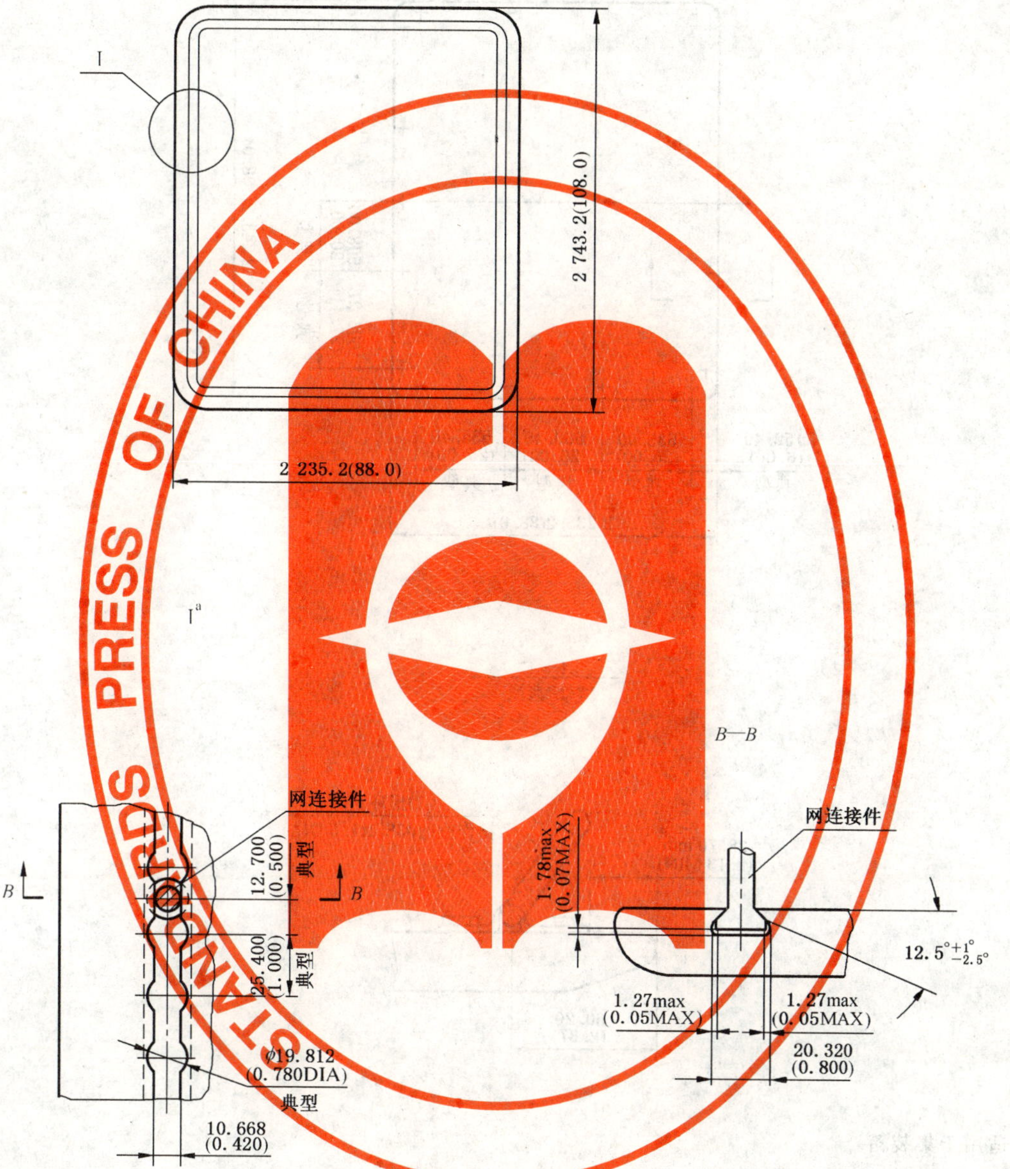

[a] 不适用于集装箱。

适用范围：集装板、集装箱

可相容于：1B5N、2B1N、2B2N、2B5N、2B6N

图 18　2B3 构型图

单位为毫米

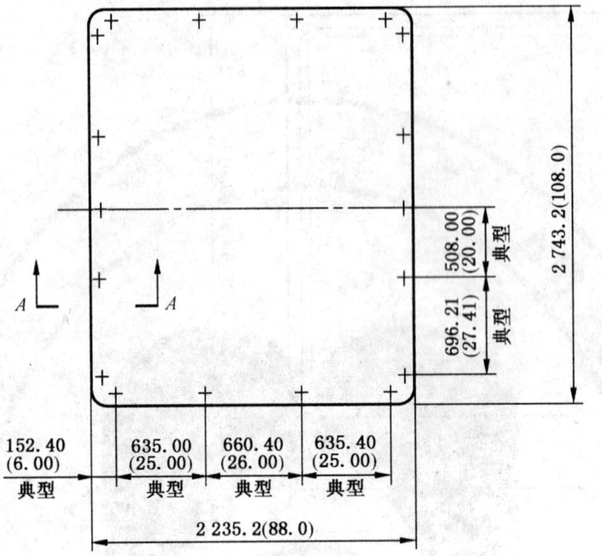

$A—A^a$
18处 典型

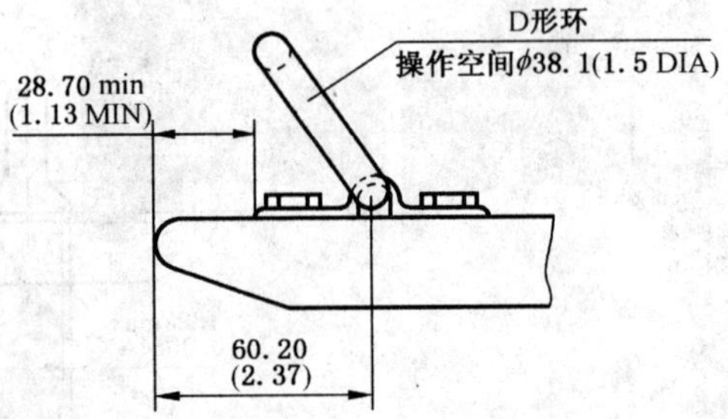

[a] 不适用于集装箱。

适用范围:集装板、网、集装箱

图 19　2B4 构型图

单位为毫米

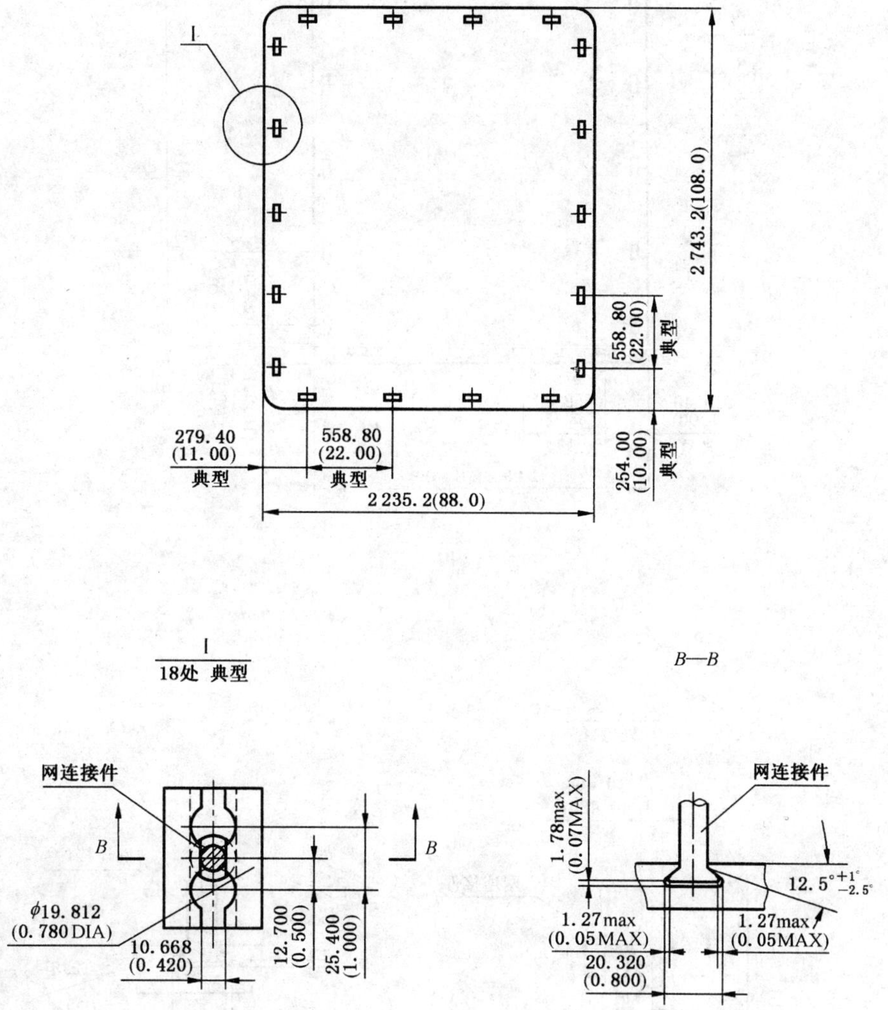

适用范围:集装板、网

可相容于:1B2P、1B3P、2B1P、2B2P、2B3P、2B6P、2B2N

图 20　2B5 构型图

单位为毫米

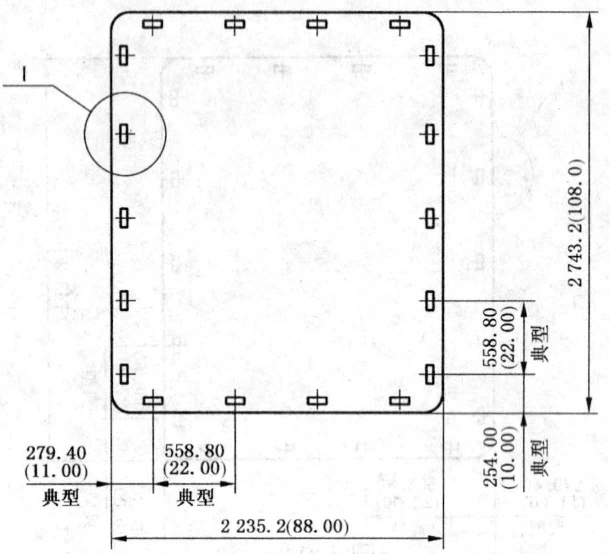

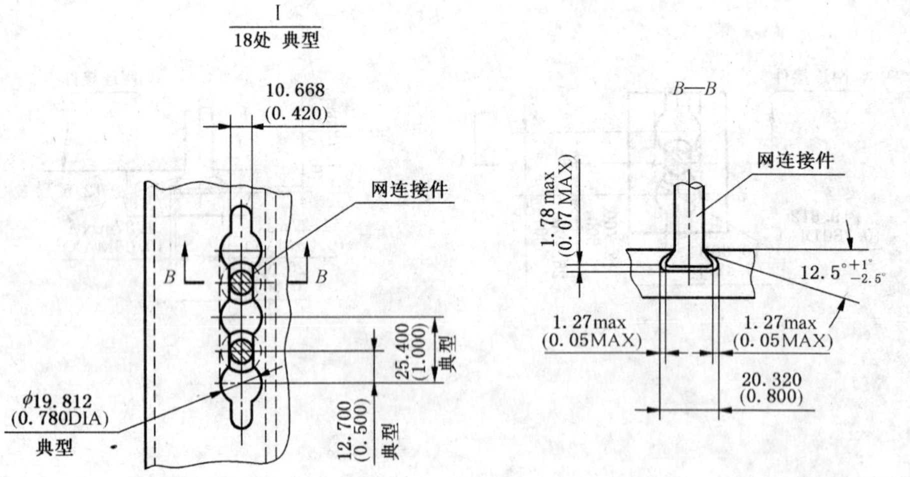

适用范围：集装板、网

可相容于：1B3P、2B3P、2B2N、2B5N

图 21　2B6 构型图

单位为毫米

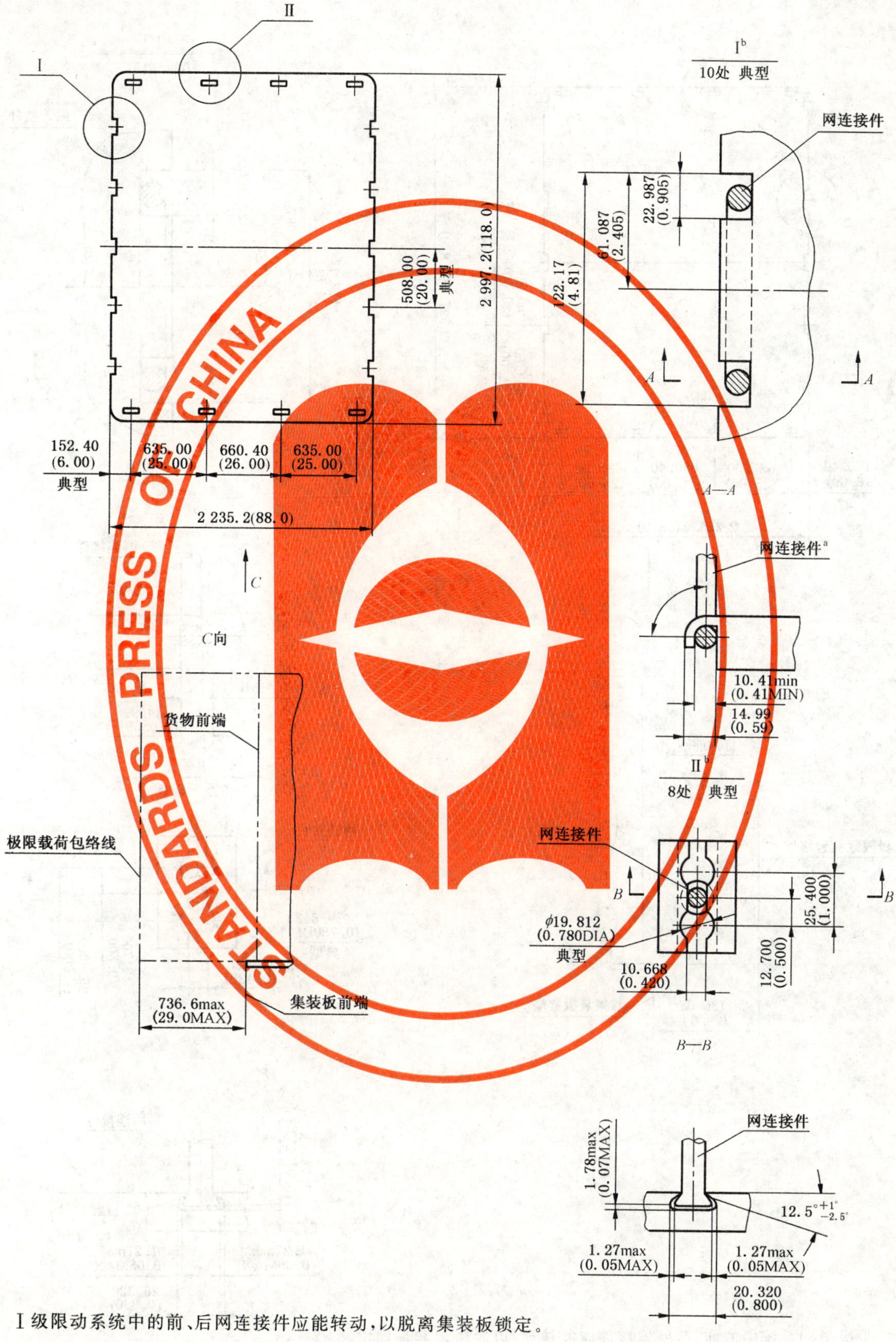

a Ⅰ级限动系统中的前、后网连接件应能转动，以脱离集装板锁定。

b 不适用于集装箱。

适用范围：集装板、网、集装箱

图 22　1C1 构型图

单位为毫米

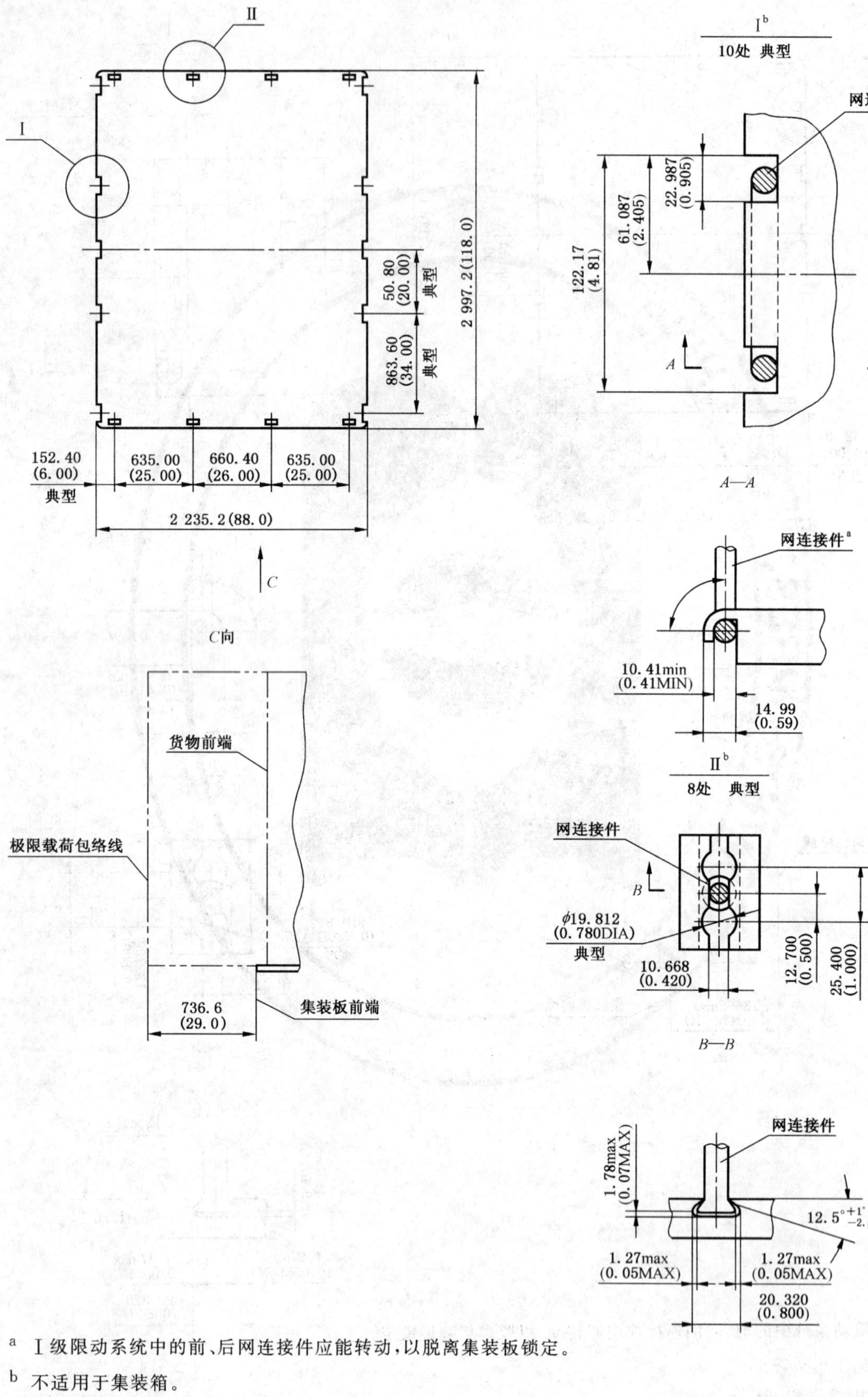

[a] Ⅰ级限动系统中的前、后网连接件应能转动，以脱离集装板锁定。

[b] 不适用于集装箱。

适用范围：集装板、网、集装箱

图 23　1C2 构型图

单位为毫米

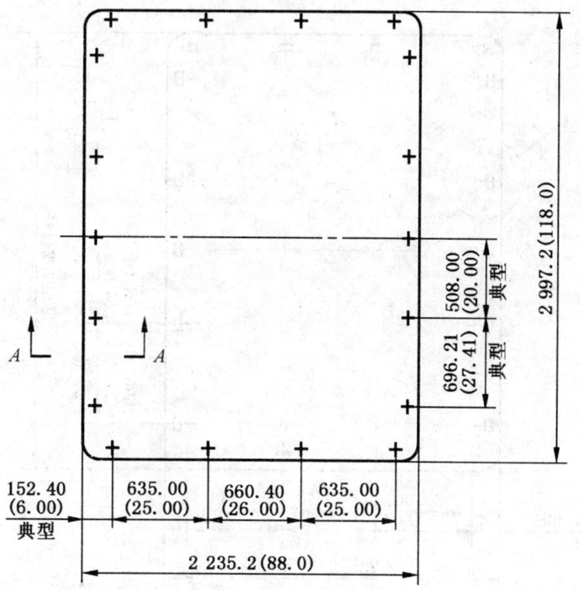

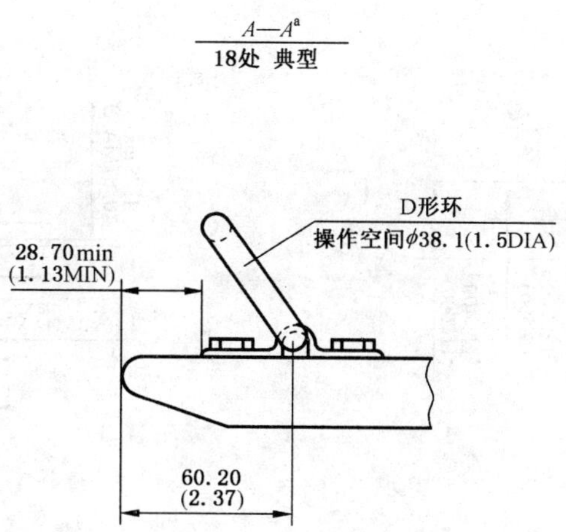

[a] 不适用于集装箱。

适用范围：集装板、网、集装箱

图 24　2C1 构型图

单位为毫米

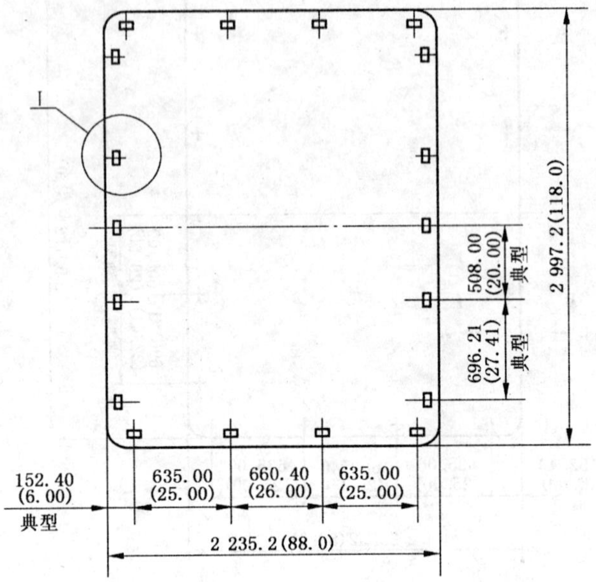

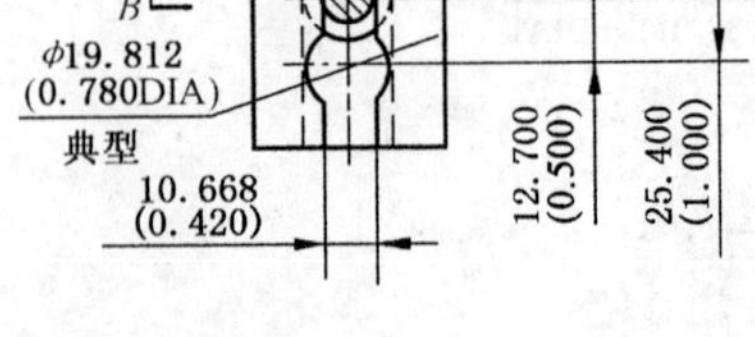

适用范围:集装板、网

图 25　2C2 构型图

单位为毫米

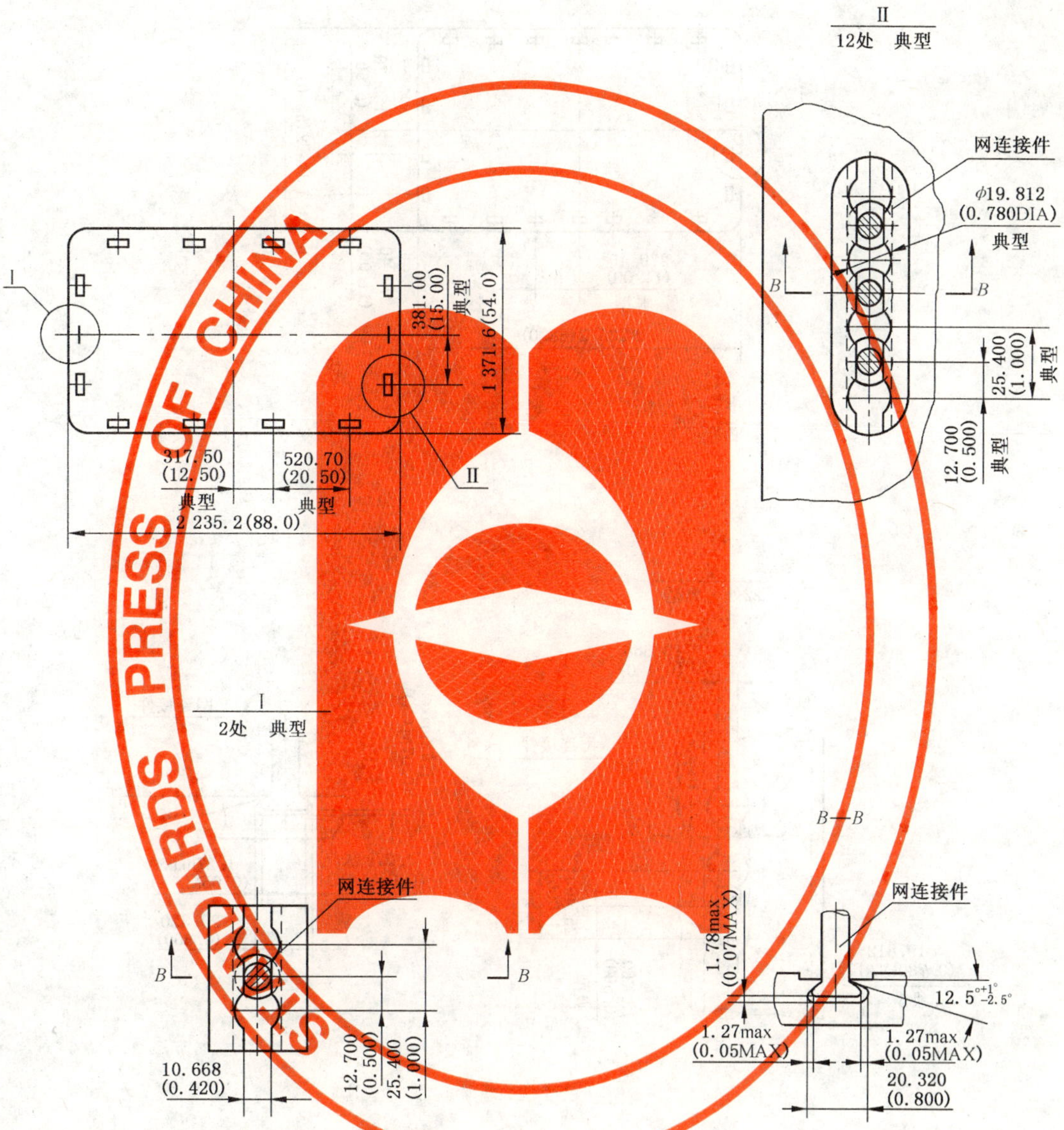

适用范围:集装板、网

图 26 1D1 构型图

单位为毫米

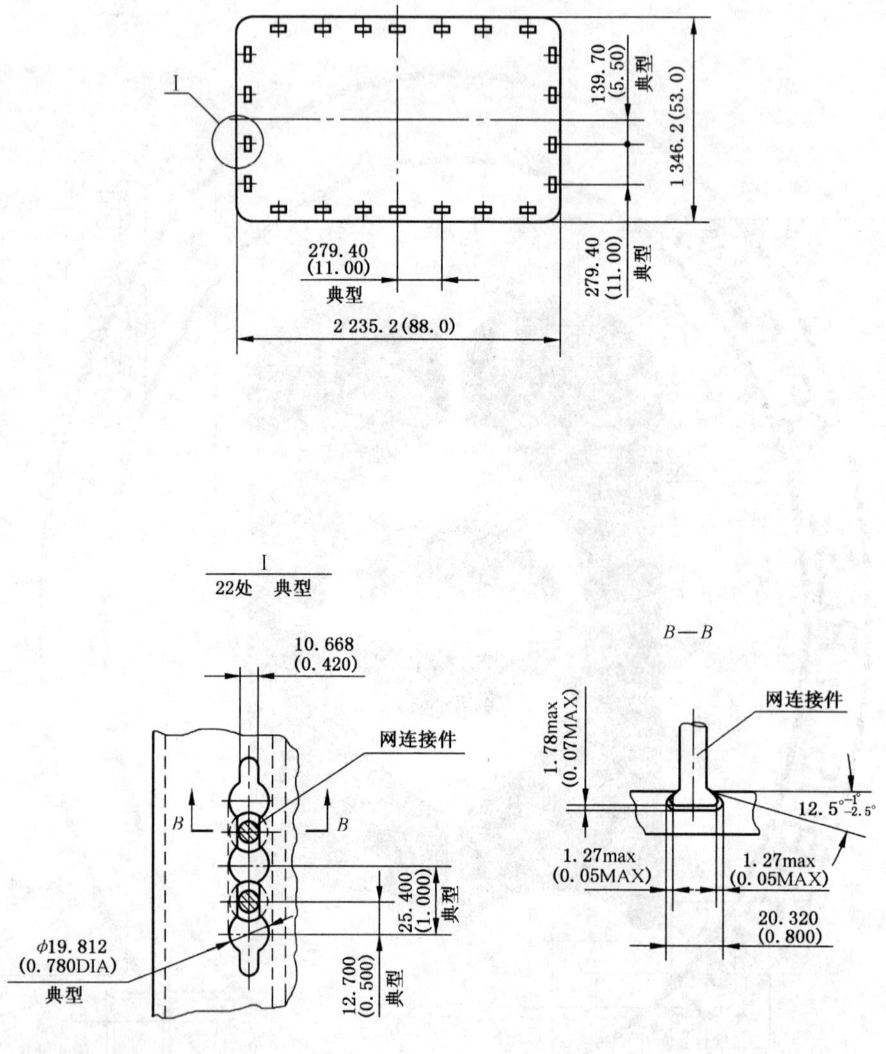

适用范围:集装板、网

可相容于:2E1P、2E1N

图 27 1E1构型图

单位为毫米

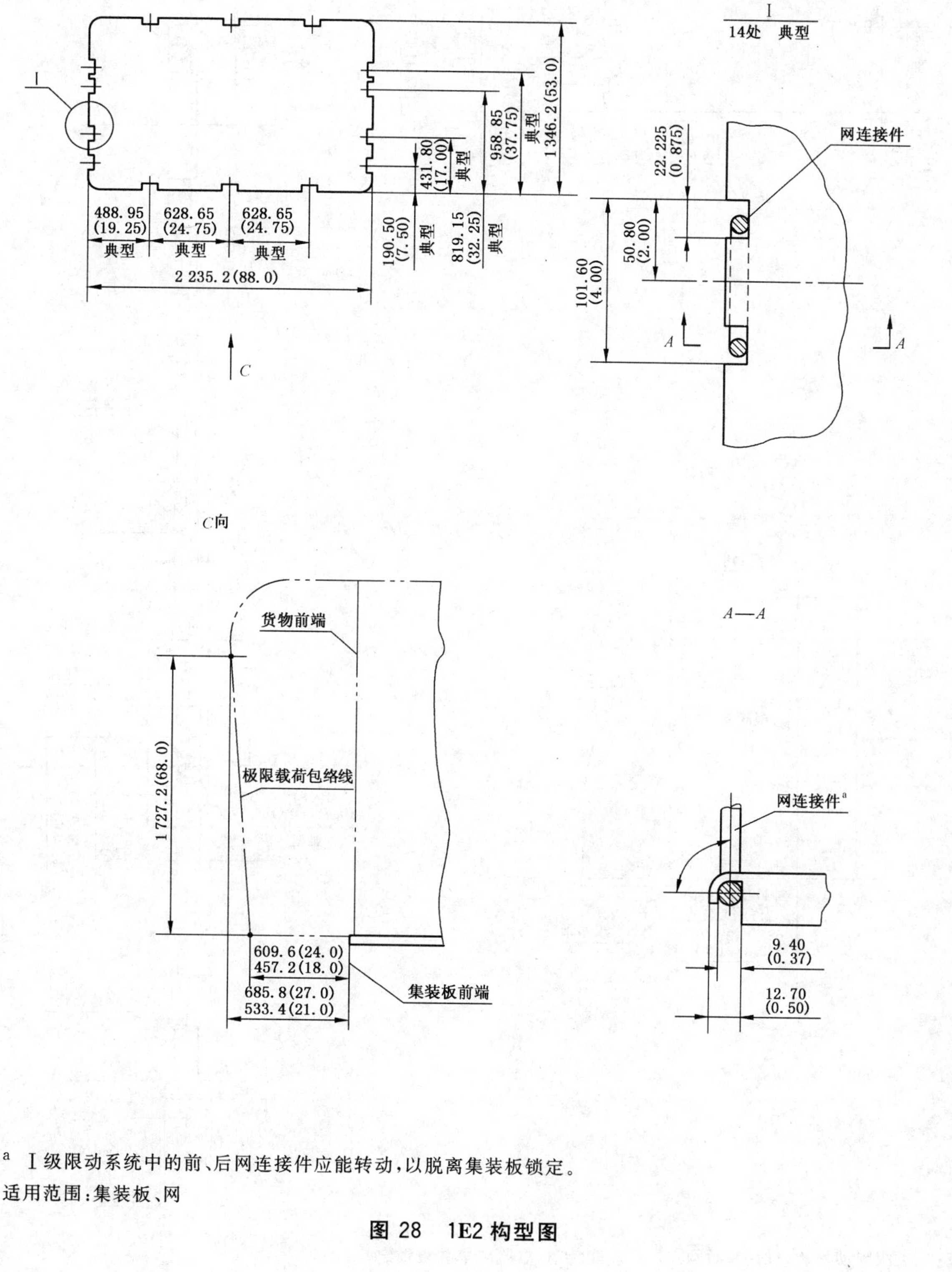

a Ⅰ级限动系统中的前、后网连接件应能转动，以脱离集装板锁定。

适用范围：集装板、网

图 28　1E2 构型图

单位为毫米

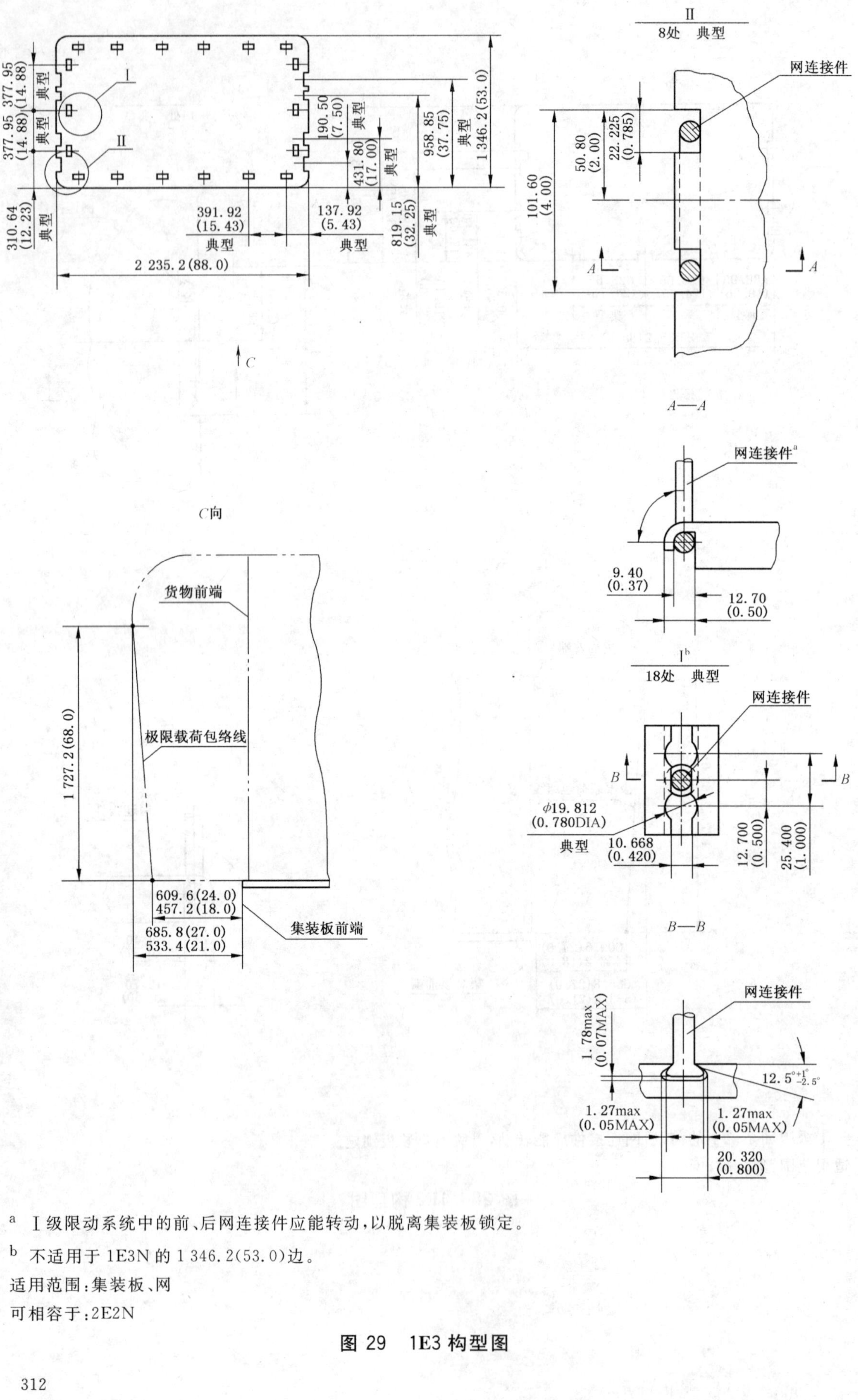

a Ⅰ级限动系统中的前、后网连接件应能转动，以脱离集装板锁定。

b 不适用于 1E3N 的 1 346.2(53.0)边。

适用范围：集装板、网

可相容于：2E2N

图 29 1E3 构型图

单位为毫米

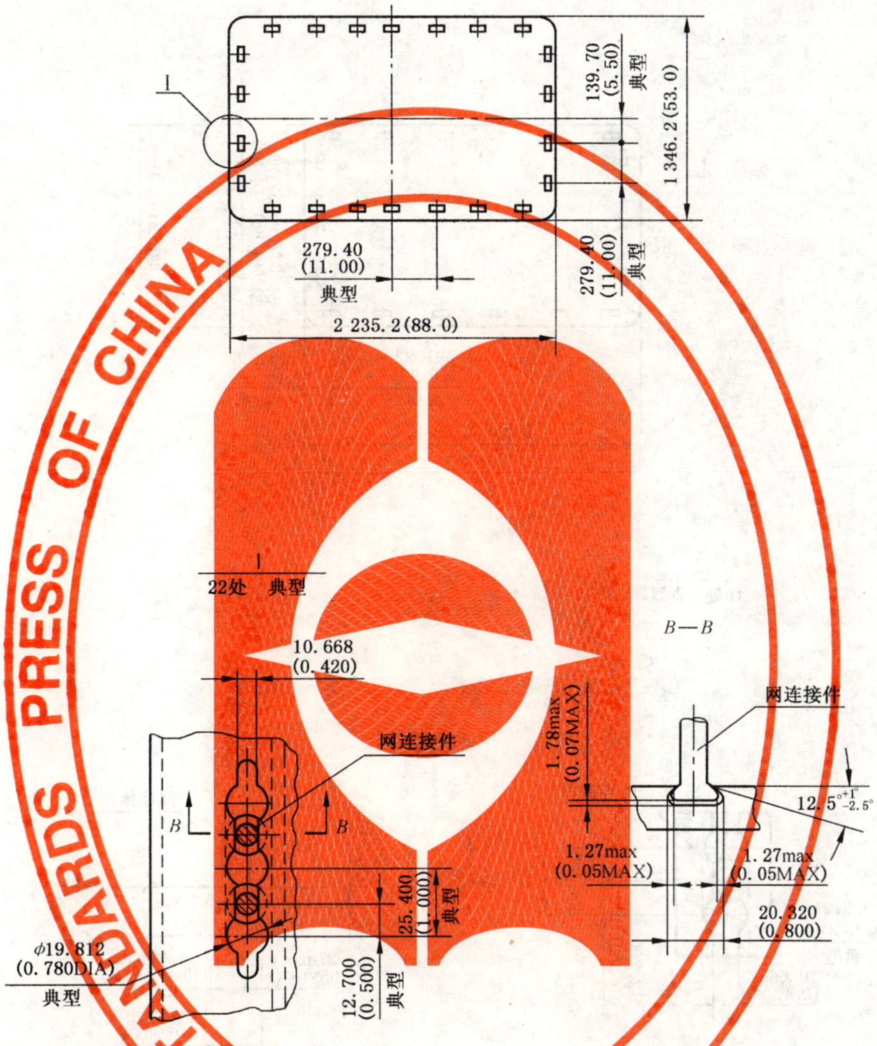

适用范围：集装板、网

可相容于：1E1P、1E1N

图 30 2E1 构型图

单位为毫米

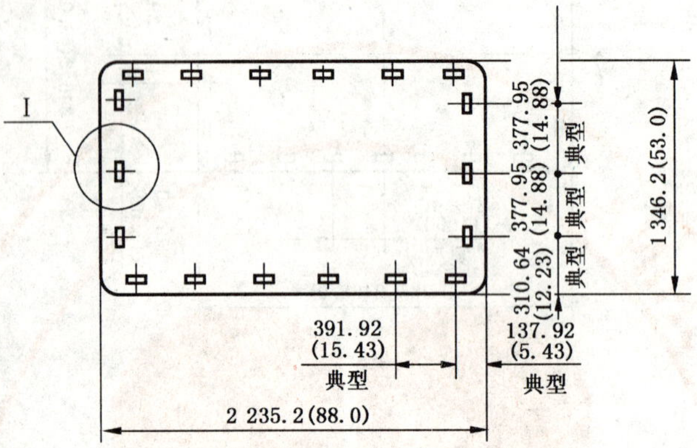

I

18处　典型

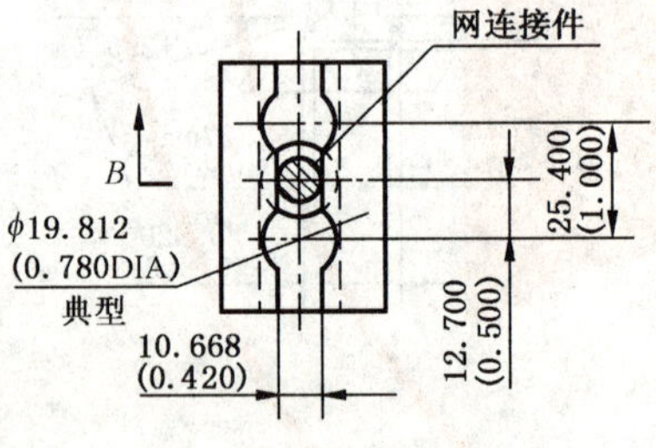

B—B

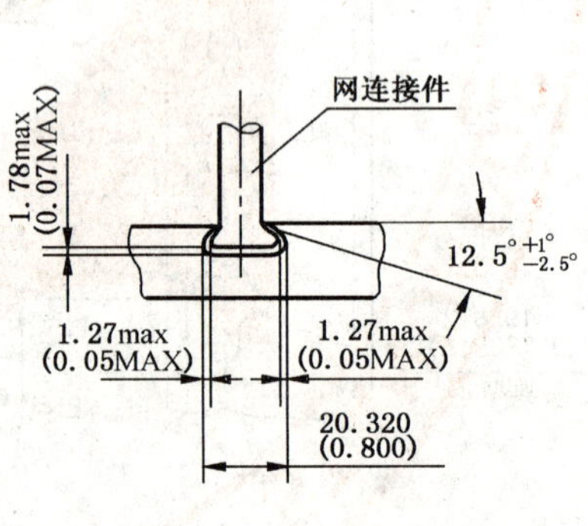

适用范围:集装板、网

图 31　2E2 构型图

单位为毫米

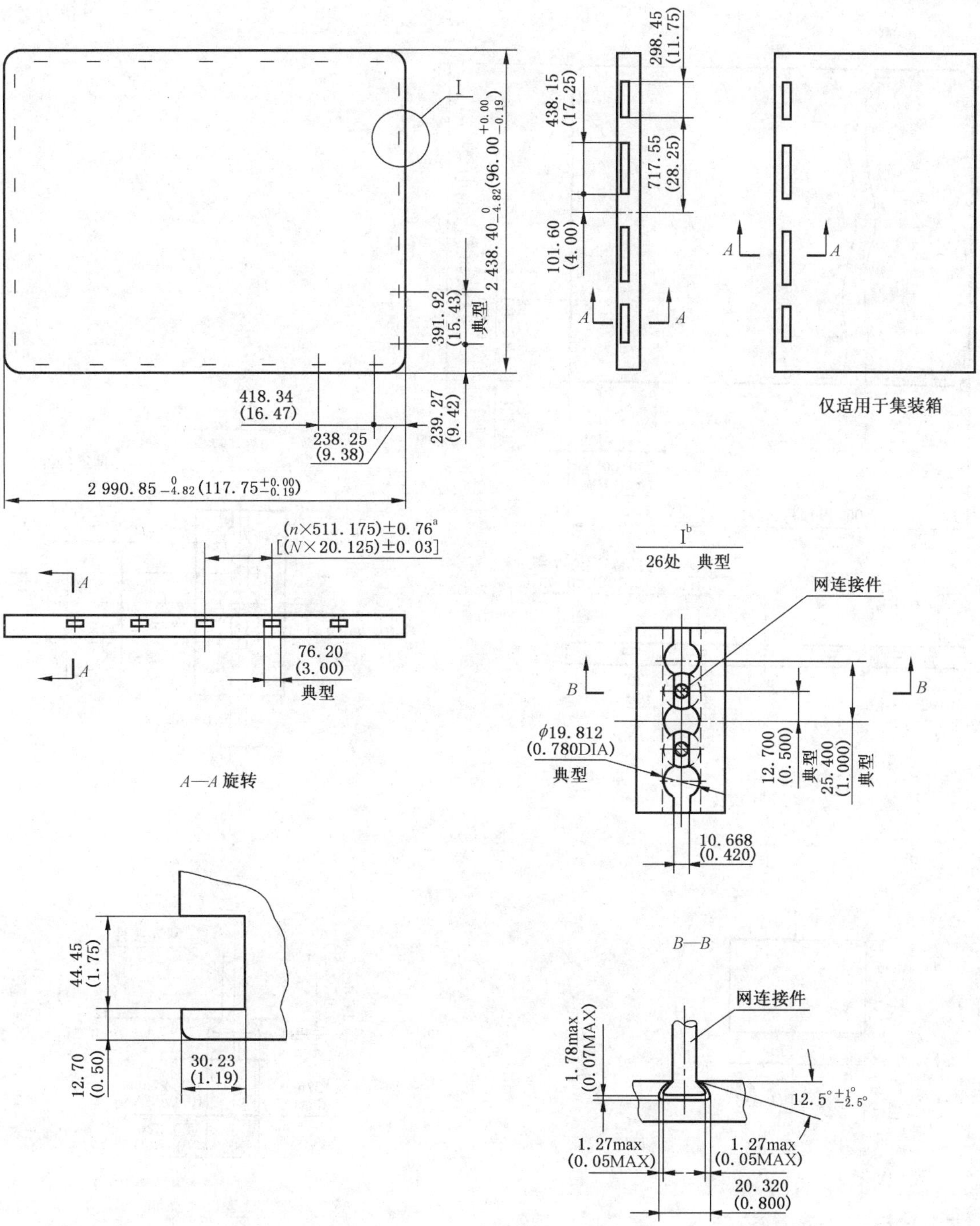

a n——任何整数。

b 仅适用于网和集装板。

适用范围:集装板、网、集装箱

图 32 2F1 构型图

单位为毫米

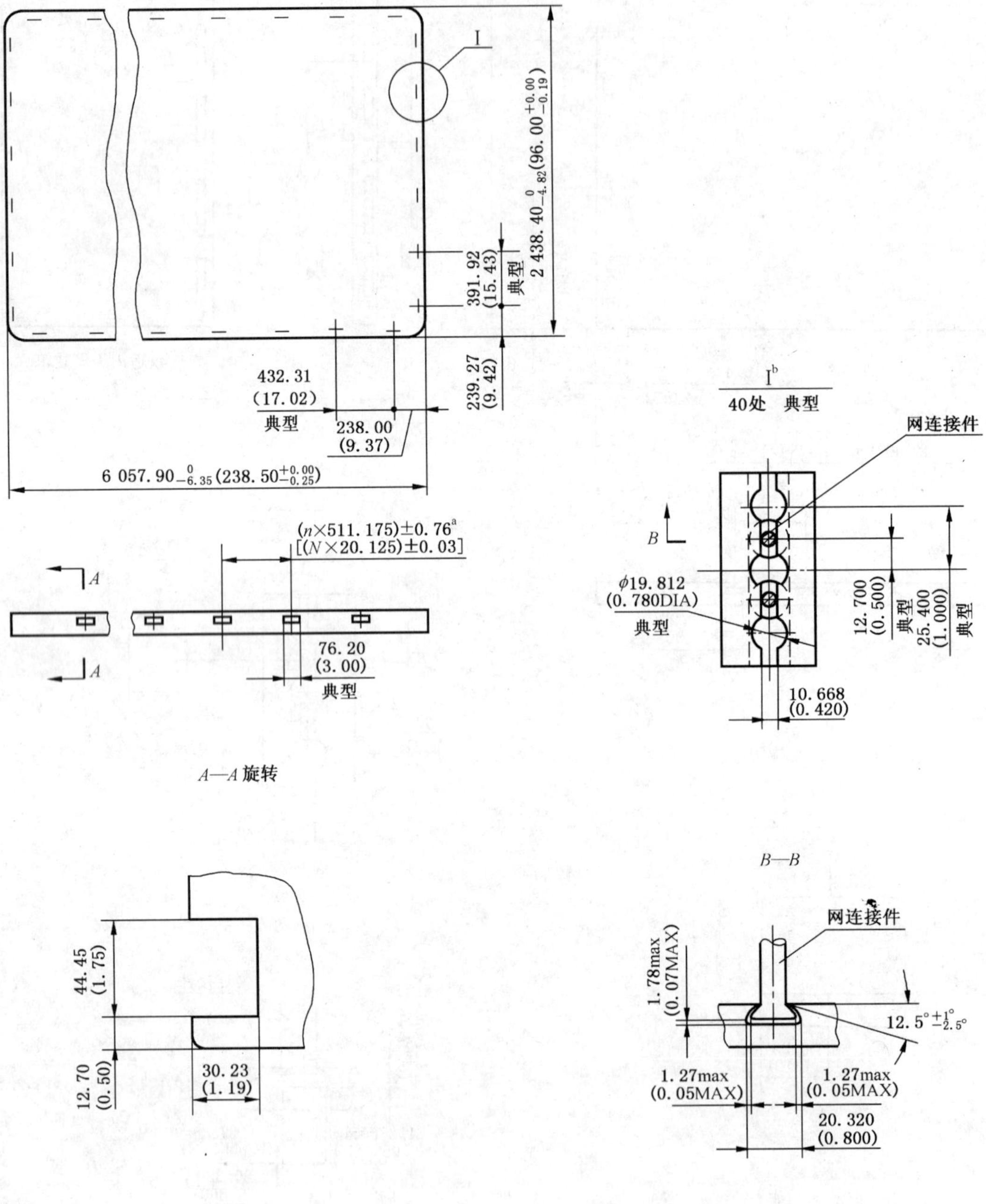

[a] n——任何整数。

[b] 仅适用于网和集装板。

适用范围:集装板、网、集装箱

图 33 2G1 构型图

单位为毫米

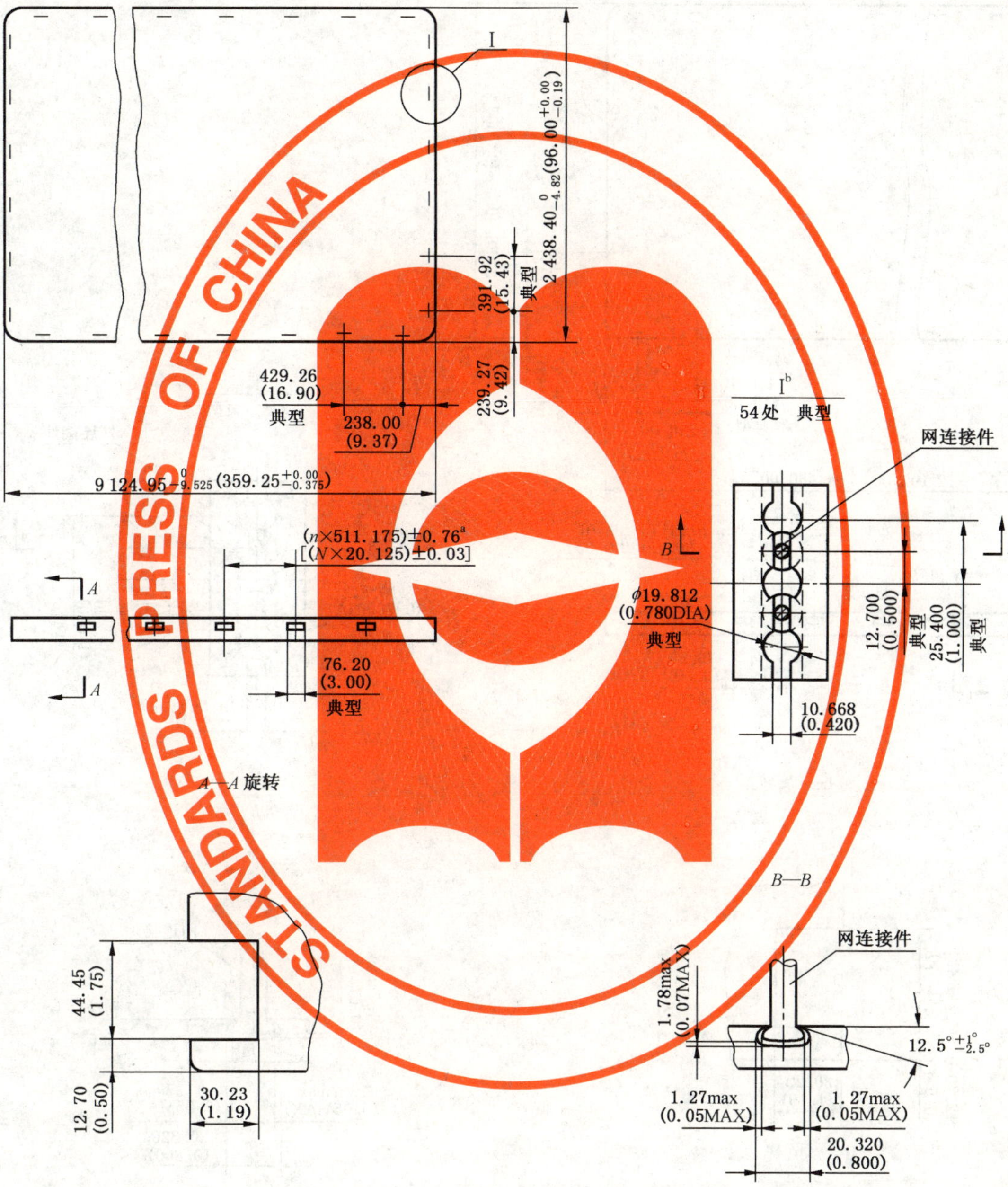

a n——任何整数。

b 仅适用于网和集装板。

适用范围：集装板、网、集装箱

图 34 2H1 构型图

单位为毫米

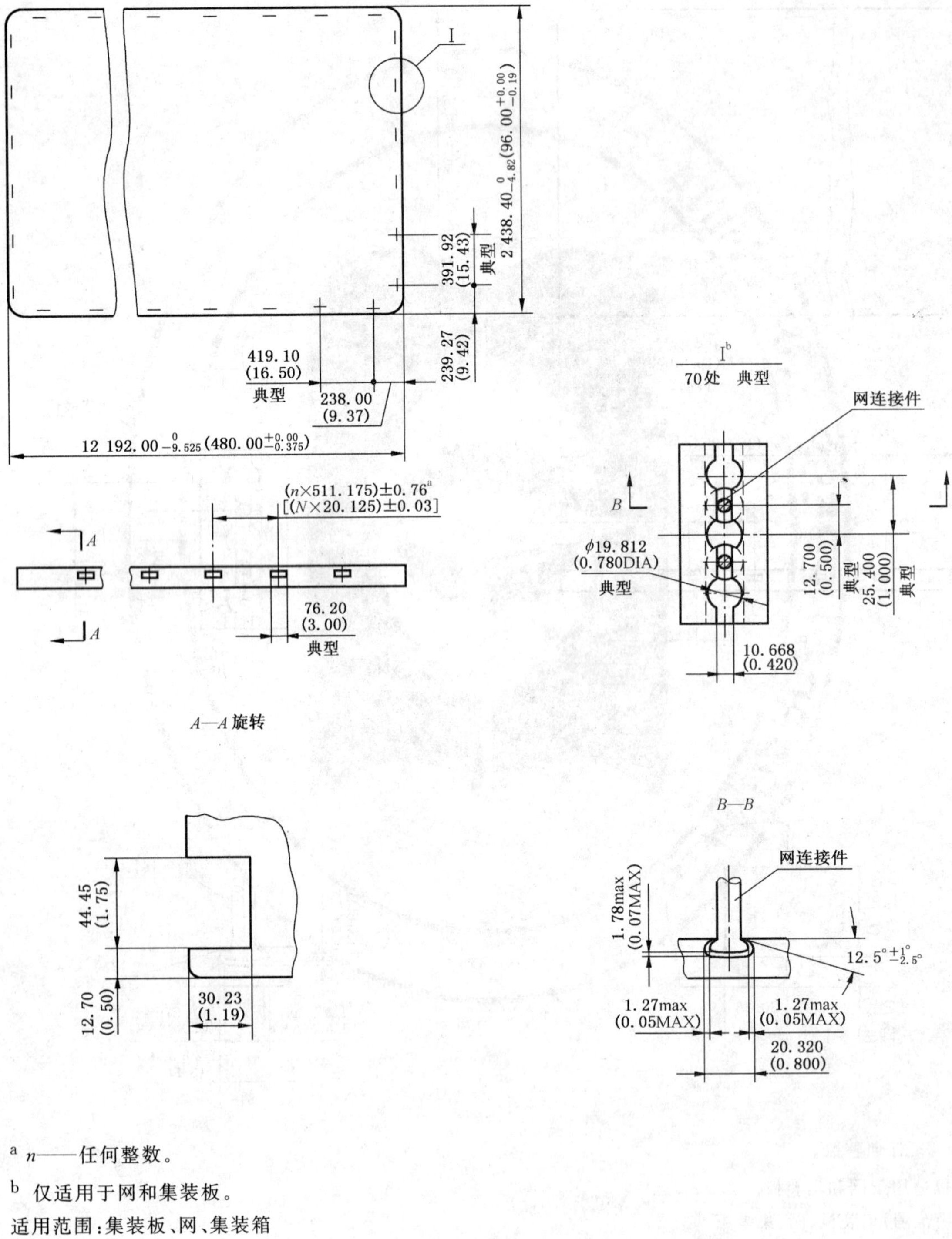

[a] n——任何整数。

[b] 仅适用于网和集装板。

适用范围：集装板、网、集装箱

图 35 2J1 构型图

单位为毫米

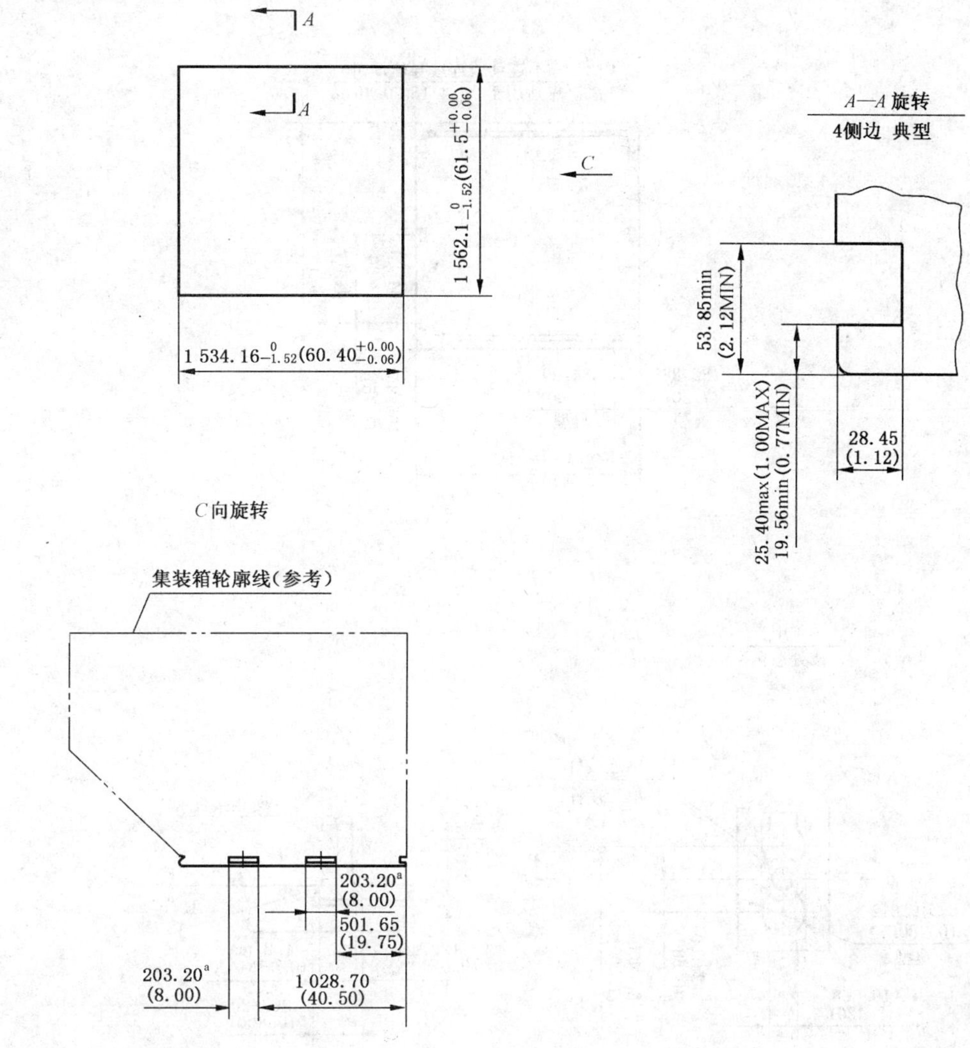

[a] 前、后端为不连续限动槽,也可为连续槽。

适用范围:集装箱

图 36　2K1、2K2 构型图

单位为毫米

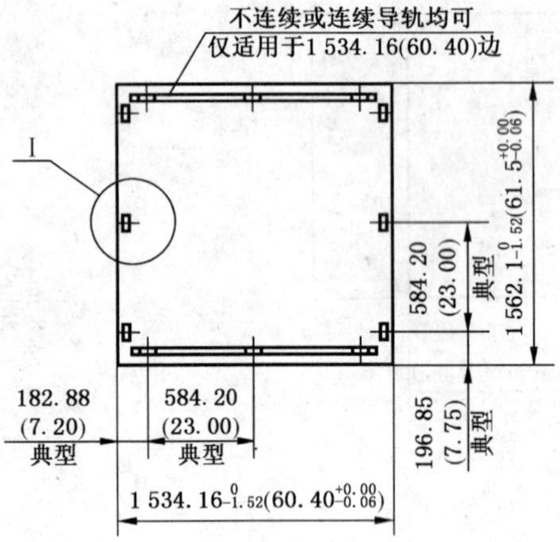

I
12处　典型

B—B

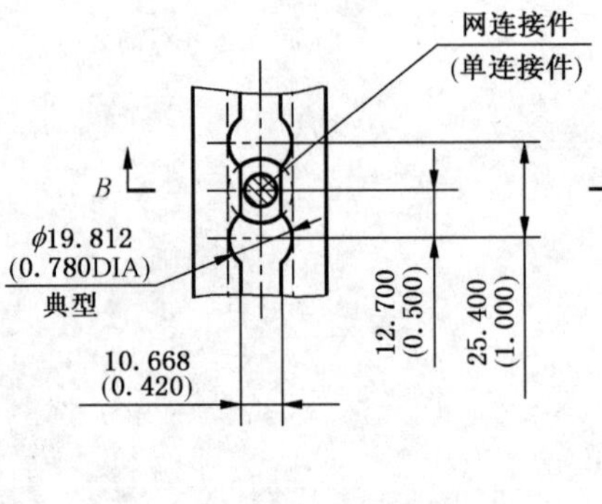

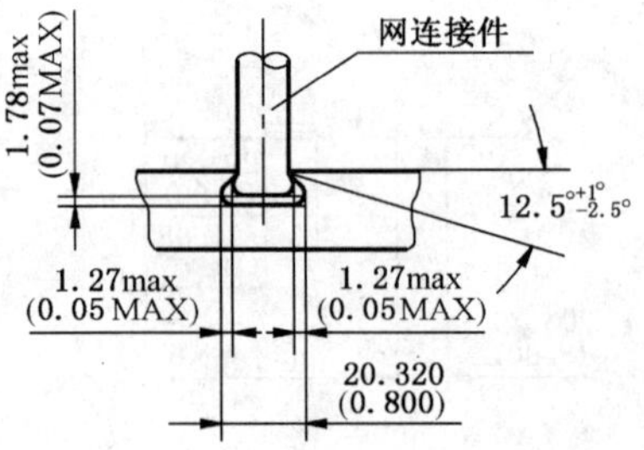

适用范围：集装板、网

图 37　2K3 构型图

单位为毫米

[a] 前、后端为不连续限动槽，也可为连续槽。

适用范围：集装箱

图 38 2L1、2L2 构型图

单位为毫米

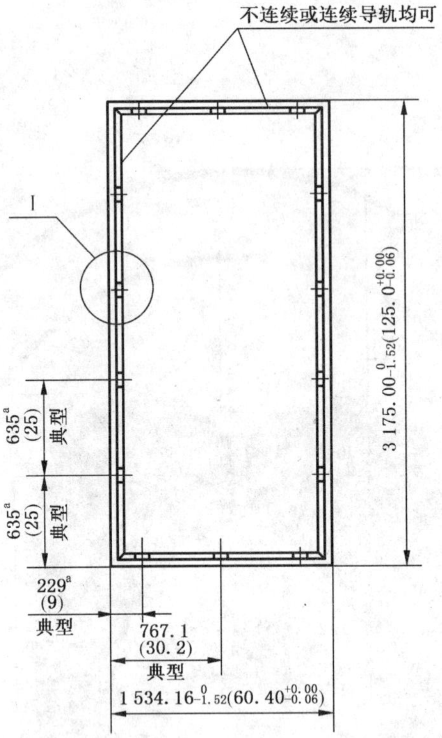

I[b]
14处 典型

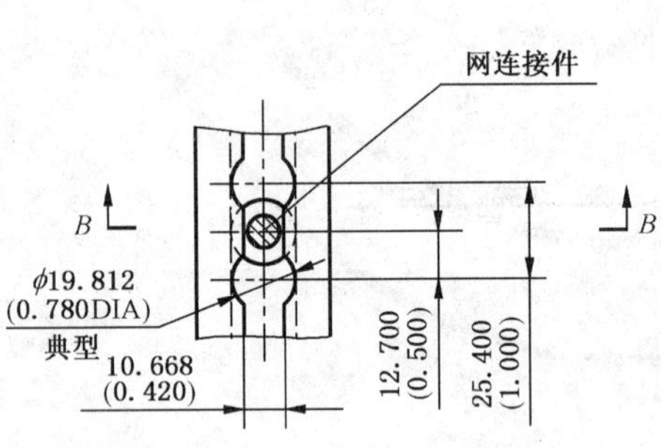

B—B

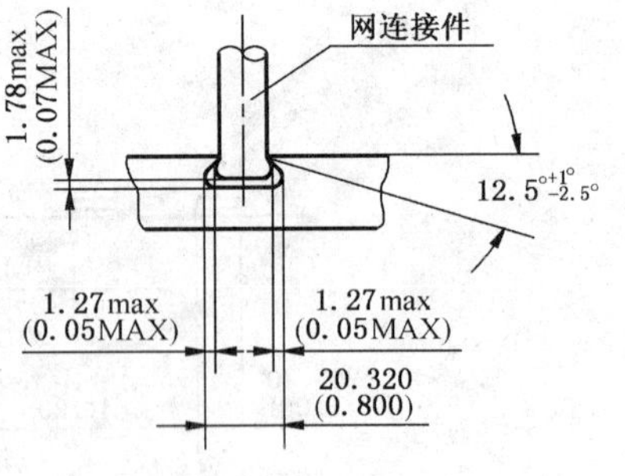

[a] 仅适用于网连接件的定位尺寸。

[b] 不适用于集装箱。

适用范围：集装板、网、集装箱

图 39　2L3 构型图

单位为毫米

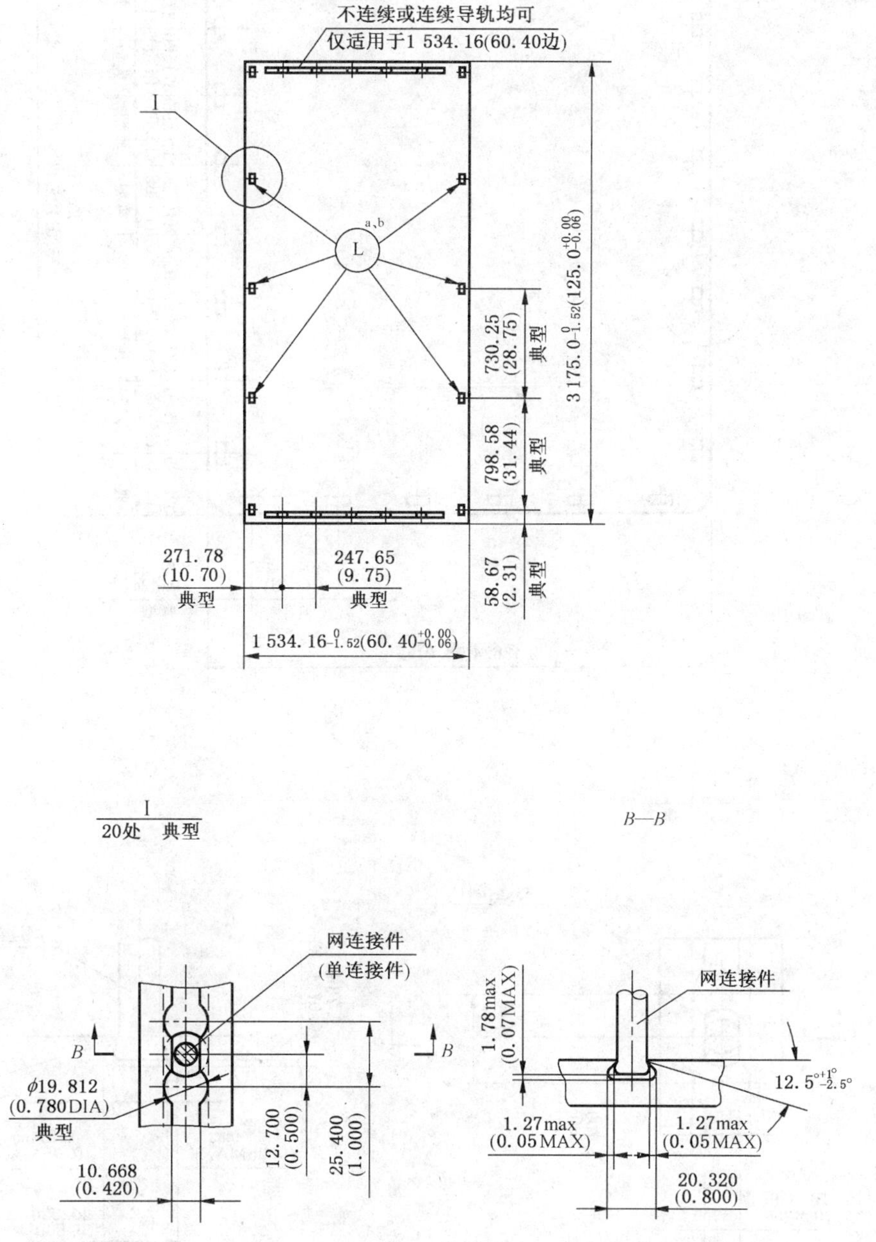

[a] 位于Ⓛ位置嵌入集装板结构的系留导轨应具有3.34 kN(750 lbs)的最大极限向上载荷能力。

[b] 在最大极限向上载荷条件下，所有6个Ⓛ位置同时作用3.34 kN(750 lbs)的向上载荷，集装板不应脱离飞机限动。

适用范围：集装板、网

图40 2L4构型图

单位为毫米

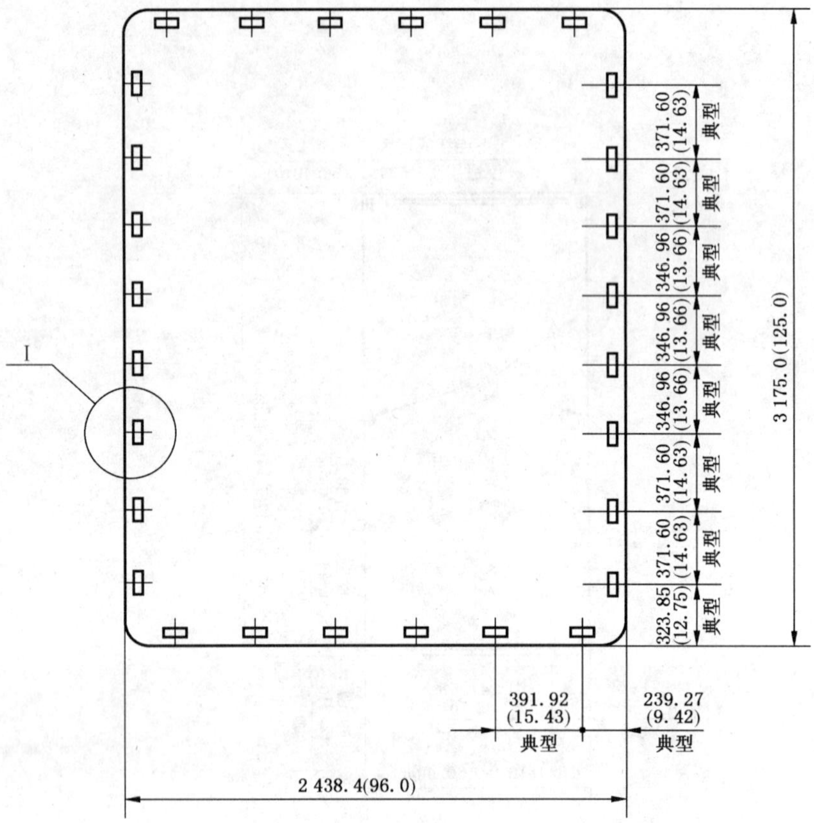

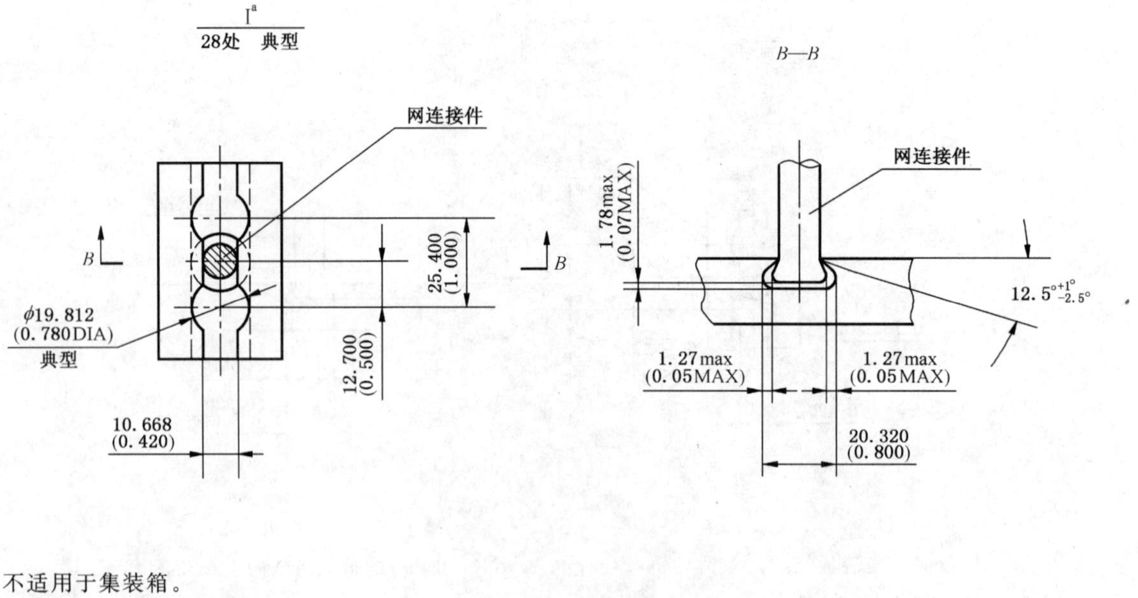

a 不适用于集装箱。

适用范围：集装板、网、集装箱

可相容于：2M3P

图 41 2M1 构型图

单位为毫米

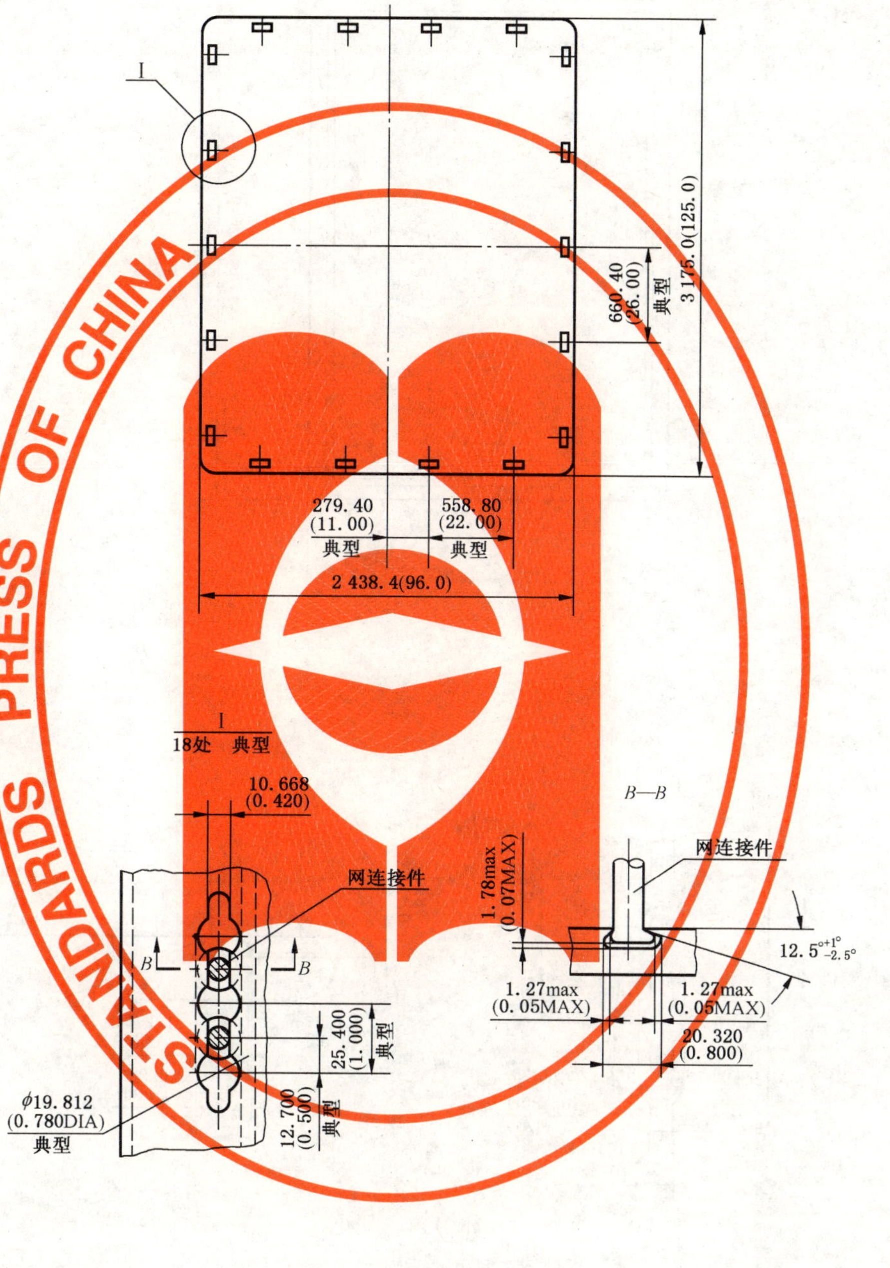

适用范围:集装板、网

可相容于:2M3P

图 42 2M2 构型图

单位为毫米

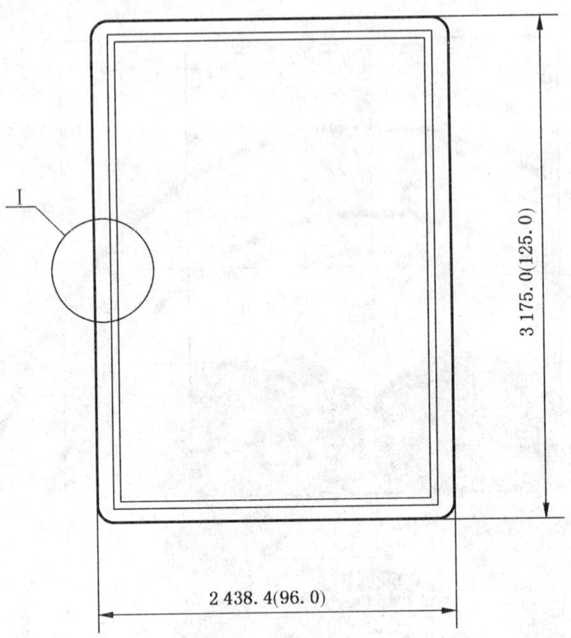

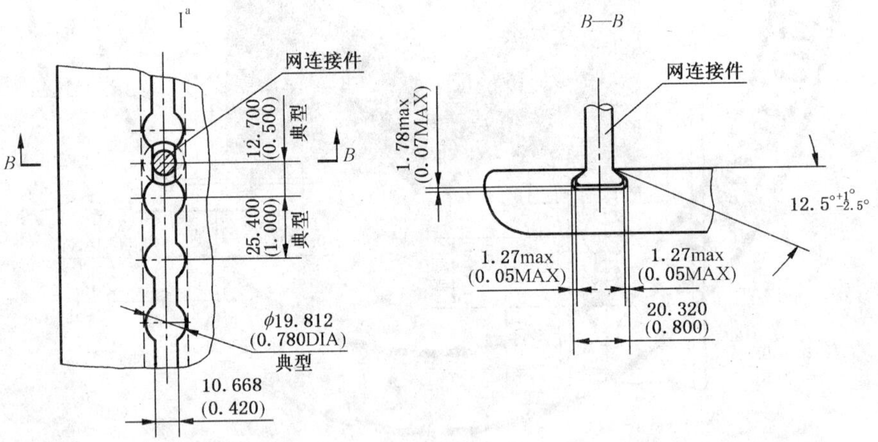

[a] 不适用于集装箱。

适用范围：集装板、集装箱

可相容于：2M1N、2M2N

图 43 2M3 构型图

单位为毫米

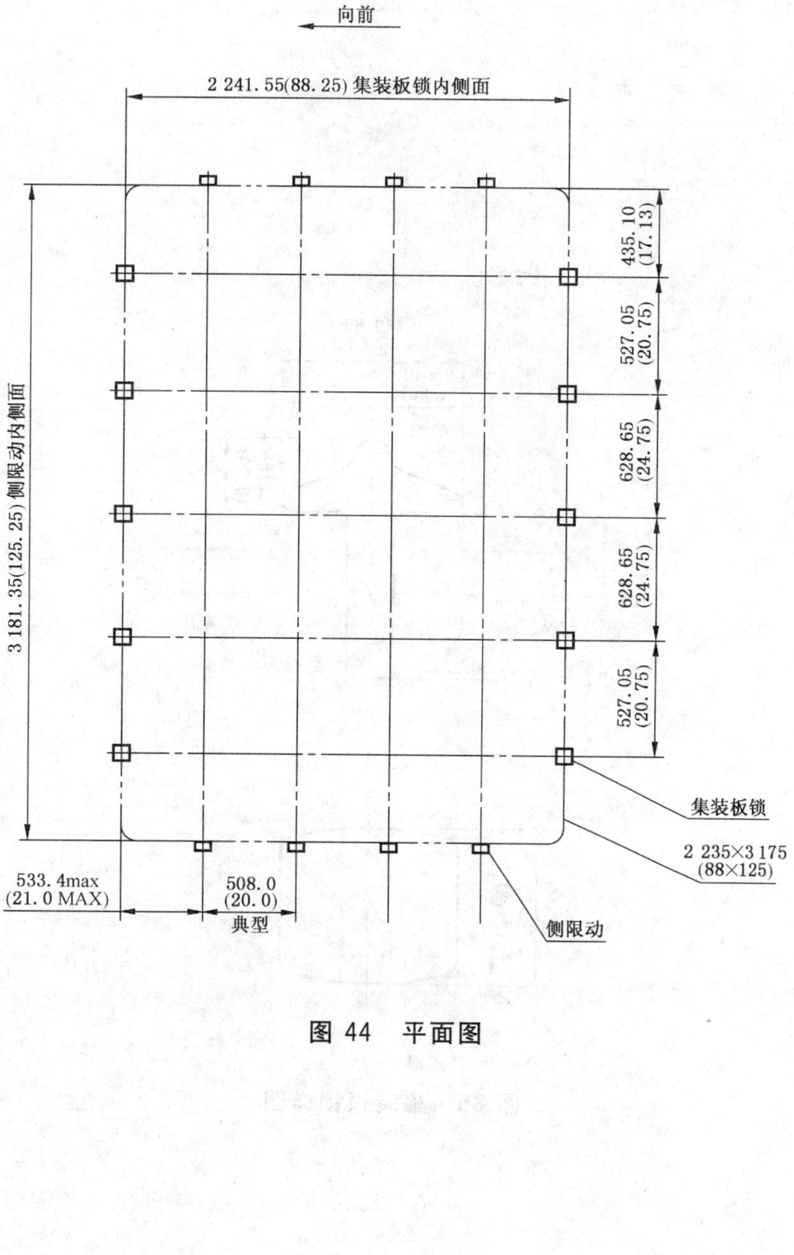

图 44　平面图

单位为毫米

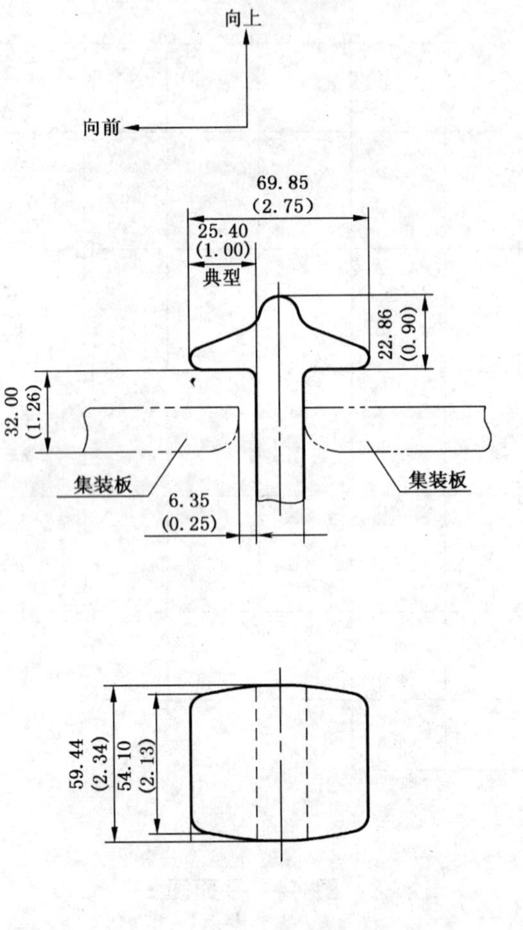

图 45　集装板锁详图

单位为毫米

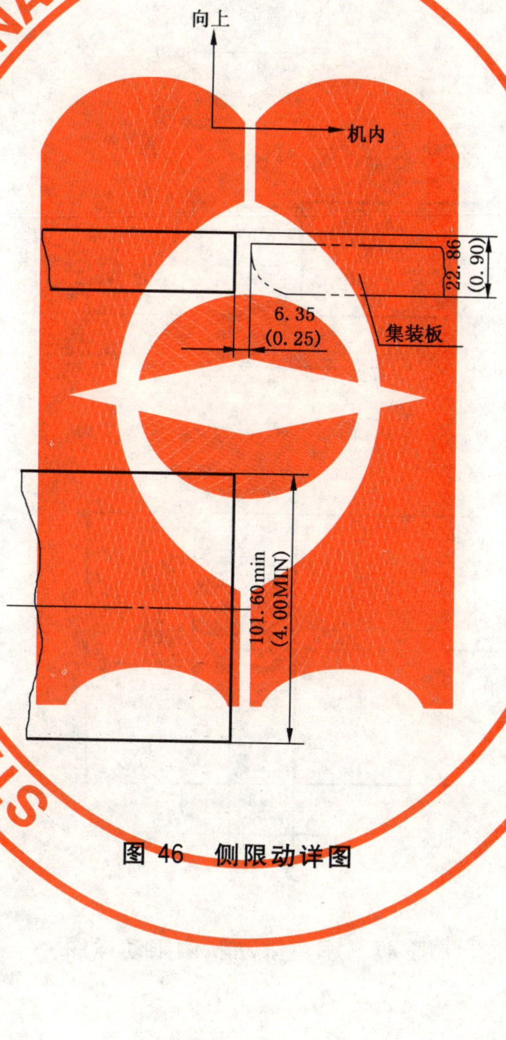

图 46 侧限动详图

单位为毫米

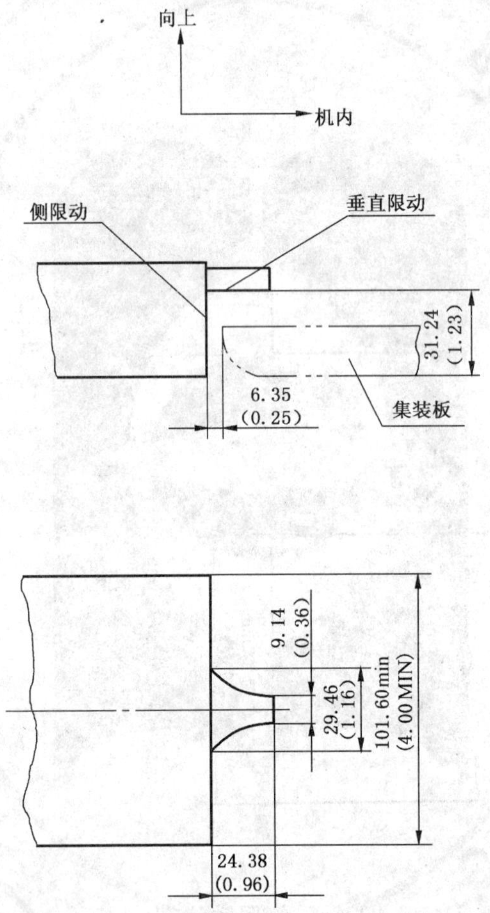

图 47 垂直限动和侧限动详图

单位为毫米

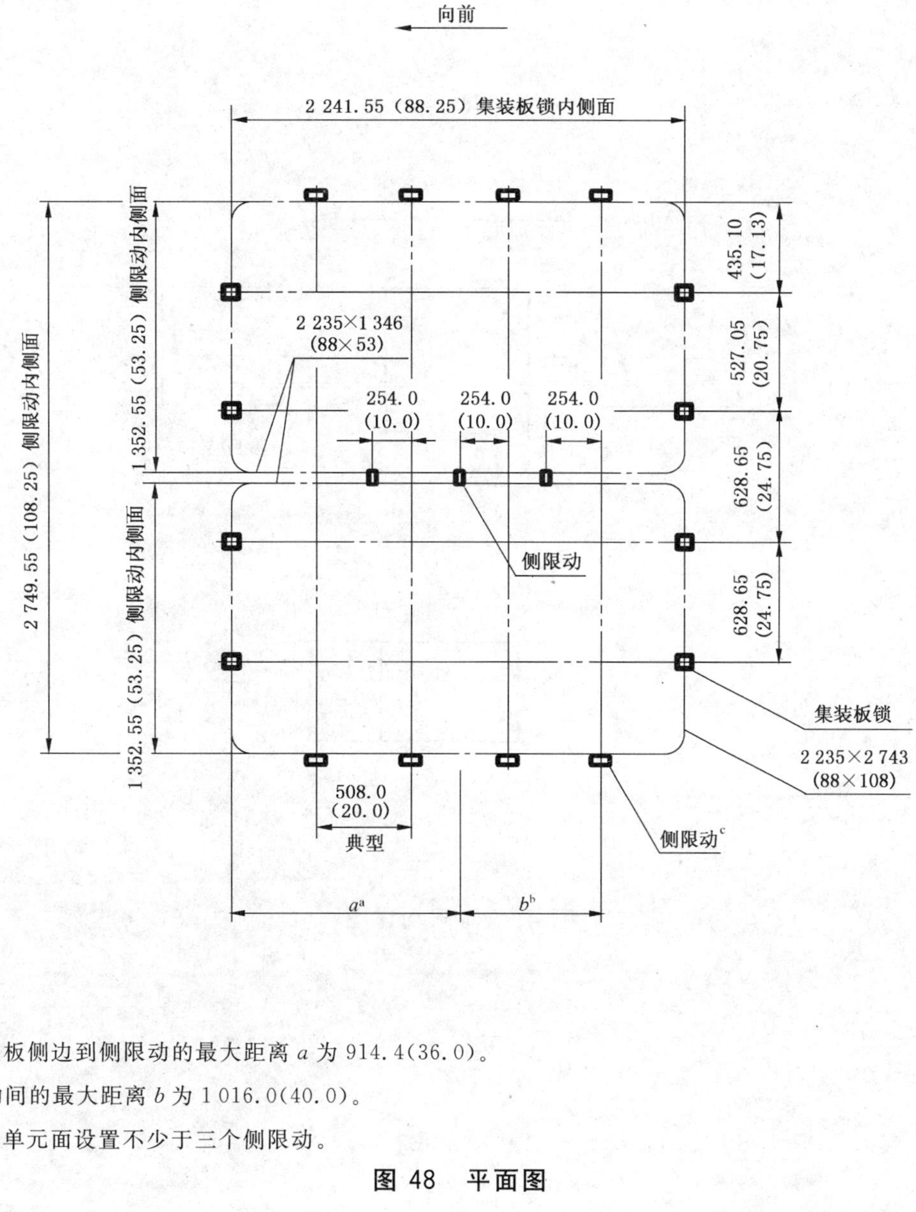

a 从集装板侧边到侧限动的最大距离 a 为 914.4(36.0)。

b 侧限动间的最大距离 b 为 1 016.0(40.0)。

c 对每一单元面设置不少于三个侧限动。

图 48　平面图

单位为毫米

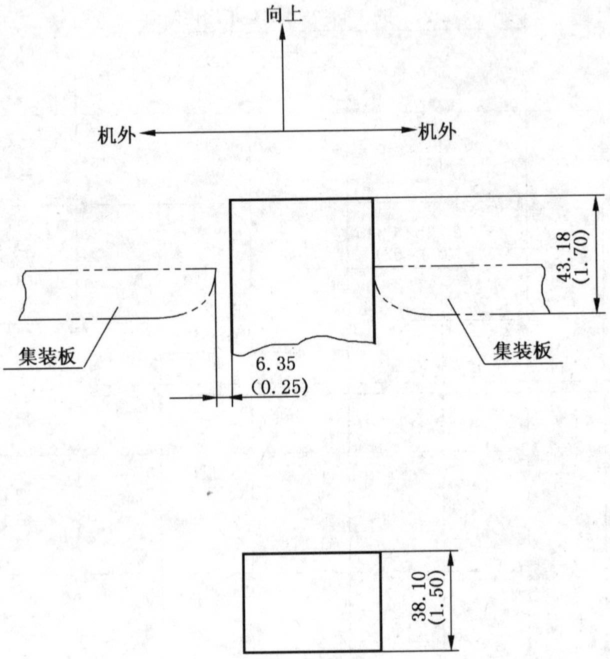

图 49　侧限动详图

单位为毫米

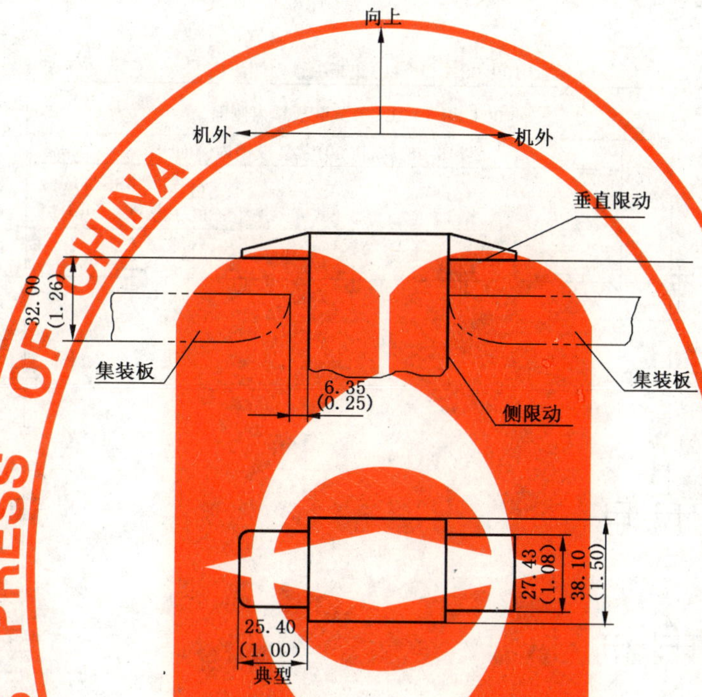

图 50　垂直限动和侧限动详图

单位为毫米

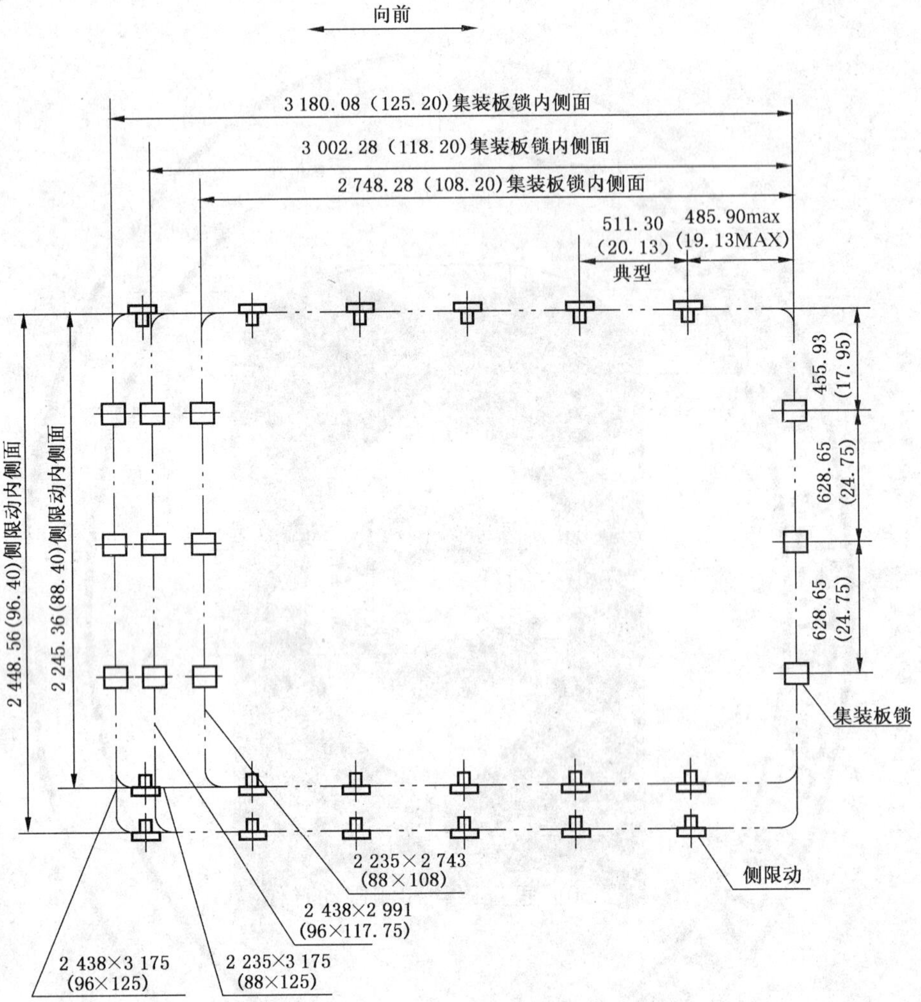

图 51 平面图

单位为毫米

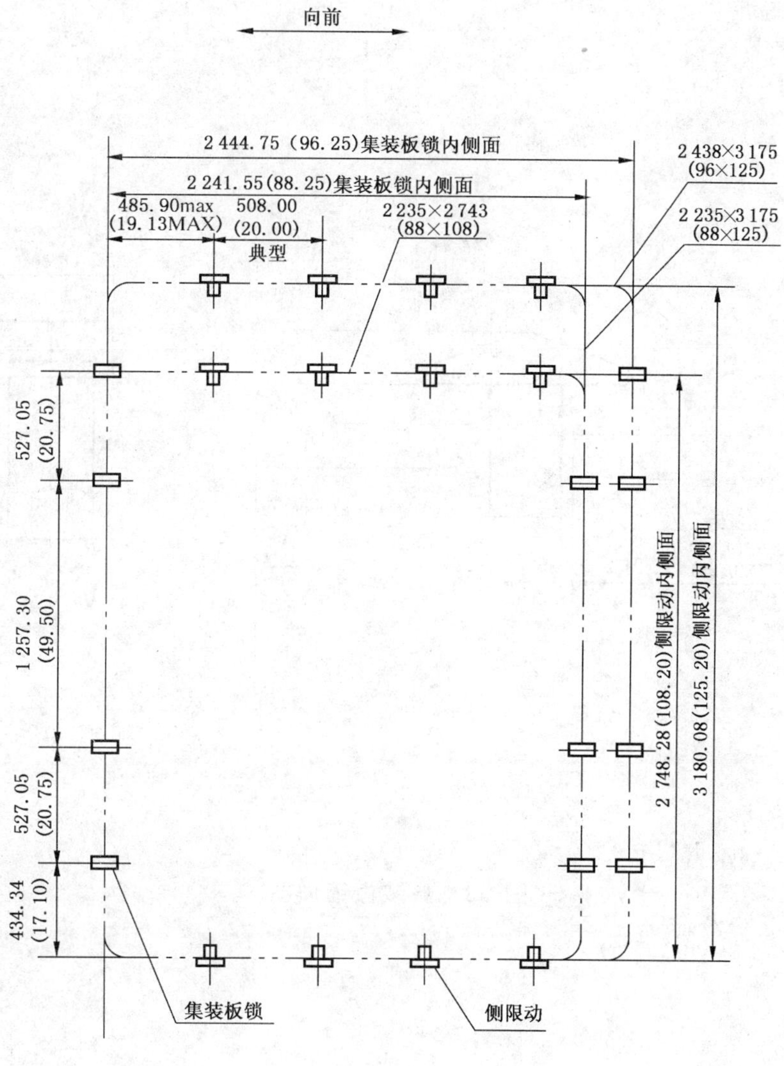

图 52　平面图

单位为毫米

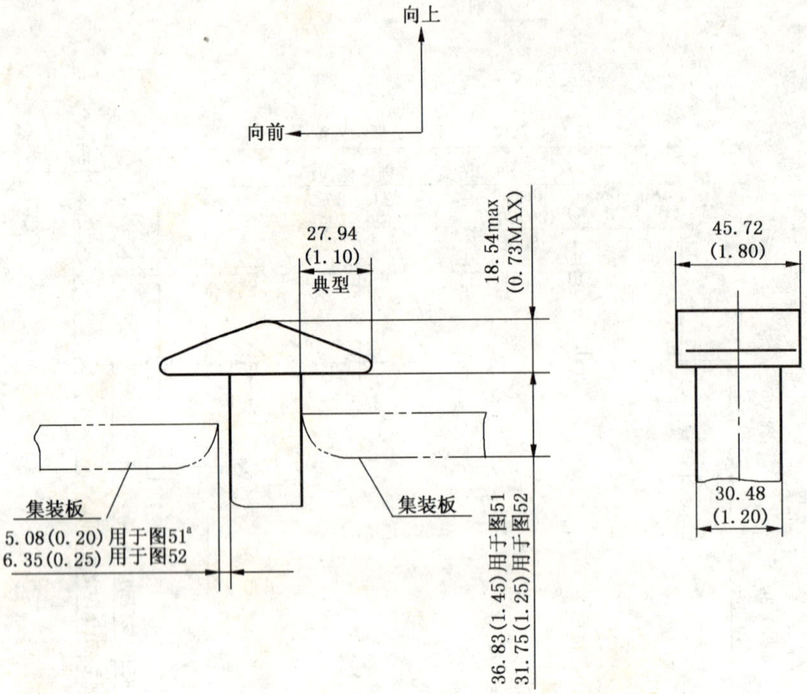

[a] 对于 2F1 为 11.43(0.45)。

图 53　集装板锁详图

单位为毫米

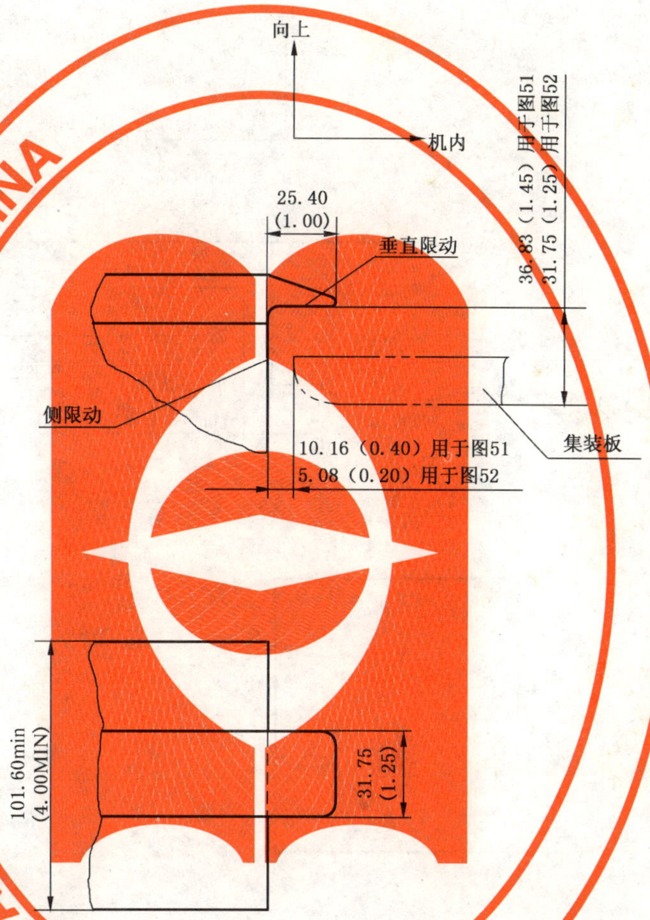

图 54　垂直限动和侧限动详图

单位为毫米

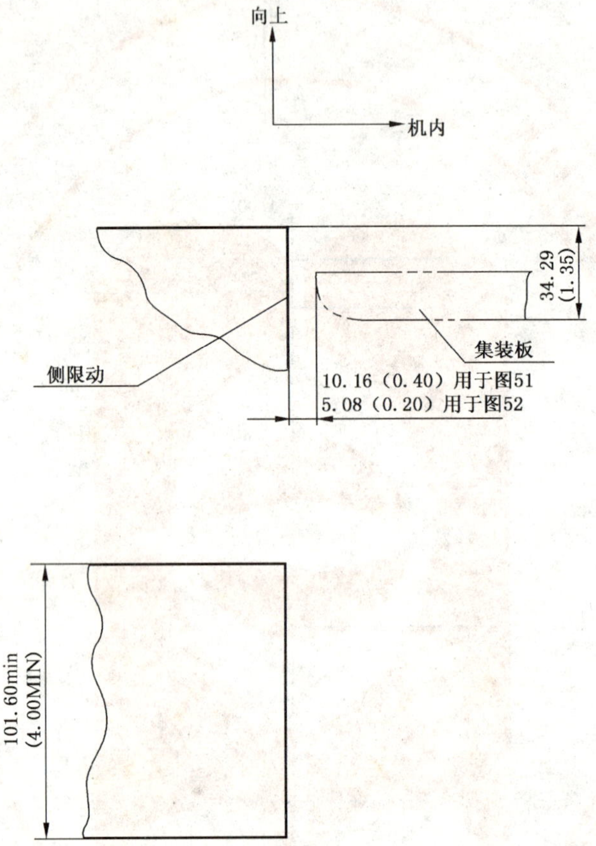

图 55 侧限动详图

单位为毫米

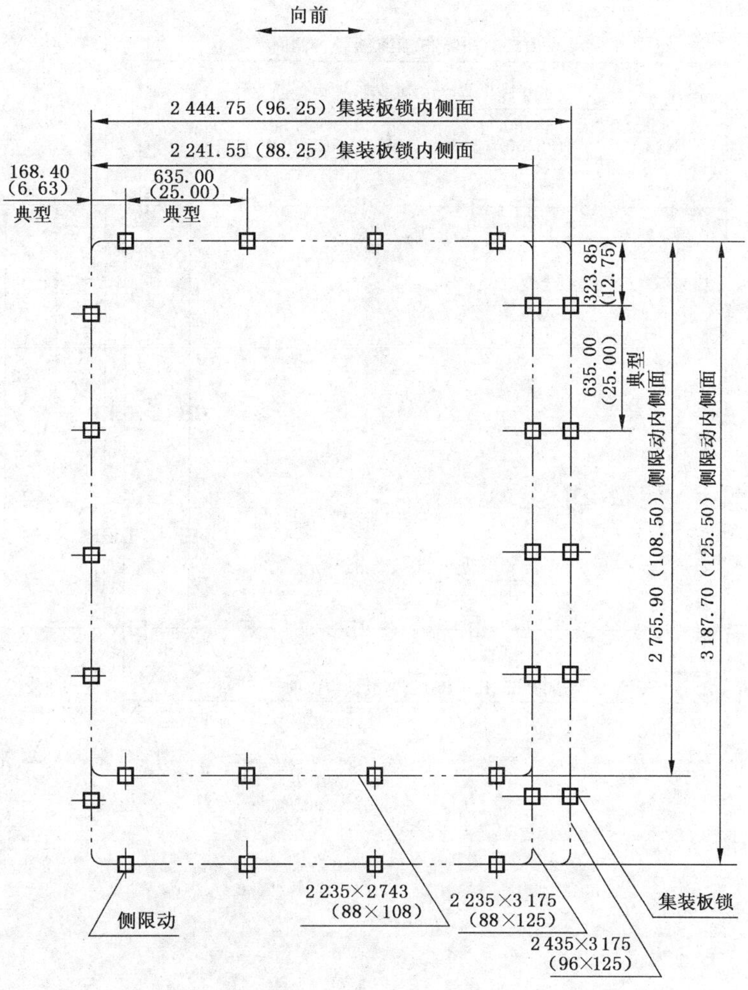

图 56　平面图

单位为毫米

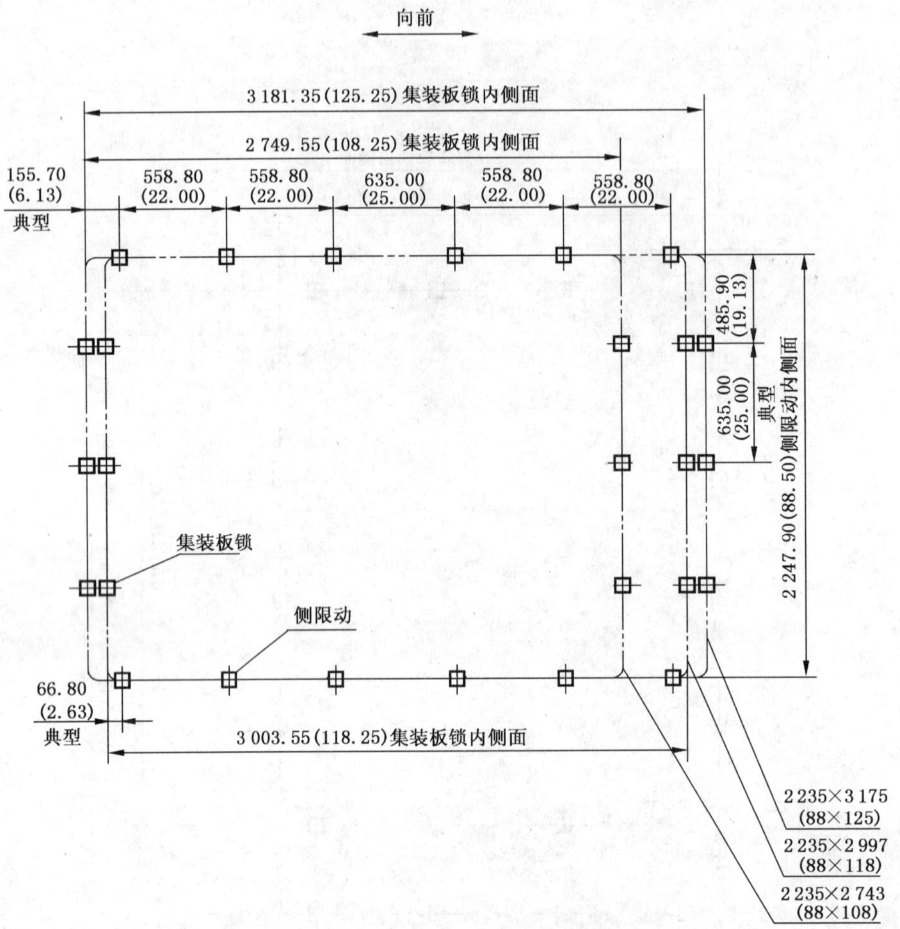

图 57　平面图

单位为毫米

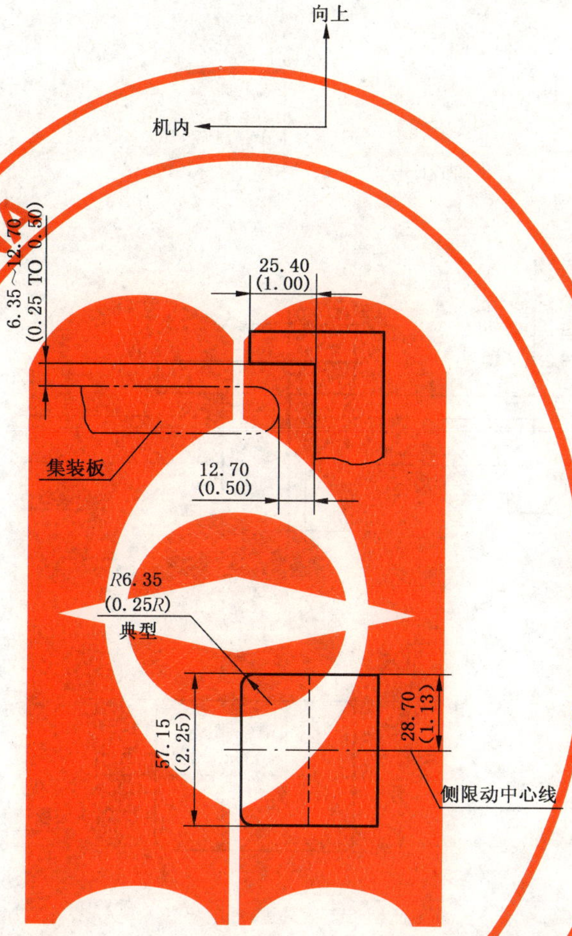

图 58　侧限动详图

单位为毫米

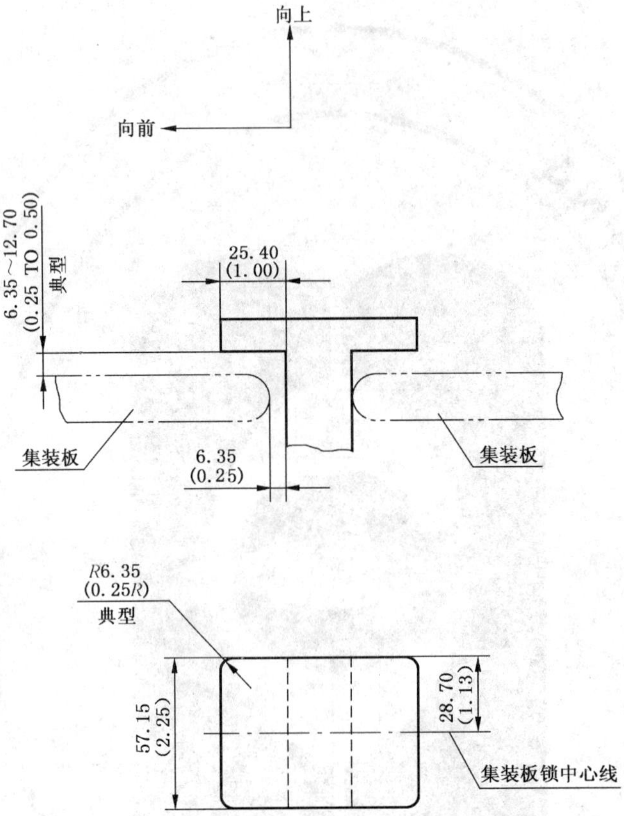

图 59　集装板锁详图

单位为毫米

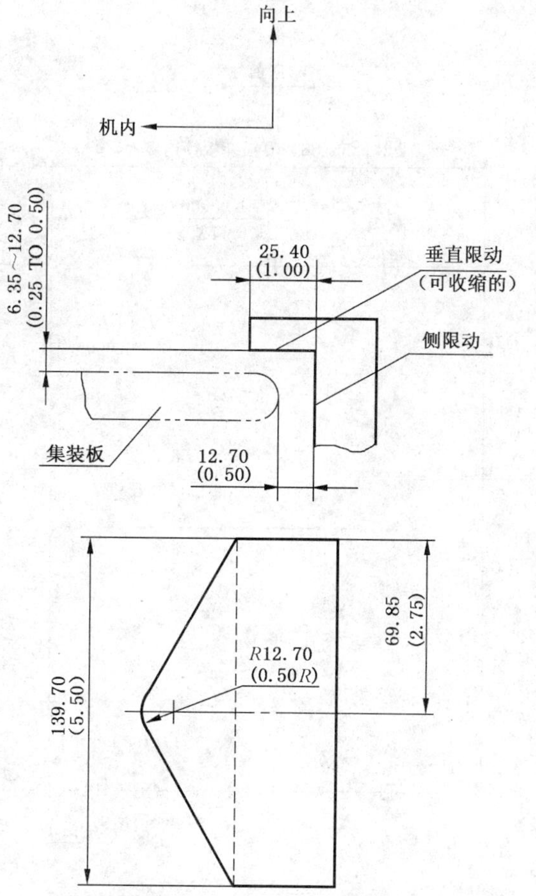

图 60　垂直限动和侧限动详图

单位为毫米

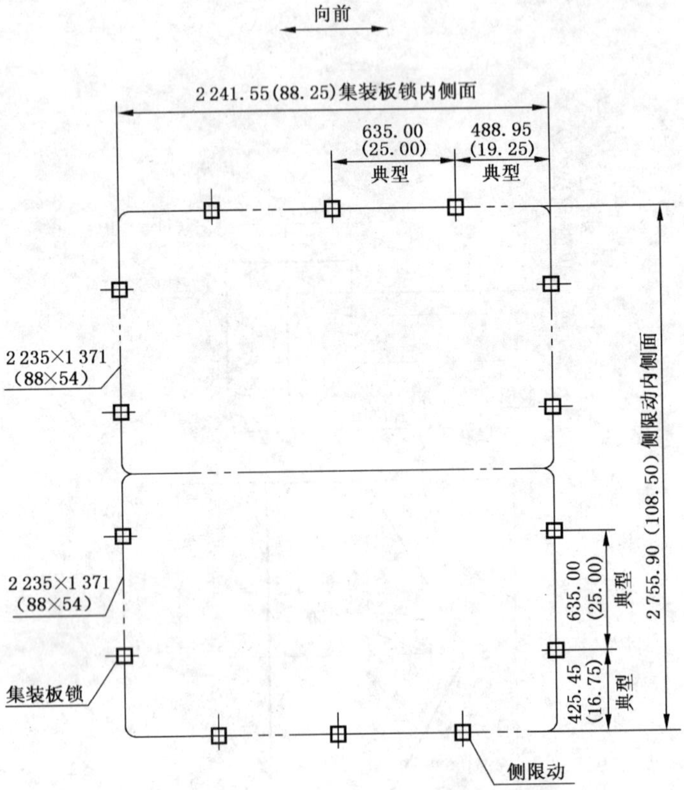

图 61　平面图

单位为毫米

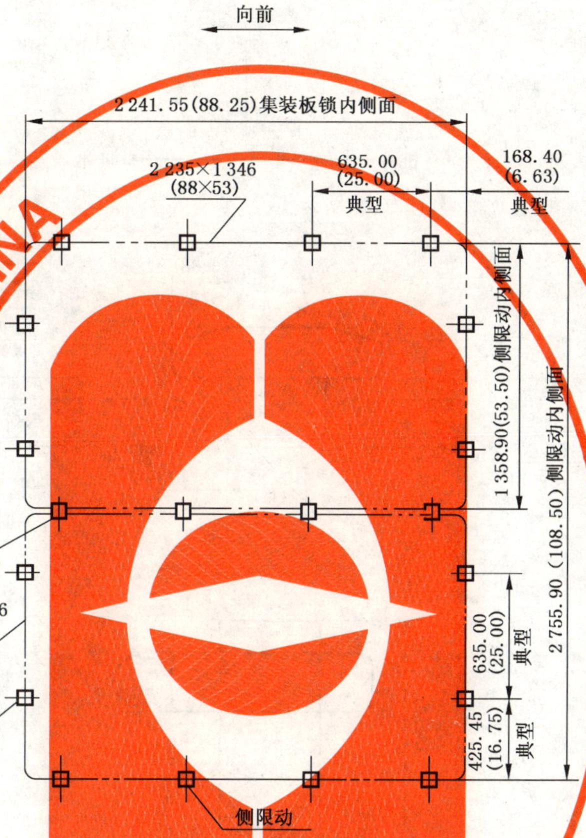

图 62 平面图

单位为毫米

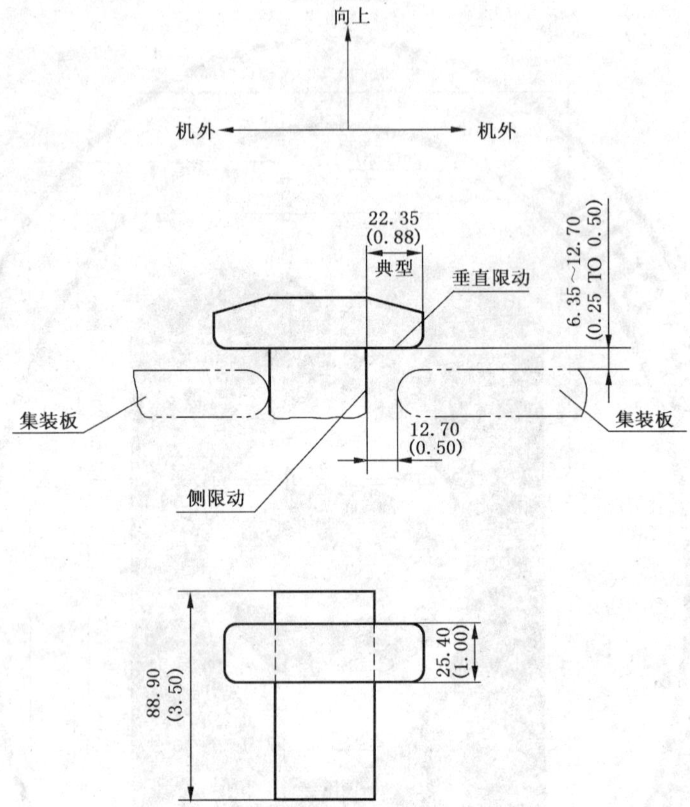

图 63　垂直限动和侧限动详图

单位为毫米

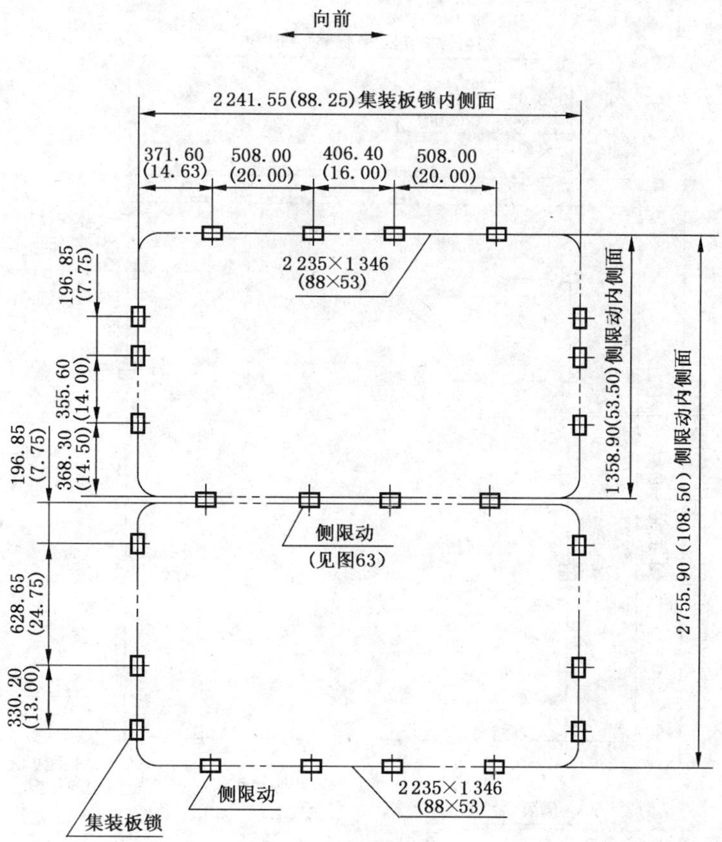

图 64　平面图

单位为毫米

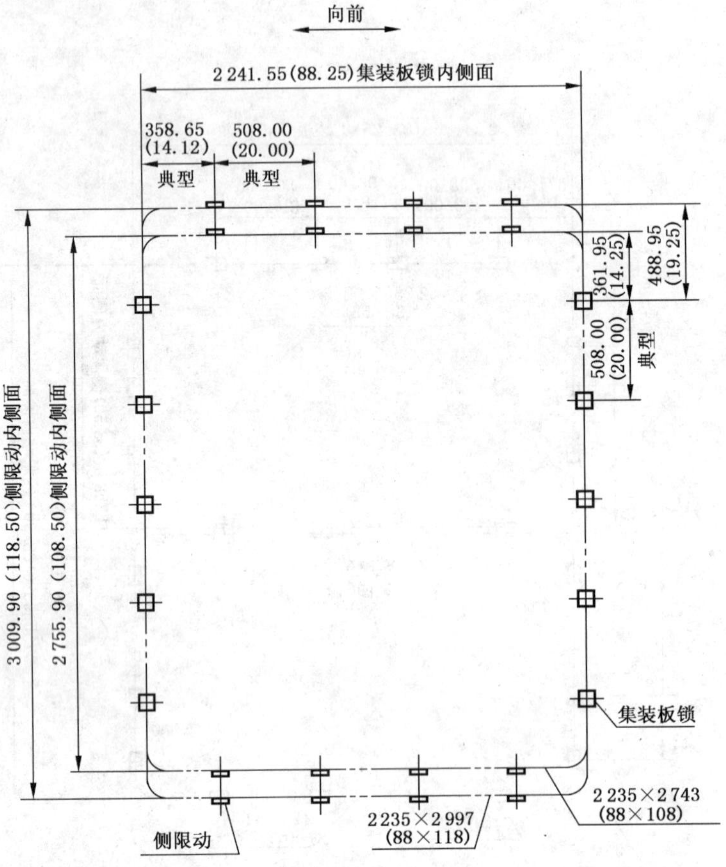

图 65　平面图

单位为毫米

图 66 平面图

单位为毫米

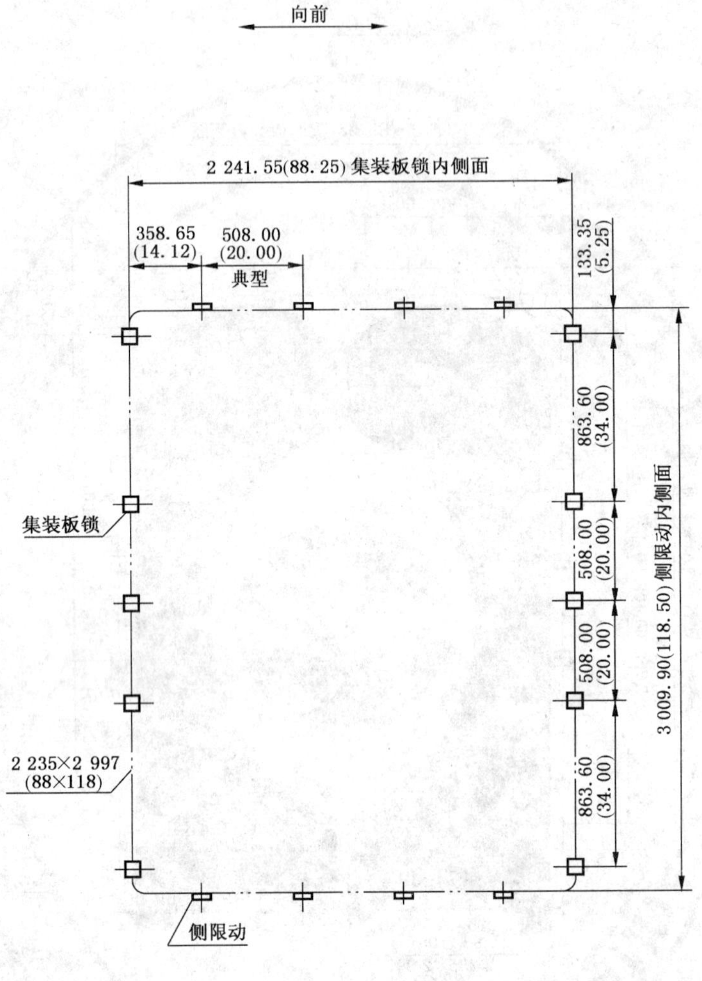

图 67　平面图

单位为毫米

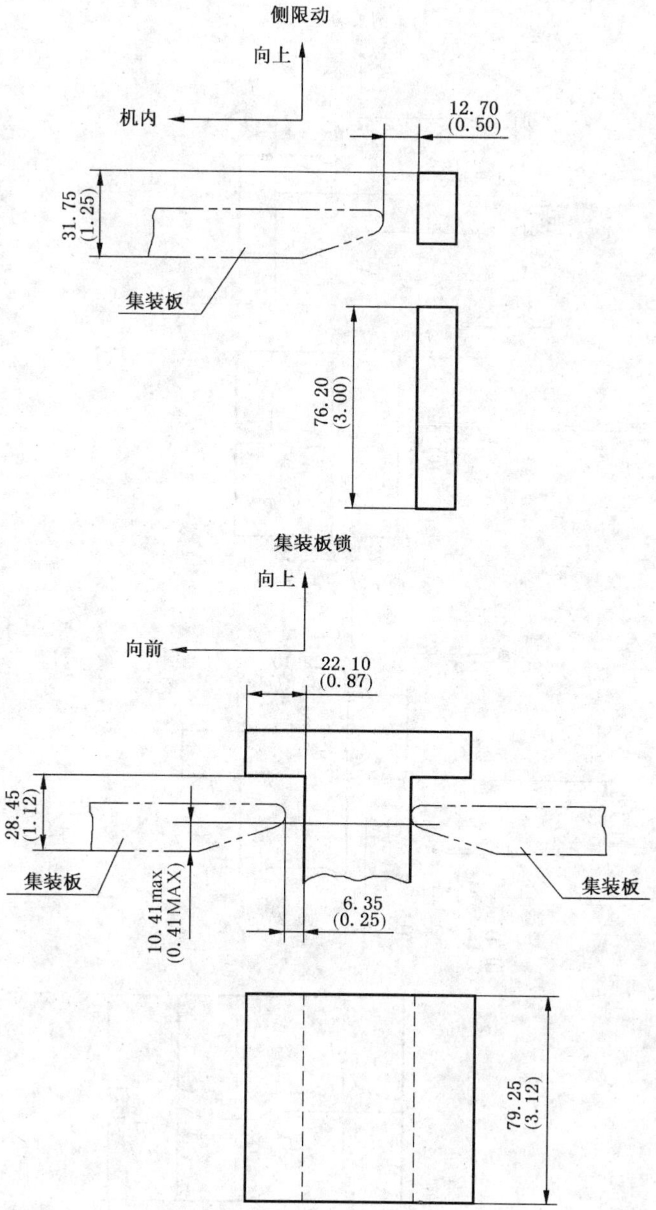

图 68 侧限动和集装板锁详图

单位为毫米

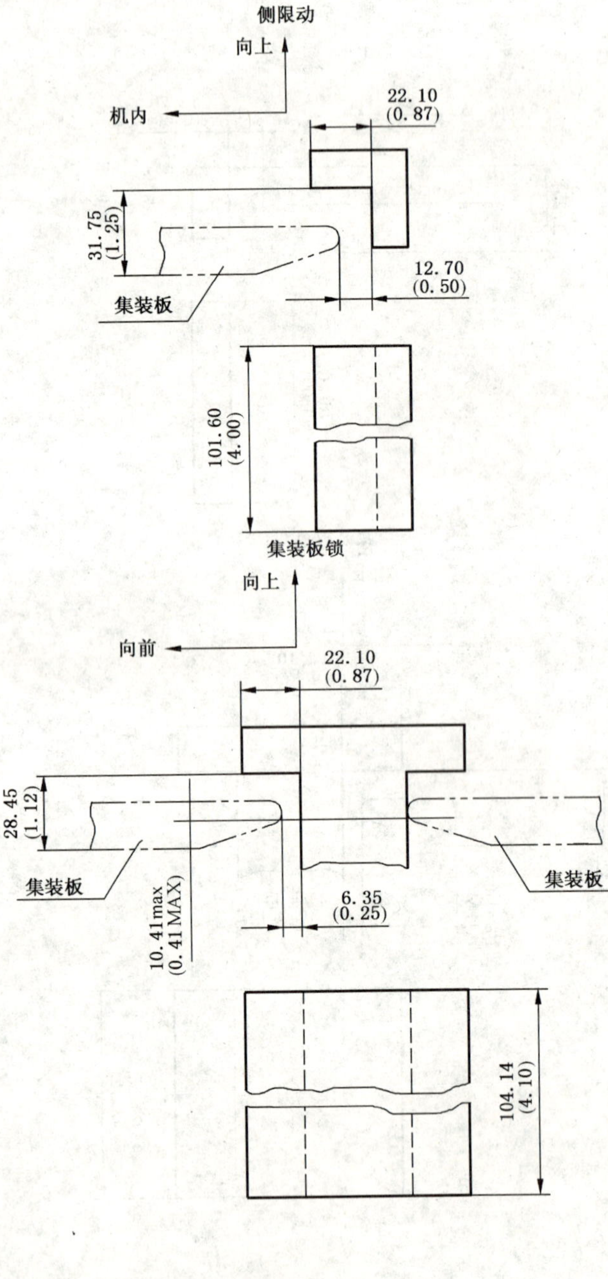

图 69　侧限动和集装板锁详图

单位为毫米

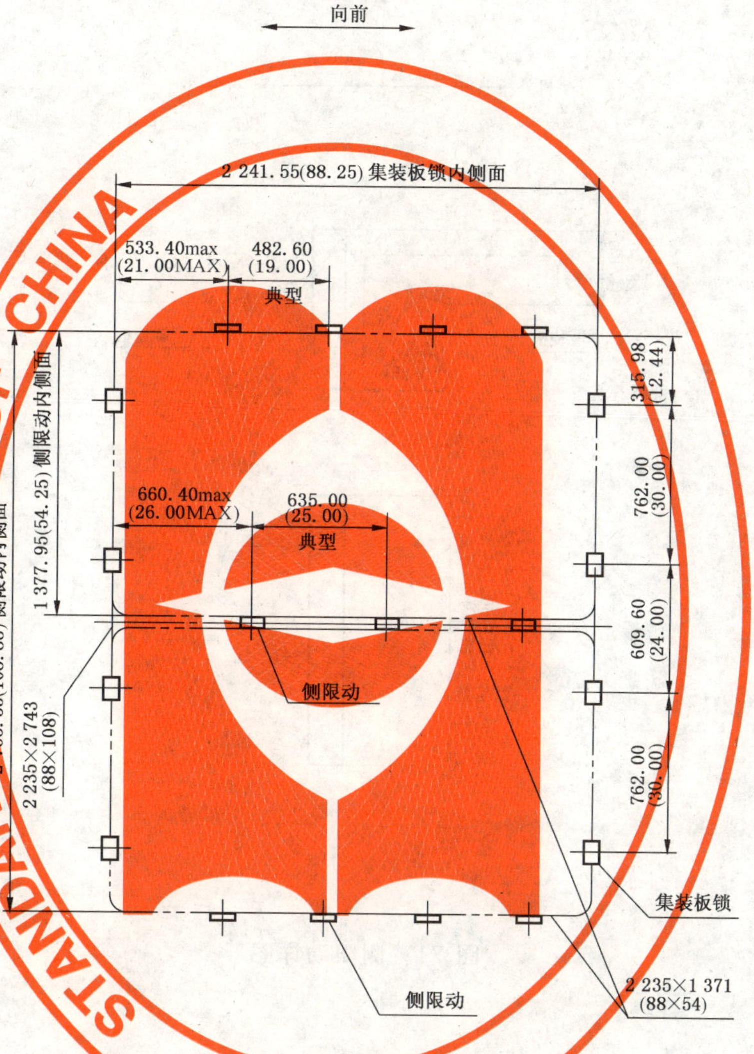

图 70 平面图

单位为毫米

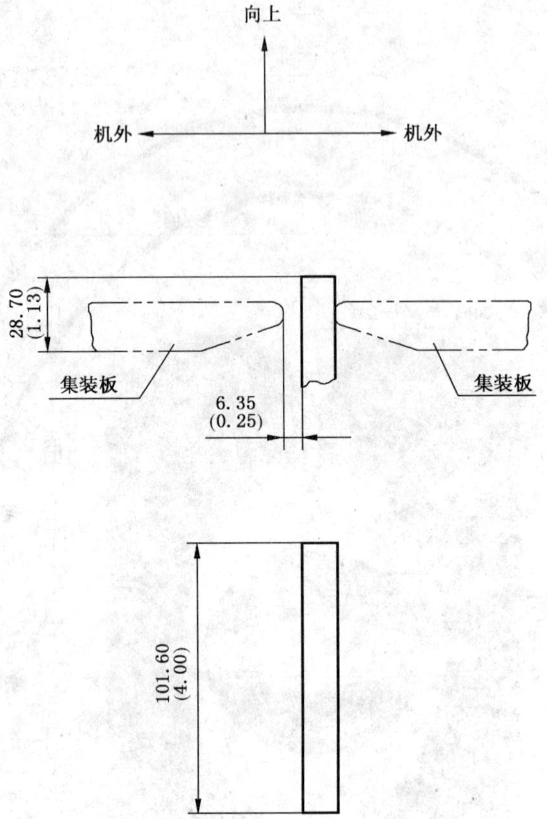

图 71 侧限动详图

单位为毫米

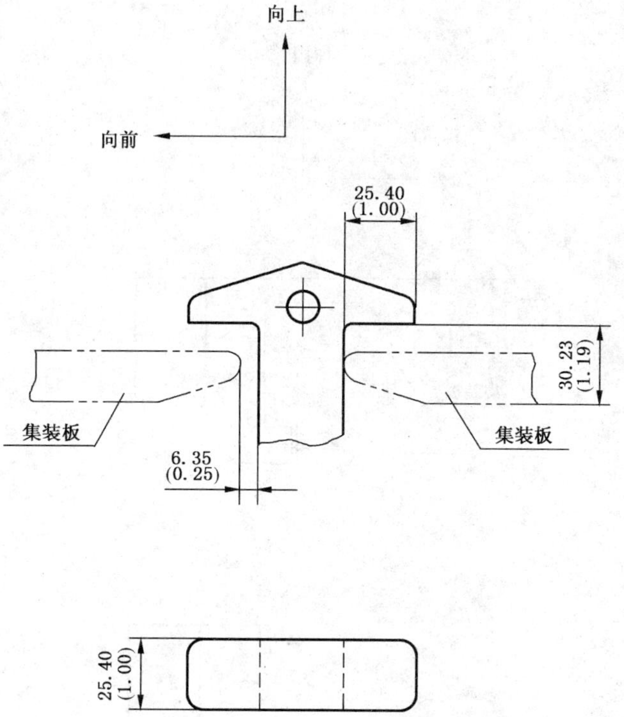

图 72　集装板锁详图

单位为毫米

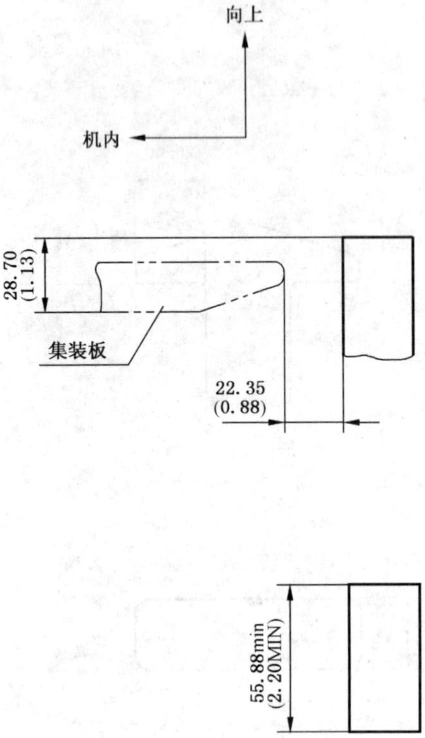

图 73 侧限动详图

单位为毫米

向前、向后和垂直限动的最小限动锁数

限动锁	集装箱长度				
	290.85 (117.75)	478.00 (196.00)	657.90 (238.50)	924.95 (359.25)	1 292.00 (480.00)
在一侧或每一侧要求的最小向前和向后的限动锁数	2	4	5	8	11
要求的最小垂直限动锁数，在每一侧等同分布并沿集装箱全长每隔一定距离等同配置。包括向前和向后的限动锁数	6	10	12	18	24

图 74　侧面锁平面图

单位为毫米

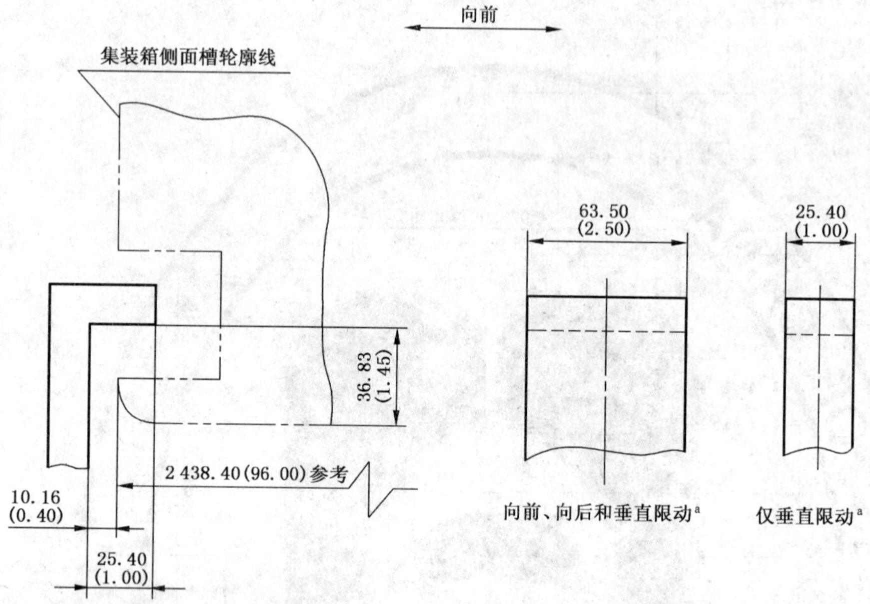

[a] 要求的最小限动锁数见图 74。

图 75 侧面锁详图

单位为毫米

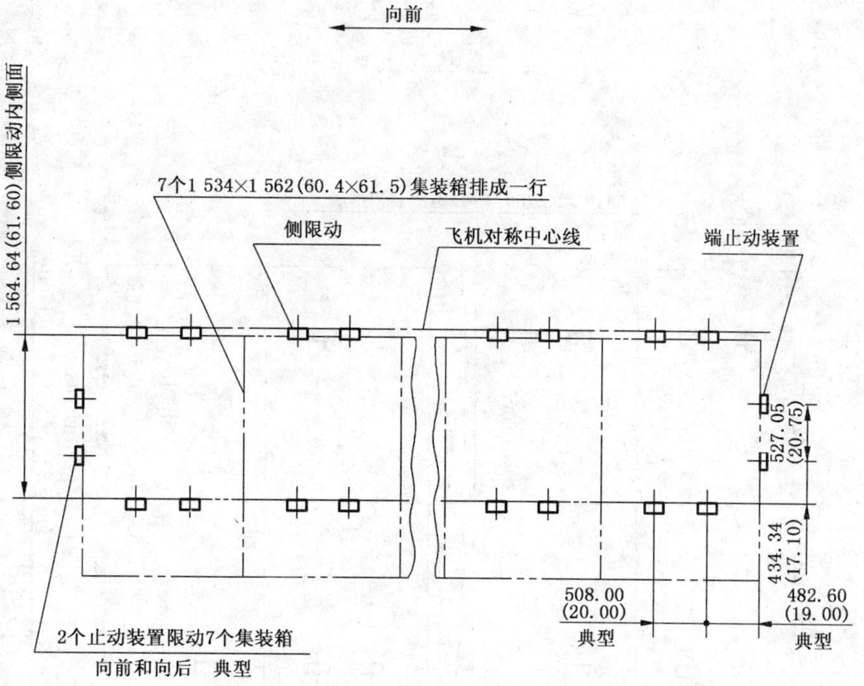

图 76 平面图

单位为毫米

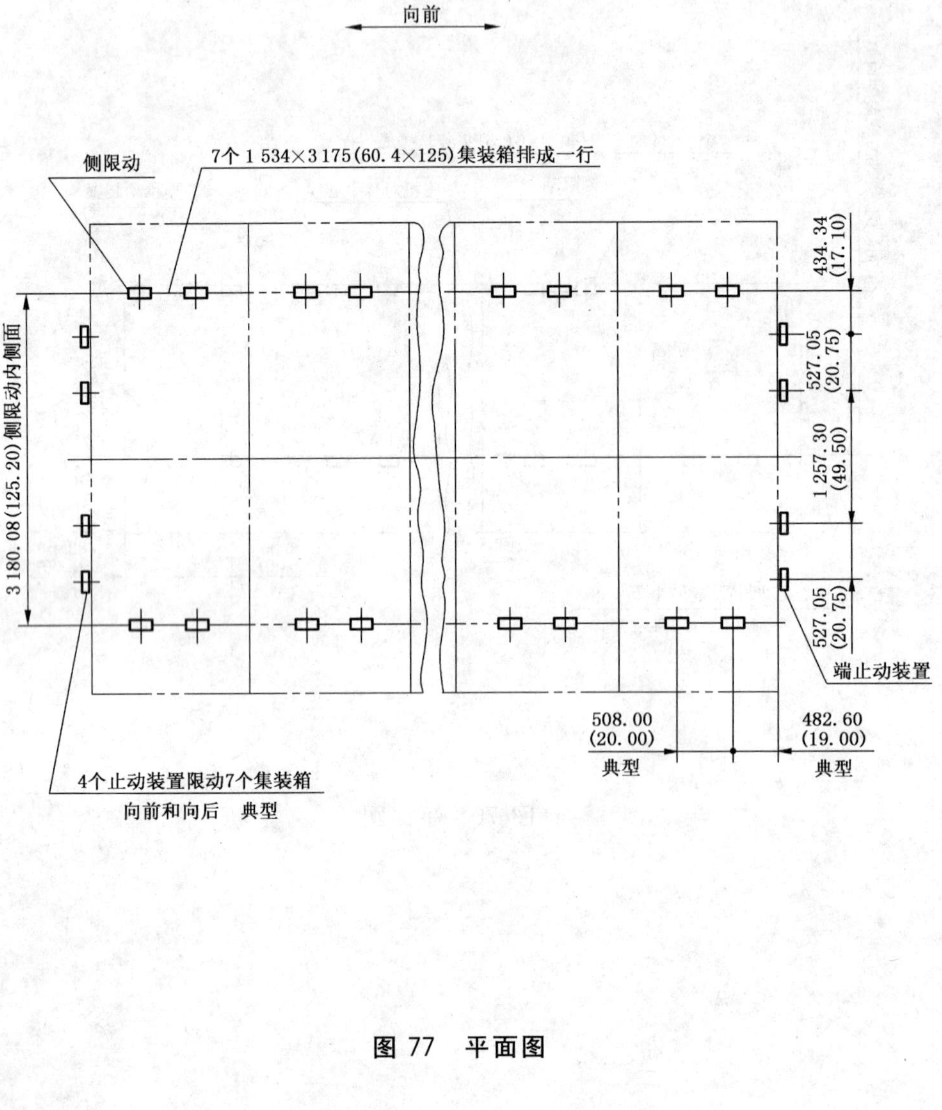

图 77 平面图

单位为毫米

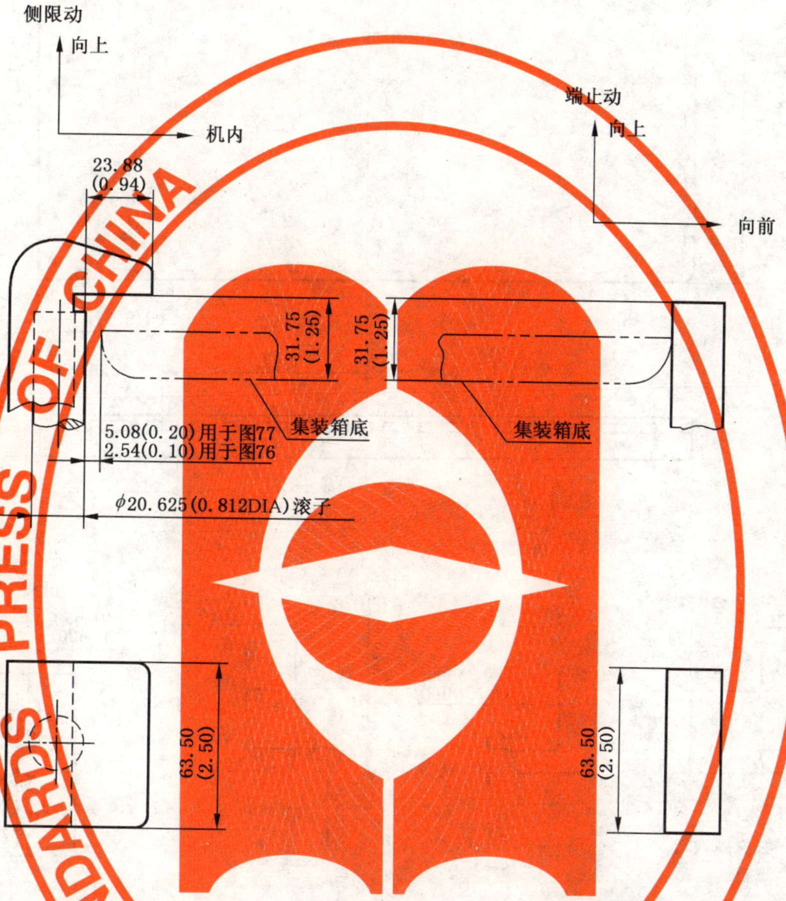

图 78　侧限动和端止动详图

单位为毫米

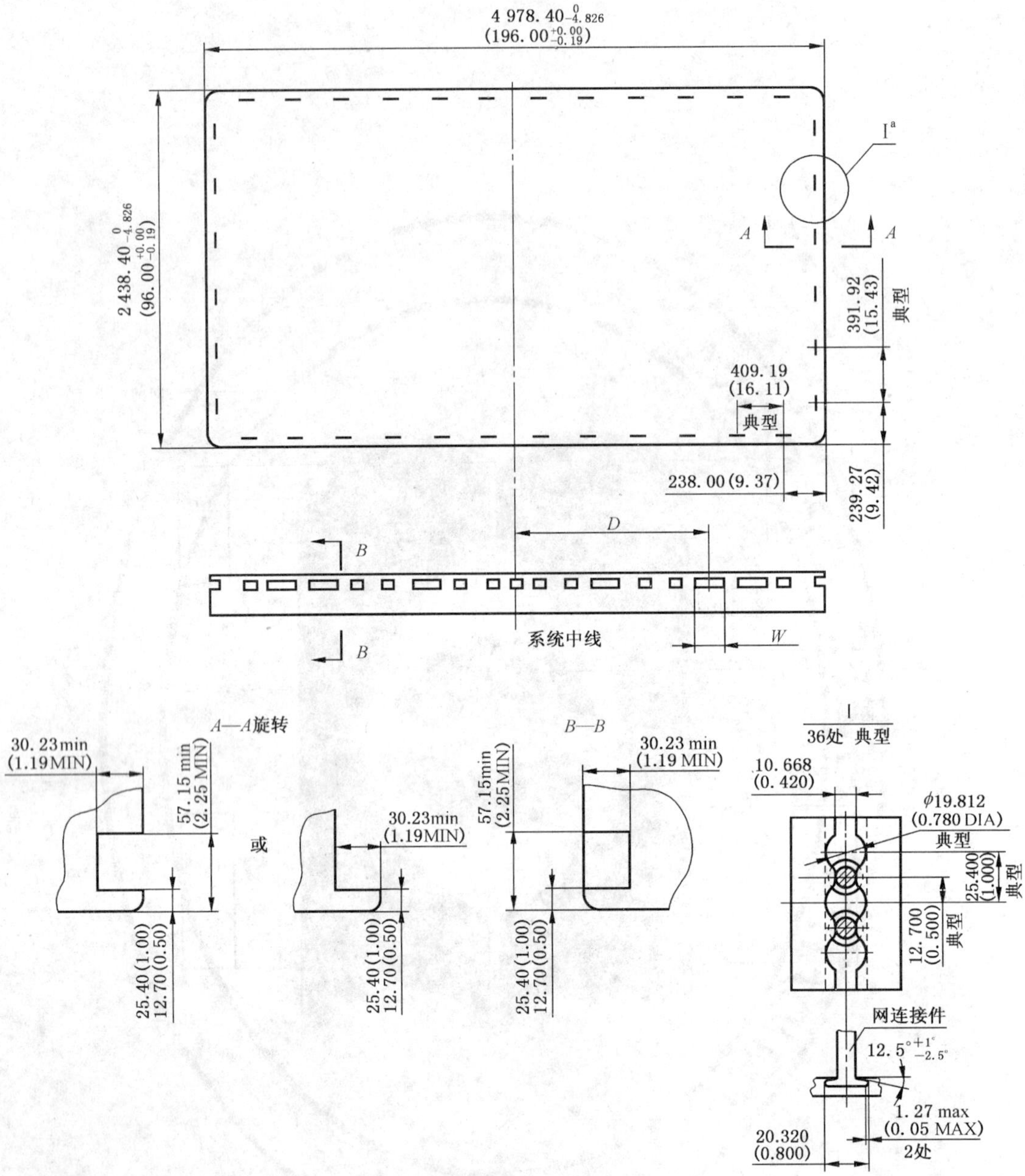

槽或挡板/挡块位置

D(集装单元中线到槽中线)	W(槽宽或挡板/挡块位置)	挡板/挡块安装到标识端水平载荷传输槽的形式
0.000	76.20(3.00) $^{+0.2}_{0}$	两者
215.900(8.500)	101.60 min(4.00MIN)	两者均否
511.175(20.125)	76.20(3.00) $^{+0.2}_{0}$	两者
733.425(28.875)	171.45 min(6.75MIN)	两者均否
1 022.350(40.250)	76.20(3.00) $^{+0.2}_{0}$	两者
1 206.500(47.500)	101.60 min(4.00MIN)	两者均否
1 409.700(55.500)	76.20 min(3.00MIN)	两者均否
1 533.525(60.375)	76.20(3.00) $^{+0.2}_{0}$	两者
1 831.975(72.125)	260.35 min(10.25MIN)	两者均否
2 032.000(80.500)	76.20(3.00) $^{+0.2}_{0}$	两者

[a] 仅适用于网和集装板

适用范围:集装板、网、集装箱

图 79　2R1 构型图

单位为毫米

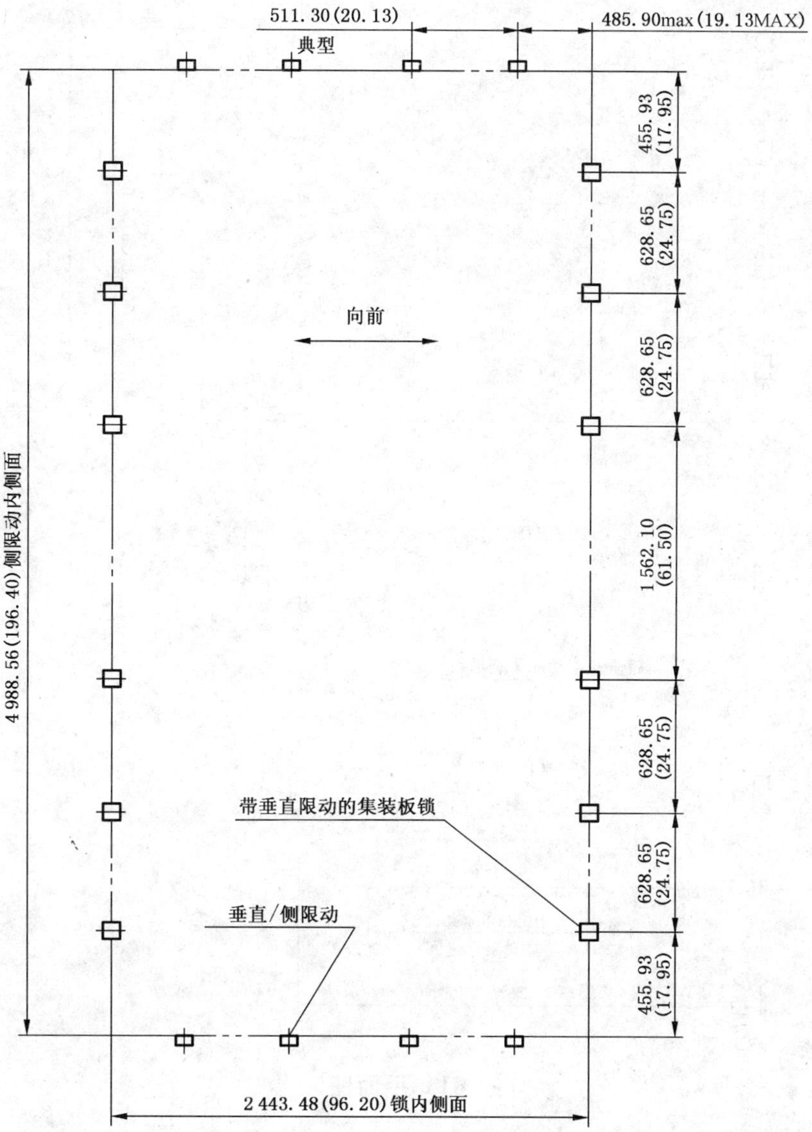

图 80 平面图

单位为毫米

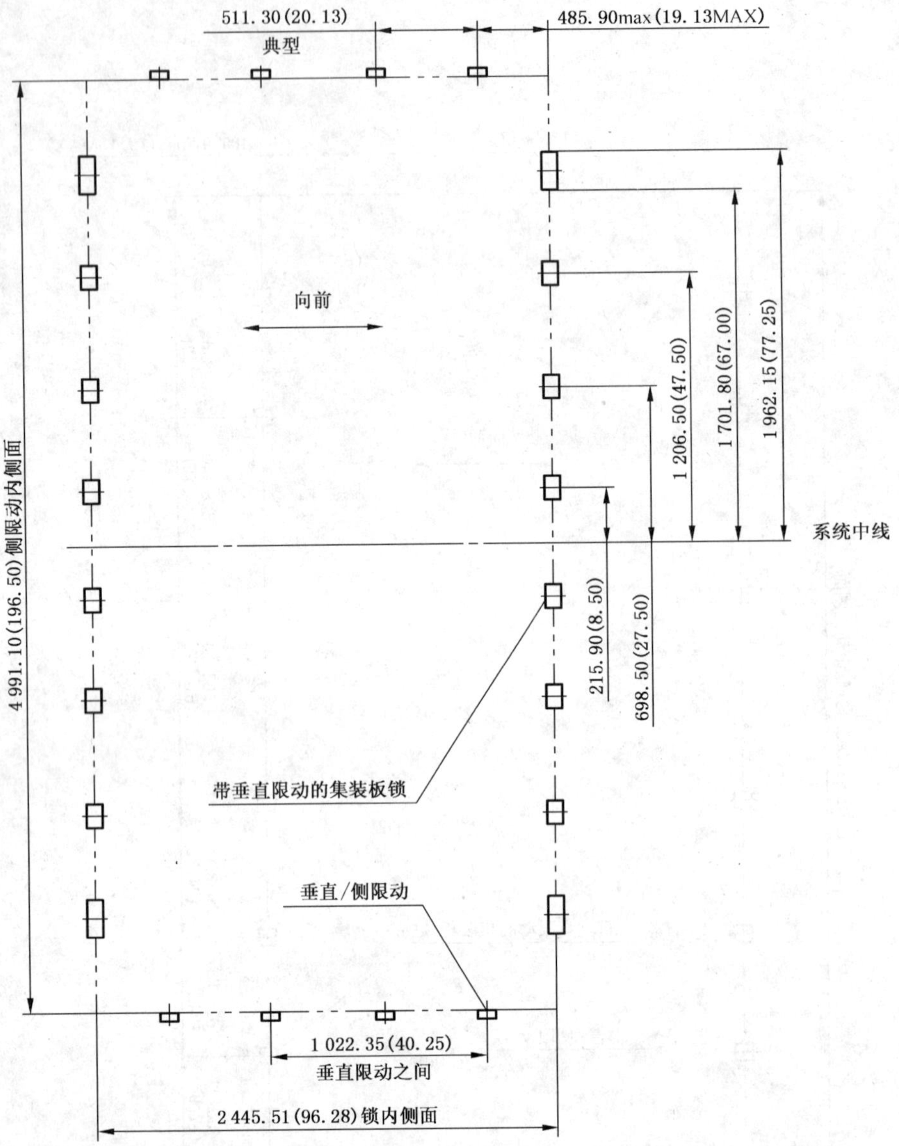

图81　平面图

ICS 29.120.50
K 45

中华人民共和国国家标准

GB/T 15145—2008
代替 GB/T 15145—2001

输电线路保护装置通用技术条件

General specification for transmission line protection equipment

2008-09-24 发布　　　　2009-08-01 实施

中华人民共和国国家质量监督检验检疫总局
中国国家标准化管理委员会　发布

前　言

本标准代替 GB/T 15145—2001《微机线路保护通用技术条件》。

本标准与 GB/T 15145—2001 相比，主要变化如下：

——标准名称由《微机线路保护装置通用技术条件》改为《输电线路保护装置通用技术条件》；

——根据 GB/T 20000.2—2001《标准化工作指南　第 2 部分：采用国际标准的规则》的规定，“规范性引用文件”一章，作了较大的更改；

——根据 GB/T 14285—2006《继电保护和安全自动装置技术规程》及 GB/T 14598.20—2007/IEC 60255-26：2004《电气继电器　第 26 部分：量度继电器和保护装置的电磁兼容要求》的规定，对装置承受电气干扰性能作重要补充，增加了电磁发射、射频场感应的传导骚扰抗扰度、浪涌(冲击)抗扰度、工频抗扰度要求及试验；

——降低了装置交流回路功耗，提高了装置的过载能力要求；

——3.13、4.8、4.13 的内容，用表格形式表述；

——标准编写格式按 GB/T 1.1—2000 以及 GB/T 1.2—2002 的规定作了修改。

本标准的附录 A 为规范性附录。

本标准由中国电力企业联合会提出。

本标准由全国量度继电器和保护设备标准化技术委员会(SAC/TC 154)归口并解释。

本标准起草单位：国电南京自动化股份有限公司、北京四方继保自动化股份有限公司、南京南瑞继保电气有限公司、许昌继电器研究所、中国南方电网有限责任公司、四川省电力公司。

本标准主要起草人：杨奇逊、高永生、陈云仑、郭效军、朱晓彤、李瑞生、赵曼勇、李天华。

本标准所代替标准的历次版本发布情况为：

——GB/T 15145—1994、GB/T 15145—2001。

输电线路保护装置通用技术条件

1 范围

本标准规定了输电线路继电保护装置的技术要求、试验方法、检验规则及对标志、包装、运输、贮存等的要求。

本标准适用于110 kV及以上中性点直接接地系统的输电线路继电保护装置(以下简称为装置),作为该类装置科研、设计、制造、试验、检验和应用的依据。

2 规范性引用文件

下列文件中的条款通过本标准的引用而成为本标准的条款。凡是注日期的引用文件,其随后所有的修改单(不包括勘误的内容)或修订版均不适用于本标准,然而,鼓励根据本标准达成协议的各方研究是否可使用这些文件的最新版本。凡是不注日期的引用文件,其最新版本适用于本标准。

GB/T 191 包装储运图示标志(GB/T 191—2008,ISO 780:1997,MOD)

GB/T 2423.1 电工电子产品环境试验 第2部分:试验方法 试验A:低温(GB/T 2423.1—2001,idt IEC 60068-2-1:1990)

GB/T 2423.2 电工电子产品环境试验 第2部分:试验方法 试验B:高温(GB/T 2423.2—2001,idt IEC 60068-2-2:1974)

GB/T 2423.3 电工电子产品环境试验 第2部分 试验方法 试验Cab:恒定湿热试验(GB/T 2423.3—2006,idt IEC 60068-2-78:2001)

GB/T 2887—2000 电子计算机场地通用规范

GB/T 7261—2000 继电器及装置基本试验方法

GB/T 8367—1987 量度继电器直流辅助激励量的中断与交流分量(纹波)(eqv IEC 60255-11:1980)

GB/T 9361—1988 计算机场地安全要求

GB/T 11287 电气继电器 第21部分:量度继电器和保护装置的振动、冲击、碰撞和地震试验 第1篇 振动试验(正弦)(GB/T 11287—2000,idt IEC 60255-21-1:1988)

GB/T 14285—2006 继电保护和安全自动装置技术规程

GB/T 14537 量度继电器和保护装置的冲击和碰撞试验(GB/T 14537—1993,idt IEC 60255-21-2:1988)

GB/T 14598.9 电气继电器 第22-3部分:量度继电器和保护装置的电气骚扰试验 辐射电磁场骚扰试验(GB/T 14598.9—2002,IEC 60255-22-3:2000,IDT)

GB/T 14598.10 电气继电器 第22-4部分:量度继电器和保护装置的电气骚扰试验——电快速瞬变/脉冲群抗扰度试验(GB/T 14598.10—2007,IEC 60255-22-4:2002,IDT)

GB/T 14598.13—1998 量度继电器和保护装置的电气干扰试验 第1部分:1 MHz脉冲群干扰试验(eqv IEC 60255-22-1:1988)

GB/T 14598.14 量度继电器和保护装置的电气干扰试验 第2部分:静电放电试验(GB/T 14598.14—1998,idt IEC 60255-22-2:1996)

GB/T 14598.16 电气继电器 第25部分:量度继电器和保护装置的电磁发射试验(GB/T 14598.16—2002,IEC 60255-25:2000,IDT)

GB/T 14598.17　电气继电器　第22-6部分:量度继电器和保护装置的电气骚扰试验——射频场感应的传导骚扰抗扰度(GB/T 14598.17—2005,IEC 60255-22-6:2001,IDT)

GB/T 14598.18　电气继电器　第22-5部分:量度继电器和保护装置的电气骚扰试验——浪涌抗扰度试验(GB/T 14598.18—2007,IEC 60255-22-5:2002,IDT)

GB/T 14598.19　电气继电器　第22-7部分:量度继电器和保护装置的电气骚扰试验——工频抗扰度试验(GB/T 14598.19—2007,IEC 60255-22-7:2003,IDT)

GB 16836—2003　量度继电器和保护装置安全设计的一般要求

GB/T 17742—1999　中国地震烈度表

GB/T 19520.3　电子设备机械结构482.6 mm(19 in)系列机械结构尺寸　第3部分　插箱及其插件(GB/T 19520.3—2004,IEC 60297-3:1984,IDT)

DL/T 667　远动设备及系统　第5部分:传输规约　第103篇:继电保护设备信息接口配套标准(DL/T 667—1999,idt IEC 60870-5-103:1997)

DL/T 871—2004　电力系统继电保护产品动模试验

DL 860　变电站通信网络和系统(所有部分)

3　技术要求

3.1　环境条件

3.1.1　正常工作大气条件

a) 环境温度:−10 ℃～+55 ℃;

b) 相对湿度:5%～95%(产品内部,既不应凝露,也不应结冰);

c) 大气压力:80 kPa～106 kPa。

3.1.2　正常试验大气条件

a) 环境温度:15 ℃～35 ℃;

b) 相对湿度:45%～75%;

c) 大气压力:86 kPa～106 kPa。

3.1.3　试验基准大气条件

a) 环境温度:+20 ℃±2 ℃;

b) 相对湿度:45%～75%;

c) 大气压力:86 kPa～106 kPa。

3.1.4　运输中的极限环境温度

装置在运输允许的环境温度为−40 ℃～+70 ℃,相对湿度不大于85%。

3.1.5　贮存中的极限环境温度

装置贮存中允许的环境温度为−25 ℃～+55 ℃,相对湿度不大于85%。

3.1.6　周围环境

装置使用地点周围环境应符合下列要求:

a) 电磁环境应符合3.8的规定;

b) 场地应符合GB/T 9361—1988中B类安全要求;

c) 使用地点不出现超过GB/T 11287规定的严酷等级为Ⅰ级的振动;不发生超过GB/T 17742—1999规定的烈度为Ⅷ度的地震;

d) 使用地点应无爆炸危险的物质,周围介质中不应含有能腐蚀金属、破坏绝缘和表面敷层的介质及导电介质,不应有严重的霉菌存在;

e) 应有防御雨、雪、风、沙、尘埃的措施;

f) 接地电阻应符合GB/T 2887—2000中4.4的要求。

3.1.7 特殊环境条件

当超出 3.1.1～3.1.5 规定的环境条件时，由用户与制造厂商定。

3.2 额定电气参数

3.2.1 直流电源

a) 额定电压：220 V、110 V；

b) 允许偏差：－20%～＋15%；

c) 纹波系数：不大于 5%。

3.2.2 交流回路

a) 交流电流：5 A、1 A；

b) 交流电压：100 V、$100/\sqrt{3}$ V；

c) 频率：50 Hz。

3.3 功率消耗

a) 交流电流回路：当 I_N＝5 A 时，每相不大于 0.5 VA；
当 I_N＝1 A 时，每相不大于 0.3 VA。

b) 交流电压回路：当额定电压 U_N 时，每相不大于 0.5 VA。

c) 直流电源回路：当正常工作时，不大于 50 W；
当装置动作时，不大于 80 W。

d) 当采用电子式变换器时，按相关标准规定。

注：I_N、U_N 为电流及电压额定值，下同。

3.4 过载能力

a) 交流电流回路：2 倍额定电流 连续工作
50 倍额定电流 允许 1 s；

b) 交流电压回路：1.2 倍额定电压 连续工作
1.4 倍额定电压 允许 10 s。

装置经受电流电压过载后，应无绝缘损坏，并符合 3.10、3.11 的规定。

3.5 整套装置的功能要求

3.5.1 装置应具有独立性、完整性、成套性，应具有能反应被保护输电线路各种故障及异常状态的保护功能。

3.5.2 装置应满足可靠性、选择性、灵敏性和速动性的要求。

3.5.3 装置应设有硬件闭锁回路，只有在电力系统发生扰动时，才允许解除闭锁。但要保证在被保护线路发生故障时，硬件闭锁回路可靠打开，以防止拒动。

3.5.4 装置应设有通信接口，以满足自动化系统的通信要求，向远动设备或上位机传递保护动作的顺序和时间、故障类型和故障特征量、故障前后各输入模拟量的采样数据、与保护配合的相关信息、通道信息、接收和发送保护定值等数据或信息。通信接口数不宜少于三个，通信传输协议应符合 DL/T 667 或 DL 860 系列标准的有关规定。

3.5.5 装置应具有与外部标准授时源的对时接口。

3.5.6 装置应具有测量故障点距离的功能。

3.5.7 装置应具有包括故障时的输入模拟量和开关量、输出开关量、动作元件、动作时间、返回时间、故障相别等故障记录功能，以记录保护的动作过程。

3.5.8 装置应具有以时间顺序记录的方式记录正常运行的操作信息，例如开关变位、开入量变位、压板切换、定值修改、定值区切换等。

3.5.9 装置应设有当地信息的汉字显示功能，应能显示保护动作记录、故障类型和故障点距离、通道信息及与保护配合等相关信息。

3.5.10 装置应具有在线自动检测功能。自动检测功能应符合 GB/T 14285—2006 中 4.1.12.5 的要求。

3.5.11 装置应设有自复位电路。

3.5.12 装置应装设硬件时钟电路。装置失去直流电源时,硬件时钟应能正常工作。

3.5.13 装置的所有记录信息在失去直流电源的情况下不应丢失,在电源恢复正常后应能重新正确显示并输出。

3.6 技术性能

3.6.1 总则

保护模块的配置与被保护的设备有关,但所选择的单个保护应能达到下面的性能指标。本标准未规定的指标由下级标准规定。

3.6.2 纵联保护

a) 由保护与通道设备构成的线路纵联保护作为主保护。在被保护区内发生故障时,应不带附加整定延时地发出跳闸命令。

b) 线路纵联保护的通道可以是:

——光纤;

——微波;

——电力线载波。

c) 具有方向纵联保护功能的装置应提供构成闭锁式或允许式保护的条件和相应逻辑。

通道为双工方式的纵联保护,不宜使用闭锁式;具备光纤通道条件的线路,宜优先采用分相电流差动保护。

d) 动作时间:220 kV 及以上线路:不大于 30 ms(含出口继电器时间,不含通道传输时间);
110 kV 线路:不大于 40 ms(含出口继电器时间,不含通道传输时间)。

3.6.3 后备保护

a) 后备保护可以由能反应各种故障的保护,如相间距离、接地距离、零序电流保护等构成。

b) 动作时间(含出口继电器时间):

——相间距离 I 段(0.7 倍整定值):不大于 30 ms;

——接地距离 I 段(0.7 倍整定值):不大于 30 ms;

——零序过流 I 段(1.2 倍整定值):不大于 25 ms;

——过流速断(1.2 倍整定值):不大于 25 ms。

c) 距离 I 段暂态超越:不超过±5%。

d) 精确工作范围:

——电压:(0.01~1.1)U_N;

——电流:(0.05~20)I_N 或(0.1~40)I_N 时,测量误差不应大于±5%。

3.6.4 测量元件特性的准确度

a) 整定误差:不应超过±2.5%;

b) 温度变差:在正常工作环境温度范围内,相对于+20 ℃±2 ℃时,不应超过±2.5%。

3.6.5 故障点测距精度

a) 允许偏差:不应大于±2.5%;

b) 测试条件:单侧电源,金属性三相短路。

3.6.6 输出继电器触点性能

a) 机械寿命:>1 000 次;

b) 最大接通能力:1 000 W,L/R=40 ms;

c) 最大通过电流:5 A,连续;

d) 最大短时通过电流:30 A,200 ms;

e) 最大断开能力:60 W,L/R=40 ms;

f) 触点电压:DC,220 V;

g) 介质强度:

同一组触点断开时,能承受工频 1 000 V 电压,时间 1 min;

触点与线圈之间,能承受工频 3 000 V 电压,时间 1 min。

3.6.7 时钟精度

装置自身的时钟精度,在 24 h 内误差不应大于 5 s。

3.7 静态模拟、动态模拟

3.7.1 静态模拟

装置应进行静态模拟试验。在各种故障类型下,装置动作行为应正确,信号指示应正常,应符合 3.5、3.6的规定。

3.7.2 动态模拟

装置应进行动态模拟试验。在各种故障类型下,装置动作行为应正确,信号指示应正常,应符合 3.5、3.6的规定。

3.8 电磁兼容性能

3.8.1 抗扰度项目及要求

a) 装置与外部电磁环境的特定界面接口称为端口,含辅助电源端口、输入端口、输出端口、通信端口、外壳端口和功能地端口,见图 1。

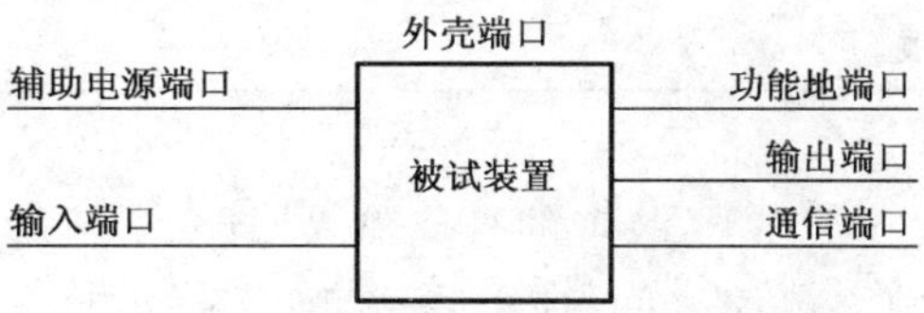

图 1 保护装置的端口示意图

装置不同端口应进行附录 A 规定的抗扰度试验。施加干扰期间,装置应无误动或拒动现象。

b) 合格判据

进行 3.8.1a)规定的各项试验时,按下列要求加入激励量:

1) 过量继电器:激励量为 0.9 倍整定值时,应不误动,1.1 倍整定值时,不应返回;

2) 欠量继电器:激励量为 1.1 倍整定值时,应不误动,0.9 倍整定值时,不应返回;

3) 整定值由产品标准规定。

3.8.2 电磁发射试验

装置应符合 GB/T 14598.16 中 4.1 规定的传导发射限值和 4.2 规定的辐射发射限值。

3.9 直流电源影响

a) 在 3.1.2 规定的正常试验大气条件下,直流电源分别为 3.2.1b)规定的极限参数时,装置应可靠工作,性能及参数符合 3.5、3.6 的规定;

b) 按 GB/T 8367—1987 的规定,进行直流电源中断 20 ms 影响试验,装置不应误动;

c) 装置加电、断电、电源电压缓慢上升或缓慢下降,装置均不应误动作或误发信号。

3.10 绝缘性能

3.10.1 绝缘电阻

在 3.1.2 规定的正常试验大气条件下,装置各独立电路与外露的可导电部分之间,以及与无各独立电路之间,用电压为直流 500 V 的兆欧表测量其绝缘电阻值,不应小于 100 MΩ。

3.10.2 介质强度

a) 在3.1.2规定的正常试验大气条件下，装置应能承受频率为50 Hz，历时1 min的工频耐压试验而无击穿闪络及元件损坏现象；

b) 工频交流试验电压值按表1规定进行选择，也可以采用直流试验电压，其值应为规定的工频交流试验电压值的$\sqrt{2}$倍；

c) 试验过程中，任一被试电路施加电压时，其余电路等电位互联接地。

表1 各回路试验电压要求

序号	被试回路	额定绝缘电压或额定工作电压/V	试验电压/V	泄漏电流[a]/mA
1	整机引出端子和背板线——地(外壳)	>60～250	2 000	5
2	直流输入电路[b]——地(外壳)	>60～250	2 000	10
3	交流输入电路[b]——地(外壳)	>60～250	2 000	5
4	信号输出触点[b]——地(外壳)	>60～250	2 000	5
5	无电气联系的各回路[b]之间	>60～250	2 000	5～10
6	整机外引带电部分[b]——地(外壳)	≤60	2 000	
7	通信接口电路[b]——地(外壳)	≤60	500	5

a 泄漏电流为参考值，整机外引带电部分[b]——地(外壳)的泄漏电流由产品标准规定。

b 指引至装置端子的回路和接线。

3.10.3 冲击电压

在3.1.2规定的正常试验大气条件下，装置的直流输入回路、交流输入回路、输入输出触点等各电路对地，以及电气上无联系的各独立电路之间，应能承受1.2/50 μs的标准雷电波的短时冲击电压试验。当额定绝缘电压大于60 V时，开路试验电压为5 kV；当额定绝缘电压不大于60 V时，开路试验电压为1 kV。试验后，装置应无绝缘损坏，性能应符合3.5、3.6的规定。

3.11 耐湿热性能要求

3.11.1 根据试验条件和使用环境，在以下两种方法中选择其中一种。

3.11.2 恒定湿热

装置应能承受GB/T 2423.3规定的恒定湿热试验。试验温度为+40 ℃±2 ℃，相对湿度为(93±3)%，试验持续时间48 h。在试验结束前2 h内，用500 V直流兆欧表，测量部位同3.10.1，其绝缘电阻值不应小于10 MΩ，介质强度不应低于3.10.2规定的介质强度试验电压值的75%。

3.11.3 交变湿热

装置应能承受GB/T 7261—2000第20章规定的交变湿热试验。试验温度为+40 ℃±2 ℃，相对湿度为(93±3)%，试验时间为48 h，每一周期历时24 h。在试验结束前2 h内，用500 V直流兆欧表，测量部位同3.10.1，其绝缘电阻值不应小于10 MΩ，介质强度不应低于3.10.2规定的介质强度试验电压值的75%。

3.12 连续通电

装置完成调试后，出厂前，应进行40 ℃、72 h（或室温100 h)连续通电试验。试验期间，装置工作应正常，信号指示应正确，不应有元器件损坏或其他异常情况出现。试验结束后，性能指标应符合3.5、3.6的规定。

3.13 机械性能

装置机械性能应符合表2的规定。

表 2 机械性能要求

序号	项目	要求
1	振动	a) 振动响应：装置应能承受 GB/T 11287 中 3.2.1 规定的严酷等级为Ⅰ级的振动响应试验，试验期间及试验后，装置性能应符合该标准中 5.1 的规定 b) 振动耐久：装置应能承受 GB/T 11287 中 3.2.2 规定的严酷等级为Ⅰ级的振动耐久试验，试验期间及试验后，装置性能应符合该标准中 5.2 的规定
2	冲击	a) 冲击响应：装置应能承受 GB/T 14537 中 4.2.1 规定的严酷等级为Ⅰ级的冲击响应试验，试验期间及试验后，装置性能应符合该标准中 5.1 的规定 b) 冲击耐久：装置应能承受 GB/T 14537 中 4.2.2 规定的严酷等级为Ⅰ级的冲击耐久试验，试验期间及试验后，装置性能应符合该标准中 5.2 的规定
3	碰撞	装置应能承受 GB/T 14537 中 4.3 规定的严酷等级为Ⅰ级的碰撞试验，试验期间及试验后，装置性能应符合该标准中 5.2 的规定

3.14 结构、外观要求

3.14.1 装置的机箱尺寸应符合 GB/T 19520.3 的规定。

3.14.2 装置应采取必要的抗电气干扰措施，装置的金属外壳应在电气上连成一体，并设置可靠的接地点。

3.15 安全要求

3.15.1 装置应有安全标志，安全标志应符合 GB 16836—2003 中 5.7 的规定。

3.15.2 装置的外壳防护等级至少应为 GB 16836—2003 中规定的 IP30 级，并达到Ⅰ类电击防护要求。

3.15.3 装置的着火危险防护不应低于 GB 16836—2003 中规定的 V2 级。

3.15.4 金属结构件应有防锈蚀措施。所有紧固件应拧紧，不松动。

4 试验方法

4.1 试验条件

a) 除另有规定外，各项试验均在 3.1.2 规定的正常试验大气条件下进行；

b) 被试验装置和测试仪表应良好接地，并考虑周围环境电磁干扰对测试结果的影响；

c) 测量仪表准确度等级要求：测量仪表的基本误差应不大于被测量准确等级的 1/4。条件允许时，测量仪表的基本误差应不大于被测量准确等级的 1/10。

4.2 温度影响试验

根据 3.1.1a)的要求，按 GB/T 7261—2000 第 11 章规定进行低温试验，按第 12 章规定进行高温试验。在试验过程中施加规定的激励量，温度变差应满足 3.6.4b)的要求。

4.3 温度贮存试验

根据 3.1.5 的要求，装置不包装，不施加激励量，先按 GB/T 2423.1 的规定，进行－40 ℃、16 h 的低温贮存试验。在室温下恢复 2 h 后，再按 GB/T 2423.2 的规定，进行＋70 ℃、16 h 的高温贮存试验。在室温下恢复 2 h 后，施加激励量进行电气性能检测，装置的性能应符合 3.5、3.6、3.8 的规定。

4.4 功率消耗试验

根据 3.3 的要求，按 GB/T 7261—2000 中第 9 章的规定和方法，对装置进行功率消耗试验。

4.5 过载能力试验

根据 3.4 的要求，按 GB/T 7261—2000 中第 22 章的规定和方法，对装置进行过载能力试验。

4.6 主要技术性能试验

4.6.1 基本性能试验

采用微机型继电保护测试仪，对装置进行以下基本性能试验：

a) 各种保护的定值；

b) 各种保护的动作特性；

c) 各种保护的动作时间特性；

d) 装置整组的动作正确性。

4.6.2 其他性能试验

采用微机型继电保护测试仪，对装置进行其他性能试验：

a) 硬件系统自检；

b) 硬件系统时钟功能；

c) 通信及信息显示、输出功能；

d) 开关量输入输出回路；

e) 数据采集系统的精度和线性度；

f) 定值切换功能。

4.7 静态模拟、动态模拟试验

4.7.1 静态模拟试验

装置通过4.6各项试验后，根据3.7.1的要求，在电力系统静态模拟系统上进行整组试验，或使用继电保护试验装置、仿真系统进行试验。试验结果应满足3.5、3.6的规定。

试验项目如下：

a) 区内单相接地，两相短路接地，两相短路和三相短路时的动作行为；

b) 区内转换性故障时的动作行为；

c) 区内转区外或区外转区内各种转换性故障时装置的动作行为；

d) 区外和反向单相接地，两相短路接地，两相短路和三相短路时的动作行为；

e) 非全相运行中再故障的动作行为；

f) 手合在空载线上及合环时装置的动作行为；

g) 手合在永久性故障线上装置的动作行为；

h) 拉合空载变压器时装置的动作行为；

i) 装置和重合闸配合工作时，在瞬时性和永久性故障条件下的动作行为；

j) 在接入线路电压互感器条件下，线路两侧开关跳开后以及合闸时装置的动作行为；

k) 允许式或闭锁式全线速动保护，在各种类型故障以及区外故障功率倒向时的动作行为；

l) 电压回路断线或短路对装置的影响；

m) 暂态超越。

4.7.2 动态模拟试验

装置通过4.5各项试验后，根据3.7.2的要求，按照DL/T 871—2004中第3章的规定，在电力系统动态模拟系统上进行整组试验，或使用仿真系统进行试验。试验结果应满足3.5、3.6的规定。

4.8 电磁兼容性能试验

按表3的规定和方法，进行电磁兼容性能试验。

表3 电磁兼容性能试验方法

序号	项目	试验方法
1	辐射电磁场骚扰试验	根据3.8.1的要求，按GB/T 14598.9的规定和方法，对装置进行辐射电磁场骚扰试验
2	快速瞬变干扰试验	根据3.8.1的要求，按GB/T 14598.10的规定和方法，对装置进行快速瞬变干扰试验

表 3（续）

序号	项　　目	试　验　方　法
3	1 MHz 脉冲群干扰试验	根据 3.8.1 的要求，按 GB/T 14598.13—1998 的规定和方法，对装置进行 1 MHz 脉冲群干扰试验
4	静电放电试验	根据 3.8.1 的要求，按 GB/T 14598.14 的规定和方法，对装置进行静电放电试验
5	电磁发射试验	根据 3.8.2 的要求，按 GB/T 14598.16 的规定和方法，对装置进行传导发射限值试验和辐射发射限值试验
6	射频场感应的传导骚扰抗扰度试验	根据 3.8.1 的要求，按 GB/T 14598.17 的规定和方法，对装置进行射频场感应的传导骚扰抗扰度试验
7	浪涌抗扰度试验	根据 3.8.1 的要求，按 GB/T 14598.18 的规定和方法，对装置进行浪涌抗扰度试验
8	工频抗扰度试验	根据 3.8.1 的要求，按 GB/T 14598.19 的规定和方法，对装置进行工频抗扰度试验

4.9　直流电源影响试验

根据 3.8 的要求，按 GB/T 7261—2000 中第 14 章和 GB/T 8367 的规定和方法，对装置进行电源影响试验。

4.10　绝缘试验

根据 3.10 的要求，按 GB/T 7261—2000 第 19 章的规定和方法，分别进行绝缘电阻测量、介质强度及冲击电压试验。

4.11　耐湿热试验

根据 3.11 的规定，在以下两种方法中选择其中一种。

4.11.1　恒定湿热试验

根据 3.11.2 的要求，按 GB/T 2423.3 的规定和方法，对装置进行恒定湿热试验。

4.11.2　交变湿热试验

根据 3.11.3 的要求，按 GB/T 7261—2000 第 20 章的规定和方法，对装置进行交变湿热试验。

4.12　连续通电试验

a）根据 3.12 的要求，装置出厂前应进行连续通电试验；

b）被试装置只施加直流电源，必要时可施加其他激励量进行功能检测。

4.13　机械性能试验

机械性能试验方法见表 4。

表 4　机械性能试验方法

序号	项　　目	要　　求
1	振动	根据表 2 中序号 1 的要求，按 GB/T 11287 的规定和方法，对装置进行振动响应和振动耐久试验
2	冲击	根据表 2 中序号 2 的要求，按 GB/T 14537 的规定和方法，对装置进行冲击响应和冲击耐久试验
3	碰撞	根据表 2 中序号 3 的要求，按 GB/T 14537 的规定和方法，对装置进行碰撞试验

4.14 结构和外观检查

按3.14及GB/T 7261—2000第5章的要求逐项进行检查。

4.15 安全试验

根据3.15的要求，按GB 16836—2003规定的方法进行检查和试验。

5 检验规则

5.1 检验分类

产品检验分出厂检验和型式检验两种。

5.2 出厂检验

每台装置出厂前应由制造厂的检验部门进行出厂检验，检验项目见表5。出厂检验在3.1.2规定的正常试验大气条件下进行。

5.3 型式检验

5.3.1 型式检验规定

凡遇下列情况之一，应进行型式检验：

a) 新产品定型鉴定前；

b) 产品转厂生产定型鉴定前；

c) 产品停产二年以上又重新恢复生产时；

d) 正式投产后，如果设计、工艺、材料、元器件有较大改变，可能影响产品性能时；

e) 国家质量技术监督机构或受其委托的质量技术检验部门提出型式检验要求时；

f) 合同规定时。

5.3.2 型式检验项目

型式检验项目见表5。型式检验在3.1.2规定的正常试验大气条件下进行。

5.3.3 型式检验的抽样与判定规则

a) 型式检验从出厂检验合格的产品中任意抽取两台作为样品，然后分A、B两组进行：
A组样品按5.3.2中规定的a)、c)、i)、e)、f)、g)、h)、l)各项进行检验；
B组样品按5.3.2中规定的b)、d)、j)、k)、m)、n)各项进行检验；

b) 样品经过型式检验，未发现主要缺陷，则判定产品本次型式检验合格。检验中如发现有一个主要缺陷，则进行第二次抽样，重复进行型式检验，如未发现主要缺陷，仍判定该产品本次型式检验合格。如第二次抽取的样品仍存在此缺陷，则判定该产品本次型式检验不合格；

c) 样品型式检验结果达不到3.3～3.11要求中任一条时，均按存在主要缺陷判定；

d) 检验中样品出现故障允许进行修复。修复内容，如对已做过检验项目的检验结果没有影响，可继续往下进行检验。反之，受影响的检验项目应重做。

表5 检验项目

检验项目名称	“出厂检验”项目	“型式检验”项目	“技术要求”章条	“试验方法”章条
a) 温度影响	—	√	3.1.1a)、3.6.4b)	4.2
b) 温度贮存	—	√	3.1.5	4.3
c) 功率消耗	—	√	3.3	4.4
d) 过载能力	—	√	3.4	4.5
e) 主要功能、技术性能	√	√	3.5、3.6	4.6
f) 静态模拟	√	√	3.7.1	4.7.1
g) 动态模拟	—	√[b]	3.7.2	4.7.2

表 5（续）

检验项目名称	“出厂检验”项目	“型式检验”项目	“技术要求”章条	“试验方法”章条
h) 电磁兼容性能	—	√[b]	3.8	4.8
i) 直流电源影响	—	√	3.9	4.9
j) 绝缘性能	√[a]	√	3.10	4.10
k) 耐湿热性能	—	√	3.11	4.11
l) 连续通电	√	√	3.12	4.12
m) 机械性能	—	√[b]	3.13	4.13
n) 结构与外观	√	√	3.14	4.14
p) 安全	√[c]	√[c]	3.15	4.15

[a] 只进行绝缘电阻测量及介质强度试验，不进行冲击电压试验。

[b] 新产品定型鉴定前做。

[c] 出厂试验仅测量保护接地连续性和安全标志检查。

6 标志

6.1 每台装置应在机箱的显著部位设置持久明晰的标志或铭牌，标志下列内容：

a) 产品型号、名称；

b) 制造厂全称及商标；

c) 主要参数；

d) 对外端子及接口标识；

e) 出厂日期及编号。

6.2 包装箱上应以不易洗刷或脱落的涂料作如下标记：

a) 发货厂名、产品型号、名称；

b) 收货单位名称、地址、到站；

c) 包装箱外形尺寸(长×宽×高)及毛重；

d) 包装箱外面书写“防潮”、“向上”、“小心轻放”等字样；

e) 包装箱外面应规定叠放层数。

6.3 包装标志标识应符合 GB/T 191 的规定。

6.4 产品执行的标准应予以明示。

6.5 安全设计标志应按 GB 16836—2003 的规定明示。

7 包装、运输、贮存

7.1 包装

7.1.1 产品包装前的检查

a) 产品合格证书和装箱清单中各项内容应齐全；

b) 产品外观无损伤；

c) 产品表面无灰尘。

7.1.2 包装的一般要求

产品应有内包装和外包装，插件插箱的可动部分应锁紧扎牢，包装应有防尘、防雨、防水、防潮、防震等措施。包装完好的装置应满足 3.1.4 规定的贮存运输要求。

7.2 运输

产品应适于陆运、空运、水运(海运),运输装卸按包装箱的标志进行操作。

7.3 贮存

长期不用的装置应保留原包装,在环境温度为－25 ℃～＋40 ℃,相对湿度不大于85%的通风、干燥的室内贮存。贮存场所应无酸、碱、盐及腐蚀性、爆炸性气体和灰尘以及雨、雪的侵害。

8 其他

用户在遵守本标准及产品说明书所规定的运输、贮存条件下,装置自出厂之日起,至安装不超过两年,如发现装置和配套件非人为损坏,制造厂应负责免费维修或更换。

附 录 A
（规范性附录）
保护装置抗扰度试验要求

A.1 外壳端口抗扰度试验

表 A.1 外壳端口抗扰度试验

序号	电磁干扰类型	试验规范	单 位	参照标准
1.1	辐射射频电磁场	80～1 000	MHz	GB/T 14598.9
		10	V/m 非调制,有效值	
	调幅	80	%AM (1 kHz)	
1.2	静电放电			GB/T 14598.14
	接触	6	kV (充电电压)	
	空气	8	kV (充电电压)	

A.2 电源端口抗扰度试验

表 A.2 电源端口抗扰度试验

序号	电磁干扰类型	试验规范		单 位	参照标准
2.1	射频场感应的传导骚扰	0.15 ～ 80		MHz	GB/T 14598.17
		10		V 非调制,有效值	
		150		Ω 电源阻抗	
	调幅	80		% AM(1 kHz)	
2.2	快速瞬变	5/50		ns T_R/T_H	GB/T 14598.10
	A 级	4		kV 峰值	
		2.5		kHz 重复频率	
	B 级	2		kV 峰值	
		5		kHz 重复频率	
2.3	1 MHz 脉冲群	0.1	1	MHz 频率	GB/T 14598.13
		75	75	ns T_R	
		≥40	400	Hz 重复频率	
		200	200	Ω 电源阻抗	
	差模	1	1	kV 峰值	
	共模	2.5	2.5	kV 峰值	
2.4	浪涌	1.2/50(8/20)		μs T_R/T_H 电压(电流)	GB/T 14598.18
		2		Ω 电源阻抗	
	线对线	0.5、1		kV 充电电压	
		0		Ω 耦合电阻	
		18		μF 耦合电容	
	线对地	0.5、1、2		kV 充电电压	
		10		Ω 耦合电阻	
		9		μF 耦合电容	
2.5	直流电压中断	100		% 衰减	GB/T 8367
		5、10、20、50、100、200		ms 中断时间	

A.3 通信端口抗扰度试验

表 A.3 通信端口抗扰度试验

序号	电磁干扰类型	试验规范		单　位	参照标准
3.1	射频场感应的传导骚扰		0.15 ～ 80	MHz	GB/T 14598.17
			10	V 非调制,有效值	
			150	Ω 电源阻抗	
	调幅		80	% AM(1 kHz)	
3.2	快速瞬变		5/50	ns T_R/T_H	GB/T 14598.10
	A级		2	kV 峰值	
			5	kHz 重复频率	
	B级		1	kV 峰值	
			5	kHz 重复频率	
3.3	1 MHz 脉冲群	0.1	1	MHz	GB/T 14598.13
		75	75	ns T_R	
		≥40	400	Hz 重复频率	
		200	200	Ω 电源阻抗	
	差模	0	0	kV 峰值	
	共模	1	1	kV 峰值	
3.4	浪涌		1.2/50	μs T_R/T_H 电压	GB/T 14598.18
			8/20	μs T_R/T_H 电流	
			2	Ω 电源阻抗	
	线对地		0.5、1	kV 充电电压	
			0	Ω 耦合电阻	
			0	μF 耦合电容	

A.4 输入和输出端口抗扰度试验

表 A.4 输入和输出端口抗扰度试验

序号	电磁干扰类型	试验规范		单　位	参照标准
4.1	射频场感应的传导骚扰		0.15～80	MHz	GB/T 14598.17
			10	V 非调制,有效值	
			150	Ω 电源阻抗	
	调幅		80	% AM(1 kHz)	
4.2	快速瞬变		5/50	ns T_R/T_H	GB/T 14598.10
	A级		4	kV 峰值	
			2.5	kHz 重复频率	
	B级		2	kV 峰值	
			5	kHz 重复频率	
4.3	1 MHz 脉冲群	0.1	1	MHz 频率	GB/T 14598.13
		75	75	ns T_R	
		≥40	400	Hz 重复频率	
		200	200	Ω 电源阻抗	
	差模	1	1	kV 峰值	
	共模	2.5	2.5	kV 峰值	

表 A.4（续）

序号	电磁干扰类型	试验规范	单　　位	参照标准
4.4	浪涌	1.2/50 (8/20)	μs　T_R/T_H 电压(电流)	GB/T 14598.18
		2	Ω　电源阻抗	
	线对线	0.5、1	kV　充电电压	
		40	Ω　耦合电阻	
		0.5	μF　耦合电容	
	线对地	0.5、1、2	kV　充电电压	
		40	Ω　耦合电阻	
		0.5	μF　耦合电容	
4.5	工频干扰			GB/T 14598.19
	A 级　差模	150	V　有效值	
		100	Ω　耦合电阻	
		0.1	μF　耦合电容	
	A 级　共模	300	V　有效值	
		220	Ω　耦合电阻	
		0.47	μF　耦合电容	
	B 级　差模	100	V　有效值	
		100	Ω　耦合电阻	
		0.047	μF　耦合电容	
	B 级　共模	300	V　有效值	
		220	Ω　耦合电阻	
		0.47	μF　耦合电容	

A.5　功能接地端口抗扰度试验

表 A.5　功能接地端口抗扰度试验

序号	电磁干扰类型	试验规范	单　　位	参照标准
5.1	射频场感应的传导骚扰	0.15～80	MHz	GB/T 14598.17
		10	V　非调制，有效值	
		150	Ω　电源阻抗	
	调幅	80	%　AM(1kHz)	
5.2	快速瞬变	5/50	ns　T_R/T_H	GB/T 14598.10
	A 级	4	kV　峰值	
		2.5	kHz 重复频率	
	B 级	2	kV　峰值	
		5	kHz 重复频率	

A.6　外壳端口发射试验

表 A.6　外壳端口发射试验

序号	电磁干扰类型	试验规范	单　　位	参照标准
6.1	辐射发射	30 MHz ～ 230 MHz	40 dB(μV/m) 准峰值	GB/T 14598.16
		230 MHz ～ 1 000 MHz	47 dB(μV/m) 准峰值	
注：表中所列限值的测量距离为 10 m。				

A.7 辅助电源端口发射试验

表 A.7 辅助电源端口发射试验

序号	电磁干扰类型	试验规范	单　位	参照标准
7.1	传导发射	0.15 MHz ～ 0.50 MHz	79 dB(μV) 准峰值 66 dB(μV) 平均值	GB/T 14598.16
		0.5 MHz ～ 5 MHz	73 dB(μV) 准峰值 60 dB(μV) 平均值	
		5 MHz ～ 30 MHz	73 dB(μV) 准峰值 60 dB(μV) 平均值	

ICS 27.120.30
F 09

中华人民共和国国家标准

GB 15146.1—2008
代替 GB 15146.1—1994

反应堆外易裂变材料的核临界安全 第1部分:核临界安全行政管理规定

Nuclear criticality safety for fissile materials outside reactors— Part 1: Administrative practices for nuclear criticality safety

2008-09-19 发布

2009-08-01 实施

中华人民共和国国家质量监督检验检疫总局
中国国家标准化管理委员会 发布

前　言

本部分的全部技术内容为强制性。

GB 15146《反应堆外易裂变材料的核临界安全》迄今已经发布了下列11个部分：

——GB 15146.1　第1部分：核临界安全行政管理规定(代替GB 15146.1—1994)

——GB 15146.2　第2部分：易裂变材料操作、加工、处理的基本技术规则与次临界限值(代替GB 15146.2—1994)

——GB 15146.3　第3部分：易裂变材料贮存的核临界安全要求(代替GB 15146.3—1994)

——GB 15146.4　含易裂变物质水溶液的钢质管道交接的核临界安全准则

——GB 15146.5　钚-天然铀混合物的核临界安全控制准则和次临界限值

——GB/T 15146.6　硼硅酸盐玻璃拉希环及其应用准则

——GB 15146.7　次临界中子增殖就地测量安全规定

——GB 15146.8　第8部分：堆外操作、贮存、运输轻水堆燃料的核临界安全准则(代替GB 15146.8—1994)

——GB 15146.9　核临界事故探测与报警系统的性能及检验要求

——GB 15146.10　固定中子吸收体的应用安全要求

——GB/T 15146.11　基于限制和控制慢化剂的核临界安全

GB 15146对反应堆外易裂变材料操作、加工、处理、贮存和运输的核临界安全提出了要求和建议。本部分为GB 15146的第1部分。

本部分代替GB 15146.1—1994《反应堆外易裂变材料的核临界安全　核临界安全行政管理规定》。此次修订重点是质量保证体系的引入，但绝大多数是编辑性的修改。

在本版中，用助动词“应当”表示强制性要求，“宜”表示建议；而助动词“可以”所表示的与前版相同，不是要求也不是建议，只是一种许可。

本部分由全国核能标准化技术委员会提出。

本部分由全国核能标准化技术委员会归口。

本部分起草单位：中国核工业集团公司、环境保护部核与辐射安全中心、中国工程物理研究院。

本部分主要起草人：刘新河、吴德强、刘开武。

本部分于1994年首次发布。

反应堆外易裂变材料的核临界安全
第1部分：核临界安全行政管理规定

1 范围

本部分规定了反应堆外易裂变材料加工、处理、操作、贮存的核临界安全行政管理的基本要求。

本部分适用于反应堆外易裂变材料加工、处理、操作、贮存的核临界安全行政管理。

本部分不适用于受控条件下组装易裂变材料(例如受控条件下的次临界和临界实验)的核临界安全行政管理。

2 术语和定义

下列术语和定义适用于本标准。

2.1

核设施营运单位 nuclear facility operating organization

经国家主管部门和(或)核安全监督部门批准，负责经营、运行和管理核设施的法人单位。

2.2

受托单位 contract organization

以合同或任务书方式，受核设施营运单位或国家主管部门、核安全监督部门委托，承担与营运单位核设施有关的某一方面任务的法人单位。

3 总则

3.1 核临界安全行政管理应当遵循安全第一、预防为主的方针，坚持管生产必须管安全和从严要求的原则。

3.2 核临界安全行政管理应当纳入总的安全管理体系，遵循通用的安全管理法规、标准和制度，同时应当适应核临界安全的专业性和技术性较强的特点。

3.3 应当建立和健全核临界安全责任制，明确规定有关部门、单位和个人的核临界安全责任。应当使每一名工作人员(无论职位高低)都意识到本人工作区域的核临界安全是自己的责任。

3.4 加工、处理、操作、贮存易裂变材料的核设施营运单位应当至少配备一名专职或兼职从事核临界安全工作的临界安全专业人员。这些专业人员一般应配备在营运单位的安全管理职能部门中，他们有权直接向领导提出意见和建议。

3.5 核设施营运单位可设立核临界安全技术咨询组织。

4 核临界安全责任

4.1 核设施营运单位的安全责任

4.1.1 营运单位应当对其加工、处理、操作、贮存易裂变材料的核设施的临界安全负全面责任。

营运单位有权拒绝国家主管部门和(或)核安全监督部门作出的强制性决策及指令以外的有害于核临界安全的任何要求。

4.1.2 营运单位应当向国家主管部门和(或)核安全监督部门提交下列涉及核临界安全的主要技术文件：

a) 新建、扩建、改建的加工、处理、操作、贮存易裂变材料的核设施(或工艺流程)安全分析报告，包括核临界安全分析；

b) 加工、处理、操作、贮存易裂变材料的核临界安全规程(或核临界安全大纲)；

c) 可能发生核临界事故场所的核临界事故应急预案(或应急计划)；

d) 准备采用但尚未列入已认可的核临界安全技术标准中的次临界限值和(或)未经审批的核临界安全运行操作限值的论证报告。

这些主要技术文件虽然报经主管部门和(或)核安全监督部门审批，但不能据此改变营运单位对核临界安全应负的责任。

4.1.3 营运单位应当建立和健全本单位的核临界安全责任制。

4.1.4 营运单位的各级运行主管人应当熟悉其主管的核设施临界安全的各个方面，并对其主管的核设施运行临界安全负直接和主要责任，对工程控制的检查、测试和维护负责。

4.1.5 营运单位的核临界安全专业人员应当承担有关的核临界安全技术工作(如核临界安全分析、核临界安全规程编制、运行操作规程评审、运行操作核临界安全检查、临界安全培训等)，并负核临界安全技术责任。

营运单位的核临界安全专业人员应当熟悉核临界安全方面现行的法规、标准，并应熟悉需要进行核临界安全控制的工艺流程和运行操作，力求了解当代的核临界安全科技资料。

4.1.6 营运单位岗位运行操作人员应当遵守核临界安全规程和岗位运行操作规程，对违章操作负直接责任。

4.2 受托单位的责任

受托单位应当对受托承担的涉及营运单位核设施核临界安全方面的任务负直接责任，不能因为营运单位对其核设施临界安全负有全面责任而改变受托单位的责任。

5 核临界安全评价

5.1 在开始一项新的涉及易裂变材料的操作或改变现有操作之前，特别是在设计新工艺流程或改变现有工艺流程的某些条件、设备之前，应当进行核临界安全分析和评价，确认整个操作过程或整个工艺流程在正常条件和可信的异常条件下均处于次临界安全状态。

5.2 核临界安全评价应当明确判断和确定核临界安全所依赖的受控参数及其限值。应当理解这些参数或其使用条件的变化所产生的影响。

5.3 核临界安全评价应当用详细、明确、充分的资料编写成技术文件，以便能够另行独立地进行分析判断评价结果。

5.4 在开始实际运行操作之前，应核实已有条件与先前核临界安全分析所依据的条件是否相符，核实核临界安全分析是否恰当。

5.5 在新建、扩建、改建的核设施存在核临界安全问题时，这些设施的安全分析报告和设计文件应当包括核临界安全的内容。

6 运行操作规程

6.1 涉及核临界安全的任何运行操作，应当按书面运行操作规程的规定进行。这些规程应当包括对核临界安全至关重要的受控参数及其限值并且保障单一的、偶然的偏离不会导致核临界事故。必要时，这些规程还应当由操作核对表、操作流程图或自动化存量控制系统中的限值予以补充。

6.2 现行的运行操作规程应当定期地由核设施运行主管人或核设施运行管理职能部门进行复查。这些审查活动应当由熟悉核临界安全知识而且尽可能与操作无直接关系的人员会同操作人员实施。对于长期停运的设施或工号，应当根据停运后的工艺条件确定复查的内容和频度，检查情况应当记录并保存。

6.3 新编的和现行的运行操作规程的评审和复查应当有核临界安全专业人员参加。

7 运行操作的核临界安全检查

7.1 运行操作人员应当对所负责的运行操作的核临界安全经常检查，以查明运行操作规程是否得到遵守，工艺条件是否存在影响核临界安全的变化。

7.2 任何违反运行操作规程，影响到核临界安全的违章事件，以及意外地影响核临界安全的工艺条件变化，应当作详细记录，向核设施运行主管人和安全管理职能部门报告，迅速采取措施防止其再次发生。

7.3 核设施运行主管人或运行管理职能部门应组织对运行操作的核临界安全作定期或不定期的全面检查，这种检查应当有核临界安全专业人员参加。

8 人员培训和教育

核设施营运单位应当建立和健全对易裂变材料的操作人员、核临界安全专业人员及有关管理人员的核临界安全培训和考核制度，定期与不定期地结合实际进行核临界安全培训和再培训。

9 易裂变材料管理

9.1 易裂变材料的转移应当按照书面程序的规定予以控制。应当有专人负责易裂变材料的清点和统计，掌握易裂变材料的分布、积存和转移情况。

9.2 存放的易裂变材料应当有材料标签，存放地点应当加标牌。标签和标牌应当标明易裂变材料种类和所有受控参数的限值。应当确保所加标签、标牌正确无误。

9.3 应当对易裂变材料的加工、处理、操作和贮存区域实行管制。

9.4 对处于长期闲置状态的而且内存的易裂变物质的特性可能会发生变化的设备，尤其需要注意。

10 核临界事故的应急响应准备

10.1 对于可能发生核临界事故的场所，应当制定核临界事故应急预案，并明确规定：

a) 工作人员撤离路线、集合地点和人员清点程序；

b) 迅速鉴别受到较大照射人员的程序；

c) 受照射人员和受放射性污染人员的紧急医学处置程序；

d) 为抢救人员和财产，查明事故点和处理事故，重新进入撤离场所的批准程序；

e) 应急响应演习周期。

10.2 对于可能发生会造成严重后果的核临界事故的核设施，应当制定周密的应急预案。

10.3 应当按照制定的核临界事故应急预案或应急计划的要求，做好相应的物质、技术和组织准备。

11 核临界事故管理

11.1 发生核临界事故的核设施营运单位，应当立即向其主管部门和(或)核安全监督部门报告，并采取措施处理事故；在对事故做出详细调查分析后，提交书面事故报告。

11.2 凡发生核临界事故的工艺流程或生产岗位，在恢复运行操作前，营运单位应当重新进行全面的核临界安全分析，并向国家主管部门和(或)核安全监督部门提交新的安全分析报告，经批准后方可恢复运行操作。

11.3 凡出现未遂核临界事故，应当按照核临界事故对待处理。

ICS 27.120.30
F 09

中华人民共和国国家标准

GB 15146.2—2008
代替 GB 15146.2—1994

反应堆外易裂变材料的核临界安全 第2部分：易裂变材料操作、加工、处理的基本技术规则与次临界限值

Nuclear criticality safety for fissile materials outside reactors—Part 2: Basic technical practices and subcritical limits for handling, processing and operations with fissile materials

2008-09-19 发布 2009-08-01 实施

中华人民共和国国家质量监督检验检疫总局
中国国家标准化管理委员会 发布

前　言

本部分的全部技术内容为强制性。

GB 15146《反应堆外易裂变材料的核临界安全》迄今已经发布了下列 11 个部分：

——GB 15146.1　第 1 部分：核临界安全行政管理规定（代替 GB 15146.1—1994）

——GB 15146.2　第 2 部分：易裂变材料操作、加工、处理的基本技术规则与次临界限值（代替 GB 15146.2—1994）

——GB 15146.3　第 3 部分：易裂变材料贮存的核临界安全要求（代替 GB 15146.3—1994）

——GB 15146.4　含易裂变物质水溶液的钢质管道交接的核临界安全准则

——GB 15146.5　钚-天然铀混合物的核临界控制准则和次临界限值

——GB/T 15146.6　硼硅酸盐玻璃拉希环及其应用准则

——GB 15146.7　次临界中子增殖就地测量安全规定

——GB 15146.8　第 8 部分：堆外操作、贮存、运输轻水堆燃料单元的核临界安全准则（代替 GB 15146.8—1994）

——GB 15146.9　核临界事故探测与报警系统的性能及检验要求

——GB 15146.10　固定中子吸收体的应用安全要求

——GB/T 15146.11　基于限制和控制慢化剂的核临界安全

本部分为 GB 15146 的第 2 部分。

本部分代替 GB 15146.2—1994《反应堆外易裂变材料的核临界安全　易裂变材料操作、加工、处理的基本技术准则与次临界限值》。

本部分与 GB 15146.2—1994 相比主要变化如下：

——增加了前言和附录 C（资料性附录）；

——将“计算方法的验证”（1994 版）改为“计算方法的确认”（本版第 5 章），并增加了一般要求；

——将^{233}U 的次临界限量列入本版第 6 章；

——对助动词“必须”改为“应当”、“宜”或“可以”。

本部分的附录 A、附录 B 和附录 C 为资料性附录。

本部分由全国核能标准化技术委员会提出。

本部分由全国核能标准化技术委员会归口。

本部分起草单位：核工业标准化研究所、中国原子能科学研究院、中国工程物理研究院。

本部分主要起草人：禚凤官、朱庆福、乔录成。

本部分于 1994 年首次发布。

反应堆外易裂变材料的核临界安全
第2部分：易裂变材料操作、加工、处理
的基本技术规则与次临界限值

1 范围

GB 15146的本部分规定了反应堆外易裂变材料操作、加工、处理的基本技术规则和一些几何形状简单的易裂变材料单体的次临界限值，并对确立核临界安全评价用计算方法的有效性和适用范围提出了要求。有关核临界安全行政管理的基本要求见GB 15146.1。

本部分适用于反应堆外易裂变材料的操作、加工和处理。

本部分不适用于受控条件下易裂变材料的装配操作(如临界实验)。

2 规范性引用文件

下列文件中的条款通过本部分的引用而成为本部分的条款。凡是注日期的引用文件，其随后所有的修改单(不包括勘误的内容)或修订版均不适用于本部分，然而，鼓励根据本部分达成协议的各方研究是否可使用这些文件的最新版本。凡是不注日期的引用文件，其最新版本适用于本部分。

GB 15146.5　反应堆外易裂变材料的核临界安全　钚-天然铀混合物的核临界控制准则和次临界限值

3 术语和定义

下列术语和定义适用于GB 15146的本部分。

3.1

有效增殖因子 k_{eff}　effective multiplication factor (k_{eff})

物理上，是某一时间间隔内所产生的中子总数(不包括强度不是裂变率函数的中子源所产生的中子)与同一时间间隔内因吸收和泄漏而损失的中子总数之比。

3.2

临界事故　criticality accident

意外发生的自持或发散的中子链式反应所造成的能量释放事件。

3.3

核临界安全，临界安全　nuclear criticality safety

预防临界事故和减轻临界事故的后果，其中首要的是防止此类事故发生。

3.4

受控参数　controlled parameter

使其数值保持在规定的限制范围内的参数。

3.5

次临界限值　subcritical limit

为受控参数规定的能使系统在规定条件下肯定处于次临界状态的限制性数值。这种参数限值含有为导出它时所用计算结果和实验数据的不确定度所留的裕量，但未包括应对偶然事件(如双批投料、样品分析结果不正确等)所需要的裕量。

3.6

面密度　areal density

垂直投影在平面单位面积上的易裂变材料的总质量。对于无限大均一平板，面密度等于平板的厚度与该平板内易裂变材料密度的乘积。

3.7

计算方法　calculational method

提供计算结果的计算程序，包括数学方程、近似、假设、有关数值参数（如截面数据）等。

3.8

偏倚　bias

计算方法的计算结果与实验数据之间系统性差异的一种量度。

3.9

偏倚的不确定度　uncertainty in the bias

对计算结果的准确度与精密度和实验数据的不确定度两者的一种量度。

3.10

适用范围　area (or areas) of applicability

材料组分、几何布置、中子能谱和其他有关参数（如非均匀度、泄漏、相互作用、吸收等）等的限定范围，在这个（或这些）范围内计算方法的偏倚业已确定。

4 基本技术规则

4.1 一般要求

系统的有效增殖因子（k_{eff}）依赖于易裂变材料和所有其他有关材料的质量、分布和核特性。

应当将系统的一个或者多个参数控制在次临界限值以内，并为应对工艺偶然事件留出次临界度裕量，来实现核临界安全。可以采用下列手段对系统的参数进行控制：

a) 实体限制，例如，将溶液限制在直径不大于规定值的圆柱形容器内；

b) 测控设备，例如，利用能测量浓度和防止易裂变核素在化学系统中聚集的设备，使易裂变核素的浓度保持在规定值以下；

c) 化学手段，例如，防止能引起沉淀的条件出现，使水溶液保持其特有的浓度特征；

d) 固有或可信的事件进程，例如，依靠工艺过程的固有特性，使铀氧化物的密度始终小于理论密度的某一规定份额；

e) 行政管理程序，例如，要求所操作的易裂变材料的质量不超过张贴的限值；

f) 其他手段。

4.2 受控参数

应当明确规定所有受控参数及其限值。应当清楚地了解这些参数的变化对系统 k_{eff} 的影响。

4.3 双偶然事件原则

工艺设计宜含有足够大的安全系数，使得在各种有关工艺条件中至少需要一并发生两种不大可能的、独立的改变，才可能导致临界事故。

4.4 几何控制

只要可能，则宜依靠限制设备几何尺寸的设计而不是行政管理措施来实施临界控制。设计设备的几何尺寸时，可以充分利用工艺材料和设备的核特性。应当在开始运行操作之前核实所有赖以实施临界控制的几何尺寸和核特性，并应当采取适当措施使它们得以保持。

4.5 中子吸收剂的应用

可以采用将中子吸收材料（如镉和硼）加入工艺材料或设备或者两者之中的手段来实施临界控制。

应当采取适当措施使所加入的中子吸收材料持续保持其预期的分布和浓度。使用中子吸收剂的溶液时，尤其应当采取有效的控制措施。

4.6 次临界限值的确定

只要有合适的实验数据，则应当以实验数据为依据来建立次临界限值，并应当考虑所用数据的不确定度留有适当的裕量。在没有可以直接利用的实验测量数据的情况下，可以由计算结果导出次临界限值，但所用的计算方法应当是按照第5章的规定通过与实验数据的比较证明为有效的。

5 计算方法的确认

5.1 一般要求

有许多计算方法适于确定系统的次临界状态。它们的依据与形式多种多样，对于核临界安全领域广大范围的各种不同情况其适用价值亦不相同，因此，对于用于核临界安全评价的计算方法，无论其依据与形式如何，均应首先遵照本章的规定确立其对被评价系统的有效性及适用范围。

5.2 偏倚的确定[1)]

应当确定计算方法的偏倚，偏倚的确定应通过建立临界实验数据与相应实验系统计算结果之间的相关关系来进行(参见附录B)。通常，宜利用临界状态下实验系统的 k_{eff} 计算值来表示计算结果与实验结果之间的相关关系，这种情况下，偏倚就是 k_{eff} 的计算值相对于1的偏差。

也可以利用其他物理状态和参数，来建立实验数据与相应实验系统计算结果之间的相关关系，确定计算方法的偏倚。

应利用偏倚使计算方法在其适用范围内规范化，使得可在偏倚不确定度的限制范围内预示临界条件。偏倚及其不确定度通常不是常数，二者都可能是组分和其他变量的函数。

5.3 偏倚的趋向与适用范围的扩展

可以将计算方法的适用范围扩展至实验条件以外的区域，前提是利用实验条件范围内偏倚的趋向业已确定了那个区域内的偏倚。扩展的区域范围较大时，宜辅以其他计算方法，使扩展区域内偏倚(尤其是偏倚的不确定度)的估计更为可靠，并证明计算结果的一致性。

5.4 偏倚的不确定度与次临界度裕量

偏倚的不确定度应当涵盖相应于下述不确定度的 k_{eff}(或其他相关参数)的扣除量，这些不确定度包括实验条件的不确定度、计算方法的准确度与精密度不足、适用范围的扩展所引入的不确定度等。

确定了相应于计算方法准确度与精密度和相应于偏倚及不确定度的扣除量之后，应当对 k_{eff}(或其他相关参数)施以适当的次临界度裕量；该裕量应足够大，以确保用该方法所计算的情况在实际上肯定是次临界的；与偏倚及其不确定度一样，该裕量也可能随组分及其他变量变化(参见附录B和附录C)。

5.5 计算机程序的校验

计算方法中包含计算机程序时，应当进行校验，以证实数学运算是按预期要求进行的。对计算机程序做了修改，应当重新进行校验。

5.6 核特性参数

计算方法中所用的核特性参数(如截面数据)宜与其实验测量结果相一致。

5.7 确认报告

应当编写书面确认报告。这种报告应当：

a) 对计算方法做足够详细、清楚和确切的描述，以便他人能独立地重现其结果；

---

1) 无实验数据可以利用时，不可能确定计算方法的偏倚，因而不可能满足5.2的要求。通过与其他计算方法计算结果的比较来进行计算方法的确认是不可以接受的。

b) 指明计算方法确认所用的实验数据，并列出由实验数据导出的参数；

c) 说明计算方法的适用范围；

d) 说明适用范围内的偏倚和次临界度裕量，并论证所确定的次临界度裕量是适当的。

6 易裂变核素的单参数限值

6.1 限值应用一般要求

6.2、6.3、6.4、6.5 和 6.6 列出了一些易裂变核素孤立单体的单参数限值，它们是用满足第 5 章的要求的计算方法算出的。如果这些限值的使用条件得到满足，则遵守其中的任何一个限值，易裂变材料的操作、加工和处理就能够安全地进行。仅当能够证明单体周围的材料(包括附近其他易裂变材料)使有效增殖因子(k_{eff})的增加不大于紧包着该单体的无限厚水层使 k_{eff} 的增加时，上述限值才允许应用。要将上述某一限值应用于易裂变核素的混合物时，应将该混合物中每一种易裂变核素均当作其中具有最小限值的那种核素来考虑。

应当强调的是，工艺规范必须留有适当的次临界度裕量，以应对工艺变量的不确定度和限值被意外超过。

6.2 均一水溶液

在保持均一水溶液的前提下，即保持水溶液的浓度值不超过饱和溶液值时，表 1 中的任一限值都可以使用。如果钚-240 的浓度大于钚-241 的浓度，并在计算质量或浓度时把钚-241 当作钚-239，则钚-239 的限值也可用于各种钚同位素的混合物。(对于钚同位素混合物中钚-240 的含量相当可观的情况，7.4 规定了一些较为宽松的限值)。原子比限值与溶液浓度限值是等效的，但前者也适用于非水溶液，并且不必考虑易裂变核素的化学形式。

6.3 含水混合物

表 1 的面密度限值可用于具有任何化学组成的易裂变材料。在面密度是均一的前提下，它们对具有密度梯度的混合物也是有效的。对于可能并不均一的混合物，铀-233、铀-235 和钚-239 的次临界质量限值分别是 0.50 kg、0.70 kg 和 0.45 kg，并且与化学组成无关。

表 1 易裂变核素均一水溶液的单参数限值

参数	次临界限值				
	$^{233}UO_2F_2$	$^{233}UO_2(NO_3)_2$	$^{235}UO_2F_2$	$^{235}UO_2(NO_3)_2$	$^{239}Pu(NO_3)_4$
易裂变核素的质量/kg	0.54	0.55	0.76	0.78	0.48
溶液圆柱的直径/cm	10.5	11.7	13.7	14.4	15.4
溶液平板的厚度/cm	2.5	3.1	4.4	4.9	5.5
溶液的体积/L	2.8	3.6	5.5	6.2	7.3
易裂变核素的浓度/(g/L)	10.8	10.8	11.6	11.6	7.3
氢与易裂变核素原子数的比[a]	2 390	2 390	2 250	2 250	3 630
易裂变核素的面密度/(g/cm²)	0.35	0.35	0.40	0.40	0.25

[a] 下限值。

6.4 含水混合物的富集度限值

表 2 列出了与水均匀混合的铀金属和几种铀化合物的铀-235 富集度限值。这里，混合物中的铀金属和铀化合物的质量或浓度不受限制。

注：计算这些限值时，将“均匀”混合物中的干 UO_3 的平均粒径归一化为 60 μm。$UO_2(NO_3)_2$ 的二水水合物的平均粒径约为 100 μm。硝酸盐混合物中各不同的氢与铀-235 原子数的比(H/U)都是在 0.32 cm 厚的聚乙烯球壳反射条件下得到的。

表 2 与水均匀混合的铀金属和几种铀化合物的铀-235 富集度限值

金属或化合物	^{235}U 富集度限值/%
铀金属	0.93
UO_2,U_3O_8 或 UO_3	0.96
$UO_2(NO_3)_2$	1.96

6.5 金属单体

表 3 列出的质量限值和铀富集度限值适用于无凹面的单个部件,并可推广适用于单个小部件堆,条件是小部件之间无散置的慢化材料。

如果计算质量时把铀-234 当作铀-233 或铀-235,则铀-233 和铀-235 的限值也适用于铀-233 或铀-235 与铀-234、铀-236 或铀-238 的混合物。如果钚-240 的浓度大于钚-241 的浓度,并在计算质量时把所有钚同位素都当作钚-239,则钚-239 的限值也适用于钚同位素的混合物。可以按同位素组成对密度限值进行调整。

表 3 金属单体的单参数限值

参 数	次临界限值		
	^{233}U	^{235}U	^{239}Pu
易裂变核素的质量/kg	6.0	20.1	5.0
圆柱直径/cm	4.5	7.3	4.4
平板厚度/cm	0.38	1.3	0.65
铀的 ^{235}U 富集度质量分数/%	—	5.0	—
质量和尺寸限值有效时的最大密度/(g/cm^3)	18.65	18.81	19.82

6.6 氧化物

表 4 和表 5 的限值仅适用于水的质量分数低于 1.5%的氧化物。其中的质量限值适用于无凹面的单个部件,并可推广应用于单个小部件堆,条件是小部件之间无附加的散置慢化材料。

以核素质量和以氧化物(包括湿气)质量给出的质量限值是等效的。应该强调的是,表 4 和表 5 中的限值只有在规定的整体密度限制得到满足的条件下才可以使用[2]。当水的质量分数限制在 1.5%以下时,表 2 中的铀氧化物的 ^{235}U 富集度限值可以增加到 3.2%。

7 多参数控制

7.1 限值应用一般要求

7.1～7.4 给出了特别有用的几个多参数控制例子。这些限值都是用满足第 5 章的要求的计算方法算出的。仅当能够证明系统周围的材料使有效增殖因子(k_{eff})的增加不大于紧包着该系统的无限厚水层使 k_{eff} 的增加时,上述限值才允许应用。

应当强调的是,工艺规范必须留有适当的次临界度裕量,以应对工艺变量的不确定度和某一限值被意外超过。

---

2) 使用者应当注意,材料(特别是 UO_3)的密度可能会超过表 4 中的全密度,表 4 中的限值对于高度压实的氧化物是不适用的。

表 4 水质量分数不大于 1.5%的全密度氧化物的单参数限值

参数	$^{233}UO_2$	$^{233}U_3O_8$	$^{233}UO_3$	$^{235}UO_2$	$^{235}U_3O_8$	$^{235}UO_3$	$^{239}PuO_2$
易裂变核素质量/kg	10.1	13.4	15.2	32.3	44.0	51.2	10.2
氧化物的质量[a]/kg	11.7	16.0	18.7	37.2	52.8	62.6	11.5
圆柱的直径/cm	7.2	9.0	9.9	11.6	14.6	16.2	7.2
平板的厚度/cm	0.8	1.1	1.3	2.9	4.0	4.6	1.4
限值有效的最大整体密度[b]/(g/cm^3)	$\frac{9.38}{1-0.085(1.5-w)}$	$\frac{7.36}{1-0.065(1.5-w)}$	$\frac{6.56}{1-0.056(1.5-w)}$	$\frac{9.44}{1-0.086(1.5-w)}$	$\frac{7.41}{1-0.065(1.5-w)}$	$\frac{6.60}{1-0.057(1.5-w)}$	$\frac{9.92}{1-0.091(1.5-w)}$

[a] 包括所含水的质量，水的最大含量小于其质量分数限定值 1.5%。

[b] w 代表氧化物中以质量分数计的含水量。

表 5 水质量分数不大于 1.5%的不大于半密度[a]的氧化物的单参数限值

参数	$^{233}UO_2$	$^{233}U_3O_8$	$^{233}UO_3$	$^{235}UO_2$	$^{235}U_3O_8$	$^{235}UO_3$	$^{239}PuO_2$
易裂变核素的质量/kg	23.4	30.5	34.7	88	122	142	27
氧化物的质量[b]/kg	27.0	36.6	42.4	102	146	174	30
圆柱的直径/cm	11.9	14.8	16.3	20.4	26.0	28.8	12.6
平板的厚度/cm	1.6	2.2	2.6	5.8	8.0	9.3	2.8

[a] 半密度指表 4 中最大整体密度的一半。

[b] 包括所含水的质量，水的最大含量小于其质量分数限定值 1.5%。

7.2 低富集度的金属铀-水混合物和铀氧化物-水混合物

多参数控制的一种用法是同时控制铀的铀-235 富集度和第 6 章中规定的一个参数。图 1～ 图 5 分别给出了铀水栅的铀-235 质量、圆柱直径、平板厚度、体积和面密度等参数的次临界限值与富集度的关系，它们适用于各种尺寸和各种形状的铀金属或铀氧化物（UO_2）小块与水组成的系统。

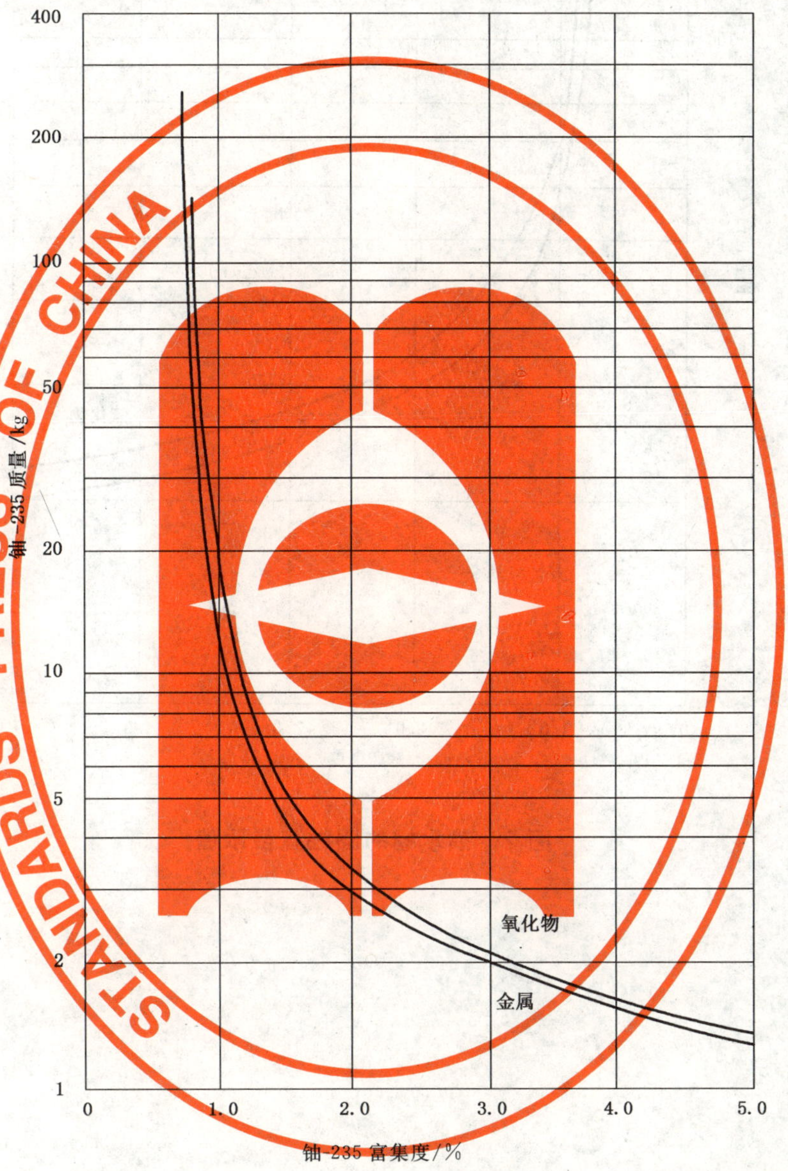

图 1 铀水栅的质量限值

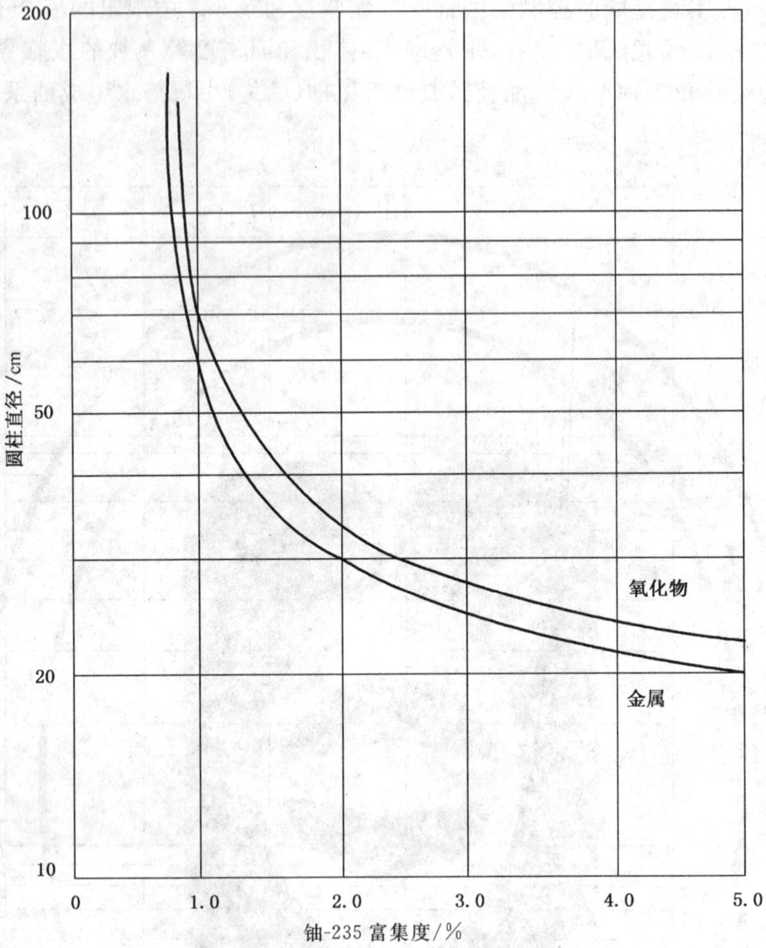

图 2　铀水栅的圆柱直径限值

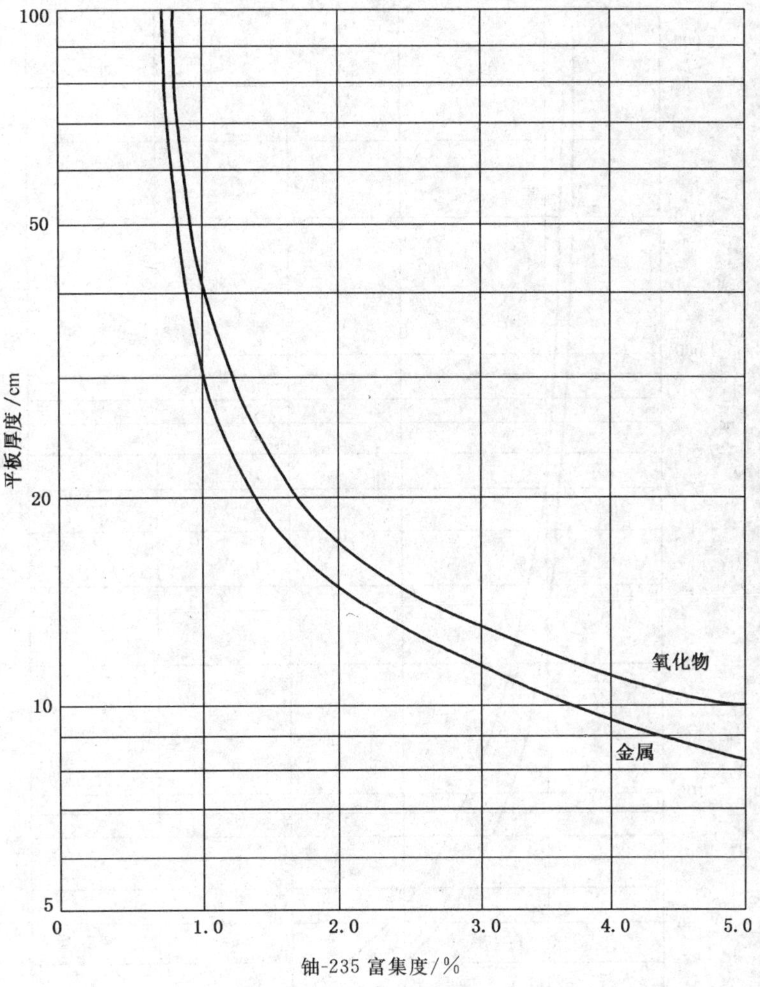

图 3 铀水栅的平板厚度限值

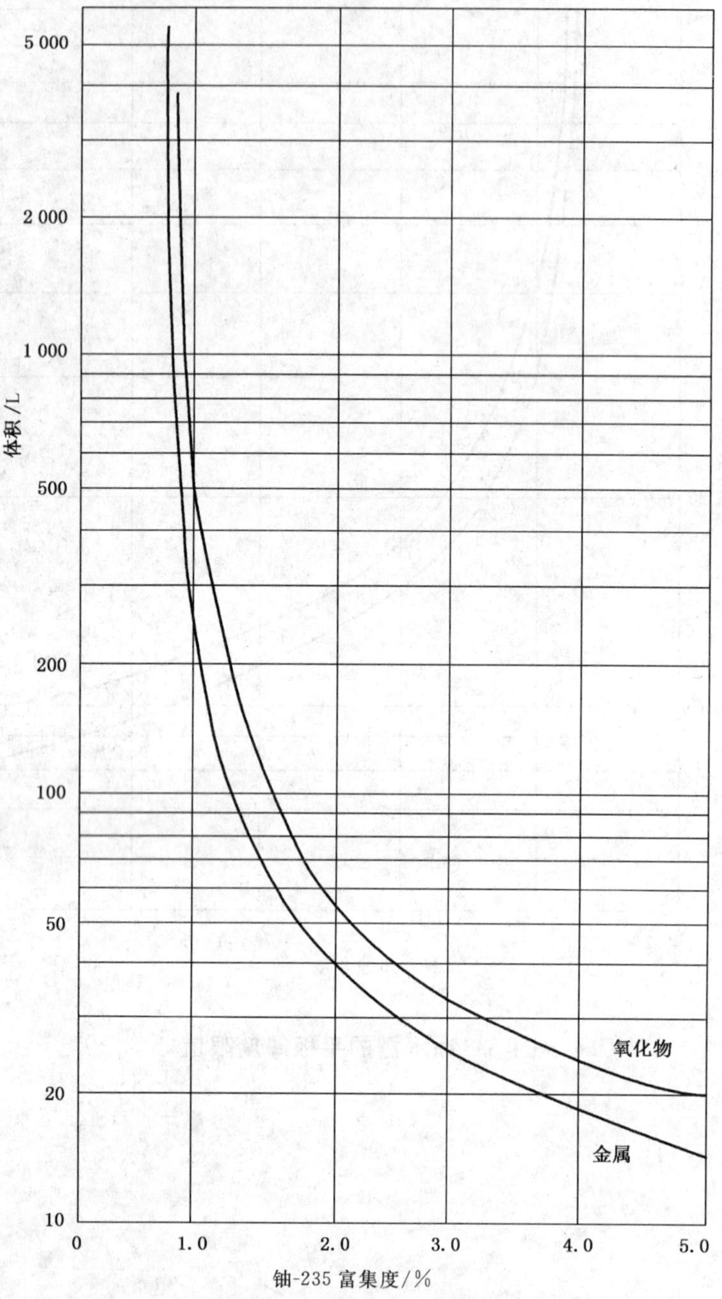
5 000
2 000
1 000
500
200
100
50
20
10
体积/L
0
1.0
2.0
3.0
4.0
5.0
铀-235 富集度/%
氧化物
金属

图 4　铀水栅的体积限值

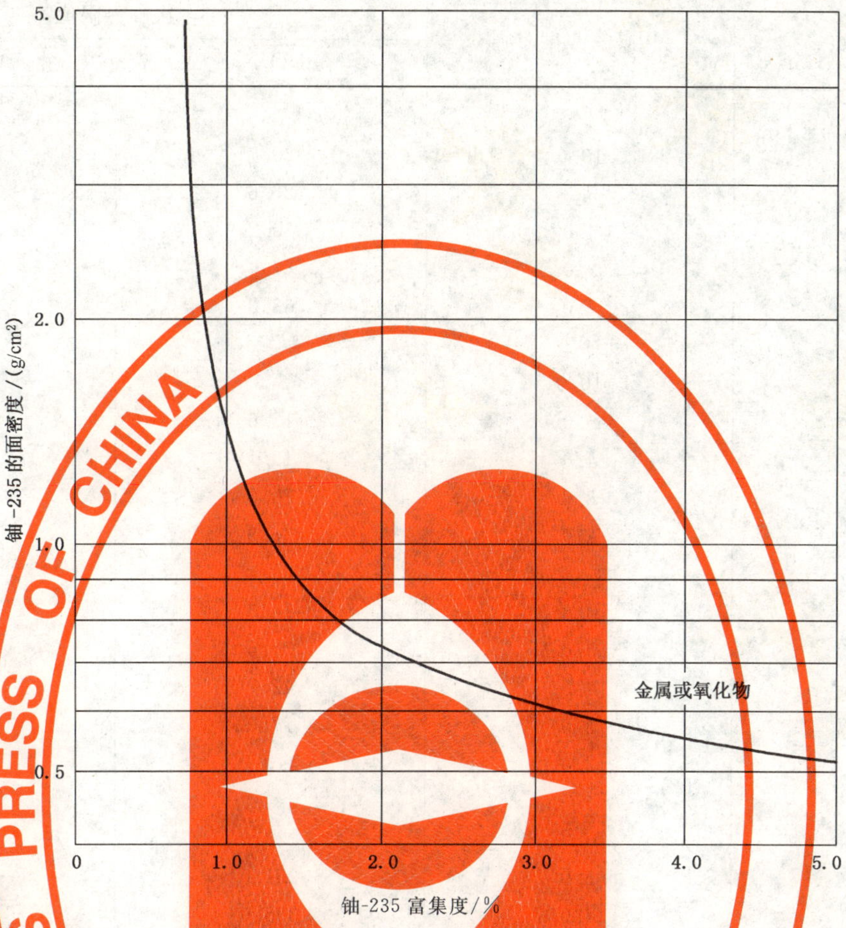

图 5 铀水栅的面密度限值

7.3 低^{235}U富集度铀的水溶液

多参数控制的另一种应用是对于保持均一的铀的水溶液同时控制铀的铀-235 富集度和表 1 中规定的一个参数。表 6 列出了将富集度控制在所规定的限值以下时，铀的均一水溶液参数的次临界限值。这里，铀的均一水溶液的浓度不得超过其饱和溶液的浓度（对于 UO_2F_2，其饱和水溶液的浓度值取 5 mol/L，对于 $UO_2(NO_3)_2$ 溶液，取 2.5 mol/L）。

表 6 低富集度铀的均一水溶液的次临界限值

参　　数	^{235}U 富集度/%	次临界限值	
		UO_2F_2	$UO_2(NO_3)_2$
^{235}U 质量/kg	10.0	1.07	1.47
	5.0	1.64	3.30
	4.0	1.98	6.50
	3.0	2.75	—
	2.0	8.00	—

表 6（续）

参数	^{235}U 富集度/%	次临界限值	
		UO_2F_2	$UO_2(NO_3)_2$
圆柱直径/cm	10.0	20.1	25.2
	5.0	26.6	42.7
	4.0	30.2	58.6
	3.0	37.4	—
	2.0	63.0	—
平板厚度/cm	10.0	8.3	11.9
	5.0	12.6	23.4
	4.0	15.1	33.7
	3.0	20.0	—
	2.0	36.5	—
体积/L	10.0	14.8	26.7
	5.0	30.6	111.0
	4.0	42.7	273.0
	3.0	77.0	—
	2.0	340.0	—
铀的浓度/(g/L)	10.0	123.0	128.0
	5.0	261.0	283.0
	4.0	335.0	375.0
	3.0	470.0	—
	2.88	—	594.9[a]
	2.0	770.0	—
	1.45	1 190.0[a]	—

[a] 饱和溶液。

7.4 含钚-240 的 $Pu(NO_3)_4$ 均一水溶液

对于含^{240}Pu 的 $Pu(NO_3)_4$ 均一水溶液，可以按照钚中^{240}Pu 同位素的丰度，将表 1 中 $Pu(NO_3)_4$ 溶液的限值加大。但其增加量受制于^{241}Pu 的丰度。表 7 列出了三组不同同位素组分的 $Pu(NO_3)_4$ 均一水溶液的次临界限值。计算同位素组分时，应当将所存在的^{238}Pu 和^{242}Pu 忽略。

对于钚与天然铀完全混合的情况，其限值可进一步放宽。此种情况下的限值详见 GB/T 15146.5。

表 7 含钚-240 的 $Pu(NO_3)_4$ 均一水溶液的次临界限值

参数	次临界限值		
	^{240}Pu 的质量分数≥5% ^{241}Pu 的质量分数≤1%	^{240}Pu 的质量分数≥15% ^{241}Pu 的质量分数≤6%	^{240}Pu 的质量分数≥25% ^{241}Pu 的质量分数≤15%
钚的质量/ kg	0.57	0.78	1.02
圆柱直径/cm	17.4	19.5	21.3
平板厚度/cm	6.7	8.0	9.2

表 7（续）

参数	次临界限值		
	^{240}Pu 的质量分数≥5% ^{241}Pu 的质量分数≤1%	^{240}Pu 的质量分数≥15% ^{241}Pu 的质量分数≤6%	^{240}Pu 的质量分数≥25% ^{241}Pu 的质量分数≤15%
体积/cm^3	10.0	13.6	17.2
钚的浓度/(g/L)	7.8	8.9	10.2
氢与钚原子数的比	3 400	2 980	2 600
钚的面密度/(g/cm^2)	0.28	0.34	0.4

7.5 含钚-240 的钚与水的混合物

对于 PuO_2 形式的钚与水的混合物(可以是非均匀的)，在钚-240 和钚-241 同位素组分的限制条件与表 7 相同的情况下，钚的次临界质量限值按照钚-240 丰度递增的次序依次为 0.53 kg、0.74 kg 和 0.99 kg。

附　录　A
（资料性附录）
可能造成工艺条件变化的典型事件

按照 GB 15146.1 的要求，应当周密地确定每一工艺过程在正常和可信异常工况下都是次临界的，并应弄清哪些工况下 k_{eff} 最大。下面是一些值得考虑的造成工艺条件变化的典型例子。

A.1　由于容器凸胀、腐蚀或破裂，或制造时不符合技术条件，造成容器偏离所设计的形状或尺寸。

A.2　由于误操作、标签不当、设备故障、或样品分析操作出错，造成某一位置的易裂变材料质量增加。

A.3　由于下列原因造成慢化剂与易裂变材料原子数之比偏离规定值：

a）仪器或化学分析方法不准确；

b）水、油、雪（即低密度的水）、纸板、木料或其他慢化材料，以淹没、喷淋或其他方式影响单体或多体系统；

c）慢化剂蒸发或转移；

d）溶液中易裂变材料沉淀；

e）添加慢化剂造成浓溶液稀释；

f）空气泡进入贮存水池内的燃料组件排之间。

A.4　由于下列原因造成中子损失份额改变：

a）固态中子吸收体因腐蚀或浸出而损失；

b）慢化剂数量改变；

c）溶液中的中子吸收剂或易裂变材料因沉淀而重新分布；

d）慢化剂阵列或溶液中的固态中子吸收体因聚集而重新分布；

e）加到溶液中的中子吸收剂未达到规定的数量，或者未达到规定的分布方式；

f）样品分析技术未能提供正确的浓度数据。

A.5　由于下列原因造成反射效率改变：

a）出现额外材料（例如水或人体）使反射体厚度增加；

b）反射体组分变化，使中子吸收剂减少（例如因吸收剂包壳被腐蚀）。

A.6　由于下列原因造成单体之间、单体与反射层之间的相互作用改变：

a）出现额外的单体或反射体（例如人体）；

b）单体放置位置不当；

c）单体间的慢化剂和吸收剂损失；

d）保持单体间隔的架子坍塌。

A.7　易裂变材料密度增加。

附 录 B
（资料性附录）
计算方法确认示例

本附录给出的示例是虚构的，借以说明如何按照第5章的要求进行计算方法的确认。其中的^{292}Fi是一种虚构的易裂变核素。

B.1 问题

确认一种用于计算水反射的^{292}Fi溶液次临界质量限值的计算方法，溶液的^{292}Fi浓度为2 g/L～32 g/L，形状不限。

B.2 计算方法

所选用的方法由适用于球形系统的XYZ计算机程序和一组三群截面组成。溶液盛放在带水反射的球形薄壳容器中。容器壳的核特性与水的核特性没有明显的差别。

可供利用的临界实验数据如表B.1所示。

表B.1 可供利用的临界实验数据

^{292}Fi的浓度 ρ/(g/L)	临界半径/cm
2	19.9
8	10.7
16	10.2

B.3 确认

B.3.1 将XYZ程序装入当地计算机。用该程序计算程序本身所带的例题。将所得结果与程序原编制者利用该程序计算同一例题所得到的结果进行比较。结果表明，该程序能在当地计算机上正确地计算多区球形系统。

B.3.2 对三个实验点进行计算。所得结果如表B.2所示。表中标出的误差是由实验数据的误差带来的。

表B.2 对三个实验点的计算结果

^{292}Fi的浓度 ρ/(g/L)	k_{eff}
2	1.004 6±0.005 7
8	0.986 4±0.004 1
16	0.969 6±0.004 1

所作的计算收敛到k_{eff}的计算误差为±0.000 1，这一误差与实验误差相比是很小的。在实验数据所覆盖的^{292}Fi的浓度范围(2 g/L～16 g/L)内，k_{eff}的计算值近似于浓度的线性函数，而且似无理由会偏离光滑曲线。需要将计算方法的适用范围扩展到^{292}Fi的浓度为32 g/L的区域。在^{292}Fi的浓度2 g/L～16 g/L之间，k_{eff}与浓度的关系曲线呈轻微的凹状(见图B.1)。因此，可以预期，将^{292}Fi的浓度为8 g/L和16 g/L两点的k_{eff}计算值线性外推到^{292}Fi的浓度为32 g/L处，所得到的k_{eff}估计值可能明显偏小，如图B.1所示。线性外推所得到的结果是k_{eff}=0.936。显然，这种大范围的外推，需要另找支持性数据。

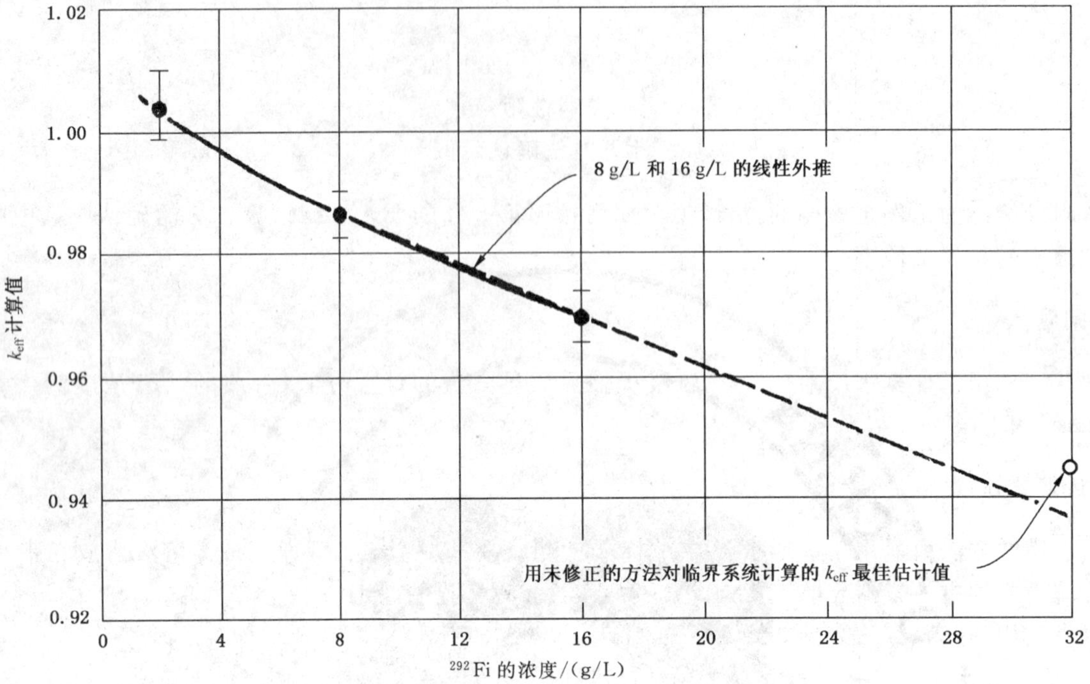

图 B.1 临界实验系统 k_{eff} 的计算值与 ^{292}Fi 浓度的关系

B.3.3 鉴于计算出的 k_{eff} 随浓度的增加而偏小，进行了研究以查明原因。研究的结果发现：^{292}Fi 的超热俘获截面的不确定度很大，这可能是造成 k_{eff} 计算结果随浓度增加而偏小的原因。将超热俘获截面调小 20%，重新进行计算，所得到的结果如表 B.3 所示。这一修改使 k_{eff} 随浓度的增加而出现的偏移变得最小，预计在 ^{292}Fi 的浓度为 32 g/L 处的 k_{eff} 值大约为 1.01。

表 B.3 超热截面减小 20%后的计算结果

^{292}Fi 的浓度 ρ/(g/L)	k_{eff}
2	1.010 9
8	1.008 4
16	1.010 6

B.3.4 对 ^{292}Fi 的浓度为 32 g/L 的系统完成如表 B.4 所列出的计算。表中数据表明，对于两个系统的计算结果，其反应性差或相对偏倚为 $\delta k_{eff}/k_{eff} = -0.068 \pm 0.002$。

表 B.4 对 ^{292}Fi 浓度为 32 g/L 系统的计算结果

半径/cm	k_{eff}（^{292}Fi 的原始截面）	k_{eff}（^{292}Fi 的超热截面减小 20%）
12.429	1.000 0	1.070 8
11.274	0.934 3	1.000 0

B.3.5 以修改后的参数计算 ^{292}Fi 的浓度为 32 g/L 的临界系统给出的 $k_{eff}=1.01$（见 B.3.3）为基础，利用表 B.4 中的数据进行线性内插，可以求出用未修改的方法（即使用 XYZ 程序和未修改的截面数据）计算 ^{292}Fi 的浓度为 32 g/L 的水反射溶液临界系统时，给出的 k_{eff} 值为 0.944 3。

B.3.6 因此，在 ^{292}Fi 的浓度 ρ 为 2 g/L＜ρ＜32 g/L 范围内，可以估计出计算方法（即使用未修改截面数据的 XYZ 程序）的偏倚如表 B.5 所示。

表 B.5　偏倚的估计值

^{292}Fi 的浓度 ρ/(g/L)	偏倚
2	+0.004 6
8	−0.013 6
16	−0.030 4
32	−0.055 7

B.3.7　在^{292}Fi 的浓度 2 g/L～16 g/L 范围内，偏倚的不确定度主要来源于参数的实验误差（有部分不确定度与内插有关）。在^{292}Fi 的浓度为 32 g/L 处，偏倚的不确定度还应包括由外推引入的所有误差。根据 k_{eff}的裕量应足以补偿偏倚的不确定度，并确保系统处于次临界状态的要求，通过分析和判断，确定 k_{eff}的裕量如下：

——在^{292}Fi 的浓度为 2 g/L～16 g/L 范围内，为 0.03；

——在^{292}Fi 的浓度为 32 g/L 处，为 0.05。

因此，对于^{292}Fi 的浓度分别为 2 g/L、8 g/L、16 g/L 和 32 g/L 的溶液，由该计算方法计算出的 k_{eff}值分别不大于 0.974 6、0.956 4、0.939 6 和 0.894 3 的任何系统，可以肯定都是次临界的。

附 录 C
（资料性附录）
关于计算方法的讨论

本附录对计算方法的讨论旨在于说明第5章中的各项要求。

C.1 使用计算方法的目的

使用计算方法的目的在于通过内插和外推来补充实验数据。

C.2 背景知识

校验是指证实所安装的计算机程序能够正确地完成预期数值计算的过程。

基准是指一种描述充分的、可以用于确定计算方法的可靠性的临界实验结果。

确认是指利用适合于预期的操作评价的基准来确定计算方法的适用性和确立该方法的偏倚的过程。

C.3 讨论

在核临界安全评价中应用分析计算方法去预计中子增殖因子时，对于该种应用所计算出的增殖因子 k_p，加上其不确定度 $|\Delta k_p|$，应当小于或等于对该种应用所建立的中子增殖因子的次临界限值 k_a，即：

$$k_p + |\Delta k_p| \leqslant k_a$$

k_a 是确认过程的结果，可以表示为：

$$k_a = k_c - |\Delta k_c| - |\Delta k_m|$$

其中：

k_c 等于利用特定计算方法对基准临界实验进行计算所得 k_{eff} 的平均值。如果对基准临界实验所计算的增殖因子有随某一参数变化的趋势，则应根据计算值的最佳拟合来确定 k_c。计算 k_c 时作为基准使用的临界实验宜具有与被评价系统相似的材料组分（易裂变材料、中子吸收材料与慢化材料）、几何构型、中子能谱，以及核特性（包括反射层的核特性）。k_c 与实验测量的 k_{eff} 之间的差被定义为偏倚。偏倚可能是组分与其他变量的函数，因此宜考察其变化趋势。

Δk_c 等于考虑 k_c 的偏倚和偏倚的不确定度所施加的裕量[3)]，该裕量应涵盖相应于下列不确定度的 k_{eff} 扣除量：

a） 临界实验数据的不确定度；

b） 计算 k_c 的统计或收敛不确定度，或者这两者；

c） k_c 外推至实验数据范围以外所引入的不确定度；

d） 计算方法中所用的几何条件或材料表示方法的局限性所引入的不确定度。

Δk_m 等于为确保 k_a 的次临界度，根据判断所施加的裕量。

k_p 等于对被评价系统的正常与可信的异常条件或事件情况所计算的有效增殖因子 k_{eff}。

Δk_p 等于相应于下列不确定度的扣除量：

a） 计算 k_p 的统计或收敛不确定度，或者这两者；

b） 计算方法中所用的几何条件或材料表示方法的局限性所引入的不确定度。

宜利用适当的统计模型将各种不确定度加以整合。

3） 在 DOE G 421.1-1 的附录 F-F.5 中的表述为：“Δk_c = 补偿 k_c 的不确定度的裕量，该裕量应涵盖……”。

C.4 适用范围的扩展

可以将计算方法的适用范围扩展到实验条件的范围以外，前提是利用实验条件范围内偏倚的趋向已经确定了那个区域内的偏倚。扩展的区域较大时，宜：

a) 研究材料、几何条件或中子能谱的个别变化对偏倚和可能的偏倚抵消的影响。此研究允许单独确认可能影响适用范围扩展的变化。这可以用分步进行的方法来实现。即在可能的情况下，增加一个新的参数来选择计算方法的确认所用的基准，使所选择的实验与原先的实验不同，从而观察这个新参数对偏倚的影响。

b) 用另外一种可用的方法，对扩展的适用范围内的偏倚进行独立的估计，以补充被确认的计算方法。

C.5 报告

为满足5.7的要求，需要完成下列工作：

a) 说明被确认的计算方法(即计算机程序及所用的选项、选择网格点的方法、截面数据和描述输入所需要的所有数值参数)；

b) 描述用于确定实验数据的材料组分原子密度的分析模型(及固有偏倚)；

c) 说明确定参数限值 k_p 的依据，并说明下式右侧各项的可靠性，

$$k_p \leqslant k_c - |\Delta k_c| - |\Delta k_m| - |\Delta k_p|;$$

d) 说明并展示为确定偏倚、适用范围和参数限值在确认过程中所使用的独立和相依参数之间的关系与趋势。

参 考 文 献

[1] GB 15146.1—2008 反应堆外易裂变材料的核临界安全 第1部分:核临界安全行政管理规定

[2] DOE G 421.1-1:1999 美国能源部 良好实践导则

ICS 27.120.30
F 09

中华人民共和国国家标准

GB 15146.3—2008
代替 GB 15146.3—1994

反应堆外易裂变材料的核临界安全 第3部分:易裂变材料贮存的核临界安全要求

Nuclear criticality safety for fissile materials outside reactors—Part 3:Requirements for nuclear criticality safety in the storage of fissile materials

2008-09-19 发布 2009-08-01 实施

中华人民共和国国家质量监督检验检疫总局
中国国家标准化管理委员会 发布

前　言

本部分的全部技术内容为强制性。

GB 15146《反应堆外易裂变材料的核临界安全》迄今已经发布了下列 11 个部分：

——GB 15146.1　反应堆外易裂变材料的核临界安全　第 1 部分：核临界安全行政管理规定(代替 GB 15146.1—1994)

——GB 15146.2　反应堆外易裂变材料的核临界安全　第 2 部分：易裂变材料操作、加工、处理的基本技术规则与次临界限值(代替 GB 15146.2—1994)

——GB 15146.3　反应堆外易裂变材料的核临界安全　第 3 部分：易裂变材料贮存的核临界安全要求(代替 GB 15146.3—1994)

——GB 15146.4　反应堆外易裂变材料的核临界安全　含易裂变物质水溶液的钢质管道交接的核临界安全准则

——GB 15146.5　反应堆外易裂变材料的核临界安全　钚—天然铀混合物的核临界控制准则和次临界限值

——GB/T 15146.6　反应堆外易裂变材料的核临界安全　硼硅酸盐玻璃拉希环及其应用准则

——GB 15146.7　反应堆外易裂变材料的核临界安全　次临界中子增殖就地测量安全规定

——GB 15146.8　反应堆外易裂变材料的核临界安全　第 8 部分：堆外操作、贮存、运输轻水堆燃料单元的核临界安全准则(代替 GB 15146.8—1994)

——GB 15146.9　反应堆外易裂变材料的核临界安全　核临界事故探测与报警系统的性能及检验要求

——GB 15146.10　反应堆外易裂变材料的核临界安全　固定中子吸收体的应用安全要求

——GB/T 15146.11　反应堆外易裂变材料的核临界安全　基于限制和控制慢化剂的核临界安全

本部分为 GB 15146 的第 3 部分。本部分代替 GB/T 15146.3—1994《反应堆外易裂变材料的核临界安全　易裂变材料贮存的核临界安全要求》。

本部分与 GB 15146.3—1994 相比主要变化如下：

——增加了前言；

——对临界限值有一些修改或增删；

——对助动词“必须”改为“应当”、“宜”或“可以”。

本部分的附录 A 为资料性附录。

本部分由全国核能标准化技术委员会提出。

本部分由全国核能标准化技术委员会归口。

本部分起草单位：中国原子能科学研究院、中国核工业集团公司。

本部分主要起草人：刘振华、李玉成、沈雷生。

本部分于 1994 年首次发布。

反应堆外易裂变材料的核临界安全 第3部分：易裂变材料贮存的核临界安全要求

1 范围

本部分规定了易裂变材料贮存中有关核临界安全的基本要求和限值。

本部分适用于易裂变材料的贮存。

2 规范性引用文件

下列文件中的条款通过本部分的引用而成为本部分的条款。凡是注日期的引用文件，其随后所有的修改单(不包括勘误的内容)或修订版均不适用于本部分，然而，鼓励根据本部分达成协议的各方研究是否可使用这些文件的最新版本。凡是不注日期的引用文件，其最新版本适用于本部分。

GB 15146.1 反应堆外易裂变材料的核临界安全 第1部分：核临界安全行政管理规定

GB 15146.2 反应堆外易裂变材料的核临界安全 第2部分：易裂变材料操作、加工、处理的基本技术规则与次临界限值

GB 15146.9 反应堆外易裂变材料的核临界安全 核临界事故探测与报警系统的性能及检验要求

3 术语和定义

下列术语和定义适用于GB 15146的本部分。

3.1

贮存单元(单元) storage unit

作为一个整体加以对待的易裂变材料集合，材料可以是任何形状的，材料集合也可以由若干个分离的小块组成。

3.2

贮存栅元(栅元) storage cell

贮存单元被放置在其中，并具有确定边界的容积空间。

3.3

贮存阵列 storage array (array)

由置有贮存单元的若干贮存栅元组成的规则排列。

3.4

经过确认的计算方法 validated computational technique

按照GB 15146.2规定确认的计算方法。

4 管理要求与技术规则

4.1 管理要求

4.1.1 贮存中所有易裂变材料的操作，都应当符合GB 15146.1和GB 15146.2的有关要求。

4.1.2 应当将经过批准的贮存控制方法和操作规则写入书面规程；参与转移和贮存易裂变材料的人员应当熟悉这些规程；应当将贮存各种易裂变材料的限值张贴出来。

4.1.3 核临界安全管理人员应当进行必要的检查，以证实所制定的各项规程得到执行。

4.1.4 应当对人员进出贮存区进行严格的控制。

4.2 技术规则

4.2.1 易裂变材料的贮存除应当符合 GB 15146.2 的要求之外，还应当符合本部分 4.2.2～4.2.12 的要求。

4.2.2 确定易裂变材料的贮存限值时应当以实验数据或以经过确认的计算方法算出的结果为依据。

4.2.3 贮存设备和库房设施都宜根据良好的工程实践经验进行设计、建造和维护。

4.2.4 库房设施的设计应当排除不合理的贮存布局和结构形式，尽量减少对行政管理的依赖。

4.2.5 易裂变材料的贮存，应当在诸如火灾、水淹、地震以及其他自然灾害条件下，都能够避免发生临界事故。

4.2.6 贮存的易裂变材料单元应封装在一定的容器之内，容器应当是密不透水的。只有肯定容器不会被水淹，或即使有水进入容器也不会达到临界时，密闭条件才可以放宽。

4.2.7 可以使用鸟笼式的固定装置、带盖的金属罐和在货架上使用的实体屏障结构，来保持贮存单元之间的空间间隔。货架必须坚固和不可燃。

4.2.8 在贮存场所中宜力求做到无易燃物品存在。如果贮存场所不可避免有较大量的易燃物品存在，例如有易燃的金属切削碎片，则应当装有消防系统。

4.2.9 在装有喷水系统的易裂变材料贮存场所，应当在设计中采用使易裂变材料的容器能防止积水的措施。

4.2.10 在装有喷水系统的易裂变材料贮存场所，应当对积水条件下发生核临界事故的可能性做出评价。

4.2.11 在需要安置核临界事故报警系统的贮存场所，报警系统的设置应当符合 GB 15146.9 的规定，特别应注意确定报警系统探测器的恰当的安装位置。

4.2.12 应当将良好的库房管理作为核临界安全实际工作的重要组成部分。

5 贮存限值及使用条件

5.1 满足下列条件之一时，原则上不需要对易裂变材料的贮存方式加以限制：

a) ^{235}U 的质量分数富集度不大于 1.0% 的铀水均匀混合物或溶液；

b) ^{235}U 的质量分数富集度不大于 5.0%，氢原子数与易裂变材料核素原子数之比值小于或等于 0.5 的块状铀金属或铀的固态化合物。要求这些块状物料没有凹面，单元不是由小条、小块组成。当容器内无含氢介质，且容器密不透水时，可以取消这一限制；

c) ^{235}U 浓度不大于 11.7 g/L，或 Pu 浓度不大于 7.2 g/L 的均匀水溶液，而且能保证贮存期间不发生意外浓集和沉淀的物料；

d) 容器内装有金属状 ^{233}U、^{235}U、^{238}U、^{239}Pu 或 ^{241}Pu 的单一核素单元，或由这些核素的任意组合组成的单元，且单元所含易裂变材料量不大于 0.015 kg，包装容器最小尺寸大于 10 cm；

e) （钚＋铀）中钚的质量分数不大于 0.13% 的钚和天然铀或贫化铀的均匀混合物或水溶液。

5.2 对几种常见易裂变材料的贮存单元，其单元限值可以采用表 1 给出的值。表 1 中Ⅰ类单元的限值是指当单元的封装容器由不含氢的材料（如钢、铝等）制造，且壁厚不超过 1.27 cm 时的限值；Ⅱ类单元限值是指封装容器为含氢材料或壁厚超过 1.27 cm 时的钢、铝等材料制成的限值。

5.3 表 1 所列限值适用于铀（或钚）同位素的各种组成。但对 ^{238}U 以外的各种铀同位素均应看作 ^{235}U；^{240}Pu 以外的各种钚同位素均应看作是 ^{239}Pu。

5.4 表 1 中的Ⅰ类单元，其形状一般不限（但对薄板之类的几何形状要做特殊考虑）。对于金属、化合物或混合物单元除了包住物料的薄塑料（每公斤易裂变材料不超过 10 g 聚乙烯）和密封用垫圈外，一般不得有其他含氢物质，如果有，则应对临界安全性作出评价。表 1 中的Ⅱ类单元，允许在单元外部有除

D_2O、铍和石墨以外的任意数量的含氢物质。

5.5 表1所列限值不宜用适用于孤立单元的各种放大因数放宽。

5.6 包容易裂变材料单元的容器应当位于栅元中心，偏离于栅元中心的值不得大于栅元尺寸的10%。

5.7 将表1列出的单元按孤立的直线或平面阵列排列时，当单元中心距大于40 cm和单元容器表面距离大于30 cm时，所排列的单元数目可以不限。

表1 供易裂变材料贮存用的单元限值

单元类型	物材类型	限值		
		限值类型及单位	^{235}U单元限值	^{239}Pu单元限值
Ⅰ类单元	金属、化合物或混合物(H/X[a]≤0.5)	质量限值，kg	18.5	4.5[b]
	金属、化合物或混合物(0.5<H/X≤2.0)	质量限值，kg	16.0	4.5
	含氢化合物或混合物(2<H/X≤20)	质量限值，kg	3.6	2.4
	溶液或含氢混合物(H/X>20)	体积限值，L	3.6	2.4
Ⅱ类单元	金属、化合物或混合物(H/X≤2)	质量限值，kg	9.5	3.4[c]
	含氢化合物或混合物(2<H/X≤20)	质量限值，kg	2.0	1.3
	溶液或含氢混合物(20≤H/X<800)	体积限值，L	2.0	1.3
	溶液或含氢混合物(H/X≥800)	体积限值，L	4.0	3.0

a H/X表示物料本身的H/^{235}U或H/^{239}Pu原子比。

b 这是密度为19.6 g/cm^{3}的金属钚的限值，密度为15.8 g/cm^{3}的钚合金的限值为6.0 kg。

c 这是密度为19.6 g/cm^{3}的金属钚的限值，密度为15.8 g/cm^{3}的钚合金的限值为4.5 kg。

5.8 将表1所列的Ⅰ类单元排成立方阵列贮存时，允许的最大单元数与栅元体积的关系见图1。图1中下曲线适用于阵列之外紧贴厚反射体(混凝土、钢、木材、泥土筑成的厚壁贮存库)的情况。上曲线适用于阵列外仅有轻微反射体的情况。

注：轻微反射体是指反射作用较小的反射体。阵列只有两面(地面及一面墙)或一面(阵列放在大房间里)紧贴的厚反射体时，可视为仅有轻微反射的反射体。

将表1所列的Ⅱ类单元排成立方阵列贮存时，在单元外的立方阵列内部最佳水慢化、立方阵列外部水反射情况下，允许的最大单元数与栅元体积的关系见图2。

5.9 若单元易裂变材料数量小于表1所列的限值，在保持按最大单元确定的阵列易裂变材料总量和栅元尺寸不变的条件下，阵列中的单元总数可以增加。

5.10 在栅元中心距和允许单元数目已确定的条件下，可以由单元限值不同的单元组成混合阵列，但此时各类单元必须分别集中放置。

5.11 可以用从阵列中移去一些单元或用增加阵列总体积的办法在阵列内形成通道，在通道内允许工作人员通过或停留，并允许运送，但不允许在其中放置贮存单元。

5.12 贮存阵列满足下列条件之一时，可以认为是彼此孤立的。

a) 若两个平面阵列或立方阵列的表面到表面距离大于下面两值中较大的值：每个阵列的最大尺寸；4 m以上。

b) 两个阵列之间有50 cm以上的混凝土或水层。

5.13 表1中列出的限值是针对几种常见的易裂变材料贮存单元制定的。对某些情况，规定的贮存单元限值可能限制过严或不适应，此时，可根据实验数据和(或)经过确认的计算方法的计算结果进行详细的安全分析，提供新的限值。这些贮存单元的例子有：

a) 有若干比水和混凝土的慢化和反射能力更强的物质(如重水、石墨、铍等)掺入易裂变材料单元;
b) 在阵列周围出现比混凝土或水反射作用更强的材料时;
c) 单元装量超过表列限值时;
d) 易裂变材料单元在操作区或操作小室内临时存放,容器不密闭时;
e) 其他未作具体规定的情况。

5.14 本部分附录A可供确定高富集度易裂变材料贮存限值时参考。

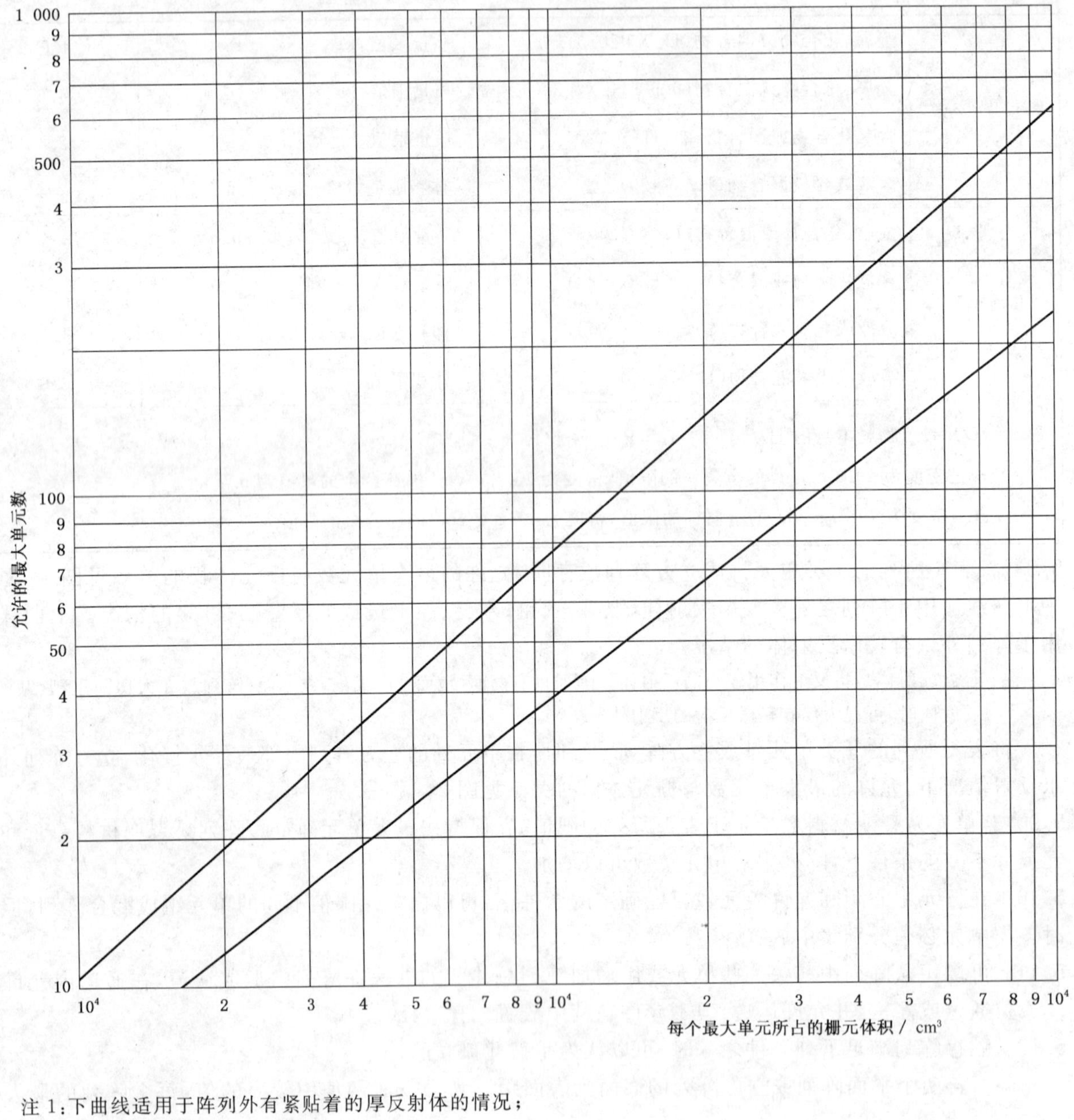

注1:下曲线适用于阵列外有紧贴着的厚反射体的情况;

注2:上曲线适用于阵列外有轻微反射体的情况;

注3:单元间最小表面间距 20 cm;

注4:多个较小单元与最大单元等值时可以看成一个最大单元。

图1 立方阵列允许的最大单元数目图

图 2　立方阵列内部最佳水慢化、立方阵列外部水反射情况下
允许的最大单元数目图

附 录 A
（资料性附录）
高富集度易裂变材料的贮存限值及其使用条件

A.1 本附录给出了^{235}U的质量分数富集度不低于30%的铀，^{233}U和钚的金属以及它们的氧化物的贮存限值，给出了它的质量限值和空间间隔限值。

这些易裂变材料在不同质量分数富集度，不同H/U(Pu)比值，不同栅格尺寸和贮存阵列中不同单元数目时的质量限值(以kg表示)，如表A.1～A.11所列。

A.2 本附录给出的限值主要是针对理想阵列给出的。在实践中，理想阵列与实际阵列有一定的差别。但本附录给出的限值可以为建立实际的安全贮存阵列提供一个出发点。

A.3 本附录给出的单元的质量限值，是按以下条件得出的：

a) 用经过确认的计算方法计算。

b) 按阵列的中子增殖因子小于0.95的条件计算。

c) 以周围带20 cm厚水反射层立方阵列的临界计算数据为依据。

d) 计算是针对单元放置在正方栅格的中心，易裂变材料为球体的情况进行的。

A.4 使用本附录给出的^{235}U高富集度铀的限值，且^{233}U的质量分数应当小于1%时，应当将^{238}U以外的各种铀同位素，都看作是^{235}U；使用^{233}U的限值时，应当将铀的其他同位素也看作是^{233}U；如果^{240}Pu的浓度大于^{241}Pu的浓度，并在计算H/Pu原子数比和质量或浓度时把^{241}Pu当作^{239}Pu，则^{239}Pu的限值可适用于各种钚同位素的混合物。

A.5 对于易裂变材料的氧化物，其贮存限值是基于对二氧化物的计算得出的。这些限值也适用于其他氧化物，以及氟化物、氯化物、硝酸盐或其他盐类，只要这些化合物中氢含量不超过表中给出的值，易裂变材料的密度不超过二氧化物的特征值即可。

A.6 表中所列的若干个单元的质量限值大于水反射球体的临界质量。在表A.1～A.11中，凡质量限值大于水反射球体临界质量90%的值都加了标注。对于这些加过标注的单元，应当采取适当的控制措施来确保次临界，例如用几何控制，并应满足A.8.9的要求。

A.7 应用表列数据应当谨慎。这些数据只是规定了栅元体积(尺寸)和栅元的质量限值，使用时必须同时使用能够有效地保证临界安全的各种措施。考虑到操作中一些实际因素，应采用更小的限值。

A.8 使用表A.1～A.11中所列的质量限值时，应当考虑以下情况。凡遇到这些情况，应当以表A.1～A.11为出发点，考虑新的质量限值和(或)考虑新质量限值的使用条件。

A.8.1 慢化：氢与易裂变材料的原子比是按易裂变材料本身求出的，不包括邻近的含氢材料。表中规定的质量限值所含的安全裕量，足以补偿诸如用薄塑料袋包裹单元时的那种慢化情况。比这种情况更为显著的慢化效应，则宜用经过确认的计算方法进行估算。

A.8.2 单元在栅元中的位置：各单元应当位于栅元中心，偏离栅元中心的距离不得超过栅元尺寸的10%。如果单元质量限值降到表列值的60%，则单元在栅元中的水平位置可以不受限制。若缩减后的质量仍超过裸球临界质量的20%，则单元最小表面距应当不小于15.2 cm。

A.8.3 其他反射材料：表中所列的质量限值也适用于厚度小于12.7 cm的混凝土反射层的情况(混凝土面密度ρ=290 kg/m^2)。当混凝土反射层的厚度为20.3 cm时，质量限值应当减少到所列值的75%。当混凝土反射层的厚度再增加时，质量限值则应当减小到所列值的60%。其他砖石结构材料的等效厚度可以由它的面密度求得。

A.8.4 双批料：对某些栅元来说，在某些几何条件下，当单元的质量加倍时，阵列会超临界。不过对于具有实用意义的大多数大块贮存单元，其几何形状都是属于反应性比较小的那一类。如果能够证明双批料栅元在栅元的各个面上被水反射时k_{eff}值不超过0.93，则表A.1～A.11阵列中有这样一个双批料栅元时,整个阵列不会超临界。或者能够证明,当双批料栅元在栅元的各个面上被水反射时是次临界的,则表A.1～A.11阵列中即使有几个(不大于8个)双批料栅元,整个阵列也不会超临界。

在做易裂变材料贮存的安全分析或制订操作规程时,应当考虑双批料的问题。如果确实可能发生双批投料,则应当证实即使当一个栅元中发生双批投料时阵列也不会超临界。诸如加强行政管理,限制容器的容量,妥善设计贮存单元等,都有利于防止双批料。

A.8.5 相邻的贮存小室:对于两个毗邻的贮存小室,当混凝土隔离厚度和四周混凝土墙的厚度相等时,其质量限值应当降低到表中所列值的55%。这一缩减因子足已包括混凝土的反射效应。

表列值的使用条件是针对单个贮存阵列规定的。当两个贮存小室之间的间距大于这些贮存阵列相对表面的最小表面尺寸,则可以把这两个阵列看作是孤立的阵列。

二个子阵列之间,当用大于这些子阵列相对表面的最小表面尺寸隔开时,可以将这种子阵列看作是孤立的带反射层的阵列。

A.8.6 缩减因子:8.2～8.5中所要求的缩减因子可以相乘。如果结果过于保守,宜对所研究的系统用经过确认的计算方法重新加以计算。对于确定k_{eff}的计算方法,为保证k_{eff}不超过推荐值0.95,宜考虑其计算精度和偏倚。在对缩减因子有影响的因素中,增加栅元尺寸比减小质量限值对缩减因子的影响更为明显。

A.8.7 通道:可以从表A.1～A.11的阵列中移去一些单元或增加阵列的总体积,从而在阵列中留出空间,形成通道。由此形成的安全裕量足以允许人员安全进入这样构成的贮存区域中。

A.8.8 容器和贮存架的材料:表中列出的限值已经考虑了厚度小于1.27 cm的铁制紧贴容器的效应。当铁的厚度大于此值或使用其他材料时,其效应则应当用实验方法或用经过确认的计算方法进行研究。

A.8.9 单元的次临界度:每个贮存单元的所有材料在被水淹没的条件下应当是处于次临界状态。

A.8.10 单元的间距:可能发生水淹的贮存场所中,单元表面之间的距离应当大于15.2 cm。

A.8.11 单元形状:给出的质量限值适用于任何形状的单元。

A.9 表A.1～A.11中所列的质量限值在其他方面的应用:表中所列的数值有时不能直接用于所有实际存在的系统。在满足了A.8所规定的各项条款时,表中所列的质量限值可以推广应用到下述情况。

A.9.1 不同栅元混合放置:在表A.1～A.11所描述的任何一个阵列中,对每个栅元都赋予一个栅元指数,其值为100除以该阵列的栅元数之商。当不同栅元混合放置的阵列中栅元指数的总和不超过100,则允许在这样的阵列中混合放置任何栅元。

A.9.2 内插:表中所列质量限值、栅元数和含氢量之间可以内插。^{235}U的富集度之间也可以内插。但线性内插方法并不一定是合适的。

A.9.3 非立方栅元:表中列出的任何质量限值都可用于其栅元体积与表列限值相同的内含近似等同单元的非立方栅元,其条件是该栅元的最大线度不超过最小线度的2.5倍。

表列限值也可用于非立方栅元中非近似等同的单元。其条件是栅元体积和单元体积保持不变,并且表征单元形状的线度的比值与表征栅元形状的相应线度的比值近似相等。

A.9.4 单元在栅元中的位置:放在非立方栅元中的单元应当位于栅元的中心,偏离栅元中心的距离不得超过栅元最小尺寸的10%。如果质量限值降到表列限值的60%,则单元可以在栅元中的水平方向上任意放置。如果缩减后的质量超过该易裂变材料裸球临界质量的20%,则单元之间的表面距离应当大于15.2 cm。

A.9.5 阵列形状:表中所列出的限值可适用于任何形状的阵列。

A.9.6 含^{238}Pu的易裂变材料单元:表A.9中列出的^{240}Pu的质量分数富集度为5.2%的钚的质量限值可以应用于任何^{238}Pu的质量分数富集度的钚单元贮存。表A.7～表A.10中加标注的限值(数值大于水反射临界球体质量的90%)对^{238}Pu也适用。

表 A.1 水反射贮存阵列中每个栅元内的铀单元质量限值

易裂变材料		正方形贮存阵列中单元数	对不同最小尺寸(mm)的正方形贮存栅元的质量限值/kg					
类　型	质量分数富集度		254	305	381	457	508	610
金属铀 H/U≤0.01 U 密度≤18.7 g/cm³	100% ^{235}U	64	8.8	11.5	15.2	18.5	20.4[a]	23.5[a]
		125	7.3	9.6	13.1	16.3	18.2	21.4[a]
		216	6.2	8.3	11.5	14.5	16.4	19.7[a]
		343	5.4	7.3	10.3	13.1	15.0	18.2
		512	4.8	6.5	9.3	12.0	13.7	17.0
		729	4.3	5.9	8.5	11.0	12.7	15.9
		1 000	3.9	5.4	7.8	10.2	11.8	14.9
	93.2% ^{235}U 6.8% ^{238}U	64	9.6	12.6	16.9	20.8	23.0[a]	26.8[a]
		125	7.9	10.5	14.5	18.1	20.4	24.3[a]
		216	6.7	9.1	12.7	16.1	18.3	22.2[a]
		343	5.9	8.0	11.3	14.5	16.6	20.4
		512	5.2	7.1	10.1	13.2	15.2	18.9
		729	4.7	6.4	9.2	12.1	14.0	17.7
		1 000	4.2	5.8	8.5	11.2	13.0	16.5

[a] 质量限值大于水反射球体临界质量的 90%。

表 A.2 水反射贮存阵列中每个栅元内的铀单元质量限值

易裂变材料		正方形贮存阵列中单元数	对不同最小尺寸(mm)的正方形贮存栅元的质量限值/kg					
类型	质量分数富集度		254	305	381	457	508	610
铀的氧化物 H/U≤0.4 U 密度≤8.37 g/cm³	93.2% ^{235}U 6.8% ^{238}U	64	9.9	13.4	18.8	24.1	27.4	33.5
		125	8.0	10.9	15.6	20.4	23.5	29.4
		216	6.7	9.3	13.4	17.8	20.6	26.2
		343	5.8	8.0	11.8	15.7	18.4	23.6
		512	5.1	7.1	10.5	14.1	16.6	21.5
		729	4.5	6.4	9.4	12.8	15.1	19.8
		1 000	4.1	5.8	8.6	11.7	13.9	18.3
铀的氧化物 H/U≤3.0 U 密度≤4.56 g/cm³	93.2% ^{235}U 6.8% ^{238}U	64	6.1	8.4	12.0	15.6	18.0	22.3
		125	4.9	6.8	9.9	13.1	15.2	19.3
		216	4.1	5.7	8.4	11.3	13.2	17.1
		343	3.6	5.0	7.3	9.9	11.7	15.3
		512	3.1	4.4	6.5	8.9	10.5	13.8
		729	2.8	3.9	5.8	8.0	9.5	12.7
铀的氧化物 H/U≤10 U 密度≤2.05 g/cm³	93.2% ^{235}U 6.8% ^{238}U	64	3.1	4.2	5.9	7.7	8.9	11.1
		125	2.5	3.4	4.9	6.5	7.6	9.6
		216	2.1	2.9	4.2	5.6	6.6	8.5
		343	1.8	2.5	3.6	4.9	5.8	7.6
		512	1.5	2.2	3.2	4.4	5.2	6.9
		729	1.4	1.9	2.9	4.0	4.7	6.3
		1 000	1.2	1.8	2.6	3.6	4.3	5.8

表 A.2（续）

易裂变材料 类型	易裂变材料 质量分数富集度	正方形贮存阵列中单元数	对不同最小尺寸(mm)的正方形贮存栅元的质量限值/kg 254	305	381	457	508	610
铀的氧化物 H/U≤20 U 密度≤1.15 g/cm³	93.2%²³⁵U 6.8%²³⁸U	64	1.8	2.4	3.5	4.5	5.2	6.5[a]
		125	1.4	2.0	2.9	3.8	4.4	5.6
		216	1.2	1.7	2.4	3.3	3.8	4.9
		343	1.0	1.4	2.1	2.9	3.4	4.4
		512	0.9	1.3	1.9	2.6	3.0	4.0
		729	0.8	1.1	1.7	2.3	2.8	3.7
		1 000	0.7	1.0	1.5	2.1	2.5	3.4

[a] 质量限值大于水反射球体临界质量的 90%。

表 A.3 水反射贮存阵列中每个栅元内的铀单元质量限值

易裂变材料 类型	易裂变材料 质量分数富集度	正方形贮存阵列中单元数	对不同最小尺寸(mm)的正方形贮存栅元的质量限值/kg 254	305	381	457	508	610
铀的氧化物 H/U≤0.4 U 密度≤8.36 g/cm³	80%²³⁵U 20%²³⁸U	64	11.1	15.1	21.4	27.7	31.7	39.1
		125	8.9	12.3	17.7	23.3	27.0	34.1
		216	7.5	10.4	15.1	20.2	23.6	30.2
		343	6.4	9.0	13.2	17.8	20.9	27.1
		512	5.7	7.9	11.7	15.9	18.8	24.6
		729	5.0	7.1	10.6	14.4	17.1	22.6
		1 000	4.6	6.4	9.6	13.1	15.7	20.8
铀的氧化物 H/U≤3.0 U 密度≤4.57 g/cm³	80%²³⁵U 20%²³⁸U	64	7.0	9.5	13.5	17.6	20.2	25.0
		125	5.6	7.7	11.2	14.8	17.2	21.7
		216	4.7	6.5	9.5	12.8	14.9	19.2
		343	4.0	5.6	8.3	11.2	13.2	17.2
		512	3.5	5.0	7.4	10.0	11.9	15.6
		729	3.2	4.4	6.6	9.1	10.8	14.3
		1 000	2.8	4.0	6.0	8.3	9.9	13.2
铀的氧化物 H/U≤10 U 密度≤2.05 g/cm³	80%²³⁵U 20%²³⁸U	64	3.3	4.6	6.5	8.5	9.7	12.1
		125	2.7	3.7	5.4	7.1	8.3	10.5
		216	2.2	3.1	4.6	6.1	7.2	9.3
		343	1.9	2.7	4.0	5.4	6.4	8.3
		512	1.7	2.4	3.5	4.8	5.7	7.5
		729	1.5	2.1	3.2	4.3	5.2	6.9
		1 000	1.4	1.9	2.9	4.0	4.7	6.3
铀的氧化物 H/U≤20 U 密度≤1.15 g/cm³	80%²³⁵U 20%²³⁸U	64	1.8	2.5	3.6	4.7	5.4	6.7[a]
		125	1.5	2.0	3.0	3.9	4.6	5.8
		216	1.2	1.7	2.5	3.4	4.0	5.1
		343	1.1	1.5	2.2	3.0	3.5	4.6
		512	0.9	1.3	2.0	2.7	3.1	4.1
		729	0.8	1.2	1.8	2.4	2.9	3.8
		1 000	0.7	1.1	1.6	2.2	2.6	3.5

[a] 质量限值大于水反射球体临界质量的 90%。

表 A.4 水反射贮存阵列中每个栅元内的铀单元质量限值

易裂变材料		正方形贮存阵列中单元数	对不同最小尺寸(mm)的正方形贮存栅元的质量限值/kg					
类型	质量分数富集度		254	305	381	457	508	610
铀的氧化物 H/U≤0.4 U 密度≤8.37 g/cm³	70%²³⁵U 30%²³⁸U	64	12.3	16.8	24.0	31.2	35.9	44.6
		125	9.9	13.7	19.8	26.2	30.5	38.7
		216	8.3	11.5	16.9	22.6	26.5	34.2
		343	7.1	10.0	14.7	19.9	23.5	30.6
		512	6.3	8.8	13.1	17.8	21.1	27.7
		729	5.6	7.8	11.7	16.1	19.1	25.4
		1 000	5.0	7.1	10.7	14.6	17.5	23.4
铀的氧化物 H/U≤3.0 U 密度≤4.57 g/cm³	70%²³⁵U 30%²³⁸U	64	7.5	10.3	14.7	19.2	22.2	27.7
		125	6.0	8.3	12.1	16.1	18.8	23.9
		216	5.0	7.0	10.3	13.9	16.3	21.1
		343	4.3	6.0	9.0	12.2	14.4	18.8
		512	3.8	5.3	7.9	10.8	12.9	17.0
		729	3.4	4.8	7.1	9.8	11.7	15.6
		1 000	3.0	4.3	6.5	8.9	10.7	14.3
铀的氧化物 H/U≤10 U 密度≤2.05 g/cm³	70%²³⁵U 30%²³⁸U	64	3.5	4.8	6.8	9.0	10.4	13.0
		125	2.8	3.8	5.6	7.5	8.7	11.2
		216	2.3	3.2	4.8	6.4	7.6	9.8
		343	2.0	2.8	4.1	5.6	6.7	8.8
		512	1.7	2.5	3.7	5.0	6.0	7.9
		729	1.6	2.2	3.3	4.5	5.4	7.2
		1 000	1.4	2.0	3.0	4.1	4.9	6.6
铀的氧化物 H/U≤20 U 密度≤1.15 g/cm³	70%²³⁵U 30%²³⁸U	64	2.0	2.7	3.8	5.0	5.8	7.2[a]
		125	1.6	2.2	3.2	4.2	4.9	6.3
		216	1.3	1.8	2.7	3.6	4.3	5.5
		343	1.1	1.6	2.3	3.2	3.8	4.9
		512	1.0	1.4	2.1	2.8	3.4	4.5
		729	0.9	1.2	1.9	2.6	3.1	4.1
		1 000	0.8	1.1	1.7	2.3	2.8	3.7

[a] 质量限值大于水反射球体临界质量的90%。

表 A.5 水反射贮存阵列中每个栅元内的铀单元质量限值

易裂变材料		正方形贮存阵列中单元数	对不同最小尺寸(mm)的正方形贮存栅元的质量限值/kg					
类型	质量分数富集度		254	305	381	457	508	610
铀的氧化物 H/U≤0.4 U 密度≤8.37 g/cm³	50%²³⁵U 50%²³⁸U	125	12.7	17.7	26.0	34.9	40.9	52.9
		216	10.6	14.8	22.0	29.9	35.3	46.2
		343	9.1	12.8	19.1	26.1	31.0	41.1
		512	8.0	11.2	16.9	23.2	27.7	37.0
		729	7.1	10.0	15.1	20.9	25.0	33.7

表 A.5（续）

易裂变材料		正方形贮存阵列中单元数	对不同最小尺寸(mm)的正方形贮存栅元的质量限值/kg					
类　　型	质量分数富集度		254	305	381	457	508	610
铀的氧化物 H/U≤3.0 U 密度≤4.58 g/cm³	50％ ^{235}U 50％ ^{238}U	64	8.7	12.0	17.5	23.2	27.0	34.5
		125	6.9	9.7	14.3	19.2	22.6	29.4
		216	5.8	8.1	12.1	16.4	19.4	25.6
		343	5.0	7.0	10.5	14.3	17.1	22.7
		512	4.3	6.1	9.2	12.7	15.2	20.4
		729	3.9	5.5	8.3	11.4	13.7	18.5
铀的氧化物 H/U≤10 U 密度≤2.06 g/cm³	50％ ^{235}U 50％ ^{238}U	125	3.2	4.4	6.4	8.6	10.1	13.0
		216	2.6	3.7	5.4	7.4	8.7	11.4
		343	2.3	3.2	4.7	6.4	7.7	10.1
		512	2.0	2.8	4.2	5.7	6.8	9.1
		729	1.8	2.5	3.7	5.2	6.2	8.3
		1 000	1.6	2.2	3.4	4.7	5.6	7.6
铀的氧化物 H/U≤20 U 密度≤1.15 g/cm³	50％ ^{235}U 50％ ^{238}U	64	2.1	2.9	4.2	5.4	6.3	7.8
		125	1.7	2.4	3.4	4.5	5.3	6.8
		216	1.4	2.0	2.9	3.9	4.6	6.0
		512	1.1	1.5	2.2	3.1	3.6	4.8
		729	1.0	1.3	2.0	2.8	3.3	4.4
		1 000	0.9	1.2	1.8	2.5	3.0	4.0

表 A.6　水反射贮存阵列中每个栅元内的铀单元质量限值

易裂变材料		正方形贮存阵列中单元数	对不同最小尺寸(mm)的正方形贮存栅元的质量限值/kg					
类 型	质量分数富集度		254	305	381	457	508	610
铀的氧化物 H/U≤0.4 U 密度≤8.38 g/cm³	30％ ^{235}U 70％ ^{238}U	64	24.6	34.2	50.5	68.0	80.0	103.9
		125	19.5	27.4	40.8	55.7	66.1	87.3
		216	16.2	22.9	34.3	47.3	56.4	75.4
		343	13.9	19.6	29.7	41.0	49.2	66.4
		512	12.1	17.2	26.1	36.3	43.7	59.3
		729	10.8	15.3	23.3	32.5	39.2	53.6
		1 000	9.7	13.8	21.1	29.5	35.6	48.9
铀的氧化物 H/U≤3.0 U 密度≤4.58 g/cm³	30％ ^{235}U 70％ ^{238}U	64	11.1	15.3	22.4	29.8	34.8	44.5
		125	8.8	12.3	18.2	24.6	29.0	37.8
		216	7.4	10.3	15.4	21.0	24.9	32.9
		343	6.3	8.9	13.3	18.3	21.8	29.1
		512	5.5	7.8	11.8	16.2	19.4	26.2
		729	4.9	7.0	10.5	14.6	17.5	23.7
		1 000	4.4	6.3	9.5	13.3	16.0	21.7
铀的氧化物 H/U≤20 U 密度≤1.15 g/cm³	30％ ^{235}U 70％ ^{238}U	125	1.9	2.6	3.9	5.1	6.0	7.7
		216	1.6	2.2	3.3	4.4	5.2	6.7
		343	1.4	1.9	2.9	3.9	4.6	6.0
		512	1.2	1.7	2.5	3.5	4.1	5.4
		729	1.1	1.5	2.3	3.1	3.7	5.0
		1 000	1.0	1.4	2.1	2.8	3.4	4.6

表 A.7 水反射贮存阵列中每个栅元内的钚单元质量限值

易裂变材料		正方形贮存阵列中单元数	对不同最小尺寸(mm)的正方形贮存栅元的质量限值/kg					
类型	质量分数富集度		254	305	381	457	508	610
金属钚 H/Pu≤0.01 Pu密度≤ 19.7 g/cm^3	100% ^{239}Pu	64	3.4	4.1	4.9	5.5[a]	5.8[a]	6.3[a]
		125	2.9	3.6	4.4	5.1[a]	5.4[a]	6.0[a]
		216	2.6	3.2	4.1	4.7	5.1[a]	5.7[a]
		343	2.3	2.9	3.8	4.4	4.8[a]	5.4[a]
		512	2.1	2.7	3.5	4.2	4.6	5.2[a]
		729	1.9	2.5	3.3	3.9	4.3	5.0[a]
		1 000	1.7	2.3	3.1	3.7	4.1	4.8

[a] 质量限值大于水反射球体临界质量的90%。

表 A.8 水反射贮存阵列中每个栅元内的钚单元质量限值

易裂变材料		正方形贮存阵列中单元数	对不同最小尺寸(mm)的正方形贮存栅元的质量限值/kg					
类型	质量分数富集度		254	305	381	457	508	610
钚的氧化物 H/Pu≤0.4 Pu密度≤ 8.73 g/cm^3	100% ^{239}Pu	64	4.7	6.1	8.2	10.0	11.1[a]	12.9[a]
		125	3.9	5.1	7.0	8.8	9.9	11.7[a]
		216	3.3	4.4	6.2	7.8	8.9	10.7[a]
		343	2.9	3.9	5.5	7.1	8.1	9.9
		512	2.5	3.5	4.9	6.4	7.4	9.2
		729	2.3	3.1	4.5	5.9	6.8	8.6
		1 000	2.1	2.9	4.1	5.5	6.3	8.0
钚的氧化物 H/Pu≤3.0 Pu密度≤ 4.70 g/cm^3	100% ^{239}Pu	64	3.9	5.2	7.2	9.0	10.1	12.0[a]
		125	3.2	4.3	6.1	7.8	8.8	10.7
		216	2.7	3.7	5.2	6.8	7.8	9.7
		343	2.3	3.2	4.6	6.1	7.0	8.9
		512	2.1	2.9	4.1	5.5	6.4	8.1
		729	1.8	2.6	3.8	5.0	5.9	7.5
		1 000	1.7	2.3	3.4	4.6	5.4	7.0
钚的氧化物 H/Pu≤10 Pu密度≤ 2.10 g/cm^3	100% ^{239}Pu	64	2.4	3.3	4.6	5.8	6.6	8.1[a]
		125	1.9	2.7	3.8	5.0	5.7	7.1
		216	1.6	2.3	3.3	4.3	5.0	6.3
		343	1.4	2.0	2.9	3.8	4.5	5.7
		512	1.2	1.7	2.5	3.4	4.0	5.2
		729	1.1	1.6	2.3	3.1	3.7	4.8
		1 000	1.0	1.4	2.1	2.8	3.4	4.4
钚的氧化物 H/Pu≤20 Pu密度≤ 1.17 g/cm^3	100% ^{239}Pu	64	1.6	2.1	3.0	3.8	4.4	5.4[a]
		125	1.3	1.7	2.5	3.2	3.7	4.7
		216	1.1	1.5	2.1	2.8	3.3	4.2
		343	0.9	1.3	1.9	2.5	2.9	3.8
		512	0.8	1.1	1.6	2.2	2.6	3.4
		729	0.7	1.0	1.5	2.0	2.4	3.1
		1 000	0.6	0.9	1.3	1.8	2.2	2.9

[a] 质量限值大于水反射球体临界质量的90%。

表 A.9　水反射贮存阵列中每个栅元内的钚单元质量限值

易裂变材料		正方形贮存阵列中单元数	对不同最小尺寸(mm)的正方形贮存栅元的质量限值/kg					
类　型	质量分数富集度		254	305	381	457	508	610
金属钚 H/Pu≤0.01 Pu 密度≤ 19.7 g/cm^3	94.8%^{239}Pu 5.2%^{240}Pu	64	3.5	4.3	5.2	5.8[a]	6.2[a]	6.7[a]
		125	3.0	3.8	4.7	5.4[a]	5.8[a]	6.3[a]
		216	2.7	3.4	4.3	5.0	5.4[a]	6.0[a]
		343	2.4	3.0	3.9	4.7	5.1	5.8[a]
		512	2.2	2.8	3.7	4.4	4.8	5.5[a]
		729	2.0	2.6	3.4	4.2	4.6	5.3
		1 000	1.8	2.4	3.2	3.9	4.4	5.1
钚的氧化物 H/Pu≤0.4 Pu 密度≤ 8.73 g/cm^3	94.8%^{239}Pu 5.2%^{240}Pu	64	5.0	6.6	8.8	10.9	12.0[a]	14.0[a]
		125	4.1	5.5	7.6	9.5	10.7	12.7[a]
		216	3.5	4.7	6.6	8.4	9.6	11.6[a]
		343	3.1	4.2	5.9	7.6	8.7	10.7
		512	2.7	3.7	5.3	6.9	8.0	9.9
		729	2.4	3.3	4.8	6.3	7.3	9.2
		1 000	2.2	3.0	4.4	5.9	6.8	8.7
钚的氧化物 H/Pu≤3.0 Pu 密度≤ 4.70 g/cm^3	94.8%^{239}Pu 5.2%^{240}Pu	64	4.4	5.9	8.1	10.3	11.6	13.9[a]
		125	3.5	4.8	6.8	8.8	10.0	12.3[a]
		216	3.0	4.1	5.9	7.7	8.9	11.1
		343	2.6	3.6	5.2	6.8	7.9	10.1
		512	2.3	3.2	4.6	6.2	7.2	9.2
		729	2.0	2.8	4.2	5.6	6.6	8.5
		1 000	1.8	2.6	3.8	5.1	6.1	7.9
钚的氧化物[b] H/Pu≤10 Pu 密度≤ 2.10 g/cm^3	94.8%^{239}Pu 5.2%^{240}Pu	64	3.0	4.1	5.8	7.5	8.5	10.5
		125	2.5	3.4	4.8	6.3	7.3	9.2
		216	2.1	2.8	4.1	5.5	6.4	8.2
		343	1.8	2.5	3.6	4.9	5.7	7.3
		512	1.6	2.2	3.2	4.4	5.1	6.7
		729	1.4	2.0	2.9	3.9	4.7	6.1
		1 000	1.3	1.8	2.6	3.6	4.3	5.7

a 质量限值大于水反射球体临界质量的 90%。

b 所列限值适用于含有^{241}Pu 的质量分数小于 1%的钚的氧化物。

表 A.10　水反射贮存阵列中每个栅元内的钚单元质量限值

易裂变材料		正方形贮存阵列中单元数	对不同最小尺寸(mm)的正方形贮存栅元的质量限值/kg					
类　型	质量分数富集度		254	305	381	457	508	610
金属钚 H/Pu≤0.01 Pu 密度≤ 19.7 g/cm^3	80%^{239}Pu 20%^{240}Pu	64	3.9	4.7	5.7	6.5[a]	6.9[a]	7.4[a]
		125	3.4	4.2	5.2	6.0	6.4[a]	7.1[a]
		216	2.9	3.7	4.7	5.6	6.0	6.7[a]
		343	2.6	3.4	4.4	5.2	5.7	6.4[a]
		512	2.4	3.1	4.0	4.9	5.4	6.1[a]
		729	2.2	2.8	3.8	4.6	5.1	5.9
		1 000	2.0	2.6	3.5	4.3	4.8	5.7

表 A.10（续）

易裂变材料 类型	易裂变材料 质量分数富集度	正方形贮存阵列中单元数	对不同最小尺寸(mm)的正方形贮存栅元的质量限值/kg 254	305	381	457	508	610
钚的氧化物 H/Pu≤0.4 Pu 密度≤ 8.73 g/cm³	80%²³⁹Pu 20%²⁴⁰Pu	64	5.7	7.5	9.9	12.1	13.4	15.5[a]
		125	4.7	6.3	8.5	10.6	11.9	14.1
		216	4.0	5.4	7.5	9.5	10.7	12.9
		343	3.5	4.7	6.7	8.6	9.8	11.9
		512	3.1	4.2	6.0	7.8	9.0	11.1
		729	2.8	3.8	5.5	7.2	8.3	10.4
		1 000	2.5	3.5	5.0	6.6	7.7	9.7
钚的氧化物 H/Pu≤3.0 Pu 密度≤ 4.70 g/cm³	80%²³⁹Pu 20%²⁴⁰Pu	64	5.4	7.2	10.0	12.6	14.3	17.1
		125	4.4	5.9	8.4	10.8	12.4	15.2
		216	3.7	5.0	7.2	9.5	10.9	13.7
		343	3.2	4.4	6.4	8.4	9.8	12.4
		512	2.8	3.9	5.7	7.6	8.9	11.4
		729	2.5	3.5	5.1	6.9	8.1	10.5
		1 000	2.3	3.2	4.7	6.3	7.5	9.7
钚的氧化物[b] H/Pu≤10 Pu 密度≤ 2.10 g/cm³	80%²³⁹Pu 20%²⁴⁰Pu	64	3.7	5.1	7.3	9.5	11.0	13.6
		125	3.0	4.1	6.0	7.9	9.3	11.8
		216	2.6	3.5	5.1	6.8	8.0	10.4
		343	2.2	3.0	4.5	6.0	7.1	9.3
		512	2.0	2.6	3.9	5.4	6.4	8.4
		729	1.7	2.4	3.6	4.8	5.8	7.7
		1 000	1.6	2.2	3.2	4.5	5.3	7.1

[a] 质量限值大于水反射球体临界质量的 90%。

[b] 所列限值适用于含有²⁴¹Pu 的质量分数小于 1%的钚的氧化物。

表 A.11 水反射贮存阵列中每个栅元内的²³³U 单元质量限值

易裂变材料 类型	易裂变材料 质量分数富集度	正方形贮存阵列中单元数	对不同最小尺寸(mm)的正方形贮存栅元的质量限值/kg 254	305	381	457	508	610
金属铀 H/U≤0.01 U 密度≤ 18.4 g/cm³	100%²³³U	64	4.2	5.3	6.7	7.8[a]	8.5[a]	9.4[a]
		125	3.5	4.5	5.9	7.1[a]	7.7[a]	8.8[a]
		216	3.1	4.0	5.3	6.4	7.1[a]	8.2[a]
		343	2.7	3.5	4.8	5.9	6.6	7.7[a]
		512	2.4	3.2	4.4	5.5	6.1	7.3[a]
		729	2.2	2.9	4.0	5.1	5.8	6.9[a]
		1 000	2.0	2.7	3.7	4.8	5.4	6.6
铀的氧化物 H/U≤0.4 U 密度≤ 8.21 g/cm³	100%²³³U	64	4.9	6.6	9.1	11.5	12.9[a]	15.4[a]
		125	4.0	5.4	7.7	9.9	11.2	13.7[a]
		216	3.4	4.6	6.6	8.6	9.9	12.4
		343	2.9	4.0	5.8	7.7	8.9	11.3
		512	2.6	3.6	5.2	6.9	8.1	10.3
		729	2.3	3.2	4.7	6.3	7.4	9.6
		1 000	2.1	2.9	4.3	5.8	6.8	8.9

[a] 质量限值大于水反射球体临界质量的 90%。

ICS 27.120
F 09

中华人民共和国国家标准

GB 15146.8—2008
代替 GB 15146.8—1994

反应堆外易裂变材料的核临界安全 第8部分：堆外操作、贮存、运输轻水堆燃料的核临界安全准则

Nuclear criticality safety for fissile materials outside reactors—Part 8: Criticality safety criteria for the handling, storage, and transportation of LWR fuel outside reactors

2008-09-19 发布　　2009-08-01 实施

中华人民共和国国家质量监督检验检疫总局
中国国家标准化管理委员会　发布

前　言

本部分的全部技术内容为强制性。

GB 15146《反应堆外易裂变材料的核临界安全》迄今已经发布了下列11个部分：

——GB 15146.1　第1部分：核临界安全行政管理规定(代替GB 15146.1—1994)

——GB 15146.2　第2部分：易裂变材料操作、加工、处理的基本技术规则与次临界限值(代替GB 15146.2—1994)

——GB 15146.3　第3部分：易裂变材料贮存的核临界安全要求(代替GB 15146.3—1994)

——GB 15146.4　含易裂变物质水溶液的钢质管道交接的核临界安全准则

——GB 15146.5　钚-天然铀混合物的核临界控制准则和次临界限值

——GB/T 15146.6　硼硅酸盐玻璃拉希环及其应用准则

——GB 15146.7　次临界中子增殖就地测量安全规定

——GB 15146.8　第8部分：堆外操作、贮存、运输轻水堆燃料的核临界安全准则(代替GB 15146.8—1994)

——GB 15146.9　核临界事故探测与报警系统的性能及检验要求

——GB 15146.10　固定中子吸收体的应用安全要求

——GB/T 15146.11　基于限制和控制慢化剂的核临界安全

GB 15146对反应堆外易裂变材料操作、加工、处理、贮存和运输的核临界安全提出了要求和建议。本部分为GB 15146的第8部分。

本部分代替GB 15146.8—1994《反应堆外易裂变材料的核临界安全　堆外操作、贮存、运输轻水堆燃料单元的核临界安全准则》。

本部分与GB 15146.8—1994相比主要变化：

——增加了前言部分；

——在范围中增加了轻水堆燃料棒；

——建立了符合统计学概念的次临界准则的方法；

——删除了有关行政管理措施等(1994版第5章)；

——助动词“必须”改为“应当”、“宜”或“可以”。

此次修订的绝大多数是编辑性的修改，除删除了一些无须有的章节外，还添加了一些新内容，例如符合统计学概念的次临界准则建立方法。

在现版本中，用助动词“应”表示要求，“宜”表示建议；而助动词“可以”所表示的与前版相同，不是要求也不是建议，只是一种许可。用“应”表示的要求是强制性的；对于用“宜”所表示的建议，如不执行，则应通过文件化的论证说明理由。

本部分的附录A为资料性附录。

本部分由全国核能标准化技术委员会提出。

本部分由全国核能标准化技术委员会归口。

本部分起草单位：中国核电工程有限公司。

本部分主要起草人：梁志、霍小东。

本部分于1994年首次发布。

反应堆外易裂变材料的核临界安全 第8部分：堆外操作、贮存、运输轻水堆燃料的核临界安全准则

1 范围

本部分规定堆外操作、贮存和运输轻水堆燃料棒和燃料单元的核临界安全准则。

本部分适用于轻水堆燃料棒和燃料单元的堆外操作、贮存和运输。

2 规范性引用文件

下列文件中的条款通过本部分的引用而成为本部分的条款。凡是注日期的引用文件，其随后所有的修改单(不包括勘误的内容)或修订版均不适用于本部分，然而，鼓励根据本部分达成协议的各方研究是否可使用这些文件的最新版本。凡是不注日期的引用文件，其最新版本适用于本部分。

GB 15146.1 反应堆外易裂变材料的核临界安全 第1部分：核临界安全行政管理规定

GB 15146.2 反应堆外易裂变材料的核临界安全 第2部分：易裂变材料操作、加工、处理的基本技术准则与次临界限值

GB 15146.7 反应堆外易裂变材料的核临界安全 次临界中子增殖就地测量安全规定

GB 15146.9 反应堆外易裂变材料的核临界安全 核临界事故探测与报警系统的性能及检验要求

GB 15146.10 反应堆外易裂变材料的核临界安全 固定中子吸收体的应用安全要求

3 术语和定义

下列术语和定义适用于本部分。

3.1

受控参数 controlled parameter

限制在规定范围内的参数。

3.2

燃料棒 fuel rod

包含易裂变核素的材料的细长圆柱体，通常封装在金属套管中。

3.3

燃料单元 fuel unit

操作、贮存、运输时的基本单位。例如，燃料组件、装在罐内的乏燃料或集合在一起的燃料棒。

3.4

独立审查 independent assessment

由原作者以外的具备资格的人员对前者所完成的核临界安全评价所进行的审查，目的是确保该评价是正确的。审查者与原作者可同属一个单位。

4 一般安全准则

4.1 一般的核临界安全行政管理规定和技术规定见 GB 15146.1、GB 15146.2。

4.2 用于计算有效增殖因子的方法应依照 GB 15146.2 进行确认。

4.3 应按照 GB 15146.9 中的规定确定设置临界报警系统的必要性和它们的使用规则。

4.4 对于任何涉及到燃料棒或燃料单元的操作、贮存、运输的作业或系统，在作业的首次进行或系统初次使用，或者对它们实施变更之前，应按照第5章规定的准则对所有的正常工况、可信的异常工况进行评价，以断定此类作业或系统是次临界的(见附录A)。

4.5 核临界安全评价应确定并明确指出临界安全所依赖的受控参数，及其设计、操作限值。这些受控参数或者工况的变化所产生的影响应形成文件。

4.6 核临界安全评价应形成文件，这些文件要内容详细、条理清楚，不能含糊不清，以利于独立审查和确保结果的正确性。

4.7 在作业实施之前，应进行独立审查，以确保4.4所要求的评价是适当的。

4.8 在作业实施之前，应核实作业时的构型与工况要满足4.5规定的设计与操作限值要求。

4.9 可以使用在燃料自身、结构件、设备中或与结构件、设备组成一体的溶液中，加入诸如钆、硼等中子吸收剂的方法，来确保核临界安全。但在依赖中子吸收剂确保临界安全时，则应运用控制措施确保其保持预定的布置、分布和浓度。在使用溶液吸收剂时宜格外小心，应符合相关安全标准的规定。燃料单元中含有可燃毒物时，寻找反应性最大的状态时宜格外小心。应按照 GB 15146.10 中的规定使用固定中子吸收剂。

4.10 在进行核临界安全评价时，应在可信数值范围内选取那些影响反应性的燃料特性(如材料组成、几何条件或温度)，以便获得所评价系统的最大中子增殖因子。可以通过找出一个最大的燃料单元反应性，并确保任一燃料单元的反应性不比该反应性数值更大的策略，来考虑由于燃耗而引起的反应性降低。可以通过以下措施来保证任一燃料单元的反应性不超过上述最大反应性值：

a) 与反应性相关的测量；

b) 分析以及核实每个燃料单元的辐照历史。

此外，还应考虑燃料单元中的燃耗的轴向分布。

4.11 对燃料棒和燃料单元进行操作、贮存、运输时，应留有足够的安全系数，以保证至少需要一并发生两个不大可能发生的、彼此独立的条件变化时才有可能导致临界事故的发生。

5 确定次临界准则

5.1 当用分析的方法来预测中子增值因子时，按式(1)计算出的中子增值因子 k_p 应等于或小于所确定的许可中子增殖因子，即：

$$k_p \leqslant k_c - \Delta k_p - \Delta k_c - \Delta k_m \qquad \cdots\cdots (1)$$

式中：

k_p——在所有正常工况或可信的异常工况或事件情况下，被评价系统的中子增殖因子计算值 k_{eff}。

k_c——用特定的计算方法计算若干基准临界实验得到的平均 k_{eff}。用于计算 k_c 的基准临界实验在物理组成、构型和核特性(包括反射层)等方面宜与被评价系统类似。若被评价系统的参数超出了基准临界实验确定的适用范围，则可将适用范围依据 k_c 随该参数的变化趋势外推求得。当外推范围较大时，使用趋势外推的做法宜使用其他计算方法加以补充。关于在适用范围内和外推至适用范围以外的问题，见 GB 15146.2。

Δk_p——给以下几个方面留出的扣除量：

——计算 k_p 时的统计不确定度或收敛不确定度，或二者之和；

——材料和制造公差；

——在计算方法中对几何或材料近似处理所引起的不确定度。

Δk_c——给 k_c 的不确定度留出的裕量，包括以下几个方面的扣除量：

——临界实验的不确定度；

——计算 k_c 时的统计不确定度或收敛不确定度，或二者之和；

——当 k_c 是在实验数据范围之外时，由外推引起的不确定度；

——在计算方法中对几何或材料近似处理所引起的不确定度。

Δk_m——为确保 k_p 为次临界值而附加的裕量。

按统计学理论，当不同的不确定度是相互独立时，可以将它们组合在一起，上述不等式可变为式(2)：

$$k_p \leqslant k_c - (\Delta k_p^2 + \Delta k_c^2)^{1/2} - \Delta k_m \quad \cdots\cdots (2)$$

5.2 那些不能直接获得 k_{eff} 的方法，但其有效性已经按照 GB 15146.2 的规定得到确认时，也可用于确保次临界。

5.3 合适的实验数据或由实验导出的数据，只要留出足以确保次临界的扣除量，就可以直接使用的。

5.4 按照 GB 15146.7 的规定执行的就地测量，也可用于确保次临界。

附 录 A
（资料性附录）
在操作、贮存和运输燃料单元时需考虑的核临界安全因素

A.1 概述

在进行核临界安全评价时，要考虑燃料的设计参数、贮存布置的各种尺寸、燃料操作规程、慢化和反射条件等，以确保所考虑的状态是可信的反应性最大的状态。4.4要求考虑与受控参数相关的正常工况和可信异常工况，并要考虑与受控参数相关的各种不确定度，包括设计的容许偏差。典型的参数和条件如下：

A.2 燃料棒参数

燃料棒参数包括：

——易裂变材料的含量、形态、密度、分布和核特性；

——可燃毒物成分、密度和分布(注意：含有可燃毒物的已辐照燃料的反应性可能会超过未辐照燃料的反应性)；

——燃料棒的几何参数，包括包壳材料与厚度；

——燃料棒内对反应性的影响较大的其他材料，以及它们的分布。

A.3 燃料单元组成

燃料单元的组成包括：

——燃料单元内的燃料棒数目及其位置；

——燃料单元的尺寸；

——吸收棒的数量以及位置，水通道以及其他可能存在的材料。

A.4 燃料单元布置

燃料单元的布置包括：

——燃料单元的数量和间距；

——燃料单元间固定的中子吸收剂；

——维持燃料单元的构型的结构材料(核特性、数量、位置和尺寸)；

——燃料单元的布置在装卸操作期间的变化。

A.5 慢化条件

燃料单元内和燃料单元之间的可信的慢化条件，例如：干法贮存燃料单元时塑料垫片或其他慢化材料(雾、雪、工作人员等)；在水下贮存燃料单元时水的密度、温度，包括由沸腾引起的空泡。

A.6 反射层和耦合作用条件

反射层和耦合作用条件包括：

——反射层的组成、构型和位置；

——与其他易裂变材料的耦合作用；

——考虑燃料单元装卸过程中引起的变化。

A.7 异常工况和事故工况

异常工况和事故工况包括：

——地震、氢气爆炸或火灾等引起的后果；

——燃料单元位置异常（如，在错误的位置放置了富集度错误的燃料单元）；

——燃料或容器的跌落事故，或转运燃料格架时的格架倾倒等事故引起的几何变形；

——因丧失毒物或慢化、几何、反射等条件引起变化的可信事故；

——厂外运输时，应考虑 GB 11806《放射性物质安全运输规程》中规定的异常和事故工况。

ICS 29.240.01
F 21

中华人民共和国国家标准

GB/T 15148—2008
代替 GB/T 15148—1994

电力负荷管理系统技术规范

Technical specification of power load management system

2008-09-24 发布　　　　2009-08-01 实施

中华人民共和国国家质量监督检验检疫总局
中国国家标准化管理委员会　发布

前　言

本标准代替 GB/T 15148—1994《电力负荷控制系统通用技术条件》。

本标准与 GB/T 15148—1994 相比，主要修改内容为：

——名称改为《电力负荷管理系统技术规范》；

——系统设计要求(4.3)取消了各种具体系统配置，增加了对主站硬、软件和系统安全的原则要求；

——主控机功能(4.4)、终端功能(4.5)合并为系统功能(4.4)，其中主站功能、终端功能和系统主要性能指标的具体内容作了重大修改；

——基本性能指标(4.6)的条款改为 4.5，具体内容作了较大修改；

——取消试验方法(第 5 章)、检验规则(第 6 章)和标志、包装、运输、贮存(第 7 章)。

本标准由中国电力企业联合会提出。

本标准由全国电力系统管理及信息交换标准化技术委员会(SAC/TC 82)归口。

本标准起草单位：中国电力科学研究院，重庆市电力公司、武汉供电公司、河南省电力公司、湖南省电力公司。

本标准主要起草人员：邵源、刘宣、周昭茂、章欣、黄建军、刘五四、李峰、周纲。

本标准所代替标准的历次版本发布情况为：

——GB/T 15148—1994。

电力负荷管理系统技术规范

1 范围

本标准规定了电力负荷管理系统的技术要求。

本标准适用于电力负荷管理系统的制造和使用。

2 规范性引用文件

下列文件中的条款通过本标准的引用而成为本标准的条款。凡是注日期的引用文件，其随后所有的修改单(不包括勘误的内容)或修订版均不适用于本标准，然而，鼓励根据本标准达成协议的各方研究是否可使用这些文件的最新版本。凡是不注日期的引用文件，其最新版本适用于本标准。

GB/T 2887 电子计算机场地通用规范

GB/T 17463—1998 远动设备及系统 第4部分:性能要求(idt IEC 60870-4:1990)

DL/T 533 电力负荷管理终端

DL/T 547—1994 电力系统光纤通信运行管理规程

DL/T 790.31—2001 采用配电线载波的配电自动化 第3部分:配电线载波信号传输要求 第1篇:频带和输出电平

电监安全[2006]34号 附件6 配电二次系统安全防护方案

3 定义

3.1

电力负荷管理系统 load management system

电力负荷管理系统是以计算机应用技术、现代通信技术、电力自动控制技术为基础的信息采集、处理和实时监控系统。电力负荷管理系统采集客户端实时功率、电能量等用电信息，实施负荷控制等电力需求侧管理，是电力营销信息系统和电力需求侧管理系统的重要组成部分。

3.2

电力负荷管理终端 load management terminal unit

电力负荷管理终端是完成对客户侧实时用电数据、计量工况和事件等数据采集，并及时向系统主站传送采集的数据和信息，以及能接收和执行主站的设置或控制命令的设备。

4 一般要求

4.1 工作环境条件

4.1.1 气候环境条件

气候条件见表1及表2。

表 1 温、湿度分级

场所类型	级别	空气温度		湿度		适用范围
		范围 ℃	最大变化率[a] ℃/h	相对湿度 %	最大绝对湿度 g/m^3	
加热或冷却	1	+15～+30	0.5	10～75	22	主站
遮蔽	1	−5～+45	0.5	5～95	29	终端
	2	−25～+55	0.5	10～100[b]		
户外	3	−40～+70	1		35	
协议特定	X					

[a] 取 5 min 时间的平均值。

[b] 相对湿度包括凝露。

表 2 大气压力分级

级 别	大气压力(kPa)	适用高度
BB1	86～108	海拔 1 000 m 以下
BB2	66～108	海拔 3 000 m 以下
BBX	协议特定	

4.1.2 主站工作环境

主站计算机机房的环境条件应符合 GB/T 2887 的规定。

4.2 电源要求

4.2.1 主站工作电源

4.2.1.1 一般要求

主站应有互为备用的电源供电,并配备 UPS 电源,在失去主电源后保证主站设备不间断工作不低于 0.5 h。

4.2.1.2 额定值及允许偏差

额定值和允许偏差如下:

a) 额定电压:交流 220 V/380 V,允许偏差−15%～+10%;

b) 谐波含量小于 5%(电压总畸变率);

c) 频率 50 Hz,允许偏差−6%～+2%。

4.2.2 终端工作电源

终端工作电源要求见 DL/T 533。

4.3 系统设计要求

4.3.1 系统构成

系统由负荷管理主站、客户端负荷管理终端(以下简称终端)和主站与终端间数据通信信道组成,见图 1。

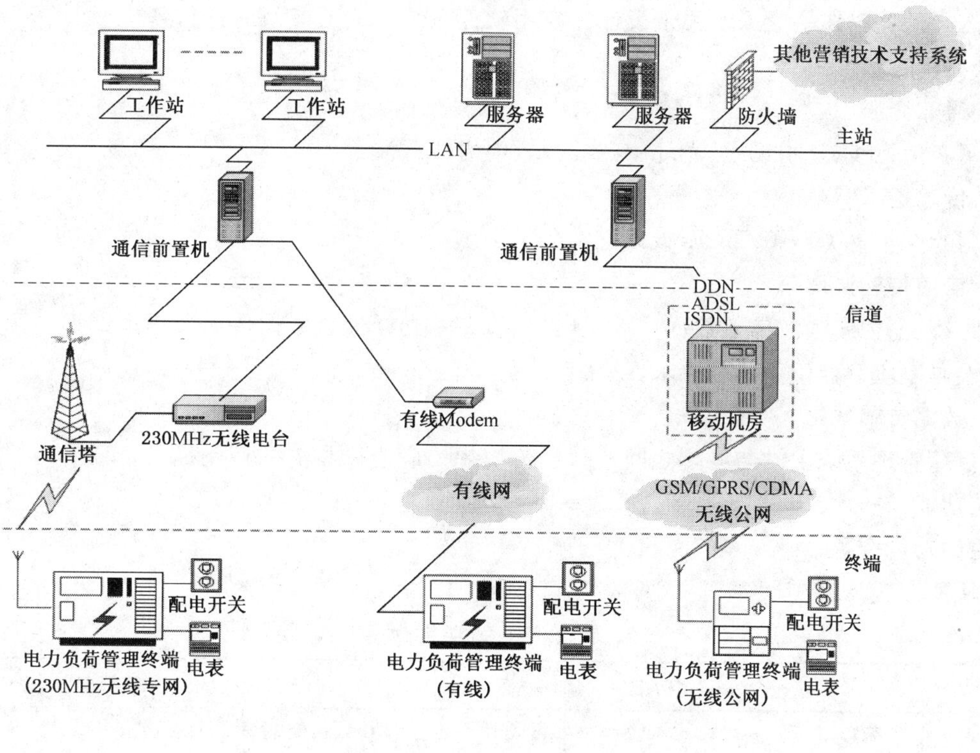

图 1　电力负荷管理系统构成示意图

4.3.2　主站硬件设备

主站设备包括计算机系统、专用通信设备、网络设备以及电源等相关设备。计算机系统原则上为分布式结构，由若干台服务器和工作站及配套设备构成，不同的应用可分布于不同的计算机节点上，关键应用的计算机节点应作冗余配置。主站应配置数据备份设备，计算机系统通过局域网互连。

主站设备应采用符合标准的主流设备，主站配置应满足系统功能和性能指标的要求，保障系统运行的实时性、可靠性、稳定性和安全性，并充分考虑可维护性、可扩性要求。

4.3.3　主站软件

操作系统应支持多任务工作方式，具备并发处理能力。数据库管理系统宜选用关系型数据库，对外提供标准的数据库调用接口，具有较高的容错能力和恢复能力，提供较强的安全机制。

应用软件必须满足系统功能要求，保证其开放性能，满足系统应用、维护及不断优化、升级的需要；并提供详细的系统应用、维护、接口等技术文档。

4.3.4　系统主站对外接口

系统主站应具有与外部系统接口能力，接口应具有网络安全措施。

4.3.5　系统安全

4.3.5.1　系统安全防护

按电监安全[2006]34 号文附件 6《配电二次系统安全防护方案》的要求，负荷管理系统的局域网与其他信息系统互联时，必须采用安全隔离措施，保证系统网络安全。主站与控制终端间的设置和控制报文的传输应有身份认证和加密措施。

4.3.5.2　软件系统安全

系统操作应有权限及严格完善的密码、日志管理。系统管理必须有及时升级软件补丁和严格防范病毒的有效措施。服务器要有必要的病毒入侵检测手段和足够的抗病毒能力。

4.3.5.3 **系统冗余备份**

系统运行的关键部件应采用冗余设计。应用软件系统修改后应及时进行备份。

4.3.6 **数据传输信道**

4.3.6.1 **通信介质**

可采用专用无线、公用无线、光纤、有线网络、电力线载波等。

4.3.6.2 **传输速率**

可选用 600,1 200,2 400 bit/s 或以上。

4.3.6.3 **信道传输误码率**

专用无线、电力线载波信道数据传输误码率$\leqslant 10^{-5}$,光纤信道数据传输误码率$\leqslant 10^{-9}$。其他信道的数据传输误码率应符合相关标准要求。

4.3.6.4 **数据传输规约**

电力负荷管理系统主站与终端之间的数据传输规约应遵循相关的行业标准。

4.4 **系统功能**

4.4.1 **主站功能配置**

主站功能配置见表 3。

表 3 主站功能配置

功 能			基本功能	选配功能
数据采集	负荷数据	有功功率、无功功率、最大需量	√	
	电能量数据	有功电能量、无功电能量	√	
	抄表数据	电能表实时数据、冻结数据	√	
	工况数据	开关状态、电能表工况	√	
	电能质量数据	电压、电流、功率因数、谐波合格率		√
控制	功率定值闭环控制		√	
	电能量定值闭环控制		√	
	遥控		√	
	保电、剔除		√	
	无功补偿控制			√
数据处理	事件告警		√	
	计算、统计分析		√	
	数据合理性检查和分析		√	
数据传输	与终端通信		√	
	与电力营销管理系统交换信息		√	
	向电力客户服务系统提供信息		√	
	与其他系统交换信息			√
事件处理	事件属性设置		√	
	重要事件上报处理		√	
	事件记录查询		√	

表 3(续)

功能			基本功能	选配功能
技术支持功能	需求侧管理和服务支持功能	负荷分析和需求分析	√	
		执行有序用电方案	√	
		客户信息查询服务	√	
		电能质量在线监测		√
	电力营销管理技术支持功能	远程抄表	√	
		实施催费告警及购电控制	√	
		电能表运行状况在线监测	√	
	营销分析与决策支持功能	面向客户信息发布	√	
		负荷和电能量分类数据统计分析	√	
		线损数据支持		√
系统管理	系统对时		√	
	权限管理		√	
	终端管理		√	
	通信管理		√	
	运行状况管理		√	
	设备故障管理		√	
	系统报表		√	
	安全管理		√	

4.4.2 主站功能要求

4.4.2.1 数据采集

数据采集方式可采用定时自动采集和随机召测。当定时自动数据采集失败时,主站应有自动及人工补召功能,保证数据的完整性。自动采集时间、内容、对象可设置。

4.4.2.2 控制

4.4.2.2.1 控制类型和要求

控制功能有功率定值闭环控制、电能量定值闭环控制和遥控等控制方式。控制操作应设操作权限和密码并保存操作记录。

4.4.2.2.2 功率定值闭环控制

根据应用需求,功率定值闭环控制(简称功控)有时段功控、厂休功控、营业报停功控、当前功率值下浮控等控制方式。

a) 参数设置

——时段功控参数设置

主站以 0.5 h 为最小单位将一天 24 h 进行时段划分,最多可分成 8 个控制时段,每个时段均有相应的功率定值。主站输入、存储并向终端下发功控时段、功率定值和功率定值浮动系数等参数。

时段功控可以根据预先设置的控制时段、各时段功率定值、控制轮次等参数组合制定成若干方案,操作员按照调整负荷的需求选择方案号,实施功率控制。

——厂休功控参数设置

根据客户的厂休日将一周中的某1天或若干天选定为厂休日，并规定厂休日限电的开始时间、持续时间段以及功率控制的定值参数。主站对上述参数进行输入、存储并向终端下发。

——营业报停功控参数设置

根据客户申请营业报停起、止时间，确定报停期间的功率定值。主站输入、存储并向终端下发营业报停起、止时间和功率定值。

——当前功率定值下浮控参数设置

输入、存储并向终端下发当前功率控制下浮系数、当前功率下浮控定值滑差时间等参数。

——受控轮次设置

主站可对以上各种功率控制的受控轮次进行设置。

——告警时间设置

输入并存储各轮次的功率越限告警时间，并下发终端，最小告警时间为3 min。

b) 控制投入及解除

根据系统应用要求，选择以上功率定值闭环控制类型向终端下发控制投入和控制解除命令。

4.4.2.2.3 电能量定值闭环控制

根据系统应用需求，电能量定值闭环控制有月电量控、购电量(费)控、催费告警等控制方式。

a) 参数设置

——月电量控参数设置

输入、存储并向终端下发月电能量定值及月电能量浮动系数等参数。

——购电量(费)控参数设置

输入、存储并向终端下发购电单号、购电量(费)定值、报警门限值和跳闸门限值以及各费率时段费率等。

——催费告警参数设置

输入、存储并向终端下发催费告警时间段参数。

——受控轮次设置

主站可以对以上各种电能量定值闭环控制的受控轮次进行设置。

b) 电控投入及解除

根据系统应用要求，主站选择相应的控制类型向终端下发控制投入和控制解除命令。

4.4.2.2.4 遥控

遥控命令分为跳闸和允许合闸。跳闸命令指明跳闸轮次、告警延时时间和限电时间。告警延时时间设置为0，表示立即跳闸；限电时间设置为0，表示紧急限电，终端不能自动解除限电状态。限电时间过后，允许客户合上遥控跳闸的开关。

允许合闸命令，允许终端的客户合上指定轮次的开关。

遥控命令可以按单地址或组地址进行操作。

4.4.2.2.5 保电、剔除

保电和剔除控制如下：

a) 保电

保电投入命令，可保证在设置的保电持续时间内终端的被控开关在任何情况下不受负荷管理系统的跳闸控制。保电解除命令，使终端处于正常受控状态。

b) 剔除

剔除投入命令可使终端处于剔除状态，此时除对时命令外，终端对任何广播命令和组地址命令均不响应。剔除解除命令使处于剔除状态的终端返回正常工作状态。

4.4.2.2.6 **通话和通信控制**

主站可下发允许/禁止主动上报命令，控制终端的主动上报通信功能。

4.4.2.2.7 **无功补偿控制**

主站根据电力客户的负荷特点，向终端下发电压、功率因数限值、延迟时间等参数，终端测量监测点的电压、电流、功率因数或无功电流/无功功率，根据设定参数进行分析判断，就地控制电容器组投切，实施无功补偿和无功就地平衡。

4.4.2.3 **数据处理**

4.4.2.3.1 **异常数据分析**

主站发现异常数据应进行分析，并可按设置要求告警和提示。

4.4.2.3.2 **计算、统计分析功能**

计算和统计分析功能主要包括：

a) 负荷、电能量统计分析

按地区、行业、线路、自定义群组、单客户等类别，按日、月、季、年或自定义时间段，进行负荷、电能量的分类统计分析。

b) 功率因数分析

根据每日每小时冻结的24点功率因数值绘制功率因数变化曲线。

按照不同客户的负荷特点，对客户设定相应的功率因数分段限值，对功率因数进行考核统计分析；记录客户指定时间段内的功率因数最大值、最小值及其变化范围，对功率因数超过规定值的客户进行分析统计、异常记录等。

c) 电压质量统计分析

对电压监测点的电压按照电压等级进行分类分析，统计电压监测点的电压合格率、电压三相不平衡度。

d) 谐波分析

统计监测点的三相电压、电流(2～19次)谐波含有率及峰值。

4.4.2.3.3 **数据合理性检查和分析**

合理性检查主要包括：

a) 数据过滤

召测数据存库前应根据通讯协议、数据的数值范围进行数据检查、过滤。

b) 数据检查

系统提供数据完整性分析和数据正确性分析手段。

c) 数据管理

系统提供数据修正手段对错误数据、不可补测的数据进行处理、统计、分析。

4.4.2.4 **数据传输**

主站除与终端通信外，应具有与电力营销支持系统交换信息的功能。在保障系统安全性的条件下，负荷管理系统应对外统一提供标准数据接口。

4.4.2.5 **事件处理**

4.4.2.5.1 **事件属性设置功能**

根据系统应用要求，主站可以对终端记录的事件属性设置为重要事件或一般事件。终端根据事件属性进行重要事件和一般事件的分类记录，并按要求实时上报重要事件(通过请求访问或直接主动上报)。

4.4.2.5.2 **重要事件上报处理**

对于不支持主动上报的终端，主站接收到来自终端的请求访问要求后，立即启动事件查询模块，召测终端发生的事件，并立即对召测事件进行处理。对于支持主动上报的终端，主站收到终端主动上报的重要事件，应立即对上报事件进行处理。

4.4.2.5.3 **事件记录查询**

主站可以定期查询终端的一般事件或重要事件记录，并能存储和打印相关报表。

4.4.2.6 **技术支持功能**

4.4.2.6.1 **电力需求侧管理与服务支持**

电力需求侧管理与服务支持功能主要包括：

a) 负荷分析和需求分析

提供负荷分析和需求分析的基础数据；

b) 执行有序用电方案

执行有序用电方案，控制负荷，实施错峰、避峰等需求侧管理；

c) 客户信息查询服务

向客户提供用电负荷曲线、定值参数等用电数据，发布用电信息，帮助客户进行用电负荷曲线优化分析、企业生产用电成本分析；

d) 客户端电能质量在线监测

提供客户端电压、功率因数、谐波等电能质量的统计分析数据。

4.4.2.6.2 **电力营销管理技术支持**

电力营销管理技术支持功能主要包括：

a) 远程抄表

根据电能量电费结算的需求，主站定时、完整地采集客户的电能量数据。

b) 实施催费告警、购电控制

利用信息发布功能，向客户发送相应催费信息；利用负荷控制功能，实施催费告警和购电控制功能。

c) 电能表运行状况在线监测

应对终端上报的电能表参数变更、时钟超差或电能表故障等告警信息进行分析整理，记录发生时间和异常数据并按设置进行告警提示。

4.4.2.6.3 **营销分析与决策分析支持**

营销分析与决策分析支持功能主要包括：

a) 面向客户信息发布

向客户发布用电信息、停限电通知，进行用电指导等。并记录中文信息发布的内容、时间、操作员以及工作站地址。

b) 负荷、电能量分类数据统计分析

按客户、行业、线路等分类要求，提供负荷、电能量分类数据报表和数据分析支持。

c) 线损数据支持

收集线路各计量点的负荷数据，为线损计算分析提供数据支持。

4.4.2.7 **系统运行管理**

4.4.2.7.1 **系统对时**

主站应具有对系统内全部终端进行广播系统对时功能以及对单个终端进行校时的功能。

4.4.2.7.2 **权限设置**

对系统用户进行分级管理，可进行包括操作系统、数据库、应用程序三部分的用户设置和权限分配。登录系统的所有操作员都要经过授权，进行身份和权限认证，根据授权权限使用规定的系统功能。

4.4.2.7.3 **终端管理**

终端管理包括终端档案和参数的设置及查询：

a) 终端档案

实现终端档案参数的录入，参数主要包括：

——客户名称、系统编号、营业户号、联络信息、所属供电线路等；

——终端设备参数：终端标识号、终端地址、终端配置、通信参数等。

b） 终端配置参数的设置及查询

——脉冲参数：有功/无功属性，电能表常数等；

——电能表或交流采样装置配置参数：电能表类型、通信地址、通讯规约、接线方式、端口号、费率数、通讯密码等；

——总加组配置参数：参与总加的测量点号、总加运算符等；

——终端电压电流模拟量配置：端口号、电压/电流属性等。

c） 控制参数的设置及查询

设置及查询功率控制参数、电能量控制参数、购电控参数以及控制轮次状态。

d） 限值参数的设置及查询

设置及查询电压、电流、功率、谐波等越限参数。

4.4.2.7.4 通信管理

主站应能对系统的通信设备进行管理。

4.4.2.7.5 运行状况管理

运行状况管理包括主站、终端、专用中继站运行状况监测和操作监测：

a） 终端运行状态

终端设备运行状态统计，包括各类终端的台数，投运台数。系统具有对终端数据采集情况（包括抄表）、通信情况的分析和统计功能。

b） 主站运行状态

实时显示前置机、数据库、网络、服务器以及通信设备的运行状况；检测报文合法性、统计每个通信端口及终端的通讯成功率。

c） 专用中继站运行状态

实时显示中继站的运行状态，工作环境参数。

d） 操作监测

通过权限统一认证机制，确认操作人员情况，所在进程及程序、操作权限等内容。

对重要操作，系统自动记录当前操作员、操作时间、操作内容、操作结果等信息，并在值班日志内自动显示。

4.4.2.7.6 维护及故障记录

应自动检测主站系统、终端以及通信信道等运行情况，记录故障发生时间、故障现象等信息，生成故障通知单，提示标准的故障处理流程及方案，并建立相应的维护记录。

应能统计主站和终端的月/年可用率以及各类终端的分类故障统计。

4.4.2.7.7 系统报表

应根据不同需求对各类数据进行分类（如按地区、行业、变电站、线路、不同电压等级）以及不同时间间隔的组合形成各种报表并打印。

4.4.3 终端功能

终端功能和性能应满足 DL/T 533 中 4.10 的要求。

4.5 系统主要性能指标

4.5.1 可靠性

a） 遥控正确率≥99.99％；

b） 主站年可用率≥99.8％（双机）；

c） 终端年可用率≥99.5％；

d） 终端平均无故障工作时间（MTBF）≥2×10^4 h；

e） 主站双机切换恢复时间≤30 s。

4.5.2 实时性

a） 主站巡检终端重要信息（重要状态信息及总加功率和电能量）时间<15 min；

b） 系统遥控操作响应时间（遥控命令下达至终端响应的时间）≤5 s；

c） 定值控制操作终端响应时间（定值控制命令下达至终端响应的时间）≤30 s；

d） 系统对客户侧事件的响应时间≤30 min；

e） 实时画面调用响应时间<5 s。

4.5.3 容量和处理能力

a） 数据存储容量（全部数据）≥3 年；

b） 系统主服务器平均负载率（15 min）≤40%。

4.5.4 通信信道

a） 信道数据传输误码率要求见 4.3.6.3；

b） 通信成功率（系统巡测成功率）≥96%；

c） 具有控制功能的终端的通信在线率≥96%。

ICS 77.120.99
H 68

中华人民共和国国家标准

GB/T 15159—2008
代替 GB/T 15159—1994

贵金属及其合金复合带材

Composite material strips of precious metals and their alloys

2008-03-31 发布 2008-09-01 实施

中华人民共和国国家质量监督检验检疫总局
中国国家标准化管理委员会 发布

前　言

本标准代替 GB/T 15159—1994《贵金属及其合金复合带材》。

本标准与原标准相比，主要有如下变动：

——增加了 Ag99.4Ni、Ag94Ni、Ag90Ni、Ag80Pd、Ag75Pd、Ag70Pd、Ag50Pd、Ag65CuZn、Ag45CuZn、Ag95.5CuNi、Ag95CuNi、Ag93.5CuNi、Ag93CuNi、Ag94.5CuZnNi、Ag92.5CuZnNi、Ag90.5CuZnNi、Ag91CuPdNi、Ag90.5CuPdNi、Ag94.5CuPdNi、Ag98.2PdCuZnNi、Ag98SnCeLa、Au60Ag/Ag95.5CuNi、Au60Ag/Ag93.5CuNi、Au60AgCu/Ag94.5CuPdNi、Au59AgCuPd/Au91CuPdNi、Au70CuAgPtNi、Pd35AgCuAuPtZn 等 27 个合金牌号。删除了 AgCdO 合金牌号；

——引用了最新的铜合金国家标准；

——按静触点、动触点复合材料及焊料复合材料对贵金属及其合金复合材料进行了分类，并对动触点提出了较高的尺寸精度要求；

——采用了更为清楚明了的产品标记；

——明确了用于复合材料的贵金属及其合金化学成分的规定；

——采用 YS/T 370 贵金属及其合金金相试样制备方法，制备复层材料厚度测定试样，提高厚度测定准确度。

本标准的附录 A 为规范性附录。

本标准由中国有色金属工业协会提出。

本标准由全国有色金属标准化技术委员会归口。

本标准由贵研铂业股份有限公司负责起草。

本标准起草人：王耀东、周世平、卢绍平、唐敏、裴洪营、杨娅利、朱武勋。

本标准所代替标准的历次版本发布情况为：

——GB/T 15159—1994。

贵金属及其合金复合带材

1 范围

本标准规定了贵金属及其合金复合带材的要求、试验方法、检验规则和标志、包装、运输、贮存等。

本标准适用于电器、仪表、电子元器件等领域用的以贵金属及其合金为复层材料，以铜或铜合金为基体材料的复合带材。

2 规范性引用文件

下列文件中的条款通过本标准的引用而成为本标准的条款。凡是注日期的引用文件，其随后所有的修改单(不包括勘误的内容)或修订版均不适用于本标准，然而，鼓励根据本标准达成协议的各方研究是否可使用这些文件的最新版本。凡是不注日期的引用文件，其最新版本适用于本标准。

GB/T 4340.1 金属维氏硬度试验 第1部分：试验方法

GB/T 5231 加工铜及铜合金化学成分和产品形状

GB/T 15072(所有部分) 贵金属合金化学分析方法

GB/T 15077 贵金属及其合金材料几何尺寸测量方法

GJB 950.2 贵金属及其合金微量元素分析方法

YS/T 370 贵金属及其合金金相试样制备方法

3 要求

3.1 产品分类

3.1.1 复合材料按工作方式分为静触点及钎焊复合材料、动触点复合材料。

静触点复合材料主要用于各种开关、继电器、接触器、热保护器等的静止接触导电触点；动触点复合材料主要用于电动机换向器、电刷等滑动接触导电触点。

3.1.2 复合截面按结合方式为面复合、嵌镶复合。如图1所示。

3.1.3 复层材料与基体材料的复合带材品种见表1。

3.1.4 供货状态

产品状态分为硬态(Y)、半硬态(Y2)和软态(M)三种。一般以硬态供货，若需半硬态和软态产品，必须在订货合同中注明。

3.1.5 标记示例

3.1.5.1 用H62和Ag90Ni生产的半硬态、Ⅰ、厚度为0.5 mm、复层厚度为0.2 mm、宽度为30 mm的单面复合带材，标记为：

单面复合带 Ag90Ni/H62 Y2 Ⅰ 0.2/0.5×30 mm GB/T 15159—2008。

3.1.5.2 用T2和Ag2生产的软态、Ⅰ、厚度为0.4 mm、复层厚度为0.1 mm、宽度130 mm的双面复合带材，标记为：

双面复合带 Ag2/T2 M Ⅰ 0.1/0.4×130 mm GB/T 15159—2008。

3.1.5.3 用BZn15-20和Ag70pd生产的硬态、Ⅲ、厚度为0.1 mm、复层厚度为0.03 mm、宽度为23 mm、复条宽度为3 mm的单条复合带材，标记为：

单条复合带 Ag70Pd/ BZn15-20 Y Ⅲ 0.03×3/0.1×23 mm GB/T 15159—2008。

3.2 合金牌号及化学成分

3.2.1 用作复层材料的贵金属及其合金的化学成分应符合表10和表11的规定。

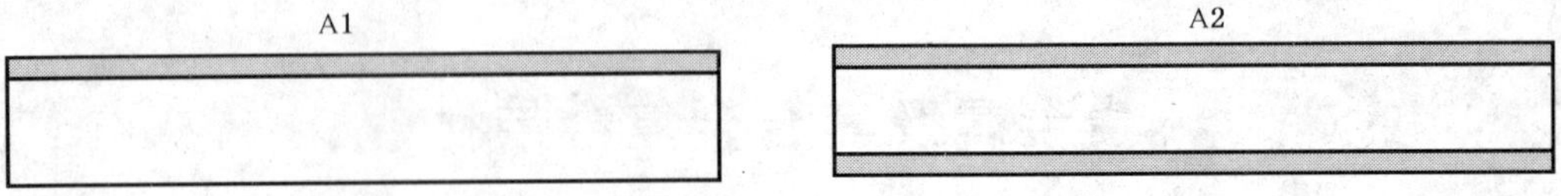

注：面复合图 A1～A2，其复层可以是单层，也可以是 2 层及多层。

1—1 面复合

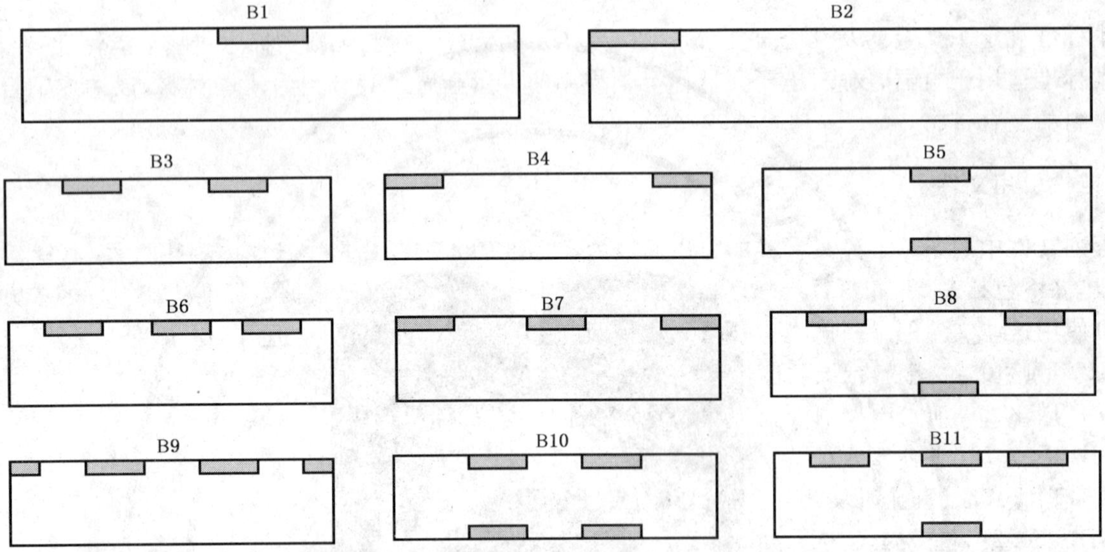

注：嵌镶复合图 B1～B11，其复层可以是单层，也可以是 2 层及多层。

1—2 嵌镶复合

图 1

3.2.2 用作基体材料的铜及铜合金的化学成分应符合 GB/T 5231 规定。

表 1 复层材料与基体材料复合的带材品种

复层材料		基体材料 纯铜系 T2、TU1、TU2	黄铜系 H62、H65、H68	青铜系 QSn6.5-0.1 QSn4.0-0.3 QSn6.5-0.4	白铜系 BZn15-20 BZn18-26	其他铜合金
银及银合金	Ag2	○	○	○	○	○
	Ag99.5Ce	○	○	○	○	○
	Ag99.4Ni	○	○	○	○	—
	Ag94Ni	○	○	○	○	—
	Ag90Ni	○	○	○	○	—
	Ag80Pd	○	—	○	○	○
	Ag75Pd	○	—	○	○	○
	Ag70Pd	○	—	○	○	○
	Ag50Pd	○	—	○	○	○
	Ag70CuP	○	○	○	○	—
	Ag95CuZn	○	—	○	○	—
	Ag93CuZn	○	—	○	○	—
	Ag95.5CuNi	○	—	○	—	—

表 1（续）

复层材料		基体材料：纯铜系 T2、TU1、TU2	黄铜系 H62、H65、H68	青铜系 QSn6.5-0.1 QSn4.0-0.3 QSn6.5-0.4	白铜系 BZn15-20 BZn18-26	其他铜合金
银及银合金	Ag95CuNi	○	—	○	—	—
	Ag93.5CuNi	○	—	○	—	—
	Ag93CuNi	○	—	○	—	—
	Ag94.5CuZnNi	○	—	○	○	—
	Ag92.5CuZnNi	○	—	○	○	—
	Ag90.5CuZnNi	○	—	○	○	—
	Ag91CuPdNi	○	—	—	—	—
	Ag90.5CuPdNi	○	—	—	—	—
	Ag94.5CuPdNi	○	—	—	—	—
	Ag98.2PdCuZnNi	—	—	—	○	○
	Ag98SnCeLa	○	○	○	○	—
金合金	Au2	○	○	○	○	○
	Au91Ni	—	○	○	○	○
	Au60Ag/Ag95.5CuNi	○	—	—	—	—
	Au60Ag/Ag93.5CuNi	○	—	—	—	—
	Au60AgCu/Ag94.5CuPdNi	○	—	—	—	—
	Au60AgCuPd/Au91CuPdNi	○	—	—	—	—
	Au70CuAgPtNi	○	—	○	—	○
钯合金	Pd2	—	—	○	○	○
	Pd60Ag	—	—	○	○	○
	Pd35AgCuAuPtZn	○	—	○	—	○
注：“○”表示有产品，“—”表示无产品。						

3.3 外形尺寸及允许偏差

3.3.1 静触点及钎焊用复合带材外形尺寸及允许偏差。

3.3.1.1 静触点及钎焊用复合带材尺寸及其允许偏差应符合表 2 的规定。

表 2 复合带材尺寸及其允许偏差

单位为毫米

总厚度	总厚度允许偏差 Ⅰ	Ⅱ	Ⅲ	总宽度	总宽度允许偏差	长度不小于
0.100～0.150	±0.005	±0.010	±0.015	5～100	±0.05	2 000
>0.150～0.250	±0.008	±0.015	±0.020	7～100		
>0.250～0.450	±0.010	±0.020	±0.025			
>0.450～0.700	±0.020	±0.025	±0.030	7～150	±0.10	
>0.700～1.000	±0.025	±0.030	±0.035	10～150	±0.15	
>1.000～1.500	±0.030	±0.035	±0.040			
>1.500～2.000	±0.035	±0.040	±0.045		±0.20	

3.3.1.2 静触点及钎焊用复合带材复层厚度及其允许偏差应符合表3的规定。

表3 复合带材复层厚度及其允许偏差

单位为毫米

复层厚度	复层厚度允许偏差		
	Ⅰ	Ⅱ	Ⅲ
≤0.050	−0.010	−0.015	−0.020
>0.050～0.100	−0.015	−0.020	−0.025
>0.100～0.200	−0.020	−0.025	−0.030
>0.200～0.300	−0.025	−0.030	−0.035
>0.300～0.500	−0.030	−0.035	−0.040
>0.500～0.800	−0.035	−0.040	−0.045

3.3.1.3 静触点及钎焊用复合带材复条宽度、位置的允许偏差应符合表4的规定。复条位置的示意图如图2所示。

表4 复合带材复条宽度、位置的允许偏差

单位为毫米

复层厚度 δ	复条宽度、位置允许偏差								
	Ⅰ			Ⅱ			Ⅲ		
	z_1	z_2	z_3	z_1	z_2	z_3	z_1	z_2	z_3
≤0.050	+0.25	−0.10	−0.35	+0.30	−0.15	−0.40	+0.35	−0.20	−0.45
>0.050～0.100	+0.25	−0.15	−0.45	+0.30	−0.20	−0.50	+0.35	−0.25	−0.55
>0.100～0.300	+0.30	−0.20	−0.45	+0.35	−0.25	−0.50	+0.40	−0.30	−0.55
>0.300～0.800	+0.35	−0.25	−0.50	+0.40	−0.30	−0.55	+0.45	−0.35	−0.60

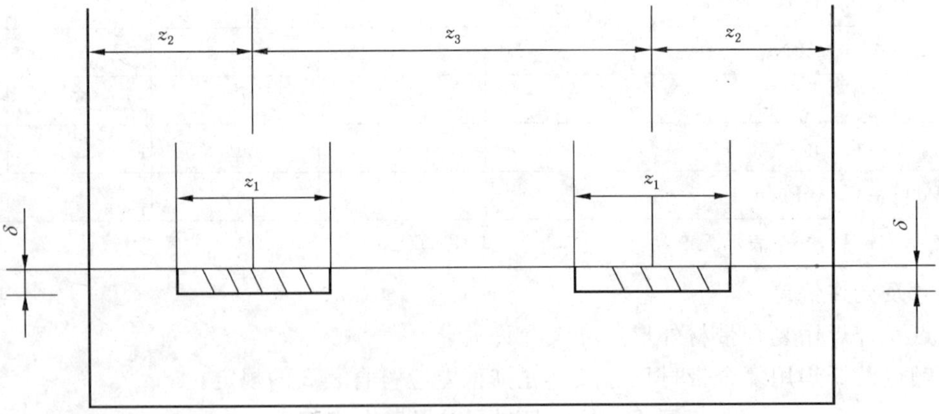

z_1——复条宽度；

z_2——复条中心与复合带材边沿的距离；

z_3——两复条的中心距；

δ——复层厚度。

图2

3.3.1.4 产品的尺寸精度等级为Ⅰ、Ⅱ、Ⅲ应在合同中注明，未注明时按Ⅲ级供货。

3.3.2 动触点用复合带材外形尺寸及允许偏差。

3.3.2.1 动触点用复合带材尺寸及其允许偏差应符合表5的规定。

表 5 复合带材尺寸及其允许偏差

单位为毫米

产品总厚度	总厚度偏差范围	总宽度偏差范围
>0.020～0.050	±0.001	±0.05
>0.050～0.080	±0.002	
>0.080～0.200	±0.003	
>0.200～0.450	±0.005	
>0.450～0.700	±0.008	±0.10
>0.700～0.900	±0.010	
>0.900～1.200	±0.015	±0.15
>1.200	±0.020	

3.3.2.2 动触点用复合带材复层厚度及其允许偏差应符合表 6 的规定。

表 6 复合带材复层厚度及其允许偏差

单位为毫米

复层厚度	偏差范围
≤0.050	−0.010
>0.050～0.100	−0.015
>0.100～0.200	−0.020
>0.200～0.300	−0.025
>0.30～0.500	−0.030
>0.500～0.800	−0.035

3.3.2.3 动触点用复合带材复条宽度、位置的允许偏差应符合表 7 的规定。复条位置的示意图如图 2 所示。

表 7 复合带材复条宽度、位置的允许偏差

单位为毫米

复层厚度 δ	复条宽度、位置允许偏差		
	Z_1	Z_2	Z_3
≤0.05	+0.20	−0.10	−0.35
>0.05～0.10	+0.25	−0.15	−0.45
>0.10～0.30	+0.30	−0.20	−0.45
>0.30～0.80	+0.35	−0.25	−0.50

3.4 力学性能

3.4.1 复层材料与基体材料应结合牢固。

3.4.2 需方对复合带材如有其他性能要求，由供需双方商定并在合同中注明。

3.5 表面状况

复层表面粗糙度应符合表 8 的规定。

表 8 复层表面粗糙度

总厚度/mm	0.10～0.15	>0.15～0.25	>0.25～0.45	>0.45～0.70	>0.70～1.00	>1.00～1.50	>1.50～2.00
复层表面粗糙度 Rz/μm	≤0.8	≤1.6	≤3.2	≤6.3	≤6.3	≤10.0	≤10.0

3.6 外观质量

3.6.1 复合带材表面应光洁、平整，不应有裂纹、起皮、气泡、夹杂、划伤、擦伤、辊印、凹坑等缺陷。

3.6.2 复合带材边缘应整齐，边缘卷边及毛刺不得超出厚度允许偏差。

3.6.3 侧弯度：不大于 3 mm/m。

4 试验方法

4.1 用于复层材料的贵金属及其合金复合前 Ag98SnCeLa 的化学成分按 GJB 950.2 规定进行，其余合金按 GB/T 15072 的规定进行。用于基体材料的铜及铜合金化学成分应符合 GB/T 5231 标准的规定。

4.2 带材外形尺寸测量按 GB/T 15077 的规定进行。

4.3 复合带材的复层厚度测定试样制备按 YS/T 370 的规定进行。

4.4 复合牢固度试验按附录 A 的规定进行。

4.5 复合带材的显微维氏硬度测定按 GB/T 4340.1 的规定进行。当复层厚度小于 0.1 mm 时，应选取 50 g 负荷。

4.6 复层表面粗糙度采用干涉显微镜或粗糙度仪测定。

4.7 复合带材的外观质量用目视检查，若有异常现象，则用 10 倍放大镜鉴别。侧弯度以偏离水平位置最大值为准。

5 检验规则

5.1 检查和验收

5.1.1 每批产品应由供方技术监督部门进行检验，保证产品符合本标准的规定，并填写产品质量证明书。

5.1.2 需方应对收到的产品按本标准的规定进行检验，如检验结果与本标准的规定不符时，应在收到产品之日起三个月内向供方提出，由供需双方协商解决。如需仲裁，由供需双方在需方收到的产品中共同取样，并在双方认可的单位进行。

5.2 组批

产品应成批提交验收。每批应由同一合金牌号、同一炉号、状态和规格的产品组成。

5.3 检验项目及取样

检验项目、取样位置及数量应符合表 9 的规定。

表 9 检验项目、取样位置及数量

检验项目	取样位置	取样数量	要求的章条号	检验的章条号
复层化学成分	铸锭任意部位	每炉一个	3.2	4.1
外形尺寸	任意部位	逐卷、片检查	3.3	4.2
复层厚度	头、尾任意部位	一个	3.3.1.2，3.3.2.2	4.3
复合牢固度	头、尾任意部位	一个	3.4.1	4.4
表面状况	头、尾任意部位	一个	3.5	4.6
外观质量	头、尾任意部位	逐卷、片检查	3.6	4.7

5.4 检验结果的判定

5.4.1 化学成分不合格，不进行后续复合加工。

5.4.2 外形尺寸偏差和外观质量不合格时，判该件不合格。

5.4.3 复合牢固度不合格时，取双倍试样对该卷进行重复试验，若重复试验仍不合格，则判该批产品不合格。

5.4.4 其他各项检验结果，若有一项不合格，应从该批产品中取双倍试样对该不合格项目进行重复试验。若重复试验结果仍不合格，则判该批产品不合格；或逐卷进行检验，合格者重新组批。

6 标志、包装、运输、贮存

6.1 标志

在已检验合格的每卷(包)产品上应附有如下标记：

a) 产品名称；

b) 合金牌号；

c) 供货状态；

d) 批号；

e) 规格；

f) 重量；

g) 包装日期。

6.2 包装、运输和贮存

6.2.1 包装

6.2.1.1 用于静触点的复合材料的包装

产品应成卷包装，带卷内孔直径不应小于 80 mm 或需方规定的最小直径。带卷用软质材料包裹且捆扎牢固，真空包装。每卷重量不超过 30 kg。表 2 中规定的带材长度下限为短带。每批产品短带重量不得超过其总重量的 20%。

6.2.1.2 用于动触点的复合材料的包装

产品应成卷包装，带卷内孔直径不应小于 250 mm 或需方规定的最小直径。单根材料重量不少于 5 kg，带卷用软质材料包裹且捆扎牢固，真空包装。每卷重量不超过 30 kg。

6.2.1.3 外包装

产品采用纸箱或木箱进行外包装。

6.2.1.4 用于动触点的复合材料的包装

6.2.2 产品运输过程中应防止碰伤，擦伤和沾污。

6.2.3 产品应贮存在干燥，无腐蚀性气氛的环境中。

6.3 质量证明书

每批产品应附有质量证明书，注明：

a) 供方名称、地址、电话、传真；

b) 产品名称；

c) 合金牌号；

d) 供货状态；

e) 批号；

f) 规格；

g) 净重；

h) 各项检验结果和技术监督部门印记；

i) 本标准编号；

j) 出厂日期。

7 订货单(或合同)内容

本标准所列产品的订货单(或合同)应包括下列内容：

a) 产品名称；

b) 合金牌号；

c) 供货状态；

d) 规格；

e) 数量；

f) 本标准编号；

g) 其他。

表 10 化学成分

%

序号	合 金 牌 号	合金成分(质量分数)							杂质含量(质量分数),不大于				
		Au	Ag	Pt	Pd	Cu	Ni	Zn	Fe	Pb	Sb	Bi	总量
1	Ag2		≥99.95						0.03	0.004	0.004	0.004	0.05
2	Ag99.4Ni		余量				0.6±0.1		0.15	0.005	0.005	0.005	0.30
3	Ag94Ni		余量				6.0±0.5		0.15	0.005	0.005	0.005	0.30
4	Ag90Ni		余量				10.0±0.5		0.15	0.005	0.005	0.005	0.30
5	Ag80Pd		余量		20.0±0.5				0.10	0.005	0.005	0.005	0.30
6	Ag75Pd		余量		25.0±0.5				0.10	0.005	0.005	0.005	0.30
7	Ag70Pd		余量		30.0±0.5				0.10	0.005	0.005	0.005	0.30
8	Ag50Pd		余量		50.0±0.5				0.10	0.005	0.005	0.005	0.30
9	Ag65CuZn		余量			20.0±0.5		15.0±0.5	0.20	0.005	0.005	0.005	0.35
10	Ag45CuZn		余量			30.0±0.5		25.0±0.5	0.20	0.005	0.005	0.005	0.35
11	Ag95.5CuNi		余量			4.0±0.5	0.5±0.1		0.20	0.005	0.005	0.005	0.35
12	Ag95CuNi		余量			4.0±0.5	1.0±0.2		0.20	0.005	0.005	0.005	0.35
13	Ag93.5CuNi		余量			6.0±0.5	0.5±0.1		0.20	0.005	0.005	0.005	0.35
14	Ag93CuNi		余量			6.0±0.5	1.0±0.2		0.20	0.005	0.005	0.005	0.35
15	Ag94.5CuZnNi		余量			4.0±0.5	0.5±0.1	$1.0^{+0.2}_{-0.5}$	0.20	0.005	0.005	0.005	0.35
16	Ag92.5CuZnNi		余量			6.0±0.5	0.5±0.1	$1.0^{+0.2}_{-0.5}$	0.20	0.005	0.005	0.005	0.35
17	Ag90.5CuZnNi		余量			8.0±0.5	0.5±0.1	$1.0^{+0.2}_{-0.5}$	0.20	0.005	0.005	0.005	0.35
18	Ag91PdCuNi		余量		0.5±0.2	8.0±0.5	0.5±0.1		0.20	0.005	0.005	0.005	0.35
19	Ag90.5CuPdNi		余量		1.0±0.2	8.0±0.5	0.5±0.1		0.20	0.005	0.005	0.005	0.35
20	Ag94.5CuPdNi		余量		1.0±0.2	4.0±0.5	0.5±0.1		0.20	0.005	0.005	0.005	0.35
21	Ag98.2PdCuZnNi		余量		0.5±0.2	0.5±0.2	0.3±0.08	$0.5^{+0.2}_{-0.4}$	0.20	0.005	0.005	0.005	0.35
22	Au2	≥99.95							0.03	0.004	0.004	0.004	0.05

表 10（续）

%

序号	合金牌号	合金成分(质量分数)							杂质含量(质量分数)，不大于				
		Au	Ag	Pt	Pd	Cu	Ni	Zn	Fe	Pb	Sb	Bi	总量
23	Au91Ni	余量					9.0±0.5		0.20	0.005	0.005	0.005	0.30
24	Au60Ag	余量	40±0.5						0.20	0.005	0.005	0.005	0.30
25	Au60AgCu	余量	35±0.5			5.0±0.5			0.20	0.005	0.005	0.005	0.30
26	Au59AgCuPd	余量	35±0.5		1.0±0.2	5.0±0.5			0.20	0.005	0.005	0.005	0.30
27	Au91CuPdNi	余量			0.5±0.2	8.0±0.5	0.5±0.1		0.20	0.005	0.005	0.005	0.30
28	Au70CuAgPtNi	余量	10.0±0.5	5.0±0.5		14.0±0.5	1.0±0.2		0.20	0.005	0.005	0.005	0.35
29	Pd2				≥99.95				0.03	0.004	0.004	0.004	0.05
30	Pd60Ag		40.0±0.5		余量				0.10	0.005	0.005	0.005	0.30
31	Pd35AgCuAuPtZn	10.0±0.5	30.0±0.5	10.0±0.5	余量	14.0±0.5		$1.0^{+0.2}_{-0.5}$	0.10	0.005	0.005	0.005	0.30

注 1：合金杂质总量不做出厂分析。

注 2：合金中金、铁只做原料分析。经双方协商，并在订货合同中注明，可做成品分析。

表 11 化学成分

%

序号	合金牌号	合金成分(质量分数)						杂质含量(质量分数)，不大于				
		Ag	Cu	Sn	Ce	La	P	Fe	Pb	Sb	Bi	总量
32	Ag99.5Ce	余量			$0.5^{+0.3}_{-0.2}$			0.10	0.005	0.005	0.005	0.30
33	Ag70CuP	余量	28.0±0.5				2.0±0.5	0.20	0.005	0.005	0.005	0.35
34	Ag98SnCeLa	余量		$1.0^{+0.3}_{-0.2}$	$0.5^{+0.3}_{-0.2}$	$0.5^{+0.3}_{-0.2}$		0.10	0.005	0.005	0.005	0.30

注 1：合金杂质总量不做出厂分析。

注 2：合金中金、铁只做原料分析。经双方协商，并在订货合同中注明，可做成品分析。

附 录 A
（规范性附录）
贵金属复合带材结合牢固度试验方法

A.1 本附录适用于检测面复合及嵌镶复合材料复层与基体结合牢固度

A.2 复层与基体结合牢固程度试验

A.2.1 试样制备

按标准规定的试样个数，在成品中沿轧制方向任意截取宽度大于 4 mm 的条状试样，制成试验样品。

A.2.2 试验装置

试验装置应能有效地夹紧试样一端，使用另一端可作 90°弯曲，弯曲半径 $R \geqslant 2\delta$（δ 为试样厚度）。

A.2.3 试验方法

牢固度试验方法如图 A.1 所示。

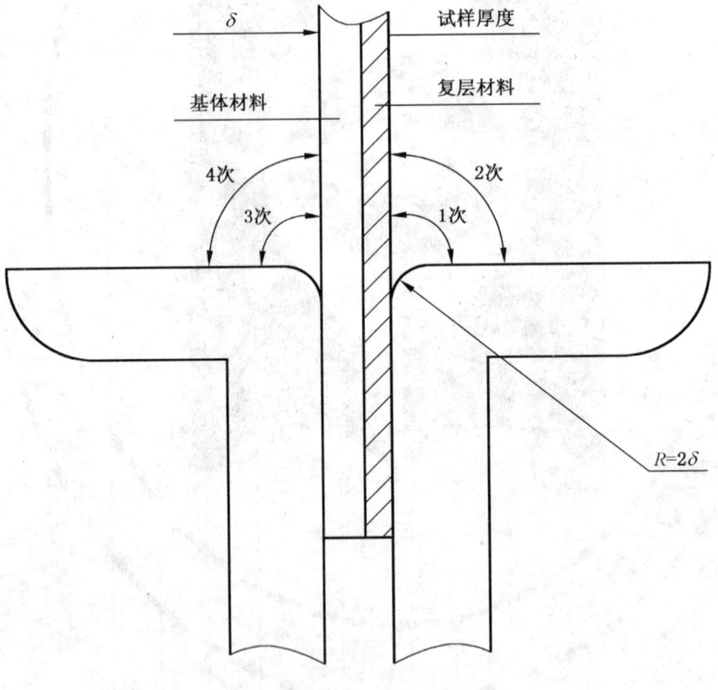

图 A.1

A.2.4 原理

复合材料经往返弯曲，受到方向相反的应力，促使其分层，若不分层说明足够牢固。

A.2.5 判定

试样经 4 次弯曲后，用 7 倍放大镜检查弯曲部位，两层结合面无开口分层为合格，否则为不合格。

A.3 条复带材复条边缘与基体结合牢固程度试验

A.3.1 试样制度备

按标准规定的试样个数，从成品中垂直于轧制方向任意截取宽度大于 4 mm 的条状试样，制成试样。

A.3.2　试验装置

同 A.2.2。

A.3.3　试验方法

牢固度试验方法如图 A.2、图 A.3 所示。

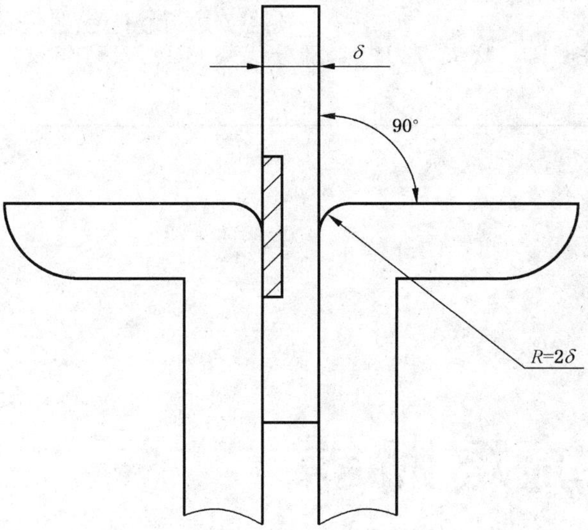

图 A.2

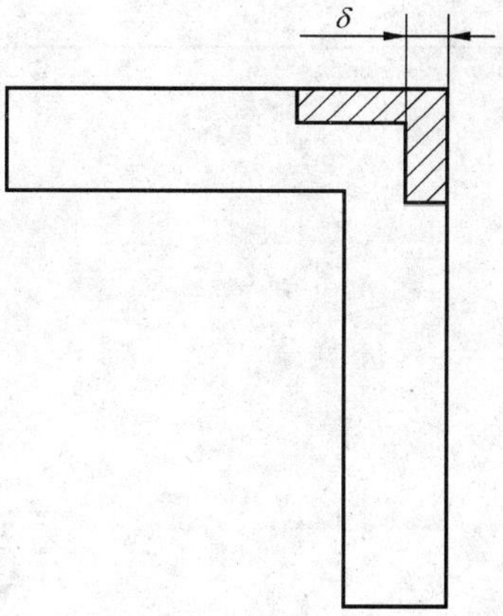

图 A.3

A.3.4　原理

复合材料经往返弯曲，受到方向相反的应力，促使其分层，若不分层说明足够牢固。

A.3.5　判定

试样经 90°弯曲，复条边缘与基体裂开分层为不合格。

A.3.6　仪器与设备

试验装置可按上述图示加工制作。

ICS 29.120.50
K 43

中华人民共和国国家标准

GB/T 15166.2—2008
部分代替 GB 15166.2—1994,部分代替 GB/T 15166.4—1994

高压交流熔断器 第2部分:限流熔断器

High-voltage alternating-current fuses—Part 2:Current-limiting fuses

(IEC 60282-1:2005 High-voltage fuses—Part 1:Current-limiting fuses,MOD)

2008-09-24 发布 2009-08-01 实施

中华人民共和国国家质量监督检验检疫总局
中国国家标准化管理委员会 发布

前　言

GB/T 15166《高压交流熔断器》,共分为以下几部分:

——交流高压熔断器　术语;

——高压交流熔断器　第2部分:限流熔断器;

——高压交流熔断器　第3部分:喷射熔断器;

——高压交流熔断器　第4部分:并联电容器外保护用熔断器;

——高压交流熔断器　第5部分:用于电动机回路的高压熔断器的熔断件选用导则;

——高压交流熔断器　第6部分:用于变压器回路的高压熔断器的熔断件的选用导则;

——高压交流熔断器　第7部分:电压互感器保护用熔断器的选用导则。

本部分是GB/T 15166的第2部分。

本部分修改采用IEC 60282-1:2005《高压熔断器　第1部分:限流熔断器》(第6版)。本部分与IEC 60282-1:2005的主要差异是:

——适用范围:根据我国电网的实际情况,去掉了IEC 60282-1:2005中额定频率60 Hz的有关内容;根据我国行业的分工情况,适用的系统最低电压由IEC 60282-1的1 000 V改为3 kV;

——额定电压:去掉了与我国电网无关的额定电压数值,按照GB/T 11022(或GB 156)中所列的电压给出;

——增加了"出厂试验"一章的具体内容。

本部分部分代替GB 15166.2—1994《交流高压熔断器　限流式熔断器》和部分代替GB/T 15166.4—1994《交流高压熔断器　通用试验方法》。

本部分与GB 15166.2—1994和GB/T 15166.4—1994主要差异有:

——标准体系的差别。本部分中包含了原GB/T 15166.4—1994《交流高压熔断器　通用试验方法》的适用部分。此次修订后,该系列标准将与IEC标准一一对应,原GB/T 15166.4—1994将被取代;

——明确了本部分不适用的场合,如撞击器和开关装置的配合;

——使用条件,由于熔断器对环境温度的敏感性,没有完全引用GB/T 11022,而将IEC 60282-1的内容全部列出;

——术语中增加了"(熔断器底座的)隔离距离"、"外绝缘"、"自恢复绝缘"、"有机熔断件"和"周围温度"等;

——额定参数,电流按照IEC标准增加了R10和R20数系中的参数;还增加了"全范围熔断器的最高使用温度"等特性参数;

——设计与结构,增加了铭牌的要求;

——型式试验,增加了全范围熔断器的交接电流开断能力试验、油密封性试验;去掉了GB 15166.2—1994中的指示器试验、骤冷试验(仅对户外产品)、防水试验(仅对户外产品)和电晕试验;明确了限流熔断器不需要进行电磁兼容性(EMC)试验;

——增加了"特殊试验"一章的内容;

——增加了"选用导则"一章的内容;

——增加了附录E和附录G的内容。

本部分的附录A和附录E是规范性附录,附录B、附录C、附录D、附录F和附录G是资料性附录。

本部分由中国电器工业协会提出。

本部分由全国高压开关设备标准化技术委员会(SAC/TC 65)归口并负责解释。

本部分负责起草单位:西安高压电器研究所。

本部分参加起草单位:西安熔断器制造公司、浙江日升电器制造有限公司、西安振力熔断器有限责任公司、西安翰德电力电器制造有限公司、河南省电力公司、机械工业高压电器产品质量检测中心(沈阳)、施耐德(北京)中压电器有限公司、温州伏尔特电器有限公司、太原第一开关厂、湛江高压电器有限公司、上海电器陶瓷厂有限公司。

本部分主要起草人:田恩文、严玉林、吴鸿雁。

本部分参加起草人员:焦秋忠、沙维华、樊楚夫、冯武俊、赵建伟、张建国、朱海军、石维坚、杨文波、居华、邹亚民、彭江、杨英杰、刘风勇、程长西、李上保、林松权、林海鸥、钱勇杰。

顾问单位:西安交通大学电器工程学院 王季梅。

本部分所代替标准的历次版本发布情况为:

——GB 15166.2—1994;

——GB/T 15166.4—1994。

高压交流熔断器
第2部分：限流熔断器

1 概述

1.1 范围

本部分适用于标称电压3 kV及以上、频率为50 Hz交流电力系统中的户内和户外用的所有类型的高压限流熔断器。

某些熔断器的熔断件装有指示装置或撞击器。这些熔断器属于本部分的范围，但撞击器同开关装置脱扣机构组合后的正确动作不在本部分的范围内，见GB 16926。

1.2 规范性引用文件

下列文件中的条款通过GB/T 15166的本部分的引用而成为本部分的条款。凡是注日期的引用文件，其随后所有的修改单(不包括勘误的内容)或修订版均不适用于本部分，然而，鼓励根据本部分达成协议的各方研究是否可使用这些文件的最新版本。凡是不注日期的引用文件，其最新版本适用于本部分。

GB/T 1843—1996 塑料悬臂梁冲击试验方法(eqv ISO 180—1993)

GB 1984—2003 高压交流断路器(IEC 62271-100:2001,MOD)

GB/T 2900.19—1994 电工术语 高电压试验技术和绝缘配合(neq IEC 60071-1:1993)

GB 3804—2004 额定电压3.6 kV～40.5 kV高压交流负荷开关(IEC 60265-1:1998,MOD)

GB/T 3808—2002 摆锤式冲击试验机的检验(ISO 148-2:1998,MOD)

GB/T 5582—1993 高压电力设备外绝缘污秽等级(IEC 60507:1991)

GB/T 11021—2007 电气绝缘 耐热性分级(IEC 60085:2004,IDT)

GB/T 11022—1999 高压开关设备和控制设备标准的共用技术要求(eqv IEC 60694:1996)

GB/T 15166.1 交流高压熔断器 术语(GB/T 15166.1—1994,neq IEC 60291:1969)

GB/T 15166.4—2008 高压交流熔断器 并联电力电容器外保护用高压熔断器(IEC 60549:1976,MOD)

GB/T 15166.5—2008 高压交流熔断器 电动机回路用高压熔断件的技术要求(IEC 60644:1979,MOD)

GB/T 15166.6—2008 高压交流熔断器 变压器回路用高压熔断器熔断件的选用导则[IEC 60787:1983及其第1号修订(1985),MOD]

GB 16926—1997 高压交流负荷开关 熔断器组合电器(eqv IEC 60420:1990)

GB/T 16927.1—1997 高电压试验技术 第1部分：一般定义和试验要求(eqv IEC 60060-1:1989)

2 正常和特殊使用条件

2.1 正常使用条件

GB/T 11022适用。

2.2 其他使用条件

需要用于环境温度(见3.3.11)超过40 ℃的熔断件在本部分的附录E中阐述。

2.3 特殊使用条件

根据制造厂和用户的协议,高压熔断器可以用在不同于2.1中给出的正常工作条件。对任何特殊使用条件,都应向制造厂咨询。

2.4 环境中的表现

满足本部分的熔断器在正常运行条件下是惰性装置,这也是5.1.3不得出现明显的外部喷射的要求。因此,认为限流熔断器在运行和动作时对环境是安全的装置。

3 术语和定义

GB/T 2900.19和GB/T 15166.1中确立的以及下列术语和定义适用于本部分。

3.1 电气特性

3.1.1

额定值 rated value

对元件、装置、设备或系统规定的运行条件而设定的、用于技术要求的量值。

[GB/T 15166.1的3.1,修改过]

注:例如,通常对熔断器规定的额定值有:电压、电流和开断电流。

3.1.2

额定参数 rating

一组额定值和运行条件。

[IEV 441-18-36]

3.1.3

(回路的并与熔断器有关的)预期电流 prospective current(of a circuit and with respect to a fuse)

当熔断器用一阻抗可忽略的导体代替时在回路中流过的电流。

[GB/T 15166.1的3.2,修改过]

注:预期电流的表示和计算的方法,见6.6.2.1和6.6.2.2。

3.1.4

预期峰值电流 prospective peak current

在电流开始后的瞬态期间预期电流的峰值。

[GB/T 15166.1的3.3,修改过]

注:此定义假定电流是用理想开关装置(即阻抗从无穷大瞬时转变为零)接通的。对于电流能流经几个不同路径的回路(例如多相回路),此定义进一步假定,在所有极中电流是同时接通的,即使仅考虑一极中的电流也是如此。

3.1.5

预期开断电流 prospective breaking current

对应于开断过程起始瞬间所求得的预期电流。

[GB/T 15166.1的3.4,修改过]

注:对于熔断器,这一瞬间通常定义为在开断过程中的起弧时刻。在6.6.2.3中给出了关于起弧瞬间的惯例。

3.1.6

开断能力 breaking capacity

在规定的使用和性能条件下,熔断器在规定的电压下所能开断的预期电流值。

[GB/T 15166.1的3.6,修改过]

3.1.7

截止电流 cut-off current

允通电流 let-through current

在熔断器的开断期间达到的最大瞬时电流值。

[GB/T 15166.1 的 3.5,修改过]

注：当熔断器在未达到回路预期峰值电流的情况下动作时,这一概念特别重要。

3.1.8

弧前时间　pre-arcing time

熔化时间　melting current

从电流大到足以引起开断的电流开始到起弧瞬间为止的时间间隔。

[GB/T 15166.1 的 3.11,修改过]

3.1.9

燃弧时间　arcing time

从熔断器中起弧瞬间起到此熔断器中电弧最终熄灭瞬间止的时间间隔。

[GB/T 15166.1 的 3.12,修改过]

3.1.10

动作时间　operating time

全开断时间　total breaking current

弧前时间和燃弧时间之和。

[GB/T 15166.1 的 3.13]

3.1.11

焦耳积分　Joule integral

I^2t 在给定的时间间隔 t_0-t_1 内电流平方的积分：

$$I^2t=\int_{t_0}^{t_1} i^2\,\mathrm{d}t$$

注1：弧前 I^2t 是在熔断器弧前时间内的 I^2t 积分。

注2：动作 I^2t 是在熔断器动作时间内的 I^2t 积分。

注3：在用熔断器保护的回路中,以焦耳表示的在 1 Ω 电阻中释放的能量,等于以 $A^2\times s$ 表示的动作 I^2t 值。

[GB/T 15166.1 的 3.14,修改过]

3.1.12

有效时间　virtual time

焦耳积分值除以预期电流值的平方。

[GB/T 15166.1 的 3.15,修改过]

注：通常对熔断件规定的有效时间值是弧前时间和动作时间值。

3.1.13

时间-电流特性　time-current characteristic

在规定的动作条件下,给出的将时间(例如弧前时间或动作时间)作为预期电流的函数的曲线。

[GB/T 15166.1 的 3.16,修改过]

3.1.14

截止(电流)特性　cut-off(current)characteristics

允通(电流)特性　let-through characteristics

在规定的动作条件下,给出的将截止电流作为预期电流的函数的曲线。

[GB/T 15166.1 的 3.17,修改过]

注：就交流而言,截止电流值是在无论何种不对称程度时所能达到的最大值。就直流而言,截止电流值是与规定的时间常数有关的所达到的最大值。

3.1.15

恢复电压　recovery voltage

电流开断后出现在熔断器端子间的电压。

［GB/T 15166.1 的 3.18,修改过］

注：此电压可按两个连续的时间间隔考虑,其一为瞬态电压存在期间和随后的工频或稳态恢复电压存在期间。

3.1.16

瞬态恢复电压(TRV)　transient recovery voltage

在具有显著瞬态特征时间内的恢复电压。

［GB/T 15166.1 的 3.27,修改过］

注1：取决于回路和熔断器的特性,瞬态恢复电压可以是振荡的、非振荡的或两者的组合。它包括多相回路中性点的电压偏移。

注2：除非另有规定,在三相回路中的瞬态恢复电压是指首先开断的熔断器两端的电压,因为这一电压通常高于另外两个熔断器端子间出现的电压。

3.1.17

工频恢复电压　power frequency recovery voltage

瞬态电压消失后的恢复电压。

［GB/T 15166.1 的 3.28］

3.1.18

(回路的)预期瞬态恢复电压　prospective power frequency recovery voltage(of a circuit)

用理想开关装置开断预期对称电流之后的瞬态恢复电压。

［GB/T 15166.1 的 3.29,修改过］

注：此定义假定,获得预期瞬态恢复电压的熔断器以理想开关装置［即在电流真正零(即在“自然零”)瞬间阻抗从零瞬时转变成无穷大］代替。对于电流能流经几个不同路径的回路,例如多相回路,此定义进一步假定,仅在所考虑的极中用理想开关装置开断电流。

3.1.19

动作电压　operating voltage

在熔断器动作期间,其端子间出现的最大电压瞬时值。

［GB/T 15166.1 的 3.30,修改过］

注：动作电压可以是电弧电压,或者是在瞬态恢复电压期间可能出现的电压。

3.1.20

最小开断电流　minimum breaking current

在规定的使用和性能条件下,熔断件在规定的电压下所能开断的最小预期电流值。

［GB/T 15166.1 的 3.9］

3.1.21

(熔断件的)功率耗散　power dissipation(of fuse-link)

在规定的使用和性能条件下,承载规定电流时熔断件中释放的功率。

［GB/T 15166.1 的 3.31］

注：规定的使用和性能条件通常包括在达到稳定温度条件以前恒定的电流值(有效值)。

3.2　熔断器及其组件

3.2.1

熔断器　fuse

当电流超过给定值足够时间时,通过熔化一个或几个特殊设计的和比例的组件,开断电流以分开其所接入回路的装置。熔断器一词包括了构成完整装置的所有部件。

［GB/T 15166.1 的 2.1,修改过］

3.2.2

端子 terminal

供与外部回路作电气连接的熔断器的导电部件。

[GB/T 15166.1 的 2.13]

注：端子可以按照打算使用它们的回路种类进行区分(如主接线端子、接地端子等)，也可按其结构进行区分(如螺栓连接端子、插头连接端子等)。

3.2.3

熔断器底座(熔断器底架) fuse-mount(fuse-base)

装有触头和端子的熔断器的固定部件。

[GB/T 15166.1 的 2.20]

注：熔断器底座一词包括绝缘必需的所有部件(见图 1)。

3.2.4

熔断器底座触头 contact of the fuse-mount

设计与熔断件触头或载熔体触头相接合的熔断器底座的接触片(见图 1)。

[GB/T 15166.1 的 2.21，修改过]

3.2.5

熔断件 fuse-link

熔断器动作后需要更换的熔断器的部件(包含熔体)(见图 1)。

[GB/T 15166.1 的 2.15]

3.2.6

熔断件的触头 contact of the fuse-link

设计与熔断器底座触头相接合的载熔件的接触片(见图 1)。

[GB/T 15166.1 的 2.19，修改过]

3.2.7

熔体 fuse-element

设计在超过某一规定值的电流的作用下经规定时间熔化的熔断件的一个部件(见图 1)。

[GB/T 15166.1 的 2.14，修改过]

3.2.8

指示装置；指示器 indicator

供指示熔断器是否已动作的熔断器的一个部件(见图 1)。

[GB/T 15166.1 的 2.23]

3.2.9

撞击器 striker

构成熔断件部件的机械装置，当熔断器动作时，它释放出使其他电器或指示器动作或提供联锁所要求的能量。

[GB/T 15166.1 的 2.24，修改过]

3.3 附加术语

3.3.1

限流熔断器 current-limiting fuse

在规定的电流范围内且在它的动作期间和动作结束之前，将电流限制到远低于预期电流峰值的熔断器。

[GB/T 15166.1 的 2.2，修改过]

3.3.2

分类　classes

按照限流熔断器所能使用的范围,可分为三类:

——后备熔断器;

——通用熔断器;

——全范围熔断器。

见9.3.3。

3.3.3

后备熔断器　back-up fuse

在规定的使用和性能条件下,能开断从额定最大开断电流一直到额定最小开断电流的所有电流的限流熔断器。

[GB/T 15166.1的2.8]

3.3.4

通用熔断器　general-purpose fuse

在规定的使用和性能条件下,能开断从额定最大开断电流一直到能使熔体在1 h或更长时间内熔化的电流的所有电流的限流熔断器。

[GB/T 15166.1的2.7]

3.3.5

全范围熔断器　full-range fuse

在规定的使用和性能条件下,能开断使熔体熔化直到其额定最大开断电流的所有电流的限流熔断器(见6.6.1.1,试验方式3)。

[GB/T 15166.1的2.9]

3.3.6

(熔断器底座的)隔离距离　isolating distance(for a fuse-mount)

取下熔断器的熔断件或载熔件后,熔断器底座触头间或与之相连的任何导电部件间测得的最短距离。

[GB/T 15166.1的2.22,修改过]

3.3.7

(熔断件的)同族系列　homogeneous series(of fuse-links)

仅在某种特性方面相互偏离的熔断件系列,即对于一给定的试验,可用该系列一个或降低数量的特定熔断件进行试验作为同族系列所有熔断件的代表(见6.6.4.1)。

[GB/T 15166.1的2.10,修改过]

3.3.8

外绝缘　external insulation

承受电压作用并受大气和其他外界条件例如污秽、温度、鸟和虫等影响的大气中的距离以及与大气相接触的设备固体绝缘的表面。

[GB/T 2900.19的3.24,修改过]

3.3.9

自恢复绝缘　self-restoring insulation

破坏性放电后完全恢复其绝缘性能的绝缘。

[GB/T 2900.19的3.28]

3.3.10

有机熔断件 organic fuse-link

包含明显比例的有机(例如,碳基的)材料的熔断件,在熔断器动作后可能导致过大的泄漏电流。如果制造厂确定设计中有机的或其他材料的位置和数量可以导致过大的动作后泄漏电流和击穿,则制造厂应称该熔断件为“有机的”。

3.3.11

周围温度 surrounding temperature

周围温度是指熔断件周围的气体或液体介质的温度。

4 额定值和特性

4.1 概述

a) 熔断器底座的额定值

1) 额定电压(4.2);

2) 额定电流(4.5);

3) 额定绝缘水平(工频和雷电冲击耐受电压)(4.3)。

b) 熔断件的额定值

1) 额定电压(4.2);

2) 额定电流(4.6);

3) 额定最大开断电流(4.8.1);

4) 额定频率(4.4);

5) 后备熔断器的额定最小开断电流和分类(4.8.2);

6) 额定 TRV(4.10)。

c) 熔断器的特性

1) 温升限值(4.7)。

d) 熔断件的特性

1) 分类(3.2.2 和 4.8.2);

2) 动作电压(4.9);

3) 时间-电流特性(4.11);

4) 截止特性(4.12);

5) I^2t 特性(4.13);

6) 撞击器的机械特性(4.14);

7) 全范围熔断器的最高使用温度(见附录 E)。

4.2 额定电压

在熔断器底座或熔断件型号中使用的电压,由它确定试验条件。

注:此额定电压等于设备的最高电压(见第 9 章)。

熔断器的额定电压应从表 1 给出的电压中选取。

表 1 额定电压

额定电压/kV	3.6	7.2	12	24	40.5	72.5

4.3 额定绝缘水平(熔断器底座的)

与电压耐受能力相关的表征熔断器底座绝缘的电压值(工频和冲击)(见第 9 章)。

对熔断器底座认可两类绝缘耐受水平。它们定名为“系列 1”和“系列 2”,并分别与不同的使用严酷性以及绝缘试验时不同的试验电压值有关(见 9.3.5)。

熔断器底座的额定绝缘水平应从表2中选取。

表2中的温度、压力和湿度的标准参考大气条件分别为25 ℃、101.3 kPa(1 013 mbar)以及11 g/m³。

应该声明熔断器是户内还是户外使用。

表2 熔断器底座的额定绝缘水平(按GB/T 11022修改)

熔断器的额定电压/kV	额定雷电冲击耐受电压(负极性和正极性)/kV				额定1 min工频耐受电压(干试和湿试)/kV(有效值)	
	系列1(峰值)		系列2(峰值)			
	对地和极间	熔断器底座的隔离断口间[a]	对地和极间	熔断器底座的隔离断口间[a]	对地和极间	熔断器底座的隔离断口间[a]
3.6	20	23	40	46	10	12
7.2	40	46	60	70	20	25
12	60	70	75	85	28	32
24	95	110	125	145	50	60
40.5	180	200	190	220	85	110
72.5	325	375	350	385	140	160

a 隔离断口的绝缘水平应仅对规定有隔离性能的熔断器底座要求。

4.4 额定频率

额定频率的标准值是50 Hz。

4.5 熔断器底座的额定电流

给熔断器底座规定的电流，在不高于40 ℃的周围温度空气下，当设计用于特定的熔断器底座(用某一规定尺寸和长度的导体接到回路中)且电流额定值与其相同的熔断件装上时，一个新的、干净的熔断器底座将能连续地承载此电流而不超过规定的温升。

熔断器底座的额定电流(单位:A)应从下列数值中选取：

10,25,63,100,200,400,630,1 000。

4.6 熔断件的额定电流

给熔断件规定的电流，在不高于40 ℃的周围空气温度下，将其安装在制造厂规定的熔断器底座(用某一规定尺寸和长度的导体接到回路中)上时，一个新的、干净的熔断件能够连续地承载此电流而不超过规定的温升(见第9章)。

熔断件的额定电流(单位:A)应从R10系列中选取。特殊情况下，熔断件额定电流的附加数值可以从R20中选取。

注：R10数系包括1,1.25,1.6,2,2.5,3.15,4,5,6.3,8以及它们与10的乘积。R 20数系包括1,1.12,1.25,1.4,1.6,1.8,2,2.24,2.5,2.8,3.15,3.55,4,4.5,5,5.6,6.3,7.1,8,9以及它们与10的乘积。

4.7 温升限值

熔断件和熔断器底座应能连续地承载额定电流而不超过表3中给出的温升限值。

注：对用于外壳中的熔断器，见6.5.3,9.3.2和附录F。

如果相接合的触头表面有不同镀层，允许的温度和温升应按下述规定：

a) 对螺栓紧固的触头和端子，采用表3中允许最高值的部件的值；

b) 对弹簧压接的触头，采用表3中允许最低值的部件的值。

表 3 部件和材料的温度和温升限值

部件、材料	最大值	
	温度/℃	温升/K
A 在空气中的触头:		
1 弹簧压接的触头(铜和铜合金)		
——裸的	75	35
——镀银的或镀镍的	105	65
——镀锡的	95	55
——其他镀层[a]		
2 螺栓紧固的触头或等效的(铜、铜合金和铝合金):		
——裸的		
——镀锡的	90	50
——镀银的或镀镍的	105	65
——其他镀层[a]	115	75
B 在油中的触头(铜或铜合金):		
1 弹簧压接的触头		
——裸的	80	40
——镀银的,镀锡或镍的	90	50
——其他镀层[a]		
2 螺栓紧固的触头		
——裸的	80	40
——镀银的,镀锡或镍的	100	60
——其他镀层[a]		
C 在空气中用螺栓紧固的端子:		
——裸的	90	50
——镀银和,镀镍或锡的	105	65
——其他镀层[a]		
D 作为弹簧的金属部件[b]		
E 用作绝缘的材料和与下列等级的绝缘[c]接触的金属部件:		
Y 级(对未浸渍的材料)	90	50
A 级(对浸在油中的材料)	100	60
E 级	120	80
B 级	130	90
F 级	155	115
漆:油基的	100	60
合成的	120	80
H 级	180	140
其他级[d]		
F 油[e,f]	90	50
G 除触头和弹簧以外所有与油接触的金属或绝缘材料部件	100	60

a 如果制造厂采用本表中未列出的镀层,则应考虑这些材料特性。

b 温度或温升不应达到损害金属弹性的数值。

c 按照 GB/T 5582 分级。

d 要求仅限于不对周围部件产生任何损伤。

e 在油的上部。

f 当采用低闪点油时,对蒸发和氧化问题应给予特别考虑。

4.8 额定开断能力

4.8.1 额定最大开断电流

对熔断器规定的开断能力值。

熔断件的最大开断电流(单位:kA)应从 R10 数系中选取。

注:R10 数系包括 1,1.25,1.6,2,2.5,3.15,4,5,6.3,8 以及它们与 10 的乘积。

4.8.2 额定最小开断电流和类别

制造厂应明确熔断器的类别,并对后备熔断器明确规定其最小开断电流。对于通用熔断器也应明确额定最小开断电流。

4.9 动作电压的极限

所有试验方式中动作期间的动作电压不应超过表 4 和表 5 中给出的数值。

如有要求,制造厂应明确开断试验中确定的动作电压的最大值(见 6.6)。

表 4 最大允许动作电压

额定电压/kV	3.6	7.2	12	24	40.5	72.5
最大动作电压/kV	12	23	38	75	126	226

表 5 小额定电流的熔断件的最大允许动作电压(≤3.15 A)

额定电压/kV	3.6	7.2	12	24	40.5	72.5
最大动作电压[a]/kV	26	36	50	85	待定	待定

[a] 动作电压在不超过 200 μs 的持续时间内可能超过表 4 中给出的数值,但不应超过本表中给出的限值(见图 11)。

本表中规定的动作电压仅允许和系列 2 的额定雷电冲击耐受电压相关(见表 2)。

4.10 额定瞬态恢复电压(额定 TRV)

4.10.1 概述

与额定最大开断电流(相应于 4.8.1)有关的额定瞬态恢复电压是参考电压,它构成即使在短路情况下熔断器也能开断回路的预期瞬态恢复电压的上限。

额定 TRV 的标准值规定在表 6 中。用于熔断器的额定最大开断电流。

表 6 中给出的数值是预期值并考虑了恢复电压的衰减。

对于单相系统或当熔断器在比较严酷条件的场合使用时,应根据制造厂和用户之间的协议选取数值。

相应于额定最大开断电流的额定瞬态恢复电压用作开断电流等于额定值时的试验(带有 6.6.1.2.2 中给出的偏差)。对于开断电流小于额定值时的试验,另外规定了瞬态恢复电压值(见 6.6.1.2.3)。

表 6 额定 TRV 的标准值

额定电压	基本参数		导出值			
	峰值电压	时间	时延[a]	电压[b]	时间[c]	上升率
U_r	u_c	t_3	t_d	u'	t'	u_c/t_3
kV	kV	μs	μs	kV	ms	kV/μs
3.6	6.2	40	6	2.06	19.4	0.154
7.2	12.4	52	7.8	4.1	25	0.238
12	20.6	60	9	6.9	29	0.345
24	41	88	13.2	13.8	42.5	0.47
40.5	69	115	17.2	23	55.5	0.60
72.5	124	168	8.4	41.5	64	0.74

表 6（续）

额定电压	基本参数		导出值			
	峰值电压	时间	时延[a]	电压[b]	时间[c]	上升率
U_r	u_c	t_3	t_d	u'	t'	u_c/t_3
kV	kV	μs	μs	kV	ms	kV/μs

$u_c = 1.4 \times 1.5 \times \sqrt{\frac{2}{3}} U_r$

a 对于 $U_r \leqslant 40.5$ kV：$t_d = 0.15t_3$

对于 $U_r \geqslant 72.5$ kV：$t_d = 0.05t_3$

b $u' = 1/3u_c$

c 对于 $U_r \leqslant 40.5$ kV：$t' = (0.15 + \frac{1}{3})t_3$

对于 $U_r \geqslant 72.5$ kV：$t' = (0.05 + \frac{1}{3})t_3$

4.10.2　**TRV 的表述方法**

瞬态恢复电压的波形随实际回路的布置而变化。

对于本部分范围所包括的熔断器，瞬态恢复电压近似于阻尼的单频振荡。用两参数（参考线）法规定的两根线组成的包络线，可足以描述这一波形（见附录 A）。

在熔断器电源侧的局部电容的影响下，TRV 最初几微秒期间会产生一较慢的电压上升率。这可用引入时延的方法加以表述。

这一表示方法既适用于额定瞬态恢复电压，又适用于其他规定的用两参数参考线连同时延线表示的瞬态恢复电压。

4.10.3　**额定 TRV 的表示方法**

下列参数用作表示额定 TRV（见图 8）：

——u_c：以千伏表示的 TRV 峰值电压；

——t_3：以微秒表示的到达电压 u_c 的时间。

时延线平行于第一段参考线，它从时间轴上额定时延 t_d 处开始上升到规定的电压 u'（时间坐标为 t'）处终止。

4.11　**时间-电流特性**

熔断件的时间-电流特性，是在制造厂规定的熔断器底座中装入新的和无载的熔断件通以电流求得的，熔断器底座用 6.5.1.2 中规定的尺寸和长度的导体连接到试验回路中。

除非另有规定，应认为时间-电流特性在周围空气温度 20 ℃的情况下适用。

制造厂应根据 6.7.2 中规定的时间-电流特性试验确定的数据作出曲线。

时间-电流特性应以电流作横坐标和时间作纵坐标来表示。

两个坐标轴上应采用对数刻度。对数刻度的基长（一个 10 的尺寸）比率应是 2∶1，且横坐标的尺寸较长。

特性应画在标准的 A3 和 A4 纸上。

每个 10 的尺寸（单位：cm）应从下列数系中选取：

2，4，8，16，和 2.8，5.6，11.2。

注：推荐尽可能采用 2.8 和 5.6 这两个值。

曲线应当表明：

——视在弧前时间和预期电流之间的关系；

——电流的基准值，可以是平均值或最小值。如果采用平均电流值，则容差应不超过±20%。如果采用最小值，则容差应不超过+50%；

——曲线数据适用的熔断件的型号和额定值；

——时间范围按 6.7.2.2 中的规定。对后备熔断器，如果最小开断电流对应的时间小于 600 s，则应从最小开断电流到 600 s 画一虚线。

为了在熔断器之间或熔断器与其他保护装置之间的配合，相关的时间电流特性可以在低到 0.1 s 的期间应用。

当较高的故障电流使得熔断器在低于 0.1 s 的时间内动作时，可以采用相关的弧前 I^2t 和动作 I^2t 数据(见 3.1.11 的注 1 和注 2)。

4.12 截止特性

制造厂应指出相应于每个预期开断电流的截止上限值，在规定条件下直到熔断器的额定最大开断电流；此上限值的确定是作为在 6.6 中规定的开断型式试验的一部分进行。

应该说明该特性是适用于 50 Hz 还是 60 Hz。

4.13 I^2t 特性

制造厂应对预期电流具有截止特性的熔断器得出动作 I^2t 和弧前 I^2t 值。

规定的动作 I^2t 值应是在使用中可能经受的最高值。这些值和本部分的试验条件，例如电压、频率和功率因数的数值有关。

规定的弧前 I^2t 值应是在使用中可能经受的最低值。

I^2t 值可以用简单的表格或图形(即直方图)形式表示，也可用预期电流作横坐标和 I^2t 作纵坐标的曲线图表示，后者的两个刻度应是对数的并按 4.11 中规定的优选尺寸。

由 6.6 中规定的开断型式试验的一部分所确定的 I^2t 值，应不大于(对动作 I^2t)或小于(对弧前 I^2t)制造厂所规定的值。

4.14 撞击器的机械特性

撞击器可以用其行程的 A 和 B 两点(见图 12)间能释放到机械开关装置或信号装置上的能量和最小耐受力来分类。耐受力是在加有静态外力时防止撞击器在动作后返回到小于最小实际行程 OB 的特性。

撞击器的机械特性在表 7 中给出。

表 7 撞击器的机械特性

类型	机械特性						
	能量	数值		实际行程		最小耐受力	行程的最长持续时间(见注)
		自由行程(OA)[a]	必须释放能量的进展行程(AB)[a]	最小(OB)[a]	最大(OC)[a]		
	J	mm	mm	mm	mm	N	ms
轻型	0.3±0.25	2	8	10	30	不适用	100
中型	1±0.5	4	16	20	40	20	100
重型	2±1	4	6	10	16	40	100

注：行程持续时间，对实际熔断件定义为从燃弧开始至达到行程 OB 的时间。对模拟熔断器，它是从施加电压起至达到行程 OB 时止的时间。

[a] 见图 10。

4.15 用于符合 GB 16926 的负荷开关——熔断器组合电器中的后备熔断器的特殊要求

4.15.1 概述

对这样的用途，必须保证做到：

a) 当熔断器装在其使用环境中时，在弧前时间(即在实际熔断器刚好熔化之前)内，应能耐受低于最小开断电流的电流，而对自身无热损伤或它的周围环境无影响；

b） 在电流刚低于熔断器最小开断电流时，熔断器无损伤的电弧耐受时间（见5.1.3）应长于联用的负荷开关的脱扣时间。

4.15.2 弧前条件下的最高外壳温度

对于打算用在符合GB 16926的、撞击器脱扣的负荷开关——熔断器组合电器中的后备熔断器，熔断器制造厂应规定超过最小熔化电流的任何电流可以达到的最高外壳温度以及相应的电流值。

确定这些温度和电流值的程序在7.6.2中给出。在同族系列的情况下，只需在具有最高电流额定值的熔断器上进行试验。

4.15.3 最长的电弧耐受时间

电弧耐受时间是指从开始燃弧到出现熔断器外部损伤的时间。熔断器制造厂应提供在70%到100%额定最小开断电流的情况下，有关最长电弧耐受时间的资料。

此时间最短应为0.1 s。试验程序在7.6.3中给出。

5 设计、结构和性能

5.1 关于熔断器动作的一般要求

5.1.1 概述

如果用在运行电压低于熔断器额定电压的系统中时，最大开断电流不小于额定最大开断电流。

当限流熔断器用在电压低于其额定电压的系统中时，应考虑熔断器在动作期间产生的和绝缘水平有关的动作电压。

关于熔断器耐受每个可能的时间/电流组合而不恶化到引起过早动作或破坏的能力而言，目前，在电流低于在6.6开断试验中规定的电流范围内检验熔断器性能的试验尚未作出规定（见第9章）。

5.1.2 使用的标准条件

不管直流分量的大小，熔断器都应能正确地开断任何数值的预期电流，只要：

——交流分量不小于额定最小开断电流且不大于额定最大开断电流；

——工频恢复电压不大于表9中的规定值（对于特殊情况，见9.3.4）；

——预期瞬态恢复电压在用6.6.1.2中规定的试验所表示的限值以内；

——频率在48 Hz和62 Hz之间；

——功率因数不小于用表9中规定的试验所表示的值；

——当预期TRV曲线通过时延线并且不再次同它相交时，不超过由6.6.1.2中规定参数的参考线。

注：关于预期TRV特性，时间 t_3 对熔断器（除了那些在电弧起始后紧接着出现很高电弧电压峰值的熔断器之外，见6.6.1.2.1）的性能是不重要的。

5.1.3 性能的标准条件

按照5.1.2中列出的使用条件，熔断器的性能应为：

a） 充粉剂的熔断件不应喷出火焰或粉末，不过只要不引起击穿或明显的对地漏电，可允许从撞击器或指示器喷出微量火焰；

b） 在熔断器动作后，熔断器的组件（除规定在每次动作后须更换的以外）皆应处于原来状态。在动作后，应能整体地取出熔断件；

c） 当熔断件装有指示器或撞击器时：

  1） 指示器不必遵从特定的要求，但应目视可见且完全动作；

  2） 撞击器应符合4.14中规定的要求并且应完全动作；

d） 熔断器的动作不应产生高于4.9中规定的动作电压；

e） 对应于每个预期开断电流值的截止电流值应不超过制造厂给出的截止特性所对应的值；

f） 在动作以后，熔断器应能耐受其端子间的工频恢复电压。

5.2 识别标记

应把下面所给出的识别标记持久地标记在熔断件和熔断器底座上。

在所有情况下，表示额定值的数字后面都应跟写表示其单位的符号。

注：当熔断件的实际尺寸很小以致不可能容纳下面所列的标记时，可以采用其他办法。

a) 在熔断器底座上

——制造厂的名称或商标；

——额定电压；

——额定电流。

b) 在熔断件上

——制造厂的名称或商标；

——产品型号；

——额定电压；

——额定电流；

——额定最大开断电流；

——类别(后备、通用、全范围)；

——额定最小开断电流(仅对后备熔断器)；

——最高使用温度(对设计用在周围环境温度超过 40 ℃且按照附录 E 试验的熔断件)；

——撞击器的类型(轻型、中型或重型)，如果有；

——撞击器的位置(如果适用)。

如果熔断件和熔断器底座设计用于户外或在油中使用，适用时，这一标志也应在两者上标明，除非信息已包括在型号或识别代码中。

5.3 尺寸

附录 D 中列出了一批在各个国家的现行标准中规定的型号和尺寸及其分类方式。

6 型式试验

6.1 试验条件

进行型式试验是为了检验某一类型或特殊设计的熔断器，在正常性能条件下或在特殊规定条件下，是否符合规定的特性和功能。型式试验是在样品上进行以检验同一类型所有熔断器的规定特性。

仅当设计的改变可能影响性能时，才应重复这些试验。

在装有撞击器的熔断件上进行的型式试验，对不装撞击器的熔断件同样是有效的。

为了便于进行试验，在制造厂事先同意的情况下，为试验规定的各值(特别是允差)可以改变得使试验条件较为严酷。当未规定允差时，型式试验应在不比规定值轻松的数值下进行，上限值须经制造厂同意。

本部分中规定的试验，原则上都是型式试验，而对验收试验未给出抽样方法。

如果用户希望进行验收试验，则在制造厂和用户达成协议后，这些试验应从型式试验中选取。

对已取得型式试验报告的熔断器进行试验时，制造厂对用户的责任仅限于严酷性最低的规定值而不是在型式试验中获取的值。例如，虽然开断试验可能在 103% 的规定工频恢复电压下进行，然而，制造厂对超过规定工频恢复电压 100% 的任何性能数字不负有责任。

6.2 型式试验项目

在完成一种设计或作了影响性能的改动之后应进行的型式试验如下：

——绝缘试验(仅对熔断器底座)；

——温升试验和功率耗散测量；

——开断试验；

——时间-电流特性试验；

——撞击器的试验。

6.3 所有型式试验的共同试验要求

6.3.1 概述

所有型式试验的结果应记录在型式试验报告中，包含必须的数据以检验是否符合本部分。

除非另有规定，下列各项应是共同试验要求。

6.3.2 受试装置的状态

装置应是新的、干净的且处于良好状况。在进行型式试验前(绝缘和油密封试验除外)应当用不超过10%额定电流的电流测量每个熔断件的电阻，电阻应连同进行测量的周围空气温度一起计入报告中。

6.3.3 熔断器的安装

受试熔断器应按照设计的正常使用位置安装在坚固而又接地的金属框架上。

除非另有规定，连接线的布置不应减少正常间隙。

6.4 绝缘试验

6.4.1 试验要求

绝缘试验的要求应按6.3和下述规定：

注：无论是在未使用还是在运行状态，熔断件都不能作为单独装置进行试验。

6.4.1.1 试验布置

对于多极布置的熔断器，当极间距离不是由其结构固定时，为了进行试验，制造厂必须提供规定的最小极间距离。

6.4.1.2 电气连接

应当采用裸导体接到每一端子上实现电气连接。这些导体应从熔断器的端子以大体平行于熔断件的直线引出，其无支撑的距离至少应等于熔断器的隔离距离。

6.4.2 冲击和工频试验时试验电压的施加

应当用冲击电压发生器和一点接地的工频电源的一个输出端子，将表2中对受试熔断器规定的试验电压逐次地加在：

a) 端子和所有可接地的金属部件之间：

1) 熔断器(包括熔断件)已装配完好准备投入运行时；

2) 取掉熔断件时。

注1：对多极布置的熔断器：

——接在一起的所有极的所有带电部件和可接地的金属部件之间。

——每极的端子和可接地的金属部件之间，此时其他极所有带电部件也与可接地的金属部件连接。

b) 端子之间：这些试验仅在熔断器底座上进行。

如果对熔断器未规定隔离特性，则可接地的金属部件应接地。如果对熔断器规定了隔离特性，则可接地的金属部件应对地绝缘或接到电源的中性点上。

注2：对多极布置的熔断器，相对两侧的接线端子应各自连接在一起。

6.4.3 试验期间的大气条件

试验应尽可能在接近GB/T 16927.1—1997的4.4.1规定的标准大气条件下进行。

如果没有其他规定，GB/T 16927.1—1997的4.4.2.1和4.4.2.2给出的空气密度和空气湿度的修正因数可用于熔断器。

6.4.4 雷电冲击电压干试验

熔断器应经受符合GB/T 16927.1—1997的第6章中1.2/50冲击的雷电冲击电压干试验。

在表2中规定的额定雷电冲击耐受电压下的15次连续冲击，应按下述施加：

——对 6.4.2a)项的所有试验条件，以额定耐受电压加到对地和极间；

——如果对熔断器底座未规定隔离特性，则对 6.4.2b)项的试验条件，以额定耐受电压加到对地和极间；

——如果对熔断器底座规定了隔离特性，则对 6.4.2b)项的试验条件，以额定耐受电压加到隔离断口的两端。

如果对每一试验条件，自恢复绝缘上的对地、极间或端子之间的破坏性放电不超过 2 次，而非自恢复绝缘上不发生破坏性放电，则应认为熔断器已成功地通过了试验。

熔断器应在正极性和负极性电压下均能通过规定的试验，但是，如果有证据表明哪一极性时的击穿电压较低，则仅在该极性下试验已足够。

6.4.5 工频电压干试验

熔断器应经受 GB/T 16927.1 中规定的 1 min 工频电压干试验。

试验回路(具有电压调节装置的变压器)应具有至少 0.2 A 的短路电流。并允许在大约 1/10 的规定电压下检查电流的数值。

额定 1 min 工频耐受电压试验的规定值列于表 2 中。试验应当在下列各值下进行：

——对 6.4.2a)项的所有试验条件，以额定耐受电压加到对地和极间；

——如果对熔断器底座未规定隔离特性，则对 6.4.2b)项的试验条件，以额定耐受电压加到对地和极间；

——如果对熔断器底座规定了隔离特性，则对 6.4.2b)项的试验条件，以额定耐受电压加到隔离断口的两端。

如果出现闪络或击穿，则认为熔断器试验失败。

6.4.6 工频电压湿试验

户外熔断器应在与 6.4.5 中规定的相同条件下(持续时间除外，其持续时间为 1 min)经受工频电压湿试验。然而，如果在外自恢复绝缘上出现破坏性放电，则此试验应在相同试验条件下重复进行，如果不再发生破坏性放电，则认为熔断器已成功地通过了这一试验。

在这些试验期间，熔断器应经受与垂直线成 45°角的人工淋雨，其试验程序应符合 GB/T 16927.1—1997 中 4.5 的规定。

6.5 温升试验和功率耗散测量

6.5.1 试验要求

温升试验和功率耗散测量应在一个熔断器上按 6.3 的规定和下述要求进行。

6.5.1.1 试验样品

熔断器底座应符合受试熔断件的制造厂的规定。

熔断件应是用于该熔断器底座中电流额定值最大的。

6.5.1.2 设备的布置

试验应在基本上无空气流动的封闭房间内进行，由受试装置的热量引起的空气流动除外。

在空气中的熔断器应安装在制造厂说明书内规定的的最不利的位置，并且用裸铜导体与试验回路按如下连接：每根导体应是大约 1 m 长，它们安装在平行于熔断器安装面的平面内，但可以在此平面内的任何方向。表 8 中给出了导体的截面。

在开关设备中使用的油密封熔断件应在设计用来模拟使用条件的充油的外壳中进行试验。此外壳的容积应大约是受试熔断件体积的 30 倍。熔断件浸入油中时，应使油均匀地分布在熔断件的周围。附录 C 按照附录 D 中的表 D.2 和图 D.2 给出了一个不大于 200 A 的熔断件优先选用的试验布置的例子。外壳外的试验导体应按上述布置，其截面在表 8 中给出。

表 8　与试验回路的电气连接——导体截面

熔断件的电流额定值/ A	裸铜导体的截面/ mm^2
≤25	20～30
>25,≤63	40～60
>63,≤200	120～160
>200,≤400	250～350
>400,≤630	500～600
>630,≤1 000	800～1 000
注 1：以 MCM(1 000 圆密尔)表示的等效面积可用上面第 2 栏中的数字乘以 2 求得。 注 2：对于并联的熔断件，所考虑的电流额定值是制造厂规定的总电流。	

不需维持正常的间隙距离。

试验应在 48 Hz 和 62 Hz 之间的频率下用熔断件的额定电流进行，每一试验进行的时间应足以使温度上升达到恒定值(实际上，当温升的增加不超过 1 K/h 时，就认为已达到这一条件)。

熔断器各部件的温升不应超过第 4 章中规定的值。

6.5.2　温度的测量

6.5.2.1　熔断器部件的温度

对于规定了限值的各部件的温度应当用例如热电偶、温度计或接触元件这类装置来测定，它们应放置和固定在可接近的最热部位以提供良好的热传导。需要计算热时间常数时，应在整个试验期间以有规则的时间间隔记录温升。

浸在液体介质中的元件表面温度只应采用紧贴在此元件表面上的热电偶进行测量。液体介质本身的温度应按下述方法测量，即靠近装置(也就是说在使装置冷却的介质中)。

用温度计或热电偶测量时，应采取下述预防措施：

a)　应当保护温度计的球泡或热电偶(用干燥、清洁的羊毛，等等)不受外界的影响。但是，保护的面积同受试电器的散热面积相比应可忽略；

b)　应当保证在温度计或热电偶和受试部件的表面之间具有良好的热传导性；

c)　当球泡温度计用于存在变化的磁场之处时，推荐使用优于水银温度计的酒精温度计，因为在这些条件下前者较易受影响。

6.5.2.2　周围空气温度

周围空气温度是熔断器周围空气的平均温度(对封闭的熔断器，是指外壳外部的空气)。它是在最后 1/4 试验期间利用至少 3 个温度计、热电偶或其他温度检测装置测得的，这些测温装置均匀地分布在熔断器周围(距离熔断器约 1 m 并约为熔断器载流部件平均高度处)。温度计或热电偶应受到保护以避免气流作用和热的过度影响。

为了避免因温度迅速变化引起的指示误差，可以将温度计或热电偶放进一油量约半升的小油瓶中。

在最后 1/4 试验期间，周围空气温度的变化，在 1 h 内应不超过 1 K。如果因为试验室的温度条件不利而不能达到该要求时，则可取一个同样的熔断器在相同条件(但没有电流)下的温度代替周围空气温度。此辅助熔断器不应受到过量的热作用。

在试验期间，周围空气温度应在＋10 ℃和＋40 ℃之间。当周围空气温度在此范围内时，温升值不需修正。

6.5.3　功率耗散的测量

功率耗散以瓦表示。

需要用在外壳中的熔断器可能需要降低额定(见 9.3.2 和附录 F)。为了便于这一降低,应按下述进行功率耗散的测量:

a) 功率散耗的测量可在温升试验期间进行。应当测量两个值,一个是在熔断件额定电流的 50% 时、第二个是在 100%时测得。电压应在熔断件触头上与配对的接触片触点尽可能靠近处进行测量。测量应在功率耗散(即温度)已达到相应于所考虑的电流值的稳态值时进行;

注:此要求仅适用于需要在外壳中使用的熔断器。对其他熔断器,见 7.4。

b) 将熔断器装进其设备的开关设备制造厂和用户可以把功率耗散值考虑在内来确定装进其设备的不同类型熔断器的额定值降低因数。功率耗散值并非确定额定值降低因数的唯一参数。

6.6 开断试验

6.6.1 试验要求

开断试验要求应如 6.3 的规定和下述要求。

6.6.1.1 试验概述

试验应按照表 9 中给出的程序进行,至少应包含三个试验方式,这些试验方式给出了整个动作电流范围内最严酷的开断条件:

试验方式 1:额定最大开断电流 I_1 时动作的验证。

试验方式 2:预期电流 I_2 时动作的验证,在此电流下,当回路电感中储存的能量很高时出现限流作用。

试验方式 3:电流 I_3 时动作的验证:

——对后备熔断器,I_3 是额定最小开断电流;

——对通用熔断器,I_3 是 1 h 或更长时间的熔化电流;

——对全范围熔断器,I_3 是熔断件的额定电流。这是为了考虑有可能严重地降低额定值,使得熔断器的最小熔化电流下降到接近其额定电流。

试验 I_t:对具有交接电流的熔断件(见 6.6.1.3)。

对于在同一外壳内兼有不同熄弧机理的熔断器(例如限流式元件和喷射式元件的串联),当开断方式是从一种熄弧机理向另一种熄弧机理转变时,除上述试验方式 1、试验方式 2 和试验方式 3 以外,可能需要增加验证在电流 I_t 范围内正确动作的附加试验。因为熔断器的设计多种多样,对所有的设计规定准确的试验要求是不可能的。因此,在电流转移区域,通过 I_t 开断试验确认影响正常电流开断正确动作的开断机理是熔断器制造厂的责任。用于评估满足该要求的典型判据在附录 G 中讨论。

表 9 开断试验——参数

参数	试验方式		
	1	2	3
工频恢复电压	(0.87×额定电压)$^{+5}_{0}$%		额定电压$^{+5}_{0}$%
预期 TRV 特性	见 6.6.1.2		不规定
功率因数	0.07~0.15[a]		0.4~0.6
预期电流(交流分量有效值)	$I_1{}^{+5}_{0}$%	I_2	$I_3{}^{0}_{-10}$%[b]
起弧时的瞬时电流	不适用	$0.85I_2$~$1.06I_2$	不适用
关合角	不在电压零点之前	电压零点之后 0°~20°	随机
电压零点之后的起弧相角	第一次试验:40°~65° 后两次试验:65°~90°[c]	不适用	不适用

表 9(续)

参数	试验方式		
	1	2	3
开断后电压的持续时间	不少于 15 s	不少于 60 s 或 5 min[d]	
试验次数	3	3	3

[a] 制造厂同意时,不用下限。

[b] 受试验站条件的限制不能保持电流恒定时,只要起弧时电流在试验方式 3 规定的容差之内,则电流容差可以在不大于总熔化时间 20%的期间内任一方向超出。

[c] 由于动作条件能对熔断器产生变化很大的负荷,且因开断试验原则上是打算产生这一电流的主要关于电弧能量以及热的和机械作用的最严酷条件,所以当进行所提出的三次试验时,至少有一次实际上达到了这些条件。

[d] 对于有机熔断件,在下述特定情况下开断后保持电压的时间不应小于 5 min:

——试验方式 2:对于后备熔断器、通用熔断器和全范围熔断器;

——试验方式 3:对于通用熔断器和全范围熔断器。

该较长的电压保持时间仅适用于同族系列中最大的电流额定值,且不适用于专门用于撞击器脱扣的负荷开关——熔断器组合电器中的熔断器。

对于用于周围温度超过 40 ℃的熔断件的附加开断试验要求见附录 E。

I_1、I_2 和 I_3 的值是电流交流分量的有效值。

如果在按试验方式 2 进行的试验中,试验方式 1 的要求已由一个或几个试验完全满足,则这些试验作为试验方式 1 的一部分不必重复。

在极为例外的情况下,电流 I_2 可能高于额定最大开断电流 I_1。此时试验方式 1 和试验方式 2 应以合闸相角相互间大致差 30°均匀分布的 6 次额定最大开断电流试验代替[除了合闸相角和起弧瞬时电流值以外,应使用试验方式 2 的参数(见表 9)]。

如果在试验方式 1 中,即使在最早允许角度下合闸,也不可能在比电压过零后 65°合闸更早地起弧,则具有电压过零后 40°~65°起弧要求的一次试验可用电压过零后从 65°~90°起弧的一次附加试验代替(使总的次数达到三次)。

没有必要对同族系列中的所有电流额定值的熔断件都进行开断试验,应满足的要求和进行的试验见 6.6.4。

同样,一个同族系列也可能无需开断试验,只要用在较高和较低额定电压熔断件相互有关的同族系列的试验结果之间进行内插即可获得认可;关于应满足的要求见 6.6.5。

注:作为导则,符合要求的电流 I_2 的值可以用下列方法之一确定:

a) 如果在试验方式 1 中,在对称故障开始的条件下,进行了一次电流等于或大于 150 倍电流额定值的试验,则可按下述公式计算:

$$I_2 = i_1\sqrt{\frac{i_1}{I_1}}$$

式中:

I_2——试验方式 2 的预期电流;

i_1——试验方式 1 中熔化瞬间的电流瞬时值;

I_1——试验方式 1 的预期电流。

b) 在时间-电流特性上弧前时间为半周期所对应电流的 3 倍和 4 倍之间选取(见 6.7 和 4.11)。如果时间-电流特性曲线存在有效时间小于半周期的部分,则优先使用在此时间-电流特性曲线上弧前时间为 0.08 倍正常半周期所对应的电流。

6.6.1.2 试验回路的特性

6.6.1.2.1 概述

开断试验应以单相交流和单个熔断器进行。

如果受试验站的限制不能在规定的时间内保持全部的恢复电压，试验回路可以切换到辅助电源。这样的切换应在电流开断后 10 s 之内完成。影响到回路切换的所有必要的回路开断应不超过 0.2 s。该辅助电源在剩余规定的持续时间内保持规定的恢复电压的情况下能够提供至少 1 A 的电流。在电压保持阶段熔断器的任何击穿(即流过熔断器的泄漏电流达到 1 A 或更多)都应认为熔断器开断失败。可以通过任何方便的方法监测电流。一个可接受的方法是使保护辅助电源的断路器脱扣。

用来调节电流和功率因数的回路元件相互间以及和熔断器间都应串联(如图 3 和图 4 所示)。不应使用易饱和的电抗器。

试验回路的频率应在 48 Hz 和 62 Hz 之间。

示波图上不应观察到工频恢复电压的畸变。当某些畸变不可避免时，它不应使得开路电压高于 6.6.1.1 中所规定的相应于试验方式 1 和试验方式 2 所要求的恢复电压的 107%。

试验方式 1、试验方式 2 和 I_t 时的动作电压应当用适当频率响应的测量系统进行测量。对于试验方式 3，这一测量系统可用球隙或等效响应的装置代替。

因为通过保护设备的并联路径可能降低熔断器的负荷，所以用于试验回路中的动作电压保护设备，在熔断器正常开断期间不应出现火花放电。

试验回路的预期瞬态恢复电压波形应满足下列两点要求：

a) 其包络线在任何时刻都不低于规定的参考线。

注：着重指出，包络线可以超过规定参考线的程度要得到制造厂的同意(见 6.1 的第 4 段)。

b) 它的起始部分不应与规定的时延线(如果有)相交。

这些要求在图 9 中表示。

各试验方式规定的参考线和时延线的标准值如下。

6.6.1.2.2 试验方式 1 的 TRV

原则上，试验是用 4.9 中规定的 TRV 标准值进行。然而，正如附录 B 中所述，除了起弧后立即出现最高电弧电压的情况以外，限流熔断器对 TRV 特性是不敏感的。所以，为了试验的方便，试验可按下述进行。

用任一方便的预期 TRV 和在电压过零后从 65°～90°起弧的情况下进行第一次试验。如果在本次试验中，在起弧后 2 t_3 的时间内未到达电弧电压最高峰值，则此试验是有效的，并且试验方式 1 可在同一回路中完成。否则，回路应变为提供的 TRV 的包络线在任何时刻都不低于 4.9 中规定的参考线并且起始部分不与规定的时延线相交。试验方式 1 的所有试验都应在该新的回路中进行。

6.6.1.2.3 试验方式 2 的 TRV

试验应当用表 10 中规定的预期 TRV 值进行(见附录 B)。

试验回路的预期 TRV 波形应满足下列要求：

a) 其最高峰值不应小于规定的参数 u_c；

b) 其包络线的上升段应处于 t_3 允差规定的两根线之间。

注 1：因为 TRV 波形的起始部分对熔断器的性能不重要(见附录 B)，所以未规定时延线。

注 2：特别是对试验电流 I_2 较小的熔断器，可能难以获得规定的时间值。在此情况下如果征得制造厂的同意，可以采用较大的 t_3 值并应在试验报告中说明。

表 10 试验方式 2 的 TRV

额定电压	基本参数		上升率
	峰值电压	时间	
U_r	u_c[a]	t_3	u_c/t_3
kV	kV	μs	kV/μs
3.6	6.6	120～160	0.055～0.041
7.2	13.2	156～208	0.084～0.063
12	22	180～240	0.122～0.091
24	44	264～352	0.167～0.125
40.5	74	345～460	0.214～0.160
72.5	133	504～672	0.265～0.199
[a] $u_c=1.5\times1.5\times\sqrt{\frac{2}{3}}U_r$			

6.6.1.2.4 **试验方式 3 的 TRV**

TRV 特性不作规定；回路的电抗（它可以是变压器的电抗，或者是变压器和电抗器的电抗）应并联一数值等于大约 40 倍电抗值的电阻 R_p。但是，如果这一数值还未能导致临界阻尼，则应减小电阻以获得临界阻尼（见附录 B）。

可在下列条件下得到临界阻尼：

$$R=\frac{1}{2}\frac{f_0}{f_N}X$$

式中：

f_0——无附加阻尼的回路固有频率；

f_N——工频；

X——回路的工频电抗。

6.6.1.3 **I_t 试验（对于具有交接电流的熔断件）**

通常，在下述两个数值下应进行至少两次试验：

$I_{t1}=1.2I_t(\pm0.05I_t)$以及

$I_{t2}=0.8I_t(\pm0.05I_t)$

这里，I_t 是熔断器制造厂提供的交接电流值。

如果知道这些数值并没代表所给定的熔断器设计最严酷的条件，熔断器制造厂可以提供其他的 I_{t1} 和 I_{t2}。

试验时采用的参数取决于交接电流 I_t 的值，应如下述：

I_t 在短路电流（限流）范围内：所有试验条件如表 9 所示以及适合的试验电流；

I_t 在低过电流范围内（即低于 12 倍额定电流）：功率因数和工频恢复电压按试验方式 3 的规定；

I_t 在中间电流范围内：

——工频恢复电压：额定电压$^{+5}_{\ 0}$%；

——功率因数：

如果交接电流 I_t 在 12 和 25 倍额定电流 I_r 之间：0.3 到 0.4 滞后；

如果交接电流 I_t 在 25 倍额定电流 I_r 和 I_2 之间：0.2 到 0.3 滞后；

——TRV：由熔断器制造厂规定，在必要的试验电流的基础上，再现熔断件所适用的场合回路的典型数值。关于 TRV 参数的适当数值，可以根据用于类似场所的其他开关装置的试验标准获得。

该试验应在开断职能由一个开断机理向另一个开断机理交接的上升和下降的电流区域内进行。试验电流由制造厂提供。用于评估满足本要求的典型判据在附录 G 中讨论。

6.6.1.4 试验样品

熔断件应按熔断件制造厂的规定装在熔断器底座中进行试验。

6.6.1.5 设备的布置

6.6.1.5.1 用于空气中的熔断器

对于试验方式 1 和试验方式 2，为了重现在运行中可能出现的电磁力，导体应按图 2 所示布置。为防止导体的任何移动对熔断器底座造成过度的机械应力，应将导体在一定距离处固定，如果绝缘子的高度超过 0.50 m，其距离应等于绝缘子的高度；如果绝缘子的高度不超过 0.50 m，其距离应为 0.50 m。弯角应位于紧靠支撑点之后。对试验方式 3 没有规定布置方式。除了已知水平布置比较严酷，熔断器在此情况下应水平地试验以外，所有熔断器都应处于垂直位置进行试验。

6.6.1.5.2 用于充油外壳中的熔断器

试验方式 1 和试验方式 2 可以在空气中或在充油外壳中进行，对试验方式 3 和 I_t 试验，熔断件应在充油外壳中进行试验并采用适合于此外壳的试验导体布置方式。该充油外壳可以和用于温升试验的一样（必要时适当加固），但应将熔断件移到对外壳有相等绝缘距离处并采用适当的熔断器触头。

6.6.1.5.3 用于环境温度超过 40 ℃的熔断件

某些类型的全范围熔断件设计成能在周围环境温度超过 40 ℃时开断电流（例如在变压器箱壳中或在受到了太阳照射的外壳中的熔断器）。在此情况下，试验方式 3 应在设计成模拟此类使用情况的、加热的外壳中进行。

当熔断件在制造厂规定的最高环境温度（最高使用温度）下使用时，试验电流 I_3 用来表示能引起熔断件熔化的最小电流。试验布置的详细情况和确定 I_3 的方法在附录 E 中给出。

6.6.2 试验程序

6.6.2.1 试验回路的校正

应当如图 3 和图 4 所示，将受试熔断器或熔断件用一阻抗可忽略不计的连接件代替。

回路应调整到能给出规定的预期电流。这一点应当用示波图或类似记录验证。

注：对试验方式 3 的直接试验，可不必进行试验回路的校正，而且试验时，可用电流表代替示波图测量电流。

6.6.2.2 试验方法

拆除连接件 A 并用受试熔断器或熔断件 B 代替。

在能够达到表 9 中规定条件的瞬间合上合闸开关 E。

对试验方式(1、2、3)和 I_t，应测量动作电压。对试验方式 1 和试验方式 2 应确定截止电流。

在试验方式 3 中，可以用电流表的测量代替或补充示波图或类似测量系统。

在熔断器动作后，恢复电压在熔断器两端保持的时间应符合表 9 的规定。最初几个周期应当用示波器或类似系统记录，而其余的可以用电压表观察。

在此期间，工频电压可能低于规定的最小值。

6.6.2.3 示波图的解释

对试验方式 1 和试验方式 2，预期开断电流应是在校正试验中短路开始后半周波时测得的电流的交流分量有效值（见图 5 和图 6）。

对试验方式 3 和 I_t 试验，预期开断电流应是在开断试验中起弧瞬间测得的对称电流有效值（见图 7）。

工频恢复电压值是在第二个未畸变的半波波峰和连接其前后两个半波波峰间所作直线之间测得（见图 5、图 6 和图 7）。

6.6.2.4 用于试验的参数

进行试验所用的参数在表 9 中给出。

如果进行试验的条件比规定条件更严酷且试验成功，则该试验有效。

6.6.3 试验方式3的替代试验方法

试验方式3可以在整个试验期间都采用单个高压电源进行(像在试验方式1和试验方式2中那样)。

然而,当弧前时间很长和/或受到试验站容量的限制时,试验方式3可以作为两部分试验进行。试验的第一部分,电流用低压电源供给;试验的第二部分,包括熔断器开断电流时刻在内,电流用高压电源供给。

也可采用单个高压电源进行两部分试验,此时,对弧前期间这一部分,功率因数值较低。在此情况下,必须在起弧之前,转变为正确的功率因数。

6.6.3.1 回路的要求

回路的要求如下:

a) 一个低压电源,它能产生所要求的电流以流过受试熔断器,并在试验期间保持电流恒定。

b) 一个如6.6.1.2中描述的高压电源。

高压电流的数值是6.6.1.1中规定的电流 I_3。

c) 在试验期间所要求的时刻,能够手动或自动地从低压电源切换到高压电源。

电流中断的时间间隔应不超过0.2 s。在转换到高压电源的瞬间,电流应无明显的不对称性。

通常,切换应在至少还有一个熔体承载电流时进行。对于多熔体的熔断器,正如在熔断器两端产生逐级增大的电压所表明的,这将处于熔体正在逐个熔化的时期。

d) 在征得制造厂的同意后,允许将切换延迟到所有熔体(但不包括撞击器的熔体,如果装有)熔化以后。所有在c)中给出的其他参数仍然适用。

当熔体何时开始熔化难以检测或弧前电流值不得不远远大于试验方式3选用的电流值(见6.6.3.2)时,这个做法是有价值的。

但是,由于这一方法对熔断器要比方法c)更严酷,所以,在试验失败情况下允许采用方法c)重复试验方式3的试验,这是因为后者比较接近实际使用情况。

6.6.3.2 试验方式3的燃弧前试验电流值

这些数值如下:

a) 对后备熔断器的试验,当弧前时间小于1 h时,低压电源应调整到 I_3 的值并在整个试验期间保持在此值。

b) 对通用熔断器,当要求熔化的最短时间为1 h时,低压电源的电流调到 I_3,但在1 h后,它可以增大到 $1.15I_3$ 以促使熔化。

c) 对那些要求 I_3 的值等于熔断器额定电流的全范围熔断器,只要总的弧前时间不小于1 h,为了避免不必要的长试验时间,在整个试验的低压部分期间低压电源可以调到高于 I_3 的值。但是,在弧前期间,低压电流不应超过 I_3 的142%。

经过1 h以后,为了促使熔化,低压电流可以增大到 $1.15I_3$。

如果这样高的电流值还使得试验时间嫌长,只要获得了至少1 h的熔化时间,允许将熔断件装在一散热受到限制的外壳中。

当采用这样的外壳仍不能实现在合适的时间内熔化时,那么,可以采用附录E中给出的试验方法。

6.6.4 同族系列熔断件的开断试验

6.6.4.1 同族系列熔断件的特征

当熔断件的特性符合下列条件时,就认为它们构成了一个同族系列:

a) 额定电压、最大开断电流和频率应相同;

b) 所有材料(包括填充材料及其颗粒分布)均应相同;

c) 除了下面从d)项~h)项列举的横截面和熔体数以外,熔断件的所有尺寸均应相同;

d) 在任一熔断件中,所有主熔体均应一样;

e) 控制单个熔体横截面沿其长度变化的规律应相同；

f) 所有在厚度、宽度和数量方面的变化都应对于额定电流是单调的[1)]。因此，不允许用减少熔体数量的方法来平衡截面的增大，反之亦然；

g) 在各单个熔体之间距离（如果有）的变化以及在熔体和熔断器外筒之间距离（如果有）的变化，都应相对于额定电流是单调的；

h) 用作指示器或撞击器的特殊熔体是上述 e)项和 f)项的例外，但这一熔体对所有熔断件应相同。

6.6.4.2 试验要求

在熔断件的一个同族系列中，开断试验仅需按表 11 进行。

表 11 同族系列熔断件的开断试验要求

试验方式	受试熔断件（X 表示必须进行的试验）		
	A	B	C
1	X		X
2[a]	X[c]		X
3[b]	X[d]	X[d]	X

[a] 熔断件 A 和熔断件 C 的试验电流 I_2 应分别按熔断件 A 和熔断件 C 的电流额定值选择。

[b] 最小额定电流值的熔断件，除了用作使撞击器动作的熔体（如果有）以外，至少应包含两个单个的主熔体。

[c] 仅当单个熔体的横截面小于熔断件 C 单个熔体的横截面时，才要求进行此项试验。

[d] 仅当熔断件 A 和熔断件 B 的 I_3/s 比值小于熔断件 C 的 I_3/s 比值时，才要求进行此项试验。在此情况下，试验方式 3 应选取具有最低 I_3/s 比值的熔断件进行试验。

表 11 中的符号表示下列意义：

A——最小额定电流值的熔断件。

B——额定电流值在 A 和 C 之间的任何熔断件。

C——最大额定电流值的熔断件。

s——每一单个主熔体的横截面。

6.6.4.3 开断试验的解释

如果按照表 11 进行试验的结果满足 6.1.3 的要求，则应认为在同族系列内的任何电流额定值的熔断件均符合本部分的开断要求。

如果某一熔断件没有按照 6.1.3 满意地完成一个或多个试验系列，则该熔断件应从同族系列中剔除，但是这样的失败并不一定需要排除任何其他电流额定值的熔断件。

制造厂应当对同族系列中所有适用的电流额定值的熔断件取得适用的最小开断电流值。这些值应基于在该系列的熔断件 C 上进行试验方式 3 的开断试验。对同一同族系列中其他电流额定值的最小开断电流值可以用计算确定。每一主熔体的电流密度（I_3/s 比值）应等于或大于熔断件 C 的电流密度。

6.6.5 用内插法认定熔断件的同族系列

如果不同电压额定值 U_X 和 U_Z 的两个同族系列 X 和 Z 已成功地通过了试验，只要满足下列条件，则中间电压额定值 U_Y 的第三个同族系列原则上不必试验：

a) 额定电压 U_Z 不大于 $2U_X$；

b) Y 的电流额定值不超出与已通过试验的 X 和 Z 系列的共同的电流额定值范围；

c) 在额定电压 U_X 和 U_Z 下的额定最大开断电流相同；或者，如果它们不同，则认为只有较低的值

1) 单调函数：当变量的方向给定时，以同一方向连续变化的函数。

适用于 U_Y；

d) 在额定电压 U_X 和 U_Z 下，相同电流额定值的熔断件的额定最小开断电流相同；或者，如果它们不同，则认为只有较高的值适用于 U_Y；

e) 额定频率相同；

f) 所有材料相同；

g) 除了熔断件和熔体的长度以外，所有尺寸皆相同；

h) 对每一电流额定值，单个熔体数及其横截面均相同；当内插中间电压额定值的熔体长度时，用每单位长度变化数表示的横截面控制的变化规律也应保持不变；

i) 熔体的长度相应于已试验过的电压额定值的熔体线性地进行内插。

6.6.6 不同长度熔断件同族系列的认定

为了满足不同类型熔断器——负荷开关或熔断器底座的安装尺寸，有时需要有一种可用于两种或更多种不同外管长度的熔断件设计。原则上，如果最短的一种结构已完全通过试验，那么，只要符合下列要求，就认为没有必要去试验另一较长外管的结构。

只要符合下列准则，基于按 6.6.2 和 6.6.3 对一给定同族系列所做的试验而标明的开断特性和额定参数，对外管长度较长的另一同族系列是有效的。

a) 额定电压相同时，熔断器的每个未试验过的同族系列的外管长度，不超过 1.6 倍试验过的同族系列的外管长度。主熔体的卷绕节距可以加长，但它们的长度应和在此系列中试验过的熔断器的相同；

b) 除了外管长度以外，未试验过的一批应符合 6.6.4.1 中的所有项目；

c) 未试验过的一批的最大额定电流不大于试验过的一批的最大额定电流，并且未试验过一批的最小额定电流不小于试验过的一批的最小额定电流。

6.7 时间-电流特性试验

6.7.1 试验要求

时间-电流试验的要求应按 6.3 的规定和下述要求。

6.7.1.1 周围空气温度

时间-电流特性应在 15 ℃和 30 ℃之间的任何周围空气温度下进行验证。

每次试验开始时，熔断器应大致处于周围空气温度。

6.7.1.2 设备的布置

应当采用与温升试验相同的设备布置(见 6.5.1.2)(如果试验是单独进行)，或者与开断试验相同(见 6.6.1.5)的设备布置进行试验。

6.7.2 试验程序

时间-电流试验应按如下程序进行。

6.7.2.1 弧前时间-电流试验

弧前时间-电流试验可以在任何方便的电压下，用可使通过熔断器的电流基本上保持恒定值的试验回路进行。

可以采用开断试验中获得的时间-电流数据。

6.7.2.2 时间范围

试验应在下列时间范围内进行：

——后备熔断器：从 0.01 s～600 s；

——通用熔断器和全范围熔断器：从 0.01 s～1 h。对于全范围熔断器，时间范围最好超过 1 h。

6.7.2.3 电流的测量

在时间-电流试验期间，应当用电流表、示波器或其他适用的仪器测量通过熔断器的电流。

6.7.2.4 时间的确定

当用示波器记录时间时，弧前时间应是视在的或实际的时间，随所选用的方法而定。

6.8 撞击器的试验

6.8.1 概述

这些试验目的是为了验证即使在电流或电压值较低的使用条件下，撞击器也能释放出表 7 中规定的能量。在 6.8.3 中的试验的目的也是为了证明撞击器的动作足够快，以保证撞击器脱扣的熔断器组合电器的正确动作。

用弹簧驱动的撞击器的能量，可以在动作试验期间利用摆锤进行验证，也可在力-行程特性试验后(见 6.8.4.2) 进行测量。用炸药驱动的撞击器的能量，应在动作试验过程中利用摆锤进行测量。

中型和重型(见表 7)撞击器的耐受力应在动作试验后进行试验。

6.8.2 受试的撞击器

用作撞击器试验的熔断件，应采用所给类型撞击器的一批熔断器中电流额定值和/或功率耗散最大的。

如果撞击器(包括一个撞击器和串联的电阻线)对给定的一批(或多批)熔断件是共用的[2]，则为了检验整批(或多批)撞击器的性能，仅需在任何电压额定值的一个熔断件上进行试验。只要电阻线的长度大致正比于熔断件的额定电压，并采用同样撞击器的试验结果可适用于其他电压额定值的熔断件。

6.8.3 动作试验

首先，将用作撞击器试验的熔断件置于低压回路中并施加能引起主熔体熔化的电流。电压应低到足以使熔断件的撞击器回路完好无损。试验电流的数值应使弧前时间不小于 20 min。

注：以上规定的动作试验的准备部分可能不适用于带附加热继电器的撞击器。撞击器过早的热脱扣可能妨碍规定的试验顺利持续进行。有关这一情况的合适的试验要求还未做出规定。

然后，在主熔体已熔断的熔断件上无人为延时地进行试验 a)和试验 b)：

试验 a)：试验电流≤10 A

试验电压：不规定

试验 b)：试验电压≤0.075 U_r

试验电流：不规定

此处，U_r 是熔断件的额定电压。

试验回路的功率因数可以为任何方便的值。

三个样品应按试验 a)试验，三个样品按试验 b)试验。

如果将试验 a)和试验 b)合并是可行的，则总共只需试验三个样品。

6.8.4 试验性能

6.8.4.1 概述

对试验 a)和试验 b)，撞击器的行程，在实际行程期间的能量输出和耐受力都应在表 7 中规定的限值之内。

对试验 b)，应当测量行程的持续时间并且它不超过表 7 中的规定值。

6.8.4.2 能量的试验

当从力-行程特性测量能量时，该测量应在动作试验后按下述进行：图 10 中所示的进展行程 AB 的始端和末端的弹簧力分别为 F_A 和 F_B，它们都应在一个样品上测得并用下式计算能量：

$$能量(J)=\frac{(\vec{F}_A+\vec{F}_B)\times AB}{2\ 000}$$

式中：F_A 和 F_B 以牛顿表示，AB 以毫米表示。

2) 撞击器以及电阻线的材料和横截面，在所有不同情况下皆应完全一样，仅仅电阻线的长度可以不同。

当利用摆锤测量能量时，该测量应在试验 a)期间按下述进行：

推荐使用GB/T 3808 中所述的摆锤和 GB/T 1843 规定的较小冲击能量和冲击速度。特别是，用作试验中型和重型撞击器的机器应是 4 N·m(4 J)型；试验轻型撞击器的机器应是 0.5 N·m (0.5 J)型。

试验机的锤头应有一尺寸足够的、平的钢表面，且垂直于撞击器的行程方向，其最小维氏硬度为 HV 235。

在经过其规定的自由行程以后，撞击器应撞击静止悬挂的锤头的平的表面，撞击器的行程应对准机器的碰撞中心，并应垂直于由此撞击中心和摆锤振荡轴所确定的平面。

6.8.4.3 耐受力的试验

对于重型和中型撞击器，最小耐受力应在已做过动作试验 a)和 b)的三个样品上进行试验。这一试验包括在撞击器的轴心施加等于额定最小耐受力的静力并检验其剩余行程不小于规定的最小实际行程 *OB*(见图 10)。

6.9 电磁兼容性(EMC)

本部分范围内的熔断器对电磁干扰是不敏感的，所以没有必要进行抗干扰试验。熔断器可能产生的任何电磁干扰仅限于它的动作瞬间。只要在型式试验期间动作电压的值不超过本部分表 4 和表 5 中给出的值，就不需要对电磁兼容性作另外的试验。

7 特殊试验

7.1 概述

进行特殊试验是为了检验某一类型或特殊设计的熔断器是否符合规定的特性和在特殊条件下是否具有满意的性能。试验在样品上进行以检验同一类型所有熔断器的规定特性。

这些试验仅在结构变动可能改变性能时才应重复进行。

为了便于试验，在取得制造厂事先同意的情况下，试验的规定值，特别是允差，可以改变以使得试验条件更加严酷。

除非另有规定，试验应按照 6.3 中规定的试验要求和下述要求进行。

7.2 特殊试验项目

根据用户和制造厂之间的协议，对某些类型的熔断器或特殊使用情况，进行下列试验：

——热冲击试验(对用于户外的熔断器)；

——不用于外壳中的熔断器的功率耗散试验(其他类型的熔断器把此试验作为型式试验)；

——用于户外的熔断器的防水(潮气浸入)试验 ；

——后备熔断器和用于负荷开关——熔断器组合电器中的熔断器的弧前温升试验；

——用于负荷开关——熔断器组合电器中的后备熔断器的燃弧持续时间耐受试验；

——油密封试验。

所有试验的结果都应记录在包含能证明符合本部分所必需的数据的试验报告中。

7.3 热冲击试验

7.3.1 试验样品

熔断器底座应按受试熔断件制造厂的规定。

注：如果有几种电流额定值，其不同处仅在其熔体，则试验最高功率耗散的熔断件已足够。

7.3.2 设备的布置

熔断器应按制造厂规定的技术条件安装，并用符合表 8 规定尺寸的裸铜导体与试验回路连接。

7.3.3 试验方法

熔断器先承受制造厂和用户协议选择的并且不超过额定电流的电流值 1 h。然后用不高于室温的、与垂线成大约 45°和降雨率大约每分钟 3 mm 的人工雨喷淋熔断器。这一喷淋应在试验电流仍然存在的情况下保持1 min。

熔断器不应有任何损坏的可见外部迹象。

7.4 不打算在外壳中使用的熔断器的功率耗散试验

这些试验应在6.5规定的条件下进行。

7.5 防水(潮气浸入)试验

7.5.1 试验条件

防水(潮气浸入)性的验证是将试验样品浸没在带潮湿剂的热水槽中进行。水的体积至少应是试验样品体积的10倍。

7.5.2 试验样品

试验样品是代表该类型的熔断件。应试验三个熔断件。

7.5.3 试验方法

每个试验样品(在室温为15 ℃和35 ℃之间的情况下)都应浸没在水温为70 ℃和80 ℃之间的槽中历时5_{-1}^{0} min。

在开始浸没产生的气泡消失以后,应没有气泡从样品表面冒出。

7.6 用在负荷开关——熔断器组合电器(符合GB 16926)中的后备熔断器的试验

7.6.1 概述

要求适当的试验是为了熔断器制造厂能向开关设备制造厂或最终用户提供必要的数据。

7.6.2 弧前温升试验

目的是确定在任何弧前电流值下,熔断器上任何点所达到的最高温度。

对每个同族系列,具有最高电流额定值的熔断器都应进行试验。

除了必须将测量用的传感器以与熔断器外壳密切接触的方式安放在其垂直中心外,熔断器应按6.5中进行温升试验那样安装。

用一能导致熔化时间为20 min的电流使熔断器经受弧前熔化试验,这相应于通常达到最高外壳温度的条件。实际上,只要能给出熔化时间在15 min～25 min范围内的试验即可。应记录测得的最高温度,通常,它将在熔断器真正熔化瞬时以后隔某一短时出现。

在熔断器装有热动作撞击器的情况下,试验电流应在撞击器动作时刻断开,并且应记录所达到的最高温度。

在这些试验系列期间,熔断器必须如5.1.3中规定的那样,在物理上应保持完整和没有损伤。

7.6.3 燃弧持续时间的耐受试验

此耐受时间至少应为0.1 s。

如果按照本部分的6.6进行的熔断器试验方式3试验期间已获得这一数值时,试验方式3的数值可以提交作为性能合格的证据。

如果提交的试验方式3的燃弧持续时间小于0.1 s时,那么,应当按照本部分的6.6对试验方式3做如下两次补充试验(试验中对TRV不作要求):

——试验电流能给出燃弧时间至少为0.1 s;

——试验电流的数值大于3.1.20中规定的熔断器的最小开断电流的70%。

如果已经查明,在起弧以前,在电流低于I_3的情况下,熔断器撞击器的热脱扣器能动作,那么,燃弧持续时间试验不需进行。

7.7 油密封试验

设计用于浸在油中的限流熔断器的熔断件应按下述要求进行试验。

如果几个电流额定值的不同仅限于所包含的熔断件,试验最大功率耗散的熔断件就已足够。

熔断件应浸没在压力为7×10^4 N/m^{2}的绝缘油中。熔断件应通以其额定电流2 h,且油的温度应升高(必要时采用辅助加热)到75 ℃和85 ℃之间并保持在此范围内2 h。

如果按照附录E进行试验的熔断件的最高使用温度(MAT)高于85 ℃,则油的温度应升高到至少等于熔断件规定的MAT。流过熔断件的电流应为在此温度下的最大允许连续电流 I_{encl}(见附录F)。

应切断电流,辅助的加热应隔离且对油冷却,或者允许其在任何方便的时间内变凉到15 ℃到30 ℃。

这样的循环应进行6次并把熔断件从油中取出,进行外部清洁并打开检查灭弧介质,应无油浸入的迹象。

8 出厂试验

出厂试验应至少包括下述项目:

a) 外形尺寸和外观检查;

b) 绝缘试验(仅进行额定工频电压干耐受试验)(按6.4.5);

c) 熔断件电阻测量(按6.5);

d) 撞击器(如果有)动作的抽查试验,至少应对每批撞击器进行抽查试验,抽查方案应在产品文件中明确规定。

9 选用导则

9.1 目的

本章的目的是提出关于使用、运行和维护方面的建议以帮助获得高压限流熔断器的满意性能。制造厂应参考本选用导则编制其文件。

9.2 概述

回路中的熔断器时刻保持在良好状态以保护回路和与它相连接的设备在其额定值限值以内免遭损坏。熔断器工作的好坏,不仅取决于其制造的精确性,而且还取决于其安装后使用的正确性和受到的保养。如果使用和维护不当,可能会使昂贵的设备遭到严重的损坏。

高压熔断件至少应受到与设备的其他精密制造的元件(例如继电器)同等程度的重视。熔断件在使用前应储存在其有保护的包装箱中。跌落过或受过严重机械撞击的熔断件,在使用前应当检查。检查应包括熔断器外管和金属部件损伤的检查以及电阻检验。标称电阻值通常可从熔断器制造厂得到。

如果在正常安装和使用条件期间熔断件承受来自一个或几个方向严酷的机械负荷(例如撞击、振动等),则应验证熔断件能耐受这些负荷而不损伤或恶化。验证熔断件机械耐受能力的实际试验可以按用户和熔断器与开关设备制造厂的协议进行。对负荷开关——熔断器组合电器见GB 16926。

当操作或维护靠近带电设备或导体的熔断器时,要特别强调应始终遵守规定的安全规程。

9.3 使用

9.3.1 安装

熔断器应按照制造厂的说明书安装。对多极布置的熔断器,当极间距离不是通过结构件固定时,各极应安装得使极间距离不小于制造厂规定的数值。

应当注意,当熔断件承受严重的太阳辐射作用时,或者用于外壳内并使得熔断件的周围温度超过40 ℃,这些熔断件在某些方面的性能可能受到很大的影响。取决于熔断器的设计,影响到的方面可能包括电流额定值、时间-电流特性和电流开断能力。为此应用,某些类型的熔断器(例如,某些有机熔断器)必须进行特殊设计和试验。对熔断器额定电流的影响在9.3.2和附录F中讨论。时间-电流特性的变化也涵盖在9.3.2中。打算用于环境温度超过40 ℃的某些熔断件的附加试验要求在附录E中讨论。

9.3.2 熔断件额定电流的选择

熔断件的额定电流通常高于正常使用电流。推荐选择的建议一般由制造厂提供。

如果熔断件的电流额定值小于熔断器底座的电流额定值,则熔断器的有效电流额定值是熔断件的电流额定值。

选择熔断件的额定电流时，应考虑下列参数：

a) 回路的正常电流和可能的过载电流(包括持续的谐波在内)；

b) 与开合变压器、电动机或电容器这类设备有关的回路中的瞬态现象；

c) 与其他保护装置的配合(如果有)。

熔断件制造厂规定的额定电流是基于许多因素。

一个因素是按照本部分的6.5在温升试验时确定的熔断件触头的温升，试验是在大气中或油中以单相进行。

连接线、放置方向、周围温度和安装方式的条件都有规定。不管试验期间周围温度如何(它可以是在+10 ℃和+40 ℃之间的任何值)，都认为温升试验的结果对直到使用的周围温度为40 ℃是有效的。

将熔断件封闭起来以及三极熔断器组中靠近的其他两个熔断件都对运行温度有不利的影响。

制造厂可以利用下述准则确定额定电流，即除了满足温升限值以外，还必须保证有足够的裕度以防止熔体的恶化。因此，不能设想，仅仅因未超过本部分表3中列出的最大允许温升，熔断件在使用中就能保持良好状态。这一点特别适用于较低额定电流的情况，并且也适用于同族系列的最高电流额定值。

对一给定使用情况选用的熔断件额定电流，往往由使用中连续电流不同的其他因素确定(见GB/T 15166.6)。然而，如果使用中的连续电流是决定性因素，那么，对下列条件的影响必须予以注意(特别是，如果熔断器用在外壳中，见附录F)：

a) 熔断件周围的介质的温度；

b) 连接线的类型和尺寸；

c) 熔断件放置方向；

d) 熔断件的外壳；

e) 太阳辐射的影响；

f) 强迫冷却的影响。

如果熔断件的额定电流选择不当，可能导致下列后果：

a) 熔体恶化；

b) 触头恶化；

c) 外壳恶化。

此外，如果与熔断件制造厂发表的资料比较，某些条件可能使时间-电流特性在长时间的一端可能向左移动(见GB/T 15166.6—2008的图1)，因而最小熔化电流可能有较低的数值。然而，应注意到，最小开断电流值通常是不变的或甚至可能增大，因此，熔断件提供的低过载电流保护性能可能受到不利的影响。应用户要求，可能要提供包含这类情况的时间-电流数据。

因为熔断件及其外壳构成一个相互影响的系统，并且每一组件可能由不同的制造厂供应，所以，取得足够的对允许正确应用有用的数据是非常重要的。

熔断件在特制的熔断器外壳中使用的适用性是熔断器外壳(FEP)供应者的责任，推荐用户按照FEP制造厂的说明书。否则，认为选择的合理与否是用户的责任。

9.3.3 按照类别(见3.3.2)和最小开断电流的选择

9.3.3.1 概述

选择熔断件时，应使其最小开断电流值适合于相关的具体应用情况。应强调指出，在某些情况下，使用最小开断电流值太高的熔断件可能导致熔断件的破坏性故障和随后的损坏。

9.3.3.2 用于符合GB 16926的负荷开关——熔断器组合电器中的熔断件

最小开断电流仅需低到足以保证与组合电器的负荷开关正确配合(见GB 16926)。对于此种用途通常采用后备熔断器。

9.3.3.3 **用于单独保护变压器或配电线路的熔断件(见 GB/T 15166.6)**

a) 当在能用计算或使用经验表明不可能出现低故障水平的场合应用时,可采用合适的后备熔断器。在此情况下,必须保证,熔断件的额定最小开断电流是小于低压保护装置上游可能出现的最小短路电流。这种用途使用的熔断器额定最小开断电流的典型值是在变压器额定电流的4倍~8倍范围之内;

b) 当经验或计算表明有可能在系统中出现很低过载电流值(即低于大约4倍熔断器额定电流)的场合应用时,应采用通用或全范围熔断器。如果在过电流可以低到熔断器的最小熔化电流以及用于外壳中必须降低熔断器额定值的场合使用时,特别推荐采用全范围熔断器。

9.3.3.4 **与喷射熔断件组合用以提供短路保护的熔断件**

最小开断电流仅需低于串联组合的交接电流。随着这种组合设计的不同,额定最小开断电流值变化很大。对这一使用情况,通常采用后备熔断器。

9.3.3.5 **用作电动机回路保护的熔断件(见 GB/T 15166.5)**

通常,最小开断电流仅需低到足以保证与开关装置的过电流继电器正确配合。当要求更大的安全性时,熔断件的最小开断电流至少低到被保护电动机的转子堵转电流。对这一使用情况,通常采用后备熔断器。

9.3.3.6 **用作电容器保护的熔断件(见 GB/T 15166.4)**

在熔断件用作保护电容器单元的情况下,由于考虑到当一个或多个电容器元件击穿时电流增加不大,可能需要很低的最小开断电流值。而在熔断件仅用作线路保护的情况下(这里独立单元各自用其他措施保护),则可以采用最小开断电流值适当较高的熔断件。

9.3.4 **熔断件额定电压的选择**

选择熔断件的额定电压应考虑到下列情况:

——如果用在三相中性点固定接地的系统中或中性点通过阻抗或电阻接地的系统中,则熔断件的电压额定值至少应等于最高线电压;

——如果用在单相系统中,则熔断件的电压额定值至少应等于最高单相回路电压的115%;

——如果用在三相中性点绝缘或谐振接地系统中,则应考虑到可能产生的异相接地故障(即一个故障在电源侧和另一个故障在另一相熔断器的负载侧)。如果此系统的最高线电压高于熔断器电压额定值的0.87倍,则有必要对所有使用的熔断器至少在此较高值水平下进行试验。

在单相对地故障情况下开断容性电流的可能性也应加以考虑。如果熔断件用在这样的电网系统中而相关的负荷开关又不带撞击器脱扣装置,则可以根据制造厂和用户间的协议,按GB 3804的适用试验条件进行试验。试验电流应根据与受试熔断件有关的以及在接地故障期间健全相和故障相中电流的数值达成协议。

9.3.5 **额定绝缘水平的选择**

表2规定了额定雷电冲击耐受电压的数值。

选择系列1还是系列2应考虑到遭受雷电和操作过电压的程度、系统中性点接地的类型以及过电压保护装置(如果有)的类型。

按照系列1设计的设备适用于如下的设施:

a) 在不与架空线连接的系统和工业设施中:

1) 该系统的中性点直接接地,或通过一与消弧线圈阻抗相比很小的阻抗接地。通常不要求装过电压保护装置(例如避雷器)。

2) 该系统的中性点通过消弧线圈接地,和在特殊系统(例如大范围的电缆网络,它可能要求装有能将电缆电容放电的避雷器)中提供了充分的过电压保护。

b) 在通过变压器连接到架空线上的系统和工业设施中,并且此时在变压器低压端子和地之间,在熔断器的变压器侧和尽可能靠近变压器端子间,每相至少有0.05 μF的电缆或附加电容。

这包括下列情况：

1) 系统的中性点直接接地，或通过一与消弧线圈阻抗相比很小的阻抗接地(可能要求用避雷器作为过电压保护)；

2) 系统的中性点通过消弧线圈接地并且用避雷器提供了充分的过电压保护。

c) 在直接与架空线连接的系统和工业设施中：

1) 系统的中性点直接接地，或通过一与消弧线圈阻抗相比很小的阻抗接地，并且根据过电压幅值和频率出现的概率不同，用火花间隙和避雷器提供了充分的过电压保护；

2) 系统的中性点通过消弧线圈接地并且用避雷器提供了充分的过电压保护。

在所有其他情况下，或安全性要求很高时，应当采用按系列2设计的设备。

注：在采用系列1额定雷电冲击耐受电压的情况下，关于表5中规定的最大动作电压可能必须取得制造厂和用户之间的同意。

9.3.6 高压熔断器的时间-电流特性

正如9.3.2中所述，高压熔断器的额定电流虽然重要，却仅是在给定的使用条件下选择熔断器所需考虑的诸多因素之一。

选择熔断器特别相关的因素是时间-电流特性。这一因素之所以重要是由于它关系到：

a) 熔断器瞬态涌流(例如变压器的励磁涌流、电动机的起动电流)的耐受能力；

b) 同其他相关的保护装置(例如上游的断路器继电器、下游的低压熔断器、电动机启动器的继电器)的配合；

c) 提供给相关的馈电线路、变压器、电动机控制回路等的保护水平。

GB/T 15166.5和GB/T 15166.6分别对电动机控制和配电变压器用途的首选特性给出了一些导则。但是，由于目前各国习惯和保护观点的广泛差异，还不能将高压熔断器的时间-电流特性标准化。因此，额定值相同但型号或制造厂不同的熔断件的特性之间会有很大的差异。

所以，对于给定的用途，当选择最佳的熔断件时，建议向熔断器制造厂咨询和将时间-电流特性进行比较。

9.3.7 并联熔断器

相同类型和额定值的单个熔断件可以由用户并联以获得比一个单独的熔断件更高的电流额定值。在此情况下，应注意到如下方面：

a) 应咨询熔断器制造厂以确定给定设计的熔断器的适用性；

b) 组合后的电流额定值通常在某种程度上小于单个熔断器电流额定值之和，例如，因为热效应；

c) 组合后的 I^2t 值在动作期间近似等于单个熔断件的 $n^2 \times I^2t$，这里，n 是并联的熔断件的数量；

d) 组合后的截断电流值在动作期间近似等于单个熔断件在预期电流为 I_p/n 时截断电流的 n 倍，这里，I_p 是组合后的预期电流值，n 是并联的熔断件的数量；

e) 除非有制造厂的建议，必须假定熔断器的并联组合的最大开断电流不大于单个熔断器的最大开断电流，且组合的最小开断电流不应小于相同给定类型的单个熔断件的 n 倍，这里，n 是并联的熔断件的数量。

9.4 运行

9.4.1 熔断件在使用位置的锁定

应特别注意检查熔断件在使用位置的可靠锁定。

9.4.2 熔断件的更换

建议在断开负荷的情况下取下和插入熔断件。

在三相回路的一相或两相的熔断件已动作后，建议将三相熔断件全部更换，除非确知未熔化的熔断件中没有流过过电流。

9.5 处理

适用时，制造厂应预先考虑到环境方面的因素，提供有关熔断器的处理办法的资料。

考虑和符合所有相关处理的地方法规是用户的责任。

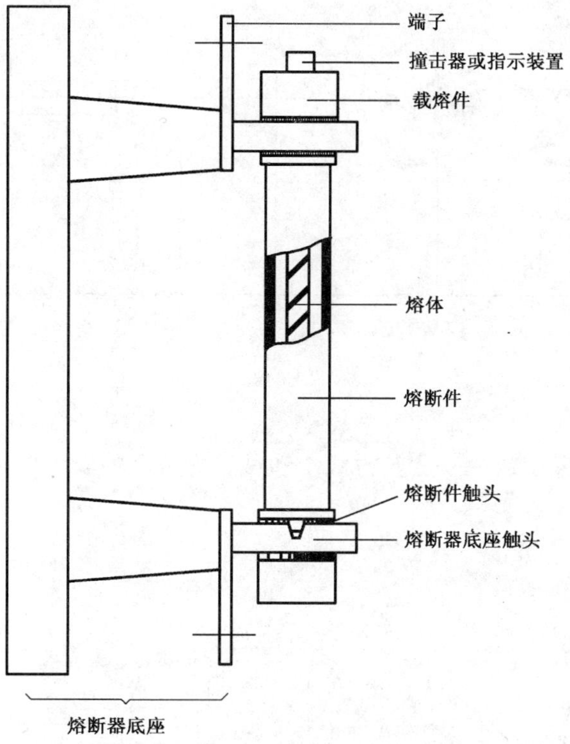

图 1 术语

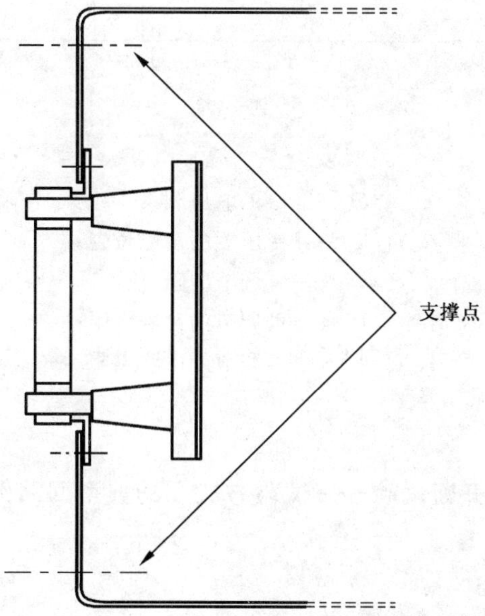

图 2 开断试验——设备的布置

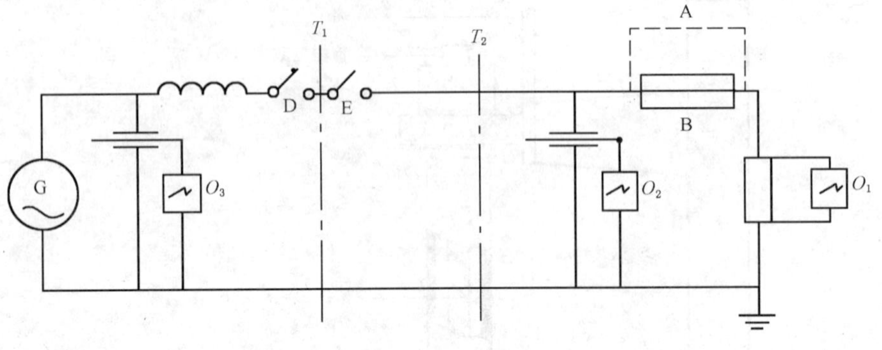

图 3 开断试验——试验方式 1 和试验方式 2 的典型回路图

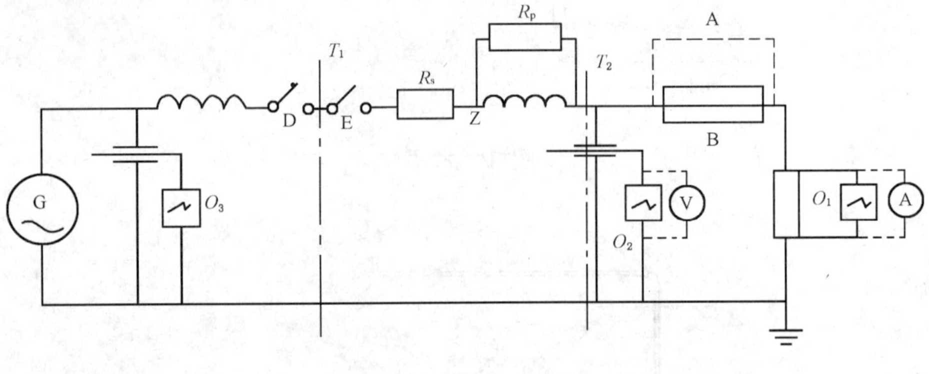

图解：

A——用于校正试验的可移开连接；

B——受试熔断器；

D——保护电源的断路器；

E——合闸开关；

O_1——电流测量；

O_2——恢复电压测量；

O_3——参考电压测量；

T_1、T_2——变压器的可能位置；

Z——可调节的阻抗；

R_p——可调节的并联电阻；

R_s——可调节的串联电阻。

图 4 开断试验——试验方式 3 的典型回路图

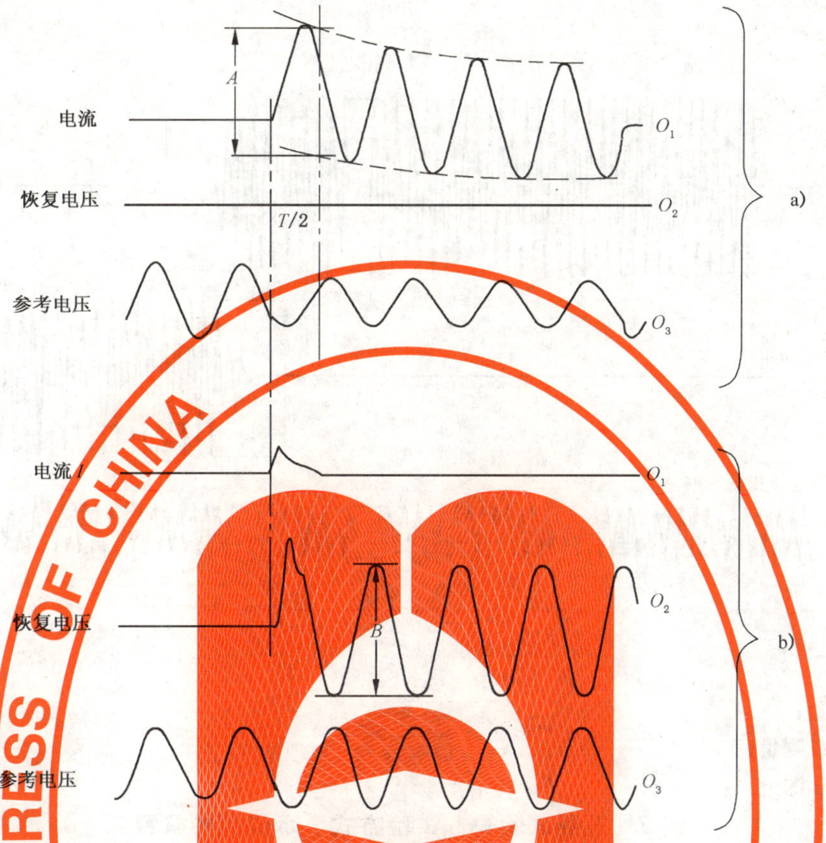

a) 校正试验

b) 开断试验

预期开断电流交流分量有效值 $I=\frac{A}{2\sqrt{2}}$

恢复电压 $V=\frac{B}{2\sqrt{2}}$

注：图 5、图 6 和图 7 仅为了图解说明；电流波形没有按照相同的比例来画。

图 5　开断试验——试验方式 1 示波图的解释

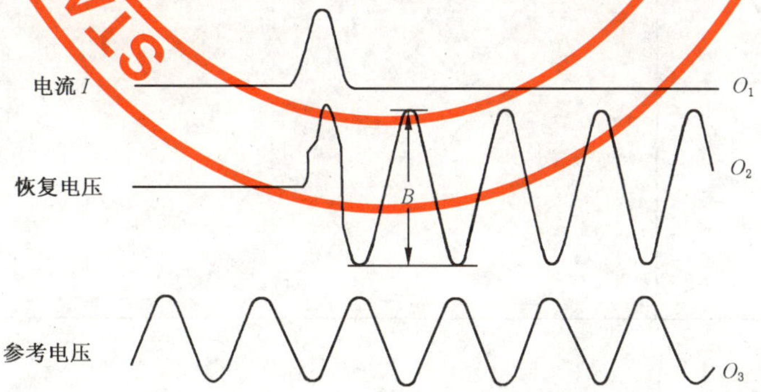

图解：

O_1——电流测量；

O_2——恢复电压测量；

O_3——参考电压测量。

注：校正轨迹如图 5 中的 a)。

图 6　开断试验——试验方式 2 示波图的解释

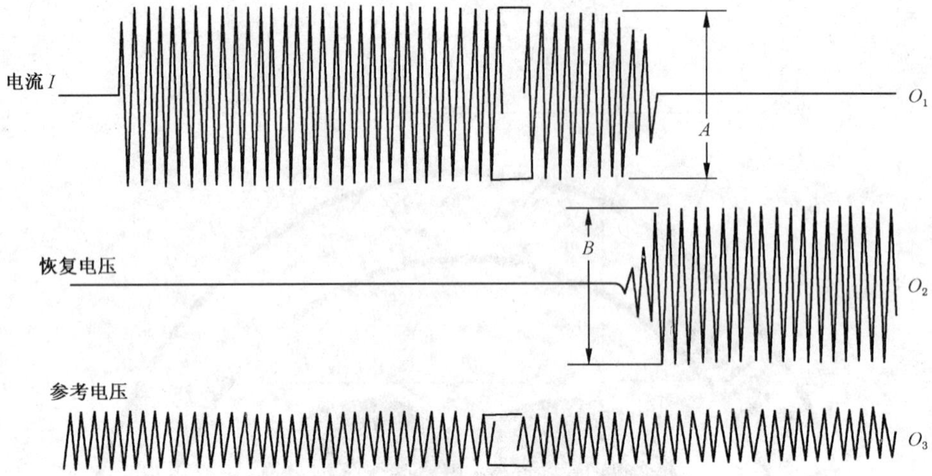

图解：

O_1——电流测量；

O_2——恢复电压测量；

O_3——参考电压测量。

图 7　开断试验——试验方式 3 示波图的解释

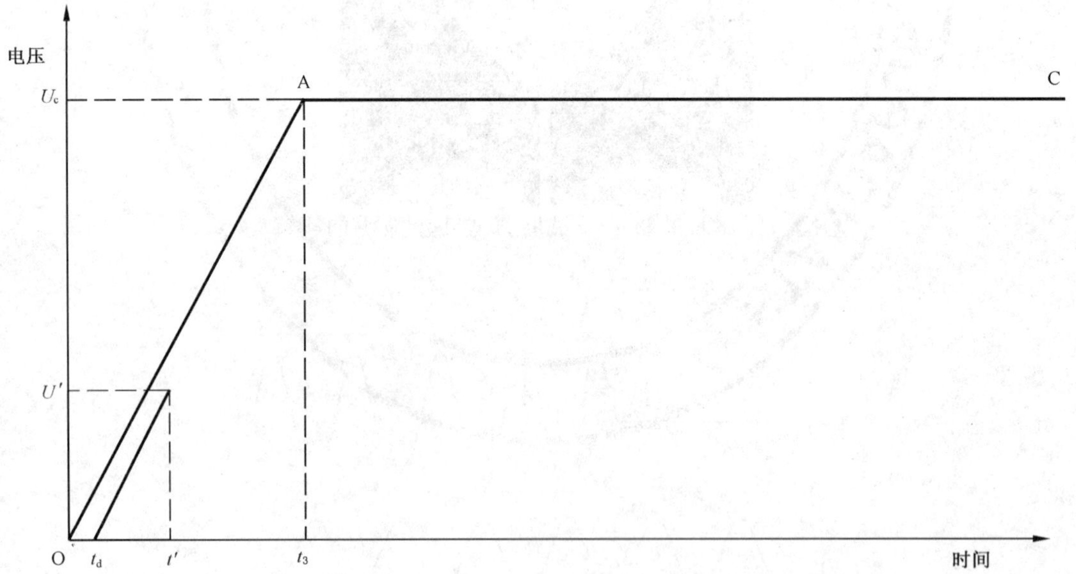

图 8　用两参数参考线和时延线表示规定的 TRV

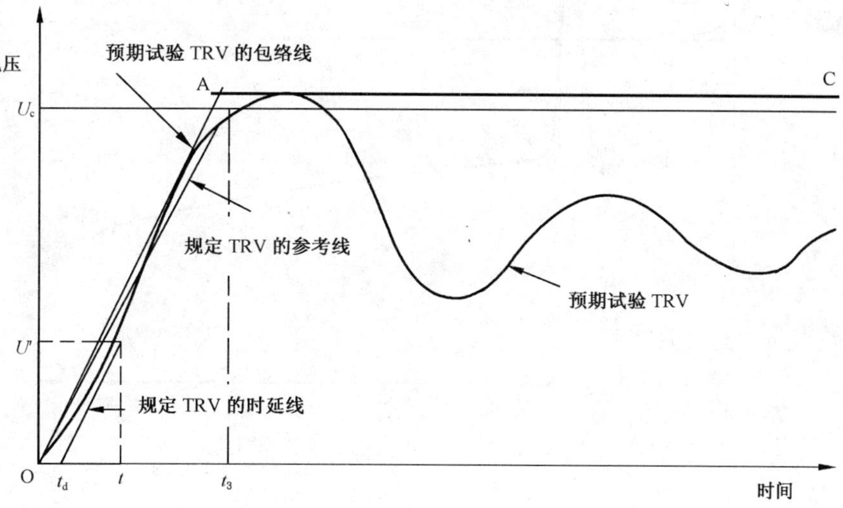

图 9　满足型式试验条件的 TRV 两参数参考线的示例

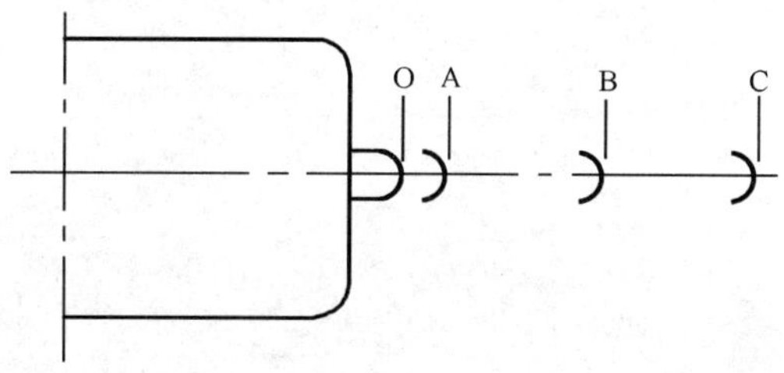

图解：

OA——自由行程；

AB——必须释放能量的行程；

OB——最小实际行程；

OC——最大实际行程；

CB——外力作用下的最大允许返回行程(适用时)。

图 10　撞击器行程的变化过程

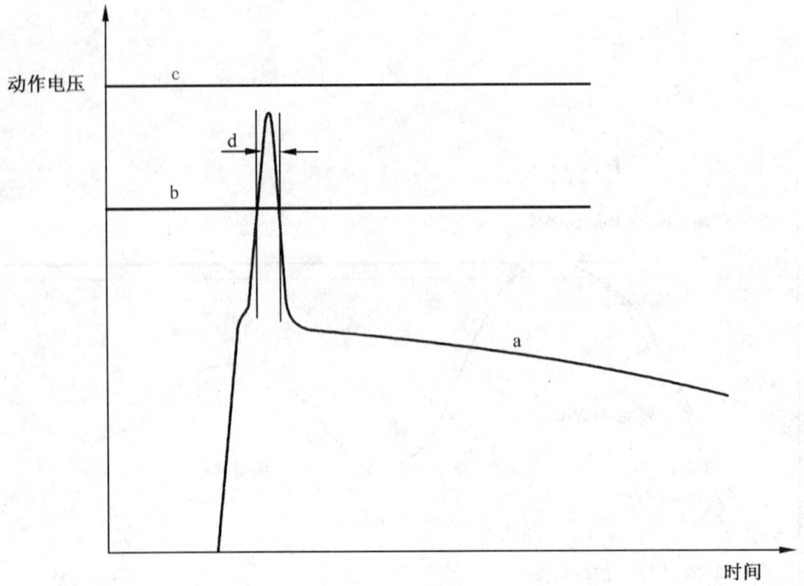

图解：

a——动作电压曲线；

b——动作电压限值(表 4)；

c——动作电压限值(表 5)；

d——≤200 μs。

图 11 小额定电流值的熔断件的允许动作电压(表 5)

附 录 A
（规范性附录）
绘制回路预期瞬态恢复电压包络线和确定代表性参数的方法

A.1 引言

瞬态恢复电压波可以表现为振荡和非振荡的多种不同的形式。

当电压波接近单频阻尼振荡波时，包络线由两个连续的线段组成。包络线应尽可能接近地反映瞬态恢复电压的实际形状。这里叙述的方法在大多数实际情况下可以足够近似地达到这一目的。

注：不过，当建议的方法将导致参数十分明显地比振荡和非振荡的由瞬态恢复电压曲线确定的参数较为严酷时，可能出现某些问题。这样的问题应按例外处理，并因而应在制造厂和用户或试验室之间达成协议。

A.2 包络线的绘制

下列方法用作绘制构成预期瞬态恢复电压曲线包络线的线段：

a） 通过原点 O 的第一线段，和曲线相切而不与曲线相交。
   在曲线的起始部分凹面向左的情况下，切点经常是在第一峰值的附近（见图 A.1，OA 段）；
   如果像指数情况下那样，凹面向右情况下，则切点在原点（见图 A.2，OA 段）。

b） 第二线段是在最高峰值处和曲线相切的水平线段（见图 A.1 和图 A.2，AC 段）。
   于是，得到了两参数包络线 O、A、C。

A.3 参数的确定

按定义，代表性参数是构成包络线的线段交点的坐标。

在图 A.1 和图 A.2 中所示的两参数 u_c 和 t_3，即是交点 A 的坐标。

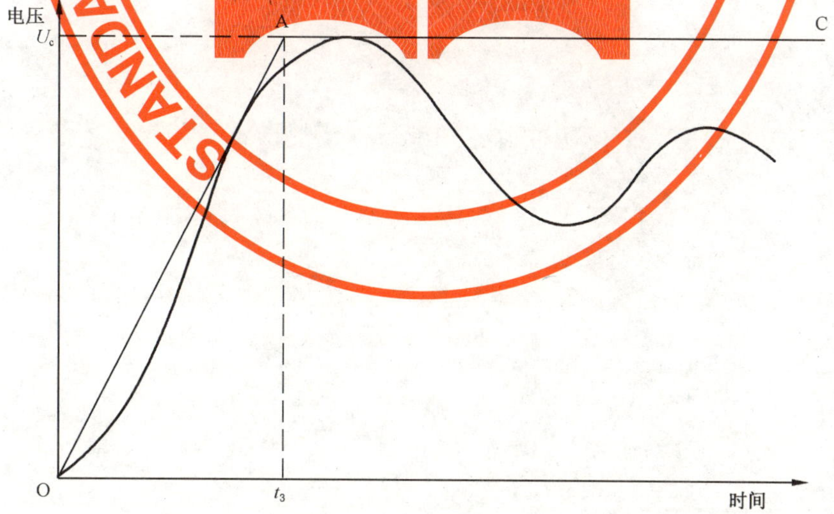

图 A.1 起始部分凹向左边的 TRV 两参数参考线的示例

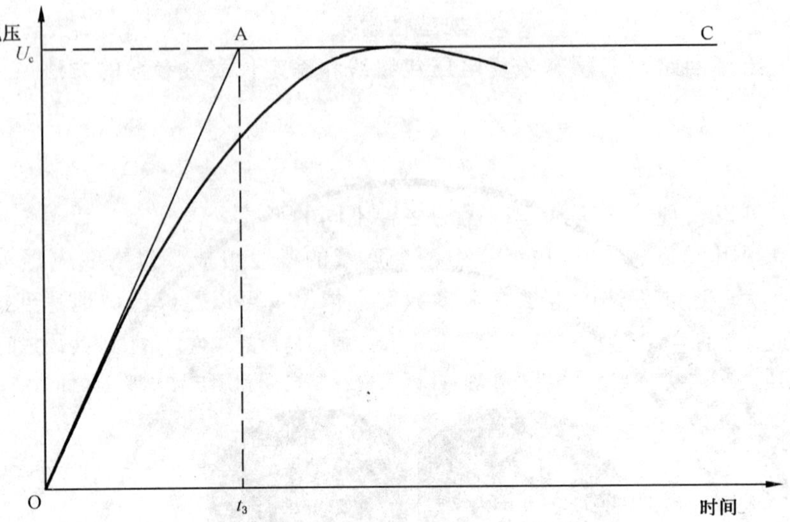

图 A.2 指数型 TRV 两参数参考线的示例

附　录　B
（资料性附录）
试验（方式1、方式2和方式3）瞬态恢复电压值选择的原因

高压熔断器在所有正常使用条件下必须满意地动作和开断回路而不产生过高的操作电压。所以，本部分中规定的开断试验应当尽可能地重现正常使用中所遇到的最严酷的条件。因为熔断器和断路器用在同一电网中，所以，逻辑上应采用 GB 1984—2003 中对断路器规定的相同预期 TRV 值。然而，仔细的研究表明，由于断路器或熔断器开断回路所采用的原理不同，这些值不适用于熔断器的试验。

如同断路器一样，熔断器在电流过零后可能在恢复电压中产生瞬态过程，但是，它也产生很高的电弧电压，此电弧电压可能取决于由 TRV 条件所确定的回路特性。所以，必须考虑这些试验回路参数的两种根本不同的影响：对电弧电压的影响和对瞬态恢复电压的影响。

在燃弧期间电压峰值过高，或者熄弧后电压因本身过高或产生重击穿，都可能使熔断器开断失败。所以，试验应当证明没有这两类失败情况发生。

已经查明，在相应于本部分表9中试验方式1、试验方式2和试验方式3的三种预期开断电流 I_1、I_2 和 I_3 下试验熔断器是必要的。由于在 I_3 下试验通常反映的是在小过载电流下的性能，所以，必须用 I_1 和 I_2（有时它们彼此相差很大）试验去反映预期短路电流整个范围的性能。通常，随着电流额定值、额定最大开断电流和特定熔断器设计的不同，I_2 在 0.2% 和 100% I_1 之间变化。预期开断电流的范围很宽，而且其每一个都同无穷多种 TRV 条件相联系，但它们仅能在考虑到限流熔断器性能的经验性知识的情况下用两个试验电流来反映。基于熔断器技术的目前知识和经验根据，下列事实应加以考虑。

在熔断器燃弧期间，它吸收了相当多的能量，以致由于回路电感和电容引起的瞬态电压振荡通常被完全阻尼掉。惟一的例外可能出现在熔断后的最初几个微秒期间，此时电弧正在形成。在此期间，电弧还处于较冷的环境中和靠能量吸收的阻尼效应可能很小，如果电弧电压很陡地上升到高于电源电压幅值的电压，则将产生高峰值的瞬态电压。

但是，在现今市场上的大多数熔断器设计中，电弧电压并不以这一方式上升，因而通常不产生过高的电弧电压。

此外，如果紧接着在电流过零之前或之后，发生从电弧电压到回路电动势的跃变或电流的截断，则瞬态过程将仅出现在恢复电压中。因为在已熔断的熔断件中存在热电弧分解物的剩余电导，所以不会发生严重的截流，而唯一必须考虑的情况仅是电压跃变。

因为在燃弧期间熔断器吸收大量的能量，所以可以认为，功率因数将从其原来的值向1移动。因此，实际的电流零点比在同一回路中无任何电弧电压时的电流零点更接近电压零点。在由 I_1 确定的很大电流的情况下，在电流过零时实际上没有电压跃变，因而也不产生恢复电压的瞬变过程。

但是，对 I_2 通常小于 I_1 的试验方式2而言，功率因数的移动不太显著，而在电流过零时回路的电动势值足以产生电压跃变和可观的瞬态过程。I_2 的值是故意选择得可产生使功率因数移动最小的条件，以便最大电压跃变可能在此试验电流而不是在 I_1 时产生。在电流过零后的最初几个毫秒期间，由于热量散失和瞬态电压的时间常数相比要慢，所以，电弧的热分解物仍然处于导电状态且电导下降。在熔断器试验时，这一电导对恢复电压中的瞬态过程产生附加的阻尼作用。但是，阻尼量与回路的特性阻抗 $\sqrt{L/C}=2\pi f_0 L$ 成正比。结果是具有较高固有频率 f_0 的瞬态过程要比具有较低固有频率的瞬态过程更有效地受到阻尼。所以，这些较低频率的瞬态过程维持时间较长，并且由于它们是叠加在工频恢复电压之上，因而可能使已熔断了的熔断件承受极高的电压作用，特别是如果在达到工频恢复电压峰值时瞬态过程仍然存在，则更是如此。由于这一极高的电压作用引起的重击穿可能会导致开断失败，所以试验技术要求必须考虑到这一情况。

上述见解可以归纳如下：

除了在熔断后的最初几个毫秒期间以外，熔断器的电弧电压不会受到回路的 TRV 条件的明显影响。

在实际恢复电压中是否产生瞬态过程取决于开断电流的大小。在试验方式 2 的试验电流 I_2 时，希望产生最高的瞬态过程，并且具有最低固有频率的瞬态过程更为不利。如果试验电流 I_1 远高于 I_2，则通常不产生瞬态过程。

由于希望熔断器和断路器的 TRV 特性相同，所以决定采用 GB 1984—2003 中规定的标准值。但是，考虑到上述因素，对试验作出了下列决定：

试验方式 1：由于在实际恢复电压中不产生瞬态过程，和预期 TRV 条件无关，所以不作规定。对 TRV 条件影响峰值电弧电压的例外情况已单独处理。

试验方式 2：由于已表明低频瞬态过程较为不利，所以从 GB 1984—2003 中规定的回路参数推导出了可能产生典型低频预期 TRV 的适用值（本部分的表 10）。在假定其为单频振荡的情况下，这些值是 GB 1984—2003 中相应电压最低频率的 1/4 到 1/3。此外，峰值电压的数值是按幅值系数 1.5 求得而不是按本部分的表 6 中的 1.4 求得。

试验方式 3：本部分未规定 TRV 条件；代替 6.6.1.2 的规定是电阻器应并联到回路电抗的两端，以使振荡的瞬态过程受到完全的抑制。但是，经验表明，当电阻器是规定值时，这一抑制有时是不能实现的，特别是在固有频率很低的回路中更是如此。所以，这些值被修改为，不管试验回路的固有频率多大，应保证至少达到临界阻尼。

附　录　C
（资料性附录）
开关设备用油密封熔断件温升试验时的优选布置

图 C.1 给出了直径为 63.5 mm、长度从 256 mm～361 mm 以及电流额定值从 63 A～200 A 的熔断件试验布置的典型例子。

尺寸单位：mm

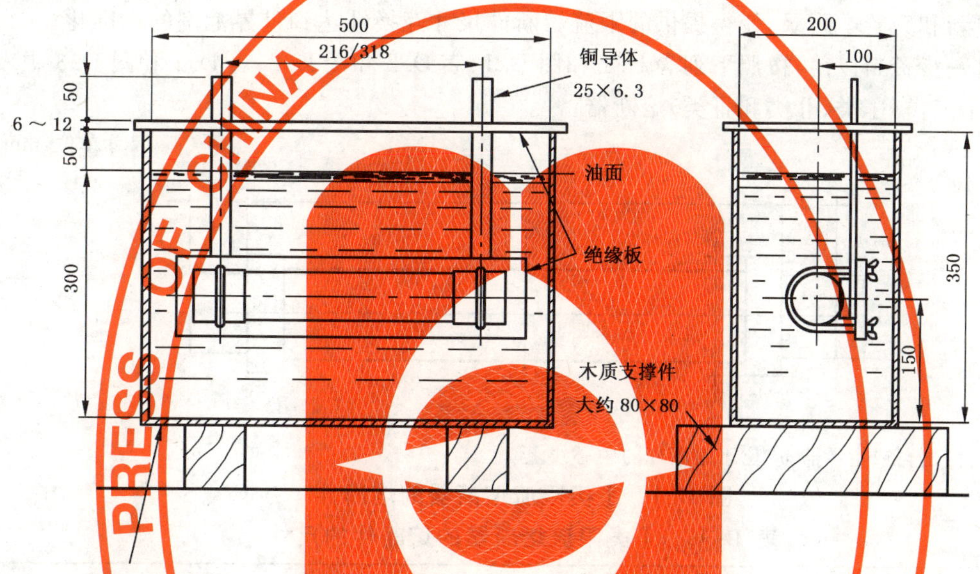

标称容量：30 L

材料：2 mm～3 mm 低碳钢

表面处理：内部和外部皆覆锌或镀锌

图 C.1　油密封熔断器温升试验用的试验箱

尺寸单位：mm

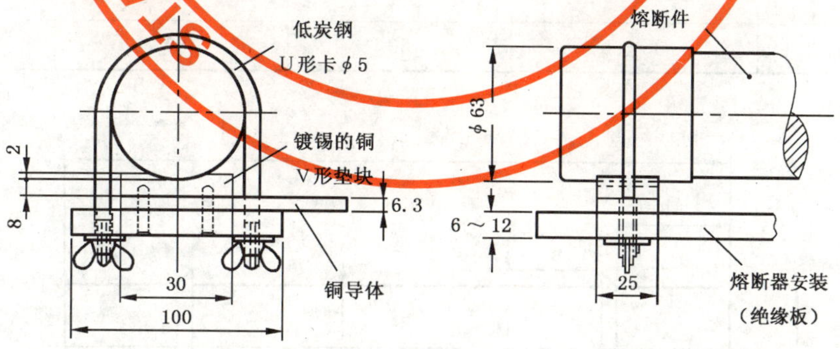

注：这一布置方式也可用于开断能力试验。必要时，可以进行适当的加固，且熔断件可以移动使其到箱壳的绝缘距离相等。

图 C.2　熔断件在箱中夹紧布置的明细图

附 录 D
（资料性附录）
现行各国标准中规定的限流熔断件的类型和尺寸

本附录是向限流熔断件尺寸标准化迈出的第一步。它收集和加以分类的仅是在各个现行国家标准中规定的类型和尺寸。具有其他尺寸的其他现行实践没有包括在内，其原因很简单，即它们尚未正式标准化。

希望本附录将不断向各国报告致力于熔断件标准化的努力情况，并鼓励它们减少类型数。同时希望第二步将更新和完善本附录，使得提供的限流熔断件尺寸互换性达到世界范围的标准化。

在得到进一步资料以前，按照下列表 D.1 和图 D.1、表 D.2 和图 D.2、表 D.3 和图 D.3 中表示的尺寸数据，规定了三类（Ⅰ类、Ⅱ类和Ⅲ类）熔断器。

尺寸单位：mm

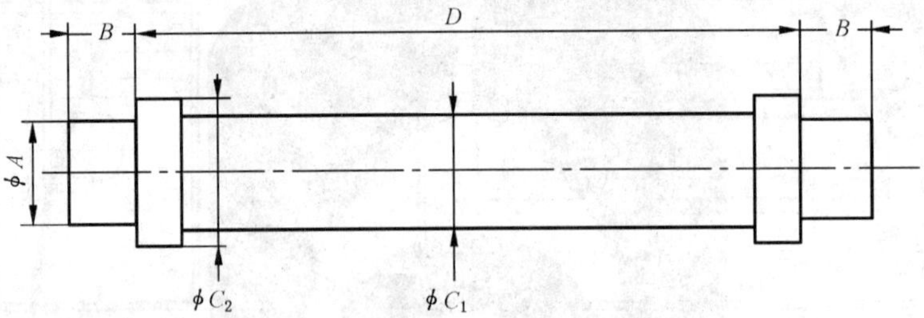

注：如果有撞击器或指示器，应位于熔断件的中心线上。

图 D.1 Ⅰ类限流熔断器的熔断件

表 D.1 Ⅰ类限流熔断器的熔断件的尺寸

ϕA	B	ϕC_2（最小）	ϕC_1 和 ϕC_2（最大）	$D_{-1}^{\ 0}$
45±1	33^{+2}_{0}	50	88	192 292 367 442 537
55±0.5	35±1	60	80	450

尺寸单位：mm

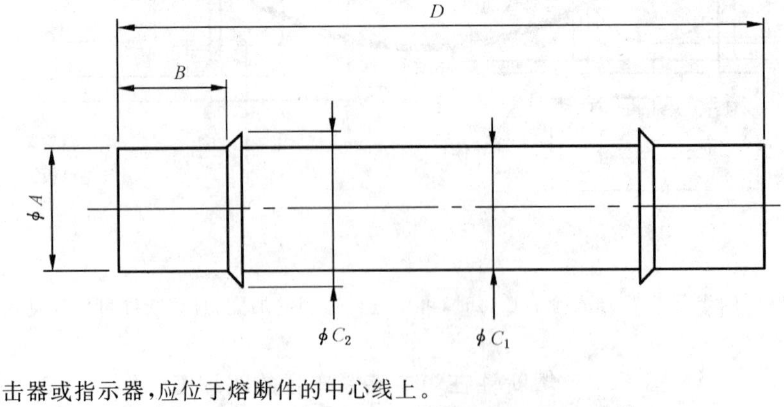

注：如果有撞击器或指示器，应位于熔断件的中心线上。

图 D.2 Ⅱ类限流熔断器的熔断件

表 D.2　Ⅱ类限流熔断器的熔断件的尺寸

$\phi A \pm 0.5$	B^{+13}_{0}	ϕC_1 （最大）	ϕC_2 （最大）	$D_{-4}^{\ 0}$
25.4	15	28	28	145 197 256
50.8	38	54	55.6	275 361 567 916
63.5	38	67	68	256 361
76.2	38	80	81	256 361 567 916

尺寸单位:mm

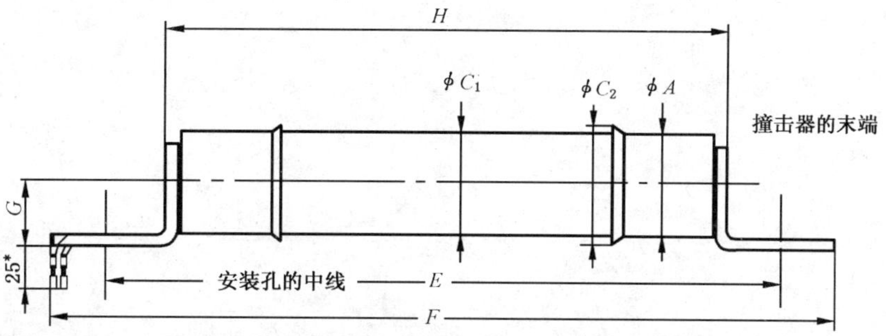

注：如果有撞击器或指示器，应位于熔断件的中心线上(在该图的右侧)。

* 仅适用于 D 中的末端。

图 D.3　Ⅲ类限流熔断器的熔断件

表 D.3　Ⅲ类限流熔断器的熔断件的尺寸

ϕA （最大）	ϕC_1 （最大）	ϕC_2 （最大）	E	$F_{-8}^{\ 0}$	H （最大）	G	末端
80	80	81	235	259	200	42±2	图 D.4A
			305	340	264	42±2	图 D.4B
			419	464	369	41±2	图 D.4D
82	82	91	235	277	205	不小于 $\phi C_2/2$	图 D.4A
			267	309	227		图 D.4C
			305	347	269		图 D.4B-C
			320	362	280		图 D.4C
			400	442	360		图 D.4C
			419	464	375		图 D.4D
			476	518	436		图 D.4C
			553	595	517		图 D.4B

按图D.4,熔断器末端开一个或两个圆孔或一个长孔。

尺寸单位:mm

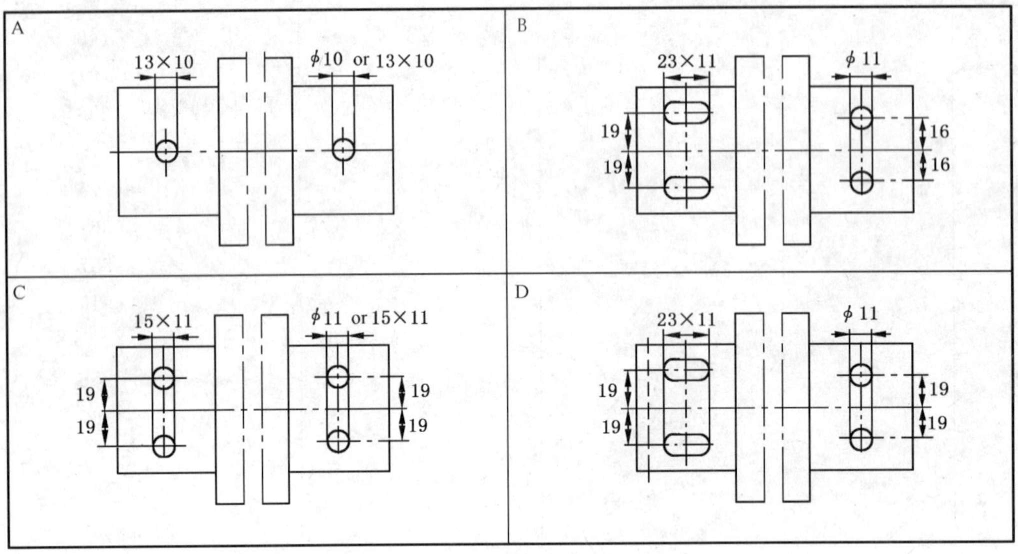

图 D.4 熔断器末端开孔示例

附 录 E
（规范性附录）
用于环境温度超过 40 ℃某些类型的熔断件的要求

E.1 本附录涉及的熔断件的类型

E.1.1 概述

本附录仅涉及某些类型的熔断件。其他类型的熔断件，尽管用于环境温度超过 40 ℃的场合，在结构、应用和运行经历方面从本附录的这些要求中剔除一部分或者全部。

E.1.2 涵盖的熔断件

a) 3.3.10 定义的有机类的后备熔断件和通用熔断件；

b) 所有类型的全范围熔断件。

E.1.3 剔除的熔断件

a) 没有划分为有机类的后备熔断件和通用熔断件从 MAT 开断试验要求中剔除；

b) 仅用于撞击器脱扣的开关设备中的有机熔断件从 MAT 开断试验要求中剔除；

c) 设计仅用于除了熔断器自身外没有明显热源的设备（例如，GB 16926 涵盖的负荷开关——熔断器组合电器或类似应用场合中的熔断件）中的有机后备熔断件从 MAT 开断试验要求中剔除。

E.2 简介

正如 2.1 中给出的正常使用条件规定了最大的周围温度为 40 ℃。但是，某些类型的熔断件使用的环境温度明显超过这一限值。应用事例包括用于变压器箱壳以及能够产生显著热量的其他设备内，以及强烈的阳光照射或高的环境温度的场合。本附录列出了所涉及到的特定类型的熔断件以及用于此类场合的熔断器所适用的特殊要求。如果用于此类场合的熔断件需要按照本附录进行试验，规定熔断器的最高使用温度见 E.3。在该温度时进行此类试验。如果已知特定用途的最高温度，可以选择经过适当试验的熔断器（也就是说，MAT 等于或高于运行预期的最高温度的熔断器）。

对于某些应用场合，应该注意的是：MAT 可能仅出现在异常条件下，例如变压器过载或者设备故障期间。在这种情况下，尽管可以给熔断器规定合适的 MAT，也可能不适用于在此温度下连续运行而不超过表 3 中规定的最高温度。事实上，某些类型的 MAT 数值可能高于表 3 中规定的最高温度。

本附录中涉及的熔断器对于某些使用条件可能需要降容（见附录 F 并向制造厂咨询在环境温度超过 40 ℃时熔断器降容方面的信息）。

E.3 最高使用温度（MAT）

这是由制造厂对熔断件规定的温度。它是与熔断件接触的周围介质的最高温度，说明了熔断件能够承受且不损伤其开断故障电流的能力。它仅适用于设计用于环境温度超过 40 ℃的熔断器。

E.4 优选的 MAT 额定值

对设计用于超过 40 ℃的熔断件，制造厂应提供关于 MAT 数值的信息。这些数值应该从 R20 数系 45、50、56、63、71、80、90、112、125、140 等中选取。优选的值为 71 ℃、112 ℃和 140 ℃。

E.5 特殊使用条件

本附录中的要求是为了涵盖下述使用条件。它们和附录 F（讨论关于环境温度超过 40 ℃时的降容)中涉及的那些条件一样。

a) 安装于户外且熔断件周围空气自由流动的熔断器。相关的熔断件的额定 MAT 根据使熔断器冷却的空气温度确定;

b) 安装于较大外壳内且熔断件周围空气相对自由流动的熔断器。相关的熔断件的额定 MAT 根据使熔断器冷却的外壳内的空气温度确定;

c) 安装于相对较小的外壳或罐体内的熔断件(见 F.2.3)。重要的是应注意到相关的熔断件的额定 MAT 根据使其冷却的外壳或罐体外的空气或液体确定;

注:不同于空气的其他气体也可以用来冷却,例如 SF_6。

d) 安装于较大外壳内且熔断件周围液体相对自由流动的熔断器。相关的熔断件的额定 MAT 根据使熔断器冷却的外壳内的液体温度确定。

E.6 附加的开断试验要求

E.6.1 试验要求

开断试验要求应按照 6.3、6.6.1 以及下述规定。

除非本附录中另有规定,应进行下述试验作为对 6.6 中规定的试验的补充。

注:按照 6.6 在环境温度低于 40 ℃的情况下进行的试验是必要的,这是因为,对于某些熔断器的设计以及开断性能的某些方面,在较低的温度下进行试验可能更严酷。在升高的温度下进行试验是必要的,这是因为,对于其他的设计以及开断性能的其他方面,在升高温度下的试验可能更严酷。

a) 试验方式 1:

不要求附加的试验。

注:认为试验方式 1 的试验不需要,因为升高温度时的试验失败通常与升高的元件温度有关,且试验方式 2 的试验(预计产生最大电弧能量)专门用来产生更高的温度。

b) 验方式 2:

对于有机的后备、有机的通用以及有机的全范围熔断器,3 次试验方式 2 的试验作为表 9 中规定的那些试验的补充,且应在制造厂规定的熔断器的最高周围温度(MAT)下进行。该附加的试验仅适用同族系列中的最大电流额定值。

c) 验方式 3:

有机后备熔断器:对于有机后备熔断器,如果在 6.6.1.1 中规定的试验方式 3 且在周围温度低于 40 ℃的情况下进行试验获取的熔化时间大于 100 s,则应在熔断器的 MAT 下进行两次附加的试验方式 3 的试验。该附加的试验仅适用于熔化时间超过 100 s 的同族系列中的最大电流额定值。

所有的通用熔断器:不要求附加的试验(例外见 9.3.2)。

所有的全范围熔断器:表 9 中规定的试验由 E.6.3 中规定的试验所取代。

E.6.2 试验程序

试验程序应按照 6.6.2、6.6.3 以及下述规定。

在大多数情况下,本附录中涉及的升高的温度试验可以在试品置于稳定的热环境中进行,例如温度可控的烘箱,温度设定到制造厂给出的额定值(MAT)。一旦熔断器达到了稳定温度,在后续试验期间,使空气循环的风扇应关掉。如果设计仅用于充油外壳中的熔断器进行试验时,为了方便起见,处于空气中(见 6.6.1.5.2)的使空气循环的风扇可以不关掉。

通常,如果按照附录 E 进行试验,熔断件可以不按照运行中使用的实际设备安装(例如,如果烘箱用来产生 MAT 时)。在这种情况下,熔断件的安装应尽可能模拟运行条件,已经认识到熔断器安装的所有方面(例如元件的接地)可能不能完全满足 6.3 和 6.6 的所有要求。但是,认为这样是可以接受的,因为附录 E 的试验是对 6.6 中试验的补充。

如果要求按照本附录进行试验的熔断件设计用于小的外壳或罐体(见 E.5 的 c)项)内,则应该在适当的小的外壳(形成一个熔断器外壳,FEP)模拟运行条件。如果熔断件/FEP 规定的 MAT 大于 40 ℃,则熔断器和外壳的组合应安装在烘箱或一个更大的外壳内以允许冷却 FEP 的周围介质(例如,空气或油)具有等于或大于规定的 MAT 的温度。可以采用上述的辅助加热。一般地,如果熔断件已经在等效的或更严酷的条件下进行了试验,单独的 FEP 不需要进行试验。

E.6.3 全范围熔断器:试验方式 3 的试验

对于设计用于环境温度超过 40 ℃的全范围熔断器,试验方式 3 应在能够模拟此类应用的加热的外壳中进行试验,如 E.6.2 所述。

选择的试验电流 I_3 应是能够再现熔断器用于制造厂规定的最高使用温度(MAT)下引起熔断件熔化的较低的电流值。试验布置和确定电流 I_3 的方法的详细情况在 E.7 中给出。

然后进行如 6.6.3.1 的 c)项或 d)项中规定的两部开断试验。高电压试验电流 I_3 根据 E.7 描述的热试验确定。只要最终的弧前时间不小于 1 h,在整个熔化阶段低压电源可以设定到高于 I_3 的电流值以避免过长的试验时间。

1 h 以后,低压电流可以提高到高于初始值 15%来缩短熔化时间。

E.7 全范围熔断器:I_3 电流的确定

该程序可以由制造厂进行。

应该用三个样品来确定 I_3 的数值。每个样品都应置于如 E.6.2 中规定的稳定的热环境中,温度设定到制造厂给出的额定 MAT。

一旦熔断件本身达到稳定的温度后给熔断器施加电流。如果熔断件的温度再次达到稳定值,再一次提高电流值。重复该过程直到熔断器动作。如果温升的提高不超过 2%或者 1 K/h,则认为温度已经达到稳定。

电流提高的幅值通常不做规定,但是,典型的数值在 5%～10%范围内。

然后确定三只熔断器中每只熔断器不熔化的最大电流值。I_3 定义为这三个数值中的最低值的 0.9 倍。引入 0.9 是考虑了制造偏差,以至于 I_3 试验在电流稍高于制造厂规定的额定最高使用温度(MAT)的条件下能够使熔断件熔化的最低电流的情况下进行。

附　录　F
（资料性附录）
熔断器的周围环境温度超过 40 ℃时降低额定值的方法

F.1　目的

本附录的目的是当熔断器周围的温度超过 40 ℃时，对降低熔断器发热额定值的方法提供导则。在非封闭场所周围温度较高或在外壳中使用时可能出现这一情况。因此，给出的方法针对下列情况：

a)　在周围空气温度超过 40 ℃中使用时额定值的降低；

b)　在较大的外壳中使用时额定值的降低；

c)　在较小的外壳中使用时额定值的降低；

d)　在熔断件周围是油的外壳中使用时额定值的降低。

此外，方法 e)可以用来代替上述方法 a)、b)、c)和 d)。

注：在某些国家采用其他降低额定值的方法，见参考文献。

F.2　概述

本部分的 9.3.2 给出了关于熔断件额定电流选取方法的导则，并建议，由于外壳的使用，对于熔断件和外壳的特定组合，可能要求确定一新的最大允许连续电流（I_{encl}）。它还进一步建议，熔断件在外壳中使用的适用性是熔断器外壳(FEP)供应者的责任。

注：FEP 的意思是将熔断器组装在外壳中。

功率耗散试验(见 6.5)的结果，加上外壳温升的确定方法，将使 FEP 制造厂有可能在试验验证之前估计出 FEP 可以承载的最大允许连续电流。

许多高压熔断件是用于变压器回路中，对这种用途，GB/T 15166.6—2008 给出了熔断件选择方法的导则。正如 GB/T 15166.6—2008 的 4a)所述，这些熔断件应在时间-电流特性的 0.1 s 区域内有相对大的动作电流。为了满足这一要求，熔断件的额定电流通常是超过回路的满负荷电流，所以，采用本附录确定的额定值降低通常已经满足要求。

由于下列的原因之一或其他原因需要降低熔断件的额定值：

——将内部热点的温度限制到不致引起恶化的数值。这一数值取决于具体的熔断件设计。

——保证触头的温度不超过本部分表 3 中给出的最大值。

这些要求中首要的往往是确定熔断件的额定值。然而，当冷却变得较受限制因而电流额定值的降低增大时，从熔体到熔管外部的温度差减少。这导致从由熔体热点温度确定的最大负载电流转向由触头温度确定的最大负载电流。

F.2.1　在周围空气温度超过 40 ℃中使用时额定值的降低

基于环绕熔断件的周围温度超过 40 ℃时熔断件的额定电流不再适用的假设，图 F.1 提供了作为周围温度函数的需要降低额定值的百分率。每一曲线对应于表 3 中规定的触头和端子的最大温度值。

应当强调的是，这一降低额定值的方法是基于表 3 的最大温度限值而不是按本部分的 6.5 进行温升试验时所得到的实际温度。这样，就适当地考虑了其最高温升低于表 3 中允许的最大值时确定熔断件的额定值。它特别适用于较小的额定值，也能同样地适用于较大的额定值。这一方法考虑到了熔断件内的其他因素(特别是热点温度)，并且通常将使得额定值降低因数偏于安全。从图 F.1 求得的值可用在从熔断件制造厂不能得到更准确资料的场合。如果可以获得这样的资料，则采用的额定值降低因数可不致过分降低。

F.2.2 在较大的外壳中使用时额定值的降低

在这一类中，典型的方法是通过对流使熔断件散热良好的三相盒式外壳。虽然不一定用金属制造，但对非屏蔽金属型外壳，到盒侧面(和隔板，如果有)的间隙，由于电气原因，应和在非遮盖的金属外壳中紧靠熔断件周围介质所要求的间隙一致。

对于这种外壳，图 F.1 可用来帮助确定熔断件在一给定的外壳中使用时的 I_{encl} 值。如果熔断器周围的介质温度是已知的，那么，图 F.1 可用来验证 I_{encl} 是否正确。但是，需克服的困难是，熔断件所产生的热量对外壳内的温度具有直接的影响。

IEC 60890 给出了计算外壳内空气温度的方法，同一原理可适用于包含有高压熔断件的外壳。

下面，研究图 F.2 中所示的例子，并假定 100 A 的熔断件在额定电流下的功率耗散为 85 W。

注：实际功率耗散值是按 6.5.3 从熔断件制造厂获得。

填写图 F.3 中所示的表(IEC 60890 给出了程序的全部说明)。

填好的表见图 F.4，并且假定 I_{encl} 值为 80 A。第一段的计算结果为有效冷却表面 A_e。常数 K、d、x 和 c 是从 IEC 60890 获得。有效功率耗散 P 需要作一些说明：

必须假定一个 I_{encl} 值并求得相应的功率耗散。作为此例的初始假定，假定了 I_{encl} 值为 80 A，得出功率耗散 $(80/100^2)\times85=54.4$(W)。在上端外壳的总温升求得为 37.5 K。

如果现在用图 F.1 来查在周围温度为 40+37.5=77.5 ℃下螺栓紧固的触头(105 ℃)的额定值降低因数，则可查得额定值降低因数为 65%。因此，选用额定电流 100 A 超过了额定电流×额定值降低因数[即 100×0.65=65(A)]，所以认为 I_{encl} 值为 80 A 用是过大的。

这一计算现在必须采用一个较低的电流重复进行，因此假定为 70 A，此时功率耗散 $(70/100)^2\times85=41.6$(W)。这导致外壳上端的温升为 30.3 K。现在假如我们用周围温度(40+30.3)=70.3 ℃查图 F.1，则可查得额定值降低因数为 73%。这样，允许的额定值 0.73×100=73 (A)，超过了建议的 I_{encl} 值 70 A，所以，认为后者是可接受的。

此例说明如何利用图 F.1 和 IEC 60890 中的资料估计 FEP 可接受的 I_{encl} 值。当外壳内具有能产生很大功率耗散的其他配件或连接线时，那么，这些功率耗散应加到熔断件的功率耗散上。

F.2.3 在较小的外壳或罐中使用时额定值的降低

在熔断件额定值降低场合所见到的罐的主要特性是：

——典型的罐是一单相外壳。

——在熔断件的外表面和罐内壁之间的距离较小，典型的为熔断件直径的 10%～25%。

——由于空间狭窄，对流冷却不太显著，而辐射和传导可能起主要作用。熔断件和罐构成一整体装配，并且额定值的降低量往往是取决于此装配体所能耐受的最大功率耗散。

——随着罐的结构和使用材料的不同，在某些情况下，罐内部的温度可能对额定值降低是决定性的因素。

由于罐和熔断件的相互作用很密切，这一组合体额定值的降低量通常只能通过测量确定。

F.2.4 在熔断件周围是油的外壳中使用时额定值的降低

设计在油中使用的熔断件的额定电流，是用设计模拟试验条件(见 6.5.1.2)的、比较受限制的条件下的试验确定。因此，在外壳内的额定值降低(如果有)通常是最小的。但是，当外部周围温度超过 40 ℃时，仍应适当地考虑。

F.2.5 总结

以上的 F.2.1～F.2.4 提供了一个估计的方法，它不能替代 FEP 制造厂进行的实际试验。如果 FEP 制造厂进行了试验，那么，这些试验结果应使采用本附录作出的任何估计作废。

F.2.6 确定额定值降低量的替代方法

如果 FEP 制造厂或实际用户有可能在装设相应熔断器的设备上进行试验，则可以采用下列方法确定 FEP 的 I_{encl} 值。

a) 从熔断器制造厂取得的在本部分规定的正常试验条件(见 6.5.3)下熔断器额定电流(I_r)时的功率耗散(W_r,以 W 计)值。

根据此值计算熔断件的最大允许热态电阻(W_r/I_r^2)。

b) 像在使用中那样,将三个熔断器装成一组,施加逐渐增大的试验电流直到:

1) 热态电阻(将每个熔断件两端的电压降除以电流求得)达到上面在 1)中算得的值,或

2) 在熔断器触头和端子上的温升达到 4.7 中规定的允许限值。

c) 熔断件的 I_{encl} 值将是下列两值中较低的一个:

1) 由最大允许热态电阻得到的值;

2) 由 4.7 中规定的相应最大温升得到的值。

还应注意,本附录处理的是关于相关的和/或被保护的设备(例如变压器和电动机)的连续满负荷电流的要求。在循环过载下的使用,应按制造厂和用户间的协议。

温度限值			
最大温度/℃	介质	接触型式	表面处理
75	空气	弹簧触头	裸的
80	油	弹簧触头	裸的
		螺栓触头	裸的
90	空气	螺栓触头	裸的
		螺栓连接的端子	裸的
	油	弹簧触头	银、锡或镍
95	空气	弹簧触头	锡
100	油	螺栓触头	银、锡或镍
105	空气	弹簧触头	银或镍
		螺栓触头	锡
		螺栓连接的端子	银、锡或镍
115	空气	螺栓触头	银或镍

图 F.1 额定值降低的曲线

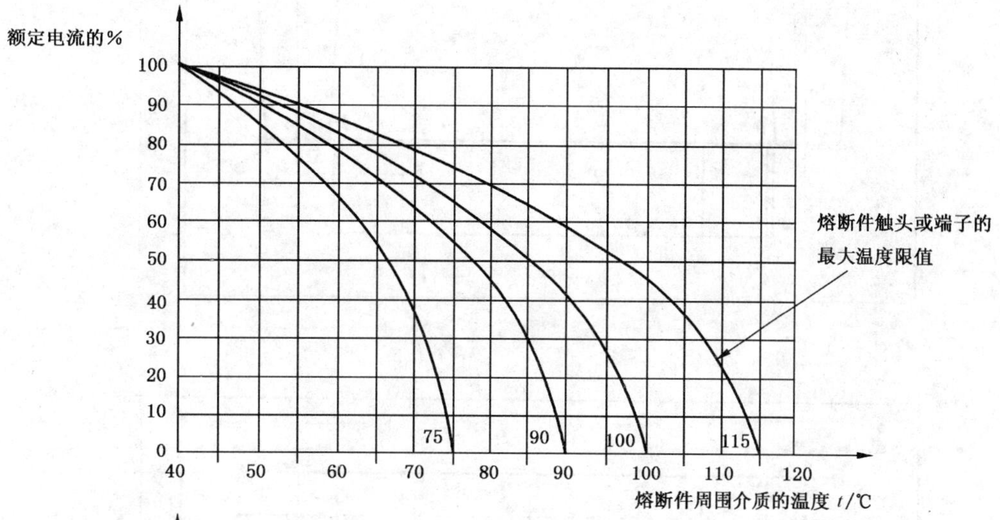

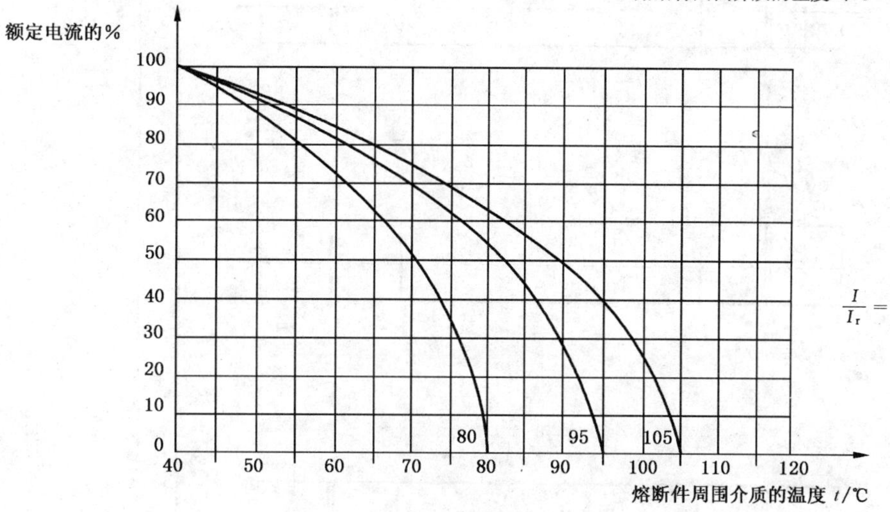

$$\frac{I}{I_r}=\sqrt{\frac{\theta_{\max}-1}{\theta_{\max}-40}}$$

图 F.1（续）

尺寸单位:mm

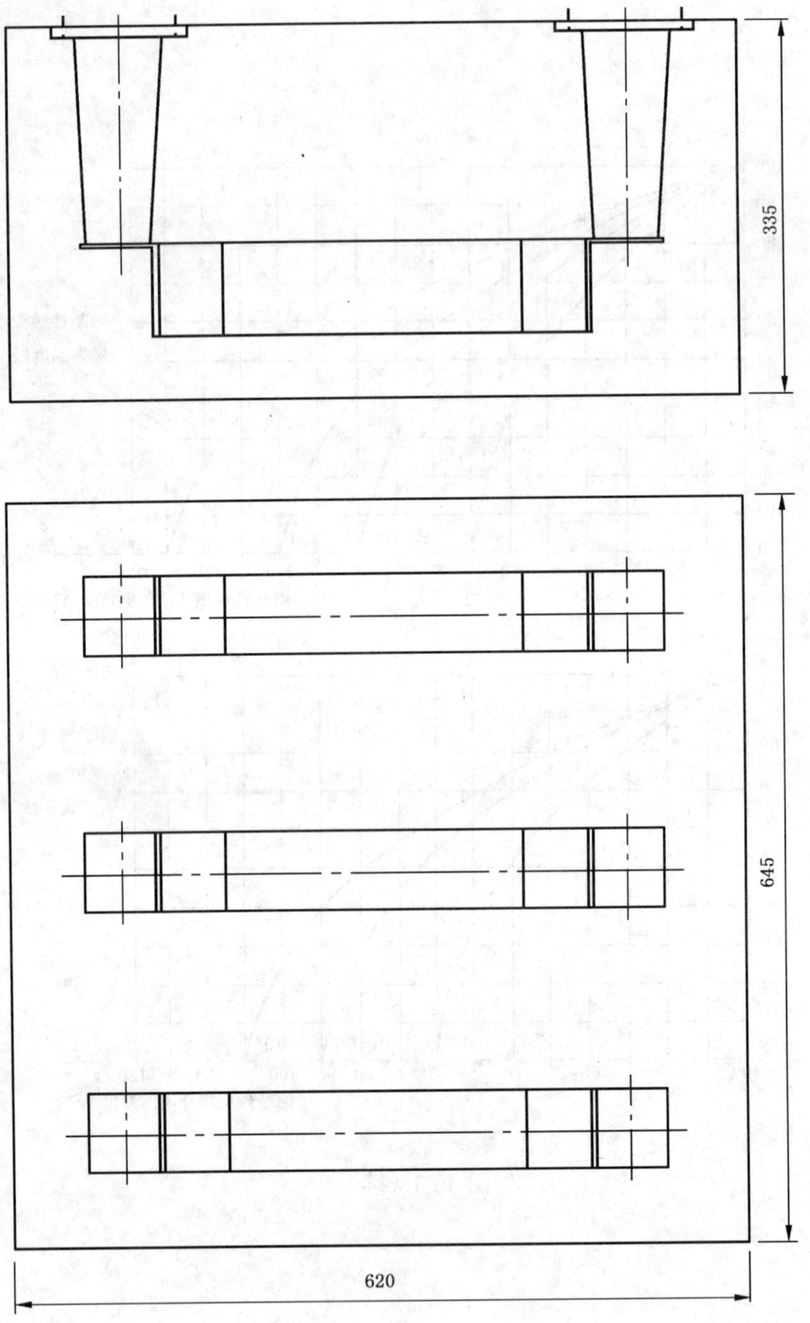

图 F.2 示例:尺寸

外壳内空气温升的计算					
客户/工厂　　仅仅是例子(见图 2)					
外壳类型					
温升的相关尺寸	高度/mm 宽度/mm 深度/mm		设施的类型：		
			通风口：　　　有/无		
			水平隔板的数量：		
等效的冷却面积	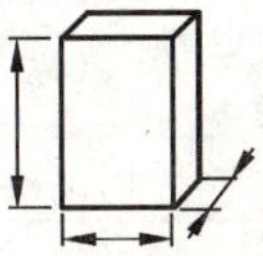	尺寸	A_O	按照表Ⅲ确定的表面系数 b	$A_O \times b$ (栏 3)×(栏 4)
		m×m	m²		m²
		2	3	4	5
	顶部				
	正面				
	后面				
	左侧面				
	右侧面				
	$A_\phi - \sum(A_O \times b) =$ 总值				

有效的冷却面积 A_ϕ	
超过 1.25 m²	不超过 1.25 m²
$f=\frac{h^{1.35}}{A_\phi}$(见 IEC 60890:1987 的 5.2.3)	$g=\frac{h}{w}$(见 IEC 60890:1987 的 5.2.3)

空气入口打开/cm²		
外壳常数　k		
水平隔板的系数　d		
有效的功率损耗　P/W		
$P^x = P^{0.804}$		
$\Delta t_{0.5} = k \cdot d \cdot P^x$		
温度分布系数　c		
$\Delta t_{1.0} = c \cdot \Delta t_{0.5}$		

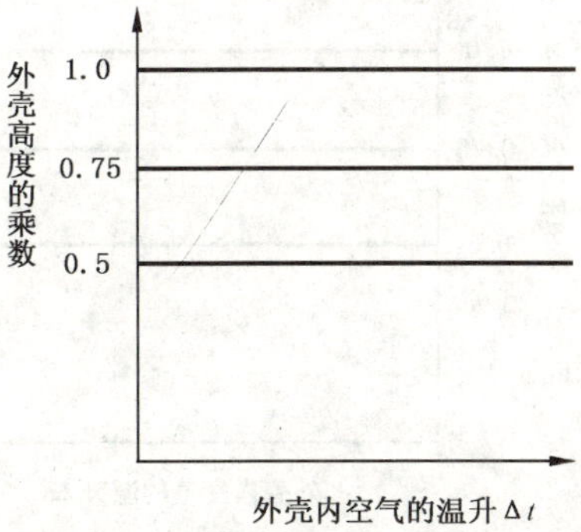

图 F.3　选自 IEC 60890

外壳内空气温升的计算					
客户/工厂　仅仅是例子(见图 2)					
外壳类型　3 相					
温升的相关尺寸　高度 620 mm　宽度 645 mm　深度 335 mm			设施的类型: 通风口:　有/无　无 水平隔板的数量:　无		
等效的冷却面积	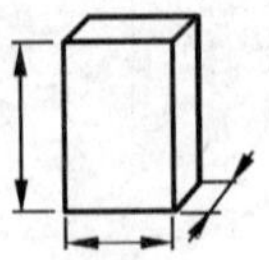	尺寸	A_O	按照表Ⅲ确定的表面系数 b	$A_O\times b$ (栏 3)×(栏 4)
		m×m	m^2		m^2
		2	3	4	5
	顶部	0.645×0.335	0.246	1.4	0.302 4
	正面	0.645×0.620	0.400	0.9	0.360 0
	后面	0.645×0.620	0.400	0.9	0.360 0
	左侧面	0.335×0.620	0.208	0.9	0.186 9
	右侧面	0.335×0.620	0.208	0.9	0.186 9
	$A_\phi-\sum(A_O\times b)=$总值				1.396
有效的冷却面积 A_ϕ					
超过 1.25 m^2			不超过 1.25 m^2		
$f=\frac{h^{1.35}}{A_\phi}$(见 IEC 60890:1987 的 5.2.3) $\frac{0.620^{1.35}}{0.645\times 0.335}=2.43$			$g=\frac{h}{w}$(见 IEC 60890:1987 的 5.2.3)		

空气入口打开/cm^2	—	—
外壳常数　k	0.48	0.48
水平隔板的系数　d	1	1
有效的功率损耗　P/W	54.4×3=163	41.6×3=124.8
$P^x=P^{0.804}$	60.1	48.5
$\Delta t_{0.5}=k\cdot d\cdot P^x$	28.85	23.3
温度分布系数　c	1.3	1.3
$\Delta t_{1.0}=c\cdot\Delta t_{0.5}$	37.5	30.3
	80 A 时	70 A 时

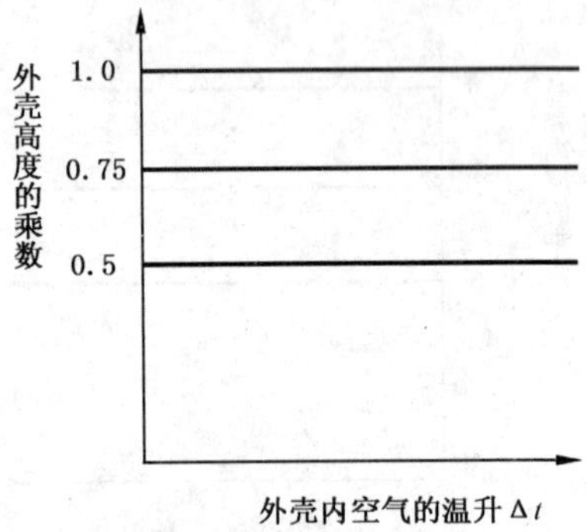

图 F.4　应用的实例

附 录 G
（资料性附录）
确定 I_t 试验有效性的判据

G.1 简介

要求 I_t 试验的熔断器是那些熔断器内部在不同的电流水平、单元的不同的串联部分履行大多数开断职能的熔断器。如果大电流试验（试验方式 1 和试验方式 2）以及小电流试验（试验方式 3）没有涵盖熔断单元的不同部分电流开断的转换区域，则 I_t 试验用来验证没有电流不能被或者独立的不同段或者两者的组合开断。因为熔断器设计的多样性，确定此类试验有效性也不存在一个简单的规则，因此，本附录给出了哪些努力验证 I_t 试验有效性的一般导则来说明计划做的试验的确达到了目的。

G.2 开断过程

可能最简单的 I_t 现象的图示就是熔断件由限流段（具有限制能力的带子）和喷射段（单元在套筒中）串联组成。在大电流时，仅带子熔化并起弧（所有的限制全部同时熔化），而在小电流时，仅喷射段熔化和起弧。对于此类设计，两个串联段的熔化时间-电流特性（TCC）会在某个中间电流处交叉，此处小电流段和至少大电流段的一个限制节熔化并起弧。这样一个交叉电流通常可以相对简单地确定，且如果 TCC 曲线相互交叉在一个较大的角度就很容易确定。该交叉电流就是熔断器的 I_t 电流。试验在两个电流水平下进行，稍高于和稍低于该 I_t 电流，以验证熔断件的小电流段必须开断的最高电流（而不需要来自大电流段的帮助）和大电流段必须开断的最小电流（而不需要来自小电流段的帮助）。

因此，有理由假设大电流段可以开断大于 I_t 的所有电流，小电流段能够开断小于 I_t 的所有电流。如果每一试验电流产生的电弧仅出现在相关的段，则与标准的符合性得到了验证。这可以通过诸如物理检查（打开熔断件）、X-射线检查或者等效的方法来确定。

上述简单的图解说明了所有熔断器可以遵循的基本原理。但是，很多熔断器的设计不符合这一简单程序。串联熔断件的熔化 TCC 可能交叉的角度太小以致于不存在一个明显的 I_t 值，而是一个大于任何一个电流值±20％的交叉区域。对于其他设计，熔化的 TCC 可能实际上根本不交叉，因此，有可能是一段对于所有的电流都熔化，而另一段却履行着大多数开断职能。对于存在很多单元并联的某些设计，大电流段中的电流值开始熔化且参与开断过程可能显著低于与 TCC 曲线交点相对应的明显的“交叉”值。

参 考 文 献

IEC 60890:1987 对低压开关设备和控制设备经过部分型式试验的组件用外推法估计温升的方法。

ICS 29.120.50
K 43

GB

中华人民共和国国家标准

GB/T 15166.3—2008
代替 GB 15166.3—1994,部分代替 GB/T 15166.4—1994

高压交流熔断器
第3部分:喷射熔断器

**High-voltage alternating-current fuses—
Part 3:Expulsion fuses**

(IEC 60282-2:1995 High-voltage fuses—Part 2:
Expulsion fuses,MOD)

2008-09-24 发布　　2009-08-01 实施

中华人民共和国国家质量监督检验检疫总局
中国国家标准化管理委员会　发布

前　言

GB/T 15166《高压交流熔断器》共分为以下几部分：

——交流高压熔断器　术语；

——高压交流熔断器　第2部分：限流熔断器；

——高压交流熔断器　第3部分：喷射熔断器；

——高压交流熔断器　第4部分：并联电容器外保护用熔断器；

——高压交流熔断器　第5部分：用于电动机回路的高压熔断器的熔断件选用导则；

——高压交流熔断器　第6部分：用于变压器回路的高压熔断器的熔断件的选用导则；

——高压交流熔断器　第7部分：电压互感器保护用熔断器的选用导则。

本部分是GB/T 15166的第3部分。

本部分修改采用IEC 60282-2:1995(第2版)《高压熔断器　第2部分：喷射式熔断器》及其第1号修改单：1997和第2号修改单：1999。

本部分与IEC 60282-2:1995的主要差别是：

——适用范围：根据我国电网的实际情况，去掉了IEC 60282-2:1995中额定频率60 Hz的有关内容；根据我国行业的分工情况，适用的电力系统中标称电压值由IEC 60282-2的1 000 V改为3 kV；

——术语中增加了“(熔断件的)熔化速率”等术语，去掉了与我国熔断器不符的术语“配电用熔丝断流器、开式熔丝断流器、开式熔丝熔断件”，而在附录B中加以说明；

——额定电压：去掉了与我国电网无关的额定电压数值，按照GB/T 11022(或GB/T 156)中所列的电压给出；

——额定绝缘水平。按GB/T 11022中的相关内容选用；

——将“识别标志”中的“仅为户内而设计的”文字内容删去；

——型式试验中增加机械试验的相关规定。

——增加了“出厂试验”一章的内容；

本部分代替GB 15166.3—1994《交流高压熔断器　喷射式熔断器》和部分代替GB/T 15166.4—1994《交流高压熔断器　通用试验方法》。

本部分与GB 15166.3—1994的主要差别有：

——标准体系的差别：本部分中包含了原GB/T 15166.4—1994《交流高压熔断器　通用试验方法》的适用部分，此次修订后，该系列标准将与IEC标准一一对应，原GB/T 15166.4—1994将被取代；

——按瞬态恢复电压(TRV)，将喷射式熔断器分成三个等级；

——增加了“验收试验”一章的内容，以适应经济贸易的发展；

——术语中增加了“熔断件的速率标识及熔化速率”等术语；

——型式试验中增加了“人工污秽试验”和“无线电干扰试验”等；去掉了“外观与尺寸检查”、“接触性能检查”和“开合空载变压器电流试验”；

——型式试验中“开断试验”开断次数增加了；并明确规定：在任何试验期间开断的任何失败，都是该额定电流熔断件试验方式1～方式5的失败；

——型式试验中“机械试验”的方式及次数与GB 15166.3—1994有所不同，并增加了“熔断件的机械试验”；并明确规定了：任何机械损伤都是该三个熔断器机械试验的失败；

——增加了铭牌的要求；

——增加了“选用导则”一章的内容。

本部分的附录A、附录B和附录C都是资料性附录。

本部分由中国电器工业协会提出。

本部分由全国高压开关设备标准化技术委员会(SAC/TC 65)归口并负责解释。

本部分负责起草单位：西安高压电器研究所。

本部分参加起草单位：西安熔断器制造公司、浙江日升电器制造有限公司、西安振力熔断器有限责任公司、西安翰德电力电器制造有限公司、河南省电力公司、机械工业高压电器产品质量检测中心(沈阳)、施耐德(北京)中压电器有限公司、太原第一开关厂、湛江高压电器有限公司、温州伏尔特电器有限公司、上海电器陶瓷厂有限公司。

本部分主要起草人：焦秋忠、田恩文、吴鸿雁、严玉林。

本部分参加起草人员：焦秋忠、沙维华、樊楚夫、冯武俊、赵建伟、张建国、朱海军、石维坚、杨文波、居华、邹亚民、彭江、杨英杰、刘风勇、程长西、李上保、林松权、林海鸥、钱勇杰。

顾问单位：西安交通大学电器工程学院　王季梅。

本部分所代替标准的历次版本发布情况为：

——GB 15166.3—1994；

——GB/T 15166.4—1994。

高压交流熔断器
第3部分：喷射熔断器

1 概述

1.1 范围

本部分适用于标称电压3 kV及以上、频率为50 Hz交流电力系统中的户内或户外喷射式熔断器。

按照不同的瞬态恢复电压(TRV)，喷射式熔断器分成A级、B级和C级。

本部分仅涉及熔断器的性能，每只熔断器均按本部分通过试验的熔断器底座、载熔件和熔断件的规定组合构成。其他组合的性能不包含在本部分之内。

本部分也适用于电流自然零点开断的非喷射式熔断器。

注1：关于熔断器等级选用的特殊资料见第3章和第10章。

注2：用于电容器外保护和变压器回路的熔断器分别见GB/T 15166.4—2008和GB/T 15166.6—2008。

注3：本部分不包括负载开合和故障关合能力。

注4：本部分不涉及有关开断故障电流时的声光效应和炽热气体的排放。

1.2 规范性引用文件

下列文件中的条款通过GB/T 15166的本部分的引用而成为本部分的条款。凡是注日期的引用文件，其随后所有的修改单(不包括勘误的内容)或修订版均不适用于本部分，然而，鼓励根据本部分达成协议的各方研究是否可使用这些文件的最新版本。凡是不注日期的引用文件，其最新版本适用于本部分。

GB 311.1—1997 高压输变电设备的绝缘配合(neq IEC 60071-1:1993)

GB 1984—2003 高压交流断路器(IEC 62271-100:2001,MOD)

GB 1985—2004 高压交流隔离开关和接地开关(IEC 62271-102:2002,MOD)

GB/T 2900.20—1994 电工术语 高压开关设备(neq IEC 60050:1984)

GB 3804—2004 额定电压3.6 kV～40.5 kV高压交流负荷开关(IEC 60265-1:1998,MOD)

GB/T 4585—2004 交流系统用高压绝缘子的人工污秽试验(IEC 60507:1991,IDT)

GB/T 5582—1993 高压电力设备外绝缘污秽等级(neq IEC 60507:1991)

GB/T 11021—2007 电气绝缘 耐热性分级(IEC 60085:2004,IDT)

GB/T 11022—1999 高压开关设备和控制设备标准的共用技术要求(eqv IEC 60694:1996)

GB/T 15166.1—1994 交流高压熔断器 术语

GB/T 15166.4—2008 并联电力电容器外保护用高压熔断器(IEC 60549:1976,MOD)

GB/T 15166.6—2008 变压器回路用高压熔断器熔断件的选用导则[IEC 60787:1983及其第1号修改单(1985),MOD]

GB/T 16927.1—1997 高电压试验技术 第1部分：一般试验要求(eqv IEC 60060-1:1989)

2 正常和特殊使用条件

2.1 正常使用条件

满足本部分的熔断器设计用于下述条件：

a) 最高周围空气温度为40 ℃，且在24 h内的平均温度不超过35 ℃。总的日光照射不超过1.1 kW/m²。

最低周围空气温度对“－5户内”级为－5 ℃；对“－15户内或户外”级为－15 ℃；对“－25户内或户外”级为－25 ℃和对“－40户外”级为－40 ℃。

注1：应当注意，时间-电流特性可能会受到周围空气温度变化的影响。

b) 污秽等级不低于 GB/T 5582 中的Ⅱ级。

c) 对户内装置,可能出现的凝露。

d) 对户外装置,风压不超过 700 Pa(相应于风速 34 m/s)。

e) 海拔不超过 1 000 m。

注 2:如果要求熔断器用在 1 000 m 及以上处,规定的额定绝缘水平应该用表 1 中相应的校正因数乘以其标准绝缘水平来确定,或者采用适当的过电压限制装置来降低过电压。

注 3:海拔超过 1 000 m 时,设备的额定电流和表 2 中规定的温升可以分别用表 3 第(2)栏和第(3)栏中给出的相应因数来校正。对于任何一种使用情况,只能选用第(2)栏和第(3)栏中的一个校正因数而不是两个。

表 1 绝缘水平的海拔校正因数

海 拔/ m	额定绝缘水平的校正因数
1 000	1.00
1 500	1.06
2 000	1.13
2 500	1.20
3 000	1.28
注:对于中间的海拔,可用线性插值法求得。	

表 2 组件和材料的温度及温升限值

组件或材料	最大值 温度/ ℃	最大值 温升/ K
A. 空气中的触头		
1. 用弹簧压紧的触头(铜和铜合金)		
——裸的	75	35
——镀银或镍的	105	65
——镀锡的	95	55
——其他镀层	[a]	
2. 用螺栓或其他等效方法联接(铜、铜合金和铝合金)		
——裸的	90	50
——镀锡的	105	65
——镀银或镍的	115	75
——其他镀层	[a]	
B. 油中的触头(铝合金)		
1. 用弹簧压紧的触头		
——裸的	80	40
——镀银、锡或镍的	90	50
——其他镀层	[a]	
2. 用螺栓联接		
——裸的	80	40
——镀银、锡或镍的	100	60
——其他镀层	[a]	
C. 空气中用螺栓紧固的接线端子		
——裸的	90	50
——镀银、锡或镍的	105	65

表 2（续）

组件或材料	最大值	
	温度/ ℃	温升/ K
——其他镀层	a	
D. 作为弹簧的金属部件	b	
E. 用作绝缘的材料和同下列等级绝缘接触的金属部件[c]	90	50
——Y 级(对未浸渍的材料)	100	60
——A 级(对浸在油中或浸渍过的材料)	120	80
——E 级	130	90
——B 级	155	115
——F 级	100	60
漆:油基的	120	80
合成的	180	140
——H 级	d	
——其他级	90	50
	100	60
F. 油[e,f]		
G. 除触头和弹簧以外与油接触的任何金属部件和绝缘材料		

a 如果制造厂采用本表中未列出的镀层，则应考虑这些材料特性。

b 温度或温升不应达到损害金属弹性的数值。

c 按照 GB/T 11022—1999 分级。

d 要求仅限于不对周围部件产生任何损伤。

e 在油的上部。

f 当采用低闪点油时，对蒸发和氧化问题应给予特别考虑。

表 3　温升的海拔校正因数

最高海拔/ m	额定电流的校正因数	温升的校正因数
(1)	(2)	(3)
1 000	1.00	1.00
1 500	0.99	0.98
3 000	0.96	0.92

注：对于中间的海拔，可用线性插值法求得。

2.2　特殊使用条件

经用户和制造厂协商，高压熔断器可以用在不同于 2.1 给出的条件下。

对于任一特殊使用条件，都必须同制造厂协商。

3　术语和定义

GB/T 2900.20 和 GB/T 15166.1 中确立的以及下列术语和定义适用于本部分。

3.1　电气特性

3.1.1

额定值　rated value

[GB/T 15166.1 的 3.1]

3.1.2

额定参数 rating

一组额定值和运行条件。

3.1.3

预期电流(电路的并与熔断器有关的) prospective current (of a circuit and with respect to a fuse)

[GB/T 15166.1 的 3.2]

3.1.4

预期峰值电流 prospective peak current

[GB/T 15166.1 的 3.3]

3.1.5

预期开断电流 prospective breaking current

[GB/T 15166.1 的 3.4]

3.1.6

开断能力 breaking capacity

[GB/T 15166.1 的 3.6]

3.1.7

弧前时间(熔化时间) pre-arcing time (melting time)

[GB/T 15166.1 的 3.11]

3.1.8

燃弧时间 arcing time

[GB/T 15166.1 的 3.12]

3.1.9

动作时间(全开断时间) operating time (total clearing time)

[GB/T 15166.1 的 3.13]

3.1.10

焦耳积分 Joule integral

I^2t

[GB/T 15166.1 的 3.14]

3.1.11

有效时间 virtual time

[GB/T 15166.1 的 3.15]

3.1.12

时间-电流特性 time-current characteristic

[GB/T 15166.1 的 3.16]

3.1.13

恢复电压 recovery voltage

[GB/T 15166.1 的 3.18]

3.1.14

瞬态恢复电压 transient recovery voltage

缩写为 TRV

[GB/T 15166.1 的 3.27]

3.1.15

工频恢复电压　power frequency recovery voltage

[GB/T 15166.1 的 3.28]

3.1.16

预期瞬态恢复电压(回路的)　prospective transient recovery voltage (of a circuit)

[GB/T 15166.1 的 3.29]

3.2　熔断器及其组件(见图 1)

3.2.1

熔断器　fuse

当电流超过给定值足够时间时,通过熔化一个或几个特殊设计的和比例的组件,开断电流以分开其所接入回路的装置。熔断器一词包括了构成完整装置的所有部件。

3.2.2

端子　terminal

[GB/T 15166.1 的 2.13]

3.2.3

熔断器底座　fuse-base

[GB/T 15166.1 的 2.20]

3.2.4

熔断器底座触头　fuse-base contact

[GB/T 15166.1 的 2.21]

3.2.5

载熔件　fuse-carrier

[GB/T 15166.1 的 2.17]

3.2.6

载熔件触头　fuse-carrier contact

[GB/T 15166.1 的 2.18]

3.2.7

熔断器支持件　fuse-holder

熔断器底座及其熔断器装件的组合。

3.2.8

熔断件　fuse-link

[GB/T 15166.1 的 2.15]

3.2.9

熔断件触头　fuse-link contact

[GB/T 15166.1 的 2.19]

3.2.10

熔体　fuse-element

[GB/T 15166.1 的 2.14)

3.2.11

可更换的熔断件　renewable fuse-link

[GB/T 15166.1 的 2.27]

3.2.12

再装单元 refill unit

[GB/T 15166.1 的 2.26]

3.3 附加术语

3.3.1

喷射式熔断器 expulsion fuse

喷射式熔断器是由电弧产生的气体的喷射效应使电弧熄灭的熔断器。

[GB/T 15166.1 的 2.3]

3.3.2

跌落式熔断器 drop-out fuse

[GB/T 15166.1 的 2.6]

3.3.3

同族系列(熔断件的) homogeneous series (of fuse-links)

[GB/T 15166.1 的 2.10]

3.3.4

断口距离(熔断器的) isolating distance (for a fuse)

[GB/T 15166.1 的 2.22]

3.3.5

熔断件的互换性 interchangeability of fuse-links

不同制造厂生产的喷射式熔断件,在尺寸和弧前时间-电流特性方面的兼容性,应使得这些熔断件可以用在其他制造厂的载熔件中,其弧前时间-电流特性无明显变化。

注:应当注意,由选定的熔断件和选定的载熔件构成的组合件的保护性能,只能用在此特定的组合件上进行的性能试验来确定。

3.4

熔断器的分级 classification of a fuse

对于一给定的额定参数,按照喷射式熔断器在试验方式1、方式2、方式3和方式4试验时符合下列表中TRV要求的能力,他们被定为三个等级(选用导则见附录A并参见10.3.4):

a) A级——表4和表9;

b) B级——表5和表10;

c) C级——表6、表7、表8和表10。

注:用于确定TRV的参数在图6和图7中描述。

3.5

熔断件的速率标识及熔化速率 speed designation and melting speed of fuse-links (for expulsion fuses)

速率标识说明了对应于两个规定的弧前时间[例如0.1 s和300 s(或600 s)]时的弧前电流值之比值,用字母K或T表示。

表4 试验方式1、方式2和方式3的瞬态恢复电压标准值
A级熔断器用两参数表示——在额定电压下试验

额定电压 U_r/ kV	TRV(峰值) u_c/ kV	时间 t_3/ μs	时延 t_d/ μs	电压 u'/ kV	时间 t'/ μs	上升速度 (u_c/t_3)/ (kV/μs)
3.6	6.6	85	13	2.2	41	0.08
7.2	13.2	122	18	4.4	59	0.11
12	22.1	164	25	7.4	79	0.13

表 4（续）

额定电压 U_r/kV	TRV(峰值) u_c/kV	时间 t_3/μs	时延 t_d/μs	电压 u'/kV	时间 t'/μs	上升速度 (u_c/t_3)/(kV/μs)
24	44.1	238	36	14.7	115	0.19
40.5	74.5	291	44	24.8	141	0.26

$u_c=1.3\times\sqrt{2}\times U_r$　　$t_d=0.15\times t_3$

$u'=1/3\times u_c$　　$t'=(1/3+0.15)\times t_3$

注：其他额定电压的参数用内插法求得。

表 5　试验方式 1、方式 2 和方式 3 的瞬态恢复电压标准值

B 级熔断器用两参数表示——在额定电压下试验

额定电压 U_r/kV	TRV(峰值) u_c/kV	时间 t_3/μs	时延 t_d/μs	电压 u'/kV	时间 t'/μs	上升速度 (u_c/t_3)/(kV/μs)
3.6	7.1	54	8	2.4	26	0.13
7.2	14.3	86	13	4.8	42	0.17
12	23.8	121	18	7.9	58	0.20
24	47.5	192	29	15.8	93	0.25
40.5	80.2	272	41	26.7	131	0.29
72.5	144	401	20	47.8	154	0.36
126	244	570	29	81.2	219	0.43

$u_c=1.4\times\sqrt{2}\times U_r$　　$u'=1/3\times u_c$

$U_r\leqslant 40.5$ kV　　$t'=(1/3+0.15)\times t_3$　　$t_d=0.15\times t_3$

$U_r>40.5$ kV　　$t'=(1/3+0.05)\times t_3$　　$t_d=0.05\times t_3$

注：其他额定电压的参数用内插法求得。

表 6　试验方式 1 的瞬态恢复电压标准值

C 级熔断器用两参数表示——在额定电压下试验

额定电压 U_r/kV	TRV(峰值) u_c/kV	时间 t_3/μs	时延 t_d/μs	电压 u'/kV	时间 t'/μs	上升速度 (u_c/t_3)/(kV/μs)
3.6	7.1	40	6	2.4	19	0.18
7.2	14.3	49	7	4.8	24	0.29
12	23.8	61	9	7.9	30	0.39
24	47.5	86	13	15.8	42	0.55
40.5	80.2	115	17	26.7	55	0.70
72.5	144	164	8	47.8	63	0.88
126	244	245	12	81.2	94	0.99

$u_c=1.4\times\sqrt{2}\times U_r$　　$u'=1/3\times u_c$

$U_r\leqslant 40.5$ kV　　$t'=(1/3+0.15)\times t_3$　　$t_d=0.15\times t_3$

$U_r>40.5$ kV　　$t'=(1/3+0.05)\times t_3$　　$t_d=0.05\times t_3$

注：其他额定电压的参数用内插法求得。

表 7　试验方式 2 的瞬态恢复电压标准值

C 级熔断器用两参数表示——在额定电压下试验

额定电压 U_r/kV	TRV(峰值) u_c/kV	时间 t_3/μs	时延 t_d/μs	电压 u'/kV	时间 t'/μs	上升速度 (u_c/t_3)/(kV/μs)
3.6	7.6	17	3	2.5	9	0.44
7.2	15.3	21	4	5.1	11	0.71
12	25.5	26	5	8.5	14	0.96
24	50.9	37	7	17	20	1.37
40.5	85.9	49	10	28.6	26	1.75
72.5	154	71	14	51.3	38	2.17
126	261	106	21	87.0	56	2.47

$u_c=1.5\times\sqrt{2}\times U_r$　　$t_d=0.20\times t_3$

$u'=1/3\times u_c$　　$t'=(1/3+0.20)\times t_3$

注：其他额定电压的参数用内插法求得。

表 8　试验方式 3 的瞬态恢复电压标准值

C 级熔断器用两参数表示——在额定电压下试验

额定电压 U_r/kV	TRV(峰值) u_c/kV	时间 t_3/μs	时延 t_d/μs	电压 u'/kV	时间 t'/μs	上升速度 (u_c/t_3)/(kV/μs)
3.6	7.6	9	2	2.5	5	0.87
7.2	15.3	11	2	5.1	6	1.44
12	25.5	13	3	8.5	7	1.97
24	50.9	18	4	17.0	10	2.79
40.5	85.9	25	5	28.6	13	3.49
72.5	154	35	7	51.3	19	4.34
126	261	53	11	87.0	28	4.95

$u_c=1.5\times\sqrt{2}\times U_r$　　$t_d=0.15\times t_3$

$u'=1/3\times u_c$　　$t'=(1/3+0.20)\times t_3$

注：其他额定电压的参数用内插法求得。

表 9　试验方式 4 的瞬态恢复电压标准值

A 级熔断器用两参数表示——在额定电压下试验

额定电压 U_r/kV	TRV(峰值) u_c/kV	时间 t_3/μs	时延 t_d/μs	电压 u'/kV	时间 t'/μs	上升速度 (u_c/t_3)/(kV/μs)
3.6	6.4	10	2	2.1	5	0.63
7.2	13.7	13	2	4.6	6	1.03

表 9（续）

额定电压 U_r/kV	TRV(峰值) u_c/kV	时间 t_3/μs	时延 t_d/μs	电压 u'/kV	时间 t'/μs	上升速度 (u_c/t_3)/(kV/μs)
12	25.5	16	2	8.5	8	1.58
24	50.9	26	4	17.0	12	1.97
40.5	91.6	49	7	30.5	23.7	1.87

$u_c=AF\times\sqrt{2}\times U_r$　　$t_d=0.15\times t_3$

AF=幅值系数

$u'=1/3\times u_c$　　$t'=(1/3+0.15)\times t_3$

3.6 kV≤U_r<7.2 kV　　AF=1.25；

7.2 kV≤U_r<12 kV　　AF=1.35

12 kV≤U_r<40.5 kV　　AF=1.50；

U_r≥40.5 kV　　AF=1.60

注：其他额定电压的参数用内插法求得。

表 10　试验方式 4 的瞬态恢复电压标准值
B 级和 C 级熔断器用两参数表示——在额定电压下试验

额定电压 U_r/kV	TRV(峰值) u_c/kV	时间 t_3/μs	时延 t_d/μs	电压 u'/kV	时间 t'/μs	上升速度 (u_c/t_3)/(kV/μs)
3.6	7.6	12	2	2.2	6	0.53
7.2	15.0	18	3	5.0	9	0.85
12	27.2	23	3	9.1	11	1.17
24	54.3	34	5	18.1	16	1.61
40.5	91.6	45	7	30.5	22	2.04
72.5	164	61	9	54.7	30	2.68
126	278	81	12	92.8	39	3.42

$u_c=AF\times\sqrt{2}\times U_r$　　$t_d=0.15\times t_3$　　$u'=1/3\times u_c$　　$t'=(1/3+0.15)\times t_3$

3.6 kV≤U_r<7.2 kV　　AF=1.39；

7.2 kV≤U_r<12 kV　　AF=1.47；

12 kV≤U_r≤126 kV　　AF=1.60。

注：其他额定电压的参数用内插法求得。

0.1 s 的预期电流与 300 s 或 600 s 的预期电流之比值称作熔断件的熔化速率。

“K”型：弧前时间-电流特性符合表 11 的快速熔断件，其熔化速率为 6～8，见表 11；

“T”型：弧前时间-电流特性符合表 12 的慢速熔断件，其熔化速率为 10～13，见表 12。

表 11 弧前时间-电流特性的限值"K"型熔断件

	额定电流	熔化电流/A					
		300 s或600 s[a]		10 s		0.1 s	
		最小	最大	最小	最大	最小	最大
优选值	6.3	12.0	14.4	13.5	20.5	72	86
	10	19.5	23.4	22.4	34	128	154
	16	31.0	37.2	37.0	55	215	258
	25	50	60	60	90	350	420
	40	80	96	96	146	565	680
	63	128	153	159	237	918	1 100
	100	200	240	258	388	1 520	1 820
	160	310	372	430	650	2 470	2 970
	200	480	576	760	1 150	3 880	4 650
中间值	8	15	18	18	27	97	116
	12.5	25	30	29.5	44	166	199
	20	39	47	48	71	273	328
	31.5	63	76	77.5	115	447	546
	50	101	121	126	188	719	862
	80	160	192	205	307	1 180	1 420

a 300 s用于额定电流100 A及以下的熔断件;600 s用于额定电流超过100 A的熔断件。

表 12 弧前时间-电流特性的限值"T"型熔断件

	额定电流	熔化电流/A					
		300 s或600 s[a]		10 s		0.1 s	
		最小	最大	最小	最大	最小	最大
优选值	6.3	12.0	14.4	15.3	23.0	120	144
	10	19.5	23.4	26.5	40.0	224	269
	16	31.0	37.2	44.5	67.0	388	466
	25	50	60	73.5	109	635	762
	40	80	96	120	178	1 040	1 240
	63	128	153	195	291	1 650	1 975
	100	200	240	319	475	2 620	3 150
	160	310	372	520	775	4 000	4 800
	200	480	576	850	1 275	6 250	7 470
中间值	8	15.0	18.0	20.5	31.0	166	199
	12.5	25.0	30.0	34.5	52.0	296	355
	20	39.0	47.0	57.0	85.0	496	595
	31.5	63	76	93	138	812	975
	50	101	121	152	226	1 310	1 570
	80	160	192	248	370	2 080	2 500

a 300 s用于额定电流100 A及以下的熔断件;600 s用于额定电流超过100 A的熔断件。

4 额定值

4.1 概述

按照3.4，熔断器的额定值和分级是基于其设计和结构所规定的工作条件。这些额定值如下：

a) 熔断器(完整的)
  1) 额定电压(U_r)；
  2) 额定电流(I_r)；
  3) 额定频率；
  4) 额定开断能力；
  5) 额定绝缘水平；
  6) 额定瞬态恢复电压(或等级)。

b) 熔断器底座
  1) 额定电压(U_r)；
  2) 额定电流(I_r)；
  3) 额定绝缘水平。

c) 载熔件
  1) 额定电压(U_r)；
  2) 额定电流(I_r)；
  3) 额定频率；
  4) 额定开断能力；
  5) 额定瞬态恢复电压(或等级)。

d) 熔断件
  1) 额定电压(U_r)；
  2) 额定电流(I_r)；
  3) 速率标识。

4.2 额定电压

设计熔断器底座、载熔件或熔断件时采用的电压，由它确定试验条件。

额定电压必须从表13给出的电压中选取。

注：额定电压等于设备的最高电压。

表13 额定电压

额定电压/kV	3.6	7.2	12	24	40.5	72.5	126

4.3 额定电流

4.3.1 概述

额定电流是设计熔断器、熔断器底座、载熔件或熔断件时采用的电流，由它确定试验条件。

额定电流应当从R10优先数系中选取。

注：R10数系由数1，1.25，1.6，2，2.5，3.15，4，5，6.3，8和它们与10的乘积组成。

4.3.2 熔断器(完整的)

熔断器的额定电流应当等于其中的熔断件的额定电流。

4.3.3 熔断器底座

熔断器底座规定的额定电流是指，一个新的、干净的熔断器底座，装有设计用于该特定熔断器底座且具有相同额定电流的载熔件和熔断件，并且接到具有某一规定导体截面和长度的电路中，在周围空气温度不高于40 ℃时,能够连续承载而不超过规定温度和温升的最大电流。

熔断器底座的额定电流的优选值(A)是:50,100,200,315,400,630。

4.3.4 载熔件

载熔件规定的额定电流是指,一个新的装有同样额定电流熔断件的载熔件,当它装在制造厂规定的熔断器底座上,且周围空气温度不高于40 ℃时,它能连续承载而不超过规定温度和温升的最大电流。

4.3.5 熔断件

熔断件规定的额定电流是指,一个新的熔断件,当它被装在熔断器底座上或装在制造厂规定的载熔件内,在周围空气温度不高于40 ℃时,能连续承载而不超过规定温度和温升的最大电流。

对"K"型和"T"型的熔断件,推荐采用下列额定值:

a) 优先的额定值(A):6.3,10,16,25,40,63,100,160,200;

b) 中间的额定值(A):8,12.5,31.5,50,80,125;

c) 6.3 A以下额定值(A):1,2,3.15,4,5。

4.4 额定频率

额定频率的标准值是50 Hz。

4.5 额定开断能力

给熔断器和载熔件规定的额定开断能力是指,按本部分试验时所规定的,以kA有效值表示的开断电流对称分量的最大值。

开断电流值应从R10数系中选取。

注:R10数系包括1,1.25,1.6,2,2.5,3.15,4,5,6.3,8以及它们与10的乘积。

4.6 额定绝缘水平(熔断器或熔断器底座的)

与电压耐受能力相关的表征熔断器或熔断器底座绝缘的电压值(工频和冲击)。

一个熔断器或熔断器底座的额定绝缘水平,用对地、极间和加在移去熔断件的底座两端的额定雷电冲击电压和额定工频耐受电压来确定。对于设计具有隔离特性的熔断器或熔断件,断口距离间的额定绝缘水平也应加以规定。额定绝缘水平也可选用比相应于熔断器或熔断器底座额定电压的绝缘水平更高的数值。

额定绝缘水平在GB/T 11022—1999中4.2给定的数值中选取。

其耐受电压值适用于GB 311.1—1997中规定的标准参考大气(温度、压力和湿度)条件。对于特殊使用条件,见GB/T 11022—1999的2.2。

应当确定,熔断器用于户内和/或户外。

5 设计、结构和性能

5.1 使用的标准条件

不管直流分量的大小,熔断器应能正确地开断任何预期电流值,只要:

——交流分量不大于额定开断能力;

——预期瞬态恢复电压及其上升速率不高于表4～表10中关于A级、B级或C级规定的数值;

——工频恢复电压不大于表14中规定的数值(对特殊条件见10.3.3和10.3.4);

——对额定频率为50 Hz的熔断器,频率在48 Hz和62 Hz之间;

——功率因数不低于表14和表15中规定的数值。

当用在电压低于熔断器额定电压的系统中时,以kA表示的开断能力不应低于额定开断能力。

5.2 性能的标准条件

按照5.1中指出的使用条件,熔断器的性能应当如下:

表 14 试验参数

<table>
<tr><th rowspan="2">参　数</th><th rowspan="2">级 别</th><th colspan="8">试验方式</th></tr>
<tr><th colspan="2">1</th><th colspan="2">2</th><th colspan="2">3</th><th>4</th><th>5</th></tr>
<tr><td>工频恢复电压</td><td>A～C</td><td colspan="8">额定电压 $U_{r\ -0\%}^{\ +5\%}$ [e]</td></tr>
<tr><td rowspan="3">预期瞬态恢复电压特性</td><td>A</td><td colspan="2">表 4</td><td colspan="2">表 4</td><td colspan="2">表 4</td><td>表 9</td><td rowspan="3">[g]</td></tr>
<tr><td>B</td><td colspan="2">表 5</td><td colspan="2">表 5</td><td colspan="2">表 5</td><td>表 10</td></tr>
<tr><td>C</td><td colspan="2">表 6</td><td colspan="2">表 7</td><td colspan="2">表 8</td><td>表 10</td></tr>
<tr><td>预期电流（交流分量的有效值）</td><td>A～C</td><td colspan="2">$I_{1\ -0\%}^{\ +5\%}$ [e]</td><td colspan="2">I_2
$0.6I_1 \sim 0.8I_1$</td><td colspan="2">I_3
$0.2I_1 \sim 0.3I_1$</td><td>I_4
400 A～500 A[a b]</td><td>I_5
$2.7I_r \sim 3.3I_r$[a j]</td></tr>
<tr><td rowspan="3">功率因数</td><td>A</td><td colspan="6">低于 0.15</td><td rowspan="3">见表 15</td><td rowspan="3">0.6～0.8</td></tr>
<tr><td>B</td><td colspan="6">低于 0.10</td></tr>
<tr><td>C</td><td colspan="6">低于 0.10</td></tr>
<tr><td>相对于电压零角度的合闸相角（电度）[i]</td><td>A～C</td><td colspan="4">第 1 次试验：－5～＋15；
第 2 次试验：85～105；
第 3 次试验：130～150。</td><td colspan="2">对所有试验
85～105</td><td colspan="2">随机的</td></tr>
<tr><td rowspan="2">开断电路后工频恢复电压的持续时间[k]</td><td>A～C
跌落式</td><td colspan="8">不小于跌落时间或 0.5 s，无论哪个较大。</td></tr>
<tr><td>A～C
非跌落式</td><td colspan="6">10 min[h]</td><td colspan="2">1 min</td></tr>
<tr><td>熔断件的额定电流[f]</td><td>A～C</td><td>最小</td><td>最大</td><td>最小</td><td>最大</td><td>最小</td><td>最大</td><td>最小</td><td>最小</td></tr>
<tr><td>试验次数</td><td>A～C</td><td>3</td><td>3</td><td>3</td><td>3</td><td>1</td><td>1</td><td>2</td><td>2</td></tr>
<tr><td>更换载熔件前的试验次数[c]</td><td>A～C</td><td>3</td><td>3</td><td>3</td><td>3</td><td colspan="2">2</td><td colspan="2">4</td></tr>
<tr><td>载熔件数</td><td>A～C</td><td>1</td><td>1</td><td>1</td><td>1</td><td colspan="2">1</td><td colspan="2">1</td></tr>
<tr><td>最多底座数[d]</td><td>A～C</td><td>1</td><td>1</td><td>1</td><td>1</td><td colspan="2">1</td><td colspan="2">1</td></tr>
</table>

a 当受试验室试验的限制，难以获得上述试验电流值时，可以用相应于动作时间不小于 2 s 的较高电流值进行试验。

b 假如此值小于试验方式 5 的值，试验方式 4 不需进行。

c 每次试验后，熔断件和跌落式熔断器的释压帽（如果采用的话）应予以更换。任何通常可在现场更换的排气控制器件，应按下列规定更换：

试验方式 1 和方式 2：每次试验后更换；

试验方式 3、方式 4 和方式 5：每一试验系列后更换。

d 在试验报告中应当注明熔断器底座的总数。

e 当熔断器预定仅用于三相电路中时，制造厂可以选用其一为 87%U_r 和 100%I_1 的试验方式和另一为 100%U_r 和 87%I_1 的试验方式代替 100%U_r 和 100%I_1 的试验方式。

电压和电流的公差与表 14 中列出的相同。

f "最小"和"最大"表示一同族系列中的最小和最大额定电流。

表 14（续）

参　数	级 别	试验方式				
		1	2	3	4	5

g 此试验电路的瞬态恢复电压应当是临界阻尼的。用一数值大约等于工频电抗值 40 倍的电阻同负载电抗并联，通常足以使电路达到临界阻尼。但是，如果这一数值不能产生临界阻尼，则为了获得临界阻尼，可以减小电阻。为了试验的方便，在制造厂同意的情况下，也可采用振荡的 TRV。在下列情况下可以获得临界阻尼：

$$R=\frac{f_0 \cdot X}{2f_n}$$

式中：

f_0——无阻尼时试验回路的固有频率；

f_n——工频；

X——工频时回路的电抗。

h 如果在开断电路以后随即监测通过熔断器的泄漏电流，则在泄漏电流已小于 1 mA 持续 2 min 后可将恢复电压去掉。

i 列出的试验次序是优选的。

j I_5 的最小值是 15 A。

k 如果受试验站的限制，难以在规定的时间内维持全部的恢复电压，试验电路可以切换到辅助电源（可以提供至少 1 A 电流）维持剩余的规定时间。这样的切换不能使电流中断时间超过 10 s，影响该切换的任何必需的回路开断不应超过 0.5 s。

a) 动作期间不应发生闪络。熔断器制造厂在其文件中和包装上应有一个警告：在熔断器动作过程中，存在热气体和热粒子喷射的可能性。

b) 在熔断器动作后，熔断器的各组件，除了那些每次动作后需要更换的以外，皆应基本上处于动作前的同样状态。对喷射熔断器而言，其载熔件内腔的腐蚀例外。在预定每次动作后要更换的组件换成新的以后，熔断器应能在额定电压下承载它的额定电流。

在动作以后，任何机械方面的损伤不应影响到跌落功能（如果适用），同时也不应妨碍取出和更换载熔件。

然而，对于熔断器中采用紧固的可更换的熔断件的组件，允许有轻微的损伤，只要这一损伤不妨碍熔体的更换、降低熔断器的开断能力、改变它的动作特性或者增加正常工作条件下的温升。这些通常是通过目测检查熔断器进行验证。

c) 在动作以后，熔断器接线端子间的耐压性能可以仅用工频恢复电压考核（见第 6 章）。

d) 在跌落式熔断器动作期间，上触头可能出现小的电弧烧蚀点，这种情况是可以接受的。弧前时间应当处于制造厂提供的时间-电流特性的限值以内。

表 15　试验方式 4 中回路功率因数的数值

熔断器级别	熔断器的额定电压范围 U_r/kV					
	3.6	7.2	12	24	40.5	72.5 和 126
A	0.6～0.7	0.5～0.6	0.35～0.45	0.35～0.45	0.2～0.3	—
B 和 C	0.6～0.7	0.4～0.5	0.1～0.2	0.1～0.2	0.1～0.2	0.1～0.2

5.3　时间-电流特性

熔断件的时间-电流特性取决于对装在制造厂规定的底座内新的和没有通过电的熔断件施加的电流。

除非另有规定，时间-电流特性应认为是在周围空气温度20 ℃时适用。

制造厂应当从6.7规定的时间-电流特性型式试验中确定的数值作出可供使用的曲线。

a) 时间-电流特性应以电流作横坐标和以时间作纵坐标表示。

b) 两坐标轴都应采用对数刻度。对数刻度的基长（一个10的尺寸）比率应是2∶1，且横坐标的尺寸较长，比例为1∶1(5.6 cm)也是认可的。

c) 当采用比例2∶1时，应画在尺寸为A3或A4的纸上。

d) 每个10的尺寸应从下列数系中选取：2 cm、4 cm、8 cm、16 cm和2.8 cm、5.6 cm、11.2 cm。推荐尽可能采用2.8 cm和5.6 cm这两个值。

曲线应当标明：

——弧前时间或动作时间；

——至少在0.01 s～300 s或600 s（视熔断件额定电流而定）范围内的时间和预期对称电流有效值之间的关系；

——曲线所适用的熔断件的类型、额定值和速率标识；

——如果曲线表示的是时间和电流的最小值，则由试验获得的实际点应当处于曲线右侧电流值的0%～20%距离之内。如果曲线表示的是时间和电流的平均值，则由试验获得的实际点应当是处于曲线两侧电流值的10%范围之内。上述公差的适用范围是0.01 s～300 s或600 s（视熔断器额定电流而定）。

5.3.1 "K"型和"T"型熔断件的弧前时间-电流特性

制造厂提供的最大和最小弧前时间-电流特性应当处于表11和表12给出的区域之内。

5.4 温度和温升

熔断器底座、载熔件和熔断件应当持续地承载它们的额定电流而不超过表2中规定的温度和温升限值。即使熔断件的额定电流等于预定装入此熔断件的载熔件的额定电流时，也不应超过这些限值。

对于在试验期间温度不易测量的熔断件零件，例如熔断器的小灭弧管，应通过目测检查其恶化情况进行判定。

5.5 电磁兼容性

本部分范围内的熔断器对电磁干扰是不敏感的，所以不需要进行抗扰性试验。熔断器产生的电磁干扰对无线电干扰或操作电压的影响都很有限。在额定电压低于126 kV的熔断器中，前者被认为可以忽略。后者的影响仅限于熔断器动作的瞬间。而且，因为对于非限流式熔断器，在动作期间产生的过电压很小，所以一般认为不需要做发射试验。

5.6 机械要求

5.6.1 熔断器底座和载熔件

当按6.8.1试验时，熔断器应能保持在可操作的状态下。

5.6.2 熔断件

5.6.2.1 静态强度

当按照6.8.2.1试验时，熔断件应能耐受规定的抗张（拉）强度而在机械和电气特性方面不发生变化。

5.6.2.2 动态强度

当按照6.8.2.2试验时，熔断件应能耐受20次操作而在机械和电气特性方面不发生变化。

5.7 铭牌

熔断器应当用标识注明。

铭牌应字迹清晰、经久耐用，在熔断件、载熔件和熔断器底座上最少应标明：

在所有情况下，表示额定值的数字后注明表示单位的符号。

a) 在熔断器底座上：

——制造厂名或商标；

——产品的型号(如果有的话)；

——额定绝缘水平；

——额定电压(U_r)；

——额定电流(I_r)。

b) 在载熔件上：

——制造厂名或商标；

——额定电压(U_r)；

——额定电流(I_r)；

——额定开断能力和 TRV 等级；

——额定频率。

c) 在熔断件上：

——制造厂名或商标；

——产品的型号(如果有的话)；

——额定电流(I_r)和速率标识(如有的话)；

——额定电压(U_r)。

6 型式试验

6.1 进行试验的条件

型式试验是为了统一验证一种特定设计类型的熔断器是否符合规定的特性，并且在正常运行条件或特殊规定条件下满意地动作所进行的试验。型式试验在样品上进行，以验证同一型号所有熔断器的规定特性。

如果结构的改变可能影响到性能，这些试验应当重做。

为了试验的方便，并且事先取得制造厂同意，可将试验规定值特别是公差，修改得使试验条件更加严酷。当公差没有规定时，应当在不比规定值严酷程度低的数值下进行试验。上限值应取得制造厂的同意，不要求进行高于规定额定值数值的型式试验。

如果验收试验的条件比最初型式试验的条件更严酷时，制造厂仅限于额定值。

6.2 型式试验项目和试验报告

6.2.1 型式试验项目

为了完善设计或做了影响性能的修改以后需进行的型式试验如下：

——绝缘试验；

——温升试验；

——开断试验；

——时间-电流特性试验；

——无线电干扰试验(额定电压 126 kV 及以上的熔断器的)；

——机械试验(熔断器底座和熔断件的)；

——人工污秽试验(适用时)。

6.2.2 试验报告

所有型式试验的结果都应记载在包含必要的数据以证明符合本部分要求的试验报告中。

试验报告应注明制造厂名、熔断器底座、载熔件和熔断件的参考型号以及任何规定的、可能影响熔断器性能的详细资料。这些数据应当足以使试验室对熔断器作出明确的鉴别和组装。

试验布置的详细情况，包括金具的位置，也应注明。

如果试验报告不包括给定型号熔断器所有开断试验的5个试验方式时，就应在报告的前面清楚地加以说明。

6.3 所有型式试验的共同试验要求

除非另有规定，下列内容是共同的试验要求。

6.3.1 受试熔断器的状况

熔断器应当是新的、干净的并处于良好状况，且应按照制造厂的说明书进行装配和作好记录。

6.3.2 熔断器的安装

受试熔断器应安装在尽可能接近正常使用条件或制造厂说明书规定的条件下，并且处于设计的正常使用位置和装有接地金属件。

连接线的布置应不减少正常电气间隙。

6.4 绝缘试验

6.4.1 试验要求

绝缘试验的要求按GB/T 11022—1999中6.2的规定进行，并附加下列要求：

a) 安装

对多极布置的熔断器，极间距离应为制造厂规定的最小值。

b) 连接

应当采用把裸导体接到每一接线端子上来实现电气连接。这些导体应当从熔断器接线端子以大致垂直于熔断件的直线引出，并且无支撑的距离至少等于熔断器的断口距离。

6.4.2 冲击和工频试验时试验电压的施加

参考图2所示熔断器三极布置时的接线图，4.6中规定的试验电压应当按表16的方式施加：

a) 对地和极间施加额定耐受电压

1) 在接线端子和带有熔断件并装配完好处在闭合位置的载熔件的所有接地金属部件之间，表16中的试验状态1～状态3适用。

2) 在每个接线端子和带有已装好的熔断件及处于分开位置的载熔件的所有接地金属部件之间。表16中的试验状态4～状态9适用。

b) 在接线端子之间的断口距离上施加额定耐受电压：

——对跌落式熔断器，载熔件应处于跌落位置；

——对其他类型，熔体应从底座上移去。

表16中的试验状态4～状态9适用。

注：对于单极和双极熔断器，仅考虑图2和表16中适用的符号。

6.4.3 试验电压

采用的试验电压应当是4.6中选出的并按GB/T 16927.1进行过大气条件校正的适当电压。

6.4.4 雷电冲击电压干试

熔断器应经受雷电冲击电压干试。

试验应按GB/T 16927.1采用1.2/50 μs正、负极性的标准雷电冲击电压进行。

按照GB/T 16927.1中的程序，可以采用下列程序之一：

——程序B，对每一试验状态和每一极性进行15次连续冲击。

——程序C，对每一试验状态和每一极性进行3次连续冲击。

如果击穿放电次数满足GB/T 16927.1规定的要求，则认为熔断器成功地通过试验。

表 16　绝缘试验[a]

试验状态	熔断器	加压部位(见图 2)	接地部位
1	合	Aa	BCbcF
2	合	Bb	ACacF
3	合	Cc	ABabF
4	分	A	BCabcF*
5	分	B	ACabcF*
6	分	C	ABabcF*
7	分	a	ABCbcF*
8	分	b	ABCacF*
9	分	c	ABCabF*

注 1:(*)当加到分开的熔断器上的试验电压高于对地试验电压时,必须将熔断器底座 F 和接线端子(被加压接线端子对面的接线端子除外)适当地加以绝缘。

注 2:如果边极相对于中间极和底座的布置是对称的,则试验状态 3、状态 6 和状态 9 可以省去。如果每极接线端子的布置相当于底座是对称的,则试验状态 7、状态 8 和状态 9 可以省去。

[a] 当对移去熔断件的底座进行试验时,加压的接线端子对面的接线端子是接地的。

6.4.5　工频电压干试

熔断器应经受 GB/T 16927.1 规定的 1 min 工频电压干试。

如果出现闪络或击穿,则认为熔断器试验失败。

6.4.6　工频电压湿试

户外熔断器应当在 GB/T 16927.1 规定的相同条件下,经受工频电压湿试验。

6.4.7　额定电压 126 kV 及以上熔断器的无线电干扰电压试验

此试验应当按 GB/T 11022 进行。

6.5　温升试验

6.5.1　试验要求

温升试验应按 6.3 的规定在一台单极熔断器上进行,试验电流等于熔断器底座或载熔件的额定电流,同时附加下述要求。

被试的熔断件应为最大额定电流的,即和载熔件相同额定电流的熔断件。

6.5.2　设备的布置

试验应在除了受试品发热所产生的气流以外基本上没有空气流动的封闭室内进行。

熔断器应当装在制造厂规定的方向以内最不利的位置上,并且用如下裸铜导体和试验回路连接。

——每根导体应当是大约 1 m 长,安装在平行于熔断器安装平面内,但它们可在此平面内的任何方向。导体的截面积列于表 17 中。

表 17　用作温升试验的导体截面积

熔断器的额定电流/A	裸铜导体的截面积/mm^2
$I_r \leqslant 25$	20～30
$25 < I_r \leqslant 63$	40～60
$63 < I_r \leqslant 200$	120～160
$200 < I_r \leqslant 400$	250～350
$400 < I_r \leqslant 630$	500～600

注:对额定电流小于或等于 200 A 的熔断器,如果在接线端子和接到其上并离开它 1 m 处导体上一点的温差小于或等于 5 K,则允许采用较小的导体。

不需要提供正常的间距。

试验应在 48 Hz～62 Hz 之间的频率下进行。每次试验进行的时间应足以使温升达到稳定值(实际上,当 1 h 内温升的变化不超过 1 K 时,就认为已达到这一条件)。

6.5.3 温度和温升的测量

必须采取预防措施,以减小由于在熔断器温度和周围空气温度改变之间存在时延而引起的变化和误差。

对已规定限值的不同部件的温度,应当用任何适当类型的热电偶或温度计进行测量。这些测量器件应安放在最热的可接近点处并保证良好的导热性。

用温度计或热电偶测量时,应采用下列预防措施:

a) 温度计的球泡或热电偶应当受到保护(干燥、清洁的羊毛等)不受外界影响,但保护的面积与受试电器的散热面积相比应可忽略。

b) 应保证在温度计或热电偶和受试部件的表面之间有良好的导热性。

c) 当球泡式温度计用于存在变化磁场的场所时,推荐采用优于水银温度计的酒精温度计,因为前者在此条件下较易受到影响。

6.5.4 周围空气温度

周围空气温度是熔断器周围空气的平均温度(对于有外壳的熔断器,它是外壳外面的空气)。这一温度应在试验的最后 1/4 周期内用至少三个温度计、热电偶或其他温度检测装置进行测量,这些测温装置应均匀地分布在熔断器周围、距离它约 1 m 和大约处在它的载流部件的平均高度处。温度计或热电偶应受到保护以防气流作用和不应有的热影响。

为了避免由于温度快速变化引起的指示误差,温度计或热电偶可放进油量约半升的小油罐中。

在试验的最后 1/4 周期内,周围空气温度的变化在 1 h 内应不超过 1 K。如果由于试验室的温度条件不能达到该要求时,则可用一不通电流的相同熔断器置于同样条件下的温度,代替周围空气温度。

在试验期间,周围空气温度应在 10 ℃～40 ℃ 之间,在此范围内的周围空气温度,不需对温升值进行修正。

6.6 开断试验

6.6.1 试验要求

试验要求应按 6.3 的规定并增加下述要求:

6.6.1.1 试验概述

试验应用单相交流电流进行开断试验。

试验应按表 4～表 10 和表 14、表 15 适用的部分进行并应包括下列 5 种试验方式:

试验方式 1:额定开断能力的验证(I_1);

试验方式 2 和方式 3:在下列两个故障电流范围内开断能力的验证(I_2 和 I_3);

试验方式 2:从 $0.6I_1$～$0.8I_1$;

试验方式 3:从 $0.2I_1$～$0.3I_1$;

试验方式 4 和方式 5:当要求熔断器在较小故障电流下动作时开断能力的验证(I_4 和 I_5);

试验方式 4:从 400 A～500 A;

试验方式 5:从 $2.7I_r$～$3.3I_r$,且最小值为 15 A(I_r 是熔断件的额定电流)。

如果熔断器规定只用于三相电路,则试验方式 1 可用下列方式代替:

a) 在电压为 $87\%U_r$,和电流(I_1)下的试验方式 1;

b) 在电压为 U_r,和电流为 $87\%I_1$ 下的试验方式 1。

注:$87\%U_r$ 表示相电压乘上首开极系数 1.5,$87\%I_1$ 表示一个熔断器开断异相接地故障,或开断三相不接地故障时第二相熔断器开断的电流。

无需对同族系列所有额定电流的熔断件或再装单元进行开断试验。应满足的要求见 6.6.3.1 和应进行的试验见表14(适用时)。

6.6.1.2 **试验回路的特性**

用来控制电流和功率因数的回路元件应当按图3所示串联布置。

试验回路的工频,对额定频率为50 Hz的熔断器应在48 Hz～62 Hz之间。

试验回路的特性在表4～表10和表14、表15中规定。

如果常规的单相试验回路,在按图3所示接地时不能获得规定的预期TRV,则为了获得规定的TRV,试验室可以将电路在任一所必需的点接地。在所有情况下,试验室应当对实际试验电路进行记录,并且必要时对回路中的接地点作出说明。

6.6.1.3 **试验样品**

在进行熔断器试验时,应采用同一熔断器制造厂的或规定的熔断件、熔体或再装单元。

在进行可更换的熔断器试验时,在动作后仅应更换熔断件、再装单元或其他部件。但是,正如表14所规定(当适用时),可以采用新的载熔件和熔断器底座。

当同一载熔件同时用作同族系列的最小和最大额定电流的试验时(例如试验方式3),试验次序应当是从此系列的最低到最高额定电流。

任何设计同熔断器一起使用的附件都应装到试验样品上。因修改和/或添加某些附件而构成的新的组合器件,应当经受全部型式试验。下面列出一些例子:

——压力释放帽;

——可选的排气控制器件;

——单排气喷射式熔断器使用的电弧缩短杆。

6.6.1.4 **设备布置**

对试验方式1和方式2,试验接线应如图4所示,在距熔断器底座接线端子距离(d)处牢固地进行支撑,以防止因试验导体移动在熔断器底座上产生过度的机械应力。

在动作期间喷射电离气体的熔断器(例如喷射式熔断器)应当这样安装,即在实际工作条件通常存在的处于地电位或线路电位的任何附近的金属器件(例如三相熔断器组的另外两个熔断器),在短路试验时加以模拟。

当熔断器用在外壳中时,要求检验在外壳内熔断器的特有性能和外壳的结构完整性。在这些情况下,可能需要进行三相短路试验。

6.6.2 **试验程序**

6.6.2.1 **试验回路的校正**

受试的熔断器或熔断件B应当用一与试验回路的阻抗相比其阻抗可以忽略的连接件A代替,如图3所示。

回路应调节到给出规定的预期电流,这可以通过示波图进行验证。

6.6.2.2 **试验方法**

将连接件A移去并用受试的熔断器或熔断件B代替。

在满足表14规定条件的瞬间将合闸开关E合上。

TRV参数按表4～表10中相应的规定确定。

熔断器动作后,熔断器两端保持恢复电压的时间应符合表14的规定。

6.6.2.3 **示波图的说明(见图5)**

对试验方式1～方式4,在校正试验回路时[见图5a)],预期电流应是短路开始后半个周期内测得的电流的交流分量有效值。

对试验方式5,开断电流应是在开断试验中[见图5b)]起弧瞬时测得的对称电流有效值。

工频恢复电压的数值用从第二个不受影响的半波波峰到由其前后两半波波峰连成的直线之间的距离确定。

6.6.3 同族系列熔断器的开断试验

6.6.3.1 同族系列熔断件的特性

如果熔断件的特性符合下列条件，就认为它们构成同族系列：

1） 额定电压、额定开断能力和额定频率应相同。

2） 所有材料也应相同。

3） 除了熔体的横截面和个数以外，所有尺寸应相同。

4） 支配单个熔体沿长度的任何截面变化的规律应相同。

5） 主熔体在厚度、宽度、直径和个数方面的所有改变应当是随额定电流单调变化的[1)]。

当确定是否构成同族系列时，下述情况可以忽略不计：

1） 与熔体并联用以减轻熔体伸长应变的任何拉紧线。

2） 用以在熔断器支持件接线端子之间构成电路的导体（例如在某些类型喷射式熔断器中使用的熔断件的弹性尾部）的材料和尺寸。

3） 熔断件主熔体的长度（只要长度的变化是单调的）。

4） 喷射式熔断件熔体的材料（只要材料的改变是在同一通用种类内，例如锡和锡合金，银和银合金，铜和铜合金）。

对具有内灭弧管的熔断器中的熔断件，当为实施表 14 中试验方式 1、方式 2 和方式 3 而确定同族性时，较小直径的灭弧管的尺寸不予考虑。

6.6.3.2 试验要求

在表 14 和表 15 中，给出了同族设计系列的最小和最大额定电流的试验要求。

6.6.4 开断试验结果的说明

如果按适用的表 4～表 10 和表 14、表 15 进行试验的结果满足 5.2 要求，则应认为，在同族系列内任一额定电流的熔断件都符合本部分的开断要求。

如果一个熔断件没有按 5.2 完成一个或多个试验方式，则该熔断件应从同族系列中剔除。但不一定需要将任何其他额定电流的熔断件也剔除。

在任何试验期间开断的任何失败（对跌落式熔断器而言，跌落或向隔离位置运动的任何失败），都是该额定电流熔断件试验方式 1～方式 5 的失败。

对 TRV 为 A 级的跌落式熔断器，燃弧时间超过 100 ms 被认为是由于外部燃弧而失败。对 TRV 为 B 级和 C 级的熔断器，这一时间可以稍长。

在试验后，如果对熔断器底座接线端子间的绝缘耐受能力有怀疑，可进行工频电压干试，其值按 GB/T 11022—1999 中 4.2 给出的适用值的 80%。

6.7 时间-电流特性试验

6.7.1 试验要求

试验要求应按 6.3 规定并满足下列要求：

6.7.1.1 周围空气温度

时间-电流特性应在 15 ℃和 30 ℃之间的任一周围空气温度下进行验证。

在每次试验开始时，熔断器应大致处于周围空气温度。

6.7.1.2 设备布置

试验应在单极熔断器上进行，并且设备布置与 6.5 的温升试验相同。

6.7.2 试验程序

时间-电流特性试验应按下述程序进行：

6.7.2.1 动作时间-电流特性试验

动作时间-电流特性试验应在额定电压下进行，试验回路与 6.6 的开断试验相同。

1） 单调函数：当变量的方向给定时，在相同方向连续变化的函数。

动作时间-电流特性曲线应表征弧前时间(弧前试验时的电流下)和公差加上最长燃弧时间所确定的最大值。最长燃弧时间应按本条款规定的动作时间-电流特性试验确定。如果燃弧时间是在额定电压下试验获取的,则到达动作时间所采用的方法直接适用。

6.7.2.2 弧前时间-电流特性试验

弧前时间-电流特性试验可在任何方便的电压下进行,试验回路的布置应使得流过熔断器的电流基本上保持恒定。

可以采用从开断试验中获取的时间-电流数据。

6.7.2.3 时间范围

试验应在 0.01 s～300 s 或 600 s 的时间范围内进行。

6.7.2.4 电流的测量

在时间-电流特性试验时通过熔断器的电流应当用电流表、示波器或其他适合的仪器测量。

6.7.2.5 时间的确定

时间的确定可通过任何适当的方法进行。

6.7.2.6 试验电流

为了验证弧前时间-电流特性,应采用制造厂提供的曲线上在时间为 0.1 s、10 s 和 300 s(或 600 s)时的电流最小值。

此电流施加的时间应足以使熔断件熔化,或者就 300 s(或 600 s)电流而言,施加时间足以允许检验试验结果。

6.7.2.7 试验结果

获得的弧前时间应处于制造厂提供的曲线和公差的限值以内。

6.7.2.8 燃弧时间和动作时间的验证

必要时(例如,在说明开断试验结果时),燃弧和全部开断时间都应从开断试验示波图上进行验证。

6.8 机械试验

试验应在 10 ℃～40 ℃之间的温度下进行。

6.8.1 熔断器底座和载熔件的机械试验

三个熔断器各应合、分 200 次。应按制造厂正常装拆的规定进行安装和操作熔断器。在操作结束时,熔断器应处于可操作的状态而在绝缘子和机械性能等方面无任何损伤故障(例如:裂缝或金属件松动等)。任何损伤故障情况的出现,都是该三个熔断器此项试验的失败。

载熔件内应装上高额定电流的熔断件或模拟连接件,以使熔断件不承受像熔断器底座和载熔件那样相同的寿命试验。

6.8.2 熔断件的机械试验

6.8.2.1 静态拉力试验

应在一台能施加规定的 60 N 轴向拉力的机械装置上对一个熔断件进行试验。

拉力应当逐渐地、无突然动作地施加。

如果在加上全部负荷并经过最短 30 min 时间以后,没有发现破损(例如连接件断裂、松动、脱落,或者组件明显伸长),则认为熔断件通过了试验。

6.8.2.2 动态试验

熔断件应装在符合制造厂规定的正常使用情况安装完好的熔断器上。

按照制造厂的操作说明熔断器应合、分 20 次。

操作后,通过目测观察来验证熔断器,应无损伤(例如组件的断裂、伸长、连接件的松动或脱落)。

6.9 人工污秽试验

绝缘子的爬电距离符合 GB/T 11022—1999 的 5.14 规定,则无需进行人工污秽试验。

如果爬电距离不满足要求,应当按 GB/T 4585 用额定电压和 GB/T 11022—1999 中 5.14 给出的应用系数进行人工污秽试验。

7 出厂试验

产品出厂试验项目至少包括以下项目：

a) 外观与尺寸检验；

b) 工频干耐受电压试验；

c) 接触性能检查；

d) (对跌落式熔断器)载熔件的跌落试验抽检(用细金属丝代替熔断件在规定的安装角度位置将其剪断，载熔件自由跌落到正常位置。)，抽检方案由制造厂规定；

e) 熔断件静拉力抽检，抽检方案由制造厂规定；

f) 时间-电流特性抽检，抽检方案由制造厂规定，选取与弧前时间相对应的预期电流进行试验，验证结果必须符合制造厂提供的弧前时间-电流特性曲线。

8 验收试验

如果在用户和制造厂之间达成协议进行验收试验时，则这些试验一般应从出厂试验中选取，此外，可以要求进一步试验或检验，例如：尺寸检验、熔断件电阻的测量等。

9 询问单、标书和订单

制造厂至少应提供下列资料：

a) 熔断件的时间-电流特性；

b) 使用说明书，必要时注明熔断器的安装角度；

c) 产品合格证；

d) 装箱单。

10 选用导则

10.1 目的

本条的目的是提出选用、操作和维修方面的建议，以帮助获得喷射式及类似熔断器的满意性能。

10.2 概述

回路中的熔断器始终处于良好状态，用以保护同它相连的电路和设备免遭在其额定值限值内的过电流的损害。熔断器性能的好坏，不仅取决于制造的精确性，而且取决于使用的正确性和安装后得到的维护。如果使用和维护不当，则可能使贵重设备遭到严重损坏。例如，过长时间保持在分开位置的跌落式载熔件可能在其内部零件内积有水和污秽，这可能导致它们的动作特性恶化。在这方面，本部分不涉及由于动作的危险性而应避免导致关合故障和开合负载的操作程序。

应该强调，任何时候在处理或维修靠近带电设备或导体的熔断器时，应坚持执行规定的安全规则。

完全从应用的角度来看，某一给定熔断器的额定值(电流、电压、开断能力等)应看作是在使用中不得超过的最大值(见6.1)。

10.3 选用

10.3.1 安装

熔断器应安装在制造厂规定的位置。对于多极布置的熔断器，当极间距离不为结构所固定时，各极应安装得使间隙不小于制造厂规定的数值。

由于在动作期间噪音很大和喷射炽热气体(这是某些类型熔断器所固有的)，所以在选择喷射式熔断器的安装场所时应谨慎从事。

当熔断器用于外壳中时，熔断器的喷弧距离和绝缘距离等因素由用户和制造厂之间协商解决。

10.3.2 熔断件额定电流的选择

选择熔断件的额定电流时，应适当考虑到下列参数：

a） 电路的正常电流和允许的过载电流（包括持续的谐波）；

b） 和操作变压器、电动机或电容器这类设备有关的电路中的瞬态现象；

c） 同其他保护装置（如果有的话）的配合；

d） 熔断器的外壳或其他可能影响熔断件温度的冷却条件的改变。

熔断件的额定电流通常是大于正常工作电流。选择的方法通常由制造厂提供。

如果熔断件的额定电流小于熔断器底座或载熔件的额定电流，则熔断器的实际额定电流是熔断件的额定电流。

额定电流是参照熔断器在自由空气中试验时的温升确定的。

当熔断器用于外壳中时，为了满足本部分中规定的最大温度的要求，可能需要降低额定电流。所以，随着外壳类型的不同，熔断器可能有许多不同的额定电流。对于短弧前时间的熔断器，通常用在预先选定的外壳中时，时间-电流特性受熔断器装在这些外壳中的影响很小。

当熔断器承载的电流超过额定电流且通流时间大于制造厂推荐值时，它可能会恶化从而影响其时间-电流特性。

适用时，更详细的内容，对变压器保护见 GB/T 15166.6，对电容器保护见 GB/T 15166.4。

10.3.3 熔断器底座额定电压的选择

熔断器底座的额定电压应不小于多相或单相系统的最高运行电压。

注 1：成功地完成了绝缘耐压试验并不保证熔断器具有隔离断口，熔断器在分开时总是发生对地而不是隔离断口间闪络。

注 2：对每一额定电压，允许选用比 4.6 中给出的绝缘水平更高的绝缘水平。

10.3.4 熔断器等级的选择

A 级

通常这种熔断器适用于保护装在由架空线或电缆构成的配电系统中并且距主变电站很远的小变压器和作为改善功率因数和控制电压的小电容器组。它们也适宜作为这种系统分段点处的保护装置。其用来说明 TRV 条件的 TRV 试验参数具有比 B 级熔断器较低的 u_c 和较长的 t_3 值。

B 级

通常这种熔断器适用于保护主配电站变压器、非常靠近主电站的变压器和并联电容器组以及从这一电站引出的供电线路。TRV 条件比 A 级熔断器使用的条件较严酷，所以，它规定有较严酷的 TRV 试验参数。

C 级

这种熔断器用于基本上没有其他并联负荷接到变压器上（这一情况很少发生）时保护变压器、电容器组以及在主配电站中或非常靠近主配电站的供电线路。TRV 条件的严酷性和断路器经受的相似。

10.3.5 额定绝缘水平的选择

见 GB/T 11022—1999 的 4.2。

10.3.6 处置

适用时，熔断器制造厂应提供考虑到环境因素时关于熔断器布置的资料。

用户有责任考虑或者满足涉及到布置的所有严于国家标准的地方规定。

10.4 运行

除非确实已知没有过电流流过未熔化的熔断件，否则，在三相电路的一相或两相的熔断器动作时，建议将三相熔断器的熔断件全部换掉。

10.5 本部分未涉及的特殊要求的资料

有关熔断器使用的特殊条件的分级，列出下面一些要求仅供参考：

——火花试验；

——熔断件的机械强度；

——熔断件电阻的测量；
——机械操作后分和合跌落式熔断器机械力的验证；
——在预热以后弧前时间-电流特性的验证；
——涌流耐受试验。

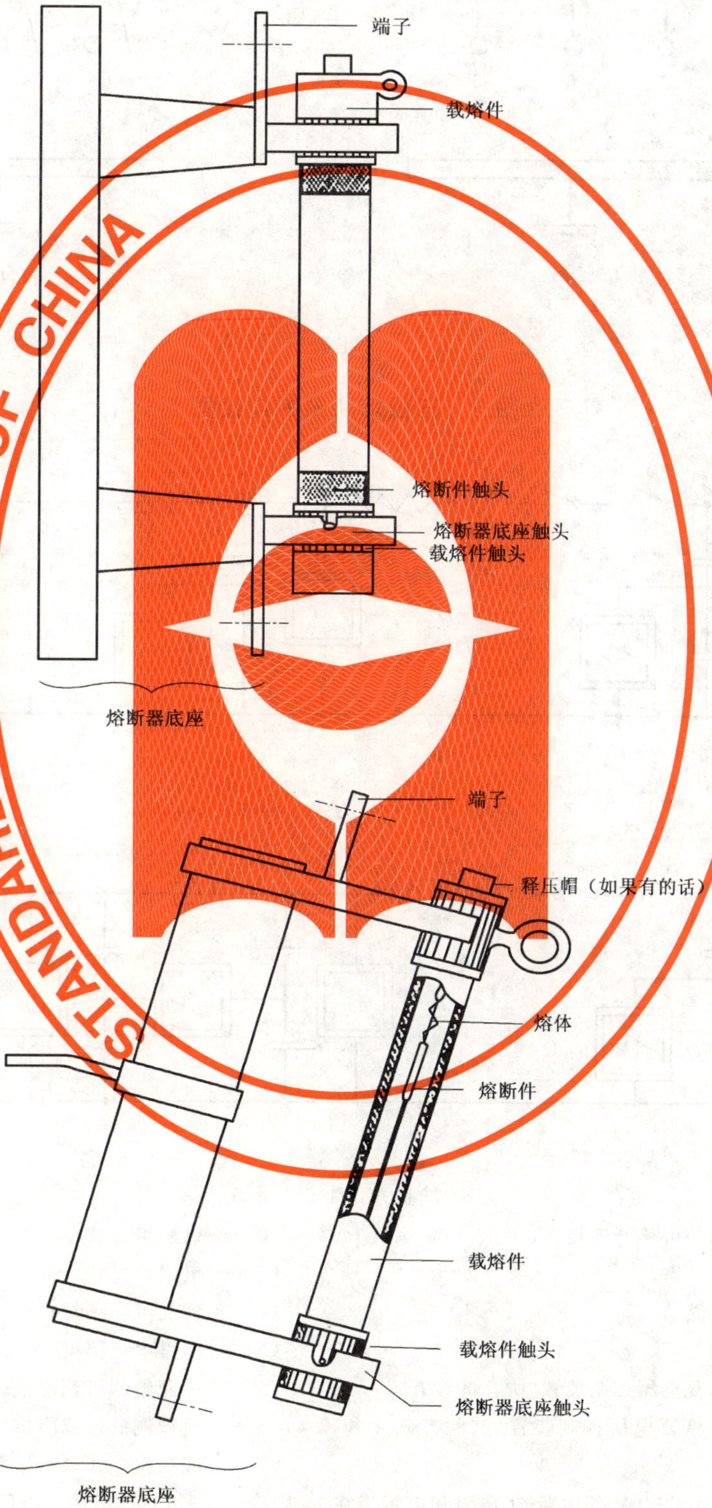

图 1　喷射式熔断器的术语

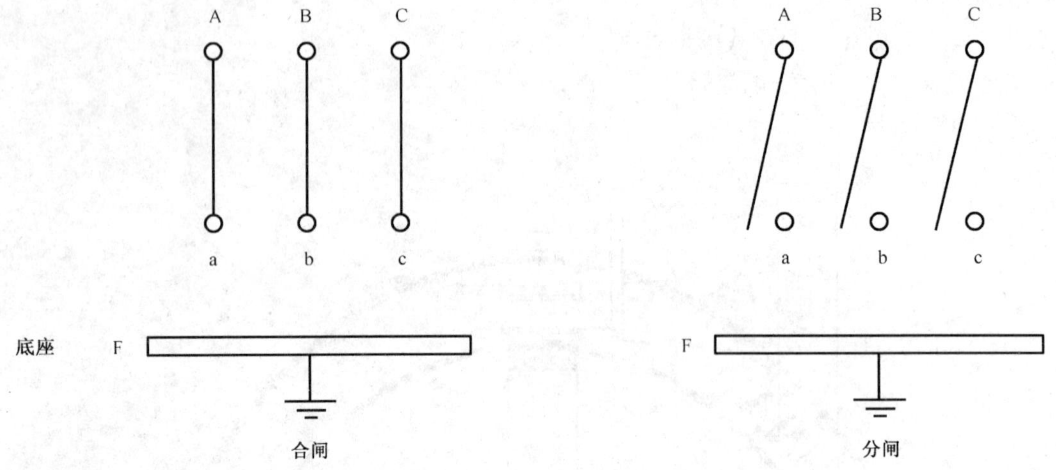

位置

图 2　三极熔断器的连接图

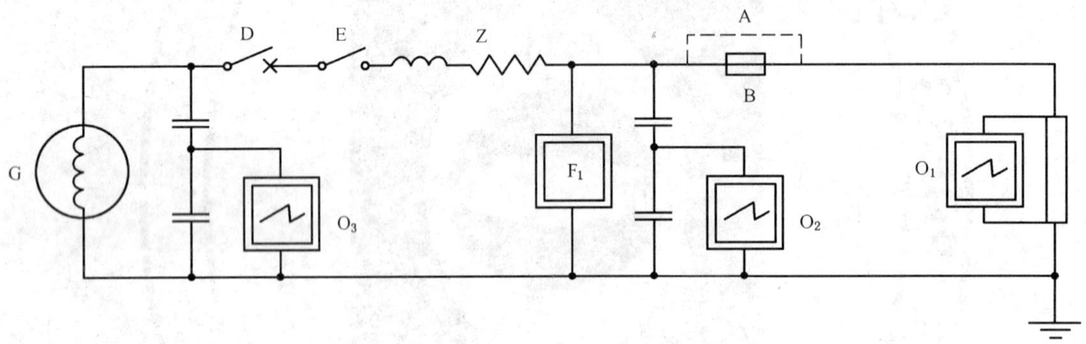

a）试验方式 1、方式 2 和方式 3

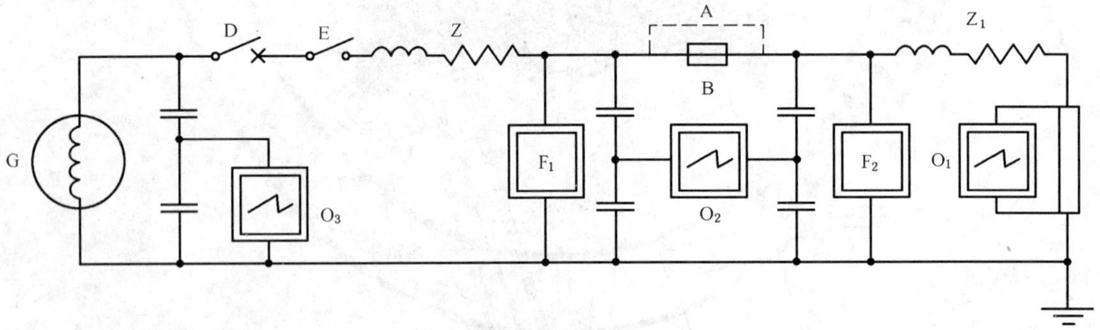

b）试验方式 4 和方式 5

A——用作校正试验的可移开连接件；
B——受试熔断器；
D——保护电源的断路器；
E——合闸开关；
F_1——电源的瞬态恢复电压控制装置（所有试验方式）；
F_2——故障时的瞬态恢复电压控制装置（试验方式 4 和方式 5）；
G——试验电压；
O_1——电流测量；
O_2——恢复电压测量；
O_3——参考电压测量；
Z——电源侧的可调阻抗（所有试验方式）；
Z_1——负载侧的可调阻抗（试验方式 4 和方式 5）；或二次接线端子短路的变压器。

注：对额定电压低于 40.5 kV 的熔断器，电阻和电容当在 F_1 中接成并联，对任何额定电压的熔断器，电阻和电容当在 F_2 中接成并联。

图 3　开断试验的典型线路图

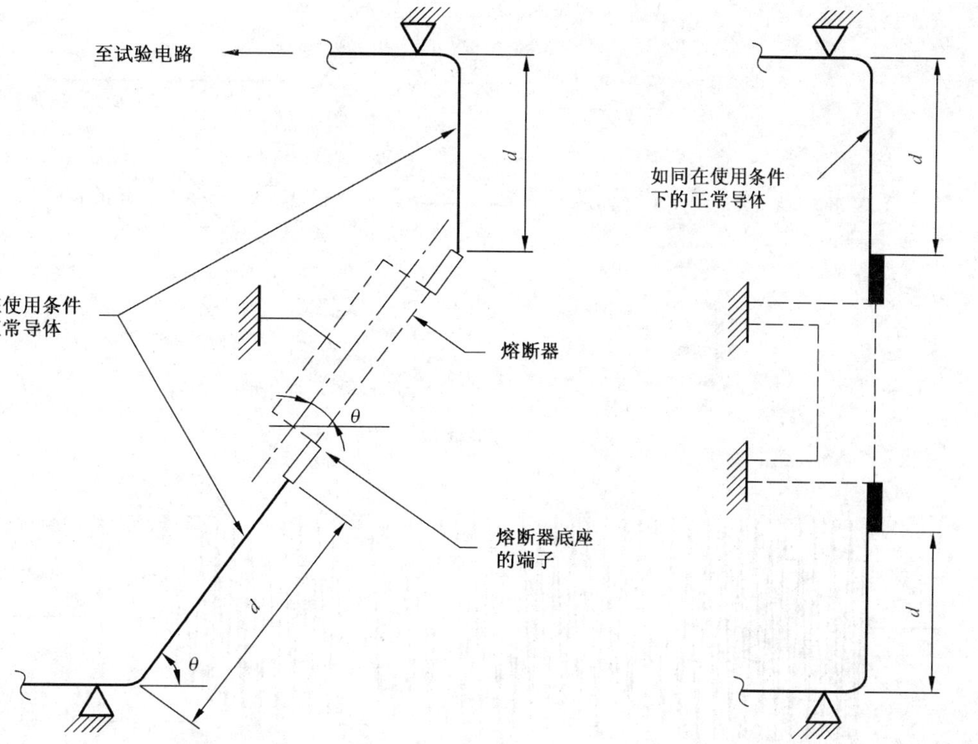

图 4 开断试验时设备的布置

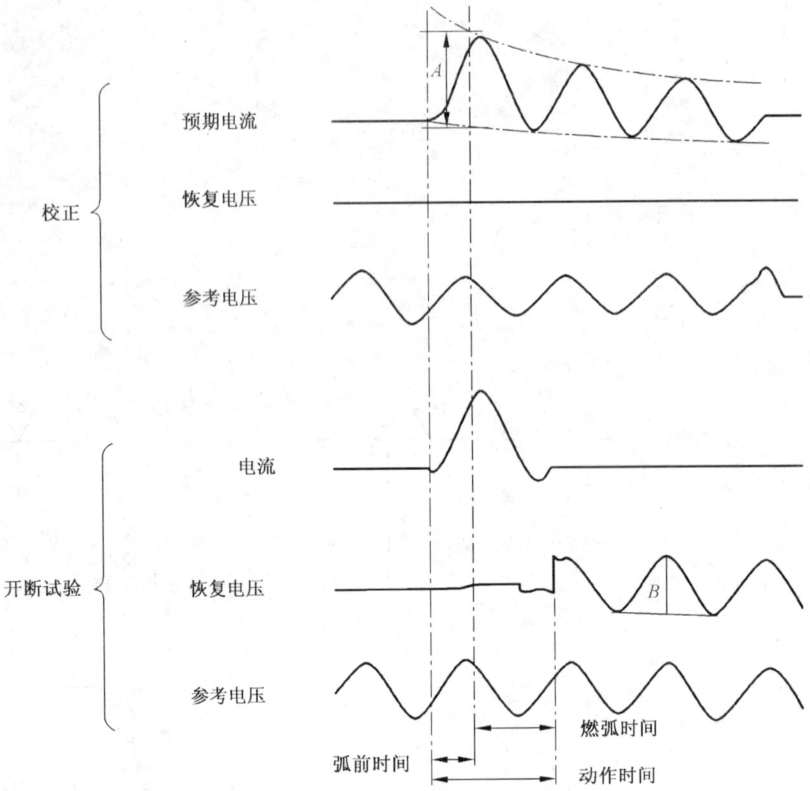

a）试验方式 1、方式 2、方式 3

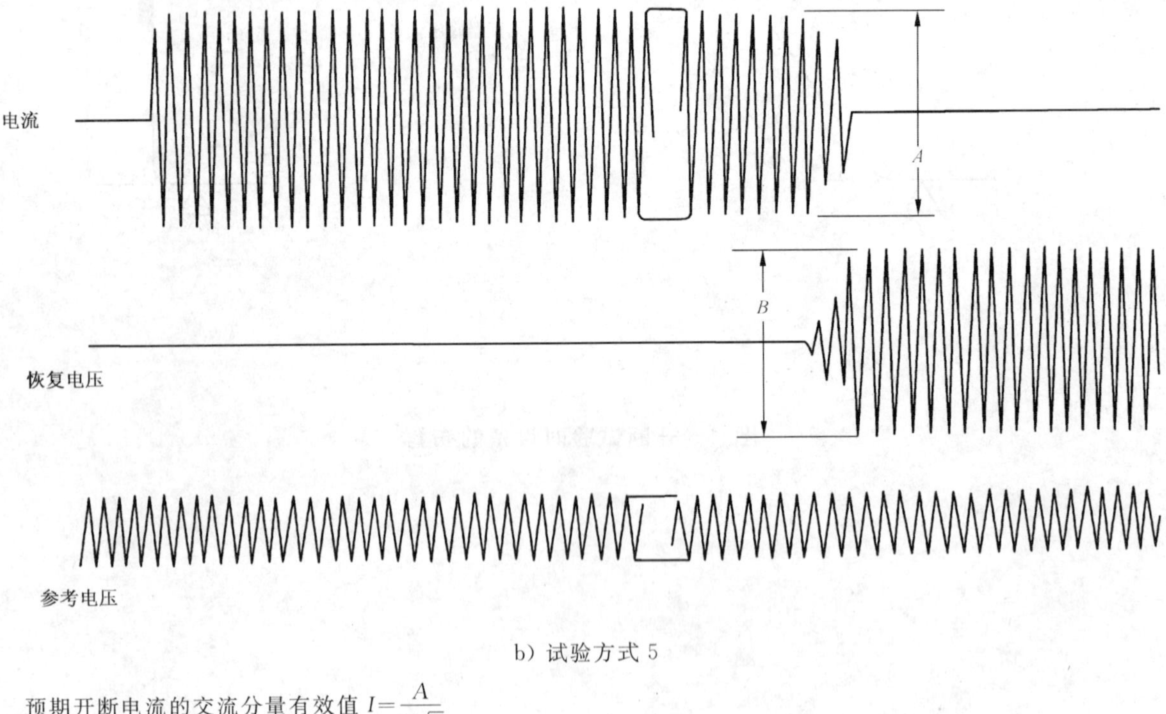

b）试验方式 5

预期开断电流的交流分量有效值 $I=\frac{A}{2\sqrt{2}}$

工频恢复电压 $U=\frac{B}{2\sqrt{2}}$

图 5　开断试验示波图的说明

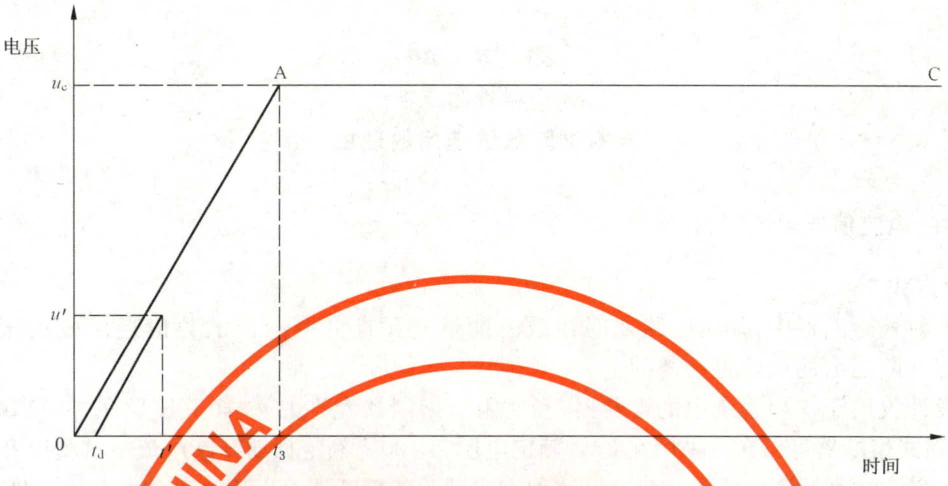

图 6　用两参数参考线和时延线表示的规定 TRV

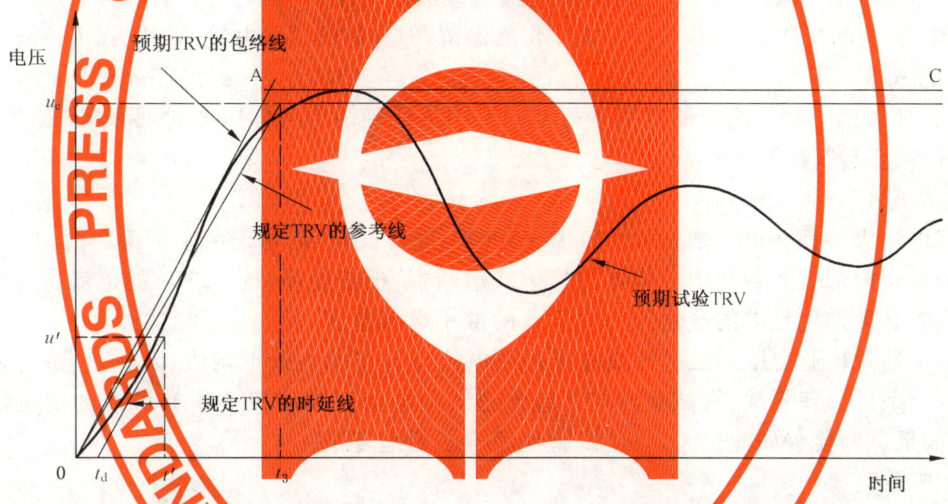

图 7　能满足型式试验期间所遇情况的
两参数包络线表示的预期试验 TRV 举例

附 录 A
（资料性附录）
开断试验数值选用的理由

A.1 短路试验电流值选用的理由

A.1.1 试验方式 1

在任何喷射式熔断器中，开断电路期间耗散的能量与预期开断电流的数值近似成正比地增加，所以，100％额定开断能力的试验是必需的。

对初始设计仅用于三相系统中的熔断器，和对限流熔断器允许的一样，其试验条件可以减轻。

因此，喷射式熔断器可以允许采用在 87％额定电压和 100％额定预期开断电流下试验以及在 100％额定电压和 87％额定预期开断电流下试验。以这种方式试验的熔断器可以用于单相电路中，只要：

——单相电路的电压不大于熔断器额定电压的 87％，或者

——单相电路的预期故障电流不大于熔断器额定开断电流的 87％。

A.1.2 试验方式 2

虽然耗散的能量小于试验方式 1，但因开断电流的数值稍为减少而相应的燃弧时间较长，一般认为可能引起灭弧材料较大的烧蚀。所以，试验方式 2 仍然保留，但允许的试验电流带加宽到 I_1 的 60％～80％。

A.1.3 试验方式 3

保留在 I_1 的 20％～30％之间的数值进行试验是因为怀疑内部气体压力的下降（与试验方式 1 和方式 2 比较）将使灭弧较为困难。

A.1.4 试验方式 4

不管额定电流大小都在电流数值为 400 A～500 A 进行试验，是基于两个理由：

a) 对于具有内部灭弧管包围着熔体的喷射式熔断器，根据经验，约 500 A 的电流将使内管炸裂而使外管必须产生足够的气体压力去灭弧的最小电流范围。

b) 500 A 是对柱上变压器二次接线端子短路电流计算得的大致平均值，因此，它是一种特别严重的故障条件。理想地说，试验方式 4 包含的试验电流范围应覆盖所有可能的变压器规格。但是，如果试验要求如此扩大，将使试验程序不必要地复杂。

A.1.5 试验方式 5

为证明在低过载电流条件下能安全地开断，认为在（或者靠近）熔断件最小熔化电流下的试验是必需的。表 14 中列出的 2.7～3.3I_r 数值可以给出 10 s 数量级的熔化时间，在某些情况下，这可能需要采用复杂的两部分试验。因此，当受试验站限制难以进行这一试验时，同意减轻为采用能使熔体在不小于 2 s 内熔化的试验电流（见表 14 的注 1）。

A.2 TRV 数值选择的理由

A 级和 B 级熔断器的 TRV：

实践发现规定的 u_c 和 t_3 数值能很好地和实际电网的参数一致。对试验方式 1、方式 2 和方式 3，当 U_r＞40.5 kV 时，规定的 t_d 值（0.15t_3）是基于并联阻尼 TRV 的网络，当 U_r≤40.5 kV 时，规定的 t_d 值（0.05t_3）是基于串联阻尼 TRV 的网络。

C 级熔断器的 TRV：

对试验方式 1、方式 2 和方式 3，规定的 u_c 和 t_3 数值是基于现行开关设备国家标准中给出的数值。这些数值同样地用于断路器（GB 1984）和负荷开关（GB 3804）中。

也曾讨论过较短的 t_3 值，即较高的固有频率。但是，最后决定，在本部分纳入这些数值之前，需要得到更多的有关实际电网数据的资料。

附 录 B
（资料性附录）
具有内灭弧管并且用于配电用熔丝断流器和开式熔丝断流器中的熔断件的典型尺寸

B.1 定义

B.1.1 配电用熔丝断流器 distribution fuse-cutout

由一个熔断器底座、一个衬有熄弧材料的载熔件以及有一个弹性尾部和一个小直径熄弧管包围着熔体的熔断件构成的跌落式熔断器。

B.1.2 开式熔丝断流器 open-link cutout

不采用载熔件且其熔断器底座直接装有一开式熔断件或隔离刀的喷射式熔断器。

B.1.3 开式熔丝熔断件 open-link fuse-link

一个可更换的部件或组件，它由熔体和熔管、连同为限制和帮助灭弧的必要零件以及直接将其连接到开式熔丝断流器熔断器底座的熔断器夹子中的零件组成[见图 B.1c)]。

B.2 尺寸

本附录是具有内灭弧管且用于配电用断流和开式熔丝断流器和开式熔丝断流器走向熔断件尺寸标准化的第一步。它仅收集了各现行国家标准列出的某些类型和尺寸并进行了分类，不包括具有其他尺寸的熔断器，因为后者没有正式标准化。

期望本附录给出的资料将使被通报的国家努力对熔断件的标准化作出贡献，并将鼓励他们减少类型数。同时希望完善此附录，以获得世界范围的标准化，使某些类型熔断器中使用的熔断件的尺寸具有互换性。

这些类型熔断器的载熔件的尺寸应当是这样，它将容纳的相应额定值的熔断件具有图 B.1 中给出的尺寸。

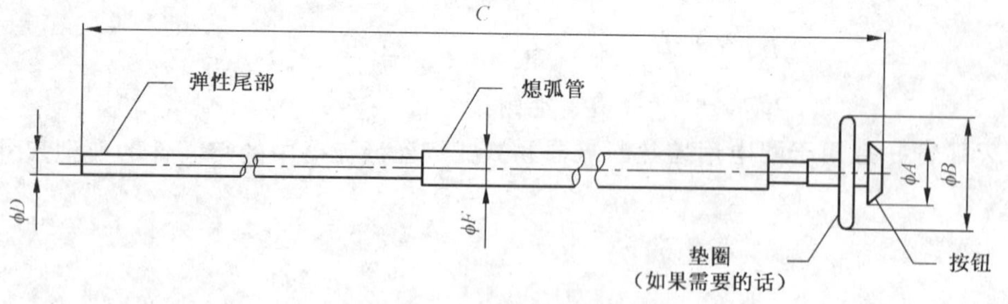

a）按钮式

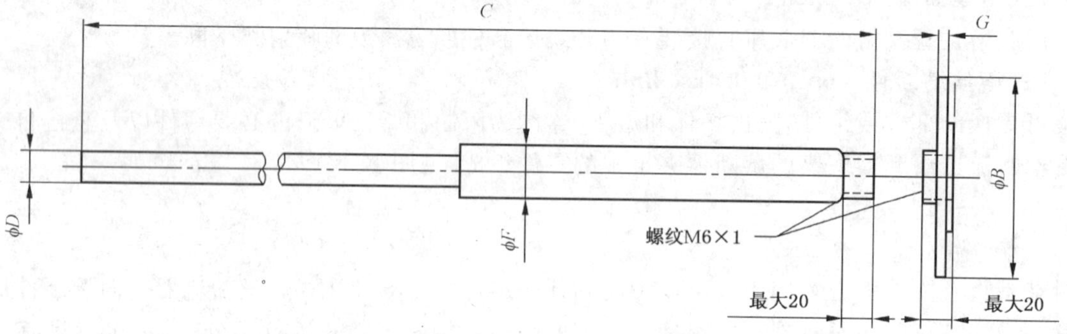

b）可拆卸的端部

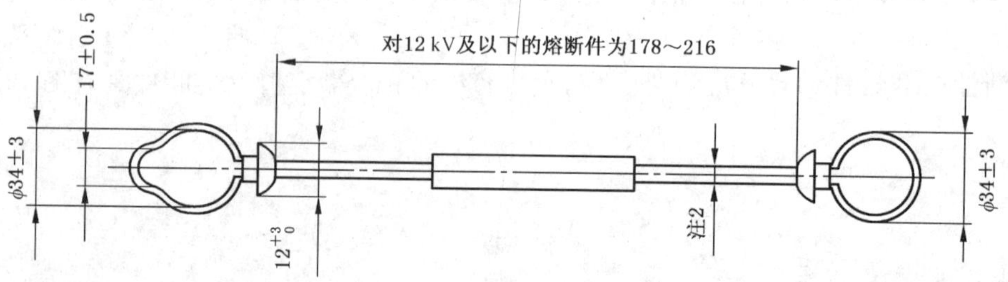

c）开式熔丝熔断件

额定电流/A	尺寸/mm				
	A	B	C	D(最大)	F(最大)
1～50	12.5±0.2	19±0.3	注1	5.0	注3
63～100	19±0.3	不适用	注1	8.0	注3
140～200	25±0.4	不适用	注1	9.5	注3

注1：12 kV及其以下开式熔丝熔断件的最小长度是510 mm。

注2：对电流从1 A～50 A最大为4.4 mm，对电流从63 A～100 A最大为6.8 mm。

注3：形状和尺寸应使得熔断件可顺利地进入具有下列内径的载熔件：

——对额定电流1 A～50 A的开式熔丝熔断件为7.9 mm，对从63 A～100 A的为11.1 mm，对从140 A～200 A的为17.5 mm。

图B.1 具有内灭弧管且用于配电用熔丝断流器和开式熔丝断流器中的熔断件的典型尺寸

附 录 C
(资料性附录)
熔断器的操作杆

C.1 操作杆

操作杆应当用轻型材料制造。它们的外表应加工得能耐受操作和在正常使用时遇到的一般磨损。操作杆和操作杆段的最大允许长度应当适于使用。可以将几个长杆永久性地或不用工具而能快速地连接的方法获得所需的杆长。永久性的连接应当具有平滑的外形并优先采用。

任何两个准备连在一起使用的短杆,当单独使用又太短时,应当用链条作永久性地连接以防它们被单独使用。链条应整个地隐藏在接头内。

操作杆应有平滑的外表并装一手柄。手柄和杆的粘接应有足够的强度,以耐受在操作杆正常使用期间所受到的扭力和张力负荷。

包括连接件(例如短杆和连接链)的完整的操作杆的质量应不超过 2.8 kg,但不包括操作插口。

C.2 操作插口

操作插口应适合于和操作杆挂连。

C.3 操作杆和操作插口的试验

通常进行绝缘、弯曲、扭转和疲劳型式试验。为确认可继续使用的维护检验,典型的仅需进行绝缘耐受能力试验以及外观检查。

ICS 29.120.50
K 43

中华人民共和国国家标准

GB/T 15166.4—2008
代替 GB 15166.5—1994,部分代替 GB/T 15166.4—1994

高压交流熔断器 第4部分：并联电容器外保护用熔断器

High-voltage alternating-current fuses—
Part 4: Fuses for external protection of shunt power capacitors

(IEC 60549:1976 High-voltage fuses for the external protection of shunt power capacitors, MOD)

2008-09-24 发布 2009-08-01 实施

中华人民共和国国家质量监督检验检疫总局
中国国家标准化管理委员会 发布

前　言

GB/T 15166《高压交流熔断器》共分为以下几部分：

——交流高压熔断器　术语；

——高压交流熔断器　第2部分：限流熔断器；

——高压交流熔断器　第3部分：喷射熔断器；

——高压交流熔断器　第4部分：并联电容器外保护用熔断器；

——高压交流熔断器　第5部分：用于电动机回路的高压熔断器的熔断件选用导则；

——高压交流熔断器　第6部分：用于变压器回路的高压熔断器的熔断件的选用导则；

——高压交流熔断器　第7部分：电压互感器保护用熔断器的选用导则。

本部分是GB/T 15166的第4部分。

本部分修改采用IEC 60549:1976《并联电力电容器外保护用高压熔断器》。本部分与IEC 60549:1976的主要差异是：

——适用范围：根据我国电网的实际情况，去掉了IEC 60549:1976中额定频率60 Hz的有关内容，根据我国行业的分工情况，适用的系统标称电压由IEC 60282-1及IEC 60282-2的1 000 V改为3 kV；

——额定电压：去掉了与我国电网无关的额定电压数值，按照GB/T 11022(或GB 156)中所列的电压给出；

——给出了时间-电流特性的要求；

——增加了“放电开断试验”中电容器的储存能量限值的规定；

——增加了“出厂试验”一章的内容；

——增加了第8章　验收试验；

——增加了第9章　选用导则；

——增加了第11章　安全性。

本部分代替GB 15166.5—1994《交流高压熔断器　并联电容器外保护用熔断器》和部分代替GB/T 15166.4—1994《交流高压熔断器　通用试验方法》。

本部分与GB 15166.5—1994和GB/T 15166.4—1994的主要差别有：

——标准体系的差别：本部分中包含了原GB/T 15166.4—1994《交流高压熔断器　通用试验方法》的适用部分，此次修订后，该系列标准将与IEC标准一一对应，原GB/T 15166.4—1994将被取代；

——额定电压改为：3.6 kV及以上；

——设计与结构，增加了铭牌的要求；

——型式试验；

——增加了第8章　验收试验；

——增加了第9章　选用导则；

——删除了GB 15166.5—1994附录A，其内容表述在“选用导则”中；

——增加了第11章　安全性。

本部分由中国电器工业协会提出。

本部分由全国高压开关设备标准化技术委员会(SAC/TC 65)归口并负责解释。

本部分负责起草单位：西安高压电器研究所。

本部分参加起草单位：西安熔断器制造公司、浙江日升电器制造有限公司、西安振力熔断器有限责任公司、西安翰德电力电器制造有限公司、河南省电力公司、机械工业高压电器产品质量检测中心（沈阳）、施耐德（北京）中压电器有限公司、太原第一开关厂、湛江高压电器有限公司、温州伏尔特电器有限公司、上海电器陶瓷厂有限公司。

本部分主要起草人：吴鸿雁、严玉林、田恩文。

本部分参加起草人员：焦秋忠、沙维华、樊楚夫、冯武俊、赵建伟、张建国、朱海军、石维坚、杨文波、居华、邹亚民、彭江、杨英杰、刘凤勇、程长酉、李上保、林松权、林海鸥、钱勇杰。

顾问单位：西安交通大学电器工程学院　王季梅。

本部分所代替标准的历次版本发布情况为：

——GB 15166.5—1994；

——GB/T 15166.4—1994。

高压交流熔断器　第 4 部分：并联电容器外保护用熔断器

1　概述

1.1　范围

本部分适用于标称电压 3 kV 及以上、频率为 50 Hz 的交流电力系统中的保护单台或组(套)并联电容器的高压熔断器。

1.2　规范性引用文件

下列文件中的条款通过 GB/T 15166 的本部分的引用而成为本部分的条款。凡是注日期的引用文件,其随后所有的修改单(不包括勘误的内容)或修订版均不适用于本部分,然而,鼓励根据本部分达成协议的各方研究是否可使用这些文件的最新版本。凡是不注日期的引用文件,其最新版本适用于本部分。

GB/T 15166.1　交流高压熔断器　术语(GB/T 15166.1—1994,neq IEC 60291:1969)

GB/T 15166.2—2008　高压交流熔断器　第 2 部分:限流熔断器(IEC 60282-1:2005,MOD)

GB/T 15166.3—2008　高压交流熔断器　第 3 部分:喷射熔断器(IEC 60282-2:1995,MOD)

GB/T 11022—1999　高压开关设备和控制设备标准的共用技术要求(eqv IEC 60694:1996)

GB/T 11024.1—2001　标称电压 1 kV 以上交流电力系统用并联电容器　第 1 部分:总则-性能、试验和定额-安全要求-安装和运行导则(eqv IEC 60871-1:1997)

GB/T 11024.3—2001　标称电压 1 kV 以上交流电力系统用并联电容器　第 3 部分:并联电容器和并联电容器组的保护(eqv IEC 60871-3:1996)

2　正常使用条件

周围空气温度按 GB/T 11024.1—2001 的规定,其余使用条件按 GB/T 15166.2—2008 或 GB/T 15166.3—2008 的规定。

3　术语和分类

3.1　术语

GB/T 15166.1 中确立的以及下列术语和定义适用于本部分。

3.1.1

电容器元件(或元件)　capacitor element(or element)

由电介质隔开的电极构成的电容器的一个不可分的部件。

3.1.2

电容器单元(或单元)　capacitor unit(or unit)

由一个或几个电容器元件装于单个容器中并有接线端子引出的组装体。

3.1.3

电容器组(或组)　capacitor bank(or bank)

电气上连接在一起的一组电容器单元。

3.1.4

电容器　capacitor

在本部分中,当不必特别强调“电容器单元”或“电容器组”两词的不同含义时的用语。

3.1.5

电容器设备　capacitor equipment

一个或多个电容器组及其附件。

3.1.6

组保护　bank protection

电容器组或其部件的所有保护设备的统称，内部熔丝除外。

3.1.7

单元熔断器　unit fuse

用来保护组成电容器组一部分的电容器单元的熔断器。

3.1.8

线路熔断器　line fuse

用来接到系统给定点的电容器的总保护的熔断器。

3.1.9

再装单元　refill unit

动作后能够将熔断件恢复到原来状态的一组更换部件。

3.1.10

容性开断电流　capacitive breaking current

在规定的使用和性能条件下，包括电容器单元或电容器组回路分闸的电流。

3.1.11

额定容性开断电流　rated capacitive breaking current

在本部分所规定的使用和性能条件下，熔断器能开断的最大容性开断电流。

3.2　分类

熔断器分类见表1。

表1　熔断器分类

按型式	喷射、限流等
按保护对象	单台电容器、电容器组(套)
按安装场所	户外、户内

4　额定值

4.1　额定电压

额定电压(kV)，从下列数值中选取：

3.6，7.2，12，24，40.5，72.5，126。

4.2　额定绝缘水平

按GB/T 11022—1999的规定，没有极间及对地绝缘要求的熔断件只规定断口绝缘水平。

4.3　额定电流

4.3.1　熔断器的额定电流(A)，从下列数值中选取：

12.5，16，20，25，31.5，40，50，63，80，100，125，160，200。

4.3.2　熔断件的额定电流由用户和制造厂协商确定。对于保护单台并联电容器用熔断器，推荐按9.3.2的原则选配。

4.3.3　熔断器的额定容性、感性开断电流应从表2中选取。耐受放电电流由制造厂规定。

表 2　熔断器的额定容性、感性开断电流数值

额定容性开断电流(有效值)	对限流熔断器,优先值为熔断件同族系列中的最大电流额定值的 20 倍或 50 倍,其他值由制造厂与用户协商确定。
	对喷射熔断器,优先值为可更换熔断件制造厂所推荐的最大再装单元的额定电流的 20 倍或 50 倍,其他值由制造厂与用户协商确定。
额定感性开断电流[a](有效值)/kA	3.15,4,5,6.3,8,10,12.5,16,20,25,31.5,40,50,63。
[a] 见表 4 的说明。	

5　设计、结构与性能

5.1　概述

熔断器是与电容器单元串接的、用来隔离其故障的单元。因而,熔断器的电流和电压范围取决于熔断器所接的电容器和电容器组特性以及供电回路的参数。

外部熔断器动作通常由下列两个因数决定:

a)　部分或全部电容器故障引起的工频故障电流。

b)　来自与故障并联的任何单元的放电能量。

本部分给出了分别检验这些因数的方法。

这些要求,对于无重击穿的开关设备开合的电容器都是有效的。如果存在重击穿的开关设备,应与制造厂协商。

5.2　熔断器或熔断件电阻值

熔断器或熔断件的电阻值及其允差应符合制造厂的规定。

5.3　弧前时间-电流特性

5.3.1　熔断器应有稳定的弧前时间-电流特性

特性曲线及其允差范围:限流熔断器应符合 GB/T 15166.2—2008 的规定;喷射熔断器应符合 GB/T 15166.3—2008 的规定。

5.3.2　弧前时间-电流特性的极限

5.3.2.1　对于具有过载保护特性的保护单台并联电容器用熔断器

其弧前时间-电流特性偏差不应超出允差,相应点亦不得超出表 3 规定的极限;并推荐其约定不熔化电流为 1.1 倍的熔断件额定电流,在此电流下熔断件应保证 4 h 不熔断。

表 3　具有过载保护特性的保护单台并联电容器用熔断器弧前时间-电流特性的极限

熔断件额定电流倍数	1.5	2.0
熔化时间/s	不大于 75	不大于 7.5

5.3.2.2　对于无过载保护特性的保护单台并联电容器用熔断器

弧前时间-电流特性的极限不规定。

5.4　温度与温升

熔断器的零件、材料及介质的最高允许温度及允许温升按 GB/T 15166.2—2008 或 GB/T 15166.3—2008 的规定,当周围空气温度按 GB/T 11024.1—2001 的规定时,其最高允许温度不变,允许温升按相应周围空气温度计算。

5.5　开断性能

熔断器应在额定参数下,按规定程序及要求开断容性、感性电流及放电电流。

对于在不同场合使用的熔断器应分别具有表 4 要求的开断性能。

5.6　耐受放电性能

熔断器按规定程序及要求应能承受第一个半波幅值不低于熔断件额定电流 70 倍的涌流冲击。

表 4 开断性能

性　能		组(套)保护熔断器	单台保护熔断器
感性开断试验	熔断器用于可能流过感性电流处[a]	√	√
	熔断器用于不大可能流过感性电流处[b]	—	—
容性开断试验		c	√
放电开断试验		√	√

[a] 这种应用的实例是：
——电容器组(套)熔断器；
——在没有串联单元的三角形连接组中的单台熔断器；
——在没有串联单元的中性点不接地的星形连接组中的单台熔断器。

[b] 这种应用的实例是：
——中性点不接地的星形连接组中的单台熔断器；
——有串联单元的电容器组。

[c] 中性点不接地的星形连接组(套)保护用熔断器须进行容性开断试验。

5.7 防腐蚀层

熔断器的所有外露金属件应有可靠的防腐蚀措施，其表面应光洁。

5.8 指示装置

熔断器应有明显的熔断指示，且应动作可靠。

5.9 尺寸要求

同族系列的主要配合尺寸、安装尺寸应统一，并具有互换性。

5.10 熔断件的选取

喷射熔断器的熔断件应按 GB/T 15166.3—2008 的规定选取。由制造厂提供或配用指定的熔断件。

5.11 铭牌

铭牌应字迹清晰、经久耐用，且在熔断器和熔断件上标明：

a) 制造厂的名称或商标；

b) 熔断器型号；

c) 额定电压，kV；

d) 额定电流，A；

e) 制造日期或批号。

6 型式试验

6.1 概述

进行型式试验是为了检验某一类型或特殊设计的熔断器，在正常性能条件下或在特殊规定条件下，是否符合规定的特性和功能。型式试验是在样品上进行以检验同一类型所有熔断器的规定特性。

仅当设计的改变可能影响性能时，才应重复这些试验。

为了便于进行试验，在制造厂事先同意的情况下，为试验规定的各值(特别是允差)可能改变得使试验条件较为严酷。当未规定允差时，型式试验应在不比规定值轻松的数值下进行，上限值须经制造厂同意。

经常生产的产品，每 8 年应进行一次温升试验、小容性电流开断试验和具有最大额定电流及最小额定电流值的熔断件的弧前时间-电流特性试验。

6.2 型式试验项目

在完成一种设计或作了影响性能的改动之后，其型式试验项目如下：

——绝缘试验；

——温升试验；

——开断试验(包括：感性电流开断、容性电流开断、放电电流开断)；

——时间-电流特性试验；

——耐受放电试验。

6.3 所有型式试验的共用试验要求

所有型式试验的结果应记录在型式试验报告中，包含必须的数据以检验是否符合本部分。

除非另有规定，下列各项应是共用试验要求。

6.3.1 受试装置的状态

装置应是新的、干净的且处于良好状况。

熔断件须在熔断件制造厂所规定的熔断器底座上试验。

在一系列可更换熔断件内作一种试验方式的试验时，只更换熔断件、再装单元及正常可更换的部件。对其它试验方式的试验，须使用新的熔断件。

6.3.2 熔断器的安装

受试熔断器应安装在尽可能接近正常使用条件或制造厂说明书规定的条件下，并且处于设计的正常使用位置和装有接地金属件。

除非另有规定，连接线的布置不应减少正常电气间隙。

6.4 绝缘试验

限流熔断器按 GB/T 15166.2—2008 中 6.4 的规定进行；喷射熔断器按 GB/T 15166.3—2008 中 6.4 的规定进行。

6.5 温升试验

限流熔断器按 GB/T 15166.2—2008 中 6.5 的规定进行；喷射熔断器按 GB/T 15166.3—2008 中 6.5 的规定进行。

6.6 开断试验

6.6.1 感性电流开断试验

感性电流开断试验：限流熔断器按 GB/T 15166.2—2008 中 6.6.1.1 的试验方式 1 和试验方式 2 进行；喷射熔断器按 GB/T 15166.3—2008 中 6.6.1.1 的试验方式 1～试验方式 3 进行。

6.6.2 容性电流开断试验

容性电流开断试验包括小容性电流开断试验和额定容性电流开断试验。

6.6.2.1 试验概述

试验应在单只熔断器上进行单相试验；对同族系列的熔断件选用最大额定电流值的熔断件进行。

动作后自动产生绝缘距离的喷射熔断器或限流熔断器的安装方式应符合设计要求。被试熔断器的两侧应各置一只通电的与试品相同的熔断器以确定喷出的气体是否会引起闪络，(该闪络可能造成邻近的熔断器动作)，其他限流熔断器可按任何方便的方式安装。

6.6.2.2 试验回路

试验参数见表 5，小容性电流开断试验回路见图 1，额定容性电流开断试验回路见图 2。

电源回路的阻抗应能使开合容性电流所引起的电压变化不超过 10%，功率因数应不超过 0.15(滞后)，对地电容应尽可能低。

金属短路试验时被试熔断器用阻抗可以忽略的连接导体来代替调整预期电流，电压 E_s、E_f 达到规定的工频恢复电压，这应由示波图来检验。

开断电流的波形应尽可能接近正弦波形，电流的有效值与基波分量的有效值之比不超过 1.2，即认为符合条件。

开断电流过零每半周波应不超过一次。

表5 试验参数

参数	试验项目	
	小容性电流开断	额定容性电流开断
工频恢复电压	$U_r {}^{+5}_{0}\%$	
功率因数(超前)	≤0.15	
预期电流	额定电流的1.5倍	额定容性开断电流
电压过零后的起弧相角	任意	0°～20°
试验次数	3[a]	3[a]
[a] 对喷射熔断器应在同一载熔件上进行规定开断试验次数。		

6.6.2.3 **试验合格的条件**

开断过程中不发生对地或对相邻电容器的闪络，也不导致相邻熔断器的动作，限流熔断器动作时喷出的火焰或粉尘的程度应符合GB/T 15166.2—2008的要求。

开断过程中不得发生重击穿，这由示波图来判断。

每次动作后只允许按规定更换再装单元，其他零部件应保持良好状态，不得修理和更换。

熔断器动作后，应能承受工频恢复电压加上电容器上的剩余电荷所造成的直流电压分量，工频恢复电压保持时间：对动作后自动产生隔离间隙的熔断器为1 s，对其他限流熔断器为60 s。

6.6.3 **放电开断试验**

6.6.3.1 **试验概述**

熔断器同族系列中，对限流熔断器用最大额定电流值熔断件进行；对喷射熔断器须在具有最大燃弧距离的熔断件上进行，如有若干相同燃弧距离的熔断件，则须在具有最小额定电流值的熔断件进行。

6.6.3.2 **试验回路**

试验所用的电容器应用直流充电到下述电压值：

——限流熔断器为$1.82\sqrt{2}\,U_r$；

——喷射熔断器为$1.10\sqrt{2}\,U_r$。

电容器的电容应能使储存的能量在上述电压下具有规定的值。限流熔断器其开断放电能量为40 kJ，喷射熔断器其开断放电能量为15 kJ(更详细的内容见GB/T 11024.3—2001的5.3.1)。

电容器通过被试熔断器放电，回路的振荡频率应与6.8.2a)项试验的规定相同。放电电流的相邻峰值之比为0.8～0.85。

金属短路试验应以阻抗可以忽略的连接导体代替被试熔断器。

调节回路以求得规定的放电能量、振荡频率和衰减量，这一点应以示波图来检验。

试验接线图见图3。

6.6.3.3 **试验要求**

应按制造厂的规定进行安装，不应发生对地或对相邻电容器单元闪络。

限流熔断件不应喷出火焰或粉末，只要不引起对地击穿或明显的泄漏电流，允许从触发器或指示装置处喷出微弱的火焰。

熔断器动作后，除了须更换的部件以外，熔断器的各部件应基本与试验前状态相同，但喷射熔断器的管内壁的烧蚀除外。

对限流熔断器，动作后熔断件应能整件卸下。

在试验后，熔断器的部件可能损坏，应更换使熔断器恢复到运行状态。

动作后，熔断器接线端子间应能耐受 $2.0\sqrt{2}U_r$ 的瞬态电压。

6.6.3.4 试验合格的条件

熔断器动作后，没有明显空气间隙的熔断器应在熔断器两端保留电压 10 min（这就要求用做试验的电容器没有放电电阻），对于其他熔断器，不要求保持电压。

限流熔断器，放电后应立即测量电容器上的剩余电压，以确定在熔断器上消耗的能量，此剩余电压应记录在试验报告中。

熔断器开断过程中和开断后，限流熔断器应符合 GB/T 15166.2—2008 规定；喷射熔断器应符合 GB 15166.3—2008 规定。

6.7 弧前时间-电流特性试验

弧前时间-电流特性试验按 5.3.2 及 GB/T 15166.2—2008 或 GB/T 15166.3—2008 的规定进行。

6.8 耐受放电试验

6.8.1 试验要求

同族系列熔断器应选用具有最大额定电流值和最小额定电流值的熔断件分别进行试验，同族系列中任一熔断件的试验失败都是整个同族系列熔断件该项试验的失败。

试验后熔断件仍应是导通的。

试验可在任何合适的电压下进行。

放电电流见 5.6，放电电流相邻峰值之比为 0.8～0.95。

金属短路试验应以与试验回路相比阻抗可以忽略的连接导体代替被试熔断器。

调节回路以得到规定的第一个半波电流、振荡频率和衰减量。这一点应以示波图来检验。

6.8.2 耐受放电试验包括下列两项试验：

a） 对同一熔断件在 10 min 内放电 5 次，放电振荡频率为：

1） 额定电流不大于 31.5 A 的熔断件为：

$$f(\text{kHz}) = 1.2U_r{}^{+20}_{\ 0}\%$$

2） 定电流大于 31.5 A 的熔断件为：

$$f(\text{kHz}) = 0.8U_r{}^{+20}_{\ 0}\%$$

式中：

U_r——额定电压，kV。

b） 对同一熔断件在制造厂规定的时间间隔中放电 100 次，放电振荡频率为：

$$f(\text{kHz}) = 8^{+20}_{\ 0}\%$$

7 出厂试验

出厂试验项目如下：

a） 外观及外形尺寸检查；

b） 熔断器或熔断件电阻测量；

c） 工频 1 min 耐压试验（仅对有极间或对地绝缘的产品）；

d） 弧前时间-电流特性检验。

其中：a）项、b）项、c）项应逐台进行；d）项为抽样检验，熔断器同族系列中相同额定电流的每批产品中抽取 1‰，但不少于 3 台，具有过载保护特性的产品应符合 5.3.2.1 的要求，其它熔断器的检验内容应符合制造厂要求。试验均应合格，如有一台不合格，则应加倍抽查，若仍有一台不合格，则判定该批产品为不合格。

8 验收试验

如果在用户和制造厂之间达成协议进行验收试验，则这些试验一般应从出厂试验中选取。

9 选用导则

9.1 目的

本条款的目的是提出使用、操作、维护等方面的建议，以便获得熔断器的满意性能。

9.2 概述

回路中的熔断器始终处于良好状态，以保护回路和与它相连接的设备在其额定值限值以内免受损坏。熔断器工作的好坏，不仅取决于其制造的精确性，而且还取决于其安装后使用的正确性和受到的维护。如果使用和维护不当，可能会使昂贵的设备遭到严重的损坏。

高压熔断件至少应受到与设备的其他精密制造的元件(例如继电器)同等程度的重视。熔断件在使用前应储存在其有保护的包装箱中。跌落过或受过严重机械撞击的熔断件，在使用前应当检查。检查应包括熔断器外壳和金属部件损伤的检查以及电阻检验。标称电阻值通常可从熔断器制造厂得到。

如果在正常安装和使用条件期间熔断件承受来自一个或几个方向严酷的机械负荷(例如撞击、振动等等)，则应验证熔断件能耐受这些负荷而不损伤或劣化。验证熔断件机械耐受能力的实际试验可以按用户和熔断器制造厂的协议进行。

并联电容器组并联的台数应根据熔断器的放电电流开断参数来确定。

在有串联单元的电容器组中，单台并联电容器保护用熔断器的额定电压、绝缘水平和开断参数应与运行条件相适应。

当操作或维护靠近带电设备或导体的熔断器时，要特别强调应始终遵守规定的安全规程。

9.3 使用

9.3.1 安装

熔断器应按照制造厂的说明书安装。对多极布置的熔断器，当极间距离不是通过结构件固定时，各极应安装得使极间距离不小于制造厂规定的数值。

9.3.2 熔断件额定电流的选择

熔断件的额定电流通常高于正常使用电流。推荐的选配原则是：

熔断器所选择熔断件的额定电流一般为被保护的电容器额定电流的1.43倍。

注1：通常电容器应能在1.3倍额定电流下连续运行，考虑到电容器电容允许达到1.1倍额定电容，故电容器中最大允许电流可达到：$1.3\times1.1=1.43$倍额定电流。

注2：当熔断器安装处的空气温度超过40 ℃时，推荐与制造厂商量。

9.3.3 熔断器底座的选择

在制造厂规定的额定电流下熔断器底座的功率承受能力，应不低于设计装在该熔断器底座上任何一个熔断件的最大功率耗散。

9.3.4 熔断器最小开断电流的选择

由于考虑到当一个或多个电容器元件击穿时电流增加不大，可能需要很低的最小开断电流值。而在熔断件仅用作线路保护的情况下(这里独立单元各自用其他措施保护)，则可以采用最小开断电流值适当较高的熔断件。

由于单元故障引起的流过故障单元的电流以及由于与故障单元并联的单元内的储能放电引起的电流，与电容器组的排列和电源内部连接有关，可能不足以使熔断器动作，要一直到故障单元中多个串联元件损坏后才能动作，为保证熔断器能够动作并且彻底隔离出故障单元，熔断器的额定值应按其在只流过故障单元的工频过电流时就能动作来确定。

对喷射熔断器，与故障电容器相并联的电容器的总储存能量应小于熔断器承担而不爆炸的能量，并且应小于故障电容器爆炸所需的能量；对限流熔断器，熔断器可能通过的能量应小于故障电容器爆炸所需的能量。适用时，更详细的内容按GB/T 15166.2—2008及GB/T 15166.3—2008的规定。

9.3.5 熔断件额定电压的选择

选择熔断件的额定电压应考虑到下列情况：

——如果用在三相中性点直接接地的系统中或中性点通过阻抗或电阻接地的系统中，则熔断件的电压额定值至少应等于最高线电压；

——如果用在单相系统中，则熔断件的电压额定值至少应等于最高单相回路电压的115%；

——如果用在三相中性点绝缘或谐振接地系统中，则应考虑到可能产生的异相接地故障（即一个故障在电源侧和另一个故障在另一相熔断器的负载侧）。如果此系统的最高线电压高于熔断件电压额定值的0.87倍，则有必要选用更高额定电压等级的熔断件。

9.3.6 熔断器的弧前时间-电流特性

正如9.3.2中所述，熔断器的额定电流虽然重要，却仅是在给定的使用条件下选择熔断器所需考虑的诸多因素之一。

选择熔断器时，最重要的因素是弧前时间-电流特性。这一因素之所以重要是由于它关系到：

a） 熔断器瞬态涌流的耐受能力；

b） 同其它相关的保护装置的配合；

c） 提供给相关的馈电线路的保护水平。

当选择最佳的熔断件时，建议向熔断器制造厂咨询和将时间-电流特性进行比较。

熔断件的弧前时间-电流特性应位于被保护的电容器外壳的10%爆裂几率曲线之下。图4所示曲线的配合原则可供参考。

9.4 运行

9.4.1 熔断件在使用位置的锁定

应特别注意检查熔断件在使用位置的可靠锁定。

9.4.2 熔断件的更换

建议在断开负荷的情况下取下和插入熔断件。

在三相回路的一相或两相的熔断件已动作后，建议将三相熔断件全部更换，除非确知未熔化的熔断件中没有流过过电流。

9.5 处理

适用时，制造厂应预先考虑到环境方面的因素，提供有关熔断器的处理办法的资料。

考虑和符合所有相关处理的地方法规是用户的责任。

10 运输和储存

GB/T 11022—1999的第10章适用，并作如下补充：

熔断器的包装应保证在运输过程中不受损坏、变形和受潮，包装箱外应有在运输和保管过程中必须注意的明显标志（如向上、防雨、防潮、防震等）。

包装箱内应有合格证、装箱单和使用说明书等随机文件和规定的附件、备件。

使用说明书、随机文件中应包括下列内容：

a） 熔断件的冷态电阻及电阻允差的百分值；

b） 绝缘水平；

c） 额定感性开断电流；

d） 额定容性开断电流；

e） 在周围空气温度为20 ℃时的弧前时间-电流特性及电流允差的百分值；

f） 放电电流开断性能（能够承受而不爆裂的电容器最大能量）；

g） 耐受放电性能（放电电流第一个半波峰值为熔断件额定电流的倍数）。

11 安全性

GB/T 11022—1999的第11章适用，并做如下补充：

任何已知的化学危害和环境危害应在使用说明书中明确。

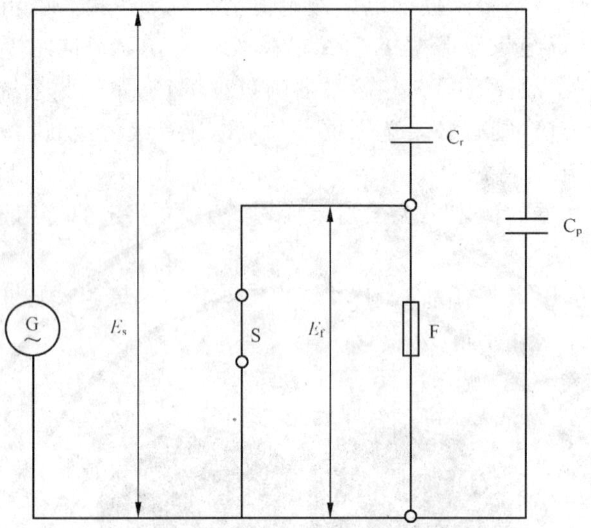

G——发电机；

E_s——电源电压；

E_f——恢复电压；

F——熔断器；

S——开关；

C_r——产生试验电流的电容器；

C_p——相当于与故障电容器并联的电容器，C_p 值不小于 300 kVar，经验表明，C_p 值对熔断器的容性电流开断特性的影响不是关键性的，因此仅规定了最小值。

图 1 小容性电流开断试验回路

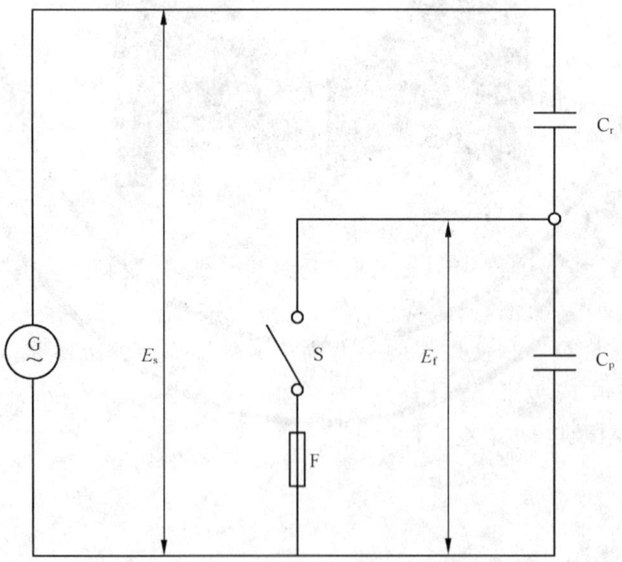

G——发电机；

E_s——电源电压；

E_f——恢复电压；

F——熔断器；

S——开关；

C_r——产生试验电流的电容器；

C_p——相当于与故障电容器并联的电容器，C_p 值不小于 300 kvar，经验表明，C_p 值对熔断器的容性电流开断特性的影响不是关键性的，因此仅规定了最小值。

图 2 额定容性电流开断试验回路

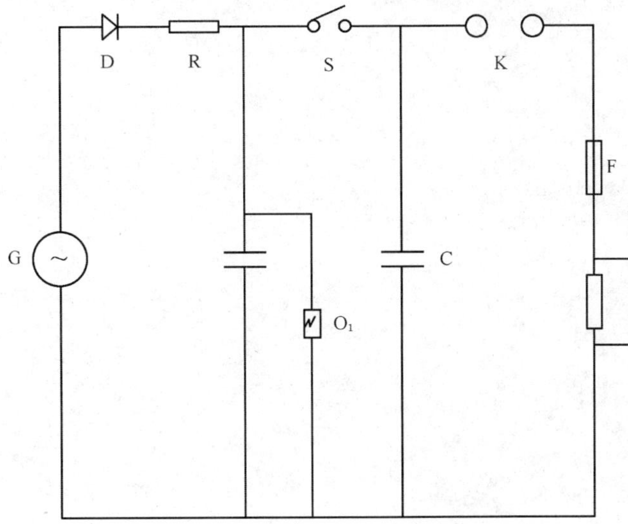

D——整流器；
R——限流电阻；
C——电容器；
G——电源；
S——开关；
F——被试熔断器；
K——点火球隙；
O_1——电压测量；
O_2——电流测量。

图 3 放电开断试验接线图

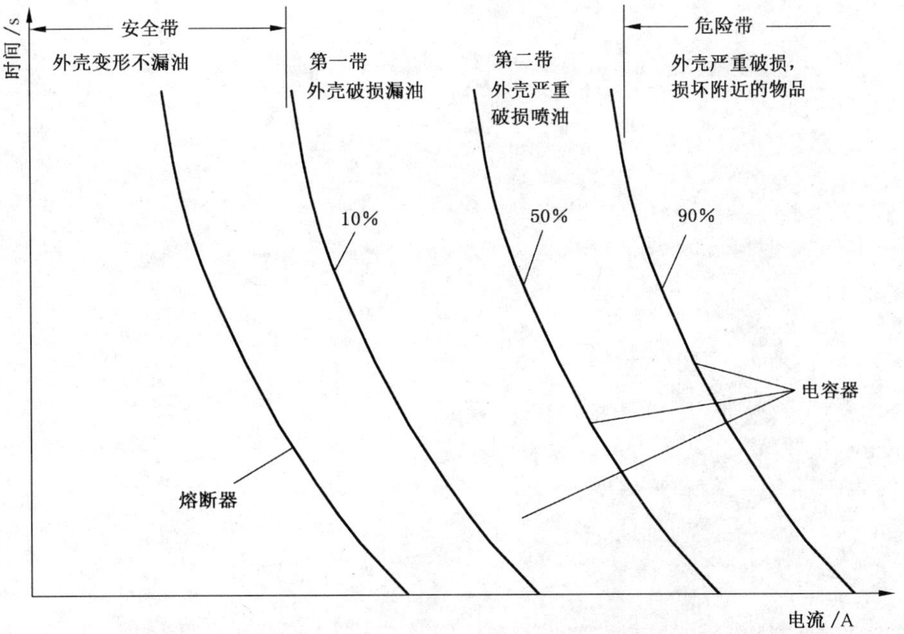

图 4 电容器外壳的爆裂几率曲线与熔断器弧前时间-电流特性曲线配合

ICS 29.120.50
K 43

中华人民共和国国家标准

GB/T 15166.5—2008
部分代替 GB 15166.2—1994

高压交流熔断器 第5部分：用于电动机回路的高压熔断器的熔断件选用导则

High-voltage alternating-current fuses—Part 5: Specification for high-voltage fuse-links for motor circuit applications

(IEC 60644:1979 Specification for high-voltage fuse-links for motor circuit applications, MOD)

2008-09-24 发布 2009-08-01 实施

中华人民共和国国家质量监督检验检疫总局
中国国家标准化管理委员会 发布

前 言

GB/T 15166《高压交流熔断器》共分为以下几部分：

——交流高压熔断器　术语；

——高压交流熔断器　第 2 部分：限流熔断器；

——高压交流熔断器　第 3 部分：喷射熔断器；

——高压交流熔断器　第 4 部分：并联电容器外保护用熔断器；

——高压交流熔断器　第 5 部分：用于电动机回路的高压熔断器的熔断件选用导则；

——高压交流熔断器　第 6 部分：用于变压器回路的高压熔断器的熔断件的选用导则；

——高压交流熔断器　第 7 部分：电压互感器保护用熔断器的选用导则。

本部分是 GB/T 15166 的第 5 部分。

本部分修改采用 IEC 60644：1979(第 1 版)《用于电动机回路的高压熔断件选用导则》。本部分与 IEC 60644：1979 的主要差异是：

——适用范围，根据我国电网的实际情况，去掉了 IEC 60644：1979 中的额定频率 60 Hz；根据我国行业的分工情况，明确了适用的系统标称电压为 3 kV；

——增加了 1.2 规范性引用文件及其内容；

——标准中的章、条的编排顺序与 IEC 60644：1979 不一致，而符合 GB/T 1.1—2000 和 GB/T 20000.2—2001 的要求。

本部分部分代替 GB 15166.2—1994《交流高压熔断器　限流式熔断器》。本部分与 GB 15166.2—1994 的主要差异：

——标准体系的差别：GB 15166.2—1994 非等效采用 IEC 60282-1：1985、IEC 60644：1979 和 IEC 60787：1983 等标准，它包含了上述三个 IEC 标准的内容。为贯彻国家的采标政策，修订后的标准和 IEC 标准一一对应，本部分将从 GB 15166.2—1994 中分离而成为独立的标准。

本部分由中国电器工业协会提出。

本部分由全国高压开关设备标准化技术委员会(SAC/TC 65)归口并负责解释。

本部分负责起草单位：西安高压电器研究所。

本部分参加起草单位：西安熔断器制造公司、浙江日升电器制造有限公司、西安振力熔断器有限责任公司、西安翰德电力电器制造有限公司、河南省电力公司、机械工业高压电器产品质量检测中心(沈阳)、施耐德(北京)中压电器有限公司、温州伏尔特电器有限公司、太原第一开关厂、湛江高压电器有限公司、上海电器陶瓷厂有限公司。

本部分主要起草人：严玉林、田恩文、吴鸿雁。

本部分参加起草人员：焦秋忠、沙维华、樊楚夫、冯武俊、赵建伟、张建国、朱海军、石维坚、杨文波、居华、邹亚民、彭江、杨英杰、刘风勇、程长酉、李上保、林松权、林海鸥、钱勇杰。

顾问单位：西安交通大学电气工程学院：王季梅。

本部分代替标准的历次版本发布情况为：

——GB 15166.2—1994。

高压交流熔断器 第5部分：用于电动机回路的高压熔断器的熔断件选用导则

1 概述

1.1 范围

本部分规定了用于电动机回路的高压熔断器的熔断件的时间-电流特性、脉冲耐受试验要求及其选用导则。

本部分适用于标称电压3 kV及以上且频率50 Hz交流电力系统中直接起动的电动机使用的熔断器的熔断件。

熔断件耐受的正常工作条件和电动机的起动脉冲应符合GB/T 15166.2—2008的要求。

注：当使用的电动机具有辅助起动时，本部分也适用，应特别注意熔断件额定电流的选择，并最好咨询熔断件的制造厂。

1.2 规范性引用文件

下列文件中的条款通过GB/T 15166的本部分的引用而成为本部分的条款。凡是注日期的引用文件，其随后所有的修改单(不包括勘误的内容)或修改版均不适用于本部分，然而，鼓励根据本部分达成协议的各方研究是否可使用这些文件的最新版本。凡是不注日期的引用文件，其最新版本适用于本部分。

GB/T 15166.2—2008 高压交流熔断器 第2部分：限流熔断器(IEC 60282-1:2005，MOD)

2 技术要求

2.1 熔断件时间-电流特性

动作电流较高的(慢动作)熔断件希望在弧前时间-电流特性10 s区域范围内，得以耐受电动机的最大起动电流。

动作电流较低的(快动作)熔断件希望在弧前时间-电流特性0.1 s以下范围内，得以对相关开关，电缆和电动机及其接线盒的最大短路保护。

熔断件弧前时间-电流特性的极限：

当 $I_n \leqslant 100$ A时，$I_{f10}/I_n \geqslant 3$；

当 $I_n > 100$ A时，$I_{f10}/I_n \geqslant 4$；

对所有电流额定值，$I_{f0.1}/I_n \leqslant 20(I_n/100)^{0.25}$

其中：

I_n——熔断件的额定电流值；

I_{f10}——熔断件弧前时间为10 s时的预期电流(平均)值，且符合GB/T 15166.2—2008中4.11规定的允差；

$I_{f0.1}$——熔断件弧前时间为0.1 s时的预期电流(平均)值，且符合GB/T 15166.2—2008中4.11规定的允差。

引入$(I_n/100)^{0.25}$是考虑熔断件的额定电流随弧前时间-电流特性的分散性而接近的短时区域。

2.2 *K*因数

限定过载特性的因数(K)，使熔断件在规定的电动机起动条件和其他规定的电动机过载运行条件下，能重复承载而不受损坏。

K 值的选择应符合下列条件：

a) 取弧前时间 10 s 时的 K 值；

b) 在 5 s～60 s 范围内有效，电动机起动频率不超过 6 次/h 且不超过两次连续起动；

c) 当不同于条件 b)（如当电动机工作条件包括点动、反转或较为频繁起动）时，则应向制造厂咨询。

过载特性由 K（小于 1）乘以弧前电流特性上的电流 I_f 获得。

2.3 耐受要求

用于电动机回路的熔断器的熔断件耐受性能的确定准则：

a) 熔断件耐受在异常条件投入运行时产生的快速连续的启动脉冲而无损伤。应按耐受试验方式 1 的 100 次循环验证其寿命期间的性能。

b) 熔断件耐受在正常工作条件中的多次电动机起动而无损伤。应按耐受试验方式 2 的 2 000 次循环验证其寿命期间的性能。

3 型式试验

用于电动机回路的熔断器的熔断件应进行耐受试验，耐受试验是型式试验的一部分。

3.1 试验条件

GB/T 15166.2—2008 的 6.1 和 6.3 适用，并作如下补充：

3.1.1 熔断件

耐受试验方式 1 和试验方式 2 应在相同的熔断件上进行。

3.1.2 试验参数

模拟电动机起动脉冲的试验电流为 KI_{f10}；模拟正常电动机运转期的试验电流为 $KI_{f10}/6$。电流允差为 ${}^{+10\%}_{\ \ 0\%}$。

单个脉冲的持续时间为 10 s。对于间隔时间为 10 s 的单个脉冲持续时间和两个脉冲的间隔时间的允差均为±0.5 s。

试验应在任何方便的电压和从 48 Hz～62 Hz 的一个频率下进行。

3.1.3 中间熔断件 *K* 值的确定原则

若熔断件组成 GB/T 15166.2—2008 中 6.6.4.1 定义的同族系列的部件，则只需取其同族系列中的最大额定电流和最小额定电流熔断件进行试验。最大额定电流和最小额定电流的 K 值可以相同，也可以不同，中间熔断件 K 值的确定原则如下：

K 值相同，中间额定电流的熔断件也适用；

K 值不同，中间额定电流的熔断件 K 值按图 1 线性插入法确定；

K 当制造厂给出的中间额定电流的熔断件 K 值不同于线性插入法得到的 K 值，则这个指定的 K 值必须用试验证明符合本部分第 3 章的要求。

3.2 试验顺序

3.2.1 耐受试验方式 1

本试验按下列顺序[其说明见图 2 中的 a)]进行 1 h 的 100 次循环：

KI_{f10}（持续 10 s）——间隔 10 s——KI_{f10}（持续 10 s）转入 $KI_{f10}/6$（持续 3 560 s）——间隔 10 s——。

3.2.2 耐受试验方式 2

本试验按下列顺序[其说明见图 2 中的 b)]进行 10 min 的 2 000 次循环：

KI_{f10}（持续 10 s）转入 $KI_{f10}/6$（持续 290 s）——间隔 300 s——。

3.3 试验后的状态

按规定程序完成试验后，允许冷却熔断件。冷却后，其特性应无明显变化。

熔断件冷却到周围空气温度时所测得的电阻值与其规定值相比无明显变化。如有怀疑，则进一步对熔断件通以电流为 KI_{f10} 的试验并持续足够的时间使其动作，且弧前时间应在 GB/T 15166.2—2008 中 4.11 给出的弧前时间-电流特性的允差范围内。

4 熔断件的选择和熔断件特性与回路其他组件特性的相互关系

4.1 熔断件的选择

熔断件接入它所保护的电动机回路中。其一些额定值（如额定电压和额定开断电流）取决于系统，一些额定值（如额定电流）取决于电动机。

耐受重复起动条件的能力是一个重要因数。当选择用于电动机回路熔断器的熔断件时，应特别重视 K 因数，考虑了这些起动条件，它应适用于熔断件弧前时间-电流特性。

在电动机直接起动时，额定电流对于熔断件连续承载一给定电流的能力而不超过其规定温升是次重要的。这样使用的熔断件通常是参照上述要求来选择的。

然而，还应核实熔断件额定电流超过工作条件下电动机运转电流的数值，以充分考虑熔断件封闭在起动电动机控制设备内时周围空气温度的影响。

在辅助起动并因而降低起动电流时，上述选择方法通常是适用的。但在某种起动方法中，对从一个连接转换到下一个连接时流过较高瞬变电流是允许的。因此，由于辅助起动通常允许使用较低额定电流值的熔断件，则在运转条件下的温升是重要的。

4.2 与回路其他组件的配合

图 3 示出了一个典型电动机回路使用的保护特性，它包括电动机、继电器（供给下列的一个或几个：反时限过电流保护，瞬时过电流保护，瞬时接地故障保护）或接触器或其他机械开关装置、电缆和熔断件本身。

按照电动机特定用途选用电动机，即确定了满载电流值、起动电流值及起动频率和持续时间。应选择相关的反时限过电流继电器特性，以得到对电动机合适的热保护。还应选择与确定的电动机相适应的熔断器的熔断件及与之配合的开关装置。

为合理的选择电动机回路用熔断器的熔断件，并使其与其他开关装置可靠配合，下列因素应特别关注：

a) 熔断件的弧前时间-电流特性，当乘以合适的 K 因数所得到的特性曲线，应位于电动机起动电流 A 点的右边。

b) 机械开关装置应能耐受由组合运行特性 DBCE 规定的条件。

c) 熔断件额定电流的选择，应使得当熔断件安装于它的工作位置，能连续承载电动机的运转电流而无过热现象。当用于辅助起动时这点特别重要。

d) 熔断件特性曲线和过电流继电器曲线的交点 B 所对应的电流应小于机械开关装置的开断能力。

e) 熔断件的最小开断电流应小于交点 B 所对应的电流，如有可能，可小于电动机起动电流。

f) 当具有瞬时保护时，交接点将从 B 点移到 C 点。应注意到机械开关装置在大于其额定开断电流的电流下分闸的可能性。

g) 熔断件的在系统最大故障电流时，动作时间为 0.01 s 或更短熔断器的熔断件最大开断电流时的截止电流值，应不超过机械开关装置允许通过的故障电流值。

h) 如图 3 所示，电缆的耐受能力曲线全部位于动作特性 DBCE 之右侧。由于电动机起动性质的不同（如电动机起动时间长并频繁起动），特性曲线的 BCE 段则向右移动，这时电缆的尺寸则需适当增加。

5 给用户的资料

给用户的资料应明确以下内容：

a) 制造厂应给出熔断件能耐受循环过载而不损伤的保护程度的 K 因数。还应说明 K 因数也可能与最小或平均弧前时间-电流特性有关。

b) 对一给定的每小时电动机起动次数规定的过载曲线的界线，可通过熔断件弧前时间-电流特性的电流值乘以适当的 K 因数获得。

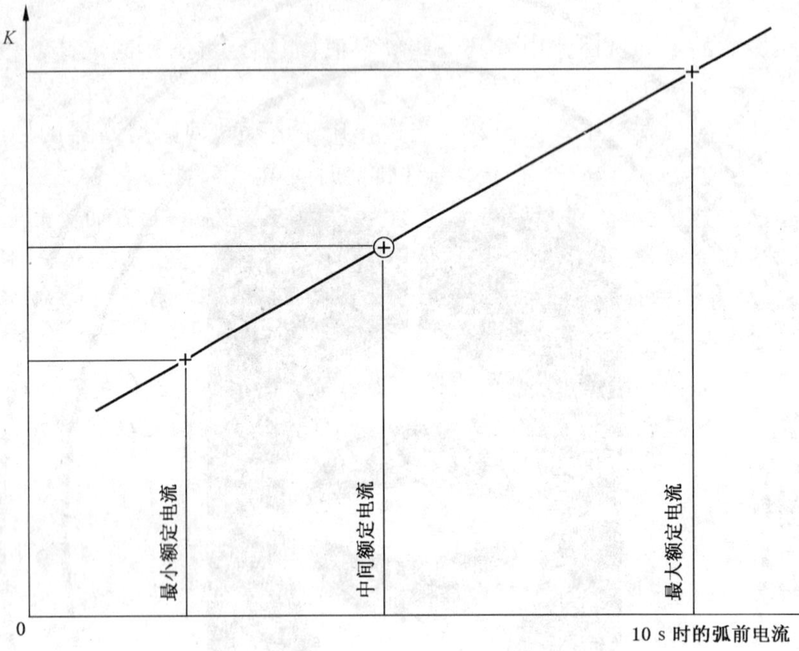

图 1　同族系列中中间额定电流熔断件 K 值的确定

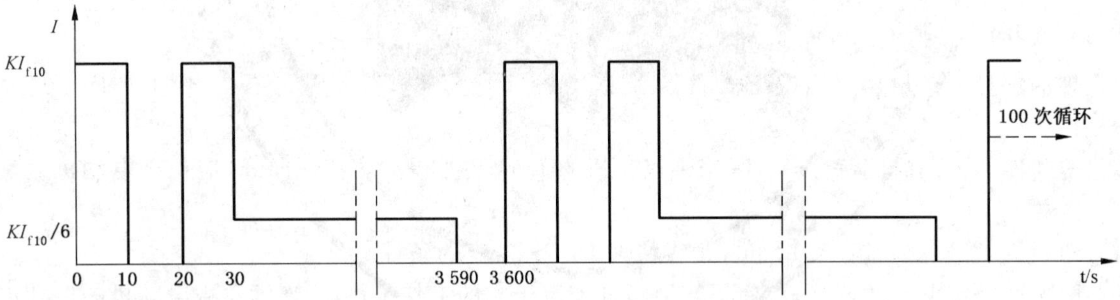

a) 试验顺序 1

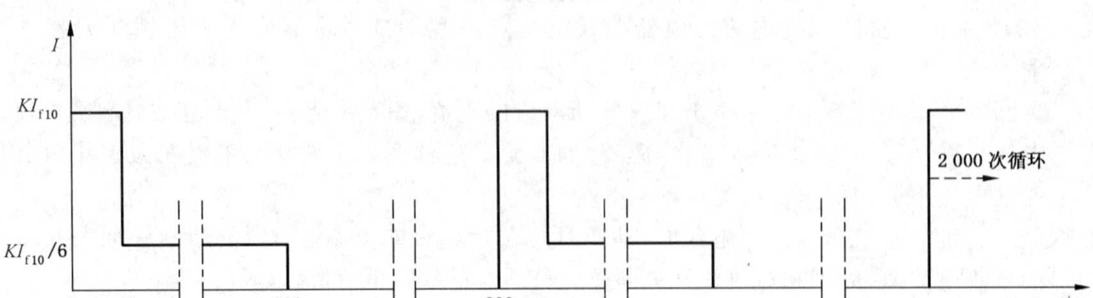

b) 试验顺序 2

图 2　试验顺序图

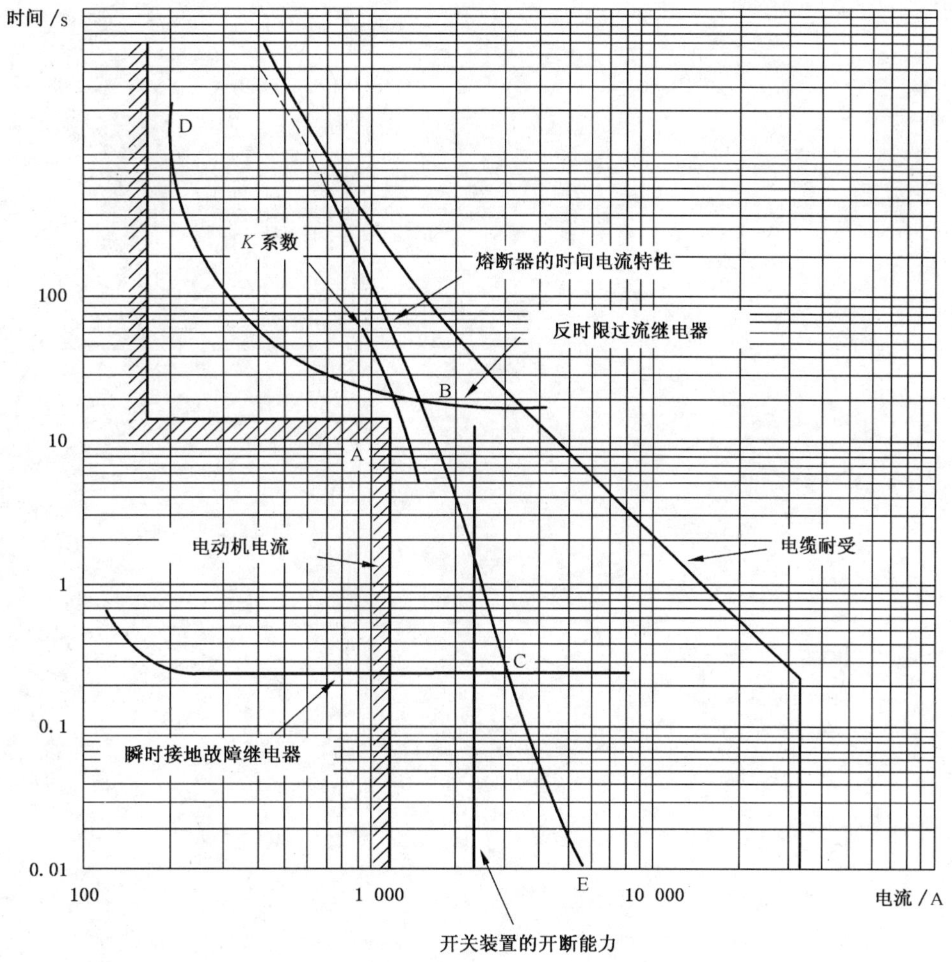

为了简化,图中只显示了平均特性。实际上,应当考虑制造允差和回路中各种元件的"冷"特性和"热"特性。

图3 与电动机回路保护相关的特性

ICS 29.120.50
K 43

中华人民共和国国家标准

GB/T 15166.6—2008
部分代替 GB 15166.2—1994

高压交流熔断器 第6部分：用于变压器回路的高压熔断器的熔断件选用导则

High-voltage alternating-current fuses—Part 6：Application guide for the selection of fuse-links of high-voltage fuses for transformer circuit applications

(IEC 60787：1983 Application guide for the selection of fuse-links of high-voltage fuses for transformer circuit applications，MOD)

2008-09-24 发布　　2009-08-01 实施

中华人民共和国国家质量监督检验检疫总局
中国国家标准化管理委员会 发布

前　言

GB/T 15166《高压交流熔断器》共分为以下几部分：

——交流高压熔断器　术语；

——高压交流熔断器　第2部分：限流熔断器；

——高压交流熔断器　第3部分：喷射熔断器；

——高压交流熔断器　第4部分：并联电容器外保护用熔断器；

——高压交流熔断器　第5部分：用于电动机回路的高压熔断器的熔断件选用导则；

——高压交流熔断器　第6部分：用于变压器回路的高压熔断器的熔断件的选用导则；

——高压交流熔断器　第7部分：电压互感器保护用熔断器的选用导则。

本部分是GB/T 15166的第6部分。

本部分修改采用IEC 60787:1983《变压器回路用高压熔断器的熔断件的选用导则》第1版和IEC 60787 A1:1985《变压器回路用高压熔断器的熔断件的选用导则　第1号修订》。本部分与IEC 60787:1983、IEC 60787 A1:1985的主要差异是：

——将IEC 60787:1983的“1 范围”和“2 目的”及其内容合并为本部分的“1.1 范围”及其内容，并增加了“1.2 规范性引用文件”及其内容；

——本部分中的章的编排顺序与IEC 60787:1983、IEC 60787 A1:1985不一致，而符合GB/T 1.1—2000的要求。

本部分部分代替GB 15166.2—1994《交流高压熔断器　限流式熔断器》。本部分与GB 15166.2—1994的主要差别：

——标准体系的差别：GB 15166.2—1994非等效采用IEC 60282-1:1985、IEC 60644:1979和IEC 60787:1983等标准，它包含了上述三个IEC标准的内容。为贯彻国家的采标政策，修订后的标准和IEC标准一一对应，本部分从GB 15166.2—1994中分离而成为独立的标准。

本部分由中国电器工业协会提出。

本部分由全国高压开关设备标准化技术委员会归口(SAC/TC 65)并负责解释。

本部分参加起草单位：西安熔断器制造公司、浙江日升电器制造有限公司、西安振力熔断器有限责任公司、西安翰德电力电器制造有限公司、河南省电力公司、机械工业高压电器产品质量检测中心(沈阳)、施耐德(北京)中压电器有限公司、温州伏尔特电器有限公司、太原第一开关厂、湛江高压电器有限公司、上海电器陶瓷厂有限公司。

本部分主要起草人：严玉林、田恩文、吴鸿雁。

本部分参加起草人员：焦秋忠、沙维华、樊楚夫、冯武俊、赵建伟、张建国、朱海军、石维坚、杨文波、居华、邹亚民、彭江、杨英杰、刘风勇、程长西、李上保、林松权、林海鸥、钱勇杰。

顾问单位：西安交通大学电气工程学院：王季梅。

本部分代替标准的历次版本发布情况为：

——GB 15166.2—1994。

高压交流熔断器
第6部分：用于变压器回路的
高压熔断器的熔断件选用导则

1 概述

1.1 范围

本部分规定了用于变压器回路中的高压熔断器的熔断件和其他元件的配合，并给出了根据其弧前时间-电流特性和其他额定值选用这类熔断件的导则。

本部分适用于变压器回路并符合 GB/T 15166.2—2008 的高压交流熔断器的熔断件。

1.2 规范性引用文件

下列文件中的条款通过 GB/T 15166 的本部分的引用而成为本部分的条款。凡是注日期的引用文件，其随后所有的修改单(不包括勘误的内容)或修改版均不适用于本部分，然而，鼓励根据本部分达成协议的各方研究是否可使用这些文件的最新版本。凡是不注日期的引用文件，其最新版本适用于本部分。

GB/T 15166.2—2008 高压交流熔断器 第2部分 限流熔断器(IEC 60282-1:2005,MOD)

GB 16926—1997 高压交流负荷开关——熔断器组合电器(eqv IEC 60420:1990)

2 额定值

GB/T 15166.2—2008 的第4章适用。并作如下补充：

a) 额定电压(见 GB/T 15166.2—2008 的 4.1)；

b) 额定开断能力(见 GB/T 15166.2—2008 的 4.7 和 5.1.2、5.1.3)；

c) 额定最小开断电流。

在系统不可能出现持续的低故障电流(即电流大于额定电流但小于熔断件的额定最小开断电流)的情况下，就有可能采用后备熔断器的熔断件作为唯一的保护(代替通用熔断器的熔断件，见 GB/T 15166.2—2008 的 9.3.4.3)。

在系统可能出现持续的低故障电流且没有相关的开关装置的情况下，则可能使后备熔断器的熔断件损坏，应使用通用熔断器的熔断件。

在高压交流熔断器的熔断件和其他过流保护装置(如喷射熔断器或过载继电器)配合的情况下，需保证高压熔断件的最小开断电流小于相应的弧前时间-电流特性交点的电流值。

在高压熔断器组合电器具有瞬时动作的撞击器脱扣的情况下，需要保证高压交流熔断器的熔断件的最小开断电流小于熔断器组合电器中的机械开关装置的最大开断电流。

注：应对 GB 16926—1997 中的要求给予适当的关注。

3 熔断件弧前时间-电流特性

用于变压器回路中的高压交流熔断器的熔断件的弧前时间-电流特性应具有：

a) 在 0.1 s 以下范围内较高的动作电流，以耐受变压器涌流并提供与二次侧保护装置(如果装有)的良好配合。

b) 在 10 s 以下范围内较低的动作电流(I_{f10})，以保证变压器的绕组故障、二次侧故障以及(适用时)一次侧对地故障的快速消除，并提供与电源侧过电流保护装置的良好配合。

变压器回路中的高压熔断件的时间-电流特性的极限：

$$I_{f10}/I_n \leqslant 6;$$

$$I_{f0.1}/I_n \geqslant 7(I_n/100)^{0.25};$$

式中：

I_n——熔断件的额定电流值，A；

I_{f10}——熔断件弧前时间为 10 s 时的预期电流(平均)值，且符合 GB/T 15166.2 中 4.11 规定的允差，A；

$I_{f0.1}$——熔断件弧前时间为 0.1 s 时的预期电流(平均)值，且符合 GB/T 15166.2 中 4.11 规定的允差，A。

引入$(I_n/100)^{0.25}$是考虑熔断件的额定电流随弧前时间-电流特性的分散性而接近的短时区域。

4 配合

图 1 所示为包括高压交流熔断器的熔断件(或熔断件组)、变压器以及电源侧和负载侧可能的保护装置在内的一个典型的变压器回路的保护特性。

变压器应根据其特定的用途和满负荷电流来选取，从而确定允许的过载电流(如果适用)和推断其涌流；为了获取最佳的保护，熔断件的选取应根据下列因素：

a) 一次侧高压熔断件的最小弧前时间-电流特性应处于决定变压器涌流特性 A 点的右侧。变压器涌流可取与实际变压器容量相关的最高运行电流的 10 倍～12 倍，持续时间为 0.1 s；

注：选择“实际变压器容量”一词用来涵盖变压器在其励磁回路不变的情况下，无论何种原因，如热引起的容量增大或降低。

b) 一次侧高压熔断件的额定电流应超过变压器的满负载电流，即应考虑由于运行状况和使用环境引起的电流增加：

  1) 可以承载允许变压器在运行条件下的过载电流；

  2) 当熔断件安装在一个封闭的外壳内，应保证熔断件在封闭外壳内不超过规定温升限值的电流；

  3) 保证熔断件运行在周围空气温度可能超过 GB/T 15166.2—2008 中 2.1 规定的正常使用条件下温度的电流。

c) 一次侧高压熔断件的弧前电流在熔断件的弧前时间-电流特性 10 s 以下范围内应尽可能地低，以保证变压器得到最大的保护(见第 4 章)；

d) 为了使一次侧和二次侧熔断件或负载侧的其他保护装置间更好的配合，一次侧的弧前时间-电流特性(最大的总动作时间)(根据适当的变比折算到一次侧)的交点 B 应出现在电流值大于二次侧保护装置的负载侧最大故障电流的某一点。

5 熔断件的电流额定值的选择

变压器保护用熔断器的熔断件的制造厂应根据变压器的容量额定值推荐适用的熔断件的电流额定值。

这些信息应优先以表格的形式给出。列举的变压器容量应优先从 R10 系列中选取，并应涵盖相关的熔断件范围的所适用的变压器的范围。

对每一给定的变压器容量，选取熔断件的电流额定值应严格遵守第 4 章中 a)和 b)给出的依据。

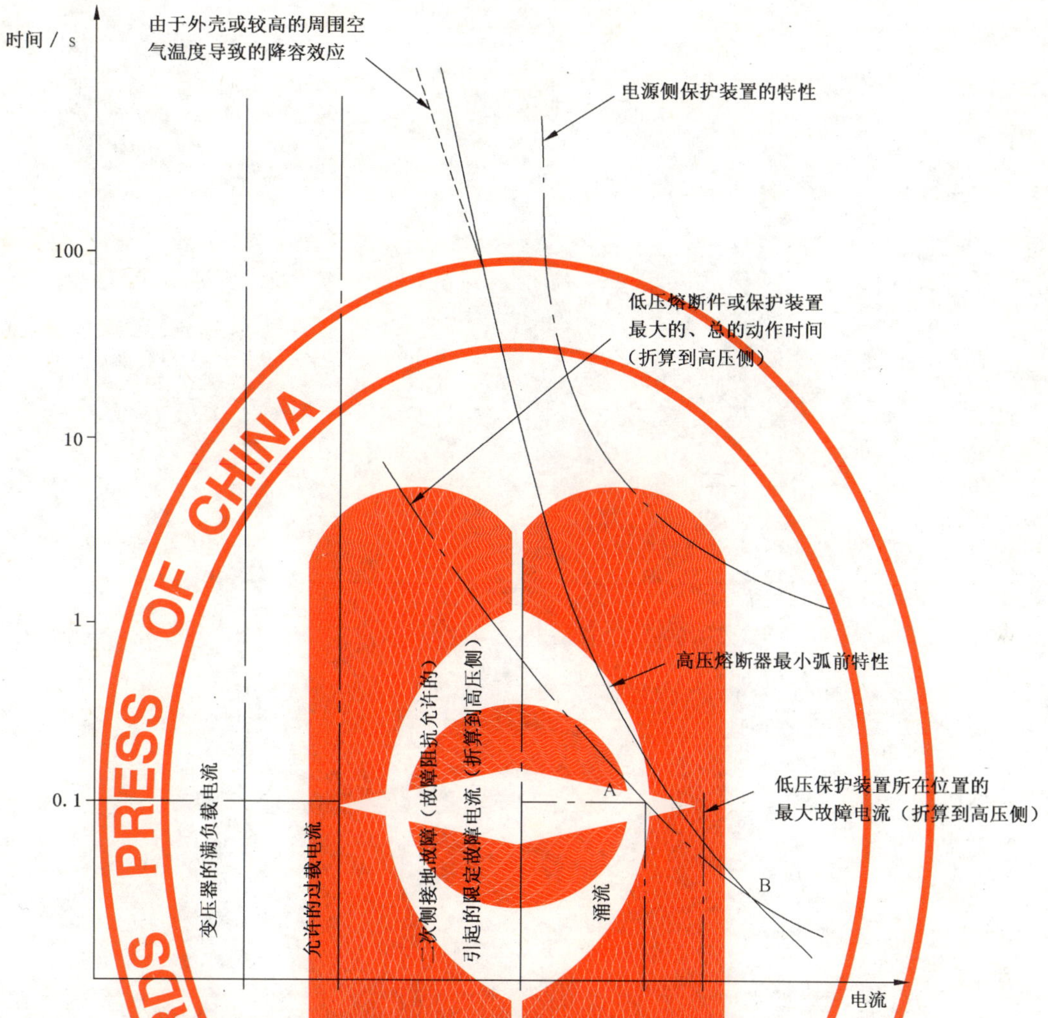

回路中各种元件的冷热特性的变化以及制造公差应予以考虑。

图 1　与高压/低压变压器回路保护有关的特性